普通高等教育“十一五”国家级规划教材

集散控制系统原理及应用

第四版

黄海燕　余昭旭　何衍庆　编著

化学工业出版社

·北京·

内 容 简 介

本书讨论集散控制系统的原理和工程应用问题，介绍了五种典型集散控制系统产品及其在工业生产过程中的实际应用示例，主要涉及集散控制系统的系统构成、控制算法、系统选型和评估、数据通信、人机界面的工程设计、组态、安装和维护等内容。

本书内容已制作成PPT课件，可从化学工业出版社教学资源网免费下载。

本书可作为自动化专业、检测仪表和控制装置专业本科学生教材，对从事集散控制系统选型、工程设计、系统评估和应用操作的人员也很有参考价值。

图书在版编目(CIP)数据

集散控制系统原理及应用/黄海燕，余昭旭，何衍庆编著.—4版.—北京：化学工业出版社，2020.7 (2024.2重印)

ISBN 978-7-122-36701-3

Ⅰ.①集… Ⅱ.①黄…②余…③何… Ⅲ.①集散控制系统-高等学校-教材 Ⅳ.①TP273

中国版本图书馆CIP数据核字(2020)第082190号

责任编辑：刘 哲 葛瑞祎　　装帧设计：张 辉

责任校对：王 静

出版发行：化学工业出版社(北京市东城区青年湖南街13号 邮政编码100011)

印 装：三河市延风印装有限公司

787mm×1092mm 1/16 印张21 字数591千字 2024年2月北京第4版第4次印刷

购书咨询：010-64518888　　售后服务：010-64518899

网 址：http://www.cip.com.cn

凡购买本书，如有缺损质量问题，本社销售中心负责调换。

定 价：59.00元

前　言

本书1995年第一版出版，2002年第二版出版，2009年第三版出版，本教材已多次重印，印数达数万，得到广大读者的关注与认可。2009年第三版教材被教育部定为普通高等教育“十一五”国家级规划教材。

本教材第三版出版以来，虽然集散控制系统基本架构没有很大改变，但根据集散控制系统的分散控制、集中管理的特点，近年来在向下和向上两个方向都有很大发展，为此重新修订教材。近年来随着现场总线控制系统的应用，无线移动通信技术获得飞速发展，先后发布ISA SP100、WirelessHART、WIA-PA及OneWireless等无线网络的标准，其中，WIA-PA是我国开发的具有自主知识产权的用于工业过程自动化的无线网络。随着现场总线控制系统的应用，读者希望有更多的现场总线功能模块的介绍。

随着企业管理功能的增强，移动通信、大数据和云计算、虚拟化技术和工业互联网等技术的发展，对集散控制系统也有不小影响。尤其是2015年我国提出《国家智能制造标准体系建设指南》，一些集散控制系统供应商也相继推出各自的工业互联网平台，将集散控制系统的大量数据作为工业互联网的基本数据，用于大数据分析、云计算、虚拟化技术等应用。德国提出工业4.0后，读者也希望能够了解更多的有关我国和其他国家的有关应对措施。为便于广大读者了解集散控制系统近年的进展，本版的内容除保持前面各版的特点外，对原教材中的内容做了较大修改和增删。主要修改和增删的内容如下。

① 增加现场总线控制系统功能模块、现场总线通信和无线通信等方面的内容。

② 增加集散控制系统与现场总线控制系统结合的新型集散控制系统产品的构成示例。

③ 根据ISA SP95，对PCS、MOM和ERP及企业管理系统等内容进行介绍。

④ 介绍OPC UA及OPC UA TSN的有关架构和体系等内容。OPC UA将是连接第三方应用的重要软件，而TSN是OT和IT融合的时间敏感网络。

⑤ 面向过程的程序设计语言已经向面向对象程序设计语言进展，因此增加面向对象程序设计语言的有关内容，如封装、类和方法、接口、多态和继承等。

⑥ 随着网络应用的开放和扩展，对网络通信系统提出网络安全和信息安全的要求，为此，介绍了网络信息安全等内容，如信息安全等级、网络安全体系架构等。针对仪表安全系统的应用，增加了功能安全等内容。

⑦ 删除不常用的网络协议，增加了实时以太网（提出时间确定性概念、介绍五类常用实时性现场总线网络等）、无线通信、时间敏感网络TSN、工业互联网等内容，同时，对云计算（包括IaaS、PaaS、SaaS）、边缘计算、虚拟化技术、大数据分析、软件定义等热点问题进行介绍。

⑧ 介绍德国RAMI4.0、美国NIST的SMS、日本IVI和我国IMSA的国家智能制

造标准体系等，并讨论各自特点。

⑨ 人机交互技术在集散控制系统中得到广泛应用，为此，删除了仪表盘显示的内容，对人机交互系统的 WIMP 技术、实时数据库、面向对象的数据库等内容进行介绍，并增加了信息管理的有关内容。

⑩ 针对工业互联网的发展，介绍了工业互联网体系架构、云计算、工业互联网功能架构、关键技术、虚拟化技术、工业大数据、大数据技术参考架构等，并介绍了五个集散控制系统供应商提供的工业互联网平台应用示例等。

为便于熟悉教材的有关内容，本书提供习题和思考题。根据教师的反馈意见，本版为使用本教材的教师提供约 470 页的 PPT 课件，特别是提供了有关图表。PPT 课件可在化学工业出版社教学资源网 www.cipedu.com.cn 上免费下载。

本书共分 8 章。第 1 章概述讨论集散控制系统的特点，以及它的过去、现在和发展趋势。第 2 章讨论集散控制系统的构成，介绍五种典型集散控制系统产品的构成，并分析分散过程控制装置、操作和管理装置和通信系统的基本构成。第 3 章介绍集散控制系统的性能评估。第 4 章分析集散控制系统的控制算法和控制组态，并提供了不同控制系统的应用示例。第 5 章介绍集散控制系统的工程设计，讨论集散控制系统选型和评估问题。第 6 章介绍集散控制系统的人机界面和集散控制系统的操作。第 7 章讨论集散控制系统的数据通信，包括数据通信的基本概念、网络标准、网络通信协议、工业互联网等。第 8 章是集散控制系统在工业控制领域的应用示例。

本教材由黄海燕、余昭旭、何衍庆编著。本教材的编写工作得到华东理工大学信息科学与工程学院、科洋科技股份有限公司等单位的积极支持和帮助，钱锋、周人、王慧锋、侍洪波、孙自强、王华忠、余新华、施赟雅、蒋臻、阮晓辰、黄士玥、孙士超、周漪、王吉英、宋怡菁等给予热情指导和关怀。彭瑜、石明根、武丽英、何尊青、俞金寿、吴勤勤、黄道、顾幸生、张雪申、邱宣振、吴坚刚、王强、沈建平、卢焕青、李进、沈伟愿、戴自祥、顾珏、江琦、严伟达、李燕、陈庆、李成杰、石慧、龙卷海、陈佳等提供了大量资料和关心帮助。此外，何乙平、王朋、陈积玉、洪光明、汤荔娟、范秀兰、陈天成、冯保罗、杭一飞、杨洁、王为国等也提供了不少帮助。本书的出版还得到化学工业出版社的大力支持和帮助，谨在此一并表示衷心感谢和诚挚谢意。在编写过程中，参考了有关专业书籍和产品说明书，在此向有关作者和单位表示衷心感谢。也对使用和阅读本教材的教师、学生和有关技术人员及提供反馈意见的有关人员表示衷心感谢。

由于编著者水平所限，不足之处在所难免，恳请前辈和广大读者不吝指正。

编著者

目　录

第1章　概　述

1.1　集散控制系统基本概念

1.1.1　集散控制系统的发展历史

(1) 集散控制系统的诞生

1960年代初，早期的小型计算机已经用于工业生产过程的控制。例如，IBM 1800是一台早期计算机，它的输入输出硬件被用于采集工厂中生产过程的参数，并用于控制生产过程。这些信号包括模拟量信号和数字量信号。

第一台用于工业控制的计算机是1959年位于美国德克萨斯州亚瑟（Arthur）港炼油厂的由TRW公司生产的RW-300计算机。

集散控制系统的出现，很大程度上是由于微型计算机的增加和微处理器在过程控制领域应用的扩展。当时，过程工业控制应用中，采用常规电动模拟仪表控制系统难于解决有关控制问题，采用计算机直接数字控制也难以克服。

1975年美国霍尼威尔（Honeywell）公司推出了第一套集散控制系统TDCS-2000。同期，日本横河（Yokogawa）公司则推出它的集散控制系统Centum。美国的布里斯托尔（Bristol）公司推出了通用控制器UCS 3000。1978年芬兰维美德（Valmet）公司（1999年与Rauma合并组建为美卓公司）推出了称为Damatic集散控制系统。1980年贝利（Bailey）公司（现为ABB公司的子公司）推出Network 90系统。费希尔控制（Fisher Controls）公司（现为Emerson公司的子公司）引进PROVOX系统。Fischer & Porter公司（现为ABB公司的子公司）推出DCI-4000系统。

集散控制系统诞生的基本思想是：

① 分散控制和集中管理　把集中的计算机控制系统分解为分散的控制系统，为此，应设置专门的分散过程控制装置，它们在过程控制级各自完成过程中的部分控制和操作；

② 易操作　从电动模拟仪表的操作习惯出发，应开发人-机间良好的操作界面，用于操作人员的操作监视和控制；

③ 信息共享　为使操作站和分散过程控制装置之间建立数据联系，应建立数据通信系统，使数据能够在操作人员和生产过程间相互传递。

在这样的指导思想下，通过将计算机技术（computer）、控制技术（control）、通信技术（communication）和显示技术（CRT）的结合，诞生了集散控制系统。

(2) 集散控制系统发展历史

集散控制系统并没有严格的发展阶段，不同集散控制系统制造商在不同时期有不同的产品。以集散控制系统产品的主要发展为主线可分为5个阶段。

① 初创阶段　也可称为第一代集散控制系统阶段，20世纪70年代中期到80年代初。该阶段计算机已经以直接数字控制DDC和监督计算机控制SCC的形式应用于过程控制。

该阶段的集散控制系统都是在小型计算机（如DEC公司的PDP-11、Varian数据机器、MODCOMP等）中实现的DDC应用程序，它们连接到专用的输入/输出硬件，实现复杂的连续控制和批处理控制。常用的控制是定值控制。这个阶段典型产品有霍尼威尔公司的 TDCS-2000，福克斯波罗（Foxboro）公司的 Spectrum，横河（Yokogawa）公司的 Centum、西门子（Siemens）公司的 Teleperm[M]，泰勒（Taylor）公司的 MOD 3 等。

② 发展阶段　20 世纪 80 年代初到 80 年代中期。随着半导体技术、显示技术、控制技术、网络技术的软件技术的发展，集散控制系统越来越完善。主要表现如下：

a. 集散控制系统的功能不断完善　控制算法扩充，常规控制和逻辑控制、批量控制结合，过程操作管理范围扩大，功能增添，显示屏分辨率提高，显示色彩增加，多微处理器技术得到应用等；

b. 集散控制系统的核心仍是控制功能块，它是面向对象软件的第一批实施的示例之一，功能模块用于实现面向对象的分布式直接数字控制；

c. 数据通信技术发展　分布式控制器、工作站和其他计算单元（对等访问）之间的数字通信是 DCS 的主要优势之一，如从主从式星形数据通信转变为对等式总线网络的数据通信或环网数据通信，通信范围扩大，数据传输速率提高，数据通信质量改善等。

这个阶段典型产品有霍尼威尔公司的 TDCS-3000、泰勒公司的 MOD 300、贝利（Bailey）公司的 Network-90、西屋（Westinghouse）公司的 WDPF、ABB 公司的 Master、利诺（Leeds & Northrop）公司的 MAX1 等。

③ 开放阶段　20 世纪 80 年代中期到 90 年代初。随着开放系统互连参考模型的发布，集散控制系统在产品的互连、互操作性方面有了长足进展。

为在整个企业中分享更多的数据，甚至实现更大的任务，促进了主流的操作系统 UNIX 的建立。各供应商开始采用基于以太网的网络，并拥有自己的专有协议层。第一个采用 UNIX 和以太网网络技术的 DCS 供应商 Foxboro 于 1987 年推出了 I/A S 系列的集散控制系统。

该阶段的集散控制系统增强了网络通信功能，克服了第二代集散控制系统在应用过程中出现的自动化孤岛等困难，各种不同制造商的产品能够进行数据通信。此外，系统所提供的控制功能增强，如常规控制、逻辑控制与批量控制的结合，各种自适应或自整定控制算法的应用，优化控制算法和预测控制算法的推出等。

这个阶段典型产品有福克斯波罗公司的 I/A S 系列自动化系统、霍尼威尔公司的带 UCN 网的 TDCS-3000、横河公司的带 SV-NET 的 Centum-XL、罗斯蒙特（Rosemount）公司的 RS-3、利诺公司的 MAX1000 等。

④ 集成阶段　20 世纪 90 年代初到 21 世纪初期。随着对管理和控制要求的提高，集散控制系统不仅需要对生产过程进行控制和管理，还需要对整个车间、工厂到企业的生产计划、资源进行调度和管理，因此，出现了工厂信息网（Intranet）。在制造业，计算机集成制造系统（CIMS）得到应用，信息的集成化和网络化成为应用的热点等。

20 世纪 90 年代初到 90 年代中期，随着商用货架成品（COTS：Commercial Off-The-Shelf）和 IT 标准的增加，其最大的转变是从 UNIX 操作系统向 Windows 环境的转变。虽然用于控制应用程序的实时操作系统 RTOS 仍以 UNIX 或专有操作系统的实时商业变体为主，但实时控制上层的一切操作系统都已过渡到 Windows。Microsoft 在桌面和服务器层的引入，促进了诸如 OPC（OLE for Process Control）等技术的开发，OPC 现在已成为事实上的工业连接标准。互联网技术也开始在自动化和世界范围内取得成就，大多数 DCS 的 HMI 支持互联网连接。

现场总线技术使集散控制系统从设备级分散到现场级，实现了真正的分散控制。围绕以太网 I/P、Foundation 现场总线和 Profibus PA 的市场竞争，最终未见胜负，但现场总线技术已将机器、驱动、质量和状态监测应用集成到一个 DCS 中。随着现场总线技术研究的深入，现场总线控制系统问世，并得到成功应用，标志着集散控制系统进入合成阶段，即集散控制系统和现场总线控制系统的合成。安装现场总线接口的集散控制系统可方便地组成现场总线控制系统，两者在过程控制、离散控制和批量控制中发挥重要作用。

这个阶段典型产品有霍尼威尔公司的TPS系统、横河公司的CS系统、ABB公司的Advant系列OCS系统、福克斯波罗公司的I/A S 50/51系列控制系统等。

20世纪90年代中期到21世纪初，DCS供应商的主要业务是供应大量的硬件，特别是I/O和控制器。但最终用户认为硬件成本过高的呼声越来越高，以前在PLC业务中实力较强的一些供应商，如罗克韦尔自动化公司、施耐德公司和西门子公司，能够利用它们在制造控制硬件方面的专门知识，以成本效益高的产品进入DCS市场，而这些新兴系统的稳定性、可伸缩性、可靠性和功能仍在提高，从而引入了新一代DCS系统，它将PLC和DCS的传统概念和功能相结合，形成"全过程自动化系统"PAS（Process Automation System）的整体解决方案。

不同集散控制系统的差异仍表现在数据库完整性、预工程功能、系统成熟度、通信透明度和可靠性等方面。虽然预计成本比率相对相同（系统功能越强大，成本就越高），但自动化业务的实际情况往往是战略性地个性化运作。集散控制系统将DCS、FCS、PLC和SCADA集成为协同过程自动化系统CPAS（Collaborative Process Automation System）。

这个阶段典型产品有霍尼威尔公司的Experion-PKS和PlantScape系统、艾默生（Emerson）公司的Delta V和Ovation系统、英维思（Invensys）公司的I/A系列FoxCAE系统、ABB公司的Industrial^{IT}、Smar公司的System302、Rockwell公司的Plant PA系统、西门子公司的Simatic PCS 7等。这些系统将集散控制系统和现场总线控制系统集成在一个系统中，为集散控制和现场总线控制提供了广泛的应用领域。

⑤ 现代阶段 从21世纪初至今。其主要表现为：

a. 无线通信系统及有关协议的应用；

b. 远程传输、测量和数据的历史记录；

c. 移动接口和控制；

d. 嵌入式Web服务器的安全防护；

e. 大量新技术出现并在集散控制系统获得应用，如云计算、大数据、虚拟化技术等。

从硬件市场看，供应商意识到硬件市场正趋于饱和。20世纪70年代和80年代安装的集散控制系统正接近使用寿命的终点，新硬件市场正迅速转向规模较小但增长较快的地区，因此，供应商正从基于硬件的商业模式向基于软件和增值服务的商业模式过渡。即提供的应用程序组合不仅只是生产过程的控制，还包括生产管理、基于模型的控制、实时优化、工厂资产管理（PAM）、实时性能管理（RPM）工具、警报管理等领域。

现阶段，随着无线协议的发展和完善，DCS越来越多地包括无线移动通信，如DCS的控制器现在都配置嵌入式的服务器，并提供网络访问；嵌入式Web服务可提供即时网络访问。许多供应商提供了移动人机界面的选项，但也使安全漏洞的威胁增加，因此安全防护成为新的开发和研究的热点。

这个阶段典型产品有霍尼威尔公司的Experion-PKS Orion系统、艾默生（Emerson）公司的Delta V和Ovation系统、施耐德电气（Schneider Electric）公司的Foxboro Evo系统、ABB公司的Ability^{IT}、浙大中控公司的ECS-700系统等。

1.1.2 集散控制系统的基本结构

不同集散控制系统供应商的集散控制系统有不同的结构，但它们都有相同的特性，即由分散过程控制装置、操作管理装置和通信系统三大部分组成。图1-1是集散控制系统的基本结构。

(1) 分散过程控制装置

分散过程控制装置是集散控制系统与生产过程间的界面，即过程界面。生产过程的各种过程变量通过分散过程控制装置转换为操作监视的数据；各种操作信息也通过分散过程控制装置送到执行机构。分散过程控制装置中实现模拟量与数字量的相互转换，完成控制算法的各种运算，并对输入输出量进行有关的信号处理和运算，如信号滤波、线性化、开方、限幅、报警处

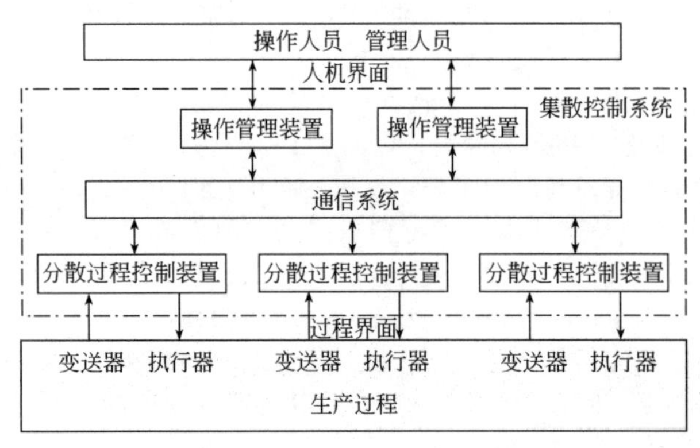

图 1-1 集散控制系统的基本结构

理等。

分散过程控制装置也可细分为控制装置和输入输出接口模块两部分，它们之间经专用通信总线或现场总线进行数据通信。输入输出接口模块采集生产过程参数，并将控制命令发送到执行器。它们与现场的传感器、变送器和执行器进行信息交换。

现场总线技术的应用使分散过程控制装置从装置级分散控制分散到现场级分散控制，因此，现场总线控制系统中，分散控制装置经现场总线连接到现场总线仪表，包括现场总线变送器和检测元件、现场总线执行器和现场总线的其他辅助仪表。

(2) 操作管理装置

操作管理装置是集散控制系统与操作人员、管理人员间的界面，即人机界面。操作、管理人员通过操作管理装置获得生产过程的运行信息，并通过它对生产过程进行操作和控制。生产过程中各种变量的实时数据在操作管理装置显示，便于操作管理人员对生产过程的操作和管理。

伴随企业网技术的发展和在工业控制系统中的应用，使操作管理装置的功能得到扩展和延伸，它将过程控制系统（PCS）与制造企业生产过程执行系统（MES）、企业资源计划（ERP）连接起来，组成扁平化的管理结构。其中，MES 也称为生产管理系统，它可以为企业提供包括制造数据管理、计划排产管理、生产调度管理、库存管理、质量管理、人力资源管理、工作中心/设备管理、工具工装管理、采购管理、成本管理、项目看板管理、生产过程控制、底层数据集成分析、上层数据集成分解等管理模块，为企业打造一个扎实、可靠、全面、可行的制造协同管理平台。ERP 是以系统化的管理思想，为企业决策层及员工提供决策运行手段的管理平台，是一种将物质资源、资金资源和信息资源集成一体化管理的企业信息管理系统。

(3) 通信系统

通信系统贯穿整个集散控制系统，主要指分散过程控制装置与操作管理装置之间的数据通信；也包括现场总线的通信系统，它用于现场总线仪表之间、现场总线仪表与分散过程控制装置之间的数据通信；操作管理装置之间的数据通信，即 PCS 与 MES、MES 与 ERP 以及它们之间的数据通信。

随着网络技术的发展，集散控制系统的控制网络的结构更完善，实时性更强。除了集散控制系统内部的通信系统外，与第三方其他网络之间的数据通信也使集散控制系统的应用范围越来越广。

无线通信也已经在集散控制系统的低层实现。而云平台及移动终端更使集散控制系统可方便地实现远程监测和大数据分析等。

1.2 集散控制系统特点

1.2.1 集散控制系统定义

(1) 定义

ISA S5.1《仪表符号和标志》对分散控制系统（Distributed Control System）的定义是：一种仪表系统（输入/输出设备、控制设备和操作员接口设备），该系统除能够执行已确定的控制功能外，也允许通过通信总线从一个或多个用户指定的地点接收和发送、控制、测量及操作信息。

我国石油化工行业标准SH/T 3092—2013《石油化工分散控制系统设计规范》中分散控制系统术语定义为：控制功能分散，操作和管理集中，采用分级网络结构的以计算机和微处理器为核心的控制系统。

根据上述定义，可以认为集散控制系统是一类分散控制、集中管理的共用控制、共用显示的开放的仪表计算机控制系统。

（2）DCS与PLC、SCADA的区别

根据国际电工委员会的定义，可编程逻辑控制器（PLC：Programmable Logic Controller）是一种专门为在工业环境下应用而设计的数字运算操作的电子装置。它采用可以编制程序的存储器，用来在其内部存储执行逻辑运算、顺序运算、计时、计数和算术运算等操作的指令，并能通过数字式或模拟式的输入和输出，控制各种类型的机械或生产过程。可编程控制器及其有关的外围设备都应按照易于与工业控制系统形成一个整体、易于扩展其功能的原则而设计。

监控和数据采集（SCADA：Supervisory Control and Data Acquisition）是一种采用计算机、网络数据通信和图形用户界面（GUI：Graphical User Interface）进行高级过程监控管理的控制系统体系结构，使用可编程逻辑控制器和离散PID控制器等外围设备与过程或机械进行接口连接。通过SCADA系统，操作员可以监视过程并发出操作命令，如改变设定值、开大阀门等。这里，实时的控制逻辑或控制器的输出计算等是在网络上连接的控制功能模块完成的，控制功能模块连接变送器或传感器，也连接执行器。

通常，SCADA由多个用于现场采集数据的远程终端单元组成，它们与上位监控计算机用通信系统相连接，主要用于采集现场的数据，以保证控制过程平稳运行。

DCS的控制是由嵌入式系统（基于单片机或基于微处理器的控制单元及用于采集数据的设备或仪表）进行。其非常智能并具有对模拟量的控制功能，通过人机界面，操作员可对输出过程实现准确的监视和控制。

PLC是它初期应用的名称。随着它功能的不断扩展，已经从离散的逻辑控制扩展到连续的模拟量控制，不仅扩展了通道能力，也提升了显示功能和可实现复杂的控制功能。因此，近年来，PLC和DCS的区别越来越小，相互的结合使各自的功能相互交融，已经可实现DCS的共用显示、共用控制等功能。

从发展历程看，集散控制系统的主要应用场合是连续量的模拟控制，可编程控制器的主要应用场合是开关量的逻辑控制。因此，设计思想上有一定区别。

从应用目的看，在工厂自动化或计算机集成过程控制系统中，为了危险分散和功能分散，采用分散综合的控制系统结构。可编程控制器是分散的自治系统，它可以作为下位机完成分散的控制功能，与直接数字计算机的集中控制比较，有质的飞跃。这种递阶控制系统也是集散控制系统的基础。因此，一些集散控制系统采用可编程控制器作为其分散过程控制装置，完成分散控制功能。

从工作方式看，早期可编程控制器按扫描方式工作，集散控制系统按用户程序的指令工作。因此，可编程控制器对每个采样点的采样速度是相同的，而分散控制系统中，可根据被检测对象的特性采用不同的采样速度，例如，流量点的采样速度是1s，温度点的采样速度是20s等。此外，在集散控制系统中，可设置多级中断优先级，而早期可编程控制器通常不设置中断方式。

从存储器容量看，因可编程控制器所需运算大多是逻辑运算，因此，所需存储器容量较小，而集散控制系统需进行大量数字运算，存储器容量较大。运算速度方面，模拟量运算速度可较慢，而开关量运算需要较快的速度。抗干扰和运算精度等方面两者也有所不同，例如，开关量的抗扰性较模拟量的抗扰性要差，模拟量的运算精度要求较高等。

从通信流量看，集散控制系统的分散过程装置和操作管理装置之间有大量的数据要交换。

而可编程控制器通常可直接在控制器内部完成有关的逻辑运算，因此，通信流量相对较少。

从工程设计和组态工作量看，集散控制系统的输入输出点数多，工程设计和组态的工作量相对较大，安装和维护的工作也比可编程控制器要复杂些。

从布局看，集散控制系统的分散过程控制装置安装在现场，需按现场的工作环境设计，而其操作管理装置通常根据安装在控制室的要求设计。可编程控制器是按现场工作环境的要求设计，因此，在元器件的可靠性方面需专门考虑，对环境的适应性也需专门考虑，以适应恶劣工作环境的需要。

随着时间的推移，DCS 和 SCADA、PLC 系统之间的界限越来越模糊。许多 PLC 平台现在可以很好地表现为一个小型 DCS；一些 SCADA 系统实际上可管理远程的闭环控制等。随着微处理器处理速度的不断提高和性能的提升，许多 DCS 产品都由一系列类似 PLC 的子系统组成，而在最初开发阶段，这些子系统并未提供。

1.2.2 集散控制系统特点

集散控制系统能被广泛应用的原因是它具有优良的特性。与模拟电动仪表比较，它具有连接方便、采用软连接方法使控制策略的更改容易、显示方式灵活、显示内容多样、数据存储量大等优点；与计算机集中控制系统比较，它具有操作监督方便、危险分散、功能分散等优点。因此，集散控制系统已经在越来越多的行业和领域获得应用。

(1) 分级递阶控制

集散控制系统是分级递阶控制系统，在垂直方向和水平方向都是分级的。最简单的集散控制系统至少在垂直方向分为两级，即操作管理级和过程控制级。在水平方向上各过程控制级之间是相互协调的分级，它们把数据向上送达操作管理级，同时接收操作管理级的指令，各水平分级间也相互进行数据交换。这样的系统是分级的递阶系统。集散控制系统的规模越大，系统的垂直和水平分级的范围也越广。MES、ERP 是在垂直方向向上扩展的集散控制系统，FCS 则是在垂直方向向下扩展的集散控制系统。

分级递阶系统的优点是各个分级具有各自的分工范围，相互之间由上一级协调，上下各分级的关系通常是下一分级将该级及它下层的分级数据送达上一分级，上一分级根据生产过程的要求进行协调，给出相应的指令即数据，通过数据通信系统，这些数据被送到下层的有关分级。图 1-2 是分级递阶系统结构示意图。

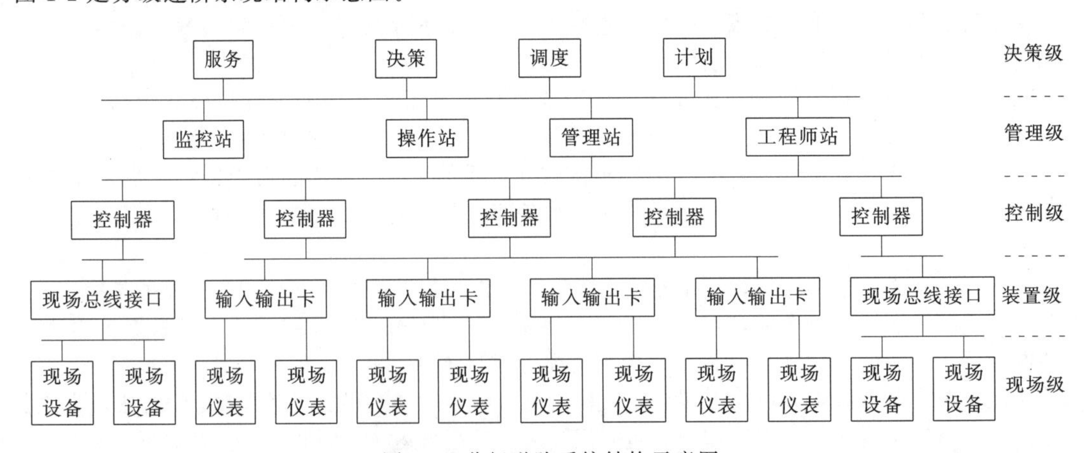

图 1-2 分级递阶系统结构示意图

集散控制系统中，分散过程控制级采集生产过程的各种数据信息，把它们转换为数字量，这些数据经计算获得作用到执行机构的数据输出量，并经转换后成为执行机构的输入信号，送执行机构。生产过程的数据也被送到上级操作管理级，在操作管理级，操作人员根据各种生产过程采集的数据，进行分析和判断，做出合适的操作方案，并将其送达分散过程控制级。可见，集散控制系统中，各个分级具有各自的功能，完成各自的操作，它们之间既有分工又有联系，在各自工作中完成各自任务，同时，它们相互协调，相互制约，使整个系统在优化的操作条件下运行。

与模拟电动仪表比较，模拟电动仪表相互之间的协调和制约较难解决，系统控制方案的更新较为困难，各级的相互联系虽然可通过信号的串联或并联来完成，但受到仪表输出阻抗和输出功率的限制，并且更改它们的联系较为困难。

与计算机直接数字控制系统比较，在直接数字控制系统中，组成系统的某些部件故障将造成整个系统的瘫痪。由于系统没有分级，系统中各个组成部分具有相同的等级，各级间的数据由一个CPU进行处理，虽然可进行优先级别的分配，但系统的调整较不方便。正因为没有分级，对系统的可靠性要求必然大大提高，而系统的危险性也相应增大。

(2) 分散控制

DCS（Distributed Control System）译为分散控制系统，其原因是将分散控制放在十分重要的位置。分散的含义并不单是分散控制，还包含了其他意义，如人员分散、地域分散、功能分散、危险分散、设备分散和操作分散等。分散的目的是使危险分散，提高设备的可利用率。

分散是针对集中而言的。在计算机控制系统应用初期，控制系统是集中式的，即一个计算机完成全部的操作监督和过程控制，集中式的计算机控制系统是在中央控制室集中控制的基础上发展而来的。中央控制室集中控制方式是各种过程的参数经检测、变送后集中到中央控制室，并在控制室的仪表盘显示或记录，对需要控制的参数则通过控制器运算并输出信号到相应功能的执行机构。操作人员在中央控制室通过仪表盘上的仪表进行监视和操作。这种集中控制方式大大方便了操作，对过程参数信息的管理也有较好效果。

计算机的出现使人们自然而然地把它应用到过程的控制领域，集中控制式的计算机控制系统因此而产生。由于在一台计算机上将所有过程的信息显示、记录、运算、转换等功能集中在一起，也产生了一系列问题。首先是安全问题，一旦计算机发生故障，将造成过程操作的全线瘫痪，为此，危险分散的想法就提了出来，冗余的概念也产生了。但要采用一个同样的计算机控制系统作为原系统的后备，无论从经济上还是从技术上都是行不通的。对计算机功能的分析表明，在过程控制级进行分散，把过程控制与操作管理进行分散是可能的，也是可行的。

随着生产过程规模的不断扩大，设备的安装位置也越来越分散，把大范围内的各种过程参数集中在一个中央控制室变得不经济，而且使操作不方便。因此，地域的分散和人员的分散也提了出来。而人员的分散还与大规模生产过程的管理有着密切的关系，地域的分散和人员的分散也要求计算机控制系统与其相适应。在集中控制的计算机系统中，为了操作的方便，需要多个用于操作的显示屏，各操作人员在各自的操作屏操作。由于在同一个计算机系统内运行，系统的中断优先级、分时操作等要求也较高，系统还会出现因多个用户的中断而造成计算机死机。因此，操作的分散和多用户多进程计算机操作系统的要求也提了出来。

通过分析和比较，人们认识到分散控制系统是解决集中计算机控制系统不足的较好途径。同时，实践中，人们也不断完善分散控制系统的性能，使它成为过程控制领域的主流。

为分散控制，提出了现场总线技术，它是对分散控制的进一步扩展，即将分散控制扩展到现场级。危险的分散有利于整个控制系统的安全运行。因此，分散控制是集散控制系统的一个重要特点。

(3) 信息的集中管理和集成

DCS的名称突出了其分散控制的特点，而它被称为集散控制系统更是突出其集中管理的特点。

长期以来，生产过程的数据仅被用于对生产过程的控制，大量的信息被搁置，没有发挥其作用。如对设备的故障预测和诊断等。

信息集成表现为集散控制系统已从单一的生产过程控制信息的集成发展为管控一体化、信息集成化和网络化；不同集散控制系统、不同部门的计算机系统能够集成在一个系统中，它们能够实现信息的共享；不同设备的互操作和互连，使系统内的各种信息，包括从原料到产品之间的各种过程信息、管理信息能够相互无缝集成，实现企业资源的共享。信息集成也表明集散控制系统已经从单一的控制系统发展为开放的网络系统，可通过工业控制网络、互联网等网络，实现对生产过程的访问、管理调度和对生产过程的指挥。

信息集成既包括横向集成，也包括纵向集成。这里，信息的集中管理和应用已经从过程控制的层面向更高层级发展。MES、ERP 和云端计算作为信息集成的层面，将对过程控制系统具有决策的功能。它从系统运行的角度出发，保证系统中每个部分、在运行的每个阶段，都能将正确的信息、在正确的时间、正确的地点、以正确的方式、传送给需要该信息的正确的人员。

(4) 自治和协调

集散控制系统的各组成部分是各自为政的自治和协调系统。自治系统指它们各自完成各自的功能，能够独立工作。协调系统指这些组成部分用通信网络和数据库互相连接，相互间既有联系，又有分工，数据信息相互交换，各种条件相互制约，在系统协调下工作。

分散过程控制装置是一个自治系统，用以完成数据采集、信号处理、计算和数据输出等功能。操作管理装置是一个自治系统，它完成数据显示、操作监视、操纵信号的发送等功能。通信系统是一个自治系统，它完成操作管理装置与分散过程控制装置之间的数据通信。因此，集散控制系统的各部分都是各自独立的自治系统。

集散控制系统又是一个相互协调的系统，虽然各个组成部分是自治的，但是任何一个部分的故障也会对其他部分有影响。例如，操作管理装置的故障将使操作人员无法知道过程的运行情况；通信系统的故障使数据传送出错；分散过程控制装置的故障使系统无法获得生产数据。不同部件的故障对整个系统影响的大小是不同的，为此，在集散控制系统的选型和系统配置时应考虑重要部位设置较高可靠性部件或采用冗余措施。

集散控制系统中，分散的内涵十分广泛，如分散数据库、分散控制功能、分散数据显示、分散通信、分散供电、分散负荷等。它们的分散是相互协调的分散，因此在分散中有集中的数据管理、集中的控制目标、集中的显示屏幕、集中的通信管理等，它们为分散而协调和管理。各个分散的自治系统是在统一集中管理和协调下各自分散工作的。

分散的基础是被分散的系统应是自治的系统。递阶分级的基础是被分级的系统是相互协调的系统。

(5) 开放系统

开放系统是以规范化与实际存在的接口标准为依据而建立的计算机系统、网络系统及相关的通信系统。这些标准可为各种应用系统的标准平台提供软件的可移植性、系统的互操作性、信息资源管理的灵活性和更大的用户可选择性。集散控制系统是开放系统。其开放性表现在下列方面。

① 可移植性（portability） 可移植性是第三方应用软件能够在系统所提供的平台上运行的能力。从系统应用看，各制造商的集散控制系统具有可移植性，则第三方应用软件可方便地在该系统运行，因此，它是系统易操作性的表现。从系统安全性看，第三方应用软件的方便移植也表示该系统的安全性存在问题。因此，设置可移植性标准，规范第三方软件的功能和有关接口标准十分必要。

可移植性能保护用户的已有资源，减少应用开发、维护和人员培训的费用。可移植性包括程序的可移植性、数据的可移植性和人员的可移植性。

② 互操作性（interoperability） 开放系统的互操作性指不同计算机系统与通信网能互相连

接起来，通过互连，它们之间能够正确有效地进行数据互通，并能在数据互通的基础上协同工作，共享资源，完成应用的功能。

开放系统的互操作性可定义为：一个产品制造商的设备具有了解和使用来自另一个制造商设备的数据的能力，而不必理解子系统的类型或原来功能，也不需要使用昂贵的网关或协议转换器。开放系统由多个厂商的符合统一工业标准的产品建立，能在统一的网络上提供全面的可操作性。

互操作性使网络上的各个节点，如操作监视站、分散过程控制装置等，能够通过网络获得其他节点的数据、资源和处理能力。随着云平台、移动终端等技术的发展，直接从移动终端监视过程，并将大量数据传送到云端成为可能。

现场总线控制系统中互操作性表现为符合标准的各种检测、变送和执行机构的产品可以互换和互操作，而不必考虑该产品是否是原制造商的产品。

③ 可适宜性（scalability） 可适宜性是开放系统对系统的适应能力。即系统对计算机的运行环境要求越来越宽松，在某些较低级别的系统中能够运行的应用软件也能够在较高级别的系统中运行。反之，版本高的系统软件能适用在版本较低的系统中。

④ 可用性（availability） 可用性指对用户友好的程度。它指技术能力能够容易和有效地被特定范围的用户使用，经特定培训和用户支持，在特定环境下完成特定范围任务的能力。即容易使用、容易学习、可在不同用户不同环境下正常运行的能力。

可用性使系统的用户在产品选择时，不必考虑所选产品能否用于已有系统。由于系统是开放的，采用标准的通信协议，因此，用户选择产品的灵活性增强。

此外，为实现系统的开放，对系统的通信系统有更高要求，即通信系统应符合统一的通信协议。

1.3 集散控制系统的展望

从第一台集散控制系统问世至今，已经过去40多年，集散控制系统几经更新换代，从自动化孤岛发展为开放系统，从控制级控制系统发展到现场总线级控制系统，MES和ERP正在一些企业得到应用。各关联领域的科技发展不仅使该领域获得长足进展，也相互影响，促进集散控制系统不断发展。

1.3.1 信息化和扁平化

信息是人们（或机器）提供的现实世界中有关事物的知识，数据是承载信息的物理符号，信息是数据的解释。例如，某反应器的基本数据用下列数据表示：

1200　1000　10　60　150　304

经处理，从这组数据可获得该反应器的基本信息是直径1200mm，高1000mm，壁厚10mm，额定压力60MPa，额定温度150℃，材质为304不锈钢。

在集散控制系统中，大量过程数据以字母、数字、字符串等形式表示，并传送和存储。因信息不随承载它的物理媒体的变化而变化，采用不同承载媒体，数据表示形式可不相同。因此，为对生产过程的大量数据进行处理，应采用与其承载媒体无关的信息。

信息系统是一类系统，它的输入是数据，输出是经加工处理后的信息。信息系统通常由数据输入、数据传送、数据处理、数据存储和信息输出等部分组成。

随着对信息系统研究的深入，集散控制系统在垂直方向上向上扩展，组成信息系统，包括MES和ERP等。

(1) 充分利用底层数据

大数据（big data），指无法在一定时间范围内用常规软件工具进行捕捉、管理和处理的数据集合，是需要新处理模式才能具有更强的决策力、洞察发现力和流程优化能力的海量、高增长率和多样化的信息资产。其特点是海量（volume）、快速（velocity）、多样（variety）、低价值密度（value）和真实性（veracity）。

集散控制系统采集的大量生产过程数据，包括 MES 和 ERP 的海量数据，并没有被有效用于提高生产绩效，从这些数据中进行分布式的数据挖掘，可被用于设备管理，实现预见性维修；被用于故障分析，实现故障前的预警等。因此，如何从大量的底层数据中进行数据挖掘，提取有效信息，是提高企业管理水平的重要方面，它已经在企业管理方面发挥重要的指导作用。通过对底层数据的合理利用可获得效益，表现为：

① 提高了市场的反应能力和盈利能力　通过底层数据的合理利用，提高企业应急处理能力，减少库存，加快资金流动，获得可观经济效益，大数据分析有利于对故障的预测，对大修内容和计划的制定等；

② 协调各方利益，加强与供应商和合作伙伴的合作　通过数据分析，能及时了解供需矛盾，适时调整生产计划，降低成本，协调产销各方利益，实现供应链的双赢或多赢；

③ 全面提升企业运行和供应链的效率　减少供应链成本，增强对顾客需求的快速反应，优化客户服务并提高企业的整体工作效率；

④ 改进操作流程，减少信息和数据内部流通时间　改进现有操作流程，实现企业管理层和车间管理层一体化标准运作，减少信息和数据内部流通时间，有效缩短产品周期，提高劳动生产率。

(2) 企业信息化层次模型

基于 ISA SP88 的 ISA SP95 标准规定了企业信息化的层次模型。图 1-3 为企业信息化集成规范的层次模型。该模型为工业公司定义了 4 层。

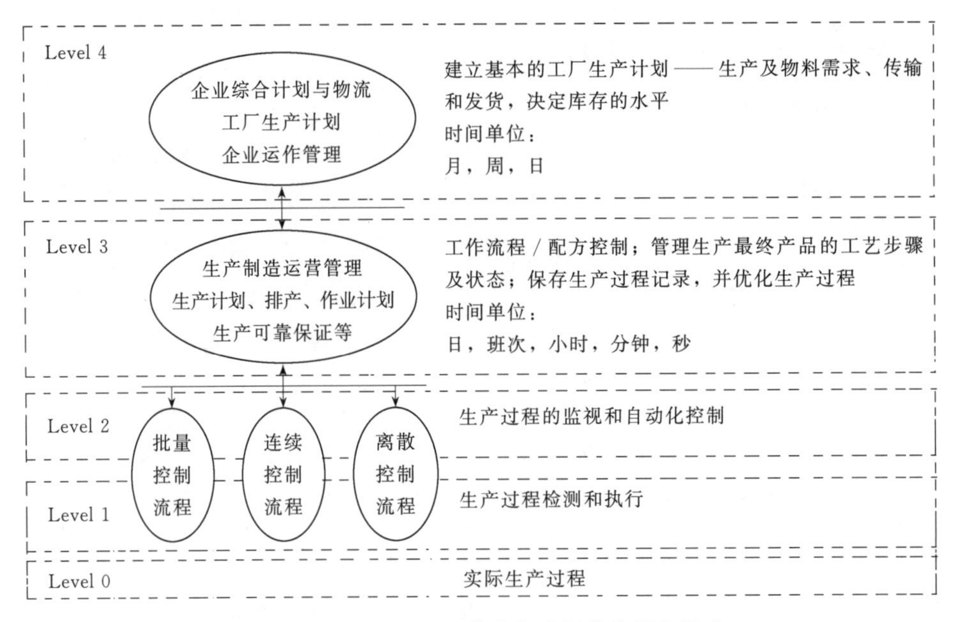

图 1-3　ISA SP95 企业信息集成规范的层次模型

第 0、1 和 2 层是过程控制层，它们的对象是设备的控制。

第 3 层是制造运营管理（MOM：Manufacturing Operations Management）层，MOM 提供实现从接受订货到制成最终产品的全过程的生产活动优化信息。该层以生产行为信息为核心，为企业决策系统提供直接支持，主要包括下列功能模块：

① 资源（机械设备、工具、熟练工、材料、其他设备及文档等）配置和状态管理模块；

② 生产单元（以任务、订单、批次、批量和工作命令等形式表达）调度模块；

③ 数据采集/获取模块；

④ 质量管理模块；

⑤ 维护管理模块；

⑥ 运行细节计划编制与调度（提供以分钟为时间单位编制的基于优先级、属性、特性和/或与具体特性相关的配方、工艺等顺序）模块；

⑦ 文件/文档控制模块；

⑧ 劳务管理模块；

⑨ 过程管理（监控生产，自动校正，或向操作人员提供决策支持来校正和改善生产流程中的活动）模块；

⑩ 产品跟踪模块；

⑪ 性能分析（提供不超过以分钟为计时单位的实际制造运行结果的报告，包括 SPC/SQC）模块。

MOM 是面向车间层的生产管理技术与实时信息系统，它是实施企业敏捷制造战略，实现车间生产敏捷化的基本技术手段。MOM 强调控制和协调，使现代制造业信息系统不仅有良好的计划系统，而且是能使计划落到实处的执行系统。通常要求 MOM 能精确地进行易于管理的批量记录，证明产品符合法规等。

第 4 层是企业资源计划（ERP：Enterprise Resource Planning）层。该层主要包括财务管理（包括会计核算、财务管理）、生产控制（包括长期生产计划、制造）、物流管理（包括采购、库存管理、市场和销售）和人力资源管理等基本功能模块。通常，它们不直接与产品有关。

ERP 是企业资源管理平台，其重点是企业的资源，其核心思想是财务 ERP，最终为企业决策层提供企业财务状况，用于企业决策。MOM 是制造运营管理，其管理对象是生产车间，其核心是信息集成，为经营计划管理层与底层控制层之间架起桥梁。

自动化集成体系架构从原来的五层模型向三层模型演变，实现了体系结构的扁平化。图 1-4 所示为自动化集成体系的五层结构和三层结构。

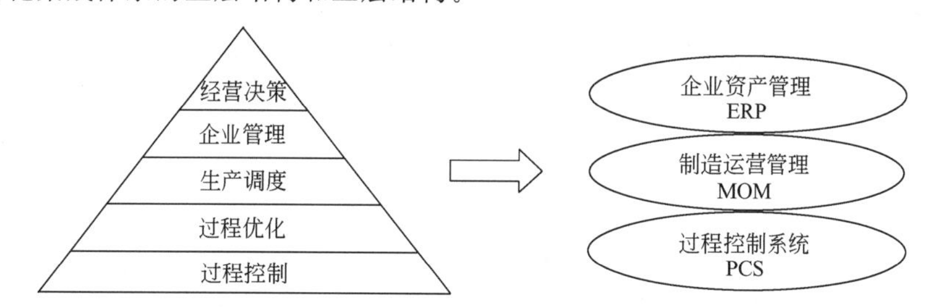

图 1-4 自动化集成体系结构的五层（普渡）模型和三层（ERP/MES/PCS）模型

当企业规模扩大时，过去有效的方法是增加管理层次，而现在有效办法是增加管理幅度。当管理层次减少而管理者幅度增加时，金字塔状的组织形式就被“压缩”成扁平状的组织形式。扁平化形式的优点如下：

① 分权管理使各层级之间的联系相对减少，各基层组织之间相对独立，因此，扁平化组织形式有利于发挥运作的有效性；

② 能够快速适应市场变化的需要，加快信息传递速度，减少中间环节；

③ 减少组织层次，整合企业资源和能力，从而降低成本，提高效率，达到集约化运营的专业化管理，形成更统一的核心竞争力；

④ 对组织进行梳理和优化，明确各自在扁平化组织形态中的定位；

⑤ 减少官僚主义，加强内部沟通，易于调动员工创造性，能更迅速地对包括消费者需求在内的环境变化做出响应。

1.3.2 网络化

网络化是指利用通信技术和计算机技术，把分布在不同地点的计算机及各类电子终端设备互连起来，按照一定的网络协议相互通信，以达到所有用户都可以共享软件、硬件和数据资源的目的。

2015年我国推出《国家智能制造标准体系建设指南（2015年版）》，其应用领域是智能制造，重点是十大领域。其智能制造标准体系参考模型IMSA由三个维度组成，即生命周期维度、系统层级维度和智能特征维度。其智能特征指基于新一代信息通信技术使制造活动具有自感知、自学习、自决策、自执行、自适用等一个或多个功能的层级划分，包括5个方面：资源要素、互联互通、融合共享、系统集成和新兴业态（2018版对分层进行上述修改）。基于Web的企业信息网络Intranet是目前企业内部信息网的主流。应用Internet的开放互联通信标准，使Intranet成为基于TCP/IP协议的开放系统，它能方便地与外界连接，尤其是与Internet连接。Internet拥有的硬件和软件资源正在越来越多的领域得到应用。

(1) 工业以太网

传统以太网是为办公自动化等实时性要求不高的领域而设计的，采用总线式拓扑结构和多路存取载波侦听冲突检测（CSMA/CD）通信方式，对实时性要求较高的工业控制应用，重要数据的传输过程会造成传输延滞，传输延滞在2～30ms，这是以太网的“时间不确定性”，也是影响以太网长期无法进入过程控制领域的重要原因之一。

以太网用于工业控制时，应用层需要采用具有实时通信的能够用于系统组态的对象以及工程模型的应用协议，虽然还没有统一的通信协议标准，但常用的有HSE、Modbus TCP/IP、Profinet、Ethernet/IP。

以太网技术得到发展，从工厂和企业信息管理层的应用向底层渗透，应用于工厂控制级的通信。以太网的发展使以太网用于工业控制和管理成为可能。

① 通信传输速率增加。

② 采用工业以太网交换机，避免冲突发生，降低网络负荷。

③ 全双工通信方式提高通信实时性。采用交换式集线器和全双工通信，可使网络上的冲突域不再存在（全双工通信），碰撞率大大降低（半双工），因此，以太网通信的确定性和实时性大大提高。

④ 专门开发和生产的导轨式集线器、交换机产品，提高以太网接插件的可靠性和稳定性。

⑤ 采用冗余网络技术，提高网络的抗干扰能力和可靠性。

⑥ 研究隔爆防爆技术，使工业以太网能够在工业现场易燃、易爆或有毒气体的场合安全运行。

⑦ 安全技术。为实现工业以太网与Internet的无缝集成，实现工厂信息的垂直集成，对病毒、黑客非法入侵和非法操作等网络安全威胁问题进行研究，采取网关、防火墙、网络隔离、权限控制、数据加密等技术和安全措施，增强了网络安全性。

⑧ 用户层标准。为实现开放系统的互操作性，需要在Ethernet＋TCP/IP协议上制定统一的适用于工业控制应用的用户层协议，它位于应用层上，实现互操作性。

实时以太网和工业以太网的有关标准正在制定，各种工业以太网和实时以太网的产品正被开发并获得应用，我国第一个拥有自主知识产权的工业以太网国家标准EPA已被国际标准接受，并成为IEC61158的一个部分。

随着IT技术的不断发展，当智能制造、工业物联网、云计算和IT/OT融合等不断地推进，开始出现了采用时间敏感联网TSN的以太网成套协议的趋势，试图建立一种统一的通信系统，真正一揽子地解决从现场控制到生产调度执行控制、再到企业生产计划规划，乃至直达云端的大规模的通信任务。

近年来由IEEE开发的IEEE TSN（Time Sensitive Networking）时间敏感网络，从技术上讲可为以太网提供对应于开放系统互联OSI 7层模型的物理层和数据链路层的统一。可以预计未来10～20年，也许众多的工业以太网协议只是在应用层上的区别，实现不同的协议共用一根以太网电缆，即以太网的共存性的基本问题将会迎刃而解。

确定性联网除了具有与常规的联网一样的特性以外，还具备下列关键特性：

① 数据流要保证网络节点和主站的时间同步优于1μs；

② 通过配置、管理和/或协议行动来确定关键数据流（网络节点中的缓冲区和调度程序和链接时的带宽）的资源预定；

③ 确定性联网通过软件和硬件保证数据包丢失率超常低（10^{-6}～10^{-10}），甚至更优，因而可保证预定的数据流的端到端的延迟；

④ 在一个单一的网络上，汇聚了关键数据流的特性和其他QoS（Quality of Service）特性，甚至关键数据流占了75%的带宽；

⑤ 本质上易于使用，配置的工作量最小化，每一数据流的配置是通过协议而不是通过人来进行，即对用户来说，使用参数（带宽和延迟）由协议配置。

（2）工业智联网

2012年GE公司提出工业互联网概念，指出工业互联网是智能机器（intelligent machines）、高级分析（advanced analytics）、工作人员（people at work）三要素的深度融合。

随着科技的飞速发展，物联网（Internet of things，IoT）概念和技术也得到了迅速普及。近年来，工业物联网的概念正迅速取代工业互联网的概念。工业物联网是工业互联网向边缘装置的深入发展，它提供工业装备和云计算资源的互联。

为在更高的智能层次上，在系统资源的使用效率、自适应性、自主性、自组织性和安全性方面，为新一代的工业智能产业提供智能科技，提出了工业智联网。

工业智联网的目标是达成智能群体的“协同知识自动化”和“协同认知智能”，即以某种协同的方式进行从原始经验数据的主动采集、获取知识、交换知识、关联知识，到知识功能，如推理、策略、决策、规划、管控等全自动化过程，因此智联网的实质是一种全新的、直接面向智能的复杂、协同知识自动化系统理论和工程技术。

工业智联网深度融合互联网、物联网、人机交互、大数据、智能技术，实现研发、生产、供应、销售、服务等工业全链条要素的全面联结、协同与智能化，使海量工业智能实体完成社会化知识协同，彻底改变工业生产形态，极大解放和提升社会生产力。

工业智联网是由社会工程系统联合感知与驱动，以及多层次一体化通信计算系统支撑的工业系统智能技术系统和知识服务平台。作为智能产业经济管控手段，工业智联网将重组各种产业，对其进行建模、分析、管控，使其以难以想象的高效率自主地运转和发展，最终形成真正的数据化、知识化、智能化的智能产业。

工业智联网的技术架构主要由数据接入层、通信计算层、操作系统层、知识解析综合层以及知识服务层组成。工业智联网包含下列内容。

① 知识工程和知识自动化　它是以自动化方式变更性地改变知识产生、获取、分析、影响和实施的有效途径。狭义的知识自动化是广义知识自动化的应用。它将信息、情报、任务和决策等无缝、准确、及时、在线地整合，实现自动完成各种知识概念和知识服务。

② 虚实纠缠的新兴工业业态　针对传统工业系统，通过计算和实验方法构建虚拟工业系统，通过两者交互，建立智能化虚实交互、纠缠的新工业系统，完成对实际工业系统的管理和控制、分析和优化。

③ 社会工程系统　社会系统由物理空间对应的物理工程系统、赛博空间对应的人工工程系统及社会空间对应的社会工程系统组成。工业智联网根据实际物理工程系统，构建相应的人工工程系统，人工工程系统基于大数据技术和人工智能技术完成对物理工程系统的实时控制，两

者同时完成对社会系统的引导；同时，社会系统对物理系统和人工系统完成实时反馈，最终达到物理空间、赛博空间和社会空间的互联互通，共同融合。

④ 工业资源异构网络及其新型管控模式　由于实际工业资源存在时空尺度的异构、实体异构和关系异构等，因此，借助社会传感或物理传感、驱动、通信、计算等技术，构建形成工业资源异构网络，通过智能技术、复杂系统工程技术、区域块智能技术等相关技术手段进行优化、运营和管控。

(3) 仪表网络化

仪表网络化是实现工业控制网络的关键。网络化仪表除具有常规仪表的各种功能外，还带有通信功能，可以通过通信线路直接实现与计算机联网的通信，是自动化仪表新的发展方向。仪表网络化系统不受时间和地域限制，安装简单方便，数据传输稳定可靠。

智能仪表是仪表网络化的基础。网络化仪表具有智能仪表的功能：

① 能自动完成过程数据的采集或在程序指导下完成预定动作；

② 具有进行各种复杂计算和修正误差的数据处理能力；

③ 具有自校准、自检测、自诊断功能；

④ 便于通过标准通信总线组成复杂系统，实现复杂控制功能，并能灵活地改变和扩展。

无线测量技术发展为仪表网络化提供了有效手段，使过去难于实现或不经济的参数测量成为可能。尤其在危险区域的测量，如果用有线现场仪表安装，则其成本将会很高，如必须独立供电，要符合危险场所的有关防爆标准 IEC60079 等，而且定期检测和维护等要求也极其严格。

在资本支出阶段，设计一套使用无线设备的线路会实现费用的节省。无需接线、导管、电缆支架、现场接线盒以及编组机柜，使得设备成本得到减少，并实现了完成设计图纸和设备一览表方面的节省。安装的成本同样可大大降低，包括劳动力成本和安装时间、调试时间等。检查和维护的成本也大为减少，只有仪表本身需要检查，因为无线网关一般可以安装在危险区域外部。同样，配套设备数量的减少，也使得维修的次数和成本降低。

网络化仪表能够很方便地与网络通信线缆直接连接，实现“即插即用”，直接将现场过程数据采集并传送上网；用户通过浏览器或符合规范的应用程序，即可实时浏览到这些信息（包括处理后的数据、仪器仪表的面板图等）。网络化仪表体系结构抽象模型如图 1-5 所示。

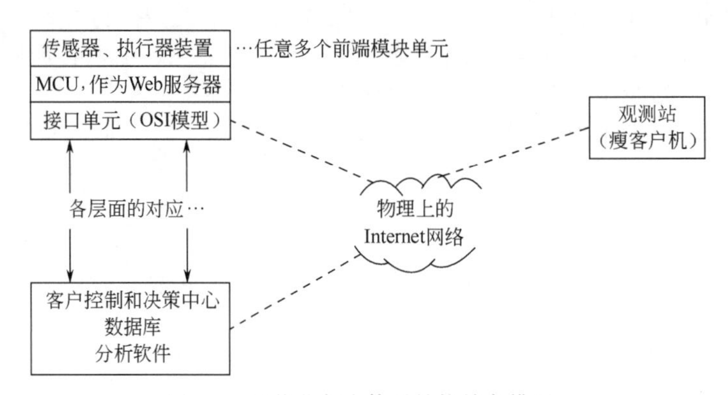

图 1-5　网络化仪表体系结构抽象模型

(4) 网络安全

为增加产品竞争力，降低生命周期成本，集散控制系统与信息系统结合，大量采用商用计算机网络设备和通信设备，因此，网络安全可靠成为重要课题。常见的网络攻击包括针对通信层以下、针对操作系统、针对通用服务协议和针对特定应用程序等。

传统集散控制系统是自闭网络，不与公用网络连接，采用的硬软件设备、通信设备等都是特有的、独立的，加上采用冗余容错技术，使集散控制系统的安全性和可靠性得到保证。新一代集散控制系统与计算机网络、通信技术结合，形成对外部环境的开放结构，给安全带来很大影响。为此，需采取必要措施。

我国在2017年颁布了GB/T 35673《工业通信网络 网络和系统安全系统安全要求和安全等级》标准，它等效采用IEC 62443-3-3：2013标准。

① 信息安全等级　根据GB/T 35673规定，信息安全等级（security level）是工业自动化和控制系统（IACS：Industrial Automation and Control System）不受脆弱性影响并按预期方式工作的置信度。

脆弱性（vulnerability）也称为弱点或漏洞。这里指工业自动化和控制系统的弱点。在IACS生命周期的任何时间，因设计因素都可能引入脆弱性，或由于不断变化的威胁所导致。因设计导致的脆弱性有可能在IACS初始部署之后很长时间才能被发现。由于运行中打补丁或改变策略等也可能引入脆弱性。

置信度（confidence）指特定个体对特定命题真实性的相信程度。IACS中指对所获得信息的真实性的相信程度。

标准规定了四个信息安全等级SL1～SL4。而SL0是特殊的基本要求，即表示没有任何信息安全等级要求，注意它与安全完整性等级SIL1～SIL4是不同的概念。

a. SL1。防止窃听或不经意的暴露导致的未经授权的信息披露。例如，一个操作员改变了基本过程控制系统BPCS区域内一个工程师站的一个设置点，使其超出工程师设定范围，系统未执行恰当的认证来禁止操作员所做的操作改变。

b. SL2。防止未经授权地将信息泄露给通过少量资源、通用技能和低动机的简单手段主动进行信息搜索的实体。例如，操作员从Internet下载一个软件，引入了一个病毒，由于采用通用的操作系统，病毒蔓延到BPCS工程师站。

c. SL3。防止未经授权地将信息泄露给通过一般资源、IACS特殊技能和一般动机的复杂手段主动进行信息搜索的实体。例如，黑客攻击时，通过以太网控制器的漏洞进入集散控制系统的控制器，并通过一系列通信管道获得安全系统的操作权限。

d. SL4。防止未经授权地将信息泄露给通过扩展资源、IACS特殊技能和高动机的辅助手段主动进行信息搜索的实体。例如，通过超级计算机或计算机集群进行哈希算法（安全散列算法）的暴力破解，或一个僵尸网络（botnet）利用大量攻击矢量同时对系统发起攻击等。

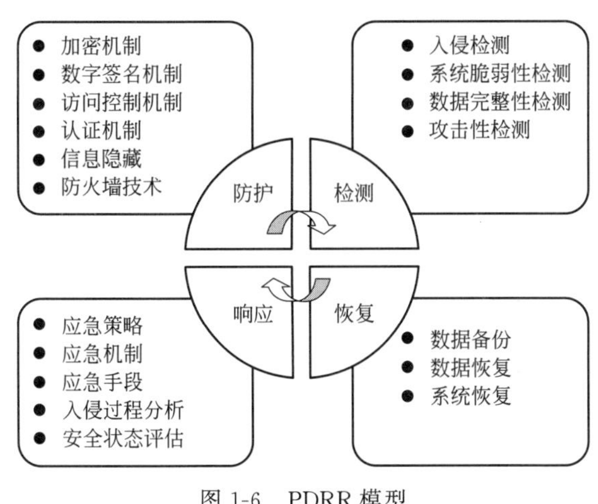

图1-6　PDRR模型

信息安全等级是提供一个定性方法来处理一个区域的信息安全问题。信息安全等级用于在组织内比较和管理区域信息安全。随着越来越多的数据可用及风险、威胁和安全事故的数字可表达程度的开发，信息安全的概念转变为信息安全等级的选择和验证的定量方法。

② 网络安全体系架构　网络安全体系架构需要将安全组织体系、安全技术体系和安全管理体系等有机融合，构成一体化整体安全屏障。常用网络安全体系模型如下。

a. PDRR模型。该模型是防护（protection）、检测（detection）、恢复（recovery）和响应（response）的英文缩写。图1-6是该模型的主要内容。

b. P2DR模型。这是一个自适应网络安全模型（ANSM：Adaptive Network Security Model），也称为P2DR（Policy Protection Detection Response）模型，是基于时间的安全模型，可量

化及数学证明。基本原理是信息安全相关的所有活动，无论是攻击、防护、检测和响应都需要消耗时间，因此，用时间来衡量一个体系的安全性和安全能力。它将安全策略、防护、检测和响应组成一个完整的动态循环，在安全策略指导下保证信息系统的安全。

c. IATF框架。信息保障技术框架（IATF：Information Assurance Technical Framework）为信息保障及软硬件组件定义一个过程，依据纵深防御策略，提供一个多层次的纵深的安全措施来保障用户信息及信息系统的安全。其核心是纵深防御策略，该策略采用人、技术和操作等多层次的全方位的保障机制，防止攻击，保障用户信息和信息系统的安全。它将信息系统的信息保障技术层面划分成局域计算环境（local computing environment）、区域边界（enclave boundaries）、网络和基础设施（networks & infrastructures）、支撑性基础设施（supporting infrastructures）四个技术框架焦点域。每个焦点域内，描述了其特有的安全需求和相应的可控选择的技术措施。四个焦点域的目的是让人们理解网络安全的不同方面，以全面分析信息系统的安全需求，考虑恰当的安全防御机制。

d. 黄金标准框架。美国NSA于2014年发布《美国国家安全体系黄金标准》（CGS：Community Gold Standard）。该框架强调网络空间安全的四大总体性功能，即治理（govern）、防护（protect）、检测（detect）和响应与恢复（response & recover）。治理功能为各机构全面了解整个组织的使命与环境、管理档案与资源、建立跨组织的弹性机制等行为提供指南；防护功能为机构保护物理和逻辑环境、资产和数据提供指南；检测功能为识别和防御机构的物理及逻辑事务上的漏洞、异常和攻击提供指南；响应与恢复功能则为建立针对威胁和漏洞的有效响应机制提供指南。

CGS框架的设计使得组织机构能够应对各种不同的挑战。它是按照逻辑，将基础设施的系统性理解和管理能力，以及通过协同工作来保护组织安全的保护和检测能力整合在一起的信息安全框架。

③ 网络安全威胁信息格式　GB/T 36643《信息安全技术 网络安全威胁信息格式规范》用结构化、标准化的方法描述网络安全威胁信息，以便实现各组织间网络安全威胁信息的共享和利用，并支持网络安全威胁管理和应用的自动化。图1-7是网络安全威胁信息表达模型。

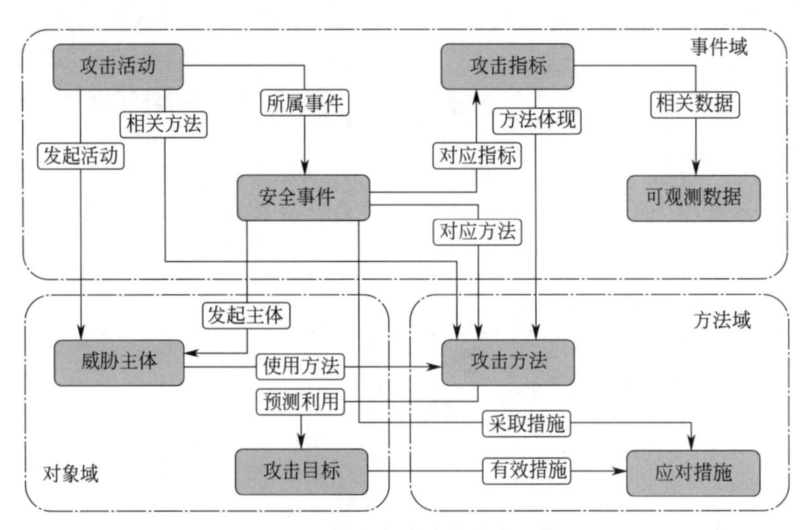

图1-7　网络安全威胁信息表达模型

该模型由可观测数据、攻击指标、安全事件、攻击活动、威胁主体、攻击目标、攻击方法和应对措施8个组件组成。

可观测数据、攻击指标、安全事件和攻击活动构成完整的攻击事件流程，属于事件域。即有特定的经济或政治目的、对信息系统进行渗透入侵，实现攻击活动，造成安全事件；而防御方则使用网络中可以观测或测量到的数据或事件作为攻击指标，识别出特定攻击方法。

威胁主体和攻击目标属于对象域，构成攻击者与受害者的关系。

攻击事件中，攻击方所使用的方法、技术和过程（TTP）构成攻击方法，而防御方所采取的防护、检测、响应、回复等行动构成了应对措施；攻击方法和应对措施构成方法域。

网络安全威胁信息共享的目的是通过产品间、系统间、组织间的威胁信息共享和交换，提升整体安全检测和防护能力。

1.3.3　现场总线和无线网络

（1）现场总线

自20世纪70年代开始发展数字式的现场总线以来，到90年代以太网的迅速兴起，形成了工业以太网的广泛应用，所有通信技术基本上都是针对上述不同通信要求而开发，没有一种通信总线能够一揽子解决所有应用场合的通信问题。

按照国际电工委员会IEC/SC65C的定义，现场总线是安装在制造或过程区域的，现场装置与控制室内的自动控制装置之间的数字式、串行和多点通信的数据总线。现场总线是应用于现场智能设备之间的一种通信总线，按现场应用的不同要求和规模，可分为执行器传感器现场总线、设备现场总线和全服务现场总线。表1-1是典型现场总线的性能比较。

表1-1　典型现场总线的性能比较

性能	传感器现场总线	设备现场总线	全服务现场总线
报文长度	<1字节	多达256字节	多达256字节
传输距离	短	短	长
数据传输速率	快	中到快	中到快
信号类型	离散	离散和模拟	离散和模拟
设备费用	低	低到中	低到中
组件费用	非常低	低	中
本质安全性能	没有	没有	有
功能性	弱	中	强
设备能源	多种	无	多种
优化	无	无	有
诊断	无	最小	广泛
示例	Seriplex,AS-i	Interbus-S,DeviceNet,ControlNet	FF,WorldFIP,Profinet,HART

与传统的点对点控制方法相比，现场总线控制系统具有下列特点：

① 性能价格比高，系统综合成本及一次性安装费用减少，设计、安装、调试、维护费用大幅度降低，维护和改造的停工时间减少；

② 现场总线控制系统具有可靠的数据传输、快速的数据响应、强大的抗干扰能力，使系统性能提高；

③ 强大的自诊断和故障显示功能，能够迅速诊断出总线节点的故障、电源故障、现场装置和连接件的断路、短路等故障，并能实现故障定位；

④ 采用数字信号避免信号衰减和变形，提高系统测量和控制精度；

⑤ 系统可靠性提高。具有IP67的防护等级，具有防水、防尘、抗振动的特性，可以直接安装于工业设备，有本安和冗余产品，可直接用于本安和高可靠性应用场合。

（2）无线网络

现场总线控制系统仍需要用线缆连接现场总线仪表设备，为此，需开发和研制无线连接的现场无线仪表设备，它将现场总线电缆降低到最少，降低成本。此外，现场无线仪表设备之间、它们与控制器之间用无线通信方式实现数据交换，提高传输速率。

无线网络的特点如下：

① 安装便捷　组网时，不需要网络布线，只需要在该区域安装一个或几个无线接入（access point）设备；

② 经济，节省成本　由于组建无线网络时不需要布线，因此节省线缆和大量布线安装成本，尤其在偏远区域，如油井的抽油机、罐区等处的检测控制设备；

③ 使用灵活　在无线网络信号覆盖范围内的任何位置，都可以方便地设置无线接入设备，使它能够进行数据通信；

④ 扩展方便　可根据应用需要，灵活选择合适的无线组网方式，合理搭配，使网络覆盖范围扩展；

⑤ 网络稳定　不会因为网络中任何一个节点的故障影响其他节点的正常通信；

⑥ 传输速率还比较慢，有一定的传输延迟　数据量大的节点需要更高性能的无线网络，如使用 COFDM（Coded Orthogonal Frequency Division Multiplexing）编码的正交频分复用调制的无线网络。

常见的无线网络如下。

① 无线局域网 WLAN（Wireless Local Area Networks）　它是利用射频 RF（Radio Frequency）技术取代传统的双绞铜线所构成的局域网络，是基于 IEEE 802.11 标准的无线局域网，使用未授权的 2.4G 或 5GHz 射频波段进行无线通信。

② ISA SP100.11a　是最常见的工业级无线传感器网络标准之一，由国际自动化学会（ISA）下属的 ISA SP100 工业无线委员会制定的第一个开放的、面向多种工业应用的标准，2014 年获批成为国际标准 IEC 62734。

根据应用的条件，ISA SP100 分为表 1-2 所示的六类应用。

表 1-2　ISA SP100 的无线网络应用的类型

类别	ISA 100	NAMUR	应用	描述	示例
安全	0	A	紧急动作	始终关键	安全联锁，紧急停车，火灾控制
控制	1	B	闭环控制	通常关键	执行器控制，快速回路控制
	2		闭环监控	通常非关键	低速回路控制，多变量控制，优化
	3		开环控制	人工控制	人工报警，安全阀遥控，人工操作设备
监测	4	C	报警	短期操作结果	基于视觉的维护，低电压报警，事件跟踪
	5		记录和上传下载	不产生直接操作结果	历史数据采集，预防性维护，事件顺序报告

注：NAMUR 是国际过程工业自动化用户协会的简称。

它遵循 ISO/OSI 的参考模型的七层结构，但只使用了其中的物理层、数据链路层、网络层、传输层和应用层等五层。为满足工业应用的需求，在工业无线市场上 ISA 100.11a 取得广泛认可。它具有下列特点：

a. 可提供等级 1 到等级 5 的各类应用，包括过程工业的应用服务、工厂自动化等；

b. 保证不同厂商设备的互操作性；

c. 使用跳信道方式支持共存和增加可靠性；

d. 使用简单应用层提供本地和隧道协议，实现广泛的可用性；

e. 针对 IEEE 802.15.4—2006 的工业安全威胁，可提供简单、灵活、可选的安全方法；

f. 支持多种网络拓扑，如星形拓扑、网状拓扑等。

③ Wireless HART　这是第一个开放式的可互操作的无线通信标准，2007 年发布 7.1 版本。它能够满足流程工业对于实时工厂应用中可靠、稳定和安全的无线通信的关键需求。Wireless HART 网使用兼容运行在 2.4GHz 工业、科学和医药（ISM）频段上的 IEEE802.15.4 标准。采用在现场实验和各种过程控制行业的实际工厂验证可靠的直接序列扩频（DSSS）、通信安全与可靠的信道跳频、时分多址（TDMA）同步、网络上设备间延控通信（latency-controlled communication）技术。

Wireless HART特点如下。

a. 易用性。由于Wireless HART是一种自组织、可治愈、自适应的网络，它能自动调整以适应工厂环境的变化。此外，有HART产品使用经历的用户能够简单、快速地与现有HART设备、工具和系统兼容。

b. 减少工程项目成本和建网时间。有线HART设备和Wireless HART设备能共存于同一系统中，良好兼容，便于系统扩展和组网。

c. 可靠性高。由于它是一种冗余的、可自愈的网络，能检测到传输路径的恶化并自动修复，还可以自动选择路径，从而绕过障碍物，还能随机地在不同信道上通信。因此，提高了数据传输的可靠性。

d. 兼容性强。能很好地与其他无线网络共存。其他无线网络可以是其他Wireless HART网络或者其他非Wireless HART网络。Wireless HART网络中的报文传送高度同步，这样既能提供实时报文传输，又能优化通信的宽带和调度。

e. 安全性好。Wireless HART网络采用强健的安全措施保证网络和数据的安全。例如，多个子层使用工业标准的128位AES加密算法；数据链路层的网络密钥用于认证每次数据传输；网络层，每个会话都有不同的钥密以加密和认证；在时隙层面上采用跳信道技术；大功率传输用于应对高噪声环境，小功率传输用于覆盖小区域的网络等。此外，在整个网络生命周期中，网络管理器会周期更换网络中所有秘钥。

④ OneWireless　2007年，Honeywell公司推出兼容ISA 100.11a标准的OneWireless无线网络方案。特点如下：

a. 一个无线平台支持多种应用，如支持过程参数监控、无线视频监视、移动设备即时定位、设备状态诊断（如振动、转速、位移等）、管道腐蚀监测等；

b. 一个无线平台支持多种通信协议，如支持HART、Profinet、FF、OPC、Modbus TCP/IP、Modbus RTU、DeviceNet等；

c. 无线网络连接的现场设备种类齐全，可以是HART设备、4～20mA模拟设备、热电偶、热电阻、阀位、DI或DO，甚至可经无线读表器连接就地显示的压力表、温度计等；

d. 无线网络连接设备除了可监测常见的生产过程参数，如温度、压力、流量、物位等外，还可以监测管道腐蚀监测、设备状态诊断等特殊参数；

e. 现场无线设备刷新速度快，多功能节点刷新速度达54Mbps，为无线传输参数用于重要场合的闭环控制创造了条件；

f. 传输距离远，变送器同功能节点间通信距离可达610m～4km，两个多功能节点间通信距离达1～10km，一个无线OneWireless网络覆盖面积可达数十平方千米；

g. 现场无线设备电池使用寿命长，25℃环境温度下刷新速度1s时，可达4.5年以上；

h. 扩展方便，刷新速度为1s时现场无线设备达800台，刷新速度为30s时现场无线设备可达3200台；

i. 支持移动设备，如移动工作站、Intel Trac PKS无线手持巡检设备等；

j. 经XYR400E无线转接设备，可无线连接第三方设备，例如RS-232、RS-485、以太网、其他第三方设备（如PLC、照相机、报警盘）等。

⑤ WIA-PA　WIA-PA（Wireless Networks for Industrial Automation Process Automation）是中国工业无线联盟开发的具有自主知识产权的用于工程过程自动化的无线网络。该无线网络是基于IEEE 802.15.4标准的自组织修复的网络，其特点如下。

a. 支持多种网络拓扑结构，如星形拓扑、Mesh网状及星形和网状混合的两层拓扑。

b. 支持报文的聚合和解聚。报文聚合是将多个应用对象的数据包合并成一个包。报文解聚是其反过程。WIA-PA网络提供两级聚合，以减少转发报文数，减少通信频率。而Wireless

HART 和 ISA 100.11a 网不支持报文的聚合功能。

c. 提供通信的高可靠性。采用多信道通信，提高系统容量；采用冗余、自组织路由技术，使每个设备至少有 2 个可用通信路径，提高其通信的可靠性。

d. 兼容其他通信协议。例如，开发无线 HART 适配器等产品，可将 HART 设备升级为 WIA-PA 仪表；支持 RS-485/RS-232 总线产品升级等。

e. 采用基于时分多址 TDMA 休眠模式，支持报文聚合和解聚，采用先进时隙内节能调度等，降低网络开销，延长了电池使用寿命。

f. 面向由簇首构成的 Mesh 结构的集中式管理架构和面向簇的分布式管理架构。网络管理者主要负责集中管理功能，即构建和维护由路由设备构成的 Mesh 结构。簇首作为网络管理者的代理，主要执行管理功能。

g. 超帧结构。用于解决无线传输数据的效率和处理无线传输的资源有限的矛盾。分活动期和非活动期两部分。活动期分为 CAP（进行设备加入，簇内管理和重传）和 CFP（进行移动设备与簇首间的通信）；非活动期则完成簇内通信、簇间通信以及休眠。

h. 三种多路存取机制。分为具有确定性通信和随机通信两种，设计了时分多路存取 TDMA、频分多路存取 FDMA 和载波侦听多路存取 CSMA 三种机制。在超帧内，信标帧、CFP、簇内通信和簇间通信阶段为 TDMA；CAP 阶段为 CSMA。在超帧间，不同簇超帧的活动期采用 FDMA 机制，使用不同的信道。

i. 产品由国内生产，价格远低于国外产品，具有价格优势，已经在冶金、石化等领域取得应用。

1.3.4 功能安全

2000 年 2 月，国际电工委员会（IEC）发布功能安全基础标准 IEC 61508（GB/T 20438 等效该国际标准），解决了多年困扰的对复杂安全系统功能安全保障的理论与实践问题。IEC 61508 标准实现了安全技术和管理理论的突破，首次提出安全完整性等级（SIL：Safety Integrity Level）。功能安全正成为国内外自动化及安全控制领域一个快速发展的技术热点。目前国际上，IEC 61508 已成为用户的一种必需。

IEC 61508 由下列七部分组成：

① 一般需求，如主要概念、安全生命周期、文档编制和 SIL 等级等；

② 电气/电子/可编程电子系统的需求，如对设备和系统的要求，包括随机和系统故障问题；

③ 软件需求，描述避免失效的方法；

④ 定义和缩略语；

⑤ 确定安全完整性等级方法的实例；

⑥ IEC 61508-2 和 IEC 61508-3 的应用指南；

⑦ 技术和方法概述，给出测试方法，简短注释和部分参考资料。

安全完整性（safety integrity）是在规定时间周期内和规定条件下，安全相关系统（safety-related system）成功地完成所需安全功能的能力。安全完整性分系统故障和随机故障完整性。系统故障完整性用质量管理、安全管理和技术安全等定性指标反映。安全相关系统的安全完整性等级应根据失效模式效应后果分析（FMEDA）和根据要求时均失效概率（PFD）计算出可以容忍的故障率，然后，确定系统的安全完整性等级。

安全生命周期是从方案确定阶段开始到所有电气/电子/可编程电子安全相关系统、其他技术的安全相关系统、外部风险降低设备不再可用时为止的时间。

安全功能是对某个具体潜在危险事件的保护措施。功能安全是安全相关系统在出现危险条件下能够正确执行其安全功能。通常，采用安全完整性等级 SIL 来评估安全仪表系统（SIS：

Safety Instrument System）的安全等级。SIL 3等级可满足流程工业应用时的要求，SIL4等级主要用于对安全极为重要的核能工业。提高SIL的方法有选用SIL等级高的仪表、缩短测试周期、改变系统结构和使用冗余结构等。

为满足功能安全的设计要求，常用下列风险评估方法：

① 故障树分析（FTA）；

② 事件树；

③ 故障模式影响及危害性分析（FMECA）；

④ 原因后果分析（CCA）；

⑤ 危害和可操作性分析（HAZOP）。

安全仪表系统SIS指传感器、逻辑控制器和最终执行元件等，按照一定的安全完整性等级能够实现一个或多个安全仪表功能（SIF：Safety Instrumented Function）的系统。通常，安全仪表系统独立于过程控制系统，独立完成安全保护功能。一些集散控制系统制造商推出经认证的可伸缩智能安全仪表系统。由于安全和过程控制应用在同一系统环境下执行，甚至在同一控制器中执行，因此，一些制造商还提供各种应用之间安全、实时的交互操作，消除在系统工程阶段和操作应用时必须面对两套系统（过程控制系统和安全保护系统）的麻烦，并由此带来的整个生命周期内的额外费用。集散控制系统与安全仪表系统的集成，使应用项目的工程、培训、操作、维护及备品备件等费用下降，系统优化。

安全保护系统和过程控制系统被集成在同一环境下时，集散控制系统的自诊断能力和经过认证的防火墙机制，可完全消除系统安全回路和过程控制回路相互影响产生的故障。

在本安电源的多种防爆方法中，本质安全型与隔爆型应用最广。本安防爆具有可带电测量、调节与维修、连接方便、对外壳要求简单和制造成本较低等优点；缺点是有效输出功率非常低等。现在，已有两种本质安全电源新概念：一是DART（动态火花的识别与消除）模型；二是PLS（模拟线性化）模型。这两种模型都在电源、连接线及负载满足系统最优前提下，极大地提高了电源效率，拓展了本安防爆的应用范围。这两种模型都可与现存的总线系统（如FISCO模型）结合使用。

IEC 61511标准（GB/T 21109等效该国际标准）由框架、定义、系统、硬件和软件要求，应用导则，确定安全完整性等级的导则等三部分组成。IEC 61511向希望实现安全仪表系统的所有用户提供最好的功能安全指导，因此，IEC 61508是通用功能安全标准，能够应用于所有与安全相关的系统和外部风险评估。IEC 61511是针对流程工业安全仪表系统的功能安全标准。

1.3.5　虚拟化技术和云计算

(1) 虚拟化技术

集散控制系统在管理层面也采用了一系列技术。虚拟化（virtualization）技术是一种将一台计算机虚拟为多台逻辑计算机的技术。一台计算机上同时运行多个逻辑计算机，每个逻辑计算机运行在不同的操作系统，并且应用程序都可在相互独立的空间内运行而互不影响，从而显著提高计算机的工作效率。虚拟化技术的优点如下。

① 扩大硬件容量，简化软件重新配置。即用一台计算机的CPU来模拟多台逻辑计算机的多CPU并行运行，允许在一个平台同时允许多个操作系统，而应用程序可以相互独立运行，互不影响，从而提高计算机工作效率。

② 与VMware Workstation软件不同的是虚拟化技术不仅可达到虚拟效果，它还是一个能够减少软件虚拟机相关开销和支持更广泛的操作系统。

③ 资源的虚拟化不受现实、地理位置或底层资源的物理配置的限制。这里的资源可以是硬件，如服务器、磁盘、网络和仪表，也可以是软件，如Web服务等。

④ 降低成本。为培训操作人员，通常需要一台计算机来模拟实际生产过程，并进行培训。

采用虚拟化技术，可将实际生产过程的大量数据组成一个系统，并用虚拟化技术对操作人员进行实训，充分发挥仿真系统优势，降低投资成本，缩短调试时间。一些集散控制系统供应商已经提供了这样的培训平台，可针对有关工艺装置进行操作培训。

⑤ 提高系统安全性。集散控制系统的工程平台可实现虚拟化，当该平台发生故障时，可及时更换到位于远端区域的虚拟工程平台，提高系统安全性和可靠性。此外，对集散控制系统的硬件资源，通过虚拟化技术，可充分利用硬件资源，降低成本和维护时间。

虚拟化分为完全虚拟化和准虚拟化。完全虚拟化是在操作系统和硬件之间的敏感指令等软件，在客户操作系统中无需修改，可直接运行。准虚拟化是为应用程序提供与底层硬件相似但不相同的软件接口，客户操作系统需要进行修改才能运行。虚拟化也可分为硬件虚拟化和软件虚拟化。硬件虚拟化指可以像真实计算机一样在客户操作系统中运行程序。软件虚拟化指操作系统支持多用户，如支持 Windows 2016，也支持 Win 10 操作系统等。

(2) 云计算

云计算（cloud computing）是一种按使用量付费的模式。这种模式提供可用的、便捷的、按需的网络访问，进入可配置的计算资源共享池（资源包括网络、服务器、存储、应用软件、服务），这些资源能够被快速提供，只需投入很少的管理工作，或与服务供应商进行很少的交互。

云计算是分布式计算、并行计算、效用计算、网络存储、虚拟化、负载均衡、热备份冗余等传统计算机和网络技术发展融合的产物。“云”是网络、互联网的一种比喻说法，包括云主机、云空间、云开发、云测试和综合类产品等。云计算服务指将大量用网络连接的计算资源统一管理和调度，构成一个计算资源池向用户提供按需服务。像单台发电机向电厂集中供电转移一样，将下层各计算机的计算通过互联网转送到云端的服务器，由它完成有关计算，然后，将运算结果送有关计算机，从而降低成本，充分利用资源。

云计算的特点如下。

① 超大规模　一个企业可能拥有上百台到上千台服务器，用于云计算的服务器通常可达几十万台到几百万台服务器，因此，云计算具有超级大的规模。

② 虚拟化操作　云计算支持用户在任意位置、使用各种终端获取应用服务。用户并不需要知道云计算是在什么位置，只需要通过互联网获得计算结果，这些云计算的操作是通过虚拟化技术实现的。

③ 高可靠性　云计算采用多种提高可靠性的措施，如用数据容错、计算节点同构互换等保证服务的高可靠性。

④ 强通用性　由于云计算不是针对特定应用，因此，它的通用性强。对企业而言，企业的各类输入和输出信号等都可以在云端实现计算。不同操作系统的数据可在云计算时相互转换。

⑤ 高可扩展性　根据应用的要求，云的规模可大可小，能够适应用户扩展的需要。

⑥ 按需服务　云的本质是一个资源池，因此，不同应用对资源的需求是不同的。云计算可根据用户应用的不同需求提供不同的服务。

⑦ 廉价　由于云的特殊容错措施，可以采用极其廉价的节点来构成云。云的自动化集中式管理，使大量企业无需负担日益高昂的数据中心管理成本。云的通用性，使资源的利用率较之传统系统大幅提升，因此用户可以充分享受云的低成本优势，经常只要花费几百美元、几天时间就能完成以前需要数万美元、数月时间才能完成的任务。

⑧ 潜在的危险性　云计算服务垄断在私人机构（企业）手中，它们仅能够提供商业信用。因此，大量的政府部门、金融部门、军事部门的大量数据如何在云计算过程中保证其安全性是十分重要的。这是云计算的潜在危险。

云计算包括基础设施即服务（IaaS：Infrastructure-as-a-Service）、平台即服务（PaaS：Platform-as-a-Service）和软件即服务（SaaS：Software-as-a-Service）。基础设施即服务指消费者通过互联网可从完善的计算机基础设施获得服务，如硬件服务器租用。平台即服务指将软件研发的平台作为一种服务，以SaaS的模式提交给用户，如软件的个性化定制开发。软件即服务指通过互联网提供软件的服务模式，如租用基于Web的软件来管理企业经营活动。

海量终端设备互联模式对资源请求的响应时间和安全性提出更高要求，工业现场等延迟敏感的应用环境中，当数以百万的智能设备请求服务时，当前的云计算架构很难满足智能设备对移动支持、位置感知和低延迟的需求，催生了在边缘侧数据处理的模式。边缘计算通过赋予边缘侧的智能设备执行计算和数据处理能力，结合当前的云计算集中式数据处理模型，降低云中心的计算负载，减缓网络带宽压力，提高了海量设备数据的处理效率。

边缘计算（edge computing）是在使用的端点设备或嵌入在我们周围的端点设备，采用网络、计算、存储、应用核心能力为一体的开放平台，就近提供最近端服务，从而保持流量和处理的本地化，减少网络流量和缩短延迟。边缘计算处于物理实体和工业连接之间，或处于物理实体的顶端。而云计算，仍可访问边缘计算的历史数据。可认为云计算是集中式大数据处理，边缘计算是边缘式大数据处理。边缘计算主要用于实现本地的一些应用，如数据的汇集协同、规划与分析问题、解决数据的呈现问题等。规范与经济性是边缘计算的关键。而边缘计算的意义是使整个用户的生产能够更经济地运行，提高企业应对变化的能力。而边缘计算需要的是数据的规范。例如，RAMI4.0是我国对计算侧信息模型构建的帮助和规范。

集散控制系统中的云计算服务包括大数据分析、虚拟化技术、智能管理等内容。

（3）大数据分析

集散控制系统每时每刻都在采集各种生产过程的实时数据，这些数据即为大数据。大数据分析（big data analysis）是通过一定的分析工具，从大量的数据中找出有利于生产过程运行的分析结果。例如，预测某一执行器的磨损情况，提供某过程的最优操作条件等。

大数据指无法在一定时间范围内用常规软件工具进行捕捉、管理和处理的数据集合，是需要新处理模式才能具有更强的决策力、洞察发现力和流程优化能力的海量、高增长率和多样化的信息资产。这些数据可以是结构化数据，也可以是非结构化数据。通常，大数据分析与云计算结合应用。大数据的特点是容量大、数据类型众多、数据获得速度快、对数据处理干扰的可变性、数据的复杂性和合理利用大数据可获得的高附加值等。

大数据分析包括下列六方面内容。

① 可视化分析　数据可视化是数据分析工具最基本的要求。它将数据用可视化的方法展现，如将月报表的数据展现为曲线或表格等。

② 数据挖掘　对获得的数据进行分析，建立数学模型，查找特定类型的模式和趋势。算法使用此分析在许多次迭代中的结果来查找用于创建挖掘模型的最佳参数。常用算法有分类算法、回归算法、分段算法、关联算法、顺序分析算法等。

③ 预测性分析　根据可视化分析和数据挖掘的结果做出一些预测性的判断。例如，预测某执行器出现卡死的规律，分析某输入输出卡件可能出现异常的时段（如梅雨季节）等。

④ 语义引擎　将文字描述转换为数字化数据。例如，模糊控制中常用的模糊化等，将模糊的文字“温度高”表示为某一特定的温度范围。

⑤ 数据质量和数据管理　通过标准化的流程和工具对数据进行处理，获得一个预先定义的高质量分析结果。例如，剔除抖动数据或误码数据等。

⑥ 数据仓库　根据不同类别进行分类，将大数据存储在数据仓库。提供数据抽取、转换和加载功能，可对数据进行查询和访问，为联机数据分析和数据挖掘提供数据平台。

集散控制系统中可通过设备管理系统AMS等软件获得大量数据，将这些数据进行分析，对生产过程的控制、管理和维护等提出合理化建议，指导生产过程高效、稳定、可靠运行。

增强分析（augmented analytics）是利用机器学习来彻底改变开发、使用和共享分析内容的深度学习技术，将成为数据准备、数据管理、现代分析、业务流程管理、流程挖掘和数据科学平台的重要功能。

1.3.6 标准化

(1) 标准化

全国自动化系统与集成标准化技术委员会（China National Technical Committee for Automation Systems and Integration Standardization）由国家质检总局、国家标准化管理委员会领导。它下面的全国性标准化技术工作组织（编号 SAC/TC159），主要负责产品设计、采购、制造和运输、支持、维护、销售过程及相关服务的自动化系统与集成领域的标准化工作，包括信息系统、工业及特定非工业环境中的固定和移动机器人技术、自动化技术、控制软件技术及系统集成技术。

表 1-3 是与集散控制系统有关的国际标准（和国家标准）。

表 1-3 集散控制系统有关的国际标准（和国家标准）

类型	标准编号		标准名称
现场设备集成	IEC 61804	GB/T 21099	过程控制用功能块
	IEC 62453	GB/T 29618	现场设备工具(FDT)接口规范
	IEC 62769		现场设备集成(FDI)
	IEC/TR 62795	GB/T 34076	现场设备工具/设备类型管理器和电阻设备描述语言的互操作性规范
属性列表	IEC 61987	GB/T 20818	工业过程测量和控制　过程设备目录中的数据结构和元素
对象模型	IEC 62541	GB/T 33863	OPC UA 统一体系架构
	IEC 62714		工业自动化系统工程中使用的工程数据交换格式
	IEC 62264	GB/T 20720	企业控制系统集成
自动化系统	IEC 62443	JB/T 11960	工业过程测量、控制和自动化 网络与系统信息安全
	IEC 61010	GB 4793	测量、控制和试验用电气设备的安全要求
	IEC/TR 62837	GB/T 35115	工业自动化能效
现场设备	IEC 61003		工业过程控制系统 有模拟输入端和两个或多个状态输出端的仪表
	IEC 60770	GB/T 17614	工业过程控制系统用变送器
	IEC 61131	GB/T 15969	可编程逻辑控制器
	IEC 60534	GB/T 17213	工业过程控制阀
现场总线通信	IEC 61158	GB/T 25105	工业通信网络 现场总线规范
	IEC 61784	GB/T 34040	工业通信网络 功能安全现场总线行规
无线通信	IEC 62734		工业通信网络 现场总线规范 工业自动化无线系统:过程控制及相关应用
	IEC 62591	GB/T 29910.5	工业通信网络 无线通信网络和通信协议 Wireless HART
	IEC 62601		工业通信网络 现场总线规范 WIA-PA 通信网络和通信协议
	IEC 62734		工业通信网络 无线通信网络和通信协议 ISA 100.11a
功能安全和保障	IEC 61508	GB/T 20438	电气/电子/可编程电子安全相关系统的功能安全
	IEC 61511	GB/T 21109	过程工业领域安全仪表系统的功能安全
	IEC 62443	GB/T 35673	工业通信网络　网络和系统安全
	IEC 62061	GB/T 28526	机械安全-与安全有关的电气、电子和可编程电子控制系统的功能安全
EMC 电磁兼容	IEC 61326	GB/T 18268	测量、控制和实验室用电气设备 电磁兼容性要求
报警管理	IEC 62682		工业过程报警系统的管理
全生命周期	IEC 62890		工业过程测量控制和自动化系统和产品生命周期管理

标准化是对重复性的事物和概念，通过制定、发布和实施标准达到统一，以获得最佳秩序和社会效益。通过标准化以及相关技术政策的实施，可以整合和引导社会资源，激活科技要素，推动自主创新与开放创新，加速技术积累、科技进步、成果推广、创新扩散、产业升级以及经济、社会、环境的全面、协调、可持续发展。

(2) 系统集成

通常，集散控制系统的输入输出卡件按输入输出信号的类型分类，如模拟量输入卡、模拟量输出卡、数字量输入卡、数字量输出卡，脉冲量输入卡等。为降低用户的备品备件数量，降低用户成本，也会提供一体化的卡件，如模拟量输入输出卡、数字量输入输出卡。

对一些远程的应用，可能既有模拟量又有数字量和脉冲量的应用，为此，用户必须配置一定的输入输出卡件。为适应这类应用场合的要求，如油田的抽油机安装地点孤立，各种信号并存应用，部分集散控制系统供应商推出了通用型输入输出卡件。例如，Honeywell 公司的 UIO 卡，它通过软件设置信号的类型，极大地方便了用户的应用，降低了成本，并且有利于系统的扩展。

此外，第三方控制系统可方便地与原有控制系统无缝连接，也为整个系统的集成提供了坚实基础，采用 OPC UA 技术，为不同供应商的系统集成提供了有效的工具。总之，将整个工厂、企业或集团的生产运行、采购和计划调度及整个企业的管理集成在一起已经成为可能。

系统集成（SI：System Integration）是通过结构化的综合布线系统和计算机网络技术，将各个分离的设备（如个人电脑）、功能和信息等集成到相互关联的、统一和协调的系统之中，使资源达到充分共享，实现集中、高效、便利的管理。系统集成采用功能集成、BSV 液晶拼接集成、综合布线、网络集成、软件界面集成等多种集成技术。

系统集成是一种新的服务方式。它采用最优化统筹设计，包括计算机硬件、软件、操作系统技术、数据库技术、网络通信技术等集成，及不同厂商成品的选型、组合的集成等，最终系统的集成达到整体性能最优。系统集成的特点如下：

① 以满足用户需求为根本出发点，最终目标是用户需求的最优化；

② 系统集成不是产品最好的简单行为，它是最适合用户的需求和投资规模的产品和技术；

③ 系统集成也不是简单的设备投资，它更多体现在设计、调试和开发技术和能力的优化；

④ 系统集成包括技术、管理和商务等，是一项综合性的系统工程，技术是系统集成的核心，管理和商务是系统集成成功的可靠保障；

⑤ 性能价格比是评价系统集成是否合理和实施是否成功的重要因素。

系统集成包括设备系统集成和应用系统集成。设备系统集成指硬件系统集成，它利用综合布线技术、通信技术、网络互联技术、人机交互技术、安全防范技术、网络安全技术等将相关设备、软件进行集成设计、安装调试、界面定制开发和应用支持。应用系统集成指从系统高度为客户需求提供应用的系统模式及实现该系统模式的具体技术解决方案和运行方案，因此应用系统集成也称为行业信息化解决方案集成。

以集散控制系统为基础，将安全仪表系统、可燃有毒气体报警系统、机组控制系统和监控系统及各级可编程控制器的所有信息集成，实现车间、企业的系统集成。

1.3.7 软件定义

随着计算机技术、互联网、物联网和移动通信技术的发展，工业软件也随之取得飞速发展。计算和存储能力的迅速提升，软件开发技术的不断创新，虚拟现实/增强现实以及三维技术的普及，为工业软件发展带来新的机遇。

软件的发展分为三个阶段。早期是软硬件一体化阶段，从程序变为软件，一直作为硬件的一个附属品存在。第二阶段是 20 世纪 70 年代中期，软件作为独立产品并形成巨大产业，应用覆盖各行各业。20 世纪 90 年代中期，随着互联网商用起步，软件产品走向网络化、服务化。互联网创造了新的应用和经济模式。

软件定义源于 2008 年斯坦福大学的一个项目，2013 年正式在云中心落脚，广泛地应用于云的网络管理。软件定义的网络在 2015 年 Gartner 的报告中首次出现。

软件定义表示所有关键的非服务器、IT 基础设施都可用软件实现，它适用于整个服务资源。

软件定义网络 SDN（Software Defined Network）的本质是硬件层、控制层和应用层分开，通过一个应用编程结构对网络设备进行任意的编程，从而可以实现新型的网络协议、新型的投入结构，而不需要改变网络设备的硬件本身。因此，从本质看，软件定义的原理和计算机操作的原理相同。

SDN在技术理论上飞速发展，形成了SDN、SD-WAN和SD-branch。

SD-WAN是软件定义广域网，它在一个或多个的不同物理网络或网络服务之上建立一个“虚拟网络”，在WAN网络中部署SDN技术，主要是利用软件优势提升网络性能，降低成本，同时保证安全稳定性，而且部署简便。

SD-branch是软件定位分支机构，是通过将多个功能整合到单个基于软件的IP服务平台中，将WAN和分支结合到简化的网络、安全和WAN架构中的架构方式。SD-branch考虑安全问题，解决网络中最大的安全风险。

软件定义的进展包括横向的延伸，即IT领域出现了软件定义硬件，如软件定义的存储、软件定义的计算、软件定义的环境以及软件定义的数据中心等，还包括向物理世界的延伸，如软件定义的城市。这里，城市操作系统同样可以分成三个层次：设备层、控制层和上面的应用层。

(1) 软件定义的软件系统

软件定义的产品、软件定义的机器、软件定义的数据中心、软件定义的网络、软件定义的业务流程等用软件定义的各种软件系统相继出现。它允许硬件改变其性能而不需要进行硬件的改变。例如，集散控制系统中通用输入输出模块，其硬件是相同的，通过软件改变硬件中的切换开关，从而实现输入或输出的不同功能，实现模拟量、数字量或脉冲量信号的切换等。

(2) 软件应用模式

早期的软件应用模式是单机应用，采用客户机/服务器的模式。为防止软件客户的盗用和安全使用，通常需要硬件狗进行解密。随后出现了网络版的软件模式，在该网络上的客户可以使用该软件。

ERP、MES等管理软件就是基于客户端/服务器的模式进行工作的。这种模式下，在客户端和服务器都需要安装软件，在服务器安装数据库。

随着互联网的应用，一些工业软件已经采用浏览器/服务器的模式。这时客户端不需要安装软件，使软件升级和迁移变得方便。而服务器虚拟化、桌面虚拟化等技术也帮助客户更方便地使用服务器资源。

(3) 工具软件销售的革命

工具软件的销售方式从早期的销售许可证模式转向订阅模式。早期工具软件采用用户向软件公司购买软件使用许可证，工具软件安装在用户计算机。现在则采用用户向软件公司订阅软件，软件可以仍安装在用户计算机，也可以安装在软件公司的云端，用户只有订阅才能获得授权密码。

例如，早期用户向集散控制系统制造商购买硬件设备，同时购买软件，软件安装在集散控制系统的设备内。随着软件技术的发展，今后，一些集散控制系统制造商只提供硬件，软件供应商将提供有关的软件，用户需要定期向软件供应商订阅软件使用权，并获得有关授权密码。

(4) 工业APP

工业软件正解构为运行在云平台或工业互联网平台上的工业APP。工业APP蕴含了工业技术和Know-how。随工业PaaS标准的不断完善，不同企业开发的工业APP将可实现互操作。图1-8是工业APP参考模型。

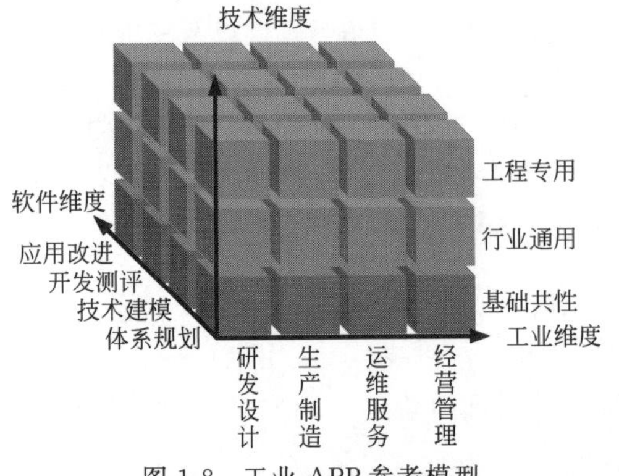

图1-8　工业APP参考模型

工业APP参考模型的三个维度分别是工业维度（分为研发设计、生产制造、运维服务和经营管理)、软件维度（分为体系规划、技术建模、开发测评和应用改进）和技术维度（分为基础共性、行业通用和工程专用)。

工业维度包括工业产品及相关生产设施从提出需求到交付使用，具有较完整的工业生命周期。软件维度包括按照工业技术转换为工业APP的开发过程以及参考软件的生命周期。技术维度指开发各类工业产品需要的不同层次的工业技术，如机械、电子、光学等原理性基础工业技术形成了基础共性APP；航空、航天、汽车和家电等各行业的行业通用工业技术形成了行业通用APP；企业和科研院所产品型号、具体产品等特有的工业技术形成了工程专用APP。一些集散控制系统供应商已经开发了针对某一流程或装置的工业APP。

工业APP是基于工业互联网，承载工业知识和经验，满足特定需求的工业应用软件，是工业技术软件化的重要成果。它是面向工业产品全生命周期相关业务（设计、生产、实验、使用、保障、交易、服务等）的场景需求，把工业产品及相关技术过程中的知识、最佳实践及技术诀窍封装成应用软件。其本质是企业知识和技术诀窍的模型化、模块化、标准化和软件化，能够有效促进知识的显性化、公有化、组织化、系统化，极大地便利了知识的应用和复用。工业APP具有轻量化、定制化、专用化、灵活和复用的特点。

(5) 开放自动化

软件应用的容器化（containerization）是开放自动化的特性。首先，早期工业自动化原有的业务模型日趋陈旧，必须进行升级和迁移；其次，计算机软件急速的发展和来自云计算的实践，造成过程自动化与工厂自动化、工业互联网、工业物联网的融合。其结果是软件应用的容量化。

新一代开放式自动化装置的基本要求如下：

① 能够低成本替代原有的计算机控制装置，并能够根据现场要求配置控制系统；

② 能够使用先进的边缘设备，但保留或沿用原有的I/O及相应的布线；

③ 能够保留原有系统中大量的运行数据和知识库；

④ 具有良好的工业APP软件的可移植性，便于与第三方软件实现软件集成；

⑤ 要求能够用高可用性的实时数据中心构成虚拟化系统，既可连接边缘设备、单通道模块构成分布式的控制节点DCN，执行常规或智能的现场输入输出数据的采集和执行，也能够在虚拟化系统中运行工业APP市场流动性强、精巧的开发工具，加强OT与IT的融合；

⑥ 网络安全、信息安全和功能安全是新一代开放式自动化装置需要解决的问题。

美国开放集团（Open Group）接受美国埃克森美孚的要求，开发了开放流程自动化的OPAF标准过程控制架构，创建了开放流程自动化论坛。2019年2月发布O-PAS标准。标准分5部分。图1-9是OPAF标准过程控制架构的范围。图1-10是O-PAS标准技术架构的概念图。

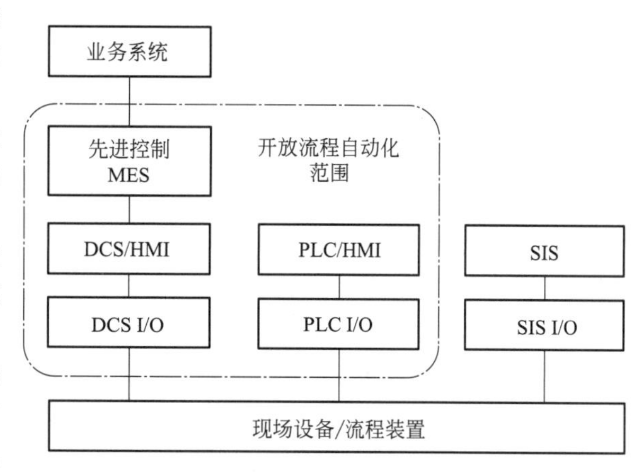

图1-9　OPAF标准过程控制架构的范围

图1-10中，符合O-PAS标准的组件和不符合O-PAS标准的组件可以在统一的操作环境和平台运行。例如，原有的DCS、PLC、分析仪、现场网络设备、机器监视、安全系统和电气系统等，当不符合O-PAS标准时，都可以经DCN或嵌入式DCF，实现与符合O-PAS标准的设备和系统实现数据交换和操作。

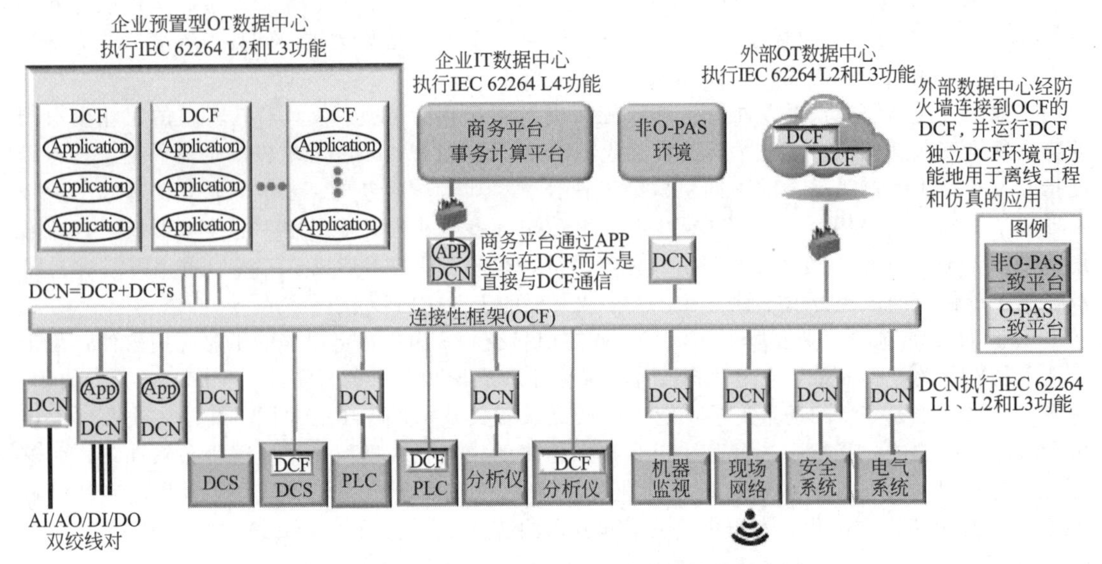

图 1-10　O-PAS 组件的过程自动化系统的概念图

OPAF 定义分布式控制节点 DCN（Distributed Control Node）。这些节点是由分布式控制框架 DCF（Distributed Control Frame）和分布式物理基础设施 DCP（Distributed Control Physical Infrastructure）组成。

处理企业业务的事务性平台（即企业的 IT 数据中心）和非 OPAF 环境的系统平台（例如，传统 DCS、PLC、常规分析仪表系统、电气系统和机器监控系统等），都可经 DCN 接入开放式连接性框架 OCF。

OPAF 计划将 L2 和 L1 的功能标准化，实现现场设备和仪表的基本输入和输出功能，实现控制功能。这些功能目前是由各制造商的 DCS 和 PLC 实现的，OPAF 计划通过将这些功能的边缘化，将 DCS 和 PLC 系统逐步升级和迁移到这些边缘计算设备，不仅实现分散控制功能，而且解决互操作和互联的功能。

OPAF 采用面向对象的程序设计语言，包括对象、类、接口、方法、继承、引用等功能，也采用了有效的标准，例如 OPC UA 标准、工业自动化控制系统（IACS）ANSI/IEC 62443 安全标准、ISA 95/IEC 62264 标准、分布式管理任务组（DMTF：Distributed Mana gement Task Force）的 Redfish 标准等。

图 1-11 是 O-PAS 标准定义的接口。图中，带虚线和实心黑色圆的带上标 1 的接口表示物理接口，例如 DCP 网络物理接口、DCP I/O 物理接口。带实线的接口表示软件接口。带上标 2 的接口表示由配置文件定义的可选接口，例如连接框架软件接口、DCP 服务接口等。带上标 3 的接口提供使用 DCF 服务来功能地使用 OCF，例如连接性框架接口。带上标 4 的接口带灰色实心圆的接口是管理工具接口，例如组态管理工具接口、应用管理工具接口、安全管理 DCF 接口、安全管理 DCP 接口和系统管理接口等。

安全等级是 O-PAS 标准的关键概念。安全等级有三个不同的类型。

① 目标安全等级（SL-T）：特定自动化解决方案所需的安全等级。由资产拥有者定义或由系统集成商/服务供应商与资产拥有者合作根据风险评估定义。

② 能力安全等级（SL-C）：正确组态后一个组件可提供的安全等级。由产品供应商定义。根据一致性测试或认证来证明。

③ 已达到的安全等级（SL-A）：对特定的自动化解决方案，在其实现后实际达到的安全等级。它由系统集成商/服务供应商提供给资产拥有者的证明。

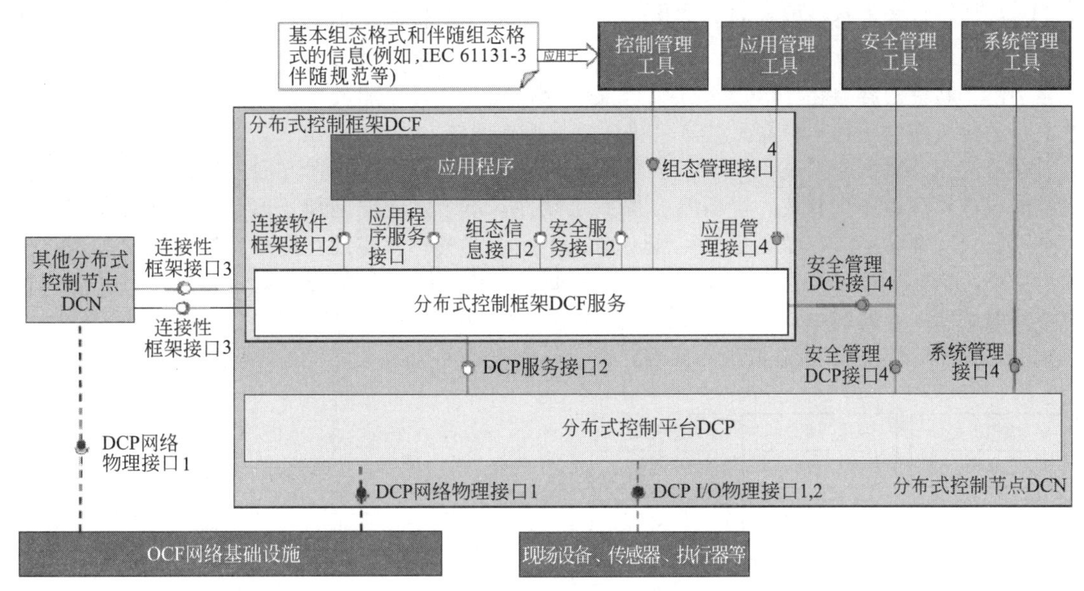

图 1-11　O-PAS 标准定义的接口

为 O-PAS 标准的使用，安全等级引用能力安全等级（SL-C）。根据 O-PAS 标准的互操作性要求，具有 ANSI/ISA 62443 系列 SL2 能力的组件规定作为最小的安全等级。

图 1-12 描述了 O-PAS 标准的信号信息模型。

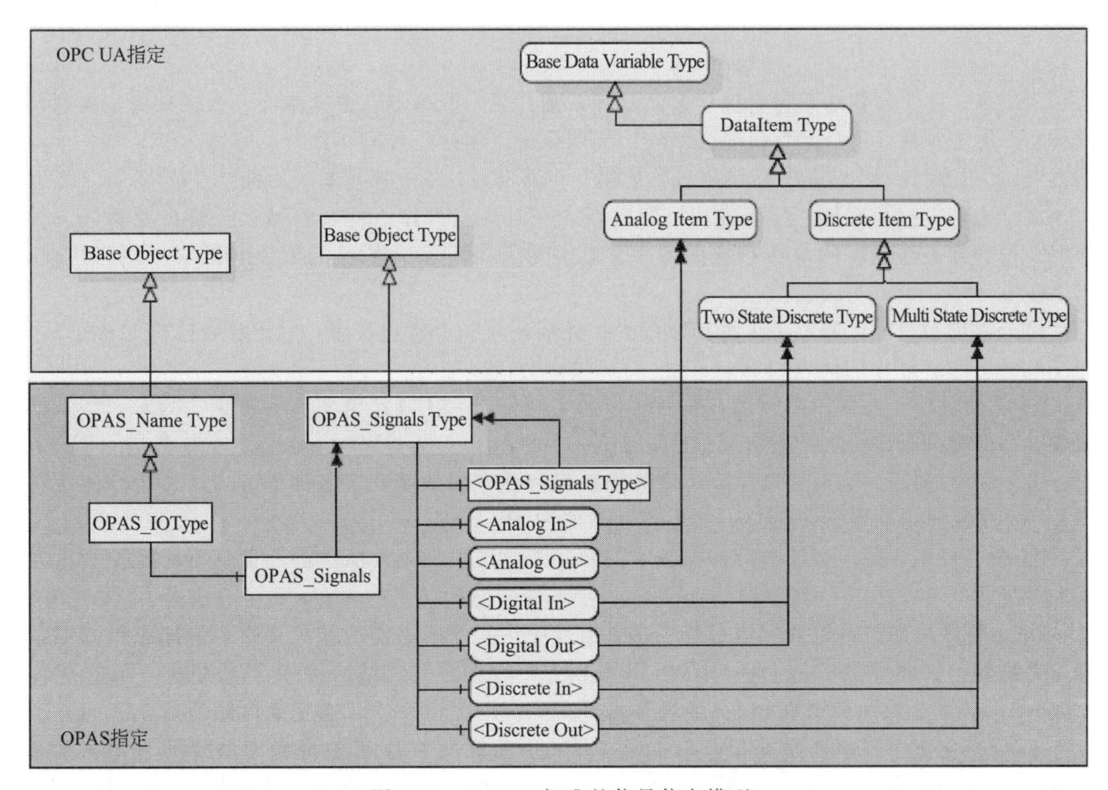

图 1-12　O-PAS 标准的信号信息模型

O-PAS 标准信号信息模型定义一组基本类型的定义和与它们有关的递阶结构，确保符合 O-PAS 标准的产品之间的互操作性。其基本内容符合 OPC UA 标准。

当软件应用程序移植到不同的环境时，软件应用程序将面临不兼容问题，例如功能不起作用、错误浮出水面和软件崩溃等。其原因是主机环境的技术、代码、文件或配置可能与源环境明显不同。软件的容器化技术是将主机环境差异排除在外，应用程序驻留在容器中，使应用程序平稳运行所需的一切。容器只共享主机环境的操作系统。

容器使用共享操作系统，几乎不依赖于主机环境。因此，在效率方面，容器比虚拟机中使用的虚拟机管理程序更有效。容器不会虚拟化硬件，不会对资源施加任何压力。通常，容器的大小可能只有几兆字节，而虚拟机可能占用几千兆字节的存储空间。此外，容器的启动快，资源占用小，容器还可以包含多个应用程序，因此，可构建隔离的标准化的运行环境，并实现横向扩展的应用。容器的一个非常有益的方面是它们基于开源概念。

图 1-13 所示为容器和虚拟机的区别。

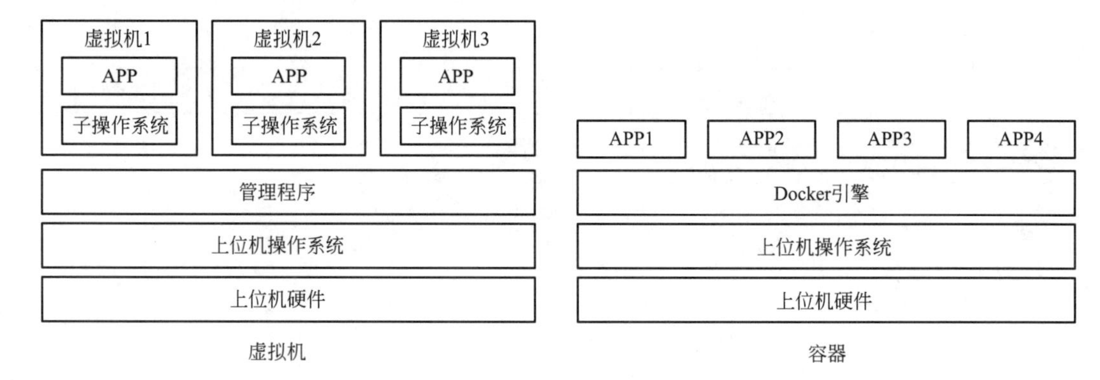

图 1-13 虚拟机和容器的区别

近年来，由于容器的开源概念，它已经传播到计算、服务器、数据中心、云、桌面、物联网和移动的各个领域，每个行业和垂直市场，例如金融、医疗、政府、旅游、制造，以及每一个使用案例，例如现代网络应用、传统服务器应用、机器学习、工业控制系统、机器人技术。

虚拟机包括操作系统。使用虚拟机的缺点之一是启动操作系统及初始化托管会花费几分钟时间。而容器是轻量级的操作系统的虚拟化，只需几兆字节。从性能看，容器表现更为快速，可实现秒启动。

此外，虚拟机除了需要各子操作系统外，还需要有一个管理程序，用于各虚拟机的管理。

软件应用容器化的优点如下。

① 敏捷环境。容器的最大优点是创建容器实例化比创建虚拟机实例要迅速，因此，其性能改善，存储空间开销大大节省。

② 生产力提高。容器通过移除跨服务的依赖和冲突来提高开发者的生产力。每个容器可看作是不同的微服务，移除可独立升级而不用考虑同步。

③ 版本控制。每个容器的镜像有版本控制，因此可追溯不同版本的容器、不同监控版本之间的差异等。

④ 运行环境的可移植。容器封装了所有运行应用程序所必需的相关细节，例如应用依赖及操作系统等，因此镜像从一个环境移植到另一个环境更方便灵活。例如，同一镜像可在 Windows、Linux、开发、测试或 Stage 环境开发。

⑤ 标准化。大多数容器基于开放标准，因此，可运行在所有主流操作系统的平台，例如 Windows、Linux 等。

⑥ 安全性。容器之间的进程相互隔离，其中基础设施也相互隔离，因此，一个容器的升级或改变不会影响其他容器的运行，保证了信息的安全。

软件应用容器化的缺点如下。

① 增加系统复杂性。容器和应用数量的增加也增加了系统的复杂性。

② 原生支持 Linux。大多数容器基于 Linux 容器，因此在 Windows 环境下增加其复杂性。

③ 不成熟。容器是新技术，还不能适应市场的不同应用要求。

容器分操作系统容器和应用容器等。操作系统容器是将操作系统内核虚拟化，允许多个独立用户空间存在，这些实例称为容器或虚拟引擎等。应用容器即应用程序虚拟化，它是从其所执行的底层操作系统封装的计算机程序的软件技术。应用在运行时的行为就像它直接与原始操作系统以及操作系统所管理的所有资源进行交互一样，但可以实现不同程度的隔离。

开放自动化 OPAF 将容器技术应用于系统中。它将实际应用的原有过程控制应用软件、改进的过程控制应用软件、其他应用软件、IP、HART、现场总线、工业以太网和 IIoT，及分布式控制节点的监控和管理都作为分布式节点，并纳入容器中。基于容器的软件已经高度标准化，并以开源形式提供给用户。

思 考 题

1-1 集散控制系统是在什么背景下产生的？

1-2 集散控制系统的基本思想是什么？

1-3 集散控制系统以主要发展为主线大致可分为哪几个阶段？

1-4 我国的第一套集散控制系统是什么时间？应用的是什么集散控制系统？

1-5 集散控制系统的基本结构可分为哪几部分？

1-6 分散过程控制装置的主要功能是什么？

1-7 操作管理装置的主要功能是什么？

1-8 集散控制系统的通信系统有什么功能？

1-9 集散控制系统的主要特点是什么？

1-10 集散控制系统与可编程序控制器、监控和数据采集之间有什么区别吗？

1-11 举例说明什么是集散控制系统的垂直分级递阶和水平分级递阶？

1-12 集散控制系统的分散控制是指什么分散？

1-13 为什么说集散控制系统是一个自治系统？

1-14 集散控制系统是如何实现相互协调的？

1-15 集散控制协调的开放表现在哪些方面？

1-16 企业信息化层次模型将工业公司分为几层？各层主要的功能是什么？

1-17 企业信息化层次模型为什么要采用扁平化结构？

1-18 网络化为什么成为集散控制系统的重要发展方向？

1-19 工业互联网、工业物联网和工业智联网为什么得到如此飞速的发展？

1-20 仪表网络化的主要内容是什么？

1-21 网络安全包括哪些内容？

1-22 信息安全等级与安全完整性等级是什么概念？有什么区别？

1-23 网络安全体系有哪些代表性的模型？

1-24 现场总线具有哪些特点？

1-25 无线网络具有哪些特点？

1-26 工业控制系统中常见的无线网络标准有哪些？

1-27 虚拟化技术有什么特点？

1-28 云计算是什么概念？为什么要用云计算？

1-29 为什么集散控制系统也要用大数据分析？

1-30 软件定义指什么？工业 APP 参考模型是什么？

第2章 集散控制系统构成

随着大规模/超大规模集成电路技术、计算机数字技术、通信技术、控制技术、显示技术、软件技术、安装布线技术、网络技术等高新技术的应用，集散控制系统也不断发展和更新，各制造商相继推出和更新各自的集散控制系统产品，在系统的开放性、功能的综合性和先进性、操作的方便性和可靠性、危险的分散性等方面都有不同程度的改进和提高。现场总线控制系统是集散控制系统向现场的分散，连续控制、离散控制、批量控制和混合控制的综合和集成，信息的无缝集成和网络化、扁平化，使集散控制系统以崭新的面貌出现在工业控制和企业管理的领域，并正向纵深发展，向综合自动化系统发展。已发布的集散控制系统产品多达百种以上，它们的硬件和软件千差万别，但从其基本构成方式和构成要素分析，却具有相同或相似特性。

2.1 集散控制系统的体系结构

2.1.1 集散控制系统的各层功能

(1) 现场控制级

现场总线控制系统设置现场控制级。现场控制级的特点与现场总线特性、智能设备特性等有关。现场控制级的功能如下：

① 实时采集过程数据，将数据转换为现场总线数字信号；

② 接收现场总线信号，经处理后输出过程操纵命令，实现对过程的操纵和控制；

③ 进行直接数字控制，如实现单回路控制、串级控制等；

④ 完成与过程装置控制级的数据通信；

⑤ 对现场控制级设备进行监测和诊断。

(2) 过程装置控制级

集散控制系统采用过程装置控制设备和I/O卡件组成过程装置控制级。过程装置控制级的功能如下：

① 实时采集过程数据，进行数据转换和处理；

② 数据的监视和存储；

③ 实施连续、离散、批量、顺序和混合控制的运算，并输出控制作用；

④ 数据和设备的自诊断，实施安全性功能；

⑤ 数据通信。

(3) 过程管理级

对生产过程进行管理。过程管理级的功能如下：

① 数据显示和记录，包括实时数据显示和存储及历史数据的压缩归档；

② 过程操作（含组态操作、维护操作）；

③ 系统组态、维护和优化运算；

④ 报表打印和操作画面复制；

⑤ 数据通信。

(4) 全厂优化调度管理级

根据全自动化集成系统的要求，将自动化系统信息化和扁平化，因此，在全厂优化调度管理级包含制造执行系统MES和企业资产计划系统ERP的主要或部分内容。主要特点如下：

① 实现整个工厂层的互操作 使用对各种集散控制系统、可编程控制器系统和其他职能装置的专用接口和相应的软件，实现开放系统互连；

② 实现与各业务经营管理软件的全开放 支持开放系统的各种标准，如OPC、ISA SP95等，并能够支持供应商提供的标准，组成该管理级的连接库；

③ 支持资产的绩效管理 对全厂的资产进行优化和调度，对原材料到产品的信息链进行优化和调度，实现绩效管理，从生产过程闭环控制上升到经营业务的闭环控制；

④ 提供统一的涵盖全厂各控制专业的工程环境 使集散控制系统、仪表安全系统、可编程控制器系统、人机界面、制造执行系统等的工程设计、组态都能够在统一的操作环境下进行，提高效益，降低成本。

工业过程的综合自动化是采用自动化技术，以计算机和网络技术为手段，将生产过程的生产工艺技术、设备运行技术和生产过程管理技术无缝集成，实现生产过程的控制、运行、管理的优化集成，实现管理的信息化、扁平化和网络化，实现产品质量、产量、成本、消耗相关的综合生产指标的优化。

2.1.2 集散控制系统基本构成

(1) 硬件构成

集散控制系统产品纷繁，但从系统硬件构成分析，集散控制系统由三大基本部分组成，即分散过程控制装置、集中操作和管理系统和通信系统。

① 分散过程控制装置 它相当于现场控制级和过程控制装置级，通常由单回路或多回路控制器、可编程控制器、数据采集装置等组成。它是集散控制系统与生产过程的接口，具有下列特点：

a. 需适应恶劣的工业生产过程环境 如环境的温度、湿度变化，电网电压波动的变化，工业环境中电磁干扰的影响及环境介质的影响等；

b. 分散控制 包括地域分散、功能分散、危险分散、设备分散和操作分散等；

c. 实时性 及时将现场的过程参数上传到控制系统，并实时显示，及时将操作员指令或控制器输出传送到执行器；

d. 自治性和安全性 它应是一个自治系统，当与上一级的通信或上一级设备出现故障时仍能正常运行，保证生产过程的安全可靠运行。

② 集中操作和管理系统 它集中各分散过程控制装置送来的信息，通过监视和操作，把操作命令下达各分散过程控制装置。信息被用于分析、研究、打印、存储，并作为确定生产计划、调度的依据。具有下列特点。

a. 信息量大 除了各生产设备的运行参数外，还包括上级调度和计划信息等。

b. 易操作性 具有良好的人机界面，便于操作员监视生产过程，并发送操作指令；可方便获得生产过程的各种信息，包括报警和警告信息、操作提示和有关其他设备的信息等，便于操作员判断和决策。

c. 分层结构 对操作员组态工程师和维护工程师提供不同的分层结构，便于他们对各自工作范围的操作和管理。设置操作权限和安全性密码、防止误操作等。对MES、ERP等操作同样设置分层结构，防止相互之间影响。

③ 通信系统 通信系统指各级计算机、微处理器与外部设备的通信、级与级之间的通信。集散控制系统的通信系统的应用范围不断扩展，上至ERP、MES，下至现场总线；连接的设备除了计算机和附属设备外，还有现场总线设备；既可以是集散扩展ixt供应商的产品，也可能连接第三

方的硬件设备。因此，通信系统的开放性是重要的性能。目前，通信系统的参考模型仍是国际标准化组织的开放系统互连参考模型，但对系统采用的层级各有取舍。通信系统的特点如下：

a. 对上层和下层的通信要求不同，因此有不同的传输速率、实时性、可靠性、安全性等要求；

b. 通信系统的开放性是保证系统能够互联互操作的基础；

c. 为保证通信系统的可靠，通常需要冗余设置。

(2) 软件构成

① 系统软件　集散控制系统的软件是基于它所采用的操作系统。目前，绝大多数集散控制系统采用 Microsoft 公司的 Windows 操作系统；在虚拟化技术的基础上，可以运行在多个其他操作系统，如操作站主机安装 Win 10，而虚拟机则采用 Win 7。

集散控制系统的系统软件包括操作系统和一系列基本的工具。

a. 编译器　计算机只能对机器语言识别和执行，由组态软件提供的语言需要经编译器转换为机器语言。

b. 数据库管理　用于建立、使用和维护数据库的系统。

c. 存储器格式化　用于对存储器存储数据清除，并规定其存储地址、存储方式等。

d. 文件系统管理　用于管理各类文件，包括文件存储归档、文件使用权限、文件检索、自动存储加密和建立数据备份等。

e. 身份验证　集散控制系统中的用户身份验证除了常用的密码认证外，随云计算、大数据分析等技术的应用，也对用户身份验证提出更高要求，如双因素和多因素身份验证，指纹、人脸识别等。

f. 驱动管理　指对计算机识别驱动程序的分类、更新和删除等操作。

g. 网络链接　将有关画面与其他画面直接建立调用关系的方法，包括计算机网络中一台计算机调用另一台计算机的资源等内容。

② 应用软件　集散控制系统的应用软件包括系统配置、控制组态、过程操作、维护等软件。

a. 系统配置软件　根据集散控制系统的硬件架构，用软件表示它们的结构。软件用于确定集散控制系统的各节点在系统网络中的地址，并设置有关属性。

b. 控制组态软件　根据集散控制系统中有关控制方案，完成控制组态，包括各控制系统的输入、输出信号，控制规律和控制器参数等。对检测和用于手动控制的执行器，一般可直接调用集散控制系统提供的操作细节画面，不需要用户进行组态。

c. 过程操作软件　用于建立用户的过程操作画面，并在该画面设置各传感器、执行器的显示点，提供控制回路的有关参数显示等。过程操作软件还用于建立各操作画面之间的调用关系。

d. 仪表面板软件　为便于操作人员的操作，有些集散控制系统供应商提供仪表面板画面。用户可根据应用项目的要求，将有关的仪表集中在该画面显示，便于操作员的监视和控制。哪些仪表集中在某一画面的设置，应与工艺技术人员、操作人员共同讨论确定。

e. 报警处理软件　这些软件用于设置报警点和确认方式，近年来，由于报警点设置过多造成的噪声污染引起集散控制系统供应商的重视，因此已经采用未运行设备的报警屏蔽、严重级报警等措施。

f. 历史数据文件的归档软件　为便于大数据分析，对历史数据需要归档处理，因此，对归档数据需要设置浓缩数据的时间（采样次数或采样周期等）、浓缩方式（浓缩时段的平均、冲量、最大或最小等）、总存储时间、需要归档变量等。

g. 报表生成软件　包括日常生产报表的生成和报警报表的生成，也包括为分析生产过程的历史数据分析报表的生成等。报表内容包括报表生成的变量、生成时间、变量描述等。一些集散控制系统供应商也提供报警溯源等功能。

h. 趋势曲线软件　用于生成所需过程参数的趋势曲线。用于设置所需显示是变量、时间轴和变量显示范围。可以多个变量同时显示，也可隐藏有关变量的趋势，便于分析。可提供直方图等图标供用户分析变量的分布情况等。

i. 维护软件　维护软件已经不再只是提供故障代码等信息，随大数据分析技术的应用，对故障诊断和可能发生原因处理措施等都有很好的总结。尤其对某些生产过程，如石化行业的一些生产过程，已经经大数据分析，获得了各种故障前预兆、故障现象、故障原因、处理方法等的详细描述。

2. 1. 3　集散控制系统的结构特征

集散控制系统既是递阶控制系统，也是分散控制系统和冗余控制系统。

(1) 递阶控制系统

集散控制系统是递阶控制（hierarchical control）系统，其结构分多层结构、多级结构和多重结构三类。

① 多层结构（multiplayer structure）　按系统中决策的复杂性分类，集散控制系统的结构是多层结构。图 2-1 是按功能划分的多层结构。

与生产过程直接连接的是直接控制层，它采用单回路控制和常用的复杂控制。第二层是优化层，它按优化指标和被控对象的数学模型和参数，确定直接控制层的控制器设定值。第三层是自适应层，通过对大量生产过程数据的分析，进行自学习，修正所建立的数学模型，以适应实际生产过程的工况，使数学模型能够更正确地反映实际过程。第四层是自组织层，它根据总控制目标选择下层所用模型结构、控制策略等。当总目标变化时，能够自动改变优化层所用的优化性能指标。当辨识参数不能满足应用要求时，应能够自动修改自适应层的学习策略等。

② 多级结构（multilevel structure）　图 2-2 显示了全厂的多级多目标结构。

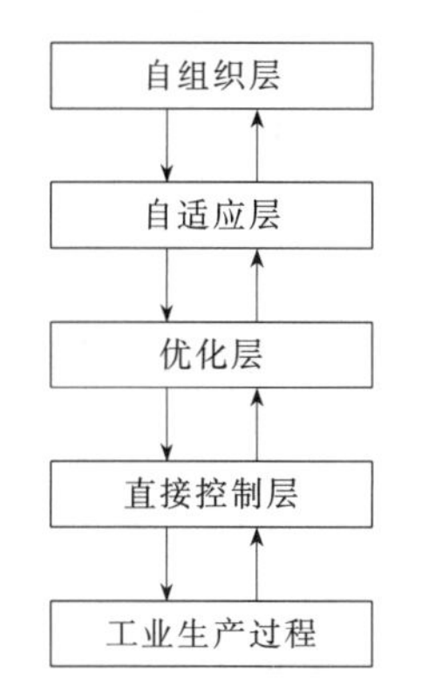

图 2-1　按功能划分的多层结构

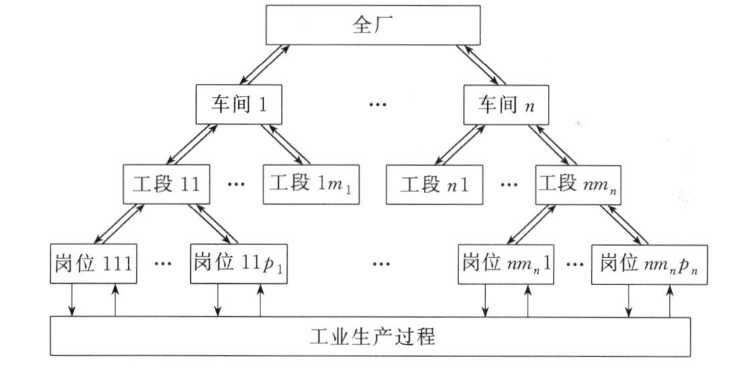

图 2-2　多级多目标结构

全厂与各车间、车间与各工段、工段与各操作岗位之间的结构是纵向的多级结构。上级协调器控制和管理各下级的决策器，每个决策都有各自的控制决策和控制目标。协调器通过对下层决策的干预，保证决策器能满足整个上层决策目标的要求。例如，车间级接收从各工段送来的操作决策和相应的性能信息，通过协调策略得到的干预信息再送达各工段。

③ 多重结构（stratified structure）　多重结构也称为层状结构。是指用一组模型从不同角度对系统进行描述的多级结构。层次的选择，即观察的角度受观察者的知识和观察者对系统兴趣的约束。例如，一个复杂的自动化生产过程可按下列三重层次进行研究：按一定物理规律变化的物理现象；一个受控系统；一个经济实体。

多重结构主要从建模考虑。多级结构主要考虑各子系统的关联，把决策问题进行横向分解。多层结构主要进行纵向分解。因此，这三种递阶结构并不相互排斥，可同时存在于一个系统中。

采用递阶控制结构，具有经典控制结构所不具有的下列优点：

① 系统结构灵活，容易更改，系统容量可伸缩，能适应工业生产不同规模的应用要求；

② 控制功能增强，除了直接控制外，还有优化控制、自学习、自适应和自组织等功能；

③ 降低了信息存储量、计算量，减少了计算时间；

④ 可设置备用子系统，降低成本，提高可靠性；

⑤ 各级的智能化进一步提高系统的性能。

(2) 分散控制系统

与递阶控制系统的根本区别是分散控制系统是一个自治（autonomous）的闭环控制系统。

从结构看，分散控制系统可分为垂直型、水平型和复合型。从实际应用看，集散控制系统实现了组织人事的分散、地域的分散、功能的分散、负荷的分散，重点是危险的分散。

分散控制是建立在分散的、有一定相对独立性的子控制机构的基础上的，各子控制机构在各自的范围内各司其职，互不干涉，各自完成自己的目标。例如，集散控制系统中各控制器分别管理若干控制回路、采集生产过程参数并控制有关的执行器，各控制回路完成各自的控制目标，各检测点完成各自的参数检测和显示，各执行器完成各自的操作等，它们一起为实现整个生产过程的总目标而工作。

由于各自为政，又在总目标下分工合作，因此，集散控制系统将危险分散，控制功能分散，同时，它也对生产过程中的各参数进行集中管理，采用共同显示、共同控制的方式，使各自治的子系统能够协调一致，为总目标努力奋斗。

(3) 冗余控制系统

设备的冗余化结构（redundant structure）可提高设备的可靠性。但组成集散控制系统的全部设备都采用冗余结构既不经济，也不合理。除了硬件冗余结构外，集散控制系统的软件冗余也已实现，并已经可实现整个软件系统的冗余配置和瞬时切换。常用冗余方式如下。

① 同步运转方式　对可靠性要求极高的系统，常用两台或两台以上的设备以相同方式同步运转，即输入信号相同，处理方法相同，各输出对应地比较，如果一致，取其任一信号作为输出。如果输出不同，则判别其是否正确，取判别结果正确者输出，并报警等。这种冗余方式常用于紧急停车系统和安全联锁系统。根据冗余设备数量，有双重系统、多重系统之分。

② 待机运转方式　它是采用 N 台设备加一台相同设备后备的冗余方式。后备设备处于待机状态，一旦 N 台设备中某一台设备发生故障，能够自动启动后备设备并使其运转，即 $N:1$ 备用系统。由于备用设备处于待机工作状态，因此，称为热后备系统。该冗余方式要设置指挥装置，用于故障识别，并将工作识别的软件和数据等转移到备用识别，相应程序自动传送到备用设备，并使其运转。

③ 后退运转方式　正常情况下，N 台设备各自分担各自功能并进行运转，当其中某台设备故障时，其他设备放弃部分不重要的功能，以此来完成故障设备的主要功能，这种冗余方式称为后退运转方式。

④ 多级操作方式　它是一种纵向冗余方式。例如，集散控制系统正常运行采用全自动运转，一旦某一部分故障时，将该部分装置切换到手动操作，逐级降级，直到最终的操作方式是对执行器的现场手动操作和控制。

2.1.4 现场总线控制系统基本构成

现场总线控制系统是集散控制系统向现场级分散的结果，因此，它具有集散控制系统的构成要素。即它是递阶控制系统、分散控制系统，具有冗余化结构。现场总线控制系统 FCS（Fieldbus Control System）是全数字串行、双向通信系统。

(1) 现场总线特点

现场总线是为解决工业现场的智能化仪器仪表、控制器、执行器等现场设备间的数字通信及这些现场控制设备和高级控制系统之间的信息传递而发展起来的工业数据总线。它的特点如下。

① 开放性　开放是指对相关标准的一致、公开性，强调对标准的共识与遵从。符合现场总线通信协议的任何一个制造厂商的现场总线仪表产品，都能方便地连接到现场总线通信网，符合通信标准的不同制造商产品可以互换或替换，而不必考虑该产品是否是原制造商产品。

② 互可操作性与互连性　互操作性包含设备的可互换性和可互操作性。可互换性指不同厂商的设备在功能上可以用其他厂商同一功能的同类设备互换。可互操作性指不同厂商的设备可相互通信，并能在各厂商的操作环境中完成其功能。

③ 全数字化　用数字化通信方式取代传统的模拟量和开关量信号传输，大大提高检测和控制的精度，并且增强其抗扰性，提高可靠性。此外，数字化通信可大大提高通信量，改善通信质量。

④ 智能化与功能自治性　现场总线仪表把微处理器引入仪表，使仪表本身成为网络的一个站，并参与通信，在现场就可完成控制系统的各种基本功能要求，送控制室的数据全部是数字信号，保证了功能的自治性。

⑤ 高度分散性　现场总线技术使控制分散到现场级，从而真正实现分散控制。一些复杂控制，如过程优化控制等，可以在上位机实现，而一些原先要在上位机实现的部分先进控制功能已能在现场总线设备中实现。

⑥ 环境适应性　现场总线是专门为现场应用而设计，因此，现场总线能很好适应现场的操作环境。例如，对电磁骚扰的抗扰性强；可实现本安回路；可总线供电；可多种通信媒介实现通信等。

(2) 典型现场总线技术

现场总线在现场设备之间进行数字通信，为满足现场应用的要求，现场总线采用了与一般通信总线不同的应用技术。

① 实时通信技术　现场总线的实时性要求高，实时通信技术是现场总线技术的一个重要内容。工业控制通信网络的时间确定性，是指通过传送网络的数据，必须在预先确定的时间内从源节点传送到宿节点。

解决实时性的措施如下：

a. 减少网络通信的吞吐量，保证一旦有通信要求能够立即实现通信；

b. 提高有效通信量，例如，在 TCP/IP 分组中包含 20 字节 IP 报文头和 20 字节 TCP 报文头，为减少通信传输字节，采用 TCP/IP 报文头压缩，使分组报文头字节减到 10 字节；

c. 减少通信冲突的发生，保证通信的实时性；

d. 采用全双工通信模式和交换式以太网；

e. 采用塌缩的通信模型和通信协议；

f. 采用时间敏感联网 TSN（Time Sensitive Networking）；

g. 选用合适的现场总线仪表，减少通信量；

h. 采用发布方/预约接收方的通信结构；

i. 设置优先级，对重要数据的通信设置为高优先级，从而保证实时数据的即时传输；

j. 采用虚拟局域网和引入服务质量；

k. 保证工业现场相对较少但时间要求较高数据的实时性，采取尽量减小其延迟时间，满足其实时性要求等措施。

对实时性的需求与应用问题紧密相关。例如，集散控制系统中对时间响应要求在 1ms～1s，而运动控制系统中的实时性要求在 50μs～50ms。

② 可靠性技术提高可靠性的主要措施如下。

a. 采用全数字通信技术，如现场总线中的数据采用数字信号。在现场总线中数据编码采用数字编码方式等，全数字通信技术有利于提高系统的可靠性。

b. 标准化功能模块与标准化的功能模块应用进程。

c. 系统测试技术的标准化。为了使挂接到现场总线的设备具有互操作性和互换性，对现场总线设备进行一致性测试和互操作性测试，提高系统可靠性和开放性。

d. 故障自诊断，状态传递，并自动将输出切换到组态时已经设置的安全值或保持最新的好值，保证系统的安全操作。

e. 采用冗余技术和容错技术，包括对系统整体和各组成部件的自诊断和先进诊断技术、通信的差错控制技术、出错时的信号切换技术、信号的竞争机制和双重化处理等。

f. 智能诊断和管理技术。利用大数据分析，提供故障预警、故障原因分析和解决措施等。

g. 故障隔离技术。如本安隔离栅既具有本安连接作用，也具有隔离器功能，防止故障影响扩大。

③ 互操作性技术　互操作性是不同制造商的产品可在同一个系统中协同工作的能力。保证互操作性的措施如下。

a. 标准化是互操作性的基础。为了实现互操作性，各制造厂商要采用标准的功能模块和标准的通信协议；采用标准的设备描述语言对设备进行描述；采用标准的对象字典等。只有标准化，才能实现互操作性。

b. OPC UA 是实现第三方软件和控制设备无缝集成的技术。它涵盖了 OPC 实时数据访问规范（OPC DA）、OPC 历史数据访问规范（OPC HDA）、OPC 报警事件访问规范（OPC A&E）和 OPC 安全协议（OPC Security）的不同方面，并进行功能扩展，大大提高了第三方软件和控制设备之间的互操作性。

c. 使用可扩展标识语言（XML：Extensible Markup Language），以使不同制造商的应用程序能够更加轻松、高效地共享资源。

d. FDT 技术。FDT（Field Device Tool）是一个将智能现场设备集成到过程和工厂自动化系统的开发标准。它是独立于各个设备制造商和各种现场总线协议的。它使现场设备与系统之间的通信界面标准化。

（3）现场总线设备

现场总线设备（fieldbus device）指组成现场总线控制系统的内置微处理器，具有数字计算、数字通信功能的设备。从广义看，与现场总线控制系统有关的电源类设备、附件类设备也属于现场总线设备。

按现场总线设备的功能，现场总线设备可分为现场总线变送器类设备、现场总线执行器类设备、现场总线信号转换类设备、现场总线接口类设备、现场总线指示记录类设备、现场总线电源类设备和现场总线附件类设备。

现场总线设备与一般智能仪表的主要区别如下。

① 一般智能仪表通常不具有通信功能，或不能用现场总线通信。

② 现场总线设备具有唯一的节点地址，不会因应用场所改变而改变。一般智能仪表没有节点地址，在使用时也不存在寻址问题。

③ 现场总线设备通常由资源块、转换器块和有关功能块组成，对它的组态通常由上位机下装实现。一般智能仪表的组态既可从上位机下装，也可用手握式编程器实现组态。

④ 现场总线设备可实现多变量的测量和传送，具有多种功能，如测量、运算、控制等。一般智能仪表的功能单一。

（4）现场总线控制系统基本构成

现场总线控制系统是集散控制系统向现场级的扩展。与传统集散控制系统比较，现场总线控制系统在现场级采用数字通信，即现场总线设备之间经现场总线通信，现场总线设备与分散过程控制装置之间经现场总线通信。而传统集散控制系统中，现场仪表之间不需要数据交换，现场仪表与输入输出卡件之间是模拟量或开关量的信号传送，输入输出卡件与分散过程控制装置之间才采用数据通信。

因此，现场总线控制系统的基本构成可分为下列三类。

① 两层结构的现场总线控制系统　现场总线设备和操作管理装置组成两层结构的现场总线控制系统。

② 三层结构的现场总线控制系统　在两层结构的基础上，增加控制装置，组成三层结构的现场总线控制系统。

③ 由 DCS 扩展的现场总线控制系统　这是集散控制系统供应商提供的最常见的现场总线控制系统。它将 DCS 输入输出总线经现场总线接口连接到现场总线，将输入输出卡件下移到现场总线设备中，形成了由 DCS 扩展的现场总线控制系统。当用户需要将现场模拟信号的控制系统改造成为现场总线控制系统时，常采用这类控制系统。

（5）无线网络控制系统

① 工业无线网络　目前工业无线网络通信标准主要有 Wireless HART、ISA100. 11a 和 WIA-PA 等。组成工业无线网络的主要设备有无线现场设备、无线路由器、无线适配器、无线网关、中继器、接入点和无线 I/O 卡、网络管理器和安全管理器等。

a. 无线现场设备是采用无线通信的现场设备，如无线变送器、无线执行器等。原有现场设备是 HART 设备，可直接加装无线 HART 适配器，组成无线现场设备。

b. 无线路由器是提供路由器服务的设备。它具有确定最佳路径和通过网络传输信息的功能。

c. 无线现场设备通常带路由功能，当不带路由功能时，需要另行设置。

d. 无线适配器是将有线 HART 设备连接到无线网状网络的设备。

e. 无线网关是上位机与无线网络之间数据交换的桥梁，它将无线网络接入有线网络，实现异构网络之间的通信协议转换。每个网络可以安装一个或多个网关，多个网关间可以相互冗余。

f. 中继器是通过增加额外的通信路径来扩大网络覆盖区域的无线现场设备。现有工业无线网络的产品系列中，常采用有路由器功能的现场设备或适配器替代。

g. 接入点和无线 I/O 卡是网关和工业无线网络现场设备之间的一种网络设备。

h. 网络管理器负责工业无线网络的形成、配置新网络设备、让新网络设备加入网络以及监测网络。

i. 安全管理器生成并管理网络所用到的密码信息，也负责生成、存储和管理各种密钥。安全管理器与网络管理器协同工作，保证网络免受外来威胁。

② 无线网络控制系统基本构成　无线网络控制系统（WNCS：Wireless Networked Control System）是基于有线网络技术发展而来的控制系统。与现场总线控制系统比较，无线网络通信可免去大量线路连接，节省系统构建和维护成本，并可满足特殊场合需求，增强系统灵活性。图 2-3 是无线网络控制系统示意图。

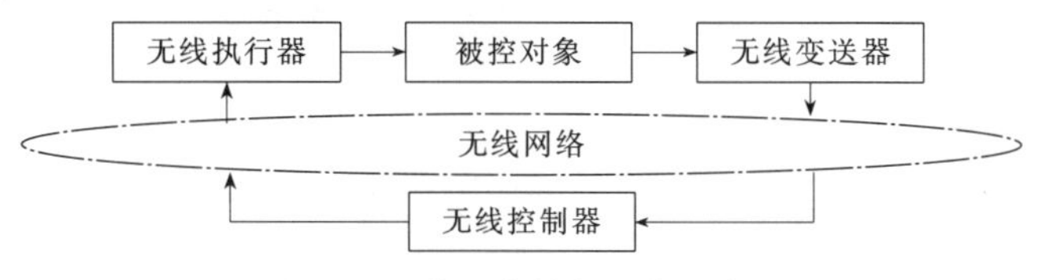

图 2-3　无线网络控制系统示意图

作为无线网络，存在下列基本问题。

a. 随机时延和丢包。无线传输存在随机性极高的传播时延和丢包。

b. 通信中断。由于网络节点的可移动性，因此无线网络的拓扑结构是动态的，加上丢包率较高，从而使无线通信出现间断性接续，有时会长时间中断。

c. 信道增益时变。无线网络的信道随时间和空间变化，存在时变信道增益，并使各节点间存在干扰。

d. 带宽相对较小，误码率较高，传输功率有限。

随机时延和丢包不仅在无线网络存在，在有线网络也同样存在。因此，无线网络控制系统中应减少随机时延和丢包。采用的措施如下。

a. 选用具有强鲁棒性的控制器，它对随机时延和丢包的通信错误具有强鲁棒性。

b. 设计合适的网络调度机制，克服无线网络本身的局限，减少传输时延，降低丢包率，提供可靠的通信信道。例如，采用估计器和预估器对丢包进行补偿；选择合适的 MAC 地址；充分利用有限带宽传输控制信息等。

c. 联合设计通信系统和控制系统。找到通信和控制的最佳平衡点，即从控制系统看，可获得系统信息多，又从通信系统看，不增加网络通信负荷，造成通信阻塞。

2.2 集散控制系统的构成示例

2.2.1 Experion PKS 系统

美国 Honeywell 公司自 1975 年推出第一代集散控制系统 TDCS-2000 以来，相继推出 TDCS-3000、TDCS-3000^{X} 和 TPS 系统等集散控制系统。Experion PKS 系统推出以来，经多年的扩展，2016 年推出的是 Experion PKS Orion 系统，它将高级自动化平台和应用软件集成，大大改善用户对过程、业务和资产管理的融合，提升了生产能力，获得明显经济效益。新的 IIoT 版本进一步优化了 LEAP™ 项目的自动调试执行，可在云中创建循环配置的设备，并能够动态绑定。

图 2-4 是 Experion PKS 系统整体结构。

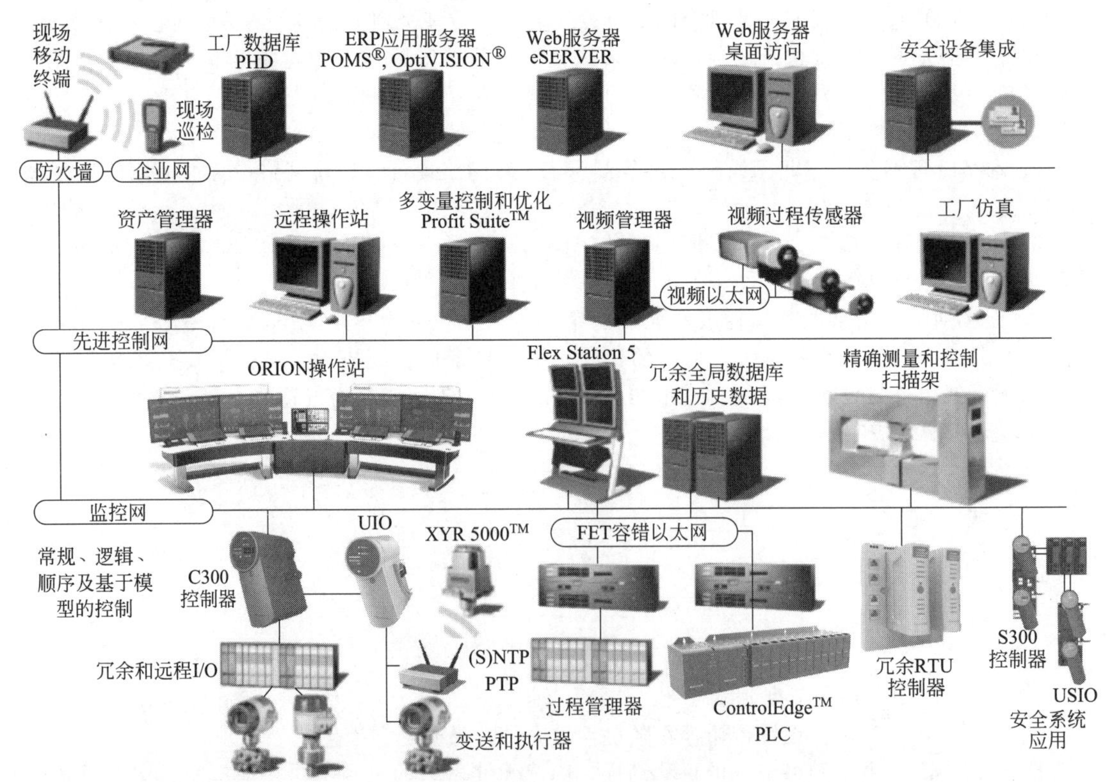

图 2-4 Experion PKS 系统的结构

Experion PKS系统采用分布式系统结构DSA（Distributed System Architecture），它是Experion多服务器结构的基础。Experion PKS Orion是Experion PKS的最新版本，它引入了最新的通用通道技术和虚拟化技术，因此超越了传统集散控制系统。该集散控制系统主要升级的功能如下。

① 自动化设备调试　对LEAP精益项目的实施尤为关键，自动化设备调试自动绑定了霍尼韦尔安全云端的控制配置和连接任何通用型输入输出（I/O）通道的现场设备，将循环调试时间从几小时缩短至几分钟。通过启动云中创建的回路组态后期动态设备绑定实现自动设备的调试，使LEAP精益项目执行得到优化，其回路调试时间从小时降低到分钟。LEAP解决方案用于PLC的集成，在Experion的SCADA系统中可方便地对以太网IP控制器进行重点监测和组态。

LEAP使用了最创新的使能技术，包括通用I/O机柜、虚拟化、云工程和自动设备调试，彻底改变了项目的执行情况。LEAP将物理设计和功能设计分离，允许并行工作。它使用标准化设计，使工程项目能够在世界任何地方完成。一个大型的资本项目可以在自动化基础设施项目中实现高达30%的资本节约，并在时间上实现高达25%的灵活性。

② 集成电力系统与过程控制　Experion PKS Orion系统是首个被运用在电力系统控制与管理的分布式控制系统，支持IEC 61850通用标准。

③ 控制器多变量APC　Experion Profit控制器将微软操作系统中的多变量预测控制移至Experion控制执行环境（CEE），直接在C300控制器和应用控制环境（ACE）端点中运行。

④ 虚拟化工程平台　虚拟化工程平台VEP（Virtual Engineering Platform）提供安全的集中管理的云端计算环节，用于执行工业自动化项目，使它可以在全球任何地方都可以进行测试和执行项目。

虚拟化工程平台由三个Honeywell数据中心运行的私有云组成，相当于15000台虚拟机VM。云平台可为用户完成测试，为工程师提供协作。一旦项目获准，虚拟机就从私有云移动到用户的虚拟系统实现服务。工程师可完成云端的工程，用户就可测试，并经安全的VPN通道连接到自己的项目，就可实现全球任何地方对该项目的测试等工作。

虚拟化工程平台除了为用户节省时间、设备和成本外，还可集中工程的硬件，降低本地IT和项目的分期成本；延缓为计算硬件购买设备；提早开始组态工作；降低差旅费用，节省时间和劳动力成本；减少返工，避免不必要的安装，降低调度风险，缩短生产时间等。

可容错的下一代虚拟化高级平台是Experion PKS虚拟化环境的一大亮点，以及LEAP精益项目的关键。在主机出现故障的情况下，它为虚拟机提供持续保护及优化的高可用性技术。

⑤ 支持所有无线标准，包括WirelessHART　最新一代的Experion PKS Orion为OneWireless™网络带来一系列的增强功能。此次升级融入了WirelessHART技术，并支持IEC 62734认证的最新100.11a标准。

⑥ 卓越工业物联网的可编辑逻辑控制（PLC）解决方案　Experion PKS Orion系统采用通用的HMI人机界面以及LEAP精益项目实施方法，打造全新的ControlEdge™可编辑逻辑控制器，进一步提升霍尼韦尔工业物联网性能。它确保与第三方供应商设备之间的安全连接和紧密集成，从而实现轻松的配置、高效的运行及更少的维护工作。

⑦ 高效的管理和控制功能　Experion PKS系统的电子控制和管理系统ECMS（Electrical Control and Management System）允许用户将它们的ECMS集成到它们的过程控制系统，它们具有同一个人机界面，便于操作和应用。现场设备管理器FDM（Field Device Manager）提供高效智能的仪表管理功能。在C300控制器和应用控制环节ACE（Application Control Environment），将微软操作系统的多变量预测控制移植到Experion的控制执行环境CEE（Control Execution Environment）。

⑧ 通过SCADA实现自动化的撬装模块集成　自动化撬装模块集成将霍尼韦尔LEAP精益项目实施方法用于可编辑逻辑控制（PLC）集成。增强的第三方集成能力，简化了验证监管控制和数据采集（SCADA）接口的工作，减少了修改程序包时的返工和重新测试，减轻了后期变

化的进度风险以及消除配置偏差。

⑨ 生命周期投资的保护　Experion PKS系统提供经验证的方法和工具、扩展的生命周期技术及用柔性和容易操作的迁移路径，包括采用虚拟化技术，支持和帮助用户实现高效的过程和工厂管理。

此外，该系统还具有通用远程模块机柜、安全紧急警报、C300控制器和ACE更新、UIO-Ⅱ模块优化、无线访问和身份管理改进、Profibus数据收集升级、全新以太网接口模块（EIM）技术、以太网IP支持、SCADA/远程终端单元（RTU）集成优化以及可扩展的在线升级等特点。

(1) 分散过程控制装置

Experion PKS系统的分散控制装置包括嵌入式控制器平台、监视控制任务的基于PC的控制环境以及过程检测和验证的仿真。表2-1列出了Experion PKS系统的控制器。

表2-1　Experion PKS系统的控制器

型号	说　明
C200/C200E	PlantScape R200发布的C200控制器运行在现场验证和确定性的控制执行环境CEE的核心软件，在R400中引入C200E控制器，提供与C200相同的功能，但增加更多功能和内存。例如，完全支持批量控制ISA S88.1标准 CEE驻留在控制处理器，能够提供有效的控制环境，用于访问和控制相关功能模块库。控制器可冗余配置
C300	它是基于独特的节省空间的C形结构的控制器。该控制器在现场验证和确定的CEE软件引入C200、C200E和ACE节点。该控制器支持多种输入输出模块，如C系列的I/O、过程管理的I/O和支持其他协议的模块。例如FF、Profibus、DeviceNet、Modbus和HART等
CAB	CAB是用户算法功能块库，集成了面向工业控制环境的用户定义的控制算法和数据结构，通过无缝迁移实现先进控制算法，包括优化控制等。它是基于微软的Visual Studio软件构建的用户功能块库，是应用模块/控制语音(AM/CL)的发展结果
PMD	PMD是现场控制器。它支持先进控制算法，如模糊控制、神经网络控制、优化和多变量控制、统计过程控制等。该控制器提供大容量的现场总线的接口和功能，并有集成的应用管理工具和集中的现场维护和报警及诊断管理等
FCE	FCE现场控制器是控制基于现场总线的过程和工厂中的工艺设备、机械和驱动机构。对于快速执行控制策略的运动控制等，它可将应用程序的执行周期缩短到20ms。控制器可执行多达3000个应用程序模块，其执行容量比PMD增加50%。此外，FCE采用热管冷却技术，提高了它的可靠性和易用性
ControlEdge UOC	该控制器是一台单元操作控制器，是以紧凑形式提供DCS功能的PLC。该控制器提供内置的FTE、Modbus TCP和Ethernet/IP。经ISA Secure等级2认证，可确保与智能电机、驱动器和PLC的安全连接。它可使用可选的工业标准的虚拟化技术和云技术，它提供一个独立的功能齐全的基于类的批量处理系统，而不需要单独的批量控制器
Profit Loop	Profit Loop是Honeywell公司的专利算法，包括单输入单输出的模型预测控制功能块，现在已有多变量预测控制算法功能块

Experion PKS系统提供各种类型的输入输出模块。最新的输入输出模块是通用输入输出模块UIO（Universal I/O），这是基于Honeywell公司的通用通道技术UCT（Universal Channel Technology）的产品。采用软件设置通道属性，对减少备件、降低成本有重要意义。表2-2是Experion PKS系统的输入输出模块。

表2-2　Experion PKS系统的输入输出模块

型号	说　明
C系列I/O(IOM-C)含UIO	是主要的输入输出模块。可高密度模块化安装，两层接线端子，有利于降低安装和维护成本。可选的冗余结构和电池支持的电源，不采用共享背板的结构，可提高可用性和延长生命周期 通用I/O模块可提供预先打包的解决方案，适应后期I/O更改的需要，它也支持远程安装，减少安装、机柜和电缆等成本。减少备件，使维护更方便。每模块有32通道，可独立组态为AI、AO、DI、DO和PI。可选的I/O冗余等功能

续表

型号	说　明
CIOM-A A 系列机架型 I/O	提供大量 I/O 模块和现场总线网关，紧凑的基于底板的结构，符合现场总线通信协议的模块，例如 HART、FF、Profibus、DeviceNet 等，使用确定性的发布方/订阅方进行高速（可冗余）的数据通信
Rail-A I/O(RIOM-A) A 系列导轨型 I/O	分布式紧凑型 I/O 模块。导轨安装，可节省安装空间。网络适配器、I/O 和背板的模块化简化安装过程，独立的终端基座允许更换 I/O 模块，降低人工成本和确保易用性
Rail-H I/O(RIOM-H) H 系列导轨型 I/O	是 Rail-A I/O 的改进型，可用于苛刻工艺环境，如 1 类 1 区，也可远程安装。主要用于本安应用
PMIO 过程管理 I/O	过程管理 I/O 是高可用性，经验证的，鲁棒性的机柜安装型 I/O 模块。可即插即用。扩展的故障诊断和报告，自动、鲁棒和无障碍的冗余性能，全集成电力系统（可选的冗余）及易于接线的 24V 现场电源，高安全型和确定性的 IO 数据通信

图 2-5 是五种输入输出模块的外形图。表 2-3 是输入输出模块主要特性。其中，UIO 属于 C 系列 I/O。

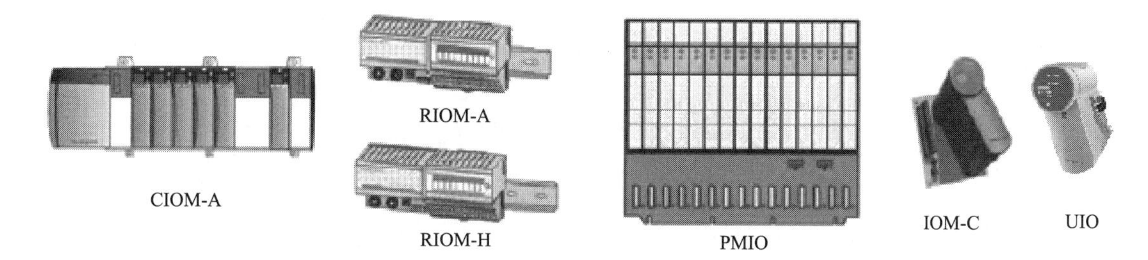

图 2-5　五种输入输出模块的外形图

表 2-3　Experion PKS 系统输入输出模块主要特性

功能	IOM-C	PMIO	RIOM-A	RIOM-H	CIOM-A
DI，24V DC	有	有	有	有	有
DI，110V DC	有	有	有	无	有
DI，220V DC	有	有	无	无	有
DO，24V DC	有	有	有	有	有
DO，110V DC	有	有	有	无	有
DO，220V DC	有	有	无	无	有
DO，继电器	有	有	有	有	无
高电平 AI	有	有	有	有	有
AO	有	有	有	有	有
低电平 RTD/TC	有	有	有	有	有
PI	无	无	无	无	有
HART 接口	有	有	无	无	有
FF 现场总线集成	有	无	无	无	有
Profibus 现场总线接口	有	无	无	无	有
Honeywell 智能仪表(DE)	无	无	无	无	无
串行接口	无	有	无	无	有
DeviceNet 现场总线接口	有	无	无	无	有
环境等级	G1，G3	G1，G3，Gx	G1	G1，G3	G1，G3
I/O 冗余	有	有	无	无	无
现场总线仪表供电能力	有	有	无	无	无

此外，新推出的综合 I/O 模块带 8AI、2AO、10DI、6DO 和 2PI，直接可用于特殊应用需要，其中，AI 和 AO 还带 HART 通信。

(2) 集中操作和管理装置

Experion PKS 系统的操作和管理装置有操作站和服务器等。操作站支持多显示器（最多 4 台）和专用操作键盘和触摸屏，用于操作、监视、维护和工程组态等应用。新推出的操作站是 Orion 操作站。

表 2-4 是 Experion PKS 系统的操作站和服务器。图 2-6 是部分操作站外形图。

表 2-4 Experion PKS 系统的操作站和服务器

型号	说　明
Orion 操作站	未来控制室的主要操作站。根据人机工程学设计的先进显示技术，能够提高操作人员的工作效率。将操作权限和控制目标集成在显示屏，增强响应能力，便于对状态的评估和过程的操作，能够提高工厂的经济效益，提高操作人员的舒适度，降低疲劳。采用超高清显示屏，允许画面灵活设置和细目显示，及视频和程序显示 针对特定过程，采用先进报警管理，缩放触摸屏的预定功能，便于分析异常情况
Experion 操作站	分为 ES-F 台式站、ES-C 落地站、ES-CE 落地扩展站及 TPS 站。ES-F 台式站采用对控制器数据的缓存访问，效率高，支持达量节点的数据处理。ES-C 落地站提供对控制器的独立高性能直接访问，支持操作站的报警和确认。ES-CE 落地扩展站是上述两者的结合。TPS 站是多显示屏（多达 4 台显示器）的操作站。采用客户/服务器方式为操作员提供过程数据
Experion eServer	唯一的基于 DSA 专利和 HMIWeb 技术的 Web 服务器的解决方案，可为用户提供可伸缩的低成本高安全的动态 Web 访问
Experion 协作站	Experion Collaboration Station 用于显示控制系统和业务网信息，解决节点的常规和异常情况。改善不同地点业务、维护和其他专家之间的协作。它用大显示屏显示网络上任何来源的信息，包括生产计划、调度、高级应用程序、管道仪表流程图、规格表和视频等，供参与者共享
服务器	服务器用于操作管理。一个服务器支持多达 64000 点。可选冗余配置
DVM 数字视频管理站	用于将标准视频摄像头获得的视频信号数字化，并传送到 PKS 系统的 DVM，使操作员能够实时监视现场的视频图像

TPS站

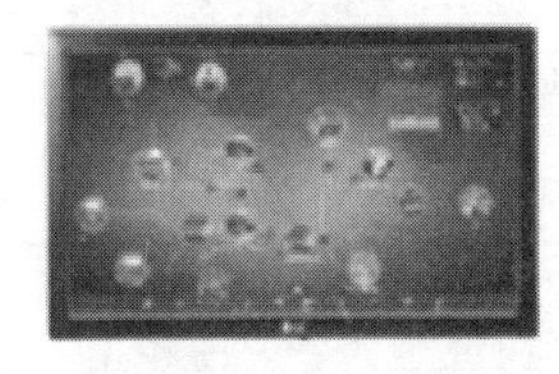

协作站

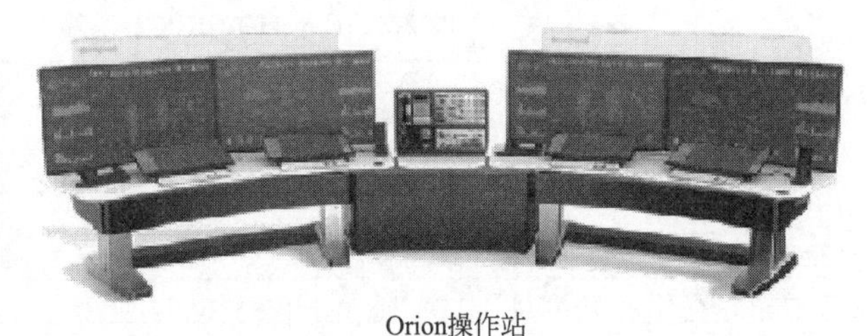

Orion操作站

图 2-6 Experion PKS 系统的操作站

(3) 通信系统

Experion PKS 系统的通信系统采用分层结构。图 2-7 显示 Experion PKS 系统的通信系统分层结构，它由四层结构组成。

① 通信系统结构的分层　通信系统结构可分为下列四层。

a. 第一层，过程控制层。包括现场总线层，是过程控制系统的核心。通常由网络交换机、控制防火墙、控制器和 FIM 组成。

b. 第二层，监控操作层。该层节点主要是控制系统的服务器和显示控制节点。通常由网络交换机、服务器、操作站和 ACE 节点组成。

c. 第三层，先进控制应用层。主要节点包括路由器/交换器、历史数据管理 PHD、应用程序、先进控制、先进报警管理、区域控制器、DSA 连接服务器和操作站（监视）。该层采用容错以太网技术，主要用于生产过程的先进控制、历史数据存储和归档、先进报警、制造执行系统 MES 等，它是第四层的安全网关。

d. 第四层，企业管理层。用于实现企业资产管理 ERP 系统。该层主要包括防火墙/路由器、

eServer、MES 和 ERP 等。与防火墙的连接隔离了企业局域网的广播和多点传送通信。

② 容错以太网　Honeywell 公司采用专利容错以太网 FTE（Fault Tolerant Ethernet）技术。它采用 COTS（Commercial Of The Shelf）可现货供应的商用设备，与 Honeywell 专用软件和技术集成，使低成本的开放式以太网技术与工业控制网络的鲁棒性结合，大大减少了用户运行和维护成本，提高和增强了系统的可靠性和可用性。容错以太网与常规以太网的区别如下。

a. 常规冗余以太网采用两个独立以太网，每个节点分别连接到这两个以太网上，一旦通信故障，如网络电气或电缆故障，网络节点可切换到另一个网络。根据网络的复杂程度，切换时间约几十秒。容错以太网采用单一网络结构。网络故障时，连接在网络上的服务器和操作站不需要重新连接网络，因此，切换时间约 1s，降低了运行费用、投资和维护成本。

b. 常规冗余以太网中不同网络的单连接节点不能相互通信，而容错以太网中所有节点不管它们是否直接连接，都可相互通信。

c. 常规冗余以太网不具有容错功能。容错以太网对单一故障和多个多重故障都具有容错功能。

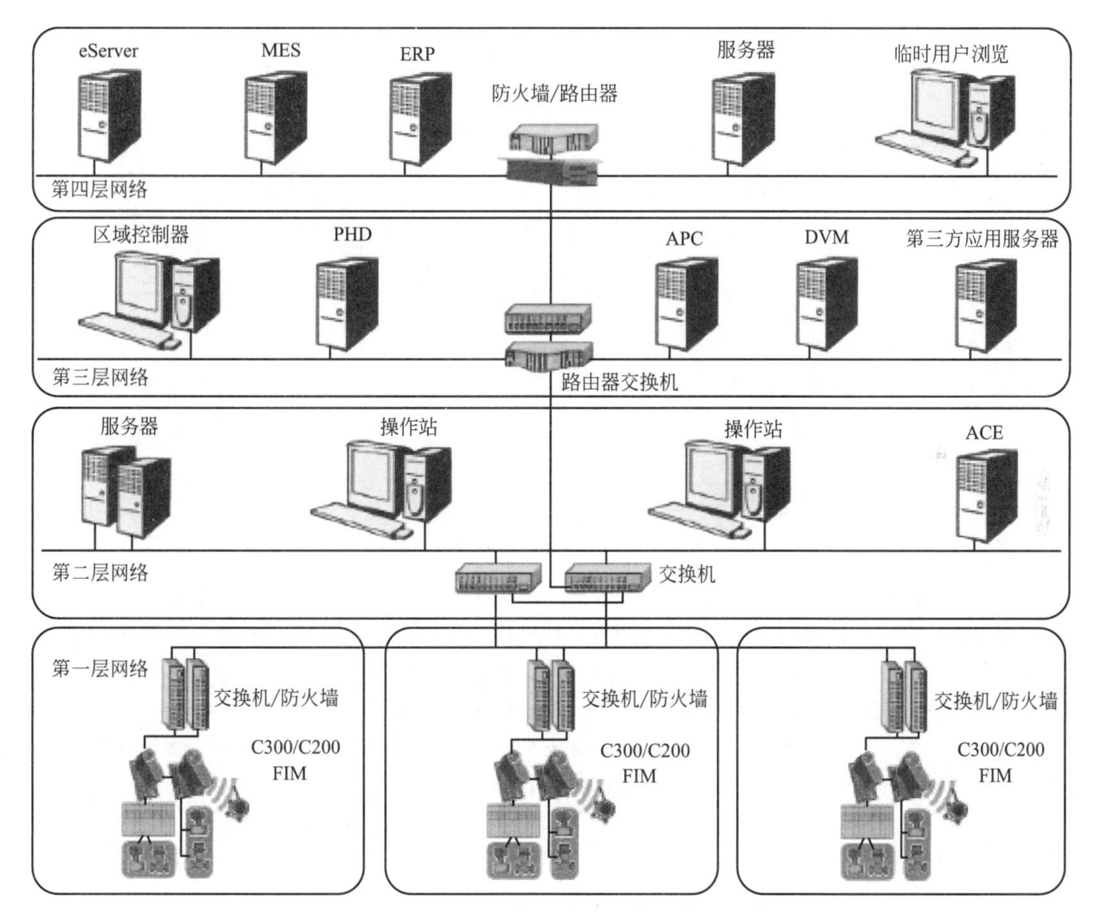

图 2-7　Experion PKS 系统的通信系统分层结构

d. FTE 软件是容错逻辑设计的专利软件。C 系列控制防火墙模件是专用 FTE 交换机。该模件可防止各种黑客入侵，它只允许 C300 控制器信息和一些 FTE 有关的信息通过，而控制、I/O 通信和对等通信则不受影响，保证系统的安全可靠。

③ 虚拟工程平台和虚拟化技术　Honeywell 的虚拟工程平台 VEP（Virtual Engineering Platform）也称为云工程平台。它是一个安全的集中托管的云环境，用于执行工业自动化的项目，它使工程师可在全球任何地方对项目进行测试和执行。图 2-8 是 Honeywell 的虚拟工程平台。

虚拟化技术包括虚拟基础设备、虚拟化设备的应用程序、虚拟化解决方案和虚拟化支持服务。虚拟基础设备是运行虚拟机所需的硬件和软件。虚拟化设备的应用程序包括 Honeywell 软件集成的整个控制、优化和业务层的虚拟环境中测试和认证的应用程序。虚拟化解决方案是创建的一系列支持虚拟化的解决方案，如备份控制中心解决方案、进程外开发的解决方案等。虚拟化支持服务是售前支持及帮助用户评估、设计、实现和管理用户虚拟化系统的有关服务。

Honeywell 为虚拟化解决方案提供的高级虚拟工程平台使用刀片服务器（Blade Server）技术，包括主机自动恢复和零执行中断的升级等。

④ 与第三方的通信网络　Experion PKS 系统支持与第三方服务器的通信连接。

IEC 61850 标准是公共的通信标准，是用于变电站自动化系统的唯一国际标准。Experion PKS 系统可直接获取 IED（Intelligent Electronic Device）的数据，如电流、电压的测量值、状态值和联锁信息，能够发送/接收 IED 的开和关的指令，显示 IED 状态等。

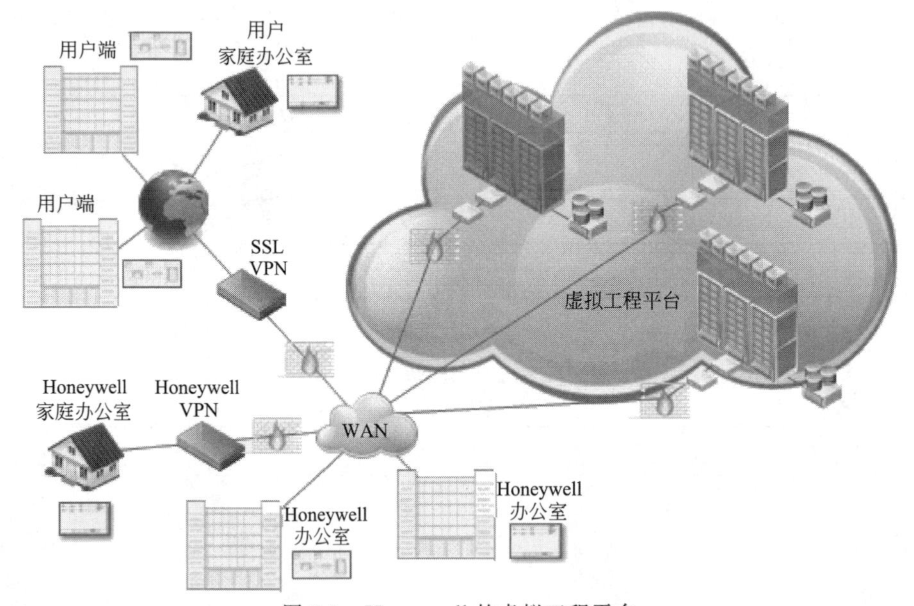

图 2-8　Honeywell 的虚拟工程平台

控制器与服务器的连接有多种方式。例如，控制器具有网络接口时，可直接与网络连接；控制器带串行接口时，可直接与服务器的串行接口连接，也可经“终端服务器”与服务器连接，终端服务器允许多个控制器与网络连接；远程服务器经调制解调器拨号上网或经专线与服务器连接；此外，可经卫星上传、ISDN、微波或无线通信实现连接。

OPC UA 通信标准是跨平台的具有更高安全性和可靠性的解决硬件设备互通的通信标准。Experion PKS 系统支持用 OPC UA 实现与第三方设备的通信。

与现场总线仪表之间的通信可通过现场设备管理器 FDM（Field Device Manager）实现。FDM 也支持 FDT 和 EDDL。

⑤ 无线通信　Experion PKS 系统支持多种无线通信协议，包括 Wireless HART、ISA 100.11a、OPC UA、Modbus TCP、多种现场总线仪表的多种通信协议等。

Experion PKS 系统采用 OneWireless 无线网络架构，是符合 ISA 100 工业无线标准的无线网络。OneWireless 无线网络由多功能节点（可作为网关）、无线网络管理和诊断平台及 OneWireless 数据库组成。多功能节点可安装在室外，构成无线 mesh 主干网络，从而将过程控制网络无线延伸到现场。多功能节点与无线变送器之间的通信距离可达 2000ft[1]，多功能节点之间的通信距离达 3000ft。

[1] 1ft=0.3048m。

OneWireless无线网络设备类型多，网络中能起相同作用的组件也具有多样性。无线传送速率也较快，适合用于高更新速率、高通信性能的中小规模无线网络的应用。

(4) Experion PKS系统的软件

① Experion PKS系统的软件模型

a. 企业模型（enterprise model）。企业模型是一个构架，它被工程师、操作员和应用人员用于建立模型和监视其工厂和生产过程。它是一个图形工具，包括一个系统模型、一个资产模型和一个报警组模型等。

b. 系统模型（system model）。系统模型表示Experion PKS系统的边界。通过定义服务器，可建立系统模型。系统模型是PKS系统的一部分，因此，也可使用系统模型定义连接到系统的位于系统外的服务器。

c. 资产模型（asset model）。资产模型组成PKS企业模型的核心。它是工厂的固定资产，如设备、工具和建筑物等的数据库实体，用于定义操作员和其他用户的职责范围、操纵PKS系统、解决所涉及数据、管理报警和设置点、显示和报告等。它采用递阶系统结构表示。

d. 报警组模型（alarm group model）。用于定义报警组、对报警组监视等。一个系统资产模型可包含4000个独立资产，每个资产分10层。一个资产模型可包含5000个报警组，每个报警组分5层，共500个报警子项。

e. 控制模型（control model）。PKS系统提供两种控制模型：控制模型（CM：Control Model）用于连续的控制功能；顺序控制模型（SCM：Sequential Control Model）用于顺序和批量控制功能。两种控制模型类型还包括它们对应的功能模块。

② Experion PKS系统的主要软件

a. Configuration Studio。用于对Experion PKS系统进行配置，包括服务器、操作站、控制处理器等。可根据该软件提供的任务列表，完成有关配置。

➢ Enterprise Model Builder。它是用于建立资产模型、系统中服务器的图形工具，建立的数据库是企业模型数据库EMDB。

➢ Quick Builder。它是用于建立在PKS系统中的硬件，如操作站、控制处理器、打印机等和标准点的图形工具。建立的组态数据下载到服务器关系数据库，并成为组态数据库的一部分。

➢ Control Builder。它是为控制处理器建立控制策略的图形工具。它能够在一个工程师站运行，用于独立的开发；也能够同时运行在多达4个PKS站节点和其他的非PKS服务器节点，允许多用户同时组态、监视和调试系统性能。

➢ System Display。在Configuration Studio中调用该工具可用于配置报告、组显示、趋势和站设置。

➢ HMIWeb Display Builder。基于HMIWeb技术的该图形工具用于建立用户的显示画面，并将它用html格式存储。它是面向对象的全集成用户画面组态工具。系统提供通用图形库、脚本文件和Active X控件。

b. Knowledge Builder。它是建立在客户/服务器结构上提供最小客户轨迹和最优数据结构，使网络通信负荷最小的操作软件。

c. 其他应用软件。包括批量报告、配方管理、点控制调度器、扩展事件归档、报警寻呼机、ODBC数据交换、网络工具、输入输出维护工具、数据库管理应用程序、电子网络浏览器等。

d. 特殊算法库。包括AGA流量补偿算法、Allen Bradley传动设备接口算法等。

③ 控制功能　控制功能包括常规控制、逻辑运算及先进控制等功能。

a. 常规控制。常规控制功能模块见表2-5，逻辑运算模块见表2-6。

表 2-5 常规控制功能模块一览表

功能模块名	名称	功能
AUTOMAN	手动自动	串级控制中,提供串级初始化、FANOUT 和输出之间的无阻尼输出
ENHREGCALC	增强常规控制计算	提供 8 个用户计算的表达式,积分饱和和超驰反馈和初始化
FANOUT	功能块输出	提供 8 个无阻尼的输出
INCRSUMMER	增量加法器	$\mathrm{OUT}(i)=\mathrm{OUT}(i-1)+\sum_{i=1}^{4}k(i)[X_{\mathrm{in}}(i)-X_{\mathrm{in}}(i-1)]+B$
OVRDSEL	超驰控制选择器	超驰控制系统中,用于作为选择器
PID	PID 控制	提供 PID 控制输出(输入为 PV 和 SP)
PIDER	扩展 PID 控制	提供带积分外反馈的 PID 控制
PID-PL	预测 PID 控制	采用 Profit Loop 技术进行预测 PID 控制
PIDFF	前馈-反馈 PID 控制	前馈-反馈 PID 控制
POSPROP	位置比例控制	按位置比例输出,控制输出为开关量
PULSECOUNT	脉冲计数	计数脉冲输出用于数字输出模块
PULSELENGTH	脉冲长度	根据脉冲长度提供脉冲系列,输出用于数字输出模块
RAMPSOAK	斜坡处理	提供 10 个用户可组态的 30 个折线段
RATIOBIAS	比值偏置	为比值系统计算比值提供偏置信号
RATIOCTL	比值控制	比值控制功能
REEOUT	OPC 接口	提供 OPC 与内部常规功能模块之间的接口连接
REGCALC	常规控制计算	提供 8 个用户计算的表达式
REGSUMMER	通用加法器	$\mathrm{OUT}=K\sum_{i=1}^{4}k(i)X_{\mathrm{in}}(i)+B$,X_{in} 是输入(4 个),k、K 是增益,B 是偏置
REMCAS	远程串级	用于远程串级的设定
SWITCH	开关	接收 8 个可初始化输入,根据程序、模块和操作输出单极 8 个位置开关信号

表 2-6 逻辑运算模块一览表

模块名	功能	模块名	功能
AND,NAND	8 个输入信号的与、与非逻辑运算输出	NOT	输入信号的反相
CHECKBAD	检查所需实数输入状态	OFFDELAY	断开延时定时器
CHECKBOOL	检查 8 个离散输入状态	ONDELAY	接通延时定时器
DELAY	输入离散信号的延迟	PULSE	上升沿触发的脉冲输出,固定脉冲宽度
EQ、NE	比较 2 个输入信号的相等和不相等	QOR	有限制的或逻辑运算
GE,GT	比较 2 个输入信号的大于等于和大于	ROL,ROR	16 位整数的循环左移和右移
LE,LT	比较 2 个输入信号的小于等于和小于	SR,RS	置位和复位优先的双稳元素
LIMIT	输入信号限幅在 MIN 和 MAX 之间	RTRIG	上升沿触发边沿检测
MAX,MIN	提供 8 个输入的最大和最小输出	FTRIG	下降沿触发边沿检测
MAXPULSE	提供最大时间限的脉冲输出	SEL,SELREAL	选择器(2 个离散实数中选择一个输出)
MINPULSE	提供最小时间限的脉冲输出	SHL、SHR	16 位整数的左移和右移
MUX	多路选择器(选择 8 路输入的某路输出)	STARTSIGNAL	CM 的再启动
MUXREAL	多路选择器,8 个输入为实数	TRIG	上升或下降沿边沿检测触发
MVOTE	输出 8 个离散输入中占多数的值	WATCHDOG	故障检测用看门狗定时器
NOON	表决 20 中有 N 个为 1	2oo3	3 取 2 表决器
OR,NOR	8 个输入的或、异或逻辑运算输出		

输入输出模块、顺序控制模块、辅助类功能模块和公用类功能模块见表 2-7。

表 2-7 输入输出模块、顺序控制模块、辅助类模块和公用类模块一览表

模块名	功能	模块名	功能
输入输出功能模块			
AICHANNEL	模拟量输入通道	PWMCHANNEL	脉宽调制信号通道到执行器(与 DO 结合)
AOCHANNEL	模拟量输出通道	SIFLAGARRCH	从串口设备读/写布尔数组的界面
DICHANNEL	数字量输入通道	SINUMARRCH	从串口设备读/写数值数组的界面
DOCHANNEL	数字量输出通道	SITEXTARRCH	从串口设备读/写文本(字串)的界面

续表

模块名	功能	模块名	功能
顺序控制功能模块			
HANDLER	STEP、TRANSITION 模块的执行模块	SYNC	同步模块
STEP	步执行模块	TRANSITION	转换模块，定义 HANDLER 的输入条件
辅助类功能模块			
AUXCALC	辅助计算功能模块	AUXSUMMER	辅助总和计算模块
DEADTIME	时滞功能模块	ENHAUXCALC	增强型辅助计算功能模块
FLOWCOMP	流量补偿功能模块	GENLIN	通用线性化功能模块
LEADLAG	超前/滞后功能模块	SIGNALSEL	信号选择功能模块
TOTALIZER	总计功能模块	DEVCTL	设备控制功能模块
DATAACQ	数据采集功能模块		
公用类功能模块			
FLAG	标志功能模块	FLAGARRAY	标志数组功能模块
MESSAGE	消息功能模块	NUMERIC	数字功能模块
NUMERICARRAY	数字数组功能模块	PUSH	推送功能模块
TEXTARRAY	文本数组功能模块	TIME	计时器功能模块
TYPECONVERT	类型转换功能模块		

Experion PKS 系统提供了标准基金会现场总线控制系统的基本功能模块，包括模拟输入 AI、模拟输出 AO、偏置和增益 BG、数字输入 DI、数字输出 DO、手动加载 ML、比例微分控制 PD、比例积分微分控制 PID 和比值控制 RA 等。

b. PID-PL（Profit Loop）预测控制。PID-PL 是 Honeywell 公司基于模型的预测控制算法。

（a）PID 控制算法。Honeywell 公司 PID 控制功能模块提供下列 5 种 PID 控制算法：

$$CV(s)=K\left(1+\frac{1}{T_{\mathrm{I}}s}+\frac{T_{\mathrm{d}}s}{1+\alpha T_{\mathrm{d}}s}\right)e(s) \tag{2-1}$$

$$CV(s)=K\left(1+\frac{1}{T_{\mathrm{I}}s}+\frac{T_{\mathrm{d}}s}{1+\alpha T_{\mathrm{d}}s}\right)PV(s)-\left(1+\frac{1}{T_{\mathrm{I}}s}\right)SP(s) \tag{2-2}$$

$$CV(s)=K\left(1+\frac{1}{T_{\mathrm{I}}s}+\frac{T_{\mathrm{d}}s}{1+\alpha T_{\mathrm{d}}s}\right)PV(s)-\frac{1}{T_{\mathrm{I}}s}SP(s) \tag{2-3}$$

$$CV(s)=\frac{1}{T_{\mathrm{I}}s}E(s) \tag{2-4}$$

$$CV(s)=KE(s)+OP_{\mathrm{BIAS.FIX}}+OP_{\mathrm{BIAS.FLOAT}} \tag{2-5}$$

式中，CV 是控制器输出；K 是比例增益，可以是线性或非线性；E 是控制器输入偏差，$E(s)=PV(s)-SP(s)$，PV 是过程测量，SP 是过程设定；α 是微分增益，其值为 1/16；T_{I} 是积分时间，min；T_{d} 是微分时间，min；$OP_{\mathrm{BIAS.FIX}}$ 是用户设置的固定偏置值；$OP_{\mathrm{BIAS.FLOAT}}$ 是根据计算值设置的偏置，便于获得无阻尼的响应过程。

（b）预测控制算法。Honeywell 公司提供 PID Profit Loop 控制功能模块 PID-PL，采用模型预测控制算法。它根据用户输入的设定值和预测模型的估计值之差，经优化计算出当前控制输出。

➢ 预测模型。采用阶跃响应模型，可表示为：

$$G(s)=K\ \frac{b_5s^4+b_4s^3+b_3s^2+b_2s+b_1}{a_5s^4+a_4s^3+a_3s^2+a_2s+a_1}\mathrm{e}^{-s\tau} \tag{2-6}$$

式中，K 是增益；b 和 a 是模型系数；τ 是时滞。

➢ 模型校正。实际应用中，模型输出与实际输出之间存在偏差，其原因有模型精度、测量噪声、外部过程扰动等，为此要对模型进行校正，见图 2-9。

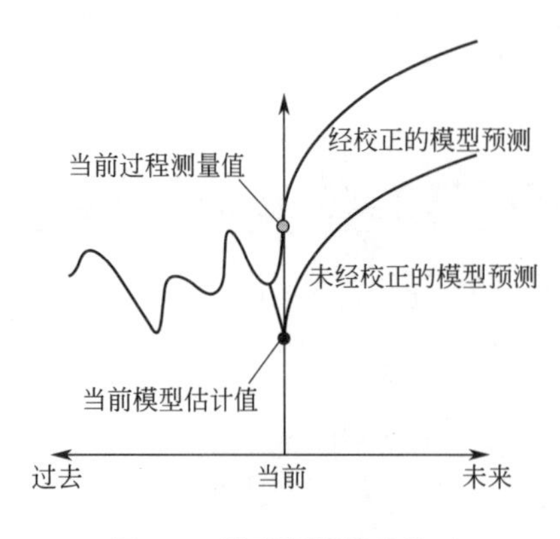

图 2-9 模型预测值的校正

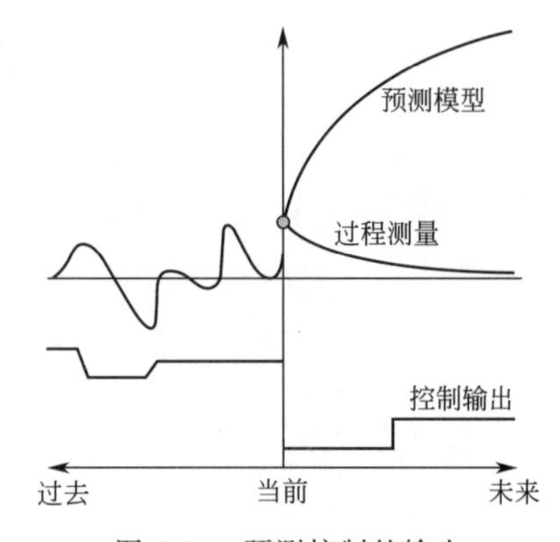

图 2-10 预测控制的输出

➢ 控制输出。一旦未来的控制轨线被计算，控制作用就可执行，使过程强制向控制目标方向运行，使控制器偏差最小化。图 2-10 显示预测控制的输出。

➢ 优化计算。Profit Loop 控制采用范围控制（gap control），当设定 *SP* 超出规定的 SPHI 和 SPLO 时，PID-PL 钳制 *SP* 到合适限值。*SP* 的附加约束条件仅用于选择范围控制。采用范围控制时，稳态操作条件是浮动的。它允许用户特定所需的稳态操作条件，根据控制目标，可最小化或最大化过程变量，或用户输入的目标或 *PV* 的一个窄的范围，即：

$$\text{优化的响应时间}=\frac{6\text{ 倍闭环响应时间}}{\text{可选的速度}} \tag{2-7}$$

可选的速度约定设置值为 2，表示优化响应时间是闭环响应时间的 1/3。

➢ 控制组态。图 2-11 是采用 PID-PL 功能模块组成的范围控制系统。

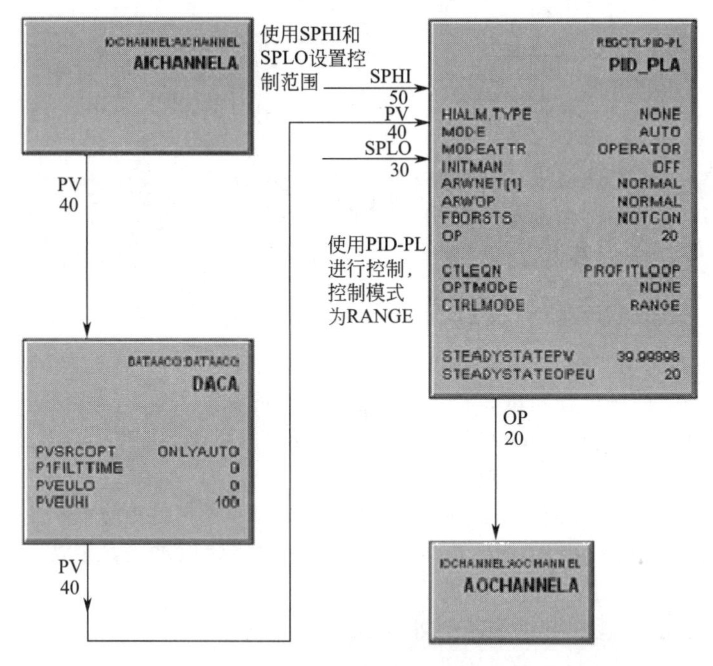

图 2-11 采用 PID-PL 控制模块组成范围控制系统

此外，该系统还提供 Profit GCC、RMPCT、Profit Optimizer、Profit Bridge 等先进控制软件包和 Scout 等维护软件。

(c) Oper Tune 控制器参数自整定。Oper Tune 是 Honeywell 公司的闭环 PID 自整定技术。

其原理是在控制器输出引入一个测试信号，测试结果与未加入测试信号的整定参数比较，并经有关计算确定控制器参数值。操作人员可根据提供的参数值，调整控制器参数。

Oper Tune 是 Experion PKS 系统的标准功能。因此，除了用于 Experion PKS 系统外，也被用于其他系统，如 Honeywell 公司的 TPS 系统和非该公司的集散控制系统。

2.2.2　Foxboro Evo 过程自动化系统

2014 年 7 月施耐德（Schneider）公司收购英维思（Invensys）集团。英维思集团旗下的 Foxboro 公司集散控制系统 I/A S 系统在集成 Triconex 技术后，推出 Evo 过程自动化系统，该系统是创新的高可用的容错的计算机控制系统。当前应用于物联网 IIoT 的新型号为 EcoStruxure，这是一个系列容错的、高度可用的集散控制系统，以施耐德 PLC 为分散过程控制装置。

Foxboro Evo 过程自动化系统包括新型的高速控制器、现场设备管理工具、维护响应中心、企业历史数据库、多层冗余及网络安全性强化系统，能够对历史数据提供卓越的能见度，以及提供实时和可预测的运营信息，从而帮助用户提高生产效率。

Foxboro Evo 过程自动化系统（图 2-12）的特点如下：

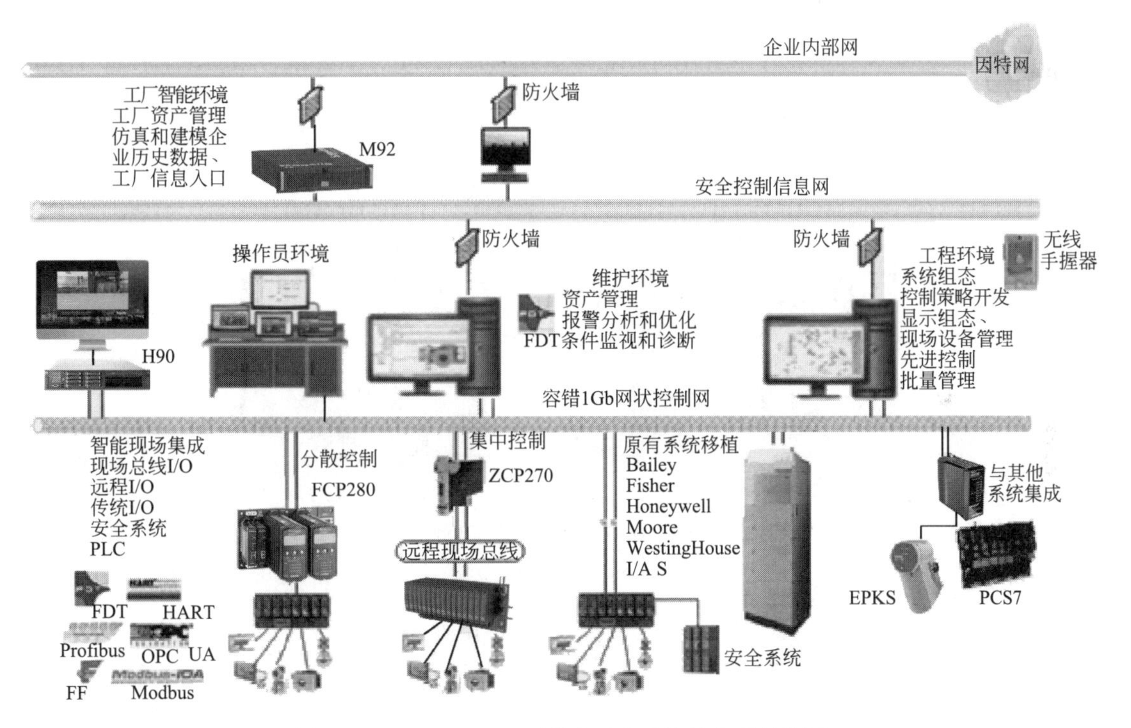

图 2-12　Foxboro Evo 过程自动化系统的体系结构图

a. 通过更加直观的设计和故障诊断功能、虚拟化和其他灵活的技术，可以减轻工程师的工作负担，确保计划的完整性并降低风险；

b. 操作人员能通过最新的、高性能、可移动访问的 HMI，获得更完整的实时工厂活动视图；

c. 通过实时设备警报与分析、警报分类、性能监测及其它优势，缩短维护技术人员的 MTTR；

d. 高性能的网络安全及将控制与安全结合在一起的创新方式，使安全及安保人员从中受益，他们既能够共享运营信息，又能使安全系统在功能上保持隔离；

e. Foxboro Evo 系统采用诸如虚拟化、多核机、系统级芯片 SOC、容错等先进技术，因此它是面向未来的系统，能为延长工厂生命周期提供强有力支持。

(1) 分散过程控制装置

Evo 集散控制系统采用的分散过程控制装置是现场控制处理器 FCP、现场设备控制器 FDC 和用于仿真的仿真控制处理器 SCP。表 2-8 是 Evo 系统分散过程控制装置一览表。

表 2-8 Evo 系统的分散过程控制装置一览表

类型	说　明
FCD280	可选冗余的、现场安装的设备控制器。提供单端口或双端口 PLC、驱动器和其他分散控制设备与 EcoStruxure™ Foxboro DCS 之间的控制和以太网/串口。由于优化控制设备，如 PLC 的集成，因此增强了控制系统设计和实现的灵活性，同时使系统工程最小化和降低成本
FCP280	强大和安全的 FCP280 采用容错设计，提供高可用性和不间断的操作，能够用于过程控制、逻辑运算、顺序控制、数据采集、报警检测和警告。与原有的 FCP270 比较，容量增加 1 倍，性能提高 3 倍。能用于 G3 类苛刻工况，可选冗余。获 ISA EDSA 网络安全认证，接受 4 个 PIO 通道(4 个独立的 HDLC 现场总线)，全厂数据集成，具有 CE 认证的现场安装外壳
SCP	结合了 SYNSIM 动态建模能力，可用于 Foxboro 集散控制系统的控制处理器 CP270 和 CP280 的虚拟仿真

图 2-13 是部分分散过程控制装置的外形图。采用容错方式实现冗余，即两个控制处理器并行工作，分别连接到 Mesh 控制网络。它们同时接收和处理信息，两个处理器同时进行自诊断来确定哪个处理器有问题。没有问题的处理器采取控制措施，不影响正常的系统操作。失效的控制网络报文经通信协议的再试机制送达处理器模块，并在下一次基本处理周期 BPC 时重试。由于采用容错技术，因此其可靠性大大提高。

FCP280控制处理机(冗余)

FCP270控制处理机

图 2-13　FCP270 和 FCP280 控制处理器外形图

Evo 系统的输入输出模块有多种类型。表 2-9 是 Evo 系统输入输出模块一览表。

表 2-9 Evo 系统输入输出模块一览表

类型	说　明
标准型 I/O 模块	指 200 系列现场总线模块，是用于远程、就地、通用、本安的 I/O 模块。超高的模块可靠性和质量，热插拔，分布式安装(就地或远程)，配电的安全性，苛刻 G3 安装条件
通用型 I/O 模块	FBM247 用软件对通道组态，根据 IIoT 应用需要，可灵活地组态作为 AI、AO、DI、DO 和 PI，降低了设备、安装和维护的成本和消除时间延迟
紧凑型 I/O 模块	在一个基板上安装多块 I/O 模块，实现紧凑安装，节省空间、质量和安装及维护成本。性价比高，提供苛刻环境保护
本安型 I/O 模块	提供 P+F 安全栅与本安远程 I/O 系统、集散控制系统之间的集成

图 2-14 是 Evo 系统输入输出模块的外形图。标准型 FBM 输入输出模块是 200 系列模块，早期的 FBM 模块是 100 系列的。

通用输入输出模块是标准 200 系列模块的特殊类型，其型号是 FBM247，共有 8 个通道(AI/AO/DI/DO)，每个通道都可独立用软件组态。

本安型I/O模块　　标准型I/O模块　　紧凑型I/O模块

图 2-14　Evo 系统的输入输出模块

(2) 操作管理装置

Evo 系统的操作管理装置包括各种工作站、应用处理器和操作处理器。表 2-10 是 Evo 系统操作管理装置一览表。工作站有 H90/H91 服务器级、H92 服务器级和 P90/P91 服务器级、P92 服务器级两个系列，分别用于安装 Windows Server、Win7 操作系统。M90/M91、M92 是工业化工作站和服务器。都可连接 1～4 台 LCD 显示器，分辨率 1920×1080。提供 USB、并口和串口，可连接打印机等外围设备。

表 2-10　Evo 系统操作管理装置一览表

类型	说　明
工作站和服务器	该装置是安全、先进和多用途的工作站和服务器，可以在该工作站和服务器完成集散控制系统的组态、操作、控制和维护。最多支持 4 个显示屏和触摸屏。既可通用的机架安装，也可机柜或操作员终端安装
工业化工作站和服务器	M92 工作站和 M90 服务器是工业化的强大和安全的工作站和服务器。M92 可作为 Foxboro、第三方和用户编写应用程序的平台。多功能工作站支持应用程序的执行、数据通信、文件服务和图形及文本显示等。M90 是多用途服务器，支持 Fxoboro 集散控制系统的托管、数据采集和处理等广泛的应用程序和文件服务和图形及文本的显示等
虚拟化和瘦客户端	服务器虚拟化用于启动新项目及寻求最大经济效益。采用虚拟化技术，使系统生命周期中实现操作的敏捷性和生产计划的完整性。虚拟化使软件和操作系统不需要与特定硬件相关联，因此，随着系统规模扩大，维护需求和故障排除可在虚拟环境解决

图 2-15 是 Evo 系统的键盘和工作站。Evo 系统的组合键盘可安装告示和数字键，告示键由用户定义并带 LED，是 LED 键开关阵列，提醒操作员注意有关操作区域。数字键与字母数字键盘上的数字键具有相同功能。

报警/数字键盘　告示/数字键盘　工作站H92　工作站H90　工业化工作站M92

图 2-15　Evo 系统的键盘和工作站

(3) 通信系统

① Mesh 控制网络　基于 IEEE 802.3u（快速以太网）和 IEEE802.3z（千兆以太网）技术的 Mesh 控制网络，用一组以太网交换机组成网状拓扑方式连接。它位于各种工作站和输入输出模块之间，连接在一个 100MB/1GB 交换机以太网中，网络结构简单清楚，采用全光缆通信和先进交换机技术，在网络中任意两个设备之间提供多重通信途径，不受单点或多点故障的影响，提高了网络抗电磁干扰能力和可用性。

交换机拓扑式控制网络结构 Mesh Control Network 作为通信平台，增加 CNI 控制网络接口功能，提供 $N+1$ 冗余网络结构，极大地提高网络通信的冗余度和抗电磁干扰能力。

Mesh 控制网络的拓扑结构可以是总线、环网、星形、树形和混合型。Mesh 控制网络也是工厂信息网和企业网所选用的网络。Mesh 控制网络可连接多达 250 个交换机、1920 个逻辑站。

Mesh 控制网络的特点如下。

a. 智能路由。Mesh 控制网络中每个节点都可发送和接收信号，每个节点都可与一个或多个对等节点进行直接数据通信，能够适应小规模和大规模生产过程控制的需要。

b. 自配置。Mesh 控制网络具备自动配置和集中管理能力，简化网络管理维护，支持全双工快速以太网和千兆以太网。

c. 自愈合。Mesh 控制网络具备自动动态路由连接，消除单点故障对业务的影响，提供冗余路径。

d. 高带宽。网络覆盖范围扩展，消除原有 WLAN 随距离增加而使带宽下降的缺点。此外，信号能避开障碍物的干扰，传送畅通无阻，消除通信盲区。

e. 兼容性。Mesh 控制网络可广泛地与客户的终端兼容，实现数据通信。

② 模件现场总线　模件现场总线位于现场总线通信模件 FCM（Fieldbus Communication Module）与部分具有通信的 FBM 模件之间，它是符合高级数据链路控制协议 HDLC（High-Level Data Link Control Protocol）的现场总线。采用滑动窗口协议作为流量控制方法，属于数据链路层的通信协议。

经现场总线通信模件 FCM、现场设备系统集成器 FDSI（Field Device System Integrator）、具有通信功能的现场总线模件 FBM 等可与其他现场总线系统的设备连接，实现数据通信；也可直接与模拟输入输出模件连接，经模拟输入输出模件将现场模拟仪表的模拟信号转换为数字信号，实现与控制处理器的信息交换。

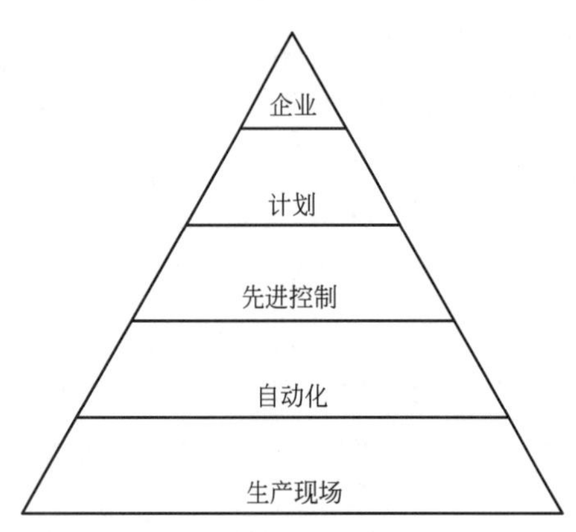

图 2-16　普渡大学软件模型的分层结构

③ 现场总线　Evo 系统可经现场总线模块与标准的现场总线仪表进行通信连接；可以用 FDT 或 EDDL 技术的应用程序对现场总线仪表的所有变量进行存取访问；也可经现场总线设备系统集成器作为串行通信接口、串行通信冗余接口、单通道或冗余的以太网通信接口等。

④ 无线通信　采用无线通信协议和 Wi-Fi 的无线网络。

(4) Evo 系统的软件系统

① 普渡大学的 5 层软件模型　Evo 系统采用普渡大学提出的 5 层软件模型，其分层结构见图 2-16。

该模型的最底层是生产现场（field），其上面分别是自动化（automation）、先进控制（advanced control）、计划（planning）和企业（enterprise）。也常常用扁平化的 3 层模型描述，即最底层是过程控制 PCS（Process Control System），由生产现场、自动化和先进控制组成；其上是制造生产执行系统 MES（Manufacturing Execution System）；最上层是企业资源计划 ERP（Enterprise Resource Planning）。

② ArchestrA™ 平台　施耐德公司旗下的 Winderware 公司将自动化软件所需的共同的基本功能和服务抽象出来，构成了 ArchestrA™ 平台。该平台基于微软操作系统和相关软件的基础，包括通用的底层结构平台，并提供下列服务：设计和开发环境、部署服务机制、脚本和计算服务、报警和事件子系统、历史和数据传输服务、规模的可伸缩性、集成硬件驱动、通信和命名服务、支持 OPC 和 SQL 等。

③ 控制软件（control software）　控制软件为用户提供强大功能的用户界面和平台功能，帮助用户无缝实现对整个工厂的所有操作、运行和管理。Evo 系统显示画面和报表实现了汉化，汉字数量与国际二级字库相同。图 2-17 显示控制软件各层的软件和相互关系。

a. 过程（process）。现场设备层，控制软件接收现场设备的模拟量和数字量信号，并发送执行信号到最终执行元件。

b. I/O 控制和报警（I/O Control and Alarm）。经 FBM 和控制处理器 CP 实现过程 I/O 的控制和报警。

c. 可视化（visualization）。用HMI软件实现对生产过程的可视化功能，用于改变设定值、调整报警限值、处理故障和识别报警等。

d. 历史化（historization）。Evo系统的Historian采用Winderware Historian，并植入Control Core Services，该软件是满足生产过程控制数据采集要求的高性能软件，完成数据提取和发送、数据分析和管理等。

e. 应用（application）。该软件是用于过程分析和优化、特殊过程套接对象的管理，如批量控制，与其他公司如Avantis、Connoisseur等应用程序的调用等。

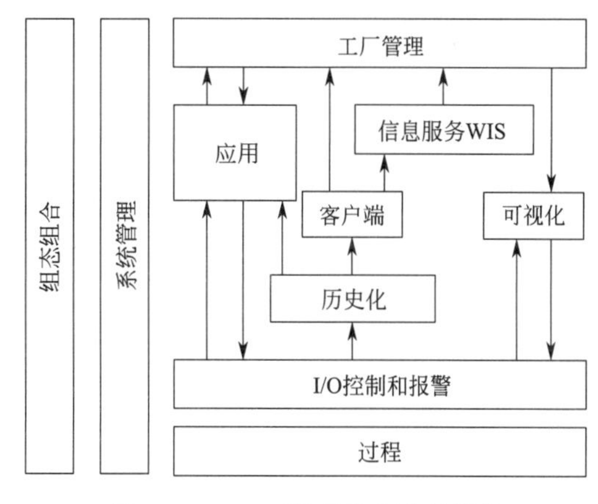

图2-17　Evo系统的控制软件结构

f. 组态组合（configuration component）。控制编辑器（control editors）是Evo系统用于逻辑组态的工具软件，能够在控制处理器内用组合块进行组态和运行，及采集历史数据。

g. 系统管理（system management）。该软件用于监视现场设备运行状态和设备之间的通信状态，并提供设备维护和信息保存等功能。

h. 工厂管理（plant management）。该软件获取现场生产过程的完整实时信息和数据，对工厂进行多方位的管理。

④ 控制编辑器（control editors）　控制编辑器采用图像化用户界面，完成控制组图。

a. 策略（strategy）。Evo系统中，采用策略作为ArchestrA IDE的对象，策略作为组合块component的内容，在策略中添加模块Block，创建逻辑回路。

b. 控制人机界面（control HMI）。控制人机界面用图形化形式将过程控制对象显示在HMI，提供现场设备的运行状态和信息，并提供操作人员对现场设备的操作和控制功能。该软件包括激活Foxboro Window Viewer和Alarm Server软件的运行。

c. 应用程序（application）。该软件提供的基本功能包括过程操作画面、组图控制流程图、协助诊断系统和过程的故障等。

（a）Window Viewer。用于查看过程数据的操作画面。随着控制人机界面的启动而启动。支持多显示屏模式。操作方式类似Windows，但不能调节窗口大小。

（b）Window Maker。用于开发Window Viewer显示窗口用的软件。可创建新显示窗口，绘制新流程图画面，完成窗口配置和组态，并实现动态数据连接等。

（c）Faceplates & Trends。用于显示模块Block信息，如输入仪表面板。趋势面板则提供趋势曲线，既可是实时数据，也可是历史数据。

⑤ 历史（historian）　Evo系统的历史是一个实时关系数据库，是结合微软SQL Server软件和高速数据获取和压缩技术的数据库。Evo Historian从Winderware I/O Server、DA Server、ArchestrA™或其他系统获取数据，发送到Historian Server进行压缩和存储，Evo Historian Client执行SQL Query，获取Historian Server已经存储的数据。

⑥ 系统管理器（system manager）　该软件监视系统中各硬件健康状况。每个站将各自健康状况发送给系统监视器（system monitor）　该软件还控制设备运行，即系统中各硬件的运行等。

（5）控制组态

Evo系统提供连续控制、顺序控制和批量控制等控制算法。在组合块（compound）下，它采用功能模块（block）的组合实现有关控制功能。

① 功能模块　Evo系统采用功能模块方式实现有关功能。连续控制功能模块包括输入/输

出、控制、信号处理、报警和限幅、计算、逻辑和转换、顺序控制等。Evo 系统的控制策略中，Block 被称为对象 Object。表 2-11 显示 Evo 系统的功能模块。

表 2-11 Evo 系统的功能模块

功能模块名		功能	功能模块名		功能
输入/输出	AIN	模拟信号输入模块	信号处理	SIGSEL	信号选择模块
	MAIN	多点模拟信号输入模块		SWCH	信号切换模块
	AINR	冗余模拟信号输入模块		RAMP	斜坡信号发生模块
	CIN	触点信号输入模块		LLAG	超前滞后功能模块
	AOUT	模拟信号输出模块		DTIME	时滞功能模块
	AOUTR	冗余模拟信号输出模块	计算、逻辑和转换	ACCUM	累加器计算模块
	COUNT	触点信号输出模块		CALC	计算模块
	MCOUNT	多点触点信号输出模块		CALCA	先进计算模块
	EVENT	事件顺序报警模块		CHARC	折线函数模块
	GDEV	通用设备控制模块		LOGIC	逻辑功能模块
	VLV	开关阀控制模块		MATH	数学运算模块
	MDACT	马达驱动控制模块		PATT	模式匹配模块
	MOVLV	电动控制阀控制模块		STATE	状态模块
	MTR	马达控制模块	报警和限幅	ALMPRI	报警优先级转变模块
控制	BIAS	输出偏置模块		BLNALM	布尔量报警模块
	PID	PID 控制模块		LIM	信号限幅模块
	PIDA	带前馈和反馈自适应控制的 PID 控制模块		MEALM	测量报警模块
	PIDE	带 EXACT 自整定功能的 PID 控制模块		MSG	消息发生器功能模块
	PIDX	带扩展功能的 PID 控制模块		PATALM	模式报警模块
	PIDXE	带自整定功能的 PID 扩展模块		REALM	实数报警模块
	DPIDA	分散 PIDA 控制模块		STALM	状态报警模块
	FFTUNE	前馈整定模块	顺序控制	IND	独立块
	FBTUNE	反馈整定模块		DEP	非独立块
	DGAP	带间隙的二位控制模块		EXC	例外块
	PTC	时间比例控制模块		MON	监视器块
	OUTSEL	输出选择模块		TIM	定时器块
	RATIO	比值运算模块		PLB	可编程逻辑模块

② 顺序控制功能块　提供顺序块、监视块和时钟块等三类共五种功能模块（IND、DEP、EXC、MON 和 TIM）。批量控制可采用高级批量控制语言 HLBL（High Level Batch Language），还提供类似高级编程语言的语句，如 IF、FOR、REPAET、WHILE、GOTO、WAIT、ACTIVATE、START TIMER 等。批量管理软件为批量生产过程提供自动化控制和管理的应用工具，符合 ISA S88.1 批量过程的国际标准。电子记录和电子签名等符合 FDA 21 CFR Part11 的规定。顺序逻辑程序的编程符合 IEC 61131-3 标准。

③ 可编程逻辑模块 PLB　可在数字型 FBM 中直接运行梯形逻辑图程序。

其他功能模块包括布尔变量 BOOL、两位输入 BIN、两位输出 BOUT、冗余两位输入 BINR、冗余两位输出 BOUTR、比较 CMP、显示站接口 DSI、设备控制模块 ECB、整数输入 IIN、整数输出 IOUT、实数输入 RIN、实数输出 ROUT 等。

(6) 人机界面软件

Evo 系统的人机界面软件是 Control HMI。

① BlockSelect　用于选择控制处理器中的 Block 的工具软件。其功能如下：

a. 用 Control HMI 调用 Block 的面板 Faceplates；

b. 启动或断开 CP 中的 Compound 组合块；

c. 查看 CP 中的 Compound 组合块和 Block 功能块的层次结构；

d. 对CP中的Compound组合块和Block功能块进行索引排序；

e. 搜索指定的Compound组合块或Block功能块。

② Faceplate Faceplate是Control HMI的显示面板，包含被显示组合块和功能块的过程控制信息，也称为仪表面板。

(7) 先进控制软件

Evo系统提供Connoisseur™先进过程控制软件。部分优化和管理软件如下。

① 过程工程软件PES（Process Engineering Suite） 过程工程软件用于工厂设备的过程设计、性能监控和离线优化，包括PRO/II流程模拟软件、HEXTRAN传热系统模拟软件、INPLANT流体力学计算软件、VISUAL FLOW安全系统和泄压系统模拟软件和DATACON数据校正软件等。

② 动态模拟软件DSS（Dynamic Simulation Suite） 动态模拟软件提供严格动态模拟和高保真控制系统仿真所需的功能，包括DYNSIM动态模拟软件、FSIM Plus™系统校验和模拟软件、TRISIM Plus™的Tricon和Tribent系统仿真软件和OTS操作员培训系统软件等。

③ 上游优化软件UOS（Upstream Optimization Suite） 它是一套集成的技术先进的决策支持工具，包括PIPEPHASE稳态多相流模拟器软件、NETOPT网络优化器软件、TACITE管线瞬态条件模拟器软件等。

④ 在线性能软件OPS（On-line Performance Suite） 该软件集中ROMeo实时优化系统、ARPM在线性能监控系统和Connoisseur™先进控制系统等当前优化、先进控制及在线监控的最新技术，实现实时连续优化工厂的性能。

⑤ 线性规划系统PETRO 它是先进炼油厂线性规划和优化系统，用于原料评价和选择、排产、操作优化、适应生产质量要求的不断变化、月计划、解决瓶颈、年度预算和投资计划等。

2.2.3 Delta V系统

美国Emerson过程管理集团（Emerson Process Management）有两种集散控制系统Delta V系统和Ovation系统。过程工业主要应用Delta V系统，电站和水处理工业主要应用Ovation系统。这里介绍Delta V系统。图2-18是Delta V系统的体系结构，其特点如下。

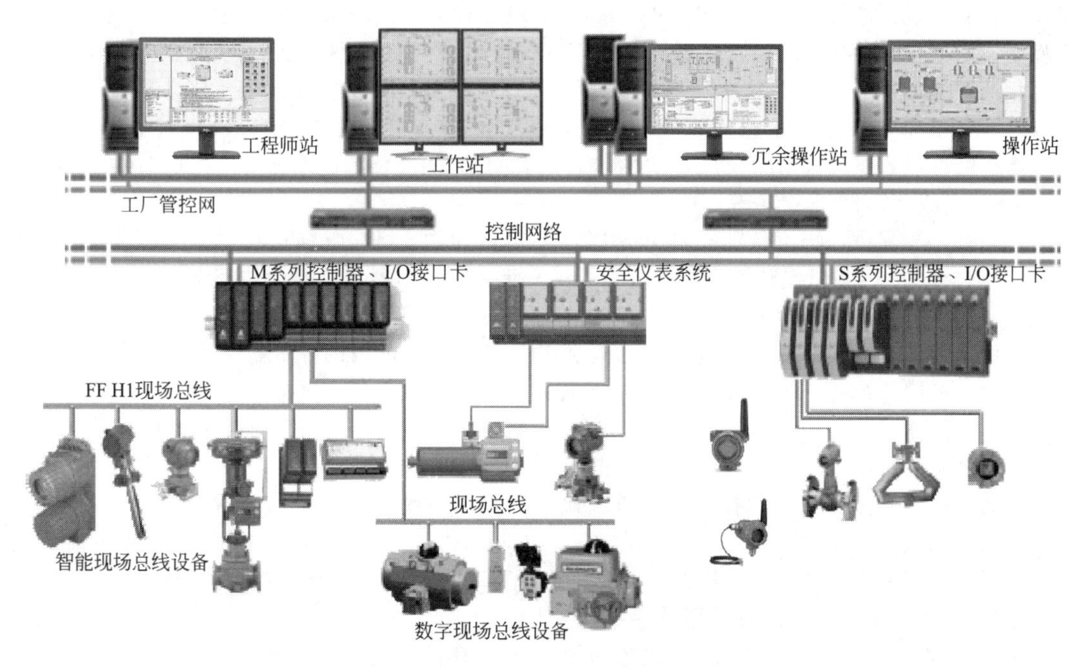

图2-18 Delta V系统的体系结构

① 开放的网络结构　采用标准以太网、基金会现场总线、OPC UA 等国际标准，以及标准数据结构等。可采用冗余的控制网络和冗余控制器提高系统可靠性。

② 硬件模块化　具有即插即用、可带电插拔和自动识别功能，可在线对系统扩展。降低系统安装、组态和维护工作量。各输入输出卡采用隔离分散设计，实现危险分散，提高系统安全性。采用 CHARM 特性化模块技术，可实现灵活安装，降低成本。

③ 内置的智能设备管理系统 AMS 可对智能设备进行远程诊断、预见性维护，减少企业因非正常原因造成的停车，提高生产力，保证生产过程稳定运行。

④ 具有掉电保护功能　在系统断电情况下，控制器中的应用程序及数据，可以保持 30 天以上。

⑤ 安全管理机制使 Delta V 系统能接收 NT 的安全管理权限，操作员可在严格的权限内对系统进行操作，不必担心会对操作权限外的任务进行访问。

⑥ 用户可经局域网及云端，采用浏览器等远程监视和控制生产过程，满足用户对过程的远程组态、操作、诊断和维护等要求。

⑦ 采用单一环境配置的警报、批处理、先进控制、安全和历史、即插即用和模块化设计，简化组态，减少测试时间。提供报警处理工具，降低过程风险，如有报警帮助、报警分析、报警描述、报警功能分类、抑制报警的可视等。

⑧ 人机界面的易操作性　图形化界面使操作人员能够迅速获得重要信息，实现对生产过程的监视操作和控制。

⑨ 提供多种优化工具，实现优化控制，如预测控制、模糊控制、神经网络控制、模型识别、控制器参数自整定、优化控制、优化回路分析等。

⑩ 虚拟化硬件为用户提供全面的测试和工程师的全球支持，满足应用要求。虚拟化技术可对系统的硬件和软件进行仿真和测试。

(1) 分散过程控制装置

Delta V 系统提供多种类型的控制器和输入输出模块，用于灵活扩展其生产规模，适应生产应用的要求。

Delta V 系统早期分散过程控制装置是控制器 M3、M5、M5 Plus 和输入输出模块。随着现场总线控制系统的应用，近年推出的有 MD、MD Plus、MX、MQ、SX 和 SD 等 M 系列、S 系列控制器和 PK 控制器，这些控制器可冗余配置。随着产品的升级换代，产品的控制能力、存储容量及点数等都有成倍的增长。例如，MX 控制器的控制功能是 MQ 控制器的 2 倍，用户组态的存储容量和 DST 点数也是 MQ 控制器的 2 倍；SX 控制器的控制功能是 SQ 控制器的 2 倍，用户组态的存储容量（96MB）也是 SQ 控制器（48MB）的 2 倍，DST 点数（1500）也是 SQ 控制器 DST 点数（750）的 2 倍等。

控制器用于提供现场设备和控制网络中其他节点之间的通信和控制。

安装冗余的 Delta V 控制器可在线升级。先升级冗余控制器，再手动将冗余控制器切换为主控制器（这样就能不停车地升级控制器），然后，就可对原控制器升级。

为便于现场总线控制系统的应用，也提供用于现场总线仪表的控制器。为原有 PROVOX、RS3 等集散控制系统的升级迁移，Delta V 系统提供为迁移所需的控制器接口。

虚拟化技术也被应用于控制器。虚拟 S 系列和 M 系列控制器为系统开发和测试提供了一个简单、经济和有效的控制器功能仿真的功能。采用虚拟控制器，控制组态和 I/O 配置可以进行完整的测试，而不需要实际的控制器硬件。此外，虚拟环境也使添加或移除控制器变得容易，降低了风险和成本。

用于安全相关系统时，可选用相应的安全控制器。图 2-19 是部分控制器的外形图。

Delta V 系统的控制器具有下列特性：

① 生产效率的提高　表现为运行速度不断提升，存储容量不断扩展，控制功能不断增强，可自动寻址、自动定位和自动 I/O 检测；

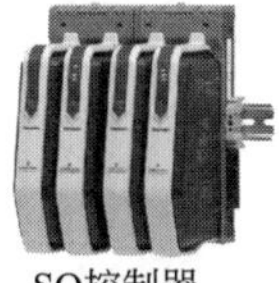

图 2-19　Delta V 系统的控制器外形图

② 易操作性的增强　表现为完全的控制能力（可接收所有 I/O 接口通道信号，实现相关控制功能），实现数据保护，能够将智能 HART 信息传送到控制网络的任何节点，可在线扩展系统，扩展存储容量，提供先进的控制策略，安全维护方便等；

③ 可靠性的提升　表现为建立安全网络，防止意外的故障影响，可选用冗余控制器，实现无扰切换，扩展容易，操作和控制不中断的控制器冗余，自动确认不需重新组态，可实现在线升级等。

PK 控制器主要用于小规模的应用场合，例如，刹车系统或小的单元操作，可以不需要 HMI 而独立运行；也可与大的 Delta V 系统合并组成更大的系统，只需要将 PK 控制器的数据库和图形合并到该 Delta V 系统即可，因此避免了两个系统之间的映射等问题。图 2-19 中的 PK 控制器为冗余设置。

输入输出模块包括传统的输入输出模块和现场总线接口模块。输入输出模块采用模块化设计，具备智能功能，可正确定位，节省安装时间，降低安装成本，有本安模块，可实现即插即用功能，可带 HART 功能，包括无线 HART 功能，实现无线通信。现场总线输入输出模块是数字化产品，既节省接线费用和安装成本，也提高了测量精度和调试费用。它具有不中断控制的安全性能，提供第三方的设备支持。该系统也提供各种现场总线的接口模块，例如，与 FF、Profibus、Modbus、以太网、AS_i 等接口模块。图 2-20 是 Delta V 系统 S 系列和 M 系列的 I/O 模块和接线排。

（2）操作管理装置

Delta V 系统提供多种类型的操作员站、工程师站和工作站，用于不同的应用环境，主要包括 Professional Plus 站、操作员工作站和应用工作站。

① Professional Plus 站　每个 Delta V 系统需要一台并且只需要一台 Professional Plus 站。它用于存放 Delta V 系统的全部数据库，系统所有点和控制策略被映像到 Delta V 系统的每个节点设备。它具有下列特点。

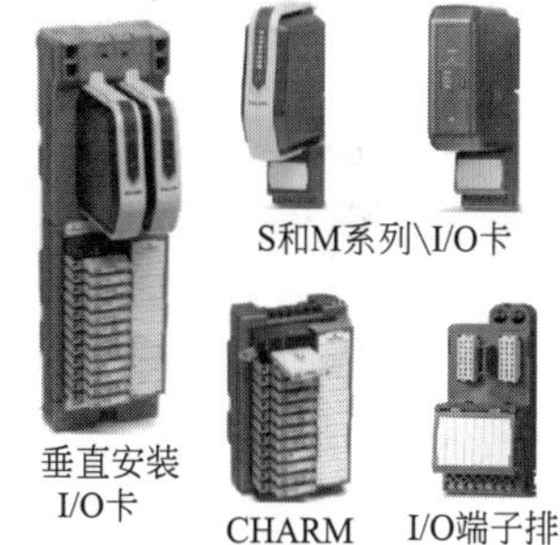

图 2-20　Delta V 系统 I/O 模块

a. 全局数据库和规模可变的结构体系　采用集中式的全局数据库可为所有系统中的数据提供唯一位号，因此，在系统中的任何一个节点都可方便地根据位号确定其物理位置，并获取该位号的所有信息。工作站和数据库之间采用客户/服务器模式，可将管理客户分散到系统的其他工作站。一旦 Professional Plus 工作站故障，Delta V 系统的其他工作站可升级为 Professional Plus 站，整个系统不会受其影响。

b. 强大的管理能力　Delta V 系统设置模块库，用户根据应用要求，可选用相关模块进行连接，完成控制策略组态；还可根据应用要求定义用户的专用模块，并可作为模块库的模块反复使用。Delta V 系统提供完整的图形库和控制策略，常用控制方案已经预先组态，如简单的 PID 控制、前馈、串级，较复杂的发动机控制算法等，都有标准的图形和符号可供选用。

c. 友好的操作界面　Delta V 系统的过程操作环境提供友好的操作界面，用户可方便地访问导航工具，内置的可靠性提高了系统的安全性。

d. 内置诊断和智能通信功能　Delta V 系统除提供友好的操作界面外，还提供对系统的诊断信息。工作站可访问过程中所有节点设备、位号和现场智能设备的诊断和报警信息。

② 操作员工作站　操作员工作站为操作员提供友好的操作界面，用于对生产过程的操作和控制。操作员工作站也提供对生产过程的管理和诊断等功能。

操作员工作站对不同的操作员设置不同的操作权限，提供不同的操作功能，使他们能在所操作和管理的范围内进行正确的操作和控制，提高系统的安全性。

操作员站由基本站、四监视显示器（或两监视显示器）工作站、远程操作员站和远程客户及 Web 服务器等组成。

③ 应用工作站　应用工作站支持 Delta V 系统与其他网络的通信，如与工厂管理局域网的通信。应用工作站可运行第三方软件，将第三方应用软件数据链接到 Delta V 系统。它具有 OPC 服务器功能，可提供快速、可靠的信息无缝集成。在应用工作站，可通过标准 Delta V 组态工具对所有非预置的应用进行组态。使用 Delta V 系统唯一的工具来确保操作员能根据工厂规定监视、维护和控制生产过程。操作员能够用软锁关闭系统的权限，提高系统可靠性和安全性。

(3) 通信系统

① 工厂局域网　工厂局域网（plant local area network）也称为工厂管控网（plantweb），是冗余的以太局域网。工厂局域网由智能现场设备、标准化平台和一体化模块化软件组成，这些组件用开放的通信标准连接，不同平台之间采用 OPC UA 技术进行数据交换。

在 Delta V 系统中，智能化现场设备采集过程信息并对过程执行控制命令；Delta V 系统为过程控制和管理提供管理和控制的信息；AMS 资产管理系统处理大量信息，实现设备管理功能。

② 控制网　控制网是位于操作员工作站、应用工作站与控制器之间的冗余局域网。Delta V 系统所有节点（操作站及控制器）直接连接到控制网络，不需要增加任何额外的中间接口设备。简单灵活的网络结构支持就地和远程操作站及控制设备。

Delta V 系统与工厂管控网之间用 Professional Plus 工作站或应用工作站连接。对非 Delta V 系统的应用经应用工作站实现。

为了保证网络的可靠运行，控制网络采用冗余配置。与隔离的网络路由器和交换机一样，主、副通信通道用隔离的以太网接口卡 NIC 实现。

Delta V 系统是易于实现虚拟化和易于实现维护的集散控制系统。

③ 现场总线　Delta V 系统采用基金会现场总线作为其现场级的控制网络。Delta V 系统为了与其他现场总线设备进行数据交换，除了采用 OPC UA 技术外，还提供了多种接口模块，通过这些接口模块，可与其他总线设备组成相应的现场总线控制系统。

现场总线的网络拓扑可采用总线、树形或菊花链等结构。现场总线供电通常在控制器侧接入。需注意，在主干现场总线的两个最远端应连接终端器，用于防止现场总线信号在终端处反射造成的噪声影响及对直流电源的短路。

④ 无线网络　Delta V 系统采用 Wireless HART 通信协议和 Wi-Fi 的无线网络。Wireless HART 封装在 HART 7 标准中，因此所有 Wireless HART 设备都有有线 HART 设备相同的特性，这表示原有的有线 HART 设备的所有软件、工具和技能都可用于当前的调试、维护和集成到当前的系统中去。

Wireless HART 是用于过程自动化应用的无线网状网络的通信协议。它将无线功能添加到 HART 通信协议中，同时保持与现有 HART 的兼容性的设备、命令和工具。每个 Wireless HART 网络包括三个主要组件：连接到过程或工厂设备的无线现场设备、用于连接现场无线设备和高速主干网或其他现有工厂通信网的网关、网络管理软件。网络管理软件用于配置网络、实现设备之间的调度通信、管理消息路由、监视网络运行状况。网络管理软件也可集成在网关、上位机应用程序或过程自动化控制器内。

(4) 软件系统

Delta V 系统提供一系列的软件用于系统的组态、操作、维护和管理等。

① 组态软件 组态软件 Configuration Studio 用于管理 Delta V 系统的所有系统硬件配置、历史记录、OPC、批量控制策略和工作站、控制器及现场设备的控制策略等。多用户可同时对系统组态，并从 Delta V 系统工作站访问全局数据库。组态软件包括在线控制组态（control studio online）、操作员显示（operator display）、监视和控制（insight）、配方管理（recipe studio）和设备管理（AMS device manager）等。

② 在线控制组态 在线控制组态采用图形化界面执行控制策略，用户可方便地修改控制参数等，为操作员方便地提供在线信息、设备的完整运行状况、完整的故障信息和排除策略，它也支持电子签名等。

③ 操作管理软件 操作管理软件提供图形工具，使操作员可以用易于操作的图形方式实现对生产过程的监视和控制。用户可根据不同应用设计不同的操作员画面。Delta V 系统允许将图形（如工厂的实际照片扫描到系统中）作为静态画面，也可将声音信号集成到操作画面，例如，使用不同报警声音表示发生了不同报警优先级的事件；也可用语言提供必要的操作提示等。

④ 监视和控制 监视和控制（Insight）是强大的新技术软件，是一个用于监视、分析、诊断、报告和改进控制回路性能的集成应用程序。它通过监视和控制改进过程控制，识别诊断回路的问题，推荐 PID 调整参数，维护的改进，不断适应工艺条件的改变。新的版本支持 Adapt 软件，可实现 PID 的闭环控制器参数整定。

⑤ 先进控制软件 Delta V 系统提供各种先进控制软件。

a. Adapt 软件 该软件是连续闭环自适应控制软件。作为 Insight 软件的附加产品，它可用于自适应调整 PID 控制器参数，实现优化控制。例如，非线性过程特性会使闭环系统变得不稳定或呆滞，采用该软件可不断更新 PID 控制器参数，实现优化控制。

b. Fuzzy 软件 模糊控制软件对噪声信号和非线性生产过程的响应优于传统 PID 控制；对随动或定值控制系统，模糊控制策略可实现无超调，其回路性能比传统 PID 控制提高 30%～40%。该软件使用方便，它以 FLC 功能模块名命名的功能模块，极大地方便用户的应用。

c. Predict 软件 Predict 和 PredictPro 预测控制软件是实现单变量和多变量模型预测控制的软件。它利用动态矩阵控制策略，逐步优化并实现控制。这是一个以 MPC 命名的功能模块。

d. Neural 软件 神经网络控制软件提供一种实用的方法，它建立虚拟传感器来获取以前需要实验室或在线分析器才能获得的测量信息，用神经网络实现软测量。它是以 NN 功能模块命名的功能模块。

e. 批量控制管理软件 先进单元管理软件（Advanced Unit Management Software）是一个批量控制软件，它采用 IEC 61131-3 标准的顺序功能表图实现批量控制。Delta V 系统支持 IEC 61131-3 标准的功能块图 FBD 编程语言、结构化文本 ST 编程语言和顺序功能表图 SFC 编程语言。

f. RTO^+ 实时优化软件 基于模型的检测执行性能和优化软件，实现工厂运行性能的优化。

g. $MSPC^+$ 多变量统计过程控制软件 用于处理常规单变量 SPC 难于解决的多点故障检测问题，在线跟踪失控过程，并辨识造成偏差的原因，降低标准偏差。

h. Simulation 仿真软件包 采用 mimic™ 进行过程仿真。它模拟实际 Delta V 的 I/O，可对现场设备特性和响应进行仿真。可用于培训和测试。

⑥ 标准功能模块 表 2-12 是 Delta V 系统提供的标准功能模块。

表 2-12 Delta V 系统的标准功能模块

功能模块名称	说　明
先进控制部件板功能模块	
诊断 DIAS	提供非现场总线设备警告的监控方法。显示非现场总线功能模块到诊断模块的设备健康状态
模糊控制 FLC	用于实施模糊逻辑控制
检查 INSPECT	根据统计数据检查的模块,可提供监视和归档
实验室录入 LE	实验室分析数据的录入
模型预测控制 MPC	实施模型预测控制的功能模块
模型预测专业控制 MPC_PRO	功能模块嵌入的优化器对多输入多输出交互过程进行优化,并控制被控变量在规定的操作范围内
MPC 进程仿真 MPC_SIM	为操作员提供模型预测控制的仿真研究
神经网络控制 NN	采用神经网络对过程进行控制
模拟表决器 AVTR	监测多个输入,确定是否有输入表决跳车,如果有则功能模块输出被复位到 0
因果矩阵功能模块 CEM	定义 16 个输入和 16 个输出相关的联锁及其逻辑关系
离散表决器 DVTR	检测大量输入的离散信号,确定是否有足够的表决跳车,如果有则功能模块输出被复位到 0
先进控制部件板功能模块	
状态迁移图 STD	执行用户自定义的状态机,状态机描述可能的状态及状态之间迁移的条件
顺序器 SEQ	将系统状态和动作连接,根据当前状态确定其输出
模拟控制部件板功能模块	
偏差/增益 BG	计算偏差和增益,支持输出的跟踪
运算/逻辑 CALC	根据用户提供的表达式,列出有关计算式或逻辑运算式
控制选择器 CTLSL	选择 3 个控制信号的 1 个作为超驰控制器的输入(三选一),支持模式控制
时滞 DT	输出信号时滞于 1 个输入信号
现场总线输入选择扩展 FFISELX	8 个输入信号,根据输入信号选择的要求提供 1 个输出信号
滤波 FLTR	对输入信号进行滤波,支持信号状态的传递
输入选择 ISEL	4 个输入信号, 根据逻辑运算后输出 1 个作为输出信号
超前/滞后 LL	提供超前/滞后环节
限幅 LIM	对输入信号进行上下限限幅
手操器 MANLD	功能模块输出由操作员设定,支持输出跟踪和报警检测
PID 控制 PID	实现 PID 比例积分微分控制运算,支持模式控制、信号缩放和限值,可实现前馈控制、超驰跟踪等
斜坡 RAMP	输出 1 个斜坡信号,支持信号状态传播
限速 RTLM	输出变化率限制在规定的范围,支持信号状态传播
比值 RTO	用于比值控制时,2 个信号之间保持该比值。支持信号滤波、模式控制、输出跟踪和报警检测
刻度转换 SCLR	用于不同工程单位之间的转换,支持信号状态传播
信号量化器 SGCR	识别或估算出定义的输入输出关系,用于修正输出(用折线拟合)
信号发生器 SGGN	产生 1 个模拟信号输出,如正弦、方波或随机信号
信号选择器 SGSL	选择 16 个输入信号的最大、最小或平均作为输出信号输出,支持信号状态传播
信号分程器 SPLTR	根据输入信号和特定的范围,确定其输出,用于分程控制,支持模式控制和信号状态传播
能量计量部件板功能模块	
流量 AGA_SI 或 AGA_US	根据 AGA-3 和 AGA-8,计算天然气流量,可用 SI 单位制或 US 单位制计算
等熵膨胀 ISE	计算蒸汽在给定压力和给定熵下等熵膨胀的最终焓
蒸汽密度比例 SDR	计算蒸汽密度与符合流量计表压和温度的蒸汽密度的平方根
饱和蒸汽的温度属性 SST	计算特定温度下蒸汽的焓、熵、饱和蒸汽压、比容等属性
蒸汽属性 STM	计算特定温度下蒸汽的焓、熵、比容等属性
饱和蒸汽 TSS	计算给定蒸汽压力下的饱和蒸汽温度
水的热焓 WTH	计算特定压力下饱和水的热焓
水的熵 WTS	计算特定压力下饱和水的熵

续表

功能模块名称	说　明
输入输出功能模块	
报警检测 ALM	提供指定报警的功能
模拟量输入 AI	对模拟量输入进行组态，支持模式控制、功能块报警、信号滤波、信号缩放、信号组态计算和仿真
模拟量输出 AO	对模拟量输出进行组态，支持模式控制、信号组态计算和仿真
开关量输入 DI	对开关量输入进行组态，支持模式控制、信号组态传播和仿真
开关量输出 DO	对开关量输出进行组态，支持模式控制、输出跟踪、仿真和现场设备组态
H1 信号多离散输入 FFMDI	对 8 个现场总线离散输入信号组态
H1 信号多离散输出 FFMDO	对 8 个现场总线离散输出信号组态
多离散输入 FFMDI_STD	用两状态现场设备对离散输入数据访问，经 8 个离散输出参数，提供可用的经处理的物理输入
多离散输出 FFMDO_STD	现场总线多离散输出 模块用于向 I/O 子系统提供 8 个输入参数
多路模拟量输入 FFMAI_RMT	高密度变送器信号送现场总线网段
多路模拟量输出 FFMAO	向 I/O 子系统提供 8 个输入参数
脉冲输入 PIN	多功能输入输出卡的脉冲输入通道提供模拟量输入
逻辑运算功能模块	
动作控制 ACT	评估表达式，数学函数或逻辑式
与逻辑 AND，或逻辑 OR	进行输入信号的与、或逻辑运算，并输出
双向边沿触发 BDE	输入信号的上升沿和下降边沿检测
上升沿边沿检测 PDE	输入信号的上升沿边沿检测
下降沿边沿检测 NDE	输入信号的下降沿边沿检测
布尔分支输入 BFI	根据加权模 2 和，将 BCD 输入或 16 位数字信号生成 1 个离散输出，支持信号状态传播
布尔分支输出 BFO	二进制加权浮点数解码为单独位并每一位生成 1 个离散输出，支持信号状态传播
条件 CND	表达式的值为 1 的时间比指定时间长时，表示条件成立，生成 1 个离散输出
设备控制 DC	为多状态的离散设备提供设定，最多可控制 4 个输入和 4 个输出，支持模式控制和仿真，现场设备确认和报警界限检测
多路复用 MLTX	从多达 16 个输入中选择 1 个输入作为输出，支持信号状态传播
非逻辑 NOT	进行输入信号的非逻辑运算，并输出
复位优化的双稳 RS	复位优化的双稳功能模块
置位优化的双稳 SR	置位优化的双稳功能模块
转移器 XFR	2 个模拟输入信号中选 1 个，一定时间后传递到输出。一个输入到另一个输入的传递经斜坡而平滑
数学运算功能模块	
绝对值 ABS	计算整数或浮点数输入的绝对值
加法 ADD	计算 2～16 个输入相加的结果，送输出，支持信号状态传播
算术 ARTH	根据 9 种算法进行计算，用于进行补偿运算
比较 CMP	比较 2 个输入的值，根据比较结果输出 1 个布尔数值
除法 DIV	进行 2 个输入信号的除法运算，支持信号状态传播
积分器 INT	输入信号对时间的积分，积分值达规定值时输出 1 个离散信号。有 2 个输入，可计算和累积，可处理负流量
乘法 MLTY	计算 2～16 个输入相乘的结果送输出，支持信号状态传播
减法 SUB	进行两个输入信号的减法运算，支持信号状态传播
计时、计数器功能模块	
计数器 CTR	分增和减计数器，达规定计数值时输出 1 个离散值，支持信号状态传播
日期时间事件 DTE	提供每日时间的计时功能
断开延时定时器 OFFD	输入信号断开时，延时规定的时间后才断开，并输出 1 个离散值
接通延时定时器 OND	输入信号接通后，延时规定时间才接通，并输出 1 个离散值
保持定时器 RET	输入下规定时间内保持为真时输出 1 个离散输出，复位输入设定为真时，运行时间的输入为真并输出复位
计时脉冲 TP	输入为真后，输出 1 个规定脉冲宽度的信号

2.2.4 Ability^{IT} 系统

Ability^{IT} 系统是 ABB 公司的产品。图 2-21 是 ABB 公司的 Ability^{IT} 系统结构图。

Ability^{IT} 系统 800xA 是将集散控制系统、电气控制系统及安全系统集成为一体的协同自动化系统。这种无缝的全局操作环境降低了用户成本，并为整个工厂提供了极好的协同操作环境。它将 SCADA、电气控制系统、早期的集散控制系统、安全控制系统、PLC HMI、DCS 操作站、视频监控系统等集成在统一的系统平台，极大地方便了用户的操作、监视、控制和管理。其特点如下。

① 集成性　800xA 系统是扩展自动化系统，它具有信息的集成、控制系统的集成、电气的集成、设备的集成、安全的集成等特点。通过集成信息，提高了操作员效率；通过集成工程工具，创建了高性价比的解决方案；通过集成现场总线的通信，实现了系统的无缝控制；通过集成的平台，为用户提供灵活的进化途径。

② 开放性　800xA 系统支持国际标准的各种开放的现场总线；采用统一的全局数据库；全面兼容现有系统和第三方系统；系统符合 IEC 61850 标准，为智能电子设备之间的数据通信定义了互操作性功能模块；一体化的统一的操作平台极大地方便操作员的监视、控制和管理。

③ 先进性　800xA 系统有适用于所有工厂应用环境的灵活的输入和输出；将 DCS、PLC、FCS、SCADA、ECS 和 SIS 的功能集成在一起；可带电插拔，即插即用；可提供先进的控制算法等。

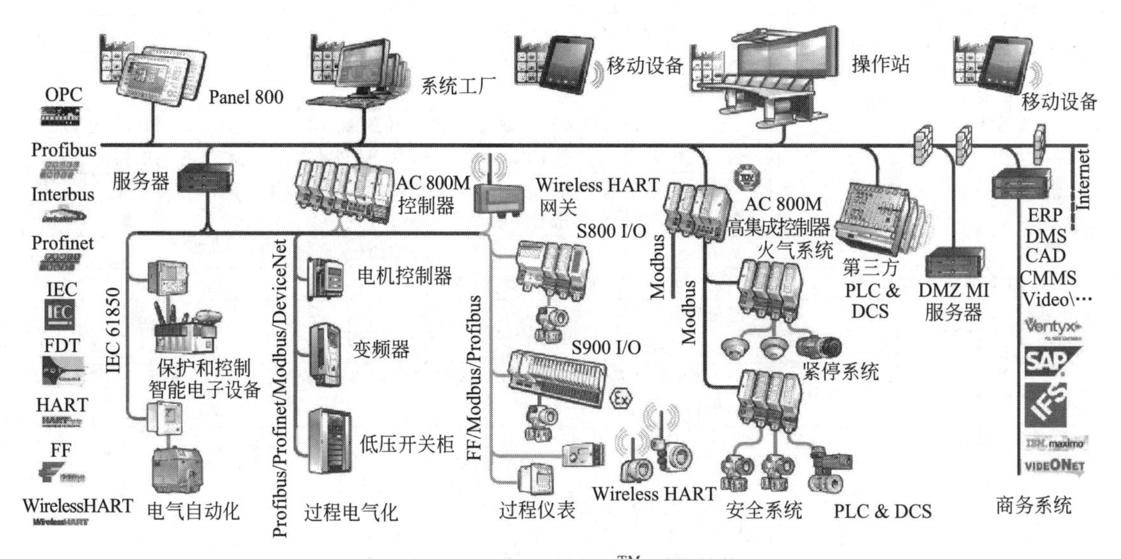

图 2-21　ABB 公司 Ability^{TM} 系统结构图

④ 易操作性　800xA 系统的可视化环境为用户的工程设计、操作、显示和信息管理、资产优化及现场设备集成提供了良好的操作环境。用户可方便地获取过程信息，了解设备运行状况，获取报警信息及故障处理建议等。用户也可方便地对过程进行操作和控制。

⑤ 高完整性和安全性　针对相关安全应用，经 SIL 认证的 I/O 及有关安全仪表、传感器和执行器可通过 HART 设备管理。该系统提供大量符合标准的现场总线设备，符合 FISCO 模型，允许本安现场总线网段快速规划和设计、实施。

ABB 公司的新版本的特色如下：

① 无线路由功能，确保移动操作客户端、维护工作站、过程控制器的安全使用；

② 新的信息管理平台可支持与 800xA 系统的安全连接，从而在控制层级上实现安全手机查看、归档和报告数据；

③ 内置公共地址系统允许文本语音消息通过 800xA 的多种语言传播；

④ 增强了趋势和报警列表、自动缩放，可调倾斜的网格线功能；

⑤ 采用系统 800xA 系统协同工作台虚拟、学习和分析数据，以及用三维全景方式概览工厂关键绩效指标（KPI）；

⑥ 新的打包服务帮助客户更轻松地设计和创建最先进的、符合人体工程学、改善生产力的控制室方案，包括扩展的操作员站（EOW）；

⑦ 通过新的多线程批处理程序执行环境，改进批量管理性能。

（1）分散过程控制装置

AC 800M 控制器是 ABB 公司 2002 年推出的一系列用导轨安装的模块，包括主单元、通信模块、电源模块和各种附件。根据处理电源、存储器大小、SIL 等级和冗余支持的变化，有多种控制器可选用。该控制器低能耗、紧凑安装、连接性和扩展性的功能更强大，能够根据应用的不同而选用不同的主单元。表 2-13 是该控制器的主单元性能。

表 2-13 AC 800M 控制器的主单元性能

主单元类型	PM851A	PM856A	PM860A	PM861A	PM864A	PM866	PM891
处理器单元	PM851AK01 包括 1×PM851	PM856AK01 包括 1×PM856	PM860AK01 包括 1×PM860	PM861AK01 包括 1×PM861	PM864AK01 包括 1×PM864	PM866K01 包括 1×PM866	PM891K01 包括 1×PM891
内存(RAM)	12M	16M	16M	16M	32M	64 M	256M
用于应用的内存	6.372 M	10.456M	10.457 M	7.320 M	23.663 M	51.402M	199.233M
PROM	2M	2M	2M	2M	2M	4M	16M
千条布尔指令执行	0.46ms	0.46ms	0.23ms	0.23ms	0.15ms	0.09ms	0.043ms
耗电(典型/最大)	180/300mA	180/300mA	180/300mA	250/430mA	287/487mA	210/360mA	660/750mA
功耗(典型)	5.0W	5.0W	5.0W	6.0W	6.0W	5.1W	15.8W
CEX 总线通信块	1	12	12	12	12	12	12
就地 I/O 从(Modbus)	1 电气+1 可选	1 电气+7 可选	1 电气+7 可选	1 电气+7 可选	1 电气+7 可选	1 电气+7 可选	0 电气+7 可选
就地 I/O(非冗余)	24	96	96	96/84	96/84	96/84	84
其他性能	每个控制项目连接 32 个控制器；每个应用含 64 个程序；每个控制器带 32 个任务；可有 32 个不同的周期时间；每个 800xA 系统可连接 75 个控制器，每个控制网络可连接 50 个控制器，每个连接服务连接 20 个控制器。50%CPU 容量时，控制网络容量 23000 布尔/s(475 布尔/信息)						

图 2-22 是 AC 800M 控制器外形图。AC 800M 控制是基于导轨安装的模块化控制器，集成了多种通信功能，可以实现全方位冗余，并且支持宽范围的 I/O 信号，包括本安信号。

作为控制网络中的一个重要组件，它支持冗余及非冗余两种工作模式，和客户/服务器两种通信服务模式。作为客户端服务，可以实现控制器之间以及与工程师站软件的通信。通过 OPC Server 服务，也可实现与第三方软件及系统如 HMI之间的数据通信。

图 2-22 AC 800M 控制器外形图

S800 I/O 是用于过程控制的全面分布式模块化的过程 I/O。它通过 Profibus DP 现场总线与其所属的控制器通信，它既可安装在控制室，也可安装在现场，以便尽量接近现场变送器和执行器，节省电缆，减少安装费用。它分小型、扩展型和全内置型三类。它支持 HART 协议和本安特性的模块，采用 Profibus DP 通信协议进行通信。所有模件具备故障自诊断功能和 LED 故障显示。支持电源冗余，具有短路保护、可带电插拔和自动识别等功能。

S900 I/O 是直接安装在现场和危险区域的远程 I/O。它提供所有本安现场信号连接所需的输入输出模块。S900 I/O 有三类：S 系列用于 1 区危险场所；B 系列用于 2 区危险场所；N 系列用于非危险场所。

图 2-23 是 S800 I/O 和 S900 I/O 的外形图。

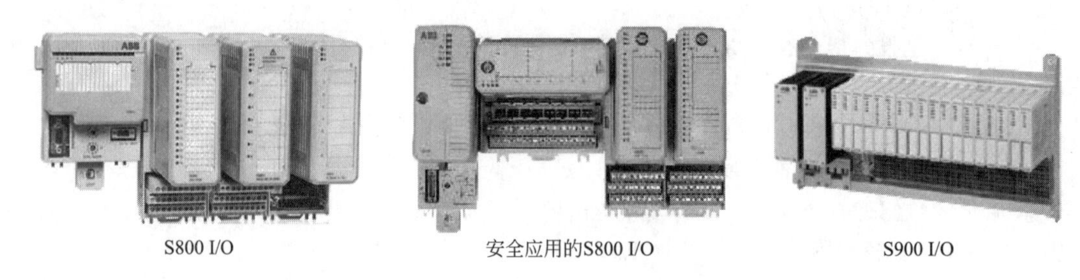

图 2-23 S800 I/O 和 S900 I/O 外形图

此外，为连接现场总线设备，提供专用通信接口 CI 模块，用于连接 Modbus、Modbus TCP、DeviceNet、EtherNet/IP、Profibus、Profinet、HART、Wireless HART、FF、FF HSE、IEC 61850 等，还有与 ABB 公司早期网络连接的通信接口模块，例如与 MasterBus 300、S100 I/O Bus 等。

(2) 操作管理装置

AC800M 系统操作站包括 2 个、3 个和 4 个监视器的操作站模板。这些工作站称为多屏幕工作站。监视器可以组合 2 个、3 个或 4 个显示通道到一个大屏幕工作站，在大屏幕上显示一个无缝图像。

操作站具体配置根据用户需要。操作站可具有客户机数量 40 台、远程客户机 15 台，每个客户机站可连接 1～4 个监视器。图 2-24 是 800xA 系统的操作站外形图。

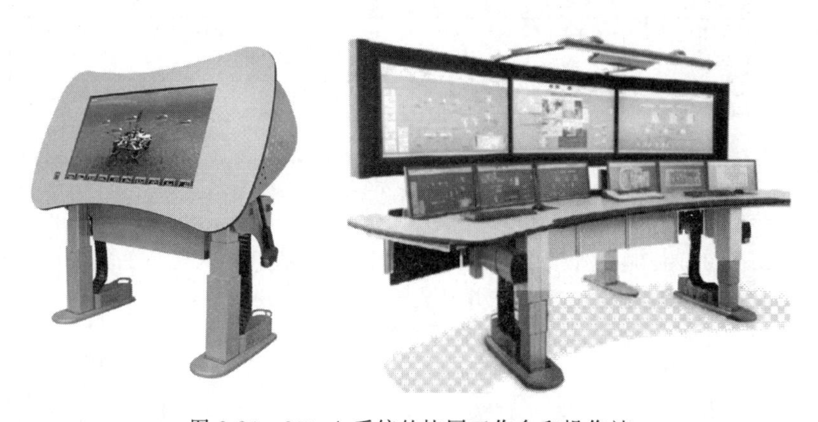

图 2-24 800xA 系统的协同工作台和操作站

扩展操作员站基于 800xA 过程机架，它将过程数据图形传送到一个等高线的大屏幕。典型的扩展操作员站是由一个大的高分辨率等高线屏幕来提供最佳可视性，和高度可调的 4～6 个监视器集成的操作员站系统。

AC800M 工程师站通过以太网与过程站及其他设备通信，以实现硬件编辑、现场过程站编程、现场总线智能仪表组态、操作员站组态一体化编程及调试，并对整个控制系统组态和维护，完成操作站和现场控制站软件的编制。

Compact HMI 是基于 PC 的可扩展的 SCADA 系统，它可连接单一的 50 个信号点的操作员站到几千个信号点的多个操作员站，可直接连接大量 OPC 兼容的控制器，经内置驱动程序连接到主要的 PLC。

(3) 通信系统

图 2-25 显示 800xA 系统的通信网络结构。

工厂网络是专门用于过程自动化目的的网络，它可以是已用的工厂内部网的一部分。

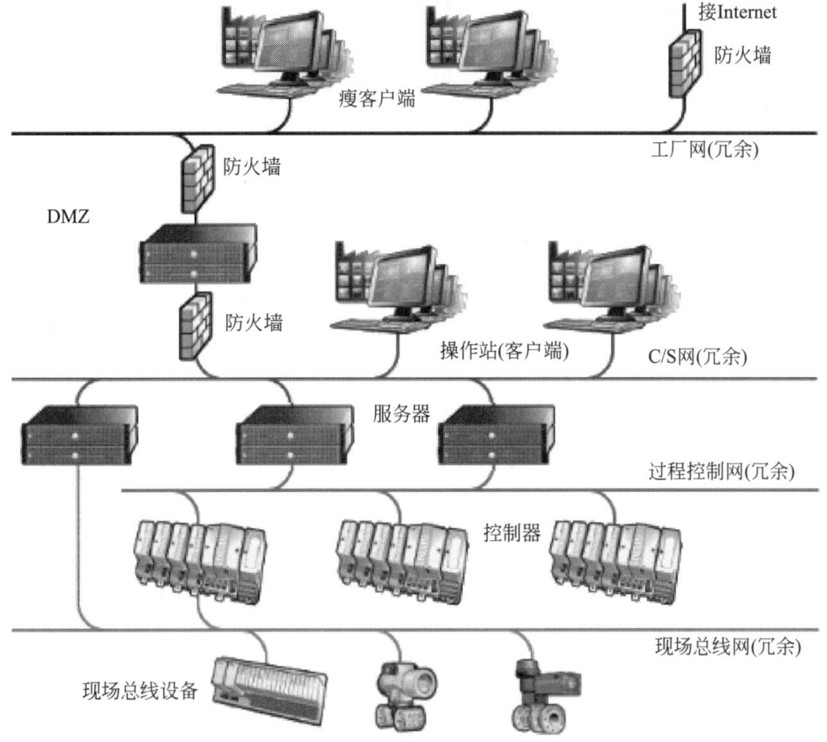

图 2-25　800xA 系统的通信网络结构

客户机/服务器（C/S）网络用于服务器之间及客户端工作区和服务器之间的通信。这是一个可信任的网络，它受到防火墙的保护。它是一个使用静态地址的专用 IP 网络。

过程控制网络用于控制器和连接的服务器之间的通信。与客户机/服务器网络类似，它也是一个可信任的网络，并受到防火墙的保护。同样，它也是一个使用静态地址的私有 IP 网络。

现场总线网是用于现场总线设备与控制器之间的通信网络。

800xA 系统的网络是冗余的互相隔离的独立网络。

控制器和通信模块使用网络过滤器，阻止不支持的网络流量，保护主机免受网络风暴的影响。因此这些设备对通信健壮性的需求，要比为每一个设备配置专用的防火墙显著地减少。

除了有线网络外，800xA 系统还提供无线网络，包括工业云平台和无线通信。支持移动技术的目的是为了生产环境的流动性，它让管理人员和生产人员可以远程查看过程。工业云平台则用于对工业性能的高级优化和分析。

2017 年推出的基于 Ability 工业云平台的数字化解决方案是：面对资产密集型行业的绩效管理解决方案；针对流程工业的控制系统；面向机器人、电机和机械设备的远程监测服务；用于建筑、海上平台和电动汽车充电基础设施的控制解决方案；以及满足数据中心能源管理和远洋船队航线优化等需求的专业领域的解决方案。图 2-26 是 Panel 800 移动操作平台的显示画面。

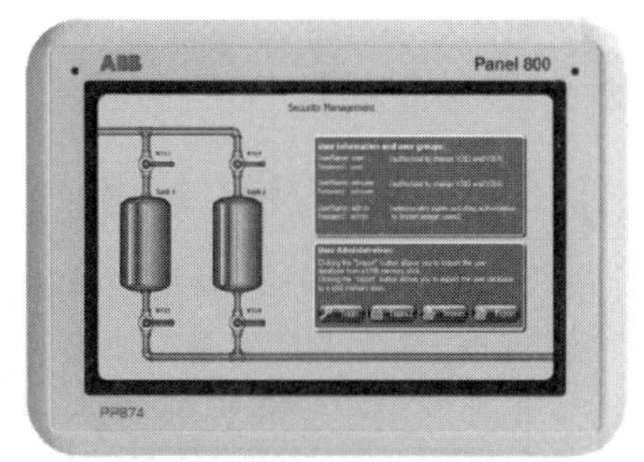

图 2-26　Panel 800 移动操作平台的显示画面

Ability系统的800xA设备管理为Wireless HART提供鲁棒和成本高效的无线通信解决方案，一些远程安装仪表的信息可通过无线网络，将检测信息传送到控制器，能够建立与地理位置、工业物联网（IIoT）端点和跨越数千英里的移动设备之间的通信链接。

(4) 软件系统

① Control Builder软件　工程组态与调试维护工具软件Control Builder是运行在Win8和Win10的工具软件。用户账户控制（user account control）默认是打开状态，所有可执行文件是数字签名的，并带ABB商标和版本信息。

该软件包括紧凑型Contorl Builder AC 800M及用于AC 800M的OPC服务器，也可单独安装。紧凑型Contorl Builder AC 800M软件支持IEC 61131-3编程语言（采用CoDeSys软件），支持对ABB公司的I/O系统和其组件、测试和软控制器、报警和事件处理、多用户进程、串行通信协议、控制网、冗余、同步、后备和在线帮助等。

根据IEC61131-3第三版规定，Control Builder采用面向对象的编程语言，即采用对象、属性、模板、库等，方便了用户的应用。例如，历史数据模板可采集历史数据，报警和事件模板可管理报警和事件等。

OPC服务器包括OPC的报警和事件（AE）、数据访问（DA）等服务。

为便于应用程序的可复用，软件提供各种功能模块库，这些功能模块可直接调用，可与Excel之间直接复制和粘贴。

流程图库可以方便地提供各种设备立体图，用户用拖曳操作可直接绘制有关流程画面。此外，离线和在线的组图、简单的调试和错误搜索功能，也为用户节省时间和成本，缩短维护时的故障定位时间。

文档的管理功能大大地方便了用户，可自动生成归档文件，并提供变量列表、应用程序和控制任务等。

800xA系统满足FDA21 CFR要求，能够用于食品制药行业，可实现授权控制、参数修改管理、电子记录和电子签名、系统检查和支持编码语言等。

② 先进控制　800xA系统还提供多种先进控制模块。

a. 能量控制器ECO。该控制器是现代软件系统解决方案，用于电力工业和媒体密集型（Media intensive）工业。可以分析当前和过去能源的使用、已使用能源的流向等，包括对其进行优化。该软件独立运行，使用集散控制系统的相同的数据，并实现有效的能源管理。

b. Novatune控制器。ABB公司的自校正控制器将过程模型参数的在线估计和实时最优控制有机结合。它是一个最小方差自校正控制器。

c. 预测控制MPC。主要由工厂预测模型、目标函数、状态估计和优化算法等组成。与传统的MPC区别是该预测控制算法采用自由配置MPC实施。它将建模和控制设计工作与常见的连接任务、安全联锁和HMI中分离，这是一种不需要配置的预测控制实施方案。

d. 各种应用库。针对不同工业应用，提供各种工业应用库。如用于纸浆和造纸的库、用于油气工业的库、用于电站的库等。这些库根据不同工业对象建立合适的数学模型，实现优化控制。

2.2.5 ECS-700系统

ECS-700系统是浙大中控公司的产品，是该公司InPlant整体解决方案的核心平台。图2-27是ECS-700系统图。该系统具有OPC/ODBC等与上位信息系统的数据交换接口，能够满足企业对过程控制和管理的各种信息需要，系统支持在线扩展，保护用户投资。系统特点如下。

① 可靠性高　ECS-700系统采用冗余供电系统、冗余通信系统、互为备用的操作员站、冗余的控制器及可全冗余的I/O模块，保证了系统连续正常运行。此外，系统采用高可靠性的部

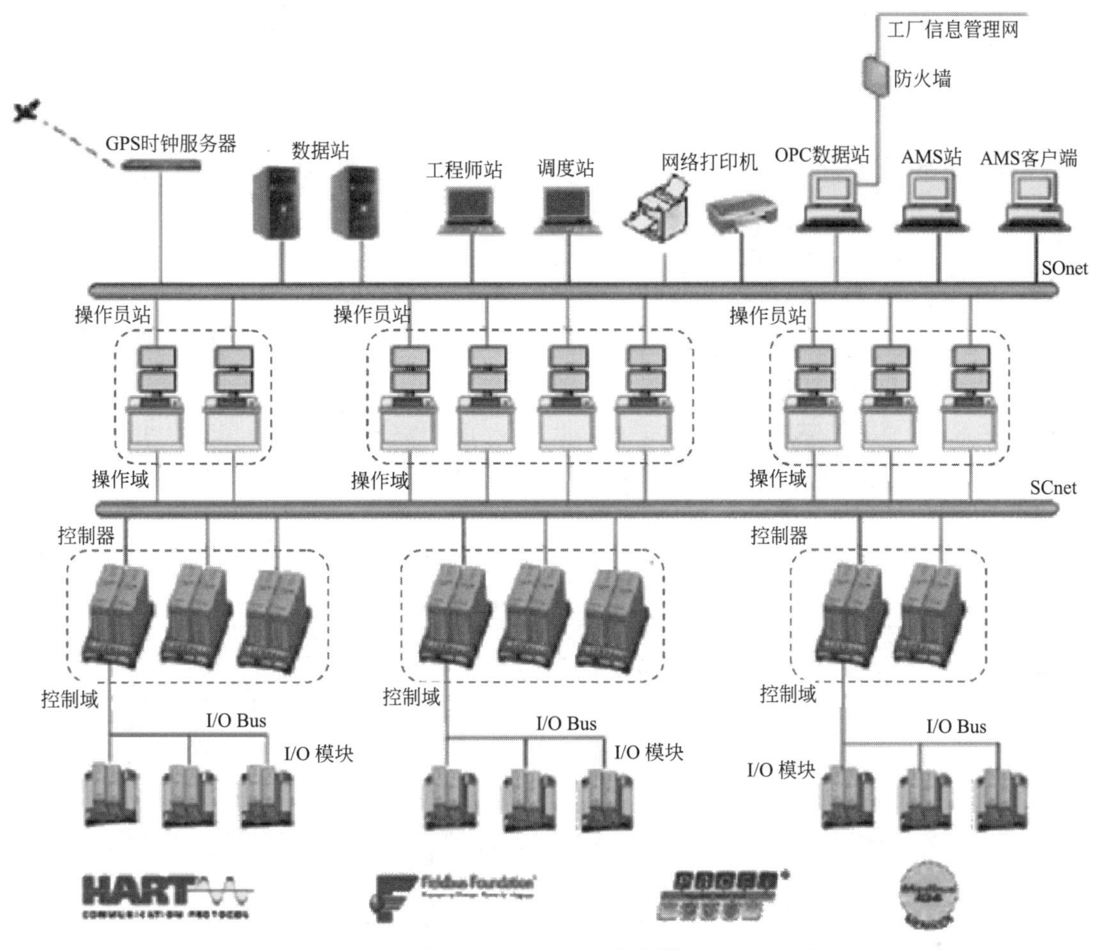

图 2-27　ECS-700 系统图

件，可安装在 G3 的苛刻环境。

② 扩展性强　ECS-700 系统支持在线扩容和并网，保护用户投资。

③ 先进性　ECS-700 系统采用多人协同技术，允许多个工程师在统一组态平台同时进行组态和维护，保证组态的一致和完整性，大大缩短了工程周期。该系统在功能性、易用性、可调试性等方面进行了深入设计，可实现连续控制、顺序控制、批量控制。采用图形化编程工具，节省组态时间，便于在线调试和监控。

④ 开放性　ECS-700 系统采用 Windows 操作系统，可通过 Excel、VBA 语言、OPC 数据交互协议、TCP/IP 网络协议等开放接口与 DCS 进行信息交互，可构成现场总线控制系统。

(1) 分散控制装置

ECS-700 系统的分散控制装置是 FCU711 控制器。图 2-28 是该控制器外形图。

控制器采用 32 位 RISC 芯片，内存 36M，主频 260MHz，功耗低于 5W，掉电保持数据时间不小于 6 个月，与 I/O 网传输速率达 100Mbps，与过程控制网的传输速率达 1Gbps/100Mbps。可连接 250 块 I/O 模块，其中，最大 AI 点数 1000 点，AO 点数 250 点，DI 点数 2000 点，DO 点数 1000 点。

控制器内置逻辑运算、逻辑控制、算术运算、连续控制等 200 多个功能块，并有先进控制的功能块，如预测控制 PFC、模糊控制 FLC 和 Smith 预估补偿控制等控制算法。控制器具备冗余功能，可实现 1∶1 热备冗余。

ECS-700系统的I/O模块采用模块化结构，具有快速装卸结构，采用免跳线设计，可实现各类现场舍不得接入和输出。可实现1∶1冗余。单个I/O模块具有供电和通信的冗余功能。互为冗余的I/O模块可根据工况控制冗余切换。支持热插拔，即插即用。具有自诊断功能。

表2-14是ECS-700系统I/O模块一览表。系统提供与现场总线接口模块。图2-29是I/O模块外形图。

图2-28 FCU711外形

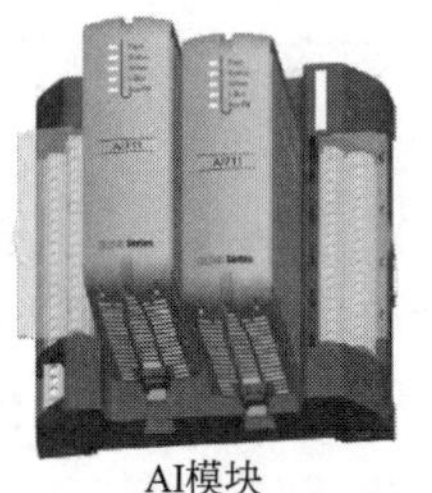

AI模块

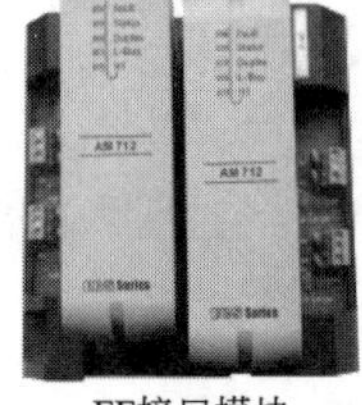

FF接口模块

图2-29 ECS-700系统的I/O模块外形

表2-14 ECS-700系统的I/O模块一览表

型号	模块名称	功能说明
AI711	模拟信号输入模块	8通道,隔离,支持HART(后缀加-H),可冗余
AI713	模拟信号输入模块	16通道,隔离,支持HART(后缀加-H),可冗余
AI721	热电偶信号输入模块	8通道,点点隔离,可冗余
AI731	热电阻信号输入模块	8通道,点点隔离,可冗余
AO711	模拟信号输出模块	8通道,点点隔离,支持HART(后缀加-H),可冗余
AO713	模拟信号输出模块	16通道,点点隔离,支持HART(后缀加-H),可冗余
DI711	数字信号输入模块	16通道,分组隔离,可冗余
DI715	数字信号输入模块	32通道,分组隔离,可冗余
DO711	数字信号输出模块	16通道,分组隔离,可冗余
DO715	数字信号输处模块	32通道,分组隔离,可冗余
PI711	脉冲信号输入模块	6通道,点点隔离
COM711	I/O连接模块(E-Bus)	扩展64个I/O模块
COM741	串行通信模块(E-Bus)	4个串口,支持Modbus及自定义串行通信协议
COM742	以太网通信模块	4个以太网通信接口,支持Modbus TCP通信协议客户端模式
COM721	Profibus主站通信模块(E-Bus)	1个Profibus DP接口
COM722	Profibus主站通信模块	1个Profibus DP接口
AM712-S	FF接口模块(L-Bus)	2个FF网段
AI/AO713-H	模拟信号输出(HART)(L-Bus)	16通道HART输出
AM716	EPA接口模块(L-Bus)	2个EPA网段

注：其他I/O模块后缀加-S表示支持FF现场总线，支持HART通信用加-H后缀表示。

ECS-700系统支持与第三方系统的通信。例如，与HART、Profibus、FF、Modbus和EPA等现场总线的数据通信，可使用冗余的E-Bus网或L-Bus网与ECS-700系统通信。

(2) 操作管理装置

ECS-700系统的操作管理装置由工程师站、操作员站和操作台组成。

① 工程师站（ES） 工程师站用于系统组态、编程和维护，分主工程师站和扩展工程师站。一个系统中必须配置一个主工程师站，用于统一存放系统的组态文件，通过主工程师站可进行多人组态、组态发布、组态网络同步、组态备份和还原等工作。通过配置硬盘镜像，增强组态数据的安全性。系统分多个域，ECS-700系统最大支持32个工程、60个控制域、128个操作域。每个控制域支持60个控制站，每个操作域支持60个操作站。

多个工程师组态时可配置扩展工程师站。扩展工程师站具有一个或多个域进行硬件的组态、位号配置和程序编写等功能。

工程师站带系统组态软件和维护软件，可创建、下载和编辑用户的操作画面和编写应用程序等，也可实现控制网络的调试、故障诊断、信号调试等。

② 操作员站（OS）　操作员站用于操作员对生产过程的监视和控制。操作员站安装 ECS-700 系统的实时监控软件，支持高分辨率、宽屏显示和一机多屏显示。操作员在操作员站完成所有生产过程的监视、控制，包括过程参数、控制信息、报警信息、设备状态信息等。

操作员站由操作台、键盘和其他辅助设备组成。操作员键盘具有常用的调整按钮和自定义的功能按钮，可直接按这些按钮调用相应的画面，或执行有关的操作等。

③ 操作台　操作台用于放置显示器、键盘和控制按钮等。

④ 其他操作管理站　包括数据管理站、服务器站等。

(3) 通信系统

过程信息网 SOnet 用于连接控制系统中的所有操作节点，包括工程师站、操作员站、数据站等。它在操作节点之间传输历史数据、报警信息和操作记录等。过程信息网设定各节点可通过各操作域的数据站访问历史信息、报警信息等，并可下发操作指令。过程信息网基于工业以太网。

过程控制网 SCnet 用于连接工程师站、操作员站、数据站、打印机等节点，传输实时数据和各种操作指令。该网络支持 1∶1 冗余配置，采用热备份模式工作，因此，无切换时间。

网络分域设计，分操作域和控制域，既实现数据共享，又能够实现数据隔离，防止数据风暴，保证系统可靠性。过程控制网支持多种网络拓扑结构，可灵活划分过程控制网，统一过程信息网。

SCnet 网是基于 100Mbps/1Gbps 的工业以太网，支持总线型、星形、环形等多种网络拓扑结构，最大传输距离 20km。

I/O 总线用于控制器与 I/O 之间的数据通信，分为本地 I/O 总线（L-Bus）和扩展 I/O 总线（E-Bus），它们都支持冗余配置。本地 I/O 总线用于连接本地 I/O 模块，通过扩展 I/O 总线可连接通信模块或 I/O 连接模块，I/O 连接模块通过其下面的本地 I/O 总线可连接 I/O 模块。扩展 I/O 总线是基于 100M 工业以太网构建，因此也可采用光纤灯传输介质，最大传输距离达 20km。

IEC 61158 标准规定了 20 种现场总线。ECS-700 系统支持 FF HSE、Profibus、HART、Modbus、EPA 等现场总线。

此外，ECS-700 系统可采用移动通信技术，将数据上传到云端；也可建立无线网络，接收现场无线仪表或传感器的信号。

(4) 软件系统

① 系统组态软件　ECS-700 系统的 VisualField 系统组态软件是 VFSysBuilder。通常安装在系统组态服务器，由具有工程管理权限的工程师负责构建和维护系统框架结构。

系统结构分为操作域和控制域。系统组态软件需创建一个新工程，并建立该工程中的操作域和控制域。然后，主工程师站添加组态工程师，设置密码等，它们在扩展工程师站组态，并将组态信息存储到数据站。

ECS-700 系统支持最大节点 250 个，这些节点可以是控制站、操作节点、服务器等。控制站约定为冗余，因此，按 2 个节点计算。最大操作域 16 个，最大控制域 16 个。

系统组态包括控制域组态、操作域组态和工程师组态。图 2-30 是组态流程图。

控制域组态是设置控制域名、描述、地址、位号分组和对工程师权限分配等。以域划分控制站，以控制站 IP 地址的第三位表示域地址。

操作域组态设置服务器和操作节点名、描述、地址、可监控控制域的分配及工程师权限分配等。操作域组态包括过程控制网 SCnet 地址和过程信息网 SOnet 地址。

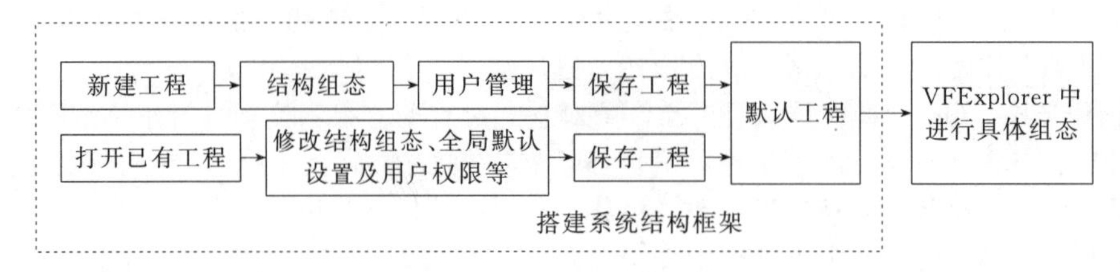

图 2-30　ECS-700 系统组态流程

工程师权限分三类：工程管理、控制站组态和操作域组态。三类操作权限相互独立。

② 监控组态软件　ECS-700 系统监控组态软件 VFHMICfg 用于在组态模式下针对单个操作域中的监控正常运行所需内容的组态。主要是操作小组组态和设置本操作域内统一的一些配置。

操作小组组态的内容包括总貌画面、一览画面、分组画面、趋势画面、流程（操作）画面、报表、调度、自定义键、可报警分区、报警面板、报警声音、报警实时打印、位号关联操作画面和关联趋势画面等的组态。操作域的统一配置包括报警颜色、域变量、监控用户授权、历史趋势、自定义报警分组、面板权限等的设置。

③ 位号组态软件　ECS-700 系统位号组态软件 VFTAGBuilder 用于完成单个控制站内的位号组态。该软件支持多种位号查找方式，如位号、描述信息、通道地址等，也支持用通配符查找。

④ 域变量组态软件　ECS-700 系统域变量组态软件 VFVarCfg 用于对域变量组态和管理。域变量包括常规变量和二次计算变量。工程中的复杂计算可通过二次变量计算获得。

⑤ 其他软件　除了上述软件外，ECS-700 系统还提供其他组态和维护软件，如事件顺序软件 SOE 服务器软件、流程图绘制软件 VFDraw、用户功能块编写软件 VFSTModule 等。

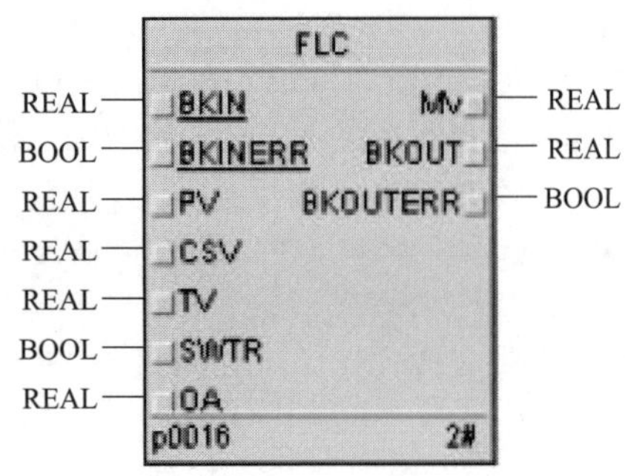

图 2-31　FLC 功能块描述

(5) 先进控制

ECS-700 系统提供先进控制功能块库，用于先进控制。

① 模糊控制功能块 FLC　该功能块根据模糊控制算法实现模糊控制。图 2-31 是该功能块的输入输出信号描述。

② 预测控制功能块 PFC　该功能块实施一种预测控制算法。其预测模型是用一阶惯性加时滞对象描述。图 2-32 是该功能块的输入输出信号描述。

③ PID 参数自整定功能块 PID_TUN　采用继电辨识方法，将控制器切换到测试模式，用一个滞环宽度为 h、幅值为 d 的继电器代替控制器，利用其非线性，使系统输出等幅振荡（极限环）。控制模式时，通过人工控制使系统进入稳定状态，然后将整定开关 S 切到测试模式，接通继电器，使系统输出等幅振荡，测出系统振荡幅度 A 和振荡周期 T_K，并根据下列公式求出临界比例度 δ_K：

$$\delta_K=\frac{\pi A}{4d} \tag{2-8}$$

根据 T_K 和 δ_K，用标准 ZN 法、CHR 法或 Lambda 法的有关公式，确定控制器的整定参数。整定开关 S 切到自动模式，使控制系统正常运行。图 2-33 是该功能块的输入输出信号描述。

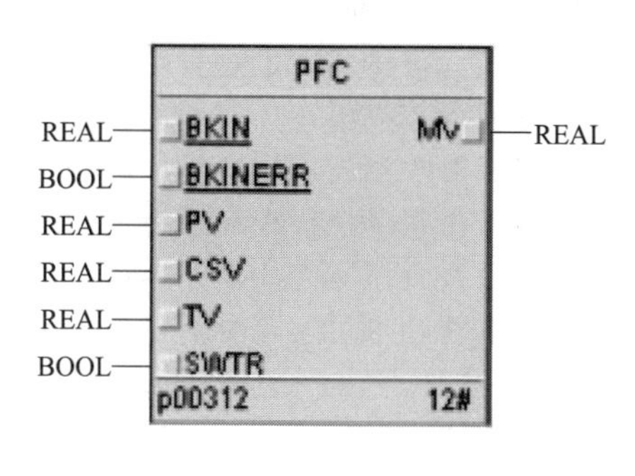

图 2-32　PFC 功能块描述

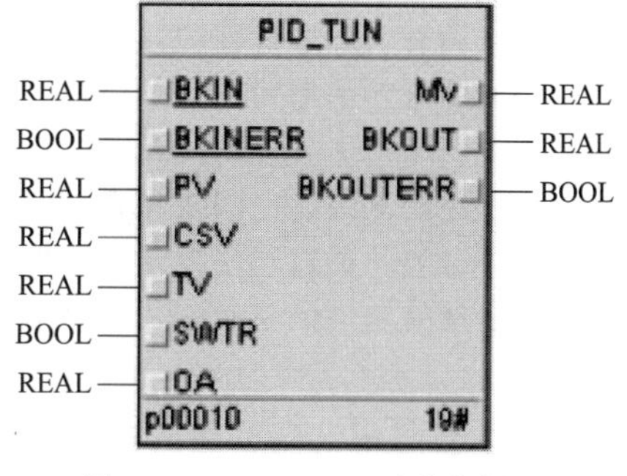

图 2-33　PID_TUN 功能块描述

④ 时滞补偿功能块 SMITH　时滞补偿功能块采用 Smith 预估补偿原理，使补偿后控制系统的闭环传递函数不含时滞项。该功能块的输入输出信号描述与 FLC 功能块类似。

2.3　集散控制系统的构成特点

2.3.1　分散过程控制装置构成的特点

(1) 分散过程控制装置的类型

不同类型的集散控制系统，它的分散过程控制装置也有不同的构成。同一集散控制系统，由于所连接的设备和控制要求不同，也会有不同的构成。按组成分散过程控制装置的设备不同，可分为下列几类：

① 多回路控制器＋输入输出设备；

② 多回路控制器＋现场总线＋现场总线智能仪表；

③ 多回路控制器＋可编程逻辑控制器；

④ 多回路控制器＋单回路控制器；

⑤ 多回路控制器＋数据采集装置；

⑥ 单回路控制器＋数据采集装置；

⑦ 单回路控制器＋可编程逻辑控制器；

⑧ 可编程逻辑控制器。

在同一集散控制系统中可重复或组合出现上述各种分散过程控制装置。对不同控制要求，分散过程控制装置的冗余度一般为 1∶1。

单回路和多回路控制器可以由专用的数字控制器实现，也可用工业微机实现。近年来，由于可编程控制器采用 IEC 61131-3 标准编程语言，采用软件模型，扩展了原来的扫描方式，因此，一些集散控制系统直接用可编程控制器作为分散过程控制装置，降低了硬件成本。

现场总线控制系统的诞生，使集散控制系统分散到现场级控制，采用控制器＋现场总线＋现场总线智能仪表的方式成为集散控制系统分散过程控制装置的重要类型。

对小规模应用，采用数据采集装置与控制器组合的方案可降低成本，提高控制质量，也受到广大用户的青睐。

按分散过程控制装置的控制功能分类，分散过程控制装置的控制功能可分为常规连续的过程控制、离散的顺序控制或逻辑控制和连续与离散结合的批量控制等。近年来，随着运动控制的广泛应用，在可编程控制器中将逻辑控制、安全和运动控制集成在统一的平台，实现了三者的一体化。

随着先进控制理论的应用，一些分散过程控制装置已经将诸如预测控制、模糊控制、优化控制等控制算法集成在其控制算法库内，一些管理和统计功能也得到应用。

从硬件结构看，分散过程控制装置可分为整体式和分离式。整体式分散过程控制装置具有操作和控制功能合一的结构，如单回路或多回路控制器、可编程控制器等，它们的控制器和输入输出部分是一个整体。分离式分散过程控制装置通常由多回路控制器和回路操作器组成，它们是分离的，原则上，它们的操作是通过操作站的显示屏进行。现场总线控制系统将输入输出仪表与控制器分离，通过现场总线实现数据共享，可在现场级实现基本控制，如单回路或串级控制等，安装在控制室的控制器用于复杂控制、优化控制等运算，也可实现生产过程的部分管理功能。

(2) 分散过程控制装置构成的特点

分散过程控制装置具有集散控制系统的分散控制、递阶控制等特点。

① 整体式分散过程控制装置构成的特点　整体式分散过程控制装置采用回路控制器为主的形式，常采用盘装仪表方式。例如，可编程控制器组成分散控制装置时，各个可编程控制器的控制器模块独立工作，相互并行工作。输入输出部分作为控制器的一部分，与控制器之间进行现场数据的交换。其特点如下：

a. 独立性强，自成系统　整体式分散过程控制装置独立完成各种控制功能，不需要外部接口设备；

b. 可靠性高　对系统可靠性要求高，因此成本也较高；

c. 系统规模较小，扩展灵活性较差。

② 分离式分散过程控制装置构成的特点　分离式分散过程控制装置采用垂直分层的形式，它的操作接口在上层操作管理级。其特点如下：

a. 分散控制、递阶控制　采用分散控制结构，既有垂直的功能分层，又有水平的负荷分散的分层；

b. 可通过降级操作，提高系统可靠性；

c. 分离的结构可使系统规模可大可小，其扩展方便，结构灵活，但成本较高。

③ 冗余系统构成的特点　为提高分散过程控制装置的可靠性，对分散过程控制装置通常采用冗余结构。冗余的范围根据系统部件的重要性进行分配。其特点如下。

a. 整体式分散过程控制装置自带操作器，如单回路和多回路控制器可通过切换到手动方式进行降级操作。一般不采用冗余设置。多回路控制器＋可编程逻辑控制器的构成形式，可采用双重或多重冗余结构，其备用控制器的切换采用指挥仪切换，相应的数据库和程序也同步进行切换。当数据库由上位机保存时，可不对数据库进行切换。

b. 分离式分散过程控制装置常采用冗余构成。控制器采用 1∶1 的双重冗余到 N∶1 的多重冗余，还可采用高可靠性的同步热备方式，如三取二系统，但成本较高。近年来，功能安全日益受到重视，采用多重同步热备的方式也被经常采用。

c. 分离式分散过程控制装置也采用显示屏手动备用的冗余构成。当控制器故障时，集散控制系统直接从显示屏发出手动操作指令，经手/自动开关的手动通路，将操作指令送达过程执行装置；控制器正常运行时，控制器输出经手/自动开关的自动通路送执行信号到现场的过程执行装置。

④ 现场总线控制系统构成的特点　现场总线控制系统是集散控制系统向现场级控制的分散。现场总线控制系统的输入输出部分由现场总线智能仪表实现，不采用常规仪表。

现场总线控制系统的分散过程控制装置由控制器、现场总线和现场总线智能仪表组成，采用分离式的结构。通常，控制器的单回路控制功能被下放到现场总线仪表内完成，因此输入输出部分控制的重要性得到提升。除了现场总线的冗余外，通常对链路调度器的设备进行冗余设置，如设置备用设备等。对挂接到单一现场总线上的设备数、现场总线的总长度和分支长度等也有限制。

(3) 可编程控制器组成分散过程控制装置

由于下列原因，近年来一些集散控制系统采用可编程控制器组成分散过程控制装置。

① 可编程控制器价格的下降幅度大　采用可编程控制器组成分散过程控制装置可大大降低成本。

② 可编程控制器编程语言被广泛应用　可编程控制器软件模型使可编程控制器的功能增强，其控制功能从原来的逻辑控制扩展到连续控制、离散控制和批量控制，软件模型也使早期的顺序执行方式，扩展到事件触发的中断方式等，能够满足集散控制系统的控制要求。

③ CPU 性能提升　微处理器的处理速度不断提高，存储器容量不断扩展，可编程控制器已经具有集散控制系统的全部功能，并有扩展。

(4) 输入输出装置构成的特点

① 常规输入输出装置　集散控制系统输入输出装置是分散过程控制装置的一部分。它是分散过程控制装置的控制器与模拟仪表（含带 HART 通信的模拟仪表）之间的桥梁，将由模拟仪表输入的模拟信号转换为数字信号后送到控制器，也将控制器输出的数字信号转换为模拟信号后送现场安装的模拟执行器。

传统集散控制系统的输入输出装置是输入输出卡件。通常，一块模拟量输入或输出卡件可连接多台输入或输出模拟仪表，它们与仪表之间传送的信号是模拟信号或带 HART 数字信息的模拟信号。

现场总线控制系统将输入或输出卡件分解到各现场总线智能仪表中，现场总线智能仪表作为输入或输出装置的一部分。现场总线仪表与分散过程控制装置的控制器之间传送的信号是现场总线信号和供电信号，其中，现场总线信号是数字信号，供电信号是直流信号。

现场总线控制系统中，现场总线智能输入仪表将生产过程的信息直接转换为现场总线数字信号，经现场总线传送到现场总线智能输出仪表（执行器），在执行器内现场总线信号经数字控制器运算模块和输出模块，直接转换成驱动执行器动作的模拟信号（如气压信号等）。其他现场总线智能仪表可提供信号转换、显示记录、供电等功能。

输入输出卡件根据信号的不同，分为模拟量输入卡件、模拟量输出卡件、开关量输入卡件、开关量输出卡件和脉冲量输入卡件等。模拟信号可分为电流和电压信号；开关信号可分直流和交流；电压的等级也可分多种类型；开关输入可分为源型或漏型；开关输出可分为晶体管输出、晶闸管输出和继电器输出等。

随着软件技术的发展，近年来，一些集散控制系统厂商推出通用输入输出装置，其硬件不变，用软件设置将信号转换为模拟量、数字量或脉冲量，转换为输入信号或输出信号，这将大大方便用户的应用。

根据功能和应用场合的不同，现场总线智能仪表分为变送器类设备、执行器类设备、转换类设备、接口类设备、显示记录类设备、电源类设备和附件类设备。

② 其他输入输出设备　包括扫描仪、数码相机、语音输入装置、数字视频装置、打印机、信号灯和声响装置等，这些装置用于输入各种图形信息、语音，输出报表、报警汇总表和操作报表，输出报警声音、帮助提示声音等。

智能识别技术为操作权限提供了应用前景，人脸识别可应用于操作员权限的识别和认证。语音输入装置为事故处理提供更有效的操作手段。

一些集散控制系统制造商也推出数字视频管理站，采用标准的视频摄像头获取生产过程的有关外部信息，供操作员进行远程监视和控制。

扫描仪和数码相机用于提供各种图形信息，例如，可直接将扫描仪和数码相机获得的 jpg、bmp、gif 等图形文件作为操作的静态画面。分辨率的提高使提供的图形信息具有很高的识别功能，同时，这些场景为操作员所熟悉，不容易发生误操作。近年来随着存储容量的扩展，采用这种方式输入有关图形信息的方法得到应用。

信号灯和报警声响装置用于报警信号的显示，提示操作员进行有关操作。信号灯和声响装置可采用在显示屏显示的软信号灯和计算机内部的声响装置，也可采用安装在现场的各种信号灯和安装在现场和控制室的声响装置。在连接现场信号灯和声响装置时需要注意线路的电压损失。

一些集散控制系统增强了信号报警处理功能，对重要报警可提供报警原因分析、报警处理建议等。对报警的形式也有很大进展。

2.3.2 操作管理装置构成的特点

(1) 操作员站构成的特点

操作员站通常由计算机组成，如工业微机或专用计算机。操作员站除了有主计算机外，还有显示器、键盘、光标定位、按钮、开关等，以及语音输入装置、输出信号灯和报警声响装置等。

显示器用于显示过程参数，如实际运行的过程参数、期望值和控制器输出等，也可显示有关的操作提示等信息。为增加显示的信息量，近年来，它的构成已经从原来的一机一屏向一机多屏发展。此外，也有采用多显示器显示方式。

近年推出的多屏和大屏幕显示，不仅满足了大信息量的要求，还满足了冗余构成的需要，屏幕切换十分方便，操作也十分灵活。

操作员站的冗余构成是必要的。由于操作员对生产过程的操作是分工的，因此，不同操作员通常在不同的操作员站监视、操作和控制各自的生产过程。当某一操作员站发生故障时，为不影响整个生产过程的运行，应允许操作员在其他操作员站对其分工的生产过程进行操作。

为防止误操作，对操作员的操作设置权限是重要的安全措施。操作员站通常设置多重安全措施，如口令、硬件钥匙等。

报警信息通常直接在显示屏用闪烁信号和声响装置实现信息输出。操作提示和警告信息直接显示在显示屏，对需要的警告也可用语音输出装置实现。

近年采用专用的报警处理系统可方便地对报警信息进行处理，如报警分级和分组、报警处理、重要报警处理等。一些集散控制系统还设置最重要报警信息等，将故障分析、故障原因分析、故障处理建议等提供给用户。

操作员信息的输入可通过操作员键盘、光标定位和语音输入装置实现。为便于操作，输入装置的构成从键盘向光标定位和语音输入发展，例如，用下拉式菜单和增、减软键实现数字输入，用语音输入操作命令等。

(2) 工程师站构成的特点

集散控制系统的工程师站用于完成集散控制系统的系统组态、控制组态和维护组态等工作。工程师站的硬件构成与操作员站的硬件构成类似。通常，工程师站的软件系统与操作员站的软件系统不同。有时，在键盘构成、输入输出装置构成等有少量区别。例如，工程师站不采用语音输入装置，不连接报警声响装置；键盘可能有较多的功能键用于组态操作；显示屏尺寸较小，不采用冗余配置。当工程师站作为操作员站的后备时，应与操作员站同样构成。

(3) 操作管理站构成的特点

为管控一体化，一些大型企业将 MES 和 ERP 引入系统，实现整个生产过程和管理的无缝集成。用于 MES、ERP 的集散控制系统中，采用操作管理站监视输出过程的运行。

随着云计算技术的应用，移动通信技术的日益完善，虚拟化技术的应用，操作管理站也可经移动通信，为管理层所采用。

① 虚拟化技术是一种资源管理技术，它是将计算机的各种实体资源，如服务器、网络、内

存及存储等，予以抽象、转换后呈现出来，打破实体结构间的不可切割的障碍，使用户可以用比原有的组态更好的方式应用这些资源。虚拟化采用软件技术重新定义划分 IT 资源，实现 IT 资源的动态分配、灵活调度、跨域共享，提高 IT 资源利用率。例如，在集散控制系统中用于进行系统仿真等。

② 云计算技术是一种按使用量付费的模式。这种模式提供可用的、便捷的、按需的网络访问，进入可配置的计算资源共享池（资源包括网络、服务器、存储、应用软件、服务），这些资源能够被快速提供，只需投入很少的管理工作，或与服务供应商进行很少的交互。它是分布式计算（distributed computing）、并行计算（parallel computing）、效用计算（utility computing）、网络存储（network storage technologies）、虚拟化（virtualization）、负载均衡（load balance）、热备份冗余（high available）等传统计算机和网络技术发展融合的产物。云计算的关键技术包括下列内容。

a. 虚拟化技术　通过虚拟化技术可实现软件应用与底层硬件相隔离，它包括将单个资源划分成多个虚拟资源的裂分模式，也包括将多个资源整合成一个虚拟资源的聚合模式。

b. 分布式海量数据存储　云计算系统采用分布式存储的方式存储数据，用冗余存储的方式（集群计算、数据冗余和分布式存储）保证数据的可靠性。冗余的方式通过任务分解和集群，用低配机器替代超级计算机的性能来保证低成本和分布式数据的高可用、高可靠和经济性。

c. 海量数据管理技术　云数据存储管理形式与传统 RDBMS 数据管理方式不同，如何在规模巨大的分布式数据中找到特定的数据，和如何保证数据安全性和数据访问高效性，是云计算研究关注的重点问题。

d. 分布式的编程模式　即数据集的并行运算和并行任务的调度处理。

e. 云计算平台管理技术　该平台管理技术能使大量服务器协同工作，方便地进行业务部署和开通，快速发现和恢复系统故障，通过自动化、智能化手段实现大规模系统的可靠运营。

③ 移动技术包含两部分内容。一部分是操作人员可以用移动通信设备对生产过程进行监视和控制。另一部分是管理人员可用移动通信设备对生产过程进行管理。它是移动通信和移动计算技术的融合。其基础是无线通信技术。

与一般的移动通信有别，在集散控制系统中应用移动通信技术时，应考虑实时性和安全性。现有的自动化技术所采用的基于以太网的实时系统，通常都是建立在运用市场可提供的、缺乏实时性能的以太网技术的基础上，例如，在工业以太网领域应用的 ProfiNet、Ethernet/IP、EtherCAT、PowerLink、Sercos、Modbus 等互不兼容的协议。而工业生产过程中，通信的首要要求是保证控制任务的完成，即在规定的时间间隔采集刷新的参数，并在完成运算后将执行值送到终端执行器进行调节控制。此外，除了硬实时要求外，一些应用还对通信传输具有确定性的要求和限制时间的抖动至少要小于 1μs 等。

2.3.3　通信系统构成的特点

(1) 通信设备

集散控制系统中的通信设备包括分散过程控制装置与操作管理装置之间的通信设备、分散过程控制装置与现场总线之间的通信设备。

双绞线是最常用的通信媒体，常被用于现场级的传感器执行器网络。同轴电缆和光缆在控制网络和工厂网、企业网得到广泛应用。现场总线用于现场总线控制系统，用于连接现场总线仪表。

各种网络通信的连接器件被用于通信网络中，作为通信设备与通信媒体之间的连接，如 RJ45 连接头，RS-232、RS-485 和 RS-422 的各种引脚的连接插头和插座，以太网细缆和粗缆的各种连接头等。它们用于物理层连接时，应符合相应通信协议对接口的有关规定。

为实现远程通信或通过因特网实现对生产过程的监视和控制，无线通信的有关设备是必要的。

① 中继器是物理层设备。信号在中继器中得到再生和放大，因此，常用于扩展通信网络的传输范围。中继器只是信号复制设备，不能连接两个不同介质访问类型，也不能识别数据帧的格式和内容，不能将数据链路报头类型转换为另一种类型。

② 集线器也称为配线集中器。集线器不需要线缆连接，它可通过将数个节点连接在一起来取代传统的总线，并在节点之间共享信号。集线器工作在物理层，它逐位复制经由物理通信介质传输的信号，使信号得到加强。集线器可在一组节点中共享信号，因此，集线器常用于管理许多网络中都存在的复杂电缆和众多电缆类型。集线器除了具有与中继器相同的对信号复制功能外，还具有对信号的共享功能。

③ 网桥是在 OSI 模型的数据链路层操作的一种设备。它可将数个局域网或局域网网段连接在一起。网桥可将具有相同介质访问类型的局域网（例如两个 H1 现场总线网段）连接在一起，也可将具有不同介质访问类型的局域网（如一个 H1，另一个是 HSE）连接在一起。

④ 路由器是网络层设备，有多个可连接到一个网络或另一个路由器的端口。路由器查看每个数据报上逻辑网络地址，使用自身内部的路由表决定数据报到达目的地的最佳路径，并将数据报发送相应路由端口。

⑤ 网关是协议转换器，在两种不同类型的通信协议体系之间转换数据，因此工作在 ISO 的较高层。通常，它用于链接专用网络和公有网络，如作为现场总线工业网与工厂企业网链接的路由器。

⑥ 作为通信系统的附件，终端器用于通信信号反射的抑制，提高信噪比。根据不同的通信协议，终端器的特征阻抗不同，例如，FF H1 现场总线采用 100Ω 终端器。为防止雷电对集散控制系统的冲击，需采用多级的浪涌保护器，它能够在最短时间内将雷电的能量释放，从而不被引入到集散控制系统，避免对系统元器件的损害。

(2) 通信系统的构成

根据应用规模的大小，集散控制系统通信系统的构成不同。

从网络拓扑结构看，通信系统可组成总线型、树形、星形、环形和混合型。从通信协议看，通信系统的物理层和数据链路层可采用 HDLC、IEC61158、IEEE803.2、IEEE803.3、IEEE802.4、IEEE802.5 和 IEEE802.11 等不同的通信协议，在高层可采用 TCP/IP 协议和网络管理协议等。从应用看，通信系统可组成企业网、工厂网、设备控制网络、传感器执行器控制网等。对不同层次，还可进行细分，例如，分散过程控制装置中可包含输入输出总线和现场总线两层，也可只有输入输出总线一层结构。上层的操作和管理层也可只有工厂级的通信网络，也可根据管理的需要，设置 MES、ERP 等层次。分散过程控制装置可采用不同的现场总线接口，与不同的现场总线连接，组成不同的现场总线控制系统。

集散控制系统的通信系统采用冗余结构，以保证通信系统的可靠性。

① 小规模集散控制系统通信系统的构成　为保证通信系统的可靠性，采用冗余配置。图 2-34 是基本结构。

通信系统由两个交换机互为备用，组成冗余系统。交换机与上位工作站、控制器之间采用铜缆或光缆连接。交换机之间既可用上传接口（1Gbps），也可用交换机的数据接口（100Mbps）。这种通信系统构成可连接几百个操作站、控制器，组成较大规模的控制系统。

② 中等规模的集散控制系统通信系统的构成　该通信系统由 3～7 个交换机组成，如图 2-35 所示。

每个交换机与其邻近的交换机相连接。主和副交换机必须相邻。网络使用高速展开树 RSTP（Rapid Spanning Tree Protocol）协议规定的任何两个设备通信之间的交换机数量不超过 7 台。

当规模扩大时，也看采用星形拓扑结构，如图 2-36 所示。

③ 大规模集散控制系统通信系统的构成　大规模集散控制系统通信系统常由多个交换机组

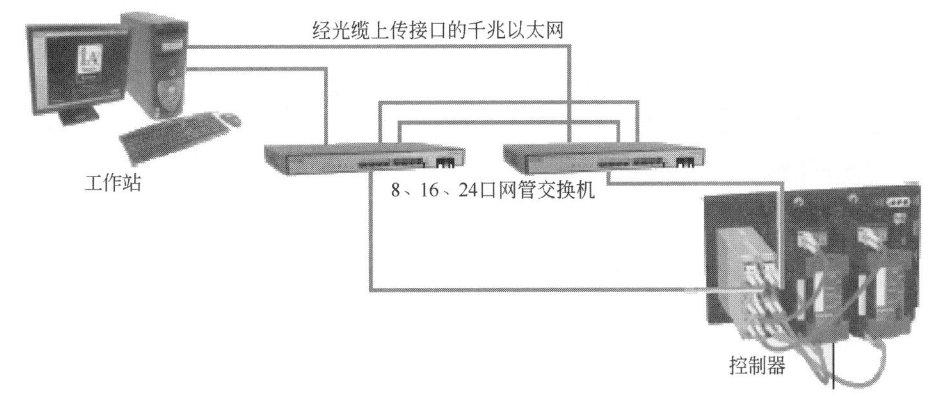

图 2-34　小规模集散控制系统的通信系统

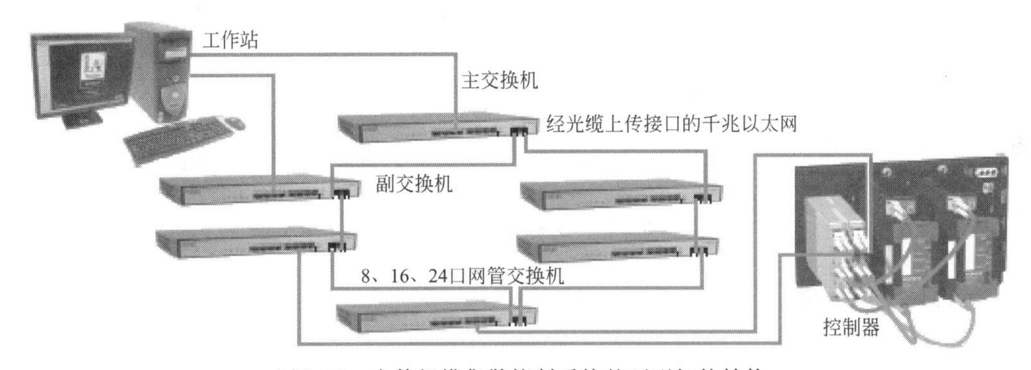

图 2-35　中等规模集散控制系统的环型拓扑结构

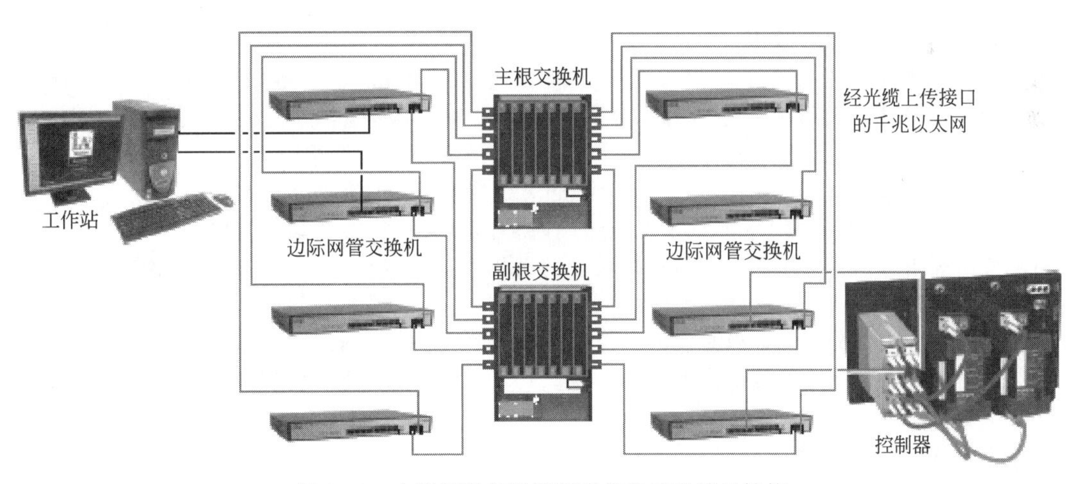

图 2-36　中等规模集散控制系统的星形拓扑结构

成倒树形的网状结构，如图 2-37 所示。所有交换机按层排列，根交换机位于最上层，受 RSTP 协议限制，倒挂树形拓扑结构最多 4 层。任何一台交换机必须与上一层交换机中的两台交换机相连，以保证通信的冗余性能。

图示通信系统由 4 层 12 台交换机组成。主根交换机和从根交换机组成冗余结构，根交换机为第一层，主根交换机和从根交换机之间应有两个连接。每层交换机的数量应是偶数，每层交换机应与在其上层的两个交换机连接。工作站和控制器等网络节点可连接到任何一个交换机。

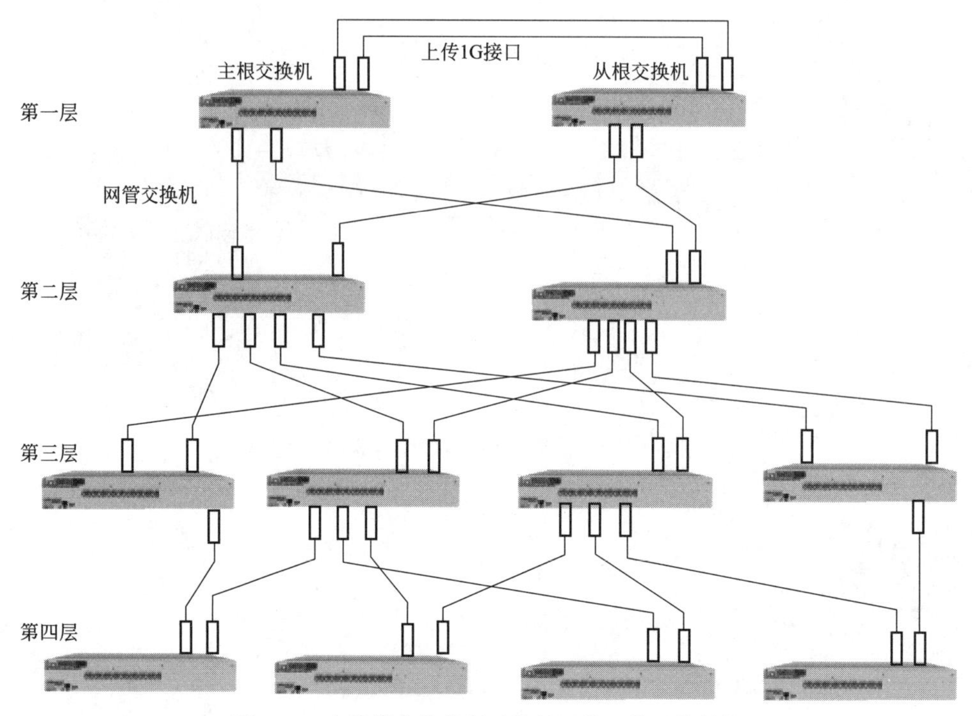

图 2-37　大规模集散控制系统的网状通信网络结构

(3) 时间敏感网络

当大数据和云计算进入工业控制领域，要求两化融合时，不仅要保证大数据的传输，还需要保证数据传输的实时性和确定性。为此，对工业互联网的时间敏感型数据制定了低延迟数据传输标准，该标准称为时间敏感网络 TSN（Time Sensitive Network）。它是一种企图使以太网具有实时性和确定性的新标准。

TSN 定义的带宽是现有工业以太网带宽的 10 倍，达 1Gbps。TSN 技术包括一系列标准。TSN 继承现有以太网的许多特性，例如 HTTP 接口和 Web 服务，实现了 IIoT 工业物联网系统所需的远程诊断、可视化和修复功能。为了确保可靠地提供符合严格时间要求的通信，TSN 提供了自动化配置来实现高可靠性数据路径，通过复制和合并数据包来提供无损路径冗余。

TSN 的核心技术包括网络带宽预留、精确时钟同步与流量整形，从而保证了网络低时延、高可靠性的需求等。其工作原理是传输过程中将关键数据包优先处理，即这些关键数据不必等待所有非关键数据完成传送后才开始传送，从而确保更快速的数据传输。

目前使用的大部分底层现场总线通过控制气隙和隐藏的方法来实现安全性。TSN 对重要控制网络进行保护，并集成最重要的 IT 安全规定。分段、性能保护和时间可组合性为安全框架增加多层保护。

OPC UA TSN 在技术上打通了 IT 与 OT 的互联。TSN 给 OPC UA 赋予实时能力。

标准工业以太网存在着许多不相容的通信协议，导致设备之间的互通困难，TSN 可整合所有网络通信协议，在不去除底层协议规范的前提下，仅须传输层上加上 TSN 协议。

通过 OPC UA ，所有需要的数据信息在任何时间、任何地点、对每个授权的应用、每个授权的人员都可使用。这种功能独立于制造厂商的原始应用、编程语言和操作系统等软硬件属性。它为各类现场总线之间的传输提供了坚实基础。

OPC UA 与 TSN 的融合，解决了 IT 与 OT 在传输机制的统一，同时也解决了语义互操作标准与规范的统一，真正实现了 IT 与 OT 的融合，使周期性数据与非周期性数据在同一网络中得到传输。

思　考　题

2-1　集散控制系统的现场控制级有什么功能?

2-2　集散控制系统的硬件主要由哪些部分组成?

2-3　集散控制系统的应用软件主要包括哪些软件?

2-4　集散控制系统的多层结构、多级结构和多重结构是怎样的结构?

2-5　集散控制系统的冗余方式有哪些?

2-6　现场总线控制系统中采用哪些与一般通信总线不同的应用技术?

2-7　工业控制系统中确定性联网的要求有哪些?

2-8　解决集散控制系统的实时性，可采取哪些措施?

2-9　集散控制系统中采取哪些措施可提高系统的可靠性?

2-10　为保证系统的互操作性，集散控制系统可采取哪些措施?

2-11　现场总线控制系统和集散控制系统的结构有什么类同和区别?

2-12　无线网络控制系统的基本构成是怎样的?

2-13　举例说明集散控制系统的基本结构和组成。

2-14　举例说明集散控制系统各组成部分的功能。

2-15　分散过程控制装置分几类? 有什么特点? 与现场总线控制系统有什么区别?

2-16　可编程控制器组成分散过程控制装置时有什么优点?

2-17　输入输出装置有什么特点?

2-18　操作管理装置有什么特点? 为什么不能与 MES、ERP 合用同一操作管理装置?

2-19　现在集散控制系统的通信系统扩展了哪些通信内容?

2-20　集散控制系统的通信系统有哪些主要冗余结构?

第3章　集散控制系统性能评估

3.1　可靠性

集散控制系统得以广泛应用的一个重要原因是它的可靠性。分散控制的特点使集散控制系统的可靠性获得提升。现场总线控制技术就是将危险分散到现场而提高了系统的可靠性。此外，标准化、冗余技术、自诊断技术、容错技术、加密技术等高新技术的开发，无不提高了系统的可靠性。因此，集散控制系统的可靠性是一项极重要的技术性能指标。

3.1.1　可靠性和可靠性指标

根据GB/T 30174—2013《机械安全 术语》的定义，可靠性指机器、机器的零部件或设备，在规定的条件下和规定期限内执行规定功能且不出现故障的能力。狭义的可靠性指一次性使用的机器、零件或系统的使用寿命，例如灯泡的使用寿命是狭义的可靠性。广义的可靠性指可修复的机器、零件或系统在使用中不发生故障，一旦发生故障又易修复，使之具有经常使用的性能，因此，广义可靠性包含可维修性。集散控制系统的可靠性指广义可靠性。

可靠性与规定工作条件、规定时间和规定工作性能有关。随时间推移，可靠性下降。故障是指系统中部分元器件功能失效而导致不能完成规定工作的事件或状态。产品生命周期指产品从投入市场到更新换代和退出市场所经历的全过程。因此，延长产品生命周期就提高了产品的可靠性。

可靠性指标有可靠度、MTBF、MTTF及故障率等。

(1) 可靠度

可靠度（reliability）指机器、零件或系统从开始工作起，在规定使用条件下的工作周期内达到所规定的性能，即无故障正常状态的概率，用$R(t)$表示。即：

$$R(t)=P(X>t) \tag{3-1}$$

可靠度具有下列性质：

① $R(0)=1$；

② $\lim_{t\to\infty}R(t)=0$；

③ $0\leqslant R(t)\leqslant 1$；

④ $R(t)$是时间t的单调递减函数。

(2) 平均无故障时间MTBF

MTBF（Mean Time Between Failures）指可以边修理边使用的机器、零件或系统相邻故障期间正常工作时间的平均值。

(3) 到发生故障的平均时间MTTF

MTTF（Mean Time To Failures）指不能修理的机器、零件或系统到发生故障为止的工作时间的平均值。它是不可修理产品的平均寿命。

(4) 故障率

故障率（failure rate）指瞬时故障率，它指能工作到某个时间的机器、零件或系统，在连续单位时间内发生故障的比例，用$\lambda(t)$表示。又称为失效率、风险率。

设 N 个同类型元件，到 t 时刻有 N_S 个元件仍正常工作，$N_F=N-N_S$ 个元件失效。当 $N\to\infty$ 时，有：

$$R(t)\cong\frac{N_S(t)}{N}\tag{3-2}$$

设 X 是该元件能正常使用的期限，即从开始使用到出现第一次故障的时间为止的时间间隔，则 X 是随机变量，设它的分布函数是 $F(t)$，分布密度函数是 $f(t)$，则有：

$$R(t)=1-F(t)\tag{3-3}$$

根据定义，有：

$$\begin{aligned}\mathrm{MTBF}&=\int_0^{\infty}t\mathrm{d}F(t)=\int_0^{\infty}t\mathrm{d}[1-R(t)]=\int_0^{\infty}-t\mathrm{d}[R(t)]\\&=-tR(t)\mid_0^{\infty}+\int_0^{\infty}R(t)\mathrm{d}t=-\lim_{t\to\infty}tR(t)+\int_0^{\infty}R(t)\mathrm{d}t\end{aligned}\tag{3-4}$$

根据 $R(t)$ 的性质，第一项为0，因此，有：

$$\mathrm{MTBF}=\int_0^{\infty}R(t)\mathrm{d}t\tag{3-5}$$

同样，对故障率，有：

$$R(t)\cong\frac{N_S(t)}{N};\ f(t)=-\frac{R(t)}{\mathrm{d}t}=-\frac{1}{N}\times\frac{\mathrm{d}[N-N_F(t)]}{\mathrm{d}t}=\frac{1}{N}\times\frac{\mathrm{d}N_F(t)}{\mathrm{d}t}$$

$$\lambda(t)=\frac{f(t)}{R(t)}=\frac{1}{N_S(t)}\times\frac{\mathrm{d}N_F(t)}{\mathrm{d}t}\tag{3-6}$$

上式表明，故障率 $\lambda(t)$ 等于 t 以后单位时间内失效元件数与 t 时刻仍有效元件数之比。

电子产品的故障率可用浴盆曲线描述，如图3-1所示。该曲线分为三段：初始段故障率随时间的增大快速下降，引起产品失效的主要原因是产品在生产过程中造成的缺陷；稳定段故障率几乎不变，其持续时间也较长；失效段故障率随时间增大快速上升，产品达到其使用寿命。

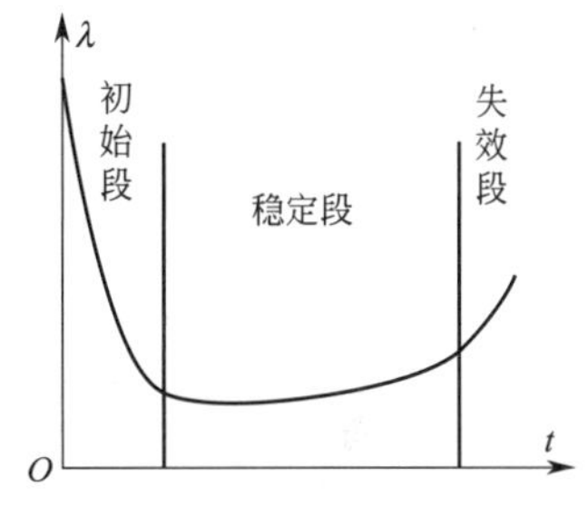

图3-1　故障率的浴盆曲线

3.1.2　可靠性计算

集散控制系统由大量设备、元器件组成。它的可靠性由组成系统的各部件通过串联、并联、旁路、桥接和分解的各子系统可靠性计算，然后按全概率法则求得。

(1) 串联系统的可靠性

n 个串联元件 A_1、A_2、…、A_n，可靠度 R_1、R_2、…、R_n，失效时间 x_1、x_2、…、x_n，各元件相互独立。串联系统中，任一元件的失效都导致系统的失效。因此，串联系统的失效时间是各串联元件失效时间的最小值，即：

$$x=\min_{1\leqslant i\leqslant n}x_i\tag{3-7}$$

串联系统可靠度 $R(t)$ 是各串联元件可靠度的乘积，即：

$$R(t)=P(X>t)=P(\min_{1\leqslant i\leqslant n}x_i>t)=\prod_{i=1}^{n}R_i(t)\tag{3-8}$$

若各串联元件的可靠度 $R_i(t)$ 服从指数分布，即：

$$R_i(t)=\exp\left(-\int_0^t\lambda_i(\tau)\mathrm{d}\tau\right)\tag{3-9}$$

$$R(t)=\exp\left(-\int_0^t\lambda(\tau)\mathrm{d}\tau\right)\tag{3-10}$$

这表明串联系统故障率等于各串联元件故障率之和，即：

$$\lambda(t)=\sum_{i=1}^{n}\lambda_i(t) \tag{3-11}$$

(2) 并联系统可靠性

n 个元件组成并联系统，只要有一个元件正常工作即可。因此，并联系统失效时间是各并联元件失效时间的最大值，即：

$$x=\max_{1\leqslant i\leqslant n} x_i \tag{3-12}$$

并联系统可靠度计算如下：

$$R(t)=1-\prod_{i=1}^{n}[1-R_i(t)] \tag{3-13}$$

对 n 个相同元件组成的并联系统，若各并联元件的可靠度 $R_i(t)$ 服从指数分布，则：

$$\mathrm{MTBF}=\frac{1}{\lambda}\sum_{i=1}^{n}\frac{1}{i} \tag{3-14}$$

这表明并联系统可靠性高于组成系统的每一元件的可靠性，串联系统可靠性低于组成系统的每一元件的可靠性。

(3)(*k*，*n*) 表决系统可靠性

n 个元件组成系统，若有 k 个或 k 个以上元件能正常工作，系统就能正常工作，则称为 (k，n) 表决系统。可见，并联系统是 (1，n) 系统，串联系统是 (n，n) 系统。

若 n 个元件有相同故障率 λ，且服从指数分布，分布函数和分布密度函数分别为 $G(t)$ 和 $g(t)$，则 (k，n) 表决系统可靠度 $R(t)$ 是：

$$R(t)=\sum_{i=k}^{n}C_n^i[1-G(t)]^i[G(t)]^{n-i} \tag{3-15}$$

由于，$G(t)=1-\mathrm{e}^{-\lambda t}$，对于 $k\geqslant 2$，有递推关系如下：

$$R(k-1,n)=C_n^{k-1}\mathrm{e}^{-\lambda(k-1)t}(1-\mathrm{e}^{-\lambda t})^{n-i+1}+R(k,n) \tag{3-16}$$

因此，(k，n) 表决系统的 MTBF 是：

$$\mathrm{MTBF}(k,n)=\frac{1}{\lambda}\sum_{i=k}^{n}\frac{1}{i} \tag{3-17}$$

相应的并联和串联系统的 MTBF 分别是：

$$\mathrm{MTBF}(1,n)=\frac{1}{\lambda}\sum_{i=1}^{n}\frac{1}{i}\ ,\ \mathrm{MTBF}(n,n)=\frac{1}{\lambda}\sum_{i=n}^{n}\frac{1}{i}=\frac{1}{\lambda n} \tag{3-18}$$

(4) 诊断覆盖率

根据 IEC 61508 (GB/T 20438) 的定义，诊断覆盖率 (diagnostic coverage) 是指进行自动诊断测试而导致的硬件危险失效概率的降低部分，表示为：

$$\mathrm{DC}=\frac{\sum\lambda_{\mathrm{DD}}}{\sum\lambda_{\mathrm{total}}} \tag{3-19}$$

式中，DC 是诊断覆盖率；λ_{DD} 是检测到的危险失效的概率；λ_{total} 是总的危险失效的概率。注意，这里的诊断指内部自诊断，如比较检验、检测和比较冗余信号、内存的校验和、外部的激励测试、模拟信号超量程检测等。而诊断覆盖率是危险失效的诊断覆盖率，即在功能安全理论中，失效分为安全失效和危险失效，而诊断覆盖率是危险失效的覆盖率。表 3-1 列出不同部件可声明的最大诊断覆盖率。

表 3-1 不同部件可声明的最大诊断覆盖率

部件	低诊断覆盖率	中诊断覆盖率	高诊断覆盖率
CPU	全部小于70%	全部小于90%	90%～99.99%
存储器,RAM	50%～70%	85%～90%	—
程序计算器,堆栈指针	40%～60%	60%～90%	85%～98%
总线	50%	70%	90%～99%
中断处理	40%～60%	60%～90%	85%～98%
时钟	50%	—	95%～99%

诊断覆盖率的大小并不取决于可被诊断的部件数量比例，而是取决于所有失效中可被诊断的比例，因此，应主要关注那些容易发生危险失效的部件，而不必覆盖全部部件。

(5) 冗余系统可靠性

冗余系统（redundant system）是备用储备系统。系统由 n 个相同部件组成，一个部件工作，其余部件备用。根据备用部件是否运行分为热后备和冷后备。

① 冷后备冗余系统　冷后备冗余系统中，第一部件失效后启动第二部件，直到所有部件失效。因此，要求系统能及时发现已失效部件，并能迅速切入正常部件。一些集散控制系统还加入管理系统，用于部件的硬件切换、程序和数据库切换。

若第 i 部件失效时间 x_i，则冷后备冗余系统的分布函数 $F(t)$ 等于各组成部件分布函数 $F_i(t)$ 的卷积，即：

$$F(t)=F_1(t) * F_2(t) * \cdots * F_n(t) \tag{3-20}$$

冷后备冗余系统的 MTBF 是各组成部件 MTBF(i) 之和。即：

$$\text{MTBF}=\sum_{i=1}^{n}\text{MTBF}(i) \tag{3-21}$$

如果各部件有相同故障率 λ，且服从指数分布，则：

$$R(t)=1-F(t)=\sum_{i=0}^{n-1}\text{e}^{-\lambda t}\frac{(\lambda t)^i}{i!} \tag{3-22}$$

$$\text{MTBF}=\frac{n}{\lambda} \tag{3-23}$$

可见，冷后备冗余系统具有高可靠性。

② 热后备冗余系统　通常，热后备冗余系统取 $n=2$，即一个部件正常工作，另一个部件处于热备用状态。设正常工作部件的故障率 λ_1，备用部件在备用期的故障率 μ_2，它与工作期的故障率 λ_2 不相等。热后备系统可靠度 $R(t)$ 是：

$$R(t)=\text{e}^{-\lambda_1 t}+\frac{\lambda_1}{\lambda_1+\mu_2-\lambda_2}\left[\text{e}^{-\lambda_2 t}-\text{e}^{-(\lambda_2+\mu_2)t}\right] \tag{3-24}$$

热后备系统的 MTBF 是：

$$\text{MTBF}=\frac{1}{\lambda_1}+\frac{1}{\lambda_2}\times\frac{\lambda_1}{\lambda_1+\mu_2} \tag{3-25}$$

集散控制系统的热后备冗余系统，通常采用定时向热备用部件传送数据或工作和备用部件定时切换的方法运行。

3.1.3 可维修性

与大多数工业系统一样，集散控制系统是可修复系统。可维修性指可修复机器、零件或系统，发生故障后可进行维修，使其恢复正常工作的能力。

可维修性的规定条件是维修三要素，即：

① 机器、零件或系统是否被设计得很容易维修；

② 进行维修的技术人员的维修和判断技能；

③ 维修所需的备品备件供应情况。

三要素相互联系，关系到维修速度的快慢。集散控制系统中，采用接插板的安装方法有利于板卡的更换和维修；通过自诊断系统的诊断及面板故障显示，使对维护人员的技能要求降低；必需的备品储备使更换时间缩短。这些措施使集散控制系统的可维修性大大改善。

衡量可维修性的指标有维修度、平均修复时间，分述如下。

(1) 维修度

维修度（maintainability）指可修复机器、零件或系统在规定条件和规定时间（0，τ）内完成维修的概率，用 $M(\tau)$ 表示。如果维修时间为随机变量 T，则有：

$$M(\tau)=P(T\leqslant\tau)=\int_0^{\tau}m(t)\,\mathrm{d}t \tag{3-26}$$

式中，$m(t)$ 是 T 的分布密度函数。

(2) 平均修复时间

平均修复时间（MTTR：Mean Time To Repair）是故障发生后需事后维修时间的平均值。它也常常用于表示机器、零件或系统的可维修性能。

【例 3-1】 某机器在某年的维修时间和件数统计如表 3-2。

表 3-2 某机器维修时间统计表

维修完时间/h	1	2	3	4	5	6
维修完件数	20	10	5	3	1	1

$$\mathrm{MTTR}=\frac{总维修时间}{总维修件数}=\frac{78}{40}=1.9(\mathrm{h})$$

(3) 修复率

修复率（repair rate）是在某一时刻的单位时间内故障被修复的概率，常用 $\mu(t)$ 表示，并有：

$$\mathrm{MTTR}=\frac{1}{\mu} \tag{3-27}$$

(4) 有效度

可修复系统可以维修而使其使用时间延长，因此可修复系统的可靠性提高。对可修复系统的可靠性指标常用有效度衡量。

有效度（availability）指可修复机器、零件或系统在某特定瞬间内维持其性能的概率，也称为可用率。特定瞬间指可工作时间及对被维修对象进行检查、修复和休息等不工作时间，即指范围很宽的时间中特定的这一段时间。瞬时有效度指 t 时刻机器、零件或系统能够维持其正常工作性能的概率。平稳状态有效度指机器、零件或系统在平稳状态下维持其正常工作性能的概率。

机器、零件或系统的故障率和修复率分别为 λ 和 μ，则瞬时有效度 $A(t)$ 是：

$$A(t)=\frac{\mu}{\lambda+\mu}+\frac{\lambda}{\lambda+\mu}\mathrm{e}^{-(\lambda+\mu)t} \tag{3-28}$$

平稳状态有效度表示为：

$$A=\lim_{t\to\infty}A(t)=\frac{\mu}{\lambda+\mu} \tag{3-29}$$

平稳状态有效度也可用下式计算：

$$A=\frac{\mathrm{MTBF}}{\mathrm{MTTR}+\mathrm{MTBF}}\quad 或\quad A=\frac{工作时间}{工作时间+不工作时间} \tag{3-30}$$

实际应用时，系统使用的环境条件和工作负荷不同，故障率发生变化，即：

$$\lambda(t)=KD\lambda_0 \tag{3-31}$$

式中，K 是环境因子（地面固定设备，$K=2$；地面移动设备，$K=7$；便携式设备，$K=5$）；D 是负荷因子，随工作负荷的增大，D 值增大；λ_0 是系统理论故障率。

可修复系统的故障和非故障状态可以转移，随时间进程，该过程是随机过程，并且因其状态的转移与现时状态有关，而与以前状态无关，因此是马尔柯夫过程。可修复系统的可靠性指标有效度，可用马尔柯夫过程的状态转移图进行分析。

根据各状态总概率为 1，可得到集散控制系统中待机双工系统的有效度是：

$$A=\frac{\mu_1^2+\lambda_1\mu_1}{\mu_1^2+\lambda_1\mu_1+(\lambda_1+\lambda_2)} \tag{3-32}$$

式中，λ_1、μ_1 分别是工作系统的故障率和修复率；λ_2 是待机系统的待机故障率。

对 n ∶ 1 冗余系统，其有效度是：

$$A=\frac{\mu^2+n\lambda+\mu}{\mu^2+n\lambda(\mu+n\lambda+\lambda)} \tag{3-33}$$

(5) 串联可修复系统的平均修复时间

n 个可修复不同元件串联系统的平均修复时间为：

$$\text{MTTR}=\frac{\sum_{i=1}^{n}(1-A_i^n)}{A_0\sum_{i=1}^{n}\lambda_i}=\frac{\sum_{i=1}^{n}\frac{\lambda_i}{\mu_i}}{\sum_{i=1}^{n}\lambda_i} \tag{3-34}$$

式中，λ_i、μ_i 分别是第 i 个元件的故障率和修复率。

3.1.4 提高可靠性的措施

可靠性设计的研究始于 20 世纪 60 年代，开始应用于机械工业，其后，在军事和航天工业等工业部门得到应用，随后逐渐扩展到民用工业。

可靠性需求分为两大类：第一类是定性需求，即用非量化形式设计、分析来评估和保证产品可靠性；第二类是定量需求，即规定产品可靠性指标和相应的验证方法。

集散控制系统的可靠性是评估集散控制系统的重要性能指标。通常，制造商提供的可靠度数据都在 99.99%～99.9999%。由于可靠性指标具有统计特性，因此，评估系统可靠性时，可根据该系统采用的那些提高可靠性的措施来分析。除了系统制造时应保证符合设计要求外，通常可从可靠性设计和维修性两方面进行分析。

(1) 可靠性设计准则

据美国贝尔电话实验室和海洋电子实验室统计，因设计方面问题引起产品故障占 40%以上，它是影响产品内在可靠性的主要因素。因此，可靠性设计是提高产品可靠性的重要措施。

可靠性设计是为了在设计过程中挖掘和确定隐患和薄弱环节，采用设计预防和设计改进措施有效消除隐患和薄弱环节。即可靠性设计就是设计出可靠性高的产品，或者是设计的产品在使用过程中不易发生故障，即使发生故障也易于修复，并使故障影响尽量小。

常用可靠性设计分为简化设计、降额设计、热设计、机械可靠性设计、安全性设计、工艺可靠性设计、维修性设计等。

产品越复杂，可靠性越低，因此，简化设计是去除不必要或多余功能，简化设计目标的设计。降额设计是降低元件规定的额定条件，使规定工作条件降低来提高可靠性的设计。热设计是通过选择合适的元器件和电路结构，减少温度变化对产品性能影响的设计。机械可靠性设计是提高产品抗机械振动、冲击及提高机械强度可靠性的设计。安全性设计是对环境条件的防护、防爆、防火等的设计。工艺可靠性设计是合理设计产品加工、组装和测试的各环节，提高产品可靠性的设计。维修性设计是降低维修成本，提高系统效费比的设计等。

可靠性的特殊设计包括可靠度合理分配、冗余设计技术、漂移设计技术、极安全设计、可靠性预测等。

- 可靠度合理分配。可靠度根据其部件的重要程度、复杂程度、工艺技术水平、任务等综合指标和相对故障率等进行合理分配。
- 冗余设计技术是对可靠性较低的部件，采用冗余结构（热后备或冷后备）保证系统运行不受影响的设计技术。
- 漂移设计技术是在设计时就保证电子元器件性能参数在规定容许范围内，从而保证系统能够正常运行的设计技术。
- 故障模式和致命度分析是将系统分为若干组成，如果发生故障，则分析故障模式，分析各组成部分可能发生的故障模式对系统运行的影响，从而对它们的影响进行半定性半定量的分析，对致命性故障模式制定解决措施或改进设计方案。由于该方法从基本故障事件分析系统故障，而傅里叶变换从系统故障推出基本故障事件，因此，两者结合可在设计时找出潜在的可靠性问题，从而将故障消灭在设计阶段。
- 可靠性预测是根据组成系统的部件故障率提出在环境条件下的预测基本公式，并与实际应用的统计结果比较进行修正，对故障进行预测的方法。例如，故障树分析可为设计人员进行故障预测，为维修人员快速故障定位和处理。

(2) 可靠性设计三准则

① 系统运行不易发生故障的设计　这是故障预防准则，是一项重要的可靠性设计准则。即从系统的基本部件着手，提高系统 MTBF。例如，减少机械运动部件，采用可靠性高的元器件、接插件，对电路进行优化设计，降低负荷设计，采用不易发生故障的机柜设计，操作台设计等。

② 系统运行不受故障影响的设计　该准则是故障容错设计准则，包括冗余设计和降级操作两项设计准则。

冗余设计在系统某一部件发生故障时能自动切换到备用部件，使系统运行不受故障影响。降级操作设计是系统某一部件故障时能够旁路或降级操作，从而降低故障影响的设计。

容错设计是错误操作时，系统不予响应的设计。例如，只有某操作权限的操作员才能进行特定操作，其他操作员输入同样操作指令时系统不会执行特定操作。

按冗余部件、装置或系统的工作状态，冗余设计分工作冗余（热后备）和后备冗余（冷冗余）两类。按冗余度，分双重冗余（1∶1）和多重冗余（n∶1）。通常，越是处于下层的部件、装置或系统越需要冗余，其冗余度也越高。故障造成影响越大的部件、装置或系统越需要冗余。

基于上述准则，通常，系统外部供电常用双重化供电冗余。对机柜采用风冷或空调系统来保证环境的温湿度要求。分散过程控制装置分为装置冗余和 CPU 冗余两类。CPU 冗余通常采用热后备方式的双重化冗余。数据通信系统无一例外地采用双重化通信系统的冗余结构。小型集散控制系统的操作站可不设冗余，将工程师站作为其冗余站。中大型集散控制系统的操作站应设置双重化或（2，3）表决系统冗余。

现场总线系统中，除了现场总线设置冗余外，通常链路主设备设置后备。除了重要的联锁系统参数用的现场仪表和输入输出卡件设置冗余外，一般可不设置冗余。

③ 能迅速排除故障的设计　该准则包括故障的弱化和故障的在线维修准则。

例如，集散控制系统的自诊断功能，包括硬件自诊断和软件自诊断。易检修、更换、迅速排除故障的硬件设计，包括机械设计和电子线路设计。提供专用的诊断和维修设备，便于在线或离线故障诊断定位和维修。此外，售后服务、系统升级和备品备件的供应，也是能迅速排除故障设计和比较的重要内容。

(3) 冗余技术

冗余技术是高级的可靠性设计技术。冗余设计并不是简单地从故障设备切换到冗余设备，它需要硬件、软件和通信等部件的相互协调才能实现。要将冗余部件构成一个有机整体，需要下列技术支持。

① 信息同步技术 信息同步技术是工作部件和冗余部件之间实现无扰动切换技术的集成。热备用工作方式时，工作部件实现系统数据采集、运算、输出和数据交换等功能，这时，冗余部件必须实时跟踪工作部件的内部状态，实现状态同步。工作部件和冗余部件的正、负逻辑互斥，即它们是一工一备，冗余控制电路和通信控制电路协调两个部件的工作，保证对外输入输出特性的一致。工作部件和冗余的备用部件之间通过高速通信通道实现运行状态的互检和控制状态的同步，使用户端看到的各种组态信息、输出信息和控制参数等如同是一个部件所有。一旦判别工作部件发生故障，可保证及时地无扰动切换到备用部件。

② 故障检测技术 故障检测技术包括故障检测、故障定位、故障隔离和故障报警等。故障检测是采用一定的检测电路对工作部件的供电电源、微处理器、输入输出部件和数据通信链路等进行检测，发现故障。故障定位用于确定故障的位置，便于故障隔离对其处理，减少故障的影响。在故障定位的同时，故障报警将提示操作员故障已经发生的部位。故障的诊断包括故障的硬件和软件的自诊断和故障的互检。

③ 故障仲裁和切换技术 故障仲裁指对故障进行分析、比较和仲裁，确定工作和备用部件是否需要进行切换。一旦仲裁判别故障发生，则应及时、快速、无扰动地用备用部件替代工作部件，实现工作部件的所有功能，使对生产过程的影响减到最小，并及时提供报警信息，便于操作人员了解故障部位、故障目前状态和处理情况。

④ 热插拔技术 为不影响生产过程的运行，故障部件应能够在带电状态下进行热插拔，而不影响系统运行。热插拔技术是实现故障部件快速修复的技术，是冗余技术的重要组成部分。

⑤ 故障隔离技术 故障隔离技术是工作和备用部件的故障相互不影响或影响最小的技术，它是保证冗余系统有效性的技术。该技术保证故障的部件对其他部件的正常运行不影响或影响最小。

3.2 易操作性

集散系统易操作性是一个使用性能指标，它与集散系统的整体性能有密切关系。它包括操作透明度、易操作性、容错技术和安全性等内容。

3.2.1 操作透明度

操作透明度（operating transparency）指生产过程的操作信息是否清晰地为操作员所接受和理解，并被应用于生产过程操作中的能力。

在检测仪表使用初期，操作员根据加热炉炉膛火焰、炉壁颜色来判断温度，当采用温度指示或控制仪表时，操作员把温度显示值与自己的判断比较，根据仪表示值在头脑中形成炉内温度状态的图像，有实感地理解生产过程，这是操作员对过程的透明度。随着自动化水平的提高，信息量的集中显示和操作的集中，使操作员对生产过程状态的认识和实感变得淡薄。采用共用显示和控制的集散控制系统，使操作员把显示信息作为过程状态信息，按操作员各自的经验、知识和思维方式对这些信息进行处理和理解，从而降低了操作透明度。

为增强操作员的实感，集散控制系统设计中普遍设置与模拟仪表面板类似的面板和组显示画面；建立与模拟记录仪表相类似的趋势显示画面；建立报警和警告（事件）的一览报表等。对两位式开关信号，如开关、阀门、泵、电机的开停、信号灯的点亮和熄灭等，集散系统采用颜色变化、设备轮廓线变化或内部填充的软件设计；对物位升降、温度变化等采用具有动感的升降画面和颜色变化；对一些参数改变的操作，例如设定值变化等，采用操作手形状的图符，通过移动操作手图符来形象地显示设定值变化的操作。

操作透明度与集散控制系统提供的画面类型和数量、每幅画面中动态更新数据点的数量、数据更新速率、画面切换速率等有关。它与所采用的CPU、内存、CRT分辨率等有关。

3.2.2 易操作性

易操作性指集散控制系统所提供的操作环境容易为操作员所接受，操作员能够根据所提供的信息方便地对生产过程进行操作和控制。

(1) 操作环境

操作环境指操作员的工作场所是否能够使操作员舒适地进行工作。它包括数据、状态等信息是否易于被辨认，报警或事件信息是否易于引起注意，长期工作不易使操作员感到疲劳，如环境的光照、温度、湿度等，操作员的操作是否能够及时、方便地进行等。

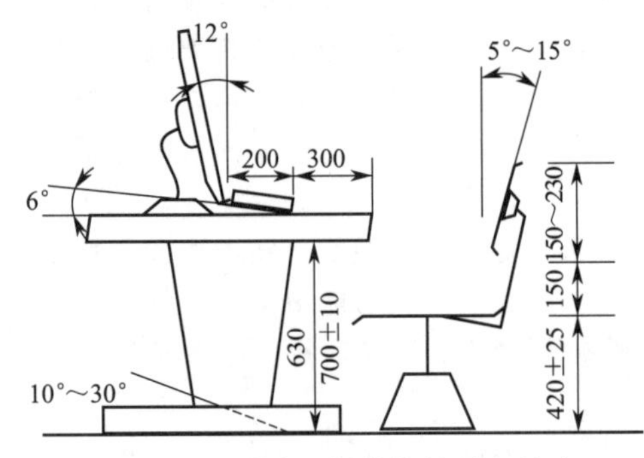

图 3-2 操作台和操作椅的适宜尺寸

① 人机工程学设计的操作台和操作椅 图3-2是根据人机工程学设计的操作台和操作椅。随平板型显示器的应用，大多数集散控制系统已不采用显示机柜。设计时注意事项如下：

a. 调节显示器显示面，使操作员到液晶显示器中心的视线应尽可能地与显示屏幕的平面垂直，而显示屏幕顶部应在水平视线或视线下；

b. 调节操作椅高度、后仰角，以及转盘、踏脚板位置，使操作员能够方便舒适地操作操作员键盘、鼠标等辅助器件；

c. 防止水或其他杂物进入键盘，宜选用封闭式工业用薄膜键盘，要求有良好的手感（一般按压的压力为4～7kPa，位移约0.1mm）。

人机工程学优化设计的操作台和操作椅具有下列优点：

a. 能够集中操作员的注意力，减少误操作；

b. 良好的血液循环，使操作人员的新陈代谢等获得平衡，防止疲劳过早出现；

c. 可根据不同操作员的身高、臂长等调整操作台高度和作业范围，优化操作环境；

d. 操作椅能够为操作员提供强有力的脊柱支持，改善脊椎对营养物质的吸收；

e. 可放松肌肉，使操作员完成精细的操作，实现眼手的协调。

② 人机界面设计 显示画面应与操作员的操作范围一致，并能提供与其操作有关的信息。由于显示器分辨率的提高，可显示的信息量增加，因此，应注意下列事项：

a. 调整每幅屏幕的信息量，便于操作员对数据信息的辨识，对数据的显示其高度应大于2.5mm；

b. 采用实际设备的照片，经粘贴，作为操作画面，添加有关动态点，作为操作员操作画面，达到视觉一致，提高易操作性；

c. 采用不同方式对有关信息进行显示或报警，为操作员提供有效操作信息。

(2) 操作功能

集散控制系统的操作功能主要通过操作站实施。从易操作性分析操作功能的实施，其判别准则是如何获得所需信息，即经过多少项操作步骤能提供所需信息的画面，及如何对过程实施操作。

① 显示功能 显示功能指为操作人员提供生产过程的流程、各设备运行参数和状态、故障和警告等信息的画面。根据不同操作要求可分为不同类型的操作画面，例如，为操作员提供概貌画面、过程画面、组画面、回路画面、历史趋势画面、报警画面等过程操作画面；为维护人

员提供系统维护画面；为组态工程师提供系统组态的有关画面，如系统组态、控制组态、回路报警组态、趋势组态画面等。

显示画面可以切换和调用。通常，切换画面指原显示画面被清除，新操作画面替换原操作画面。例如，从一个设备操作画面切换到另一个设备操作画面。调用画面指原显示画面不清除，新操作画面显示在原操作画面的上层。例如，点击画面上某一操作设备，调用该设备的细节画面。

评价过程显示画面操作的易操作性，主要以操作方便性为标准。例如，从某操作画面以最快方式（最少的按键等操作）切换到所需画面；最简单地调用有关报警等操作画面。

② 过程监视功能　生产过程的参数包括需监视和需控制等类型。虽然显示器分辨率已经较早期产品有很大提高，但每幅操作画面的信息量仍应合适。对同类型设备，监视信息也可用列表形式显示，既便于全面监视，也有利于相互比较。

需监视参数和需控制参数都有一定的与限值的偏离度。监视参数在超过限值时，需要用其他参数的调整来修正，而需控制参数在超过限值时，应由系统自动进行调整，必要时才调整其他参数或改进控制方案。

③ 操作功能　集散控制系统的操作功能包括过程操作、组态操作和维修操作。

操作员的操作是过程操作。它包括对各个控制回路的操作和对各个控制点的操作。控制回路的操作包括对控制模式、设定值、手动输出值、报警限值、控制器作用方式、控制器参数调整等操作。控制点的操作包括对两位式运转设备的开停、正反转、控制方式、联锁状态、报警限值等操作。为安全操作，除了设置联锁系统外，也需要根据安全要求采用诸如双手操作功能等措施。

一个具有良好易操作性的集散控制系统，常常配备专用操作键区，它可位于键盘或显示屏的某一固定部位，与组显示或回路显示画面配合进行操作，提高其易操作性。

组态工程师的操作是组态操作，包括为系统、回路、报警、趋势等组态时进行的操作。早期只能在线进行组态的操作，现在已经可以离线操作，它可使系统投运时间提前，并节省调试时间。

组态操作的易操作性与组态软件有关，与生产过程的复杂程度有关。早期的文字方式组态的模式已经被图形方式组态所替代。现在的集散控制系统组态都已经采用图形方式，大大提高了组态的易操作性。此外，软按键、Active X 控件的应用也使组态操作更方便。Windows 操作系统为图形方式组态提供了良好的人机界面。例如，直接将图片粘贴到操作画面，为操作画面的易操作性提供手段。

维护操作通常是调用有关画面获取故障代码和故障定位的操作，一些维护内容还包括对系统硬件参数的显示，如存储器目前可用的空间、CPU 的负荷量等。

3.2.3　容错技术

这里讨论的容错技术与为提高系统可靠性采用的容错技术稍有区别。后者主要指系统中某部分故障时，系统仍能够正常运行或降级运行。前者则指系统运行中由于误操作时，系统仍能正常运行。它通过下列措施实现。

（1）多重确认

对重要的操作步骤，采用双重或多重的确认方法是防止误操作影响的有效方法。常用的多重确认方法有对不同的操作环境设置不同的口令、采用硬件密钥和软件口令、采用双重确认等。

（2）硬件保护

硬件保护是在信号输入端和输出端设置硬件保护电路，防止因误操作引入高电平信号。例如，输入端设置双金属热电流保护器、熔丝管等，输出端设置继电器回路、光电隔离电路等。

(3) 不予响应

在软件编制时，设置有关限制，使不具有有关操作权限的误操作不能被执行。例如，按动与操作无关的按键时，系统不发出操作命令，或在显示警告区域显示提示和发出警告声响等。

(4) 分工管理

多台操作站运行的场合，对不同操作站赋予不同的操作权限，使每台操作站只能对其管辖范围的设备等具有监视和控制功能。此外，不同操作人员赋予不同的操作权限也是分工管理的内容。分工管理可防止系统关键数据的丢失和被修改。

(5) 数据保护

集散控制系统的安全性越来越被重视，尤其在移动终端、MES 和 ERP 应用的情况下，保护数据不被获取和更改就更显得重要。为此，为了既易操作，又安全运行，必须对运行数据进行保护。数据保护技术包括加密技术、泄密保护、强制访问、双因子认证、安全协议等。

3.3 可组态性

集散控制系统的可组态性是使用性能指标。它与集散控制系统本身具有的组态软件、高级控制算法的特点、采用的共享数据库性能、系统程序、应用程序和运算速度等有关，也与组态人员的操作技能有关。

3.3.1 组态

组态（configuration）是用集散控制系统本身所提供的功能模块或控制算法组成所需的系统结构，完成所需功能。操作站的显示组态是用集散控制系统提供的组态编辑软件组成所需的各种操作显示画面。为完成某些特定功能，采用集散控制系统提供的组态语言编写有关程序也属于组态操作的范围。

集散控制系统的组态内容，有系统组态、画面组态和控制组态。系统组态完成组成系统的各设备间的硬件连接，是用软件方式描述集散控制系统的硬件构成。画面组态完成操作站的各种操作画面、画面之间的连接等。控制组态完成各分散过程控制装置和控制器的控制结构连接、参数设置等。趋势显示、历史数据压缩、数据报表打印及画面拷贝等组态内容，常作为画面组态或控制组态的一部分，也可分开单独进行组态。

(1) 功能模块或算法

功能模块或算法是控制系统结构的基本元素，不同集散控制系统有不同的名称，如功能模块（function model）、控制算法（control algorithm）、内部仪表（internal instrument）、程序元素（program element）等，它是完成一定运算功能的软件。集散控制系统的功能模块或算法未标准化，但基本功能或构成类似。现场总线控制系统的功能模块或算法已标准化。为适应逻辑控制的应用要求，集散控制系统通常提供符合 IEC 61131-3 编程语言标准的有关组态语言，如梯形图或功能块图编程语言等。

① 分类　从易操作性出发，功能模块通常按常规仪表进行分类。

a. 输入、输出类功能模块　根据信号的类型，输入输出类功能模块可分为模拟量（包括标准电流和电压、热电偶和热电阻信号）、数字量（包括交流、直流电压信号，电压等级有不同类型）、脉冲量（高频开关信号）等三大类。

输入类功能模块完成对输入信号的预处理，包括信号的数字滤波、线性化、开方处理、工程单位换算、报警限值比较、超限报警、事故报警和信号报警等。

输出类功能模块完成输出信号的处理，包括手自动切换、手动信号输出、控制方式选择、故障时进入安全输出状态、输出信号限值比较、超限报警及跟踪处理等。

现场总线控制系统的输入、输出类功能模块通常与控制算法结合，如输入与控制算法结合、控制算法与输出结合。

b. 控制算法类功能模块　提供常用的控制算法外，还可提供特殊的控制算法。常规控制算法有 PID 控制算法、改进型 PID 控制算法、前馈反馈控制算法、时间比例控制算法等。特殊控制算法有自整定 PID 控制算法、时滞补偿控制算法、基于模型的预测控制算法、神经网控制算法和模糊控制算法等。

c. 运算类功能模块　它包括数学运算和逻辑运算功能模块。运算类功能模块被广泛应用于集散控制系统中，如反应器温度取平均值运算、选择性控制中高选和低选运算、流量的累积运算等。

IEC 61131-3（GB/T 15969.3）标准提供了标准函数，可用于有关的逻辑运算和数学运算。同样，现场总线控制系统也提供标准运算模块。表 3-3 是 GB/T 21099《过程控制用功能块》规定的基础功能块。

d. 信号发生器类功能模块　这类功能模块包括阶跃、斜坡、正弦、方波、非线性、脉冲等信号的发生模块。多段折线近似非线性的模块和一些时针数据输出模块也属于该类模块。

表 3-3　过程控制用基础功能块一览表

类型	描述	建议的名称	GB/T 15969.3 的名称	VDI/VDE 3696 的名称
算术类，一个输入	绝对值	ABS	ABS	ABS_
	反正弦，反余弦，反正切	ASIN，ACOS，ATAN	ASIN，ACOS，ATAN	ASIN_，ACOS_，ATAN_
	正弦，余弦，正切	SIN，COS，TAN	SIN，COS，TAN	SIN_，COS_，TAN_
	平方根	SQRT	SQRT	SQRT_
	指数	EXP	EXP	EXP_
	10 为低的对数，自然对数	LOG，LN	LOG，LN	LOG_，LN_
	死区	DEADZ	—	—
	限幅器	LIMIT	LIMIT	LIMIT_
	线性比例	SCAL	—	SCAL
	非线性（支持点）	NI_SUP	—	NONLIN_
	非线性（多项式）	NI_POL	—	—
	分割浏览器	SPLIT	—	—
算术类，两个或以上输入	加，减，乘，除	ADD，SUB，MUL，DIV	ADD，SUB，MUL，DIV	ADD_，SUB_，MUL_，DIV_
	模除，幂	MOD，EXPT	MOD，EXPT	MOD_，EXPT_
	N 信号平均	AVER_N	—	—
	温压补偿的流量	FCOR	—	Y_FCOR
布尔运算与边沿检测	逻辑和、或、非，异或	AND，OR，NOT	AND，OR，NOT	AND_，OR_，NOT_
	上升沿边沿检测	R_TRIG	R_TRIG	RTRIG_
	下降沿边沿检测	F_TRIG	F_TRIG	FTRIG_
计数，双稳，比较	计数（通用）	CT	CT	CT
	置位优先，复位优先	RS，SR	RS，SR	RSFF，SRFF
	大于或等于	GE	GE	GE_
	大于	GT	GT	GT_
	不等于	NE	NE	NE_
	小于	LT	LT	LT_
	小于或等于	LE	LE	LE_
	开关	SAM	—	SAM
动态和控制	一个信号的平均	AVER_1	—	AVER_1
	微分（滤波）	DIF	—	DIF
	高/低/带通滤波	—	—	(FIO/SEO)
	脉宽调制	PWM	—	PWM
	速率限制	RLIMIT	—	—
	动态二阶	SEO	—	SEO

续表

类型	描述	建议的名称	GB/T 15969.3 的名称	VDI/VDE 3696 的名称
选择	1/N 字节转换位数字	BIT_N	—	BIT_N
	信号分路器	DEMUX	—	DEMUX_
定时器	延时断,延时合	TOF,TON	TOF,TON	TOF1,TON1
	逻辑脉冲	TP	TP	TP1
	死区时间	DEADT	—	—
趋势存储记录	趋势存储记录	R 或 TREND	—	R

e. 转换类功能模块　转换类功能模块用于信号整形、延时、输出另一个相对应的信号。在IEC61131-3 标准中的定时器功能块、信号类型转换等模块也属于该类功能模块。

f. 信号选择和状态类功能模块　信号选择模块包括对多路输入切入一个通道的 MUX 及一个通道切入多路输出的 DEMUX 两类信号选择功能模块。状态类功能模块包括信号高、低限及报警状态功能模块等，见表 3-3。供应商也会提供一些其他有用的功能模块。

除了上述各类功能模块外，还有一些功能模块，例如，系统同步用的时钟同步功能模块、用于打印数据报表的打印功能模块和报表显示功能模块等。

② 功能模块的性能　功能模块的性能直接与应用的方便性有关。

a. 功能模块的灵活性　功能模块的作用类似于单元组合仪表，其灵活性体现在下列方面。

➢ 满足生产过程应用的要求。集散控制系统用于各行各业，有不同的应用要求。功能模块应满足不同生产过程不同应用的要求。

➢ 组态的方便性。组态时，为达到所需应用要求，应能够提供多种手段。例如，IEC 61131-3 提供 5 种编程语言，可满足不同编程人员的应用要求；采用下拉式菜单和选项、图标等多种输入方式；采用系统约定的参数值；采用鼠标拖曳方式实现信号连接等。

➢ 维护和调试的方便性。为故障定位提供故障代码；提供各设备的状态信息；提供报警时间顺序信息；采用软连接和仿真等离线调试工具等。

b. 功能模块的先进性　除了常规的 PID 控制算法外，集散控制系统能够根据用户要求提供先进的控制算法，如自适应控制、预测控制、模糊控制算法等。一些集散控制制造商还为用户提供先进控制算法的功能模块，可直接应用。

c. 功能模块的完善性　功能模块的完善性指在工程应用时，功能模块能够满足不同应用的需求。例如，PID 控制功能模块，除了应具有常规控制仪表的手自动切换、跟踪、远程设定等功能外，还常添加设定值变化率限制、输出变化率限制等功能，它对减少最大超调量、平稳生产具有一定作用；在现场总线控制系统中 PID 功能模块的脱落功能，可使系统在故障状态下进入预先设定的安全运行状态，提高了控制的安全等级。

一些简单的集散控制系统常常只提供简单的 PID 控制功能模块，不能组成串级控制，或者没有设定值或输出的变化率限制，它会造成超调和使生产过程波动。

批量控制中，如果没有专用编程语言，则实现批量控制就会变得复杂。这时，如果集散控制系统能够提供顺序功能表图编程语言，则程序的编制就要方便得多。因此，不同工程项目对功能模块的完善性要求是不同的。

③ 功能模块的参数　功能模块的参数包括结构参数、设置参数和可调整参数。

a. 结构参数（structure parameter）　用于设置功能模块的结构。例如，加法器的输入参数个数、数据类型等都属于结构参数，它有利于充分利用存储器存储空间。

b. 设置参数（set parameter）　包括系统设置参数和用户设置参数。系统设置参数由系统产生，它用于系统的连接、数据共享等。用户设置参数由功能模块位号、描述、报警和打印设备号、组号等不需要调整的参数组成。

c. 可调整参数（adjustable parameter）　分操作员和工程师可调整参数。操作员可调整参数包括开停、控制方式切换、设定值设置、报警处理、打印操作等参数。工程师可调整参数包括控制器参数、限值参数、不灵敏区参数、扫描时间常数、滤波器时间常数等。

早期集散控制系统采用功能表格方法输入功能模块参数，这种输入方式现在已经不被采用。随 Windows 操作系统在集散控制系统的广泛应用，图形化用户界面被用户熟知。功能模块参数直接用鼠标点击、拖曳、复制和粘贴等操作实现。

(2) 人机界面

人机界面（HMI：Human Machine Interface）是人与计算机之间传递、交换信息的媒介和对话接口。

集散控制系统中的人机界面是操作站显示屏所显示的画面，包括系统画面、过程操作画面等。

① 系统画面　它是集散控制系统硬件组成、系统结构、通信网络和各组成设备运行状态等信息的画面，通常有两种方式。自动识别是由系统自动识别连接的设备，并提供有关的网络节点地址。手动输入是组态人员根据已经连接的设备，逐一连接到网络系统中，并分配相应节点地址。对分散过程控制装置的连接，包括输入输出模块等，通常需要手动输入。有时，可采用 Windows 操作系统的图形化功能，为便于直观了解系统组态信息，可将整个系统用图形方式直接输入，作为整个系统的系统画面，并在该画面设置必要的操作点。

维护和调试画面也是重要的系统画面。通常将报警画面作为维护画面。为预见性维护，也用历史数据库作为维护画面。调试画面用于系统的单点输入和单点输出的调试和系统预调试。通常，单点调试画面是直接组态，而系统预调试画面常采用用户过程操作画面。

② 用户过程操作画面　过程操作画面是操作员与集散控制系统之间的人机界面。它包括用户过程画面、概貌画面、仪表面板画面、检测和控制点画面、趋势画面及各种画面编号一览表、报警事件一览表等。

a. 过程操作画面的分页。画面分页的重要性如下：

➢ 生产过程的流程画面一般比较大，不可能在单一的画面显示；

➢ 操作员需要分工对有关设备进行操作、监视和控制，不可能集中在一个画面进行操作和控制；

➢ 显示屏幕的显示信息量过多不利于对数据的识别，容易造成误读率的升高；

➢ 对大型工艺过程，采用滚动生产过程的流程画面观看，其等待时间长，难于实现。

画面分页的依据如下。

➢ 分页应由工艺设计人员和自控设计人员共同商定。分页的数量与工艺过程所含的设备、管道和控制方案的复杂程度有关，还受所选集散控制系统提供的允许画面数量的约束。分页中所含的设备少，有利于显示数据的识别和操作人员对过程细部的了解。但由于过程相互关联，过多的分页对操作人员了解设备之间各种变量的相互影响不利，因此，应统筹兼顾，合理分页。

➢ 操作员的操作领域是画面分页的重要依据。以操作员的操作领域为主，以前后工艺有关数据检测为辅组成各操作画面的分页。

➢ 对同类型设备采用一个页面，并用列表形式显示各设备运行数据，有利于对设备运行的比较，但数据必须便于识别。

➢ 公用工程另列操作画面。必要时可将有关公用工程的数据在操作画面列出，如进设备的蒸汽压力、温度、流量等数据。

b. 过程操作画面的组态　采用字符方式绘制操作画面的方法已经被图形用户界面的方法替代。可利用窗口技术提供的各种图标、绘图工具绘制过程操作画面。必要时可直接用现场的照片粘贴，以提高其易操作性。

由于过程操作画面是根据生产过程流程图绘制的，因此，这部分组态通常由建设方有关人员完成。

过程操作画面的组态应注意下列事项。

➢ 易操作性。便于操作人员的操作、监视和控制。例如，设备的纵横比和实际设备的一致；设备布置应与流程基本一致；调用某一操作画面的软键布置位置尽量在不同操作画面保持一致等。

➢ 一致性。根据工艺过程中参数的重要程度，对有关信息的颜色、大小、显示位置等要设置合适。例如，重要参数尽量在操作员的直视区域显示，次要数据应在操作员的视野范围内显示等；流量、压力、温度和其他参数各自有不同颜色显示，但在同一项目中保持一致等。

➢ 邻近性。参数显示应靠近有关检测点，既便于监视，也便于操作和控制。

➢ 调用性。点击该参数可直接调用其细节画面。例如，点击控制阀开度显示点可直接调用其控制回路，便于操作员对控制回路进行设定值、输出值和自动-手动模式的切换等操作。

c. 概貌画面的组态　概貌画面集中的信息最多，它提供生产过程参数是否在允许的操作范围内的信息、运行设备是否在运行的状态信息、超出操作范围的参数信息和故障状态信息等。用户的组态工作是选择所需要监视的生产过程参数和其布置的位置。例如，哪些参数应分在一个显示区域，哪些参数是主要参数，应布置在什么位置等。

d. 仪表面板画面的组态　仪表面板画面只需要设置动态点，实现有关连接，当点击该动态点时调用该点仪表的面板画面。例如，该动态点是检测温度，并有控制回路，则连接的仪表面板画面是 PID 仪表面板画面，也可以是检测仪表的面板画面；该动态点是控制阀，则连接的仪表面板是 PID 仪表面板画面，如果是开关阀，则连接开关阀仪表面板画面等。对现场总线仪表的检测点，需要根据其内部的功能块，进行仪表面板画面的连接。

e. 趋势画面的组态　趋势画面通常与仪表面板画面关联或直接在仪表面板画面可以调用。趋势画面可以是单参数，它通常与仪表面板画面结合；也可以是多参数，例如，一个简单控制回路的测量、设定和输出等三个参数的趋势。

历史趋势画面需要确定其归档时间、数据压缩方法等，如取归档时间段内数据、平均、最大、最小或冲量值等。

趋势画面中参数的显示颜色也需要确定，各参数的显示时间刻度和工程单位刻度应便于设置和修改。

f. 各画面的调用网　各种画面之间的调用关系组成一个网络，从易操作性观点看，从网络中的任一节点到另一个节点之间的调用操作次数应最少。

③ 回路控制器的画面组态　单回路和多回路控制器的画面单一，一般不需要用户组态。在选用时，需考虑控制器输入输出信号类型、数量，控制算法类型和功能，编程方法，处理速度，通信功能等。

可编程控制器已经成为集散控制系统的主要控制器类型之一，选用时，需考虑输入输出信号类型、数量，是否符合 IEC 61131-3 编程语言标准，通信功能等。可编程控制器的画面在上位机的人机界面实现，组态方法与一般操作站的画面组态类似。

基于 PC 的控制器组成集散控制系统时，通常将输入输出的处理功能与操作管理功能集成在同一台微机内，因此，应考虑组态灵活性和易操作性等。它的画面组态与操作站的画面组态类似，但因输入输出处理在同一计算机内实现，因此，单一数据库有利于数据传送。

3.3.2 组态语言

组态（configuration）是采用供应商应用软件中提供的工具、方法，完成工程中某一具体任务的过程。提供的工具、方法称为组态语言。早期的组态都采用编程语言实现，如 BASIC 语言等。应用图形化用户界面后，组态语言常采用图形符号的形式，通过这些图形符号的连接实现所需的任务。

组态是如何选择这些图形符号，如何连接这些图形符号，有关参数如何设置等工作。每个图形符号具有一定的功能，完成一定的任务。

面向对象的组态语言是当前组态语言的方向，具有下列特点。

① 封装性 将数据和相应数据处理过程封装在对象中。以数据为中心，而不是以功能为中心，数据相对功能而言，具有更强稳定性。用户不需要知道被封装的图形符号是怎么工作的，内部数据是如何处理的。在用户看来，它就是一个数据处理单元。

② 继承性 继承是面向对象程序设计的重要功能，是实现代码复用的一种形式。面向对象的组态语言强调复用性，采用继承机制。继承是在一个已有类的基础上建立一个新的类，因此，保持已有类的特性而构建新类的过程称为继承。在已有类的基础上新增加自己的特性，而产生新的类的过程称为派生。继承的目的是实现代码复用。

③ 多态性 多态是指同一事物在不同场合具有不同作用的现象。例如，一个程序需要多个堆栈，分别用于整数值、浮点和字符值，但每种栈的算法是相同的。由于面向对象组态语言的多态性，因此，只需要一次指定栈的通用形式，并用于各种不同的具体情况，编程人员只需要知道如何使用该通用接口就可进行多种不同操作。

(1) 功能块组态语言

集散控制系统脱胎于单元组合仪表，因此，功能块组态语言就是实现单元组合仪表功能的语言。它通常是一个子程序，用户根据集散控制系统制造商提供的组态手册，填写功能块的有关参数，通过软连接的方法将各功能块连接，实现所需功能。

按功能块处理方法不同，功能块组态语言分为小功能块组态语言和大功能块组态语言。

小功能块组态语言的特点是将功能块的功能尽量分解，如模拟量输入、模拟量输出、数字量输入、数字量输出、脉冲量输入、PID 控制、加、减、乘、除等功能块。采用小功能块语言组态，用户必须熟悉各功能块的功能，掌握控制系统组合的各种技巧，如手自动切换、显示等，只有这样，才能将各种功能块组装成符合应用要求的控制系统和控制方案。小型集散控制系统或单回路控制器组态时，常采用这种组态语言。这种组态工作对技能要求较高，一般由制造商的技术人员完成。

大功能块组态语言的特点是功能块的功能尽量全面，适应工业生产过程控制的要求。例如，PID 控制功能块包含常规 PID 控制、前馈-反馈 PID 控制等，常规 PID 控制器又有线性增益和非线性增益 PID 控制等。它还考虑各种故障时控制器输出脱落和跟踪情况，用户可选择有关参数实现相应功能。例如，现场总线控制系统中的 PID 控制功能块就采用这种组态语言。用户只需要对该功能块的有关参数进行设置，就可完成组态工作有利于系统的互连和互操作。其特点是对组态人员的技能要求较低，但所含功能全，占用的程序存储容量大，而实际应用的功能仅是其中一部分，或几种运行方式中的一种。此外，它还具有扩展能力强、标准化等特点。

功能块的功能是选型时需要重点考虑的。通常，著名集散控制系统制造商提供的功能块类型和功能都能够满足应用的要求。一些小型集散控制系统提供的功能块多数能够满足基本控制要求，但不一定能满足一些复杂控制的要求，选用时应注意。

集散控制系统的功能块标准是 IEC 61804（GB/T 21099）《过程控制用功能块》。功能块类型有输入输出、控制运算、数学和逻辑运算、信号发生、信号转换、信号选择和状态显示等。

基金会现场总线控制系统中的标准功能块一览表见表 3-4。

功能块组态语言适用于常规控制，也适用于顺序逻辑控制和批量控制，应根据应用要求对功能块的功能进行选用。例如，逻辑顺序控制为主时，应对功能块的逻辑运算、顺序运算等功能有更多的考核，尤其是批量控制过程，更应考核有否提供相应的批量控制功能块等。

表 3-4 基金会现场总线控制系统的标准功能块一览表

功能模块符号	功能	功能模块符号	功能	功能模块符号	功能
AI	模拟量输入	DC	设备控制	AALM	模拟量报警
AO	模拟量输出	OS(SPLT)	输出分程	MAI	多通道模拟输入
BG	偏置和增益	CHAR	信号特征化	MAO	多通道模拟输出
CS(SGSL)	控制选择	LL	超前滞后	MDI	多通道离散输入
DI	离散输入	DT	时滞	MDO	多通道离散输出
DO	离散输出	INT	积分或累积	FFB	柔性功能模块
ML	手动加载	SPG	设定斜坡发生器	Calc_A	IEC 61131-3 模拟计算
PD	比例微分控制	ISEL	输入信号选择器	Calc_D	IEC 61131-3 离散计算
PID	PID 控制	ARTH	运算	PUL	脉冲量输入
RA	比值控制	TMR	定时器	SC	离散执行器的步进控制

注：因功能模块符号是缩写，不同系统中可能会有变化。

(2) 高级组态语言

集散控制系统中的高级语言主要用于集散控制系统提供的组态语言不能实施某些功能的场合，例如，对过程进行优化控制，需要为计算模型在工况下优化参数，常用到一些优化计算，而一般集散控制系统不提供优化软件，为此，使用者必须根据优化控制的要求，用高级语言编制有关程序。

为使系统开放，集散控制系统制造商允许第三方软件在其产品中应用，它提供高级语言的接口软件。最常用的是 OPC UA 语言。

组态语言、组态的先进性、灵活性和功能的完善性正受到用户重视，并在集散控制系统选型时给予了相应的考虑。

3.3.3 标准编程语言

对标准化编程语言的要求如下：

① 更着重于问题的解决和软件的可重复使用性；

② 更强的一致性，使符合标准的不同供应商软件保持软件的一致；

③ 较少重复培训费用，标准化编程语言使重复培训费用降低到接近零。

有关功能块的主要国际标准和国家标准如下：

① IEC 61499 工业过程测量和控制系统用功能模块（Function blocks for industrial process measurement and control systems）(GB/T 19769)；

② IEC 61804 过程控制用功能块（Function blocks for process control）(GB/T 21099)；

③ IEC 61131-3 可编程控制器编程语言（Programming Languages）(GB/T 15969)。

(1) 电子设备描述语言

为加强编程语言和组态的标准化工作，一些集散控制系统制造商组成了一些研发小组，加强对设备描述语言的开发，在现有 IEC 61804-2 的基础上，开发出通用规范，满足较复杂功能模块的要求。例如，实现阀门特征、传感器校验曲线、运行趋势曲线等功能。

该通用规范分为三部分。第一部分以 IEC 61804-1《过程控制功能块》第一部分为基础制定，称为“系统全貌”；第二部分以 IEC 61804-2《过程控制模块》第二部分为基础制定，称为

"功能块概念和电子设备描述语言规范"；第三部分以IEC 61804-3《过程控制模块》第三部分为基础制定，称为"电子设备描述语言"。

电子设备描述语言（EDDL：Electronic Device Description Language）是用于描述自动化系统组件特性的通用语言。它是一种通过工厂主机从1500多万种现场设备获得的诊断、实时和资产管理信息的通用界面。有了EDDL，用户能够对仪表进行组态、故障诊断，在用户界面上显示数据，确定过程报警，获得用于诸如MES、UI/SCADA、工厂历史、资产管理以及ERP等上层软件的信息。全球所有过程控制系统都支持EDDL。

EDDL是对设备变量的文本描述，包括设备的下列参数信息：

① 属性信息 如编码、名称、工程单位、写保护及显示方式等；

② 菜单信息 菜单结构中参数的排列方式，菜单与子菜单的名称；

③ 参数信息 参数间的相互关系；

④ 帮助信息 帮助文本及帮助步骤；

⑤ 交互信息 必要的交互性操作（如校准）信息，这类操作也被称为方法；

⑥ 可视化信息 可视化显示工具的信息，如图表（chart）和曲线图（graph）。

EDDL是基于文本的，它独立于任何操作系统和控制平台。主机系统可能改变，但是现场设备不变。只有设备变了，EDDL才会变。因此，要使控制系统尽可能避免软件版本和操作系统升级的办法，是获取组态、诊断、用户接口和资产管理数据时采用EDDL。

（2）现场设备工具

当前有两种IEC设备集成技术，其国际标准对应的国家标准是GB/T 21099.3—2010《过程控制用功能块》第3部分电子设备描述语言和GB/T 29618—2017《现场设备工具（FDT）接口规范》。两种方法的技术实现不一样。虽然，采用EDDL和FDT技术的用户和厂商越来越多，对两种技术的投入也不断增加，但由于产品表现形式不同，因此，缺乏互操作性。为此，建立了标准GB/T 34076—2017《现场设备工具（FDT）/设备类型管理器（DTM）和电子设备描述语言（EDDL）的互操作性规范》（IEC/TR 62795）。

FDT（Field Device Tool）用于定义现场设备和控制系统之间、工程工具和资源管理系统之间的数据交换接口。DTM（Device Type Manager）是包含设备特定应用软件的软件组件。DTM为访问设备参数，组态和操作设备与诊断故障提供统一的构架。

FDT是一个将智能现场设备集成到过程和工厂自动化系统的开发标准。它提供了一种访问设备的通用环境，使现场设备与系统之间的通信和组态接口界面标准化。FDT/ DTM提高了资产管理系统对现场设备进行诊断和维护的能力。

（3）IEC 61131-3标准编程语言

集散控制系统采用可编程控制器作为控制器时，使用IEC 61131-3（对应的国家标准是GB/T 15969）标准编程语言编程。

IEC 61131-3是可编程控制器的编程语言标准，它是现代软件概念和现代软件工程的机制与传统可编程控制器编程语言的成功结合。它规范和定义了可编程控制器的编程语言及基本公用元素，为可编程控制器的软件发展、制定通用控制语言的标准化开创新的有效途径。它的影响已经超越可编程控制器的界限，已成为DCS、PC控制、运动控制及SCADA等编程系统的事实标准。

IEC 61131-3标准是迄今为止唯一的为工业控制系统提供标准化编程语言的国际标准，它极大地推动了工业控制系统软件设计的发展，对现场总线设备的软件设计也产生极大影响。

IEC 61131-3标准规定5种编程语言。

① 梯形图编程语言 与电气操作原理图相对应，具有直观性和对应性；电气技术人员易于掌握和学习；与语句表编程语言有一一对应关系，便于相互转换和对程序的检查；但对复杂控

制系统的编程，程序的结构化描述不够清晰。

② 功能块图编程语言　以功能块为设计单位，能从控制功能入手，使控制方案的分析和理解变得容易；功能块具有直观性强、容易掌握的特点，有较好的操作性；对复杂控制系统仍可用图形方式清晰描述；但每种功能块要占程序存储空间，并延长程序执行时间。

③ 语句表编程语言　容易记忆，便于掌握；与梯形图程序有一一对应关系，便于相互转换和对程序的检查；不受显示屏幕大小的限制，输入元素不受限制等；对复杂控制系统的编程，程序难以进行结构化的描述。需要指出的是，用不同的编程语言对同一个控制要求和控制过程进行编程，语句表编程语言编制的程序执行时间最短。

④ 结构化文本编程语言　可实现复杂控制运算；对编程人员的技能要求高；直观性和易操作性差。

⑤ 顺序功能表图编程语言　以完成的功能为主线，操作过程条理清楚，便于对程序操作过程的理解和思路的沟通；对大型程序，可分工设计，采用较灵活的程序结构，节省程序设计时间和调试时间；由于只对活动步进行扫描，因此，可缩短程序执行时间。

3.4 集散控制系统的其他性能指标

3.4.1 可扩展性

良好的可扩展性是集散控制系统的一个重要性能。由于集散控制系统价格较贵，初期投资一般不很大，必须随着生产的发展而扩展，如果选用的集散控制系统有良好的可扩展性，系统就能适应生产发展的需要。

(1) 可扩展性的含义

集散控制系统的可扩展性是指对现有集散控制系统影响最小的情况下，系统功能可持续扩展或提升的能力。可扩展性（scalability）是开放系统的重要性能，可扩展性也称为可伸缩性。集散控制系统的可扩展性包括硬件可扩展性和软件可扩展性。硬件可扩展性表现为：

① 集散控制系统分散过程控制装置的机柜或机架内有足够空间增加输入输出卡件，这些卡件是同一系统产品，CPU 应有能力对增加的卡件和相应的控制算法进行处理；

② 集散控制系统的许多设备通过通信网络进行联系，在生产发展需要时，应能方便地增加设备或删除设备；

③ 集散控制系统通信网络也可随生产的发展或联网的要求而扩展延伸；

④ 集散控制系统是全开放结构，它允许符合开放系统互联网络协议的其他厂商的集散控制系统与其通信，也允许其本身连接到其他厂商的集散系统，包括现场总线上挂接的现场智能仪表。

集散控制系统的软件可扩展性表现如下。

① 自动代码生成技术　软件系统能够减少程序员的重复工作，面向对象的程序编程语言能够用源代码描述，或自动转换为源代码。例如，常用的源代码是 XML 语言。可扩展标记语言 XML 是开放的跨平台的可对文件和数据进行结构化处理，从而实现动态内容生成的标准。

② 插件技术　插件是一种按一定规范的应用程序接口编写的程序。与硬件插卡类似，软件插件相互独立，易修改，可随时删除、插入和修改，具有很强的可移植性，复用性增强。它可根据资源实际情况，灵活调整开发方式，还可请第三方开发。

③ 动态编译　在运行软件过程中自动执行编译。根据执行过程中的情况采用不同的执行手

段，使执行时间缩短。例如，采用即时编译、递增式编译等。

④ 采用元数据　元数据是关于数据的数据，即用于描述数据属性的信息，采用元数据来缩短和协助数据检索的功能。

(2) 从网络拓扑结构分析可扩展性

集散控制系统的通信网络大多属于局域网，下面从这些网络结构在增删通信设备时的难易程度分析系统的可扩展性。

① 总线型网络结构　这种结构设有中继节点，信道是共享的，任意两个节点之间均可通信。它的网络接口比较简单，增删节点十分方便。例如，增加一个节点时，只需把带有网络接口的工作站（节点）通过 T 形接头插入总线，并将地址通知其他节点即可。增加节点过程中，不影响其他节点的通信，一旦接入即可进行通信。删除节点只需把相应地址清除即可，连原有的连接线都不必拆除。

② 主从式星形网络结构　在星形网络增加节点，必须建立一条主站到该新增节点的专用信道，主站接口也需扩充。此外，软件也需相应更改，网络通信必须中断才能完成这些工作，工作量也较大。

③ 环形网络结构　分为物理环网和总线环网。物理环网的各节点在物理上组成环形，每个节点都承担中继转发工作。为增删节点，必须把环的连接打开，因此，网络通信中断。在增删节点时受到地域和设备等限制。一些新的环网也有采用旁路线的方法来删除节点。初始安装时，先安排若干旁路线，以便增加节点。

④ 总线环网结构　总线环网是逻辑上各节点组成环形，物理连接是总线型的网络。它与总线型网络结构类似，增删节点比较方便，但由于通信是环形的，因此，增加节点时，除了把带网络接口的节点挂到总线上以外，还需停止网络通信，利用建帧命令，把新增节点加入逻辑环中。它的优点是实时性强。

从网络拓扑结构分析集散控制系统的可扩展性，总线型结构具有较好特性，它增删节点方便，接口结构简单，是目前集散控制系统的主要网络拓扑结构。随着总线逻辑环网技术的发展，为获得良好的实时性，总线型逻辑环网的集散控制系统会有发展。

(3) 通信网络的扩展

通信网络扩展有两种情况。同类型通信网络扩展可通过网桥连接。不同类型通信网络的扩展需要通过网间连接器（gateway）实现。从通信协议看，它们应符合网间互联协议。

同类型或不同类型通信网络的连接可组成复合型网络拓扑结构。如果把基本拓扑结构的网络作为一个节点，把它接入另一个基本拓扑结构的网络中，就组成复合型网络拓扑结构。图 3-3 是几种典型的复合型网络拓扑结构。图中，（a）是星形/总线型；（b）是总线/总线型；（c）是

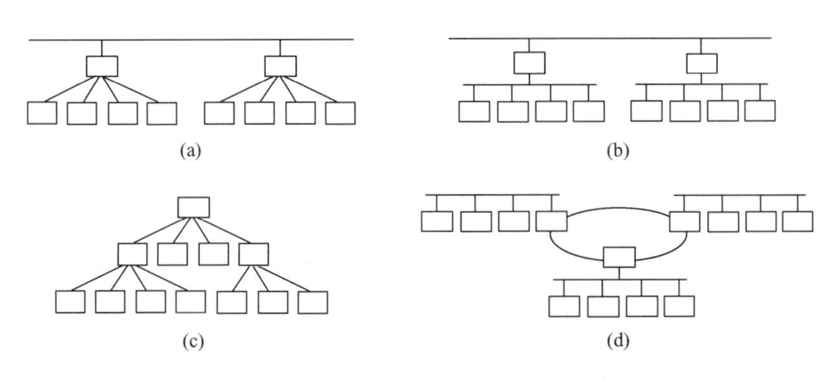

图 3-3　典型复合型网络拓扑结构

星形/星形；(d) 是总线/环形（物理环）网络结构。

在集散控制系统中，常见的复合型网络拓扑结构是星形/总线型、总线/总线型结构。现场总线通信网络中常采用星形、树形（星形/星形）拓扑结构。现场总线控制网络与分散过程控制装置、操作站的总线型网络结构相结合，组成星形/总线型拓扑结构。各上位管理站之间通常是总线型结构，它们与下层网络可组成总线/总线型网络拓扑结构。

3.4.2 实时性

工业通信泛指在工业生产过程中所有类型的通信，当今的绝对主流是数字通信。根据应用的场合不同，又可以分为现场通信、监控通信、生产制造调度管理执行通信、生产计划管理通信等。现场控制对象运行的机制和对时间的敏感程度差异很大，对通信的要求也有很大差异。

流程控制、离散制造控制和运动控制，除了对时间敏感的程度有很大差异以外，通信传输的距离和空间往往也存在很大差异，这在一定程度上也会影响工业通信的协议，因而影响通信的网络结构、电缆敷设等。

随着 IT 技术的不断发展，当智能制造、工业物联网、云计算和 IT/OT 融合等不断地推进，开始出现了用时间敏感联网 TSN 的以太网成套协议的趋势，试图建立一种统一的通信系统，真正一揽子地解决从现场控制到生产调度执行控制，再到企业生产计划规划，乃至直达云端的大规模的通信任务。

由 IEEE 开发的 IEEE 801.1TSN（Time Sensitive Networking）时间敏感联网，从技术上讲可为以太网提供对应于开放系统互联 OSI 7 层模型的物理层和数据链路层的统一，为大规模的推广用提供了成本的优势。

(1) 确定性联网

确定性联网除具有与常规联网一样的特性外，还具有关键特性［见 1.3.2 节 (1)］。

(2) 现场总线和工业以太网的实时性

实时性泛指计算机系统或其他系统对某个应用过程具备足够快的响应时间来满足用户的要求。因此，不同应用领域对实时性要求不同。图 3-4 是工业自动化开放网络联盟 IAONA 对不同应用领域实时性要求的划分。

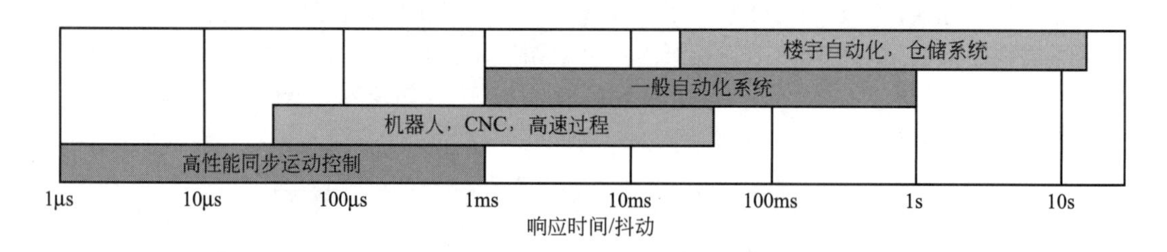

图 3-4 不同应用领域对实时性要求的划分

ProfiNet IRT、PowerLink、Sercos Ⅲ、EtherCAT 和 EtherNet/IP（CIP MOTION）等工业实时以太网的循环时间都可以达到 100μs，但抖动指标只有 ProfiNet IRT 和 EtherCAT 可达 20ns，PowerLink 和 Sercos Ⅲ为 50ns，而 EtherNet/IP（CIP MOTION）仅为 100ns。

① ProfiNet 工业以太网技术　是工业以太网诸协议中市场占有率最高的。根据工业通信不同的确定性要求，ProfiNet 常用于软实时或对实时性没有很高要求的应用场合；ProfiNet IRT 则专门用于硬实时的应用要求高的场合。

② EtherNet/IP 工业以太网技术　EtherNet/IP 在标准的以太网硬件上运行，并同时使用

TCP/IP 和 UDP/IP 进行数据传输。在应用层上，它与 ControlNet 和 DeviceNet 现场总线共同支持 CIP（通用工业协议），它们都遵循信息产生方/信息使用方（Producer/Consumer）的通信机制。

③ Powerlink 工业以太网技术　是一个完全免专利（即开放源代码）的工业以太网通信技术，完全独立于供应商。它集成了完整的 CANopen 的机制，并充分满足了 IEEE 802.3 以太网标准，具有所有标准以太网的功能特点（包括交叉通信和热插拔），允许网络采用任意拓扑结构。Powerlink 使用时间槽和轮询混合机制实现数据的同步传输。

④ EtherCAT 工业以太网技术　采用集总帧方法进行数据传输。由主站向网络的所有从站节点发送数据时，全部数据集中在一个传输帧内，该帧按顺序通过网络中的所有节点，对每个节点仅存取与该节点相关的数据，即读出与该节点有关的数据，并将响应数据插入到集总帧中。为了支持 100MHz 的波特率，必须在物理层使用专用 ASIC 芯片或基于 FPGA 的硬件进行高速数据处理。

⑤ SERCOS Ⅲ 工业以太网技术　是面向数字化驱动接口的实时工业以太网通信标准。是为驱动系统而专门设计的通信协议 SERCOS 的第三代，遵循标准的 IEEE 802.3 的以太网传输协议。其在主站和从站中采用特别设计的硬件，大大减轻了主站的通信任务，并确保了快速的实时数据处理和基于硬件的时钟同步。也采用 EtherCAT 集总帧的传输机制。

可以看到，发布方/预订方机制是现代通信模式中最适宜用在包括现场总线和工业以太网的工业网络实现实时通信的通信模式。而产生方/消费方通信机制的实质仍是发布方/预订方机制，仅一些细节有所不同。

与传统的主/从模式（或称源/目的地模式）相比，发布方/预订方机制能够以更高的数据传输效率完成点对多点、广播和轮询等通信要求。采用这类通信机制的有 FF、FF HSE，ControlNet、DeviceNet、EtherNet/IP 和 Profibus-DP V2 等。

(3) 减少无效通信量

减小无效数据的通信量是提高通信实时性的另一措施。无效数据包括正式通信前的呼叫、应答，通信后的回答，数据包装及过程中未发生变化的数据的例外报告等。

例外报告是提高集散控制系统实时性的有效途径。生产过程中，过程变量的变化通常较慢，而集散控制系统通信周期在几十到几百毫秒，这样，在两次通信间隔时间内，过程变量几乎未发生变化，如果将这些毫无变化的数据一次次都传送，必然会加重通信负荷，因此，例外报告规定过程变量有一个死区，当过程变量的变化量未超过该死区时，过程变量数据不传送，而将上次传送的数据作为本次的传送结果（即数据库内容不更新）。只有当变化量超过死区时，才把该过程变量数据传送，并作为新的基准比较值，这就构成例外报告。采用例外报告明显减小了通信网络中的通信量，为实时性要求高的通信任务提供了通信媒体，提高了实时性。这种例外报告的方式也被用于数据显示和数据采样等过程。

在生产过程平稳运行时，为避免长期无例外报告的发生和通信网络故障相混淆，集散控制系统中，对例外报告规定最长不应期（不传送数据的时间）。超过不应期时，某过程变量仍没有例外报告发生，则系统自动进行一次通信传送，以检查通信网络是否有故障。

减小无效数据通信量的另一个途径是数据包装时，减小包装的有关数据段。例如，将 7 层标准的通信模型压缩为 3 层，采用小 MAP 协议等。

为使通信前的呼叫、应答等无效数据传输量减小，采用广播式通信方式是有效途径。广播方式通信时，接收地址和数据同时发送，接收节点收到数据进行校验，并回答正确与否，因此，数据通信只需要两步和一个往返，大大提高了通信的实时性。

(4) 实时控制的数据结构和多任务应用软件

采用实时控制的数据结构和多任务的实时应用和操作系统，是提高集散控制系统实时性的重要措施。

采用分布式数据库结构是提高实时性的一种方法。根据数据存放方式分类，有集中式、复制式和分布式三类。

集中式数据库把数据库集中在某一节点，它的存储代价小，修改方便，但危险集中，需要有良好的通信支持才能使通信网络上所有节点都能共享该节点的数据资源，当通信量大时会造成通信瓶颈。

复制式数据库在网络上的各节点均复制系统的完整数据库，它有很高的可靠性，检索方便，但修改数据、保持同步使数据库一致等都较复杂，且代价较高，在冗余系统才有应用。

分布式数据库是一组数据，它在逻辑上属于同一系统，在物理上则分散在通信网络的不同节点上。由于在各个节点建立了分布式数据库，在数据库内的数据可以为其他节点共享，它有作为自治的专用数据资源，大大减小了在通信网络中传送的信息量，提高了实时性。

实时数据库中，采用数据目标管理软件，它对系统中数据目标的存取与位置无关，大大提高了实时性。根据任务对实时性的要求，把任务分为对实时性要求高的前台任务和对实时性要求低或没有实时性要求的后台任务。对前台任务采用中断方式或根据时间调度程序定时执行。对后台任务采用顺序执行或采用先进先出的调度策略。

实时多任务的控制软件采用分时使用 CPU 的方法完成实时任务。分时系统面向多用户，各用户通过各自终端向主计算机提出各自的任务，主计算机采用分时方式，轮流给各用户一定的时间片来执行各自的任务，主计算机对执行的任务一无所知，这是分时系统的概念。实时系统要处理的多个任务都是预先知道的，并已编制好程序，根据前、后台任务的实时性不同要求，安排调度，再由计算机分时完成。

前台任务可分为周期性和随机性任务两类。周期性任务有对不同被测变量的周期性采样、控制器运算和周期输出计算机结果到执行机构。按实时性要求的不同，采样周期和控制周期短的任务有较高实时性要求，通常，按扫描时间表进行调度。对有相同采样周期的被测变量，由于计算机扫描速率远大于采样周期，因此，可对各被测变量进行排队，例如，I/A S系统中的相位（phase）值就表示由用户定义的排队次序。随机性任务主要指超限、故障的任务。通常，超限有较低的优先级，事故和故障报警有较高的优先级。

后台任务主要是实时性要求不高的定期打印、统计和临时性的打印和参数改变等，它们采用先进先出的排队服务规则进行调度。

现场总线控制系统中，调度执行用于完成对现场总线设备输入输出硬件的采样和输出，调度通信用于现场总线设备之间功能模块参数的通信，非调度通信用于设置或修改现场总线设备功能模块中的一些参数。

近年来，以客户机/服务器结构组成的数据库管理系统已在一些集散控制系统获得应用。与分布式数据库比较，客户机/服务器结构只有一个客户机、一个数据库和一个数据管理系统，而分布式数据库结构需要多个服务器，多个分布在不同节点上的数据库和多个数据库管理系统。由于客户机/服务器系统的存取无需知道数据资源的物理和/或逻辑位置，用户可透明地访问程序和数据，因此，明显提高系统的实时性。

(5) 其他提高集散控制系统实时性的措施

除了上述措施外，集散控制系统也采用下列措施提高系统实时性。

① 对于总线型网络的主从式存取控制方式，可采用请求选择法、点名探询法和它们的结合方法，如优先存取、周期探询及限定每次通信时间的方法。

② 对于总线上挂接的各节点地位平等的系统，常采用时间片存取控制方式。普通速度通信时，采用周期式的广播通信。当有高速通信要求时，采用高速访问，满足了高速通信节点的实时性通信要求。

③ 对于环形网络，不论是物理环或逻辑环，都采用令牌存取控制。这种存取控制，保证每个节点都不会失去通信机会，使通信实时性得到保证。

④ 对于采用总线CSMA/CD存取控制方式的网络，低、中负荷时具有较高实时性，为此，常采用降低节点数的方法。

3.4.3 环境适应性

环境适应性（environmental adaptation）指对在其寿命期预计可能遇到的各种环境作用下能实现其预定功能、性能和/或不被破坏的能力。集散控制系统的环境适应性指集散控制系统对环境场所有害气体、温度、湿度等因素的适应能力及对环境电磁骚扰的适应能力等。环境适应性本身不用定量指标表示，但环境适应性要求可以有定量要求。

环境适应性包括产品选用材料、元器件的环境适应性、产品结构设计和制造工艺等内容。

（1）抗环境干扰和侵蚀的能力

集散控制系统的部分分散过程控制装置、现场总线仪表和一些现场操作终端安装在现场，它们可能处于有毒有害气体、高温、高湿度等恶劣的工业环境中。操作站、部分分散过程控制装置，虽然它们安装在中央控制室，但受操作人员呼出的二氧化碳等气体或长期潮湿气候的影响，或者生产过程现场有害气体的侵入，也会发生故障。

集散控制系统抗环境干扰和侵蚀的措施如下。

① 采用密闭的部件结构　为防止有害气体、潮湿气体对集散控制系统的影响，从集散控制系统硬件看，小到元器件，大到插件板和机柜，都采用密闭结构的产品。

② 采用低功耗元器件，加大散热面积　采用低功耗的CMOS元器件，降低功耗；减小系统本身的产热；采用低温度系数元器件；加大散热面积；采用闪存替代机械存储器等。

③ 采用风冷、水冷、强制风冷和强制水冷等措施降温　在集散控制系统操作站、分散过程控制装置内部设置降温装置，降低环境温度和湿度。

④ 结构设计时，采用便于散热的结构设计　例如，Honeywell公司的控制器和I/O模块采用倾斜安装，便于气流流动带走热量。

⑤ 减少接触部件，加大接触面积　采用大规模集成电路取代多个集成电路的组合；减少接插件数量；采用表面安装技术（SMT）降低环境湿度的影响，改善电气性能等。

⑥ 采用薄膜式键盘或触摸屏　防止操作时各种物体或液体等进入键盘，影响操作。

⑦ 采用正压送风　与仪表隔爆相类似，采用正压送风可防止有害气体的侵蚀。

（2）抗电磁骚扰的能力

电磁骚扰（EMD：Electromagnetic Disturbance）是任何可能引起装置、设备或系统的性能下降或对有生命或无生命物质产生损害作用的电磁现象。抗扰性是设备、装置或系统面临电磁骚扰环境运行的能力。

电磁干扰（EMI，Electromagnetic Interference）是电磁骚扰引起设备、装置或系统的性能下降。按电磁骚扰源的频谱，电磁骚扰分为工频（50Hz，波长6000km，如输电线、有线广播等）、甚低频（＜30kHz，波长＞10km）、载频（10～300kHz，波长＞1km，包括高压交直流输电谐波骚扰）、射频和视频（300kHz～300MHz，波长1～1000m，如医疗设备、输电线电晕放电、高压设备火花放电、电动机、家用电器、照明电器等）、微波（300MHz～300GHz，波长1mm～1m，如微波炉、卫星通信等特高频、超高频、极高频骚扰）、雷击及核电磁脉冲

(范围宽)。

电磁骚扰的传播方式有辐射、传导和感应耦合。

集散控制系统抗电磁骚扰的措施是防止电磁骚扰源的引入；一旦骚扰引入，则采取相应措施减小它的影响，并不使其影响扩大；若影响达到一定限度时必须采取措施，如数据重传或数据重新采集等。

集散控制系统抗电磁骚扰和抗雷击的措施如下。

① 硬件和软件的信号滤波　对显示器、不间断电源、整流器等设备产生的电磁骚扰，可采用信号滤波，将骚扰源的大量谐波过滤掉。

② 光电隔离、继电器隔离和变压器隔离　采用隔离措施将骚扰源和易受骚扰的设备隔离，使测控装置与现场仅保存信号的联系，不发生电的直接连接。

③ 电磁屏蔽　电磁屏蔽（electromagnetic shield）是指利用导电材料或铁磁材料制成的部件，对需屏蔽的部件或设备进行屏蔽，降低电磁骚扰对该部件或设备的影响的措施。例如，将I/O模块安装在金属机柜内，防止外部电磁信号对这些部件的电磁骚扰。常选择有较高电导率和磁导率的导体作为屏蔽物的材料。需注意，屏蔽层厚度必须接近于屏蔽物质内部的电磁波波长，信号传输线屏蔽层接地，外层金属管再接地。

④ 静电屏蔽　电磁屏蔽和静电屏蔽有相同点也有不同点。相同点是都采用高电导率的金属材料来制作；不同点是静电屏蔽只能消除电容耦合，防止静电感应，且屏蔽体必须接地，而电磁屏蔽是使电磁场只能透入屏蔽体的薄层，借涡流消除电磁场的干扰，因此屏蔽体可不接地。

⑤ 采用不易受电磁骚扰影响的通信媒体和通信控制　例如，采用光纤传输信号，采用数字信号传输而不采用模拟信号传输等。

⑥ 选用高抗干扰的元器件和优化电路设计　选用高抗干扰的光器件，例如，选用耦合电容小的电气元件。优化电路设计也很重要，例如，采用合适的滤波电路；继电器线圈增加续流二极管；IC并接高频电容，减少IC对电源的影响；晶闸管并接RC抑制电路；用地线隔离数字区和模拟区，数字地和模拟地分离；减少回路环面积，降低感应噪声；IC的闲置引脚要接地或接电源；直接焊接IC，减少IC座连接；尽可能减少外部敷设电线、电缆的整体设计等。

⑦ 加装浪涌保护器SPD，合理有效接地　集散控制系统属于高速低电平控制设备，可采用直接接地。通常，采用并联一点接地方式。当系统各装置相距较远，可采用串联一点接地。铜母线截面积不小于22mm²，接地电阻小于2.0Ω。集散控制系统和有关的变送器、执行器必须采用等电位接地。对雷击区域，应合理安装SPD，将感应雷产生的浪涌电流释放到地网。

(3) 抗过程本身性能变化的能力

生产过程本身性能随工况变化而变化，即过程模型具有时变特性。此外，负荷变化时，过程特性也呈现非线性特性。这些过程本身性能的变化，将影响集散控制系统的正常运行。

除了过程本身性能变化外，如果工艺装置扩建或放大，工艺流程虽未发生变化，但因设备加大，特性也可能变化，这也要求集散控制系统具有适应能力。若设备增加，引起输入输出增加，则是集散控制系统可扩展性解决的问题。

实践中发现一些分散控制装置，虽然安装在机柜室，但因操作人员大量进入，使二氧化碳聚集，加上安装环境潮湿，造成印刷电路板被腐蚀损坏。因此，如果选用固化电路板，使环境气体不会影响电路板，就可延长产品寿命。

一些集散控制系统供应商为提高元器件对环境的适应能力，开发了适合高温、湿热、寒冷等环境条件的产品，提高产品性能，满足了特定用户的要求。

(4) 故障发生时的适应能力

供电故障、插件板故障或其他故障发生时，集散控制系统因其具有的适应能力，随系统的不同而有所不同。

供电故障或通信故障时，通过冗余供电或冗余通信系统的自动切换，可使系统正常运行。有些系统仅提供掉电保护，用锂电池或大容量电容给系统内存送电，仅保存程序。有些系统既可保存程序，也可保存数据库，使系统一旦恢复供电，就能直接从断电时的状态再运行。断电保护的时间也是系统设计应考虑的问题。通信故障时，有些系统虽未用冗余，但有将故障旁路的措施，使其他正常运行的部分仍能继续运行。

插件板故障或输入输出板故障都会引起局部系统不能正常工作。如果是CPU板，则会引起与它有关的系统不能工作；如果是外存储器板故障，可能只影响历史数据的存储。选用集散控制系统时，应考虑这些部件故障的影响范围，应尽量减小其影响，同时应了解排除这些故障是否可带电进行，例如，带电插拔有故障的板卡。对必须停机操作的系统，应选用冗余系统。对可带电操作的部件，应选购有关备件。

有些故障属于操作的意外故障，例如，高压线与输入线相触造成输入端引入高压，如果集散控制系统输入端设置一定电流容量的熔丝管或其他隔离装置，则这种故障造成的影响就较小，修复也较容易。如果仅有二极管隔离，则造成的故障影响可能也不大，但修复要困难些。如果没有防高压的措施，就会引起一系列电路元件的损坏，造成较大影响。因此，应选用具有良好性能的集散控制系统，减小故障影响的范围，降低故障造成的损失。

故障发生时，系统具有多大能力和范围来对故障定位，在多大程度上显示发生的故障、故障类型等，都属于集散控制系统对故障发生时的适应能力。通常，集散控制系统提供自诊断功能，包括硬件和软件自诊断。硬件自诊断可分为插板级和设备级等，故障显示可采用发光二极管，也可采用液晶或其他显示装置。

系统或设备发生故障后，需要恢复到正常工况，有些系统提供故障发生后再启动功能，有些系统则不具有。有些系统在部分设备中具有再启动功能，部分设备则不具有。具有再启动功能，表明系统或设备具有记忆功能，它可将故障前各种参数存储起来，这样，再启动时，可很快将原有数据调出，并使系统投入正常运行，因此，可缩短恢复时间。选用时应予注意。

3.4.4 开放性

集散控制系统的开放性是重要的性能指标。不同集散控制系统之间设备的互操作性和互换性是衡量系统开放性的重要指标。集散控制系统本身对不同版本的适应能力也属于系统开放性指标。通常，与第三方系统的无缝连接和数据交换作为系统开放性的指标，它包含硬件和软件的开放。

开放系统（opening system）是能够提供一些功能，使正确执行的应用程序可以在多个厂商提供的不同平台上运行，并和其他应用程序互操作，为用户相互作用提供一个统一风格界面的系统。

开放系统是由厂商、厂商的国际联盟、政府部门和世界范围的标准化组织进行定义的。通常，由发起厂商、国际联盟或标准化机构控制规范，在公共会议上，与其他厂商和用户一起来定义规范或接受正在使用的标准。例如，开放系统互连OSI（Open System Interconnect）参考模型作为开放系统的标准。现在，不少厂商将支持TCP/IP通信协议作为开放系统的标准。

开放软件基金会（Open Software Foundation）是由IBM、DEC和HP等国际计算机巨头组建的一个会员式机构，用于促进和支持开放系统互联模型，实现网络操作系统的开放性。

开放式网络操作系统（open network operating system）是基于 Windows 操作系统建立的开放式操作系统。目前，集散控制系统都采用 Windows 操作系统，因此，用户可在开放式网络操作系统界面上安装、调试、运行、管理系统的文件和应用程序，可以通过 Windows 操作系统，与以太网连接，实现资源共享。

集散控制系统的开放性主要表现在下列方面：

① 集散控制系统采用开放的操作系统、开放的通信协议、开放的通信接口；

② 允许第三方软件移植，允许第三方程序在系统中运行，允许低版本软件在高版本系统中运行，支持脚本文件，支持 EDDL、XML 和 Active X 等标准，支持 OPC 集成等；

③ 允许无缝集成第三方的硬件和设备；

④ 采用标准化的功能模块、编程语言和组态软件，采用标准化的数据库和数据管理系统。

需注意，不同人员对开放性的理解不同，因此，选用时要了解其实际应用情况，尤其在一些新、老系统结合的项目，如老系统部分用新系统更新时，更应注意相互的开放性。

3.4.5 经济性

(1) 经济性

经济性（economy）是指工程从规划、勘察、设计、施工到整个产品使用寿命周期内的成本和消耗的费用，具体表现为设计成本、施工成本、使用成本三者之和。

集散控制系统的经济性是符合性能要求的前提下的初期投资费用、维护费用和扩展投资费用之和。

① 初期投资费用　计算集散控制系统初期投资费用时，应与仪表投资费用结合，作为总投资费用来比较。初期投资费用应指本工程项目投产所需的自控总投资费用。比较集散控制系统，集散控制系统制造商不总包现场仪表时，必须以总投资费用进行评估。例如，采用现场总线控制系统时，现场总线仪表的费用应考虑在总投资费用中。

一些功能强的仪表也可能简化对集散控制系统输入输出卡件的要求。例如，温度测量时，可将热电偶和热电阻的信号直接送集散控制系统的专用温度输入卡件，也可采用温度变送器转换为标准电流信号再送标准电流输入卡件，对这两种情况，集散控制系统的输入卡件不同，选用仪表也不同，附加的补偿导线长度也可能不同，总的费用也就有差别。

② 维护费用　除维护人员的各项开支外，集散控制系统的维护费用主要是备品备件的费用。计算时应注意下列两点。

a. 一些集散控制系统制造商或销售商在销售整个系统时，会给予优惠的折扣，但在购买备品备件时单价可能提高较多，从而使维护和修理费用增加。

b. 备品备件费用除了与其单价、数量有关外，从维护和修理费用的观点看，还与备品备件的平均使用寿命有关。从销售商提供的备品备件数量看，可能都提供了一件或两件备品，但平均使用寿命短的备件价格低，平均使用寿命长的备件价格高，为比较维护和修理费用，如果仅用备品备件数量与价格的乘积作为维护费用汇总，就会造成长平均寿命备件供应商缺乏竞争力的结果，而用户的总维护费用并未下降。

【例 3-2】 A、B 两厂商都提供三种备件，分别为 A1、A2、A3 及 B1、B2、B3，其提供的件数、单价和平均寿命见表 3-5。

表 3-5 备品备件一览表

厂 商	A			B		
备品名	A1	A2	A3	B1	B2	B3
单价/元	200.00	300.00	400.00	500.00	600.00	700.00
件数	2	1	1	1	1	1
平均寿命/年	1	2	3	4	5	6
价格 1/元	1100.00			1800.00		
价格 2/元	483.33			361.67		

表中，价格1根据两年备品备件价格计算，价格2根据每年平均维修费用计算。可看到，由于考虑平均寿命，厂商B的年维修费用反而比厂商A的要低。

维修费用除了集散控制系统本身外，大量的维修工作是自控仪表的日常维修，因此，计算维修费用时也应计算它们的维修费用。虽然集散控制系统选型时，自控仪表的选型已经确定，可不考虑它们的影响，而只计算集散控制系统部分的维修费用。

维修费用除了硬件费用外，还包括维修人员的费用，而它与系统维修所需技术要求和系统的可维修性有关。若系统维修所需技术要求高，可维修性差，则维修人员费用就高，反之就低。通常，系统越大，可维修性越好。专业制造商的产品可维修性好。

③ 扩展投资费用　一般在订货时，扩展规模无法确定，因此，对这部分的费用只能进行预测。加上其他因素影响，通常，作为预测，可按扩展总点数的15％～20％、50％、80％～85％时所需增加的费用与估计可能达到相应点数的概率相乘并相加。

有时，也把上网费用作为扩展投资费用来估计，这是考虑扩展到全厂或全公司管理信息系统的可能而进行的估算。

(2) 投资回报率

投资回报率（ROI：Return on Investment）是集散控制系统经济性的另一种指标。投资回报率是指通过投资而应返回的价值，即经济回报。采用投资回收年限 T 表示的计算公式如下：

$$T=\frac{C}{\Delta S} \tag{3-35}$$

式中，C 是初期投资费用；$\Delta S=S-Y$ 是每年净回收费用；S 是每年总经济效益；Y 是每年运行费用。

回收年限短，则选用的集散控制系统是成功的。但在系统选型时，一般较难定量预估。实际应用时，从下列四方面进行预估。

① 全系统实现时间　指从系统设计开始，系统组建、安装、调试、开工直到投产的全部时间。一个经济性高的集散控制系统，由于它的组态、设计和操作等工作很方便，因此，可大大缩短该时间，从而提高回收率。

② 用户熟练掌握系统所需用时间　系统投产后，若用户能熟练掌握系统的操作，就能增加系统的总经济效益，减少运行费用。该时间的长短除与系统本身易操作性等有关外，还与系统组态工作的好坏、操作人员的技术水平有关。

③ 系统功能与生产过程的适用程度　系统功能强，适应性好，则在生产过程运行后就能发挥作用，提高总经济效益。反之，若系统功能较差，不能适应过程环境的变化，则它的控制质量就差，经济效益也就低。因此，这与系统本身具有的功能是否被用足、用好有关。即首先是系统要有适应生产过程的功能，其次，要经过组态和操作来发挥这些功能。目前，一些用户存在的问题是未能充分用好集散控制系统提供的功能。

④ 系统的可维修性　由于系统运行费用中，大量的后期费用是维修费用，因此，降低维修费用是衡量系统成功与否的重要标志。可维修性可依据维修性三要素。选型时主要减小MTTR及降低备件费用。备件费用按上述示例需要计算年平均备件费用。一般集散控制系统采用板卡

替换法进行维修，因此，选型时应尽可能选用可带电插拔的卡件，降低 MTTR，提高可维修性。

3.4.6 安全性

随着集散控制系统的云端计算、移动通信和无线通信等功能的扩展，对集散控制系统的安全性提出更高要求。此外，电气/电子/可编程电子系统的功能安全已经为业界重视。集散控制系统作为可编程的电子系统，也应满足功能安全的有关标准。

集散控制系统的安全性是指防止非法操作、非法存取所采取的防护措施。

(1) 网络信息的安全性

① 工业控制系统的脆弱性 工业控制系统相对比较封闭，因此，集散控制系统在早期并没有更多地关心其网络安全性问题。随其规模扩大，互联网及无线通信技术的应用，集散控制系统与其他工业控制系统类似，出现了各种安全问题。表现如下。

a. 策略和程序方面的问题 缺少完善的标准支撑；安全制定体系缺失、不完善或不适用；安全意识和技能不足。

b. 网络安全问题 网络边界防护不严，访问控制措施不完善，直接面向互联网，使网络黑客可方便地访问系统；缺少网络审计监控；链路共享和数据混合界面不清；使用不安全的无线通信。

c. 产品的安全问题 适用工业控制的安全专用产品类型和数量不足；支撑安全的通信协议不全；安全产品的可靠性不能获得保障。

d. 计算机设备的安全问题 工业控制系统的计算机设备更新周期比其他系统的计算机设备的更新周期要长，造成设备老化，操作系统陈旧；补丁程序未及时更新；没有进行必要的加固配置；外围接口的使用控制不严，如计算机上的 USB 接口，外接光驱等。

e. 集散控制系统的控制设备问题 由于工业体系的安全通信协议不完善，因此，大量应用的协议存在安全方面的一些漏洞，例如，没有权威机构的安全认证、没有安全加密措施、没有抗重放措施等；绝大多数控制设备依赖国外，没有自己的操作系统，缺乏自主可控的软件和硬件；设备硬件和软件的安全性存在不同程度的安全问题等。

f. 病毒的侵入和防护问题 由于采用标准的操作系统，更容易受到通用病毒的侵入；受到针对性病毒的影响时，其后果更严重，例如，2010 年震网病毒对伊朗核设施的影响，2012 年的火焰病毒导致伊朗石油工业网络瘫痪；对病毒的防护不力，例如，病毒库的更新不及时，缺少杀毒软件的开发和应用等。

② 网络安全等级 2018 年我国公安部发布《网络安全等级保护条例（征求意见稿）》，根据网络在国家安全、经济建设、社会生活中的重要程度，对国家安全、社会秩序、公共利益及相关公民、法人和其他组织合法权益的危害程度，将网络安全分为 5 个安全等级。

a. 第一级，自主保护级 一旦受到破坏会对相关公民、法人和其他组织的合法权益造成损害，但不危害国家安全、社会秩序和公共利益的一般网络。

b. 第二级，指导保护级 一旦受到破坏会对相关公民、法人和其他组织的合法权益造成严重损害，或者对社会秩序和公共利益造成危害，但不危害国家安全的一般网络。

c. 第三级，监督保护级 一旦受到破坏会对相关公民、法人和其他组织的合法权益造成特别严重损害，或者对社会秩序和公共利益造成严重危害，或者对国家安全造成危害的重要网络。

d. 第四级，强制保护级 一旦受到破坏会对社会秩序和公共利益造成特别严重危害，或者对国家安全造成严重危害的特别重要网络。

e. 第五级，专控保护级 一旦受到破坏会对国家安全造成特别严重危害的极其重要网络。

因此，集散控制系统供应商应对提供的集散控制系统组成的网络进行分级，便于建设方对其安全性进行评估和选用。保护条例对网络安全等级的评审有明确规定。图 3-5 是信息系统安全等级保护标准体系。

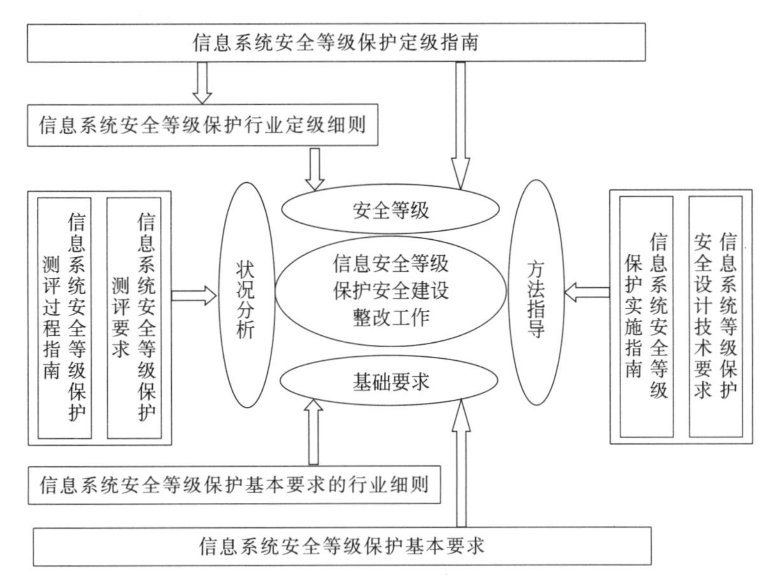

图 3-5 信息系统安全等级保护标准体系

信息系统安全等级保护的基本要求包括技术类要求、管理类要求和产品类要求。

从对象角度分类，包括基础标准、系统标准、产品标准、安全服务标准、安全事件标准等。

从等级保护生命周期分类，包括通用/基础标准、系统定级用标准、安全建设用标准、等级测评用标准等。

GB/T 22239《信息系统安全等级保护基本要求》对信息安全要求包括物理安全、网络安全、主机安全和应用安全四部分内容，对管理的要求包括数据安全及备份恢复、安全管理制度、安全管理机构、人员安全管理、系统检索管理、系统运维管理等内容。

③ 网络安全 根据2016年颁布的《中华人民共和国网络安全法》的有关规定，网络安全是指通过采取必要措施，防范对网络的攻击、侵入、干扰、破坏和非法使用以及意外事故，使网络处于稳定可靠运行的状态，以及保障网络数据的完整性、保密性、可用性的能力。它包括网络运行安全和网络信息安全两部分。该法规还对网络安全支持与促进、网络监测预警与应急处置、法律责任做了规定。

基于网络系统的集散控制系统也有网络安全的基本要求。即必须有必要措施，防范对集散控制系统的攻击、侵入、干扰、破坏和非法使用以及意外事故。此外，随着网络扩展，对网络安全有更高要求，例如，对集散控制系统的操作都应有可追溯的记录，对运营数据应有瞬时和历史数据的记录等。集散控制系统的联网运行需要提供操作权限等，要有防范计算机病毒和网络攻击、网络侵入等危害网络安全行为的技术措施。对集散控制系统的数据应采用分类、分级的管理，重要数据采用备份和加密等，防止数据被窃取或破坏等。对采用无线通信获取生产运行的数据，要规定使用人员的等级和操作权限，决不允许对数据进行修改和更新等，并对无线通信的通信服务范围应有限制等。

为确保网络安全，可采用的措施如下。

a. 有效识别 建立适当的网络安全治理程序；对持有的敏感信息加以识别并分类；对提供的操作服务加以识别并分类；理解并持续管理用户访问敏感信息或关键操作服务的必要性。

b. 保护 仅向经确认、身份验证和授权的用户或系统访问敏感信息和关键操作服务；保护处理敏感信息或关键操作服务的系统不受已知漏洞利用，包括保护企业技术、终端用户设备、电子邮件和数字服务；保护特权账号不易受到常见网络第攻击。

c. 检测 采用措施检测常见网络攻击，包括捕捉可能与常见威胁情报来源有关联的事件，如通过网络安全信息共享伙伴关系（CISP）检测已知威胁，明确定义必须保护的内容及原因等。

d. 响应　集散控制系统的供应商应提供明确、有规划且可靠的响应计划，以响应影响敏感信息或关键操作服务的安全事件，具体做法包括制定事件响应和管理计划，明确定义行动、角色和职责以及制定事件沟通计划等。

e. 恢复　当网络安全事故发生后，应有效防止事故的扩展，为此，应制定明确定义的可靠流程，以确保出现故障或遭受攻击时保持关键操作服务的连续性。具体的措施包括：确定并测试应急机制，以在出现故障、服务被迫关闭以及系统或服务遭遇攻击时，确保继续提供基本服务。

(2) 通信系统的安全

通信系统的安全包括通信设备、通信网络和通信信息（数据）的安全。通信信息的安全指通信数据信息的保密性、完整性、可用性、可控性和可审查性。信息安全是为数据处理系统建立和采取的技术及管理保护，保护计算机硬件、软件、数据不因偶然及恶意的原因而遭到破坏、更改和泄漏。通信系统安全原则如下。

① 最小特权原则　最小特权（least privilege）指“在完成某种操作时所赋予网络中每个主体（用户或进程）必不可少的特权”。最小特权原则是限定网络中每个主体所必需的最小特权，确保可能的事故、错误、网络部件的篡改等原因造成的损失最小。例如，不同操作人员具有不同的操作权限。

② 建立阻塞点原则　阻塞点（chokepoint）是系统管理人员对通信网络系统对外连接通道内对通信监控的控制点。建立阻塞点，用于监控外部是否有黑客入侵通信网络。

③ 纵深防御原则　它是核安全基本原则。所谓纵深防御包括多道屏障、多重保护等安全措施。即对集散控制系统建立相互支撑的多种安全机制，建立具有协议层次和纵向结构层次的完备体系。

④ 监测和消除最弱点连接原则　事故通常发生在安全最薄弱的环节，监测和消除最弱点连接原则是消除安全最弱点，从而提高安全性。

⑤ 失效保护原则　失效保护指当零件、系统发生故障而失效时，不会因该失效造成故障的扩大。

⑥ 防御多样化原则　与纵深防御原则类似，通过使用大量不同类型的安全保护，使不同等级的系统得到额外的安全保护。

⑦ 简单化原则　指便于理解，不使其复杂化。例如，设置不同权限的口令就是简单化的安全措施。

⑧ 安全隔离原则　将信息的主体与客体分离，按照一定的安全策略，在可控和安全的前提下实施主体对客体的访问。

⑨ 动态化原则　网络信息安全是与时俱进的过程。随着网络应用的扩展，应动态地将网络安全的问题不断深入分析和处理。例如，云端计算、无线通信等的出现，也提出更进一步的通信安全问题等。

对通信系统安全的防范措施包括：

① 虚拟网络技术是防止基于网络监听的入侵手段；

② 采用防火墙技术保护网络免遭黑客袭击；

③ 利用病毒防护技术防毒、查毒和杀毒；

④ 利用入侵检测技术提供实时入侵检测和采用相应防护手段；

⑤ 采用安全扫描技术发现网络安全漏洞并修复；

⑥ 采用认证和数字签名技术用于确认通信双方身份，并用数字签名留下印记；

⑦ 利用应用系统的安全技术以保证电子邮件和操作系统等应用平台的安全；

⑧ 在公用网络上建立专用网络，进行加密通信，如远程访问 VPN、内联网和外联网

VPN 等。

(3) 功能安全

功能安全主要依据的国家标准是 GB/T 20438《电气/电子/可编程电子安全相关系统的功能安全》(等效对应 IEC 61508) 和 GB/T 21109《过程工业领域安全仪表系统的功能安全》(等效对应 IEC 61511)。

① 功能安全术语　基本术语见表 3-6。

表 3-6　功能安全基本术语

中文名	英文名	说　明
伤害	Harm	由于对财产或环境的破坏而导致的直接或间接对人体健康的损害或对人身的损伤
危险	Hazard	伤害的潜在根源,包括短时内发生对人员的威胁(如着火或爆炸)及对人体健康长时间的影响
危险事件	Hazardous event	导致伤害的危险情况
风险	Risk	出现伤害的概率及该伤害严重性的组合
允许风险	Tolerable risk	根据当今社会水准,在给定范围内能够接受的风险
残余风险	Residual risk	采取防护措施后仍存在的风险
安全	Safety	不存在不可接受的风险
功能安全	Functional safety	与 EUC 和 EUC 控制系统有关的整体安全的组成备份,它取决于 E/E/PE 安全相关系统,其他技术安全相关系统和外部风险降低设施功能的正确行使
安全状态	Safe state	达到安全时的 EUC 的状态
功能单元	Functional unit	能够完成规定目的的软件、硬件和两者相结合的实体,常用项目代替
软件	Software	包括持续、规程、数据、规则及相关数据处理系统操作文档在内的智能创作
受控设备	EUC(Equipment Under Control)	用于制造、加工、运输、制药或其他活动的设备、机器、器械或成套装置
EUC 风险	EUC risk	由 EUC 或由 EUC 与 EUC 控制系统相互作用而产生的风险
电气/电子/可编程电子	E/E/PE	基于电气 E 和/或电子 E 和/或可编程电子 PE 的技术
有限可变语音	LVL	能力范围局限于应用,用于工商业可编程电子控制器的文本或图形软件编程语音
系统	System	根据设计相互作用的一组元素,包括相互作用的硬件、软件和人等,系统中某一元素可自成另外的系统,称为子系统,子系统可以是控制系统或被控系统
EUC 控制系统	EUC control system	对来自过程和/或操作者的输入信号有响应,产生能使 EUC 按要求方式工作的输出信号的系统
结构	Architecture	一个系统中硬件和软件元素的特定配置
模块	Module	程序、分立部件、封装程序的一个功能集、一组归并在一起的分立部件
软件模块	Software module	由规程和/或数据说明组成的构造,并能与其他这样的构造相互作用
通道	Channel	独立执行一个功能的一个或一组元素
多样性	Diversity	执行一个要求功能的不同方法,如用不同的物联方法或不同设计途径达到多样性

续表

中文名	英文名	说　明
冗余	Redundancy	对执行一个要求功能的功能单元或对信息的数据而言，除了够用外还有多余
安全相关系统	Safety related system	所指系统必须能实现要求的安全功能以达到或保持 EUC 的安全状态，并且自身或与其他 E/E/PE 安全相关系统、其他技术安全相关系统或外部风险降低设施一道，能够达到要求的安全功能所需的安全完整性
其他技术安全相关系统	Other technology safety related system	基于 E/E/PE 技术之外的安全相关系统，例如安全阀
外部风险降低设施	External risk reduction facility	不使用 E/E/PE 安全相关系统或其他技术安全相关系统，且与上述系统分开并不同的降低或减轻风险的手段，如排放系统、防火墙和防火堤
逻辑系统	Logic system	系统的一部分用于执行功能逻辑，但不包括传感器和最终元件，如电气逻辑系统
安全功能	Safety function	针对特定危险事件，为达到或保持 EUC 安全状态，由 E/E/PE 安全相关系统、其他技术安全相关系统或外部风险降低设施实现的功能
安全完整性	Safety integrity	规定条件下和规定时间内，安全相关系统成功实现所要求的安全功能的概率
安全完整性等级	Safety integrity level	四种可能的等级，用于规定分配给 E/E/PE 安全相关系统安全功能的安全完整性要求
安全功能要求规范	Safety function requirement specification	一种技术规定，包括安全相关系统必须要执行的安全功能要求
系统失效	Systematic failure	原因确定的失效，只有对设计或制造过程、操作规程、文档和其他相关因素修改后，才可能排除这种失效，仅正确维护而不加修改，无法排除失效原因，通过模拟失效原因可导致系统失效
安全失效	Safe failure	不可能使安全相关系统处于潜在的危险或丧失功能状态的失效
相关失效	Dependent failure	其概率不能表示为引起它的独立事件的无条件概率的简单乘积的失效
安全生命周期	Safety lifecycle	安全相关系统实现过程中所必需的生命活动，这些活动发生在从一个项目的概念阶段开始，直到所有 E/E/PE 安全相关系统，其他技术安全相关系统及外部风险降低设施停止使用为止的一段时间内
验证	Verification	通过检查和提供客观证据证实规定要求已经满足。例如，设计复审，设计的产品进行测试以爆炸按它们的规范工作等
确认	Validation	通过检查和提供客观证据来证明某一特定预期用途的特殊要求已经满足。确认是一个证明所考虑的安全相关系统在安装前后全面满足该系统的安全要求规范的活动
诊断覆盖率	Diagnostic Coverage	进行自诊断测试而导致硬件危险失效概率降低的部分，它是诊断测试检测到的部件失效率与总失效率之比

② 验证和确认　安全相关系统中，验证用于解决所建立模拟模型是否能够准确代表系统模型，确认解决模拟模型是否真正代表所模拟的实际系统。其关系见图 3-6。

图 3-6　验证和确认的关系

模拟模型的验证是指系统模型与模拟程序在逻辑结构和数据参数之间的比较过程。通过验证过程使模拟程序与系统模型保持一致，并能精确反映模型中各部分之间的逻辑关系，各参数之间的数量关系及对模型所做的简化和假设等。验证是调试所开发的系统，使系统输入和输出符合逻辑的过程。

系统模型的确认是检验所建立系统模型能否真正代表一个实际系统或所设计的系统的基本

性能。由于系统模型的确认仍需要通过模拟模型的输出来进行，因此，为叙述方便，常将系统模型的确认通称为模拟模型的确认。

系统模型确认有基本（定量）确认和定性确认两种方法。定量确认是针对定量类模拟的，即有数值型输入和输出需要确认。定性确认针对定性模拟、集成化模拟，其模拟模型的输入和输出都是非数值的或是定量和定性混合的。如生命周期曲线模型，它有进入期、成长期、成熟期和衰退期等四个阶段。

③ 硬件组件的诊断覆盖率　根据 GB/T 20438.2—2017 的规定，硬件组件的诊断覆盖率和安全失效分数计算方法如下：

a. 在没有诊断测试情况下，进行失效模式和影响的分析，以确定组件中各元件或元件组的每种失效模式对 E/E/PE 安全相关系统行为的影响；

b. 根据导致的结果对失效模式分为安全失效和危险失效；

c. 在诊断覆盖率和安全失效分数计算中，不包括无影响失效和无关失效；

d. 对每个元件或元件组的失效率进行估算，及计算失效模式和影响分析的结果，包括每个元件或元件组的安全失效率和危险失效率；

e. 对每个元件或元件组，估算诊断测试检测到的危险失效分数，并接受诊断测试检测到的危险失效率，减损组件总的危险失效率，诊断测试检测到的总的危险失效率及总的安全失效率；

f. 计算组件的诊断覆盖率；

g. 计算组件的安全失效分数。

有关计算公式的细节见有关资料。

集散控制系统是电气/电子/可编程电子系统，因此，当集散控制系统作为安全相关系统时，应根据安全相关系统对 SIL 等级的要求进行验证和确认。不同 SIL 等级的安全相关系统对硬件和软件的安全完整性等级的要求也不同，详细要求参见有关资料。

④ 安全相关系统的 SIL 等级验证评估　安全相关系统的 SIL 等级是从定级、设计、集成、交付到保持的过程，任何环节的错误都将导致整个价值链的受损。

安全相关系统生命周期分析阶段的活动包括概念过程的设计；确认潜在危害；后果分析；防护分析层的似然分析、确定是否需要安全相关系统。如果需要 SIS，则根据 SIS 和 SIF 选择目标 SIL 等级及建立 SIS 文档或 SIF 需求；SIS 工程执行，是否达到 SIL 等级的要求；如果达到，则进行详细的 SIS 设计、安装、调试、开车、验收测试。

集散控制系统作为可编程的电子系统，也应满足功能安全的有关标准。

① 提高诊断的覆盖率　为控制硬件失效率，提高硬件 SIL 安全完整性等级，对不同装置可采取不同措施。因此，要求的 SIL 等级越高，其要求的诊断覆盖率也越高。

② 控制由硬件和软件设计引起失效的技术措施　必须采用程序顺序监视技术，检测出有缺陷的程序序列。例如，对 SIL1 的系统可采用程序顺序的时序或逻辑进行监视，对于 SIL4 的系统必须用程序中多个检测点进行程序顺序的时序和逻辑监视。

③ 控制由环境原因或影响引起的失效　例如，防止电压击穿、电压波动，采用抗温升措施，采用提高抗干扰性的措施等。

④ 控制操作过程失效的技术措施　例如，采用修改保护技术，防止修改安全相关系统的硬件和软件；采用容错技术等。

⑤ 在安全要求规范中避免失误的技术措施　例如，采用项目管理、编制文档，将安全相关系统与非安全相关系统分离等。

⑥ 设计和开发过程中避免引入故障的技术措施　例如，进行结构化、模块化设计。

⑦ 集成过程中避免故障的技术措施　例如，采用项目管理、功能测试技术，避免在集成阶段产生失效及揭示本阶段和前阶段产生的失效等。

⑧ 操作和维护规程中避免故障的技术措施　例如，制定操作和维护规程，提高操作友

善性。

⑨ 安全确认过程中避免失效的措施　安全确认过程中，采取功能测试、在环境条件下测试功能技术、对安全相关系统进行评估等。例如，采用浪涌抗扰性测试来检验系统应对峰值浪涌的能力等。

⑩ 安全接地技术　接地技术和防雷技术越来越被业界重视。良好的接地和防雷措施是防止电磁干扰的重要手段。

思　考　题

3-1　试述可靠性的定义。广义可靠性和狭义可靠性的主要区别是什么？

3-2　衡量可靠性的指标主要有哪些？假设单机系统的有效度为 99.9%，用这样的系统组成冗余的双机系统，其有效度可达到多少？

3-3　集散控制系统是可修复系统吗？可修复是指什么可修复？通常集散控制系统的 MTBF 可达多大的数量级？

3-4　提高可靠性的主要途径有哪些？在硬件和软件方面各有什么措施？

3-5　集散控制系统的故障率曲线表示什么？为什么集散控制系统要更新硬件？

3-6　诊断覆盖率是指什么？它与可被诊断的部件数量有关吗？

3-7　集散控制系统中，通常对哪些部件、系统要采用冗余结构？

3-8　集散控制系统的可维修性是指什么内容？什么是维修度？

3-9　提高集散控制系统硬件的可靠性可采取什么措施？

3-10　什么是易操作性？它包括哪些内容？

3-11　冗余技术包括什么内容？通常采取什么方法实现冗余？

3-12　容错技术和冗余技术有什么不同？容错以太网和冗余以太网在应用时各有什么特点？

3-13　集散控制系统的安全措施指什么？

3-14　人机工程学设计的操作设备具有什么优点？

3-15　功能安全和网络安全是一回事吗？它们分别具有什么意义？

3-16　通信系统的安全原则是什么？对通信系统安全的防范措施有哪些？

3-17　可组态性是什么？为什么在集散控制系统中用功能模块或算法实现控制策略的组态？要完成一个单回路控制系统的组态至少要使用哪几类功能模块？画出组态框图。

3-18　如何评价集散控制系统的可组态性？对过程画面组态有什么要求？

3-19　集散控制系统的人机界面主要包括什么？主要的组态和编程语言是什么？

3-20　面向对象的程序设计语言具有什么特点？

3-21　什么是集散控制系统的可扩展性？主要表现在哪里？

3-22　对集散控制系统的实时性应从哪些方面考虑？

3-23　集散控制系统选型时主要考虑哪些性能指标？

3-24　集散控制系统的环境适应性是什么？如何提高集散控制系统的环境适应性？

3-25　某厂生产 6000 台设备，每天工作 8h，1 个月后有 8 台设备失效，该设备的 MTBF 是多少？

3-26　考虑集散控制系统的经济性时为什么还要考虑年维修费用？

3-27　工业控制系统的脆弱性表现在哪里？

3-28　网络安全等级分几级？集散控制系统中的网络安全为什么越来越重要？

3-29　信息安全要求包括哪几方面的内容？

3-30　安全相关系统的模拟模型、系统模型和实际系统之间有什么关系？

第 4 章　集散控制系统的控制算法和控制组态

4.1　集散控制系统的数据处理

集散控制系统的控制装置中，对各种数据的处理在时间上是离散的。数字控制方式的特点是采样控制，设采样周期 T_S，则每经过一个采样周期进行一次数据采样、控制运算和数据输出，其框图如图 4-1 所示。控制器输出通过保持器使数据在采样间隔内予以保持。

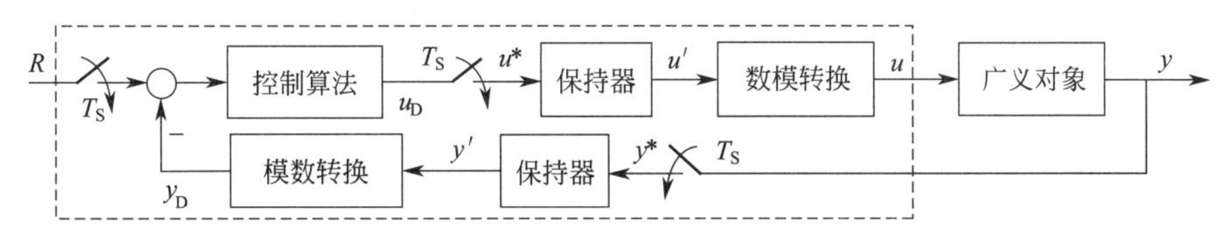

图 4-1　计算机控制系统的数字控制方式

4.1.1　数据处理过程

(1) 采样过程

用周期为 T_S 的脉冲信号对输入模拟信号 y 进行采样，得到时间离散的模拟信号 y^*：

$$y^*(t)=y(0)\delta(t-0)+y(T_S)\delta(t-T_S)+\cdots+y(t-nT_S)\delta(t-nT_S) \tag{4-1}$$

式中，$\delta(t-0),\delta(t-T_S),\cdots,\delta(t-nT_S)$ 是单位脉冲函数。

单位脉冲函数的幅值是：

$$\delta(t-nT_S)=\begin{cases}\infty, & t=nT_S\\ 0, & t\neq nT_S\end{cases} \tag{4-2}$$

单位脉冲函数的冲量是：

$$\int_{-\infty}^{+\infty}\delta(t)\mathrm{d}t=1 \tag{4-3}$$

在计算机控制装置中，采样开关采用无触点的采样开关。为了复现原信号，香农（Shannon）定理规定了采样频率的最低限，即采样频率应不小于原系统最高频率的 2 倍。实际应用时，采样频率通常大于原系统最高频率的 4 倍以上。采样频率也不能很大，采样频率的上限受计算机时钟频率的限制及 CPU 处理量的制约。采样频率的选择还与控制算法中积分时间和微分时间等参数有关。

(2) 保持过程

保持器有零阶保持器、一阶保持器和三角保持器等。保持器用于使离散信号 $y^*(t)$ 依照一定的方式保持到下一采样时刻，获得保持信号 $y'(t)$。它将离散信号转换为连续信号，是采样信号的复现。计算机控制装置通常采用零阶保持器。零阶保持器以恒值保持方式外推，其传递函数如下：

$$G_h(s)=\frac{1-\mathrm{e}^{-sT_S}}{s} \tag{4-4}$$

经零阶保持器后的信号 $y'(t)$ 可表示为：

$$y'(t)=\begin{cases}y^*(kT_S), & kT_S\leqslant t<kT_S+T_S\\ y^*(kT_S+T_S), & t=kT_S+T_S\end{cases}\quad k=0,1,2,\cdots \tag{4-5}$$

(3) 模数转换过程

模数变换过程是对模拟信号进行采样，然后量化编码为二进制数字信号的量化过程。即将保持信号 $y'(t)$ 转换成具有一定转换精度数字信号 $y_D(t)$ 的过程。常用的转换方法有双积分法、电压逐次比较法等。

信号的量化是模拟信号转换成数字信号时的一种近似，即用一定位数的二进制的数字表示模拟信号。量化公式是：

$$y_D=(y'-K_2)/(K_1q)\quad 或\quad y'=K_1qy_D+K_2 \tag{4-6}$$

式中，K_1 是变送器输出输入量程范围比；K_2 是零点压缩；$q=M/2^N$ 是量化单位；M 是模拟信号的全量程；N 是寄存器位数。

【例 4-1】 温度变送器输入量程是 200～400℃，模数转换精度是 12 位，计算温度是 350℃时模数转换的输出。

温度变送器的输出量程范围是 4～20mA。$M=20-4=16$，$N=12$，$q=M/2^N=16/4096$。$K_1=(400-200)/(20-4)=200/16$(℃/mA)。$K_2=200$℃。$y'=350$℃。

$$y_D=(y'-K_2)/(K_1q)=3072$$

模数转换输出 3072 是十进制数，表示成二进制数时，其值是 1100 0000 0000。

(4) 运算过程

运算过程是经转换后的数字信号 $y_D(t)$ 按一定控制规律进行运算，输出相应的数字信号 $u_D(t)$。控制规律见 4.2.1 节数字控制算法。

(5) 采样和保持过程

该过程与上述采样和保持过程相同，但输入信号是运算后的数字信号。即用采样开关按相同的采样周期 T_S 对运算得到的数字信号进行采样，得到离散输出信号 $u^*(t)$，再经保持器得到数字的输出信号 $u'(t)$。

(6) 数模转换过程

数模转换过程是模数转换过程的逆过程，它把数字信号转换成对应的模拟信号。即按一定转换精度把信号 $u'(t)$ 转换为模拟输出信号 $u(t)$。

各过程中有关信号的波形见图 4-2。

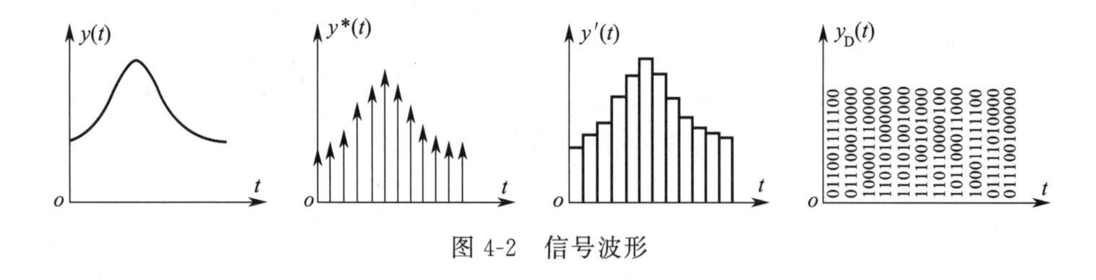

图 4-2　信号波形

(7) 信号滤波过程

信号滤波过程是对输入信号进行滤波。常用滤波方法有硬件滤波和软件滤波两种。

硬件滤波通常采用阻容滤波环节，可以用电阻电容组成低通滤波，也可用气阻和气容组成滤波环节；可以组成有源滤波，也可组成无源滤波等。

软件滤波是用程序编制各种数字滤波器实现信号滤波，具有投资少、应用灵活等特点。常用的软件滤波算法如下。

① 一阶低通滤波　一阶低通滤波计算公式是：

$$\bar{y}(k)=(1-\beta)\bar{y}(k-1)+\beta y(k) \tag{4-7}$$

式中，$\bar{y}(k)$ 和 $y(k)$ 分别是滤波器的第 k 次输出和输入信号；β 是低通滤波器的滤波系数，介于 0～1 之间，其值越小，高频衰减越大，通过滤波器信号的频率上限越低，$\beta=\frac{T_S}{T}$；T_S 是采样周期，是滤波器时间常数。该滤波器等价于传递函数$\frac{1}{Ts+1}$，常用于去除信号中夹带的高频噪声。

② 一阶高通滤波　一阶高通滤波计算公式有两种形式：

$$\begin{aligned}\bar{y}(k)&=\bar{y}(k-1)+\beta[y(k)-y(k-1)-\bar{y}(k-1)]\\&=(1-\beta)\bar{y}(k-1)+\beta[y(k)-y(k-1)]\end{aligned} \tag{4-8}$$

$$\bar{y}(k)=\alpha\bar{y}(k-1)+[y(k)-y(k-1)] \tag{4-9}$$

式中，符号的意义与式(4-7) 相同。该滤波器常用于去除信号中夹带的低频噪声，如零漂、直流分量等，分别等价于传递函数 $\frac{\bar{Y}(z)}{Y(z)}=\frac{\beta(1-z^{-1})}{1-(1-\beta)z^{-1}}$ 和 $\frac{\bar{Y}(z)}{Y(z)}=\frac{1-z^{-1}}{1-\alpha z^{-1}}$。

③ 两阶 Butterworth 滤波　计算公式如下：

$$y_b(k)=y_b(k-1)+[y(k)-P-y_b(k-1)]/(\tau/2+1) \tag{4-10}$$

$$\bar{y}(k)=P+y_b(k)/(\tau+1) \tag{4-11}$$

式中，P 是滤波器输出的百分比值。该滤波器等效于传递函数 $\frac{\bar{Y}(s)}{Y(s)}=\frac{1}{1+\tau s+(\tau s)^2/2}$ 。

④ 递推平均滤波　以第 k 次采样时刻为基准，依次将该时刻以前时刻共 m 个采样值的平均值作为滤波器的输出，并进行递推。计算公式和递推公式如下：

$$y(k)=\frac{1}{m}\sum_{i=0}^{m-1}\bar{y}(k-i) \tag{4-12}$$

$$y(k)=y(k-1)+\frac{\bar{y}(k)-\bar{y}(k-m+1)}{m} \tag{4-13}$$

最常用的平均滤波是梯形滤波，即 $m=2$：

$$y(k)=y(k-1)+\frac{\bar{y}(k)-\bar{y}(k-1)}{2} \tag{4-14}$$

递推平均滤波方法，根据越早的信息对输出影响越小的原则，不断剔除老信息，添加新信息；也可对老信息和新信息进行加权，得到下列递推加权平均滤波器的计算公式：

$$y(k)=\sum_{i=0}^{m-1}c_i\bar{y}(k-i) \tag{4-15}$$

式中，$\sum_{i=0}^{m-1}c_i=1$，并有 $0\leqslant c_i\leqslant 1(i=0,\cdots,m-1)$。

根据被测和被控对象的不同，采样个数 m 可按表 4-1 选取。加权系数 c_i 按新信息的加权系数大的原则，可按 $c_0:c_1:c_2:\cdots:c_{m-1}=\frac{T}{\tau}:\frac{T}{\tau+T_S}:\frac{T}{\tau+2T_S}:\cdots:\frac{T}{\tau+(m-1)T_S}$设置。

表 4-1　采样个数的选择

被控对象	流量	液位	压力	温度
m	11	3	3	1

⑤ 程序判别滤波　为剔除跳变的误码，可设置阈值 b。当前后两个采样值之差在阈值范围内，则本次采样值有效；反之，如果超出该范围，则本次采样值仍用前次采样值。计算公式为：

$$\begin{cases}|y(k)-y(k-1)|\leqslant b & 则\ \bar{y}(k)=y(k)\\ |y(k)-y(k-1)|>b & 则\ \bar{y}(k)=y(k-1)\end{cases} \tag{4-16}$$

b 值可根据输入信号最大可能的变化速度和采样周期确定。

4.1.2 非线性补偿处理

(1) 非线性特性

线性函数关系描述的系统称为线性系统。它表示系统输出与输入之间是线性关系，直角坐标上描述为一条直线。非线性系统是不能用线性函数关系描述其输出与输入关系的系统。高于一次的函数关系就是非线性函数关系，如抛物线关系。非线性控制系统的形成基于两个原因：一是被控系统包含不能忽略的非线性环节；二是为提高控制性能或简化控制系统结构而人为地采用非线性元件。

① 控制系统中存在非线性特性的环节　例如，检测变送环节中节流装置检测流体流量，采样差压变送器引入开方非线性特性；除法器对两个流量进行比值运算，引入非线性。

被控对象也可能存在非线性特性。例如，换热器出口温度控制系统中，被控变量是出口温度，操纵变量是加热流体流量，该系统在加热流体流量达到某限值后，出口温度会变化减慢，呈现饱和非线性特性。溶液 pH 值与所加酸或碱量之间呈现非线性特性。

执行器本身有线性、等百分比和快开等固有流量特性，在不同压降比下这些流量特性曲线会发生畸变，这些都会在控制系统引入非线性特性。

② 人为引入非线性特性　常见的位式控制是典型的人为引入非线性特性的示例。精馏塔中为了防止液泛和漏液，对再沸器加热量采用非线性控制规律，也是人为引入非线性特性的示例。一些控制系统，如选择性控制系统采用选择器组成非线性环节。

非线性特性会影响控制回路的稳定运行。控制系统稳定运行准则是：在扰动或设定变化时，静态稳定运行条件是控制系统各环节增益之积基本不变；动态稳定运行条件是控制系统总开环传递函数的模基本不变。控制系统的非线性特性使控制系统的开环增益变化，或使开环传递函数的模变化，从而影响控制系统的稳定运行。

非线性特性也被用于实现一些控制要求。例如，传统的空调系统，采用位式控制实现温度控制可简化控制系统结构。采样控制系统中的“看一看，调一调，等一等”控制策略，就是典型的非线性特性的应用，它可使系统超调减小，过程反而更平稳。

(2) 非线性补偿

非线性补偿指控制系统中存在非线性特性环节时，采用非线性补偿方法，使补偿后的控制系统具有线性或接近线性的特性。

① 常规仪表的非线性补偿　对检测变送环节的非线性特性，常选用非线性变送器或计算器实现非线性补偿。例如，差压变送器测量节流装置的差压，可在变送器输出串接开方器，也可直接选用流量变送器。控制阀采用非线性流量特性或因为压降比造成非线性流量特性时，常采用阀门定位器实现非线性补偿。

也可选用合适的控制系统来克服非线性特性造成的影响。例如，当非线性环节位于串级控制系统副环的前向通道时，根据串级控制系统副环近似为 1∶1 比例环节的原理，可采用串级控制系统以克服诸如副被控对象的非线性等造成的影响。

② 计算机控制装置的非线性补偿　计算机控制装置可方便地实现非线性特性，并用该非线性特性补偿原系统的非线性特性，实现非线性补偿，使其开环增益保持基本不变。例如，对检测变送环节出现的非线性特性，可在计算机控制装置输入环节增加非线性补偿环节。常见的开方运算可用于对差压信号开方，使其输出与流量成为线性关系。

热电偶的热电势与被测温度之间存在非线性关系，对不同分度号的热电偶可采用不同的非线性补偿函数，直接根据热电势计算对应的温度，实现非线性补偿。例如，采用热电偶进行温度检测和补偿时，应考虑热电偶非线性输入输出关系，进行非线性补偿。将检测到的温度值 t' 进行修正。修正公式为：$t=t'+kt_0$，其中，t_0 是冷端温度；k 是修正系数。表4-2是镍铬-镍硅（分度号K）的修正系数 k。

表4-2　镍铬-镍硅热电偶的修正系数 k

t'/℃	100	200	300	400	500	600	700	800	900	1000	1100
k	1.00	1.00	0.98	0.98	1.00	0.96	1.00	1.00	1.00	1.07	1.11

执行器的非线性特性可在控制器输出添加非线性环节，实现非线性补偿。常见的非线性补偿是用多段折线近似的函数。

当控制系统增益非线性时，控制器增益的非线性设置也是一种很方便的补偿方法。一些集散控制系统供应商提供了这种功能，可直接选用。

选用合适的控制方案，如串级控制系统，可以实现非线性补偿。

串接非线性环节，使合成的系统输入输出特性成为线性是非线性补偿的基本思路。串接非线性环节的位置可以在控制回路中的任何位置。

上述的非线性补偿主要指控制系统开环增益的补偿。动态非线性补偿涉及控制系统各组成环节的动态特性，其补偿原理是其合成系统的开环传递函数幅值和相位角保持基本不变。

4.1.3　仪表系数的处理

常规仪表需要仪表系数的处理，因为常规仪表中函数关系是用硬件实现的。例如，比值控制系统，当采用流量变送器检测流量时，工艺所需比值系数 k 与仪表设置的比值系数 K 之间需要进行仪表系数转换，即：

$$K=\frac{F_2}{F_1}\times\frac{F_{1\max}}{F_{2\max}}=k\times\frac{F_{1\max}}{F_{2\max}} \tag{4-17}$$

当采用差压变送器检测流量时，工艺所需比值系数 k 与仪表设置的比值系数 K 之间有：

$$K=\frac{F_2^2}{F_1^2}\times\frac{F_{1\max}^2}{F_{2\max}^2}=k^2\times\frac{F_{1\max}^2}{F_{2\max}^2} \tag{4-18}$$

当仪表比值系数 $K>1$ 时，输入到比值函数环节的信号就大于该仪表的量程上限，为此，需将该比值函数环节设置在从动量控制回路。

计算机控制装置中的信号采用软件处理，通常都转换为0～100%，并对应于相关变量的范围。因此，既不需要计算仪表比值系数，也不需要进行仪表系数的转换。

4.2　集散控制系统的控制算法

集散控制系统中PID控制算法采用数字PID控制算法，它由软件程序完成控制算法的运算。

4.2.1　数字PID控制算法

（1）数字PID控制算法

数字PID控制算法有三种形式。

① 位置算法　位置算法计算公式为：

$$\begin{aligned}u(k)&=K_c\left[e(k)+\frac{T_S}{T_i}\sum_{i=0}^{k}e(i)+T_d\frac{e(k)-e(k-1)}{T_S}\right]+u_0\\&=K_ce(k)+K_I\sum_{i=0}^{k}e(i)+K_D[e(k)-e(k-1)]+u_0\end{aligned} \tag{4-19}$$

式中，$K_{\mathrm{I}}=K_{\mathrm{c}}\dfrac{T_{\mathrm{S}}}{T_{\mathrm{i}}}$；$K_{\mathrm{D}}=\dfrac{K_{\mathrm{c}}T_{\mathrm{d}}}{T_{\mathrm{S}}}$。

② 增量算法　增量算法计算公式为：

$$\Delta u(k)=u(k)-u(k-1)$$

$$\begin{aligned}\Delta u(k)&=K_{\mathrm{c}}[e(k)-e(k-1)]+K_{\mathrm{I}}e(k)+K_{\mathrm{D}}[e(k)-2e(k-1)+e(k-2)]\\&=K_{\mathrm{c}}\Delta e(k)+K_{\mathrm{I}}e(k)+K_{\mathrm{D}}[e(k)-2e(k-1)+e(k-2)]\end{aligned}\tag{4-20}$$

③ 速度算法　速度算法是增量输出与采样周期之比，计算公式为：

$$v(k)=\frac{K_{\mathrm{c}}}{T_{\mathrm{S}}}\Delta e(k)+\frac{K_{\mathrm{c}}}{T_{\mathrm{i}}}e(k)+\frac{K_{\mathrm{c}}T_{\mathrm{d}}}{T_{\mathrm{S}}^{2}}[e(k)-2e(k-1)+e(k-2)]\tag{4-21}$$

式中，$\Delta e(k)=e(k)-e(k-1)$。

应根据所选用的执行器和应用的方便性等因素选择控制算法。不同集散控制系统的PID控制算法会有不同。一些算法会增加非线性增益选项，一些算法则设置可调节的微分增益等。在集散控制系统升级或更换时，需要注意所用PID控制算法是否一致，否则，需要调整控制器的整定参数，以获得满意的控制品质。

(2) 数字PID的改进算法

与模拟PID控制算法比较，数字PID控制算法具有下列特点。

① P、I、D三种控制作用独立，没有控制器参数之间的关联。模拟控制器采用PI和PD串联，即：

$$G_{\mathrm{c}}(s)=\frac{U(s)}{E(s)}=K_{\mathrm{c}}\left(1+\frac{1}{T_{\mathrm{i}}s}\right)(T_{\mathrm{d}}s+1)=K_{\mathrm{c}}'\left(1+\frac{1}{T'_{\mathrm{i}}s}+T'_{\mathrm{d}}s\right)\tag{4-22}$$

式中，$K_{\mathrm{c}}'=K_{\mathrm{c}}F$；$T_{\mathrm{i}}'=T_{\mathrm{i}}F$；$T_{\mathrm{d}}'=T_{\mathrm{d}}/F$；$F=1+T_{\mathrm{d}}/T_{\mathrm{i}}$。干扰系数$F$随$T_{\mathrm{d}}/T_{\mathrm{i}}$的增加而增加。数字控制器直接采用数字，不存在控制器参数之间的相互影响。

② 由于不受硬件制约，数字控制器参数可以在更大范围内设置。例如，模拟控制器积分时间最大为1200s，而数字控制器不受此限制。

③ 数字控制器采用采样控制，引入采样周期T_{S}，相当于引入纯时滞为$T_{\mathrm{S}}/2$的滞后环节，使控制品质变差。用控制度表示模拟控制与数字控制控制品质的差异程度。控制度定义为：

$$控制度=\frac{\left[\min\int_0^{\infty}e^2\mathrm{d}t\right]_{\mathrm{DDC}}}{\left[\min\int_0^{\infty}e^2\mathrm{d}t\right]_{\mathrm{ANA}}}=\frac{\min(\mathrm{ISE})_{\mathrm{DDC}}}{\min(\mathrm{ISE})_{\mathrm{ANA}}}\tag{4-23}$$

下标DDC表示直接数字控制，ANA表示模拟连续控制，min（ISE）表示最小平方偏差积分鉴定指标。控制度总是大于1。采样周期T_{S}越小，控制度也越小，因此，在数字控制系统中应减小采样周期。

控制度与T_{S}/τ有关，T_{S}/τ越大，控制度越大，表示数字控制系统的控制品质越差；控制度与被控过程的τ/T有关，τ/T越大，控制度越大，减小T_{S}/τ，可使控制度减小。

④ 采样周期的大小影响数字控制系统的控制品质。根据香农采样定理，为使采样信号能够不失真复现，采样频率应不小于信号中最高频率的2倍。即采样周期应小于工作周期的一半，这是采样周期的选择上限。此外，为解决圆整误差问题，采样周期也不能太小，它们决定了采样周期的下限。

实际应用中，采样周期的选择原则是使控制度不高于1.2，最大不超过1.5。经验选择方法是根据系统的工作周期T_{p}，选择采样周期$T_{\mathrm{S}}=(1/6\sim1/15)T_{\mathrm{p}}$，通常取$T_{\mathrm{S}}=0.1T_{\mathrm{p}}$。

表4-3是根据被控变量的类型选择采样周期T_{S}的经验数据。

表 4-3　根据被控变量类型选择采样周期

被控变量类型	流量	压力	液位	温度	成分
采样周期范围/s	1～5	3～10	5～8	10～30	15～30
常用采样周期/s	1	5	5	20	20

为改善数字控制系统的控制品质，对数字控制算法进行改进，见表 4-4。

表 4-4　数字 PID 控制算法的改进

方法		改进算式	特点
积分分离	偏差分离	$\Delta u(k)=\Delta u_{P}(k)+\Delta u_{I}(k), \lvert e(k)\rvert<\varepsilon$	$\lvert e(k)\rvert<\varepsilon$ 时，引入 I 作用，反之，只有 P 作用
	开关和 PID 分离	$u(k)=K_{c}e(k)+K_{I}\sum_{i=0}^{k}e(i)+K_{D}[e(k)-e(k-1)]+u_{0}, \lvert e(k)\rvert<\varepsilon$ $-u_{M}, e(k)>\varepsilon; +u_{M}, e(k)<\varepsilon$	u_{M} 是开关控制的限值。$\lvert e(k)\rvert<\varepsilon$ 时，采用 PID 控制，超出范围时用开关控制
	相位分离	$u(k)=\begin{cases}u_{P}+u_{I} & 当 u_{P} 与 u_{I} 同相时\\ u_{P} & 当 u_{P} 与 u_{I} 不同相时\end{cases}$	比例输出与偏差项同相，积分输出与偏差项有 90°的相位滞后，同相时有 I 输出
削弱积分	梯形积分	$\Delta u_{I}(k)=K_{I}\frac{e(k)+e(k-1)}{2}$	矩形积分改进为梯形积分削弱噪声对积分增量输出的影响
	遇限削弱	$\Delta u_{I}(k)=K_{I}\{[u(k-1)\leqslant u_{max}][e(k)>0]$ $+[u(k-1)>u_{max}][e(k)<0]\}e(k)$	控制输出进入饱和区时停止积分项
微分先行		$\Delta u_{D}(k)=K_{D}[y(k)-2y(k-1)+y(k-2)]$	只对测量信号 $y(k)$ 进行微分，也称为测量微分
不完全微分		微分环节串联连接一个惯性环节 $\frac{1}{\frac{T_{d}}{K_{d}}s+1}$	一阶惯性环节可串联在输入或输出端，一般串联连接在输入端
输入滤波		位置算法：$\frac{\Delta\bar{e}(k)}{T_{S}}=\frac{1}{6T_{S}}[e(k)+3e(k-1)-3e(k-2)-e(k-3)]$ 增量算法：$\frac{\Delta\bar{e}(k)}{T_{S}}=\frac{1}{6T_{S}}[e(k)+2e(k-1)-6e(k-2)+2e(k-3)+e(k-4)]$	微分滤波的一种。抑制噪声影响，提高信噪比

（3）其他控制算法

由于集散控制系统的控制算法是软件实现的，因此，与传统的控制算法比较，还增加了其他算法。

① 时间比例控制算法　比例控制是控制器输出与输入成比例。时间比例控制是位式控制基础上发展而来的控制算法。控制器输出只有通或断两种状态，时间比例指控制器输出通（或断）的时间除以总周期时间的比值与输入信号成比例。分两类：

a. 通和断的总时间不变，通或断的时间与输入成比例；

b. 通或断的时间固定，改变总时间周期，但仍具有通或断的时间与总时间周期之比与输入成比例。

把通的时间与总周期时间的比值称为占空比。

集散控制系统提供时间比例控制功能模块时，可直接调用；不提供时，需要用户自行编写程序实现。

② 二维 PID 控制算法　常规 PID 控制算法的积分控制输出是偏差的函数，而比例和微分控制作用输出并非必须是偏差的函数。例如，微分先行就是测量的函数，采用微分先行可使设定值调整时对系统的影响减小。二维 PID 控制算法将两者结合，使对设定和负荷的变化，系统都有较好的输出响应特性。

a. PID-PD 控制算法。图 4-3 是 PID-PD 控制算法的框图。该控制系统由两组控制器 PID 和 PD 组成，由系数 α 和 β 确定所占的比例。

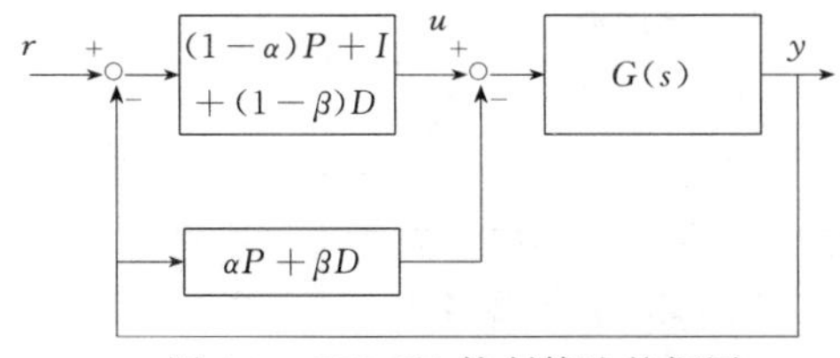

图 4-3 PID-PD 控制算法的框图

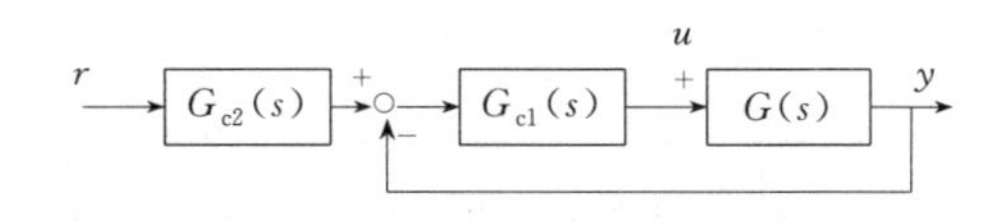

图 4-4 设定前置滤波的二维 PID 控制算法框图

当 $\alpha=0$ 和 $\beta=0$，该控制器就是常规 PID 控制器。它的随动跟踪性能好，但克服扰动影响的能力较差。当 $\alpha=1$ 和 $\beta=1$，该控制器是 I-PD 控制器。它的积分输出是偏差的函数，而比例和微分的输出是测量的函数，因此，该控制器克服扰动影响的性能强，但随动跟踪性能较差。当 α 和 β 在 0～1 之间变化时，可以得到较好的随动跟踪性能和克服扰动影响的性能，因此，适用于扰动变化频繁、设定值又经常变化的场合。

b. 设定前置滤波的二维 PID 控制算法。图 4-4 是设定前置滤波的二维 PID 控制算法框图。其中，G_{c1} 用于定值控制系统，克服扰动的影响；G_{c2} 用于随动控制系统，提高随动跟踪性能。G_{c2} 的静态增益为 1，因此，静态时定值控制系统设定仍为 r。这种控制算法已应用在一些单回路控制器中。

③ 自整定控制算法　自整定控制器是利用专家经验规则进行 PID 参数自动整定的控制器。它辨识过程的特性，并按专家经验规律进行参数整定。表 4-5 是常用的自整定控制算法。

表 4-5　自整定控制器

类型	继电器型自整定控制器	波形识别自整定控制器
工作原理	设置两种模式:测试模式和自动模式 ①测试模式下,用一个滞环宽度为 h、幅值为 d 的继电器代替控制器(如下图),利用其非线性,使系统输出等幅振荡(极限环) ②控制模式下,通过人工控制使系统进入稳定状态,然后将整定开关 S 切到测试模式,接通继电器,使系统输出等幅振荡;测出系统振荡幅度 A 和振荡周期 T_K,并根据公式 $\delta_K=\frac{\pi A}{4d}$ 求出临界比例度 δ_K ③根据 T_K 和 δ_K,用临界比例度法的经验公式,确定控制器的整定参数 ④整定开关 S 切到自动模式,使控制系统正常运行	将波形分析与专家知识结合,当系统受到负荷变化或设定值变化时,控制器根据下图所示控制偏差 $e(t)$ 的时间响应曲线,确定超调量 σ、阻尼系数 ζ 和振动周期 T_p 等参数 $\sigma=-\frac{E_2}{E_1}$;$\zeta=\frac{E_3-E_2}{E_1-E_2}$; $T_p=t_3-t_1$
控制器结构和响应曲线	R(s)　控制器　自动　S　被控对象　Y(s)　d　−h　h　−d　测试	e(t)　E_1　T_p　E_3　E_2　o　t_1　t_2　t_3　t
特点	整定方法简单、可靠,需预先设定的参数是继电器的特性参数 h 和 d;被控对象需在开关信号作用下产生等幅振荡;对时间常数较大的被控对象,整定过程费时;对扰动因素多且频繁的系统,高频噪声等扰动造成 T_K 和 δ_K 的误差较大	有自整定算法的软件包可直接计算控制器的最优参数
应用示例	Honeywell 公司 Oper tune 自整定控制算法	Foxboro 公司 EXACT 自整定控制算法

④ 自校正控制器　自校正控制器将过程模型参数的在线估计和实时最优控制有机结合。参数估计器采用递推参数估计算法。常用的有递推最小二乘法、广义最小二乘法、辅助变量法等实时在线参数估计算法；最优控制器采用最小方差控制等。图 4-5 是自校正控制器基本结构框

图。例如，ABB公司的Novatune控制器是最小方差控制器。

4.2.2　集散控制系统中的先进控制系统及其实现

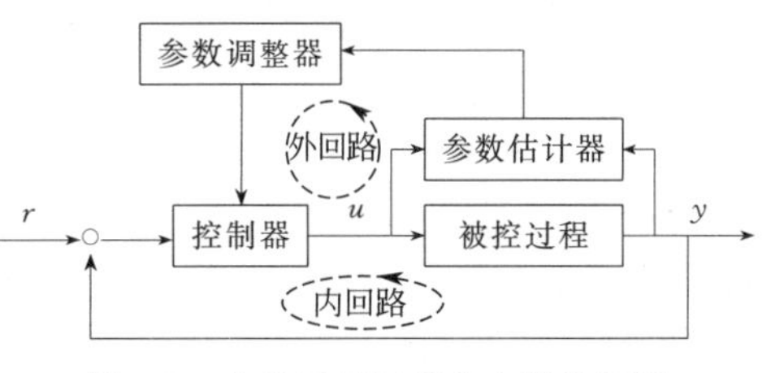

图4-5　自校正控制器基本结构框图

(1) 集散控制系统中的复杂控制系统及其实现

① 串级控制系统　由两个或两个以上控制器串联连接，一个控制器的输出作为另一个控制器的设定值，这类控制系统称为串级控制系统。它根据系统结构命名，是常用的复杂控制系统。

图4-6是串级控制系统框图。

图4-7是集散控制系统中串级控制系统的组态图。与常规仪表组成的串级控制系统比较，用集散控制系统组成串级控制系统时，AO功能块有一个反算输出BKCAL_OUT，PID功能块有一个反算输入BKCAL_IN，它们用于手动-自动无扰动切换时计算控制器输出信号，下同。

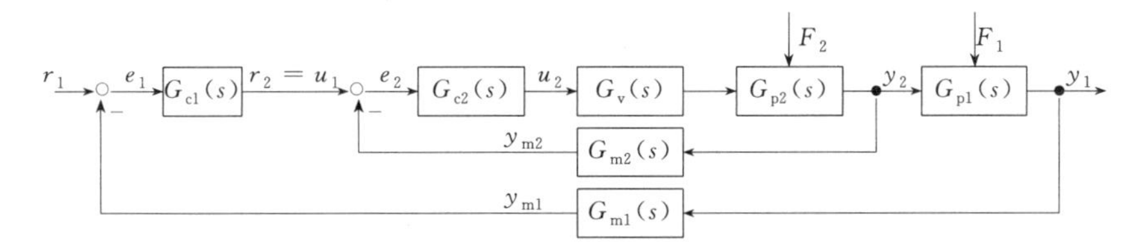

图4-6　串级控制系统框图

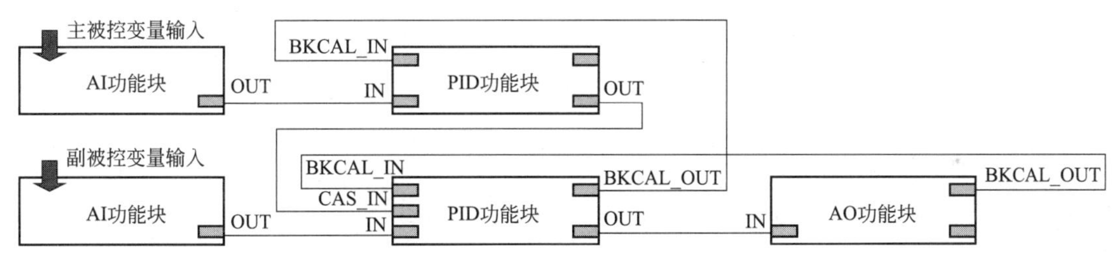

图4-7　串级控制系统的组态图

如图4-7所示，主控制器的PID控制功能块输出量程参数应与副被控变量的输出量程参数值一致。此外，副控制器应在串级模式。主控制器的PID控制功能块和AO输出功能块都需要将各自的BKCAL_OUT连接到上游功能块的BKCAL_IN，进行反算运算，实现无扰动切换。主控制器的输出OUT需连接到副控制器的CAS_IN端，实现串级连接。而副控制器的IN端接收副被控变量输入AI功能块的输出OUT信号。

现场总线控制系统中，一个PID功能块通常与AI功能块结合作为主被控变量输入和主控制器；另一个PID功能块与AO功能块结合组成副回路的一部分。

集散控制系统中实现串级控制系统注意事项如下：

a. 集散控制系统中，主控制器输出不需要进行信号转换，只需要其输出范围与副被控变量量程范围一致；

b. 合理选择副被控变量，使主要扰动进入副环，并使尽可能多的扰动进入副环；

c. 整定参数时，副控制回路和主控制回路可采用不同的采样频率；

d. 如果串级控制系统控制器参数整定不合适，或者副被控对象选择不合适，都可能造成串级共振，即副环工作频率处于谐振频率，其相位角接近180°，造成正反馈，这时，应调整控制器参数来错开主、副被控对象的时间常数；

e. 适当选用副被控对象，可将副被控对象的非线性特性用串级控制系统实现非线性补偿；

f. 副控制器偏差长期存在时，它的积分作用会过量而造成积分饱和，为此可采用积分外反馈方法，将副控制器测量作为主控制器的积分外反馈信号；

g. 如果主被控对象是非线性特性，则需用控制器的非线性控制规律来补偿，而不能选用控制阀流量特性进行补偿。

② 比值控制系统　比值控制系统是实现两个或两个以上参数（通常是物料流量）符合一定比例关系的控制系统，即一个物料流量需要跟随另一物料流量变化。前者称为从动量，后者称为主动量。

早期比值控制系统采用相除方案，可获得两个物料流量的实际比值。集散控制系统中采用相乘方案，流量之间的实际比值用除法器功能模块获得。

集散控制系统中实现比值控制系统注意事项如下：

a. 不需要像常规仪表实现比值控制那样计算仪表比值系数，因为集散控制系统采用工程单位，比值就是实际的工艺比值；

b. 不存在常规仪表实现时出现仪表比值系数大于 1 时需要更换比值函数环节的位置；

c. 为不引入非线性特性，比值函数环节应设置在从动量的设定通道，见图 4-8；

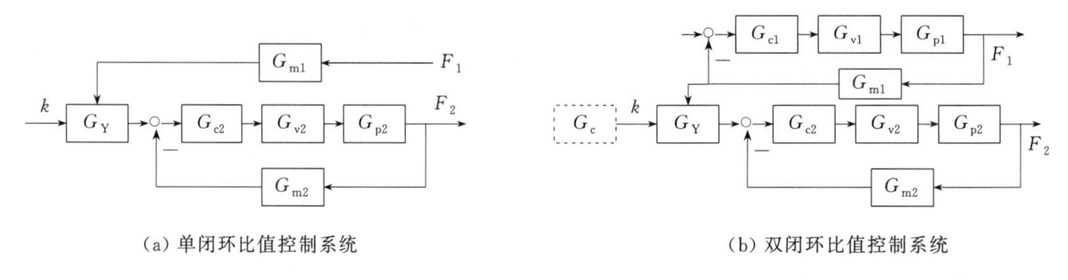

图 4-8　单闭环和双闭环比值控制系统框图(相乘方案)

d. 集散控制系统的比值函数环节采用乘法器功能模块，比值根据工艺要求的值设置；

e. 为使从动量控制系统稳定运行，从动量检测变送环节应选用线性特性，例如，差压信号输入时，需在集散控制系统输入端设置开方器，保证从动量测量值与实际值之间的线性关系。

图 4-9 是单闭环比值控制系统的组态图。双闭环比值控制系统组态图可类似实现。

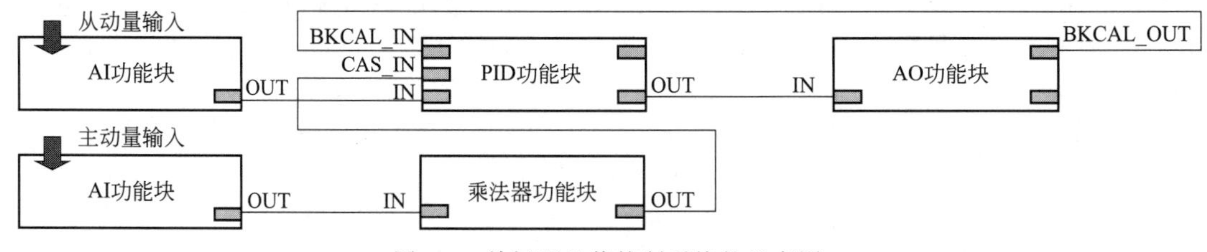

图 4-9　单闭环比值控制系统的组态图

不同集散控制系统的比值函数环节名称不同。例如，Honeywell 公司用 RATIOCTL 功能块实现，Foxboro 公式用 CALC 功能块实现，Emerson 公司用 ARTH 或 MLTY 功能块实现等。

现场总线控制系统中，乘法器功能块采用标准的 ARTH 功能块。

③ 前馈控制系统　前馈控制是根据扰动补偿原理设计的控制系统，即治未病的控制策略。当扰动出现时，即通过前馈控制作用，将它对输出的影响消除在其影响之前。前馈控制系统分单纯前馈控制系统、前馈和反馈信号相加的前馈-反馈控制系统、前馈和反馈信号相乘的前馈-反馈控制系统等三类。

集散控制系统中通常采用前馈和反馈信号相加的前馈-反馈控制方案，如图4-10所示。

将扰动检测变送环节$G_m(s)$、执行器$G_v(s)$和被控对象$G_p(s)$组成前馈控制广义对象$G_o(s)$。根据不变性原理，当扰动$F(s)$变化时，被控变量与扰动变化无关。因此，有：

$$Y(s)=[G_{FF}(s)G_o(s)+G_F(s)]F(s)=0 \qquad (4\text{-}24)$$

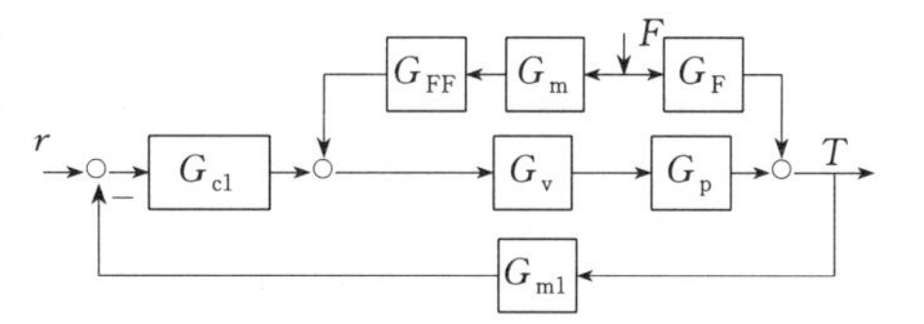

图4-10　前馈加反馈控制系统框图

得前馈控制器控制算式为：

$$G_{FF}(s)=-\frac{G_F(s)}{G_o(s)} \qquad (4\text{-}25)$$

如果该算式能精确实现，则扰动变化时对被控变量无影响。扰动对被控变量无影响，使控制系统的偏离度大大减小，不仅提高产品质量和产量，而且降低原材料消耗，由此可获得显著经济效益。

实际应用中，由于下列原因，通常前馈控制与反馈控制结合组成前馈-反馈控制系统。

a. $G_o(s)$和$G_F(s)$不能精确获得，或具有时变特性，使$G_{FF}(s)$不能精确实现，使扰动影响不能完全补偿；

b. $G_o(s)$和$G_F(s)$可精确获得，但$G_{FF}(s)$不能物理实现，如出现纯超前环节；

c. 实际工业生产过程控制中的扰动不止一个，有些扰动不可测量或难于测量；

d. 前馈控制对被控变量的控制效果没有检验依据。

图4-11是前馈-反馈控制系统的组态图。

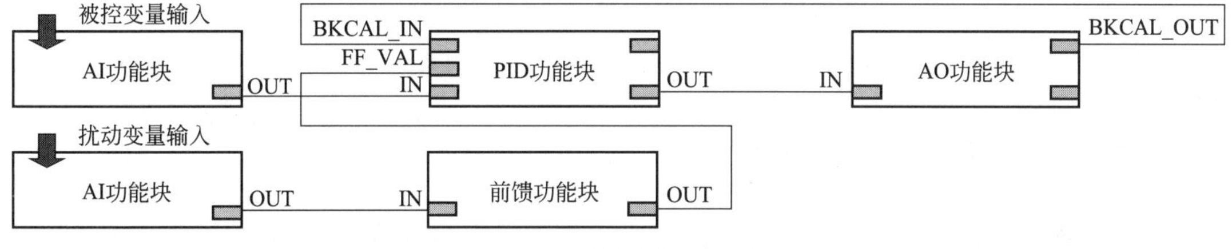

图4-11　前馈-反馈控制系统的组态图

集散控制系统中，可用超前滞后功能块实现动态前馈特性。例如，Foxboro公司的LLAG功能块，Emerson公司的LL功能块等。一些集散控制系统还可直接提供前馈-反馈功能块，例如，Honeywell公司提供PIDFF功能块，Foxboro公司的PIDA功能块等。现场总线控制系统中，PID功能块有FF_VAL输入端用于直接输入前馈信号，并提供FF_GAIN作为前馈静态增益。动态前馈一般采用超前滞后环节或功能块实现。

④ 选择性控制系统　控制回路中有选择器的控制系统称为选择控制系统。选择器实现逻辑运算，分为高选器和低选器两类。高选器输出是其输入信号中的高信号，低选器输出是其输入信号中的低信号。

根据选择器的不同位置，选择性控制系统分为超驰控制系统和竞争控制系统等。

超驰控制系统的选择器位于两个控制器与一个执行器之间。当生产过程中某一变量超过安全软限时，该系统能够用另一个控制回路替代原有控制回路，使工艺过程能够运行在安全工况。超驰控制系统需用高选器或低选器实现。现场总线控制系统中采用信号选择功能块SGSL。Honeywell公司有OVRDSEL超驰控制选择器等。图4-12是超驰控制系统的组态图。

超驰控制系统中选择器的选择应根据下列步骤：

a. 选择控制阀　根据安全运行准则，选择控制阀的气开和气关类型；

b. 确定被控对象增益　包括正常工况和取代工况时的对象增益；

c. 确定正常控制器和取代控制器的正反作用　根据负反馈准则，确定控制器的正、反作用；

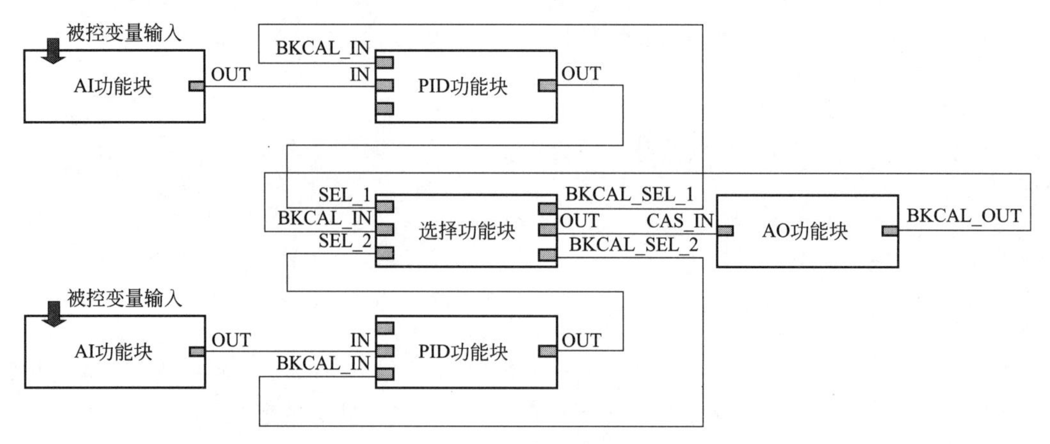

图 4-12　超驰控制系统的组态图

d. 确定选择器　根据超过安全软限时能够迅速切换到取代控制器，因此，取代控制器输出是增大（减小），则确定选择器是高选器（低选器）；

e. 安全保护　当选择高选器时，应考虑事故时的保护措施。

选择性控制系统实施时，由于正常工况下取代控制器的偏差一直存在，如果取代控制器有积分控制作用，就存在积分饱和。同样，取代工况下正常控制器的偏差一直存在，如果正常控制器有积分控制作用，也存在积分饱和。防止积分饱和的方法是采用积分外反馈，即将选择器输出作为积分外反馈信号（图 4-12 中未画出）。

(2) 集散控制系统中先进控制系统及其实现

通常，现场总线控制系统由于在现场总线内实现先进控制系统的控制算法比较困难，因此，先进控制系统通常在集散控制系统中实现。

① 预测控制系统　预测控制是近年来一类新型控制系统的总称。图 4-13 是预测控制系统的基本结构图。预测控制利用预测模型来预估过程未来输出与设定值之间的偏差，并采用“滚动优化”的策略计算当前控制输入。由于它对过程数学模型的精度要求不高，跟踪性好，对误差有较强的鲁棒性，比较适合生产过程的实际要求，因而得到广泛应用。

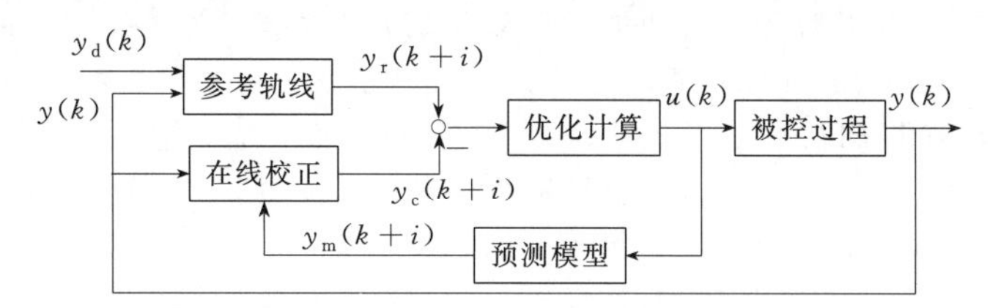

图 4-13　预测控制系统基本结构图

表 4-6 是预测控制系统的基本算法。

表 4-6　预测控制系统的基本算法

算法	描述	功能和计算
预测模型	描述过程动态特性的模型 非参数模型：动态矩阵控制和内模控制通常采用阶跃响应模型和脉冲响应模型 参数模型：CARMA、CARIMA、状态空间表达式	根据系统当前时刻的控制输入和过程的历史数据，通过预测模型来预测过程未来的输出值 例如，模型预测启发式控制常用的预测模型是脉冲响应模型： $y_m(k+i)=\sum_{j=1}^{N}h_j u(k+i-j)$ 式中，$u(*)$是第 * 拍的控制输入；h_j 是过程的脉冲响应系数；拍数 $k>N$ 后，系统输出为零

续表

算法	描述	功能和计算
反馈校正	与反馈控制系统相似，用误差$[y(k)-y_m(k)]$对模型输出进行比例校正，组成闭环控制	$$y_P(k+i)=y_m(k+i)+\beta_i[y(k)-y_m(k)]$$ 对于P步预测，可写成向量形式：$$\boldsymbol{Y}_P(k)=\boldsymbol{Y}_m(k)+\boldsymbol{\beta}e(k)$$ 式中，$\boldsymbol{Y}_P(k)=[y_P(k+1)\ \ y_P(k+2)\ \ \cdots\ \ y_P(k+P)]^T$；$\boldsymbol{\beta}=[\beta_1\ \ \beta_2\ \ \cdots\ \ \beta_P]^T$。调整校正加权向量$\boldsymbol{\beta}$，可以使校正的强度变化。经反馈校正后的模型输出为$y_P$
滚动优化	根据优化目标和已经运行的现状，滚动优化计算下一时刻的控制预测值。优化控制的目标函数：$J=\Vert\boldsymbol{Y}_P(k)-\boldsymbol{Y}_r(k)\Vert_Q^2+\Vert\boldsymbol{U}_2(k)\Vert_R^2$	①现时刻k只施加第一个控制作用$u(k)$，等下一时刻$k+1$时，再根据过程输出，预测模型重新优化计算，得到下一时刻控制作用，依次类推，滚动优化 ②现时刻k施加前M个控制作用中的n个$u(k),u(k+1),\cdots,u(k+n-1)$，$n<M$，等施加完最后的控制作用$u(k+n-1)$后，重新计算下一组控制作用，如此滚动前进和优化 ③现时刻k施加前M个控制作用$u(k),u(k+1),\cdots,u(k+M-1)$，等施加完最后的控制作用$u(k+M-1)$后，重新计算下一组的控制作用，如此滚动前进和优化，M是控制时域
参考轨线	预测控制系统要求控制系统的输出按照参考轨线上升到预期的设定值y_d	通常，以一阶指数形式上升到预期的设定值：$$y_r(k+i)=\alpha^i y(k)+(1-\alpha^i)y_d\quad i=1,2,\cdots,P$$ 式中，$\alpha^i=e^{-\frac{T_S}{\lambda}}$；$T_S$是采样周期；$\lambda$是时间常数。$\alpha^i$是0～1之间的常数。$\lambda$越大，设定值的变化越平缓

一些集散控制系统已开发预测控制功能块或预测控制器。例如，Honeywell公司的PID-PL，Emerson公司的MPC等。图4-14是MPC预测控制功能块框图。

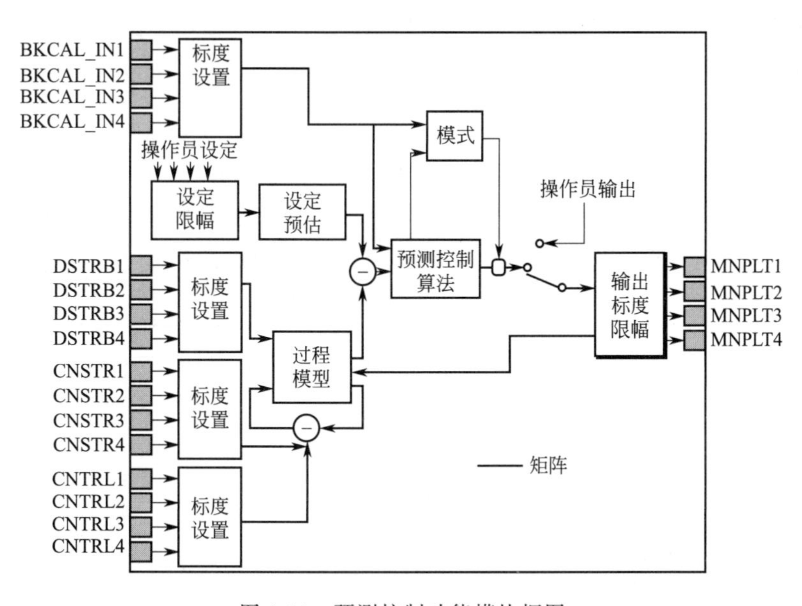

图4-14 预测控制功能模块框图

目前，已经有集散控制系统提供多变量预测控制功能块。例如，Honeywell公司的Profi Loop。

集散控制系统中采用预测控制系统时的注意事项如下：

a. 预测控制算法是一种基于预测过程模型的控制算法，根据过程的历史信息判断将来的输入和输出，因此，对输入信号应进行滤波和剔除坏信号的处理；

b. 预测控制算法是一种最优控制算法，其滚动优化的目标函数不仅包含偏差项，还包含控制项，因此，目标函数最小时，并不表示偏差为零，即预测控制系统在稳态时存在余差（此外，不包含积分控制作用，也表示预测控制系统不能消除余差）；

c. 预测控制系统的可调参数较多，当系统结构比较复杂时，对系统的稳定性等性能的分析都会十分困难，应考虑过程的非线性、模型误差及闭环动态响应等因素，分段试凑选择和调整。

② 模糊控制系统　模糊控制系统不需要建立被控过程数学模型，使一些难于建模的复杂工业过程的自动控制成为可能。模糊控制系统对被控过程的参数变化不灵敏，具有强鲁棒性。模糊控制规则大多由离线计算获得，在线控制时不需要再进行复杂运算，使系统实时性增强。

a. 模糊控制基础　1965 年，查德（Zadeh）创立模糊集理论，1974 年，曼丹尼（Mamdani）提出模糊控制器的概念，标志模糊控制理论的诞生。

➢ 隶属函数和模糊集。设 A 是论域 U 上的一个集合，对任意的 $u \in E$，令

$$C_A(u)=\begin{cases}1 & 当\ u\in A \\ 0 & 当\ u\notin A\end{cases} \tag{4-26}$$

称 $C_A(u)$ 是集合 A 的特征函数。

任意一个特征函数都唯一确定一个子集 $A=\{u \mid C_A(u)=1\}$，任意一个集合 A 都有唯一确定的一个特征函数与之对应。因此，集合 A 与其特征函数 $C_A(u)$ 是等价的。

特征函数 $C_A(u)$ 在 u_0 处的值称为 u_0 对集合 A 的隶属程度，简称隶属度。当 $u\in A$，隶属度为 100%（即 1），表示 u 绝对属于集合 A；当 $u\notin A$，隶属度为 0%（即 0），表示 u 绝对不属于集合 A。

经典集合论的特征函数只允许取{0，1}两个值，与二值逻辑对应，模糊数学将特征函数推广到可取闭区间［0，1］的无穷多个值的连续值逻辑，即隶属函数 $\mu(x)$ 满足：

$$0\leqslant\mu(x)\leqslant 1 \tag{4-27}$$

或表示为：$$\mu(x)\in[0,1]$$

给定论域 U 上的一个模糊子集 A，是指对于任意 $u\in U$，都指定了函数 μ_A，$\mu_A(u)\in[0,1]$ 的一个值：

$$A=\{u \mid \mu_A(u)\}\quad \forall u\in U \tag{4-28}$$

称论域上的一个模糊子集，简称模糊集。其中，μ_A 是模糊子集 A 的隶属函数（Membership Function）。$\mu_A(u)$ 是 u 对模糊子集的隶属度。当 μ_A 值域取值［0，1］的两个端点时，μ_A 就是特征函数，A 就是普通集合，因此，普通集合是模糊集合的特殊情况。常用隶属函数见表 4-7。

表 4-7　常用隶属函数

隶属函数名称	图形描述	公式描述
三角形隶属函数	μ, 1, 0, a, b, c, u	$\mathrm{Triangle}(u,[a,b,c])=\begin{cases}0 & u\leqslant a, u\geqslant c\\ \frac{u-a}{b-a} & a\leqslant u\leqslant b\\ \frac{c-u}{c-b} & b\leqslant u\leqslant c\end{cases}$
梯形隶属函数	μ, 1, 0, a, b, c, d, u	$\mathrm{Trapezoid}(u,[a,b,c,d])=\begin{cases}0 & u\leqslant a, u\geqslant d\\ \frac{u-a}{b-a} & a\leqslant u\leqslant b\\ 1 & b\leqslant u\leqslant c\\ \frac{d-u}{d-c} & c\leqslant u\leqslant d\end{cases}$

续表

隶属函数名称	图形描述	公式描述
高斯型隶属函数 正态型隶属度函数		$\text{gaussian}(u,[c,\sigma])=\exp\left[-0.5\left(\frac{u-c}{\sigma}\right)^2\right]$ c 是隶属度函数的中心，σ 是高斯函数的标准差
钟形隶属函数		$\text{bell}(u,[a,b,c])=\frac{1}{1+\left\lvert\frac{u-c}{a}\right\rvert^{2b}}$ c 是隶属度函数的中心，a 确定隶属度函数的宽度，b 确定钟形上部宽度

➢ 模糊集运算。模糊集与普通集合一样，可以进行与、或和非逻辑的运算。由于模糊集用隶属函数描述其特征，因此，它们的运算是逐点对隶属度进行相应的运算。表 4-8 是模糊逻辑运算的性能。

表 4-8　模糊逻辑和两值逻辑运算的性能

逻辑运算	与逻辑(AND 算子)	或逻辑(OR 算子)	非逻辑(取反算子)
两值逻辑	A B T	A B S	A $\overline{A}$
模糊逻辑	A B T	A B S	A $\overline{A}$

➢ 模糊控制器的基本结构。图 4-15 是模糊控制器的基本结构框图。模糊控制器由模糊化、知识库、模糊推理和解模糊化等部分组成。

● 模糊化。用于将输入的精确量（包括系统设定、输出、状态输入信号）转化为模糊量。例如，通常将输入的测量信号按偏差和偏差变化率进行模糊化。

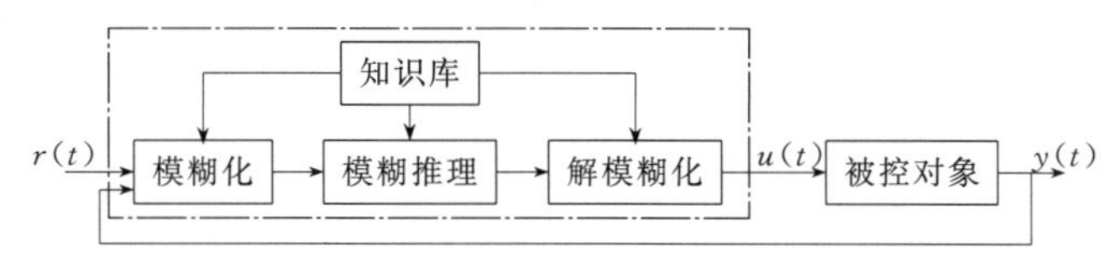

图 4-15　模糊控制器的基本结构框图

● 知识库。由数据库和模糊控制规则库组成，用于存放各语言变量隶属度函数等和一系列控制规则。

● 模糊推理。根据模糊逻辑进行推理。

● 解模糊化。解模糊化也称为清晰化。它将模糊推理得到的模糊输出量转化为实际的清晰控制量。

模糊条件的推理语句是描述模糊推理的语句，有各种不同的形式。基本形式是 IF…THEN…。

模糊控制器的设计包括下列内容：

- 确定模糊控制器输入输出变量，通常采用偏差和偏差变化率；
- 设计模糊控制器的控制规则，通常设计如表 4-9 所示的模糊控制规则表；

表 4-9 模糊控制规则表

<table>
<tr><th>D E1
DE1</th><th>NB(负大)</th><th>NM(负中)</th><th>NS(负小)</th><th>ZE(零)</th><th>PS(正小)</th><th>PM(正中)</th><th>PB(正大)</th></tr>
<tr><td>NB(负大)</td><td colspan="4" rowspan="2">NB(负大)</td><td rowspan="2">NM(负中)</td><td colspan="2" rowspan="2">ZE(零)</td></tr>
<tr><td>NM(负中)</td></tr>
<tr><td>NS(负小)</td><td colspan="2" rowspan="3">NM(负中)</td><td colspan="2">NM(负中)</td><td>ZE(零)</td><td colspan="2">PS(正小)</td></tr>
<tr><td>NZ(负零)</td><td rowspan="2">NS(负小)</td><td rowspan="2">ZE(零)</td><td rowspan="2">PS(正小)</td><td colspan="2" rowspan="3">PM(正中)</td></tr>
<tr><td>PZ(正零)</td></tr>
<tr><td>PS(正小)</td><td colspan="2">NS(负小)</td><td>ZE(零)</td><td colspan="2">PM(正中)</td></tr>
<tr><td>PM(正中)</td><td colspan="2" rowspan="2">ZE(零)</td><td rowspan="2">PM(正中)</td><td colspan="4" rowspan="2">PB(正大)</td></tr>
<tr><td>PB(正大)</td></tr>
</table>

- 确定模糊化和解模糊化的方法，例如，输入变量变化范围 $[a,\ b]$，模糊化变化范围 $[-n_e,\ n_e]$，则输入变量 x 模糊化为 y 的计算公式为：

$$y=\frac{2n_e}{b-a}\left(x-\frac{a+b}{2}\right) \tag{4-29}$$

- 选择输入变量和输出变量的论域，确定模糊控制器参数；
- 编制模糊控制器控制算法的应用程序；
- 合理选择模糊控制器采样时间。

b. 模糊控制系统在集散控制系统的实现　一些集散控制系统已经提供模糊控制功能块，如 Emerson 公司的 FLC 功能块。图 4-16 是该功能块的框图。

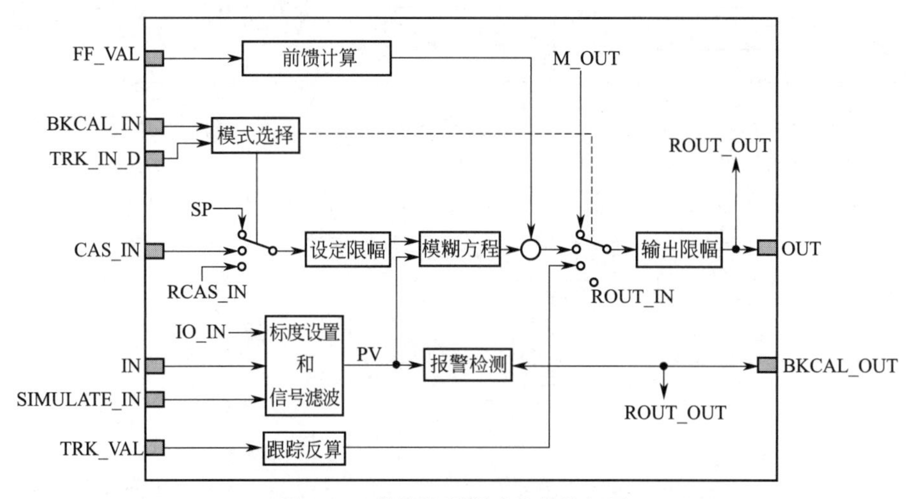

图 4-16 模糊控制器功能模块框图

c. 模糊控制系统在 PLC 的实现　IEC 61131-7《可编程序控制器 第 7 部分：模糊控制编程》提供了模糊控制语言（FCL：Fuzzy Control Language)，用模糊控制功能块实现模糊控制系统。说明如下。

➢ 模糊控制功能块。与一般功能块类似，其格式如下：

```
FUNCTION_BLOCK  模糊控制功能块名
    输入变量声明段；
    输出变量声明段；
    其他变量声明段；
    模糊化声明段；
    清晰化声明段；
    规则块声明段；
    可选参数声明段；
END_FUNCTION_BLOCK
```

➢ 模糊化。模糊化用于将输入变量的清晰值转变为模糊量，模糊化声明段的格式如下：

```
FUZZIFY 变量名
    TERM  语言项名 ：＝ 隶属度函数；
END_FUZZIFY
```

模糊化时应注意下列事项：

● 变量名是在模糊控制功能块中输入变量声明段已经声明需要模糊化的变量名；

● 语言项名用TERM关键字引导，如Cold项、Warm项等；

● 隶属度函数描述该模糊变量的清晰量的隶属度，通常采用分段线性函数，如三角形或梯形隶属度函数；

● 隶属度函数用多个点的列表定义，相邻两点之间约定为直线，点的个数至少2点，最多个数由相符性等级规定；

● 隶属度函数的基点可通过调整功能块输入变量实现，这些变量必须在功能块输入变量声明段声明。

➢ 清晰化。也称为去模糊化。它是模糊化的逆过程。输出变量的推理结果必须经清晰化转变为清晰值。清晰化声明段的格式如下：

```
DEFUZZIFY 变量名
    RANGE (min .. max);
    TERM  语言项名 ：＝ 隶属度函数；
    METHOD ：清晰化的方法；
    DEFAULT ：约定值；
END_DEFUZZIFY
```

➢ 规则块。规则块用于存放各语言变量隶属度函数等和一系列控制规则，也称为知识库。规则块声明格式如下：

```
RULEBOLCK   规则块名
    运算符定义；
    ACT ：可选的激活方法；
    ACCU：综合方法；
    规则号，语言规则；
END_RULEBLOCK
```

➢ 模糊推理。模糊推理（fuzzy inference）是根据模糊推理机制，按规则和所给事实执行推理过程，获得有效结论。

根据Mamdani推理方法，可将推理过程分为三部分：聚集、激活和综合。聚集用于确定规则中条件的满足程度。激活用于确定规则中结论的满足程度。综合是将各规则的结论汇总。

➢ 应用示例。工业生产过程中，常采用被控变量液位 LEVEL 的偏差 E1 和偏差的微分 DE1 作为模糊控制器的输入信号，用 VLV 作为模糊控制器的输出。

● 模糊化可将偏差 E1 和偏差微分 DE1 分为五段，其隶属函数如图 4-17 所示。

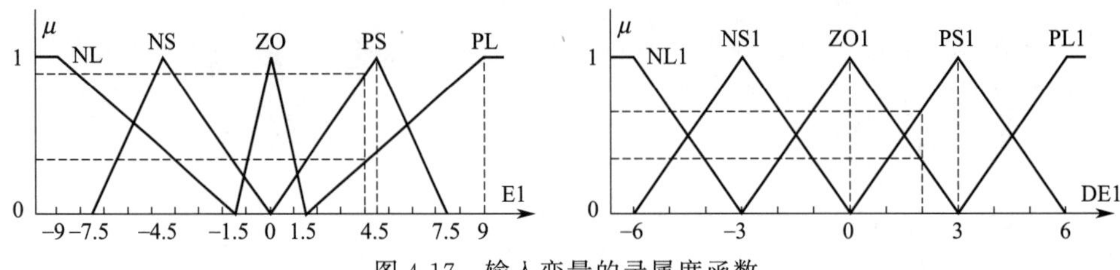

图 4-17　输入变量的隶属度函数

根据图 4-17 确定隶属度的方法如下。假设输入 E1 为 4，DE1 为 2，则从图 4-17 可得 E1 为 4 时 PS 隶属度是 8/9，PL 隶属度是 1/3，其他项的隶属度为 0，转化为语言变量的值为 {0，0，0，0.89，0.33}，或表示为“正小，稍偏大”。DE1 为 2 时 PS1 隶属度是 2/3，DE1 为 2 时 ZO1 隶属度是 1/3，其他项的隶属度为 0，转化为语言变量的值为 {0，0，0.33，0.67，0}，或表示为“偏正，接近零”。

● 清晰化。输出变量 VLV 也分为五段，其隶属函数如图 4-18 所示。

● 推理规则。

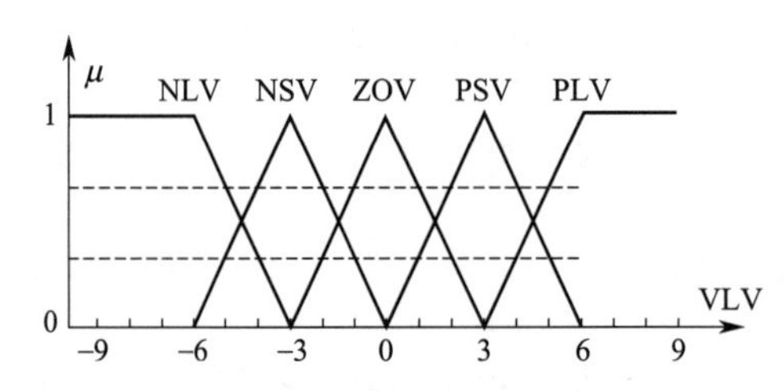

图 4-18　输出变量的隶属度函数

聚集　可列出下列规则：

RULE1：E1＝PS　AND　DE1＝ZO1；

RULE2：E1＝PL　AND　DE1＝ZO1；

RULE3：E1＝PS　AND　DE1＝PS1；

RULE4：E1＝PL　AND　DE1＝PS1；

如图 4-17 所示，对 E1＝4 及 DE1＝2，采用聚集原理，用 MIN 算子，有：

RULE1：Min(0.89，0.33)＝ 0.33；

RULE2：Min(0.33，0.33)＝ 0.33；

RULE3：Min(0.89，0.67)＝ 0.67；

RULE4：Min(0.33，0.67)＝ 0.33；

激活　由于未采用单点集作为输出，因此该项未用。

综合　采用 MAX 算子。如果有两个输入和一个输出，且两个输入变量仅以 AND 结合，则规则库可用矩阵形式，例如可获得表 4-10 所示输入变量和输出变量之间的模糊关系。

表 4-10　输入变量和输出变量的模糊关系

DE1 \ VLV \ E1	NL	NS	ZO	PS	PL
NL1	NLV	NSV	ZOV	PSV	PSV
NS1	NSV	NSV	PSV	PSV	PLV

续表

DE1 \ VLV \ E1	NL	NS	ZO	PS	PL
ZO1	ZOV	ZOV	PSV	PLV	PLV
PS1	ZOV	ZOV	PSV	PLV	PLV
PL1	ZOV	PSV	PLV	PLV	PLV

- 编程。整个程序如下：

```
FUNCTION_BLOCK LEVEL
    VAR_INPUT  E1, DE1 : REAL; END_VAR;
    VAR_OUTPUT  VLV : REAL; END_VAR;
    FUZZIFY  E1
        TERM  NL :=(－9.0,1.0) (－1.5,0.0);
        TERM  NS :=(－7.5,0.0) (－4.5,1.0) (0.0,0.0);
        TERM  ZO :=(－1.5,0.0) (0.0,1.0) (1.5,0.0);
        TERM  PS :=(0.0,0.0) (4.5,1.0) (7.5,0.0);
        TERM  ZO :=(1.5,0.0) (9.0,1.0);
    END_FUZZIFY
    FUZZIFY  DE1
        TERM  NL1 := (－6.0,1.0) (－3.0,0.0);
        TERM  NS1 := (－6.0,0.0) (－3.0,1.0) (0.0,0.0);
        TERM  ZO1 := (－3.0,0.0) (0.0,1.0) (3.0,0.0);
        TERM  PS1 := (0.0,0.0) (3.0,1.0) (6.0,0.0);
        TERM  ZO1 := (3.0,0.0) (6.0,1.0);
    END_FUZZIFY
    DEFUZZIFY  VLV
        TERM  NLV := (－6.0,1.0) (－3.0,0.0);
        TERM  NSV := (－6.0,0.0) (－3.0,1.0) (0.0,0.0);
        TERM  ZOV := (－3.0,0.0) (0.0,1.0) (3.0,0.0);
        TERM  PSV := (0.0,0.0) (3.0,1.0) (6.0,0.0);
        TERM  ZOV := (3.0,0.0) (6.0,1.0);
    END_DEFUZZIFY
    RULEBLOCK  No1
        AND: MIN;
        ACCU: MAX;
        RULE1: IF E1=NL AND DE1=NL1  THEN VLV=NLV;
        RULE2: IF (E1=NL AND DE1=NS1) OR (E1=NS AND (DE1= NL1 OR  DE1=NS1)
             THEN VAL=NSV;
        RULE3: IF (E1=ZO AND DE1=NL1) OR ((E1=NL OR E1=NS)  AND (DE1= ZO1 OR DE1
              =PS1))
             THEN VAL=ZOV;
        RULE4: IF (E1=ZO AND (DE1=NS1 OR DE1= ZO1 OR DE1=PS1)) OR
             (E1=PS AND (DE1=PL1 OR DE1=PS1))  OR (E1=NS AND DE1=PL1)  THEN
             VLV=PSV;
        RULE5: IF (E1=PL AND DE1= NOT NL1) OR (E1=PS AND (DE1=ZO1 OR DE1=PS1 OR
```

```
            DE1 = PL1))
          OR (E1 = ZO AND DE1 = PL1)   THEN   VLV = PLV;
    END_RULEBLOCK
END_FUNCTION_BLOCK
```

③ 时滞补偿控制系统　采用过程时滞 τ 和过程惯性时间常数 T 之比 τ/T 衡量过程时滞的影响。当过程的 $\tau/T<0.3$ 时，称该过程是具有一般时滞的过程；当过程的 $\tau/T>0.5$ 时，称该过程是具有大时滞的过程。

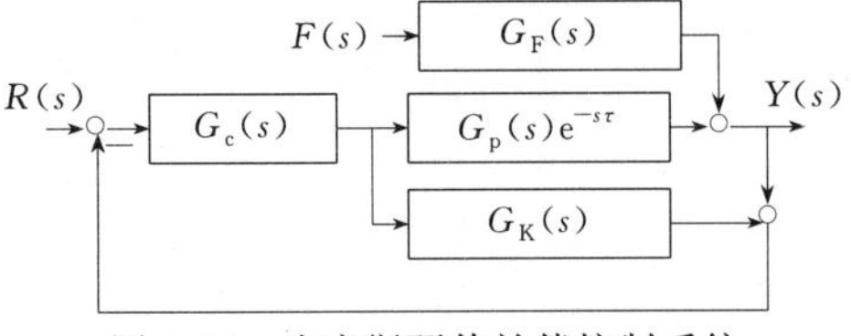

图 4-19　史密斯预估补偿控制系统

在控制方案上，可采用各种补偿方法或者采用先进控制方案。集散控制系统用存储器的先进先出队列实现时滞，因此，可方便地实现时滞补偿控制系统。

a. 史密斯时滞补偿控制。1957 年史密斯提出了如图 4-19 所示的一种预估补偿控制方案。

该控制方案在原含时滞的系统中添加一个预估补偿器 $G_K(s)$，为使闭环特征方程不含时滞项，应要求：

$$\frac{Y(s)}{R(s)}=\frac{G_c(s)G_p(s)e^{-s\tau}}{1+G_c(s)G_p(s)} \tag{4-30}$$

$$\frac{Y(s)}{F(s)}=\frac{G_F'(s)}{1+G_c(s)G_p(s)} \tag{4-31}$$

引入预估补偿器 $G_K(s)$ 后的闭环传递函数为：

$$\frac{Y(s)}{R(s)}=\frac{G_c(s)G_p(s)e^{-s\tau}}{1+G_c(s)[G_K(s)+G_p(s)e^{-s\tau}]} \tag{4-32}$$

比较式(4-30) 和式(4-32) 可知，若 $G_K(s)$ 满足：

$$G_K(s)=G_p(s)[1-e^{-s\tau}] \tag{4-33}$$

就能使闭环特征方程成为：$1+G_c(s)G_p(s)=0$，即不含时滞项。这相当于把 $G_p(s)$ 作为对象，用 $G_p(s)$ 的输出作为反馈信号，从而使反馈信号相应地提前了 τ 时刻，因此，这种控制称为预估补偿控制。由于闭环特征方程不含纯滞后项，所以有可能提高控制器$G_c(s)$ 的增益，从而明显改善控制质量。

用预估补偿器的传递函数代入式(4-32)，得到：

$$\frac{Y(s)}{R(s)}=\frac{G_c(s)G_p(s)}{1+G_c(s)G_p(s)}e^{-s\tau}=G_I(s)e^{-s\tau} \tag{4-34}$$

因此，经过预估补偿后，闭环特征方程中不含时滞项，消除了时滞对控制品质的影响。对随动控制系统，根据式(4-34)，控制过程仅在时间上推迟 τ 时间，控制系统过渡过程的形状和品质与没有时滞的系统完全相同。对定值控制系统，控制作用比扰动的影响滞后 τ 时间，因此，控制效果并不像随动控制系统明显，且与 T_F/T_p 有关。

集散控制系统提供存储器模块，可利用存储器的存储功能，实现时滞项 $e^{-\tau s}$，用一阶惯性环节模块近似被控对象的非时滞部分，组成预估补偿器，并实现史密斯时滞补偿控制。

图 4-20 是用 Foxboro 公司的 I/A S 系统实现的史密斯预估补偿控制方案实施框图。

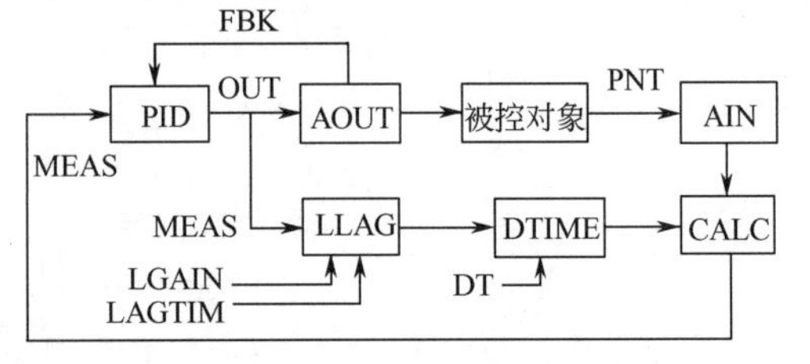

图 4-20　I/AS 系统实现史密斯预估补偿控制方案

实施时应注意，被控对象的时滞项和非时滞项都要测试，以便能够实现零极点对消。如果测试模型不精确，尤其是时滞项和被控对象增益项，则控制质量提高不明显。

b. 增益自适应补偿控制。1977年贾尔斯和巴特利（R E Giles & T M Bartley）提出增益自适应补偿控制。它将Smith预估补偿控制系统中的减法器用除法器代替，加法器用乘法器代替，并增加一阶微分环节，如图4-21所示。

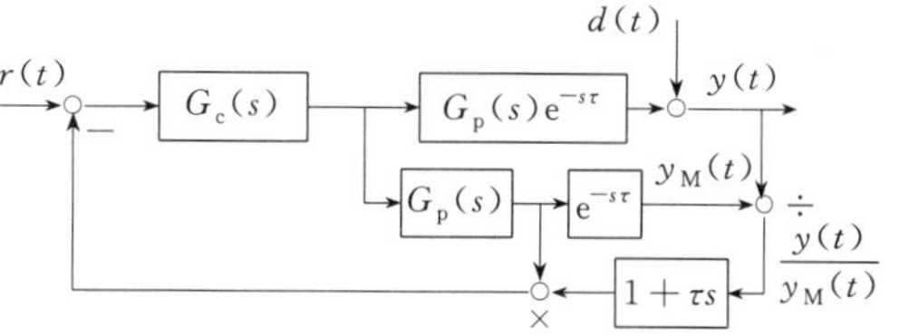

图4-21 增益自适应补偿控制系统框图

理想情况下，预估模型与实际过程的动态特性完全一致时，除法器输出为1，过程输出为1，这就是Smith预估补偿控制。当预估模型与实际过程的动态特性有误差时，该控制方案能起到自适应控制作用。例如，对象增益从K_p增到$K_p+\Delta K_p$，则除法器输出变化量为$(K_p+\Delta K_p)/K_p$，如果实际过程的参数没有变化，则识别器的微分不起作用，识别器输出的变化仍为$(K_p+\Delta K_p)/K_p$，乘法器输出的变化为$(K_p+\Delta K_p)G_M(s)$，即反馈量的变化量是ΔK_p，这相当于预估模型增益变化ΔK_p。因此，对象增益变化后，补偿器的预估模型自动适应该变化，也发生相同变化，即补偿器预估模型能够进行完全的补偿。

增益自适应补偿控制采用非线性环节，使开环总放大系数变化，因此影响控制系统的稳定运行。

c. 观测补偿控制。时滞补偿控制系统的设计思想是使闭环特征方程中不含时滞项。观测补偿控制用观测补偿控制器的小增益和大积分时间使时滞项的影响减小。表4-11是三类观测补偿控制系统的比较。

集散控制系统实施时，注意下列事项。

➢ 观测器采用一阶惯性环节或比例环节实现。考虑动态的一致性，观测器时间常数应比对象时间常数大，观测器的增益应尽可能与对象增益保持一致。实施方案2时，根据扰动完全补偿的条件，选用超前滞后功能块。

➢ 主、副控制器可选用比例积分控制器。方案2中也可采用纯比例控制器。主、副控制器的作用方式应相同，从稳定性出发，满足$K_kK_m>0$。

➢ 对方案1和3，副控制器参数整定应满足$G_k(s)$的模足够小，但过小的增益和过大的积分时间使副回路的跟踪缓慢，通常，应调整副控制器参数使副回路出现临界阻尼的过渡过程。对方案2，应根据不变性原理确定副控制器参数。主控制器参数根据无时滞的过程参数整定，并适当减小增益和加大积分时间。

④ 神经网络控制系统　神经网络控制与模糊控制都属于智能控制。在集散控制系统中，神经网络控制也获得成功应用。它不仅用于模型辨识、控制器设计、优化操作、故障分析和诊断等，也在软测量、非线性控制等方面获得成功应用。

人工神经网络（ANN）是根据人脑神经元电化学活动抽象出来的一种多层网络结构。人工神经网络具有并行处理、分布存储、高度容错、自学习能力、强鲁棒性和强适应性等特点。

a. 人工神经元。人工神经元是在对人脑神经元的主要功能和特征抽象的基础上建立的数学模型，有多种不同的神经元数学模型。一个神经元有n个输入x_1、…、x_n，输入到神经元的总输入p为：

$$p=\sum_{i=1}^{n}w_ix_i+\theta \tag{4-35}$$

式中，w_i称为权系数，θ称为偏置。神经元的输出q与总输入p之间的关系用$q=f(p)$表示，$f(*)$称为激活函数或传递函数。常用的激活函数（squashing function）见表4-12。

表 4-11　观测补偿控制系统的比较

方案	方案 1	方案 2	方案 3
控制方案	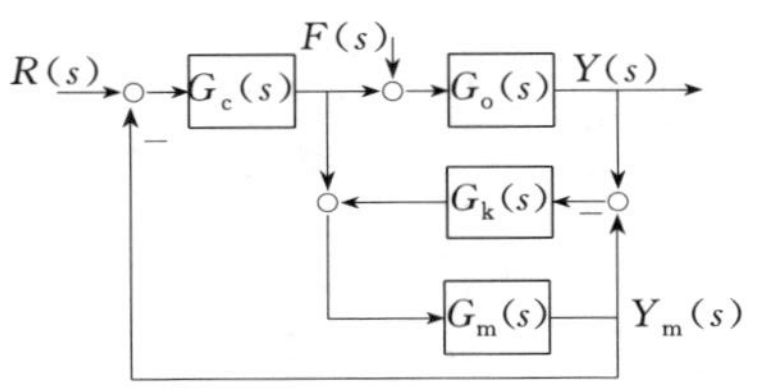	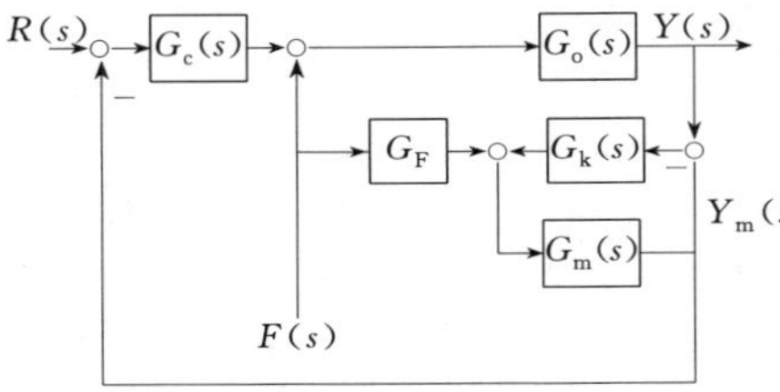	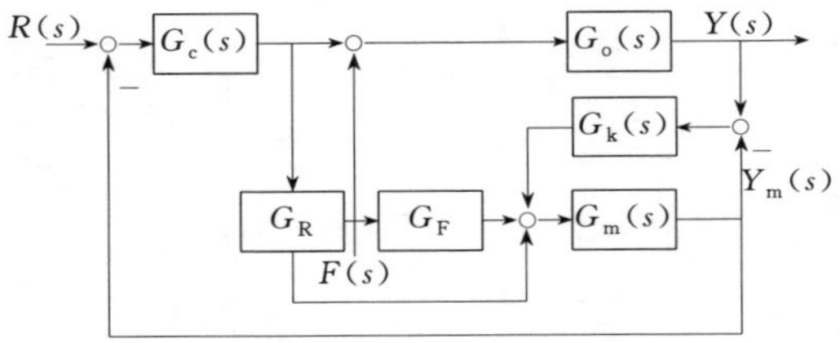
传递函数描述	$\frac{Y(s)}{R(s)}=\frac{G_c(s)G_o(s)}{1+G_c(s)G_m(s)\frac{1+G_k(s)G_o(s)}{1+G_k(s)G_m(s)}}$ $\frac{Y(s)}{F(s)}=\frac{G_o(s)\left[1+\frac{G_c(s)G_m(s)}{1+G_k(s)G_m(s)}\right]}{1+G_c(s)G_m(s)\frac{1+G_k(s)G_o(s)}{1+G_k(s)G_m(s)}}$	$\frac{Y(s)}{R(s)}=\frac{G_c(s)G_o(s)}{1+\frac{G_c(s)G_m(s)G_k(s)G_o(s)}{1+G_k(s)G_m(s)}}$ $\frac{Y(s)}{F(s)}=\frac{\frac{1+G_k(s)G_m(s)-G_FG_c(s)G_m(s)}{1+G_k(s)G_m(s)}G_o(s)}{1+\frac{G_c(s)G_m(s)G_k(s)G_o(s)}{1+G_k(s)G_m(s)}}$	$\frac{Y(s)}{R(s)}=\frac{G_c(s)G_o(s)}{1+\frac{G_c(s)G_m(s)[G_R+G_k(s)G_o(s)]}{1+G_k(s)G_m(s)}}$ $\frac{Y(s)}{F(s)}=\frac{\frac{1+G_k(s)G_m(s)(G_R-G_F)G_c(s)G_m(s)}{1+G_k(s)G_m(s)}G_o(s)}{1+\frac{G_c(s)G_m(s)[G_R+G_k(s)G_o(s)]}{1+G_k(s)G_m(s)}}$
闭环特征方程	$1+G_c(s)G_m(s)\frac{1+G_k(s)G_o(s)}{1+G_k(s)G_m(s)}=0$	$G_c(s)G_o(s)=-1-\frac{1}{G_k(s)G_m(s)}$	$1+G_c(s)G_m(s)\frac{G_R+G_k(s)G_o(s)}{1+G_k(s)G_m(s)}=0$
应用条件	满足 $G_k(s)$ 的模足够小 使 $1+G_k(s)G_0(s)\approx1$ 及 $1+G_k(s)G_m(s)\approx1$	判别点 $-1-\frac{1}{G_k(s)G_m(s)}$ 轨线不被频率曲线所包围，则系统稳定 扰动完全补偿条件 $1+G_k(s)G_m(s)-G_FG_c(s)G_m(s)=0$	满足 $G_k(s)$ 的模足够小，则 $1+G_c(s)G_m(s)G_R\approx0$ 扰动完全补偿条件为： $1+G_k(s)G_m(s)-(G_R-G_F)G_c(s)G_m(s)=0$
特点	对扰动影响无调节作用，主要用于随动控制系统	稳定性优于单回路反馈控制系统，可对扰动实施前馈补偿	增加 G_R 的选择，改善系统稳定性，可对扰动实施前馈补偿

表 4-12　常用激活函数

双位函数	半线性函数	Sigmoid 函数或双曲正切函数	高斯核函数
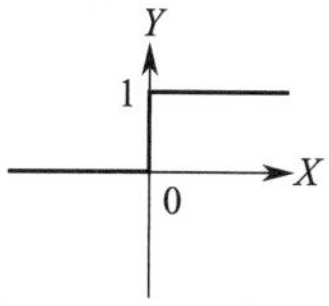	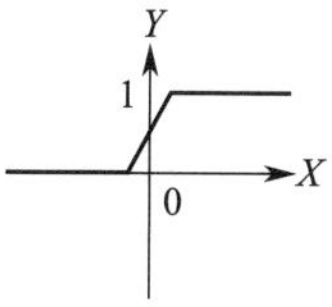	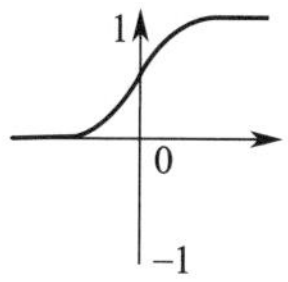	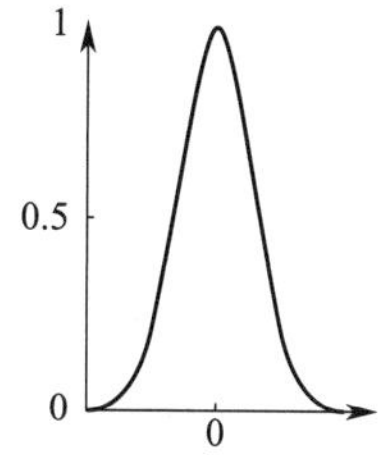
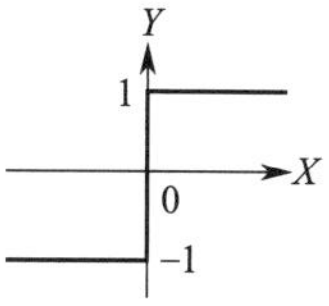	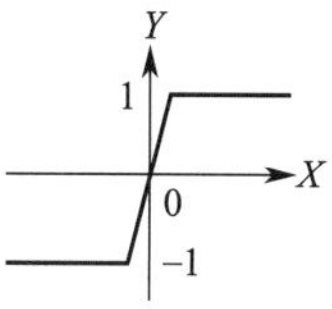	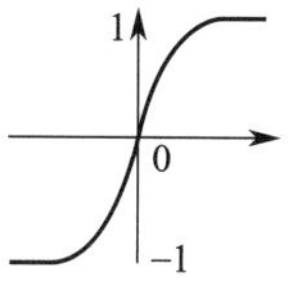	

b. 人工神经网络。按拓扑结构，人工神经网络分为前向网络和反馈网络。前向网络中，信息向前逐层连接，没有向后或反馈的连接；反馈网络是信息向前连接的同时，存在向后或反馈的连接。

已经证明，任意连续函数可用含隐含层的三层前向神经网络唯一逼近。

为了使建立的神经网络能够反映任意的连续函数，需要对神经网络进行训练，即学习。学习的方法是根据神经网络输出与实际输出之间的误差，调整神经元的权系数、偏置和激活函数。实际应用的学习方法有监督学习（有导师）和无监督学习（无导师）及介于两者之间的方法等。

BP 网络是多层前向网络，由输入、隐含和输出层构成。隐含层可多层，但一般应用时，一层隐含层已经可以达到多层隐含层的功能。输入节点数与输入变量数相同，输出节点数与输出变量数相同。

输入信息从输入层前向传到隐含层，并逐层处理，最后传到输出层。每层中的神经元状态只影响下一层神经元的状态，因此，是正向（前向）传播。输出层得不到预期结果时，进行反向学习，将误差沿连接的通路反向修改各权系数，最终使输出的误差最小。

神经网络需要进行学习，才能使它反映实际过程的输入和输出关系。学习方法是用实际的输入和输出样本对神经网络进行训练。学习规则是神经网络学习的一套算法，用于确定神经元应如何改变它的连接权系数和偏置等参数。

反向传播学习算法是监督学习算法。它以实际输出 $y_d(k)$ 与每个样本经神经网络的输出 $y_i(k)$ 之间的误差平方和为最小作为学习依据。

除了 BP 网络外，在自动化应用中，重要的神经网络还有 RBF 网络、Hopfield 网络、Elman 网络等，可参考有关资料。

c. 人工神经网络在集散控制系统中的应用。

➢ 利用人工神经网络建立数学模型。例如，用神经网络建立软测量数学模型等。

● BP 网络，最常用的神经网络。多层结构，常用输入、隐含和输出三层。常用梯度下降算法，信号正向传播，误差反向传播。该神经网络具有很强的映射能力。用 BP 网络建模时，向网络提供训练数据（多个输入信号组）和对应的输出信号组（可一个或多个输出），计算模拟输出和期望输出之间的误差，根据误差调整网络中的连接权值，直到误差小于允许的误差值为止。

● RBF 网络，前向神经网络。也采用输入、隐含和输出的三层结构，隐含层的节点数根据问题确定。隐含层采用 RBF 径向基函数，该函数是中心点径向对称且衰减的非负非线性函数。与 BF 网络不同，RBF 网络将输入矢量直接映射到隐含层的隐空间，不采用权函数连接。一旦 RBF 数的中心点确定，映射更新就确定。隐含层到输出层之间采用线性交换。因此，RBF 输出是隐含层输出的线性加权和，权重系数可调。由于可调系数与输出是线性关系，因此，学习速度加快，并可避免局部极小问题。

● 竞争神经网络。作为基本神经网络，竞争神经网络是基于无监督学习方法的具有自组织能力的神经网络。网络具有两层结构。输出层也称为核心层。竞争指如果一个输出神经元获胜，该神经元被标记为1，其余神经元均标记为0，输入到核心层的权值是随机给定的，因此，每个核心层神经元的获胜概率相同，最终只有一个神经元获胜，每个训练样本对应一个兴奋的核心层神经元。调整输入矢量和权值距离的负值（相当于增益），调整其阈值（相当于偏置），使输出矢量最大即为获胜神经元。

用 Kohonen 学习规则，即通过输入矢量对神经元权值进行调整，使输出以更大概率获胜，最靠近输入矢量的神经元权值向量不断修正，使获胜概率不断提高。然后，对其他输入样本进行同样搜索和调整，最终权值矢量使相似输入矢量对应的输出为1。竞争神经网络具有输入矢量学习分类功能。

➢ 人工神经网络作为故障检测和诊断的工具，将反映过程工况的变量作为网络变量，通过网络的学习和训练，使网络输出节点反映某些故障的存在与否。大数据分析可建立故障的数学模型，例如，什么变量超限引起什么故障的概率最高，用什么方法处理该故障能够最有效降低故障影响等。

➢ 人工神经网络作为控制规律。过程特性 $G(s)$ 是控制输入 u 和过程输出 y 之间关系的描述。若动态关系可逆，即 $G^{-1}(s)$ 存在，则只要设计和训练出特性为 $G^{-1}(s)$ 的神经网络，即可用它和被控过程组成开环的神经网络控制系统，实现 $y=r$。需要消除余差时可添加积分环节，组成闭环控制系统；也可组成其他复杂控制系统；也可将神经网络模型作为内模控制、模型参考自适应控制和预测控制中的数学模型，实现基于模型的控制。此外，神经网络模型也可作为在线估计器的控制及用于优化操作控制等。

4.2.3 集散控制系统中顺序逻辑控制和批量控制的实现

集散控制系统的分散过程控制装置采用可编程控制器时，可方便地实现顺序逻辑控制和批量控制。一些集散控制系统的分散控制装置为了能够实现顺序逻辑控制和批量控制，也提供符合 IEC 61131-3 标准的编程语言。

（1）顺序逻辑控制

顺序控制是指按照预先规定的顺序（逻辑关系），逐步对各生产阶段进行自动信息处理的操作和控制。每个阶段的执行必须满足一定的条件，信息处理包括逻辑运算及记忆某些信息等。顺序逻辑控制系统分为时间顺序控制系统、逻辑顺序控制系统和条件顺序控制系统等。

时间顺序控制系统是一类根据固定时间执行程序的控制系统。它以执行时间为依据，每个设备的运行或停止与时间有关。逻辑顺序控制系统按照逻辑的先后顺序执行操作命令，与执行的时间无严格关系。条件顺序控制系统以执行操作命令的条件是否满足为依据，当条件满足时，相应的操作被执行，不满足时，将执行另外的操作。

IEC 61131-3 是可编程控制器的编程语言标准，它是现代软件概念和现代软件工程的机制与传统可编程控制器编程语言的成功结合。它规范和定义可编程控制器编程语言及基本公用元素，为可编程控制器的软件发展，制定通用控制语言的标准化开创新的有效途径。它也已经成为集散控制系统编程系统的事实标准。

IEC 61131-3 编程语言标准分为公用元素和编程语言两部分。公用元素部分除了说明各种编程语言中使用的字符集、标识符、关键字等外，还定义数据的外部表示、数据类型、变量和程序组织单元等，并对顺序功能表图的基本元素等进行定义。在公用元素中，编程语言标准还定义了软件模型，包括配置、资源、任务和存取路径等基本概念。

IEC 61131-3 的编程语言部分定义了两大类编程语言：文本化编程语言和图形化编程语言。文本化编程语言包括指令表编程语言（IL：Instruction List）和结构化文本编程语言（ST：Structured Text），图形化编程语言包括梯形图编程语言（LD：Ladder Diagram）和功能块图编程语言（FBD：Function Block Diagram）。顺序功能表图（SFC：Sequence Function Chart）被作为公用元素予以定义。顺序功能表图既可用文本化编程语言，也可用图形化编程语言进行编程。

① 软件、通信、功能和 OPC UA 模型　IEC 61131-3 的编程语言第三版是基于面向对象的程序语言，因此，增加了类、方法、接口等内容，部分集散控制系统的系统软件已经更新升级，部分产品仍是第二版的内容。

a. 软件模型。IEC 61131-3 的软件模型描述基本的高级软件元素及其相互关系。该模型由标准定义的编程语言可以编程的软件元素组成，包括：程序和功能块；组态元素，即配置、资源和任务；全局变量；存取路径和实例特定的初始化。它是现代 PLC 的软件基础。图 4-22 是 IEC 61131-3 的软件模型。

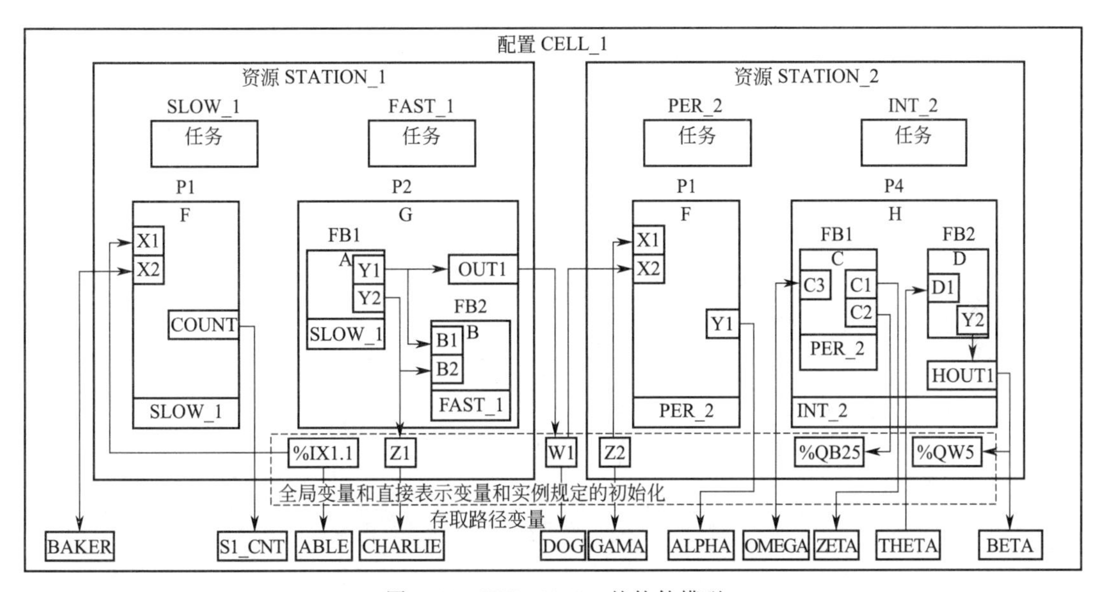

图 4-22　IEC 61131-3 的软件模型

按照标准，一个 PLC 系统的软件模型大致可分为 3 个部分：配置部分、控制序列部分及实例相关初始化部分。配置部分由配置、资源、任务、全局变量和存取路径组成。控制序列部分包括采用标准所规范的编程语言编写的程序和功能块等。实例相关的初始化部分承担将编写好的 PLC 控制程序下装到 PLC 系统中，供其运行。

➢ 配置。配置（configuration）是语言元素，或结构元素，相当于 IEC 61131-1 所定义的可编程控制系统。配置由资源、任务（在资源内定义的）、全局变量、存取路径和实例相关的初始化组成。配置位于软件模型的最上层，等同于一个 PLC 软件。在一个复杂的由多台 PLC 组成的自动化生产线上，每台 PLC 中的软件是一个独立的配置。一个配置可以与其他 IEC 配置通过通信接口实现通信。

➢ 资源。资源（resource）位于软件模型第二层。它反映可编程控制器的物理结构，为程序和 PLC 的物理输入输出通道之间提供一个接口，是执行 IEC 程序的处理手段。资源具有 IEC 61131-1 定义的一个“信号处理功能”及其“人机接口”和“传感器和执行器接口”功能。资源可调用具有输入输出参数的运行期（Run-Time）程序、给一个资源分配任务和程序并声明直接表示变量。

➢ 任务。任务（task）位于软件模型分层结构的第三层。任务是一个执行控制元素，它具有调用能力，用于规定程序组织单元 POU 在运行期的特性。任务既可以周期执行，也可根据特定布尔变量上升沿触发执行。一组 POU 的执行可以包括程序和它的实例在程序声明中规定的功能块。任务执行有优先级，任务用于声明与其结合的程序组织单元的执行控制状态。因此，与任务处于同一层的还有与其结合的程序组织单元。

➢ 全局变量。全局变量（global）用于整个工程项目。全局变量能与其他网络进行数据交换。一个系统中不能有相同名称的两个全局变量。全局变量被定义在配置、资源或程序层内部。它提供了在两个不同位置的程序和功能块之间交换数据的非常灵活的方法。

➢ 存取路径变量。存取路径（access）变量用于将全局变量、直接表示变量和功能块的输入、输出和内部变量联系起来，实现信息的存取。它提供在不同配置之间交换数据和信息的方法。每一配置内的许多指定名称的变量可通过其他远程配置来存取。存取路径变量的读写属性有读写和只读两种，表示通信服务可以读和修改变量的值（读写）或读但不能修改值(只读)。

➢ 配置变量。配置（config）变量用于对变量命名或给符号表示变量赋初始值。

b. 通信模型。IEC 61131 的通信模型由 IEC 61131-5 规定。通信模型规定任何设备如何与作为服务器的 PLC 进行通信及 PLC 如何与任何设备进行通信，即规定 PLC 为其他设备提供服务和 PLC 应用程序能从其他设备请求服务时 PLC 的行为特征。

IEC 61131-5 规定可编程控制器有三种通信方式：

➢ 同一程序内变量的通信；

➢ 同一配置下变量的通信；

➢ 不同配置下变量的通信，分为通过通信功能块和通过存取路径变量两种方法。

IEC 61131-5 规定的通信功能块见表 4-13。

表 4-13 通信功能块

序号	功能块名称		描述
1	远程变量寻址 REMOTE_VAR		用于为远程变量产生存取信息的函数
2	设备检验	STATUS	为获得设备确认信息,对远程设备进行轮询,PLC 周期检查远程设备的状态,以保证远程 PLC 的正常运行
3		USTATUS	允许 PLC 接收远程设备的确认信息,包括其物理状态和逻辑通信状态。一旦发生改变,远程设备必须具有发送其设备确认信息的功能
4	参数控制 WRITE		将一个或多个值写入远程设备的一个或多个变量,以控制 PLC 的运行。为识别远程设备中的变量,可规定一个变量名表,经 CONNECT 功能块获得 R_ID 变量来选择远程设备
5	编程数据采集	USEND	向远程应用程序的 URCV 功能块发送一个或多个变量的值。远程应用程序可使用经正常方式向 URCV 功能块传输的变量值。R_ID 变量保证本地 USEND 功能块向远程设备中正确的 URCV 功能块发送变量值
6		URCV	从相关的 USEND 功能块接收一个或多个变量的值
7		BSEND	向远程应用程序的 BRCV 功能块发送数据缓存器中一个或多个变量的值。数据缓存器的字节长度由输入 LEN 规定
8		BRCV	从相关的 BSEND 功能块数据缓存器中接收一个或多个变量的值
9	轮询数据采集 READ		为获得一个或多个变量的值,对远程设备进行轮询。可指定一个变量 作为功能块输入,经短暂延迟后,远程变量的值从功能块输出 RD_i 送出。它不提供控制轮询速率的输入变量,应用程序应重新触发功能块以开始新的轮询
10	互锁控制	SEND	提供与远程设备中 RCV 功能块之间的互锁的数据交换。SEND 功能块向远程 RCV 功能块发送一个或多个变量值。RCV 功能块对应于 CONNECT 功能块和 R_ID 变量的通道 ID。接收到变量值时,作为响应,远程 PLC 应用程序装载一组值,然后这些值被返回到 SEND 功能块。该功能块用于有互锁要求及本地程序与远程程序之间有数据交换要求的应用场合
11		RCV	从相关的 SEND 功能块接收一个或多个变量的值
12	编程报警报告	ALARM	检测到事件发生时,向由提到 ID 和事件标识符标识的远程设备发送一个或多个变量的值。报警按严重程度为特征分级。该功能块需要远程设备确认接收到报警
13		NOTIFY	与 ALARM 功能块类似,但不需要远程设备的接收确认
14	连接管理 CONNECT		提供用于与远程设备进行通信的本地“通道 ID”。远程设备有唯一名称。本功能块提供的通道 ID 可用于其他通信功能块用于识别远程设备

c. 功能模型。功能模型也称为编程模型。它用于描述库元素如何产生衍生元素，即描述可编程控制器系统所具有的功能。这些功能包括信号处理功能、传感器和执行器接口功能、通信功能、人机接口功能、编程、调试和测试功能及电源功能等。图 4-23 是功能模型的结构。

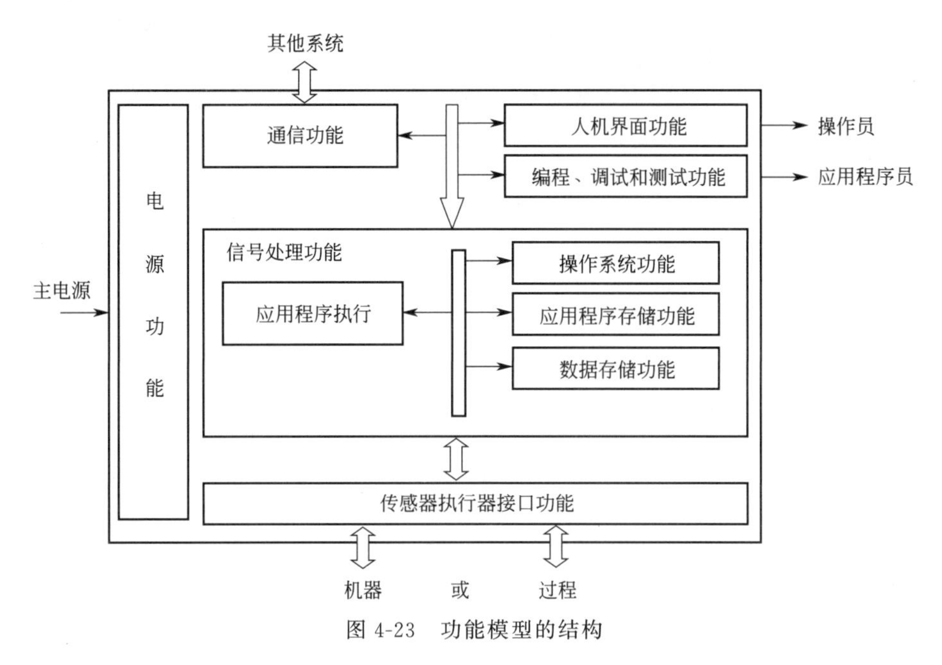

图 4-23　功能模型的结构

➢ 信号处理功能。信号处理功能由应用程序寄存器功能、操作系统功能、数据寄存器功能、应用程序执行功能等组成。它根据应用程序，处理从传感器及内部数据寄存器获得的信号，处理后输出信号送执行器及内部数据寄存器。

➢ 传感器执行器接口功能。将来自机器或过程的输入信号或数据转换为合适的信号电平，和将信号处理功能的输出信号和/或数据转换为合适的电平信号，传送到执行器或显示器。通常，它包括输入输出信号类型及其输入输出系统特性的确定等。

➢ 通信功能。通信功能提供与其他系统，例如可编程控制器系统、机器人控制器、计算机等装置的通信，用于实现程序传输、数据文件传输、监视、诊断等。

➢ 人机界面功能。人机界面功能为操作员提供与信号处理、机器或过程之间信息相互作用的平台，主要包括为操作员提供机器或过程运行所需的信息，允许操作员干预可编程控制器系统及应用程序，例如进行超限判别和对参数调整等。

➢ 编程、调试和测试功能。它可作为可编程控制器的整体，也可作为可编程控制器的独立部分来实现。它为应用程序员提供应用程序生成、装载、监视、检测、调试、修改及应用程序文件编制和存档的操作平台。

➢ 电源功能。提供可编程控制器系统所需电源，为设备同步启停提供控制信号，提供系统电源与主电源的隔离和转换等。可根据供电电压、功率消耗及不间断工作的要求等使用不同的电源供电。

d. OPC UA 信息模型。OPC UA（Unified Architecture）是 OPC（OLE for Process Control）基金会开发的 OPC 统一体系结构，它是不依赖任何平台的标准。OPC UA 已作为 IEC 62541 标准发布，我国标准 GB/T 33863 等效该标准。

OPC UA 信息模型共 13 部分。用于 IEC 61131-3 的 OPC UA 信息模型是为标准编程语言的应用而开发的 OPC 统一体系结构。它是软件模型的 OPC 信息表达。

OPC UA 结合现有标准，采用面向服务的体系结构（SOA：Service-Oriented Architecture）的独立于平台的技术，允许部署 OPC UA 超出当前的 OPC 应用程序只能用于 Window 的平台，例如，也可运行在基于 Linux/Unix 的企业系统。

➢ 公用元素。OPC UA 信息模型用于描述服务器地址空间的标准化节点。

• 数据类型。与 IEC 61131-3 类似，定义各种类型的数据类型，包括布尔、整数、实数、字节和字，也包括日期（date）、一天中的时间和字符串。可定义衍生数据类型，例如，定义一个模拟通道作为数据类型，并重复使用它。

• 控制变量。在 OPC UA 信息模型中，通常用控制作为前缀，如控制变量、控制配置等。控制变量是在控制配置、控制资源或控制程序中仅分配其显式硬件地址的变量。控制变量的应用范围限于被声明的组织单元。

• 控制配置、控制资源和控制任务。与 IEC 61131-3 标准中的定义类似，这些元素在软件模型中被定义，用控制作为前缀。

• 控制程序组织单元。OPC UA 信息模型中，控制函数、控制功能块和控制程序称为控制程序组织单元。IEC 61131-3 标准中的定义类似，控制函数有标准的控制函数和用户定义的控制函数。控制功能块用于表示一个专门的控制功能，它包含数据算法，有一个良好定义的接口和隐含的内部功能，可以被重复调用。控制程序是控制函数、控制功能块的网络，控制程序由定义的编程语言的不同软件元素编写。

• 编程语言。在 OPC UA 信息模型中采用指令表（IL）、结构化文本（ST）、梯形图（LD）和功能块图（FBD）编程语言。顺序功能表图（SFC）被定义作为一个结构工具。

• OPC UA 信息模型。OPC 采用客户端/服务器（C/S）方式进行信息交换。OPC 服务器封装过程信息来源（如设备），使信息可通过它的接口访问。OPC 客户端连接到 OPC 服务器后，可访问和使用它所提供的数据。

根据工业应用不同需求，OPC 制定了三个 OPC 规范，即数据访问（DA）、报警和事件（A&E）和历史数据访问（HAD）。

OPC UA 为应用程序之间提供互操作的、平台独立的、高性能的、可扩展的、安全和可靠的通信。

② 公用元素　IEC 61131-3 标准定义的公用元素包括标识符、分界符、关键字、数据外部表示、数据类型、变量、函数、功能块、程序等。

a. 标识符。标识符（identifier）是以字母或下划线字符开始的字母、数字和下划线字符的组合。用于表示变量、标号和函数、功能块、程序和程序组织单元等名称或实例名。

b. 分界符。分界符（delimiter）是用于分隔程序语言元素的字符或字符组合。标准规定的分界符都采用英文字体，不能采用中文字体。不同的分界符具有不同的含义。

c. 关键字。关键字（keyword）是语言元素特征化的词法单元。它是标准标识符，用于作为编程语言的字。关键字不能用于任何其他目的，例如，不能作为变量名或实例名。

d. 数据外部表示。数据外部表示（external representation of data）由数值文字、字符串文字和时间文字组成。

➢ 数值文字（numeric literal）用于定义一个数值，它可以是十进制数或其他进制的数。数值文字分为两类：整数文字和实数文字。例如，2#1111_1110，−15.2 等。

➢ 字符串文字。字符串文字（character string literal）由单字节字符串或双字节字符串组成。例如“student”“Good”等。

➢ 时间文字。时间文字（time literal）用于表示时间。有持续时间、一天中的时间、日期、日期和时刻等四种不同的时间文字。例如，T#2m3s，TOD#15:20:35 等。

e. 数据类型。数据类型（data type）用于定义文字和变量可能的值、可以做的操作和存储其值的方法。

➢ 基本数据类型。基本数据类型（EDT：Elementary Data Type）是在标准中预先定义的标准化数据类型。它有约定的数据允许范围及约定的初始值。基本数据类型名可以是数据类型名、时间类型名、位串类型名、STRING、WSTRING、CHAR、WCHAR 和 TIME、LTIME 等。

➢ 一般数据类型。一般数据类型（GDT：Generic Data Type）用前缀 ANY 标识。一般数据类型是编程系统使用的数据类型，它们被用在标准函数和功能块的输入和输出，规定它们的数据类型。

➢ 用户定义的数据类型。用户定义的数据类型（user-defined data type）是用户为应用需要而定义的数据类型。用于其他数据类型的声明和用于变量声明中。可以用于任何基本数据类型可被使用的地方。它也称为衍生数据类型、派生数据类型或导出数据类型。用户定义数据类型有枚举数据类型、子范围数据类型、数组数据类型、结构数据类型、直接派生的数据类型等。

➢ 引用和解引用。引用（reference）是一个变量，它只包含对一个变量或一个功能块实例的引用。引用表示被引用者和引用者有相同的数据类型。引用者是被引用者的别名。引用必须绑定一个数据类型。返回引用的引用数据类型是给定变量的数据类型。解引用指将变量或实例的内容直接给该引用的引用变量，而不说明是从该引用所得。

f. 变量。与数据的外部表示相反，变量提供能够改变其内容的识别数据对象的方法。例如，可改变与可编程控制器输入和输出或存储器有关的数据。变量与数据类型结合，从而在存储空间规定对应的存储位置，这是与传统编程语言的重大区别。变量能够随时改变它们的值。

一个变量可以是一个单元素变量，也可以是一个多元素变量或一个引用。变量声明用于声明变量的类型（包括附加属性）、变量名、变量的数据类型、变量的初始值。

单元素变量表示基本数据类型的单一数据元素、衍生的枚举数据类型或衍生子范围数据类型的数据元素、或上述数据类型的衍生数据元素。多元素变量包括衍生数据类型中数组数据类型的变量和结构数据类型的变量。

直接表示变量是直接规定存储器、输入或输出的可寻址物理或逻辑地址之间相应关系的变量。一些直接表示变量需要待定存储地址，它们用星号“*”紧跟位置前缀表示。

可变长度的数组变量是使用不同索引范围的数组的方法描述的数组变量。

变量在系统启动时进行初始化。变量初始值取值有优先级。初始化后变量的值根据下列准则确定：

➢ 当系统停止初始化时变量具有的被保持的值（具有最高优先级）；

➢ 用户规定的初始值；

➢ 根据变量的有关数据类型提供的约定初始值（具有最低优先级）。

g. 程序组织单元。程序组织单元（POU：Programmable Organization Unit）包括函数、功能块、类和程序。功能块和类可包含方法。

➢ 程序组织单元公用性能。

● 赋值。赋值（assignment）是指一个文字（直接量）、常量表达式、变量或一个表达式的值被写入到另一个变量。另一个变量可以是任何类型的变量，例如，函数、方法、功能块等的一个输入或一个输出变量。赋值时，赋值符号两侧的数据类型必须相同。当两者不一致时，必须使用数据类型转换函数。

● 表达式。表达式（expression）是一种语言结构，它由一个已经定义的操作数，如文本、变量、函数调用和操作符（象＋，－，*，/）组合而成，用于产生一个值，称为表达式的值，它可被多次给出（读取）其值。表达式可以用文本格式或图形格式描述。

常量表达式（constant expression）是一种具有恒定值的特定表达式。

调用表达式是一种语言结构，用于函数、功能块实例或功能块或类的方法的执行。调用可用文本描述或图形描述。

● 数据类型转换。数据转换分为显式和隐式两种。显式数据类型转换通过数据类型转换函数实现。隐式数据类型转换遵循规定的规则，详见有关资料。

● 过载。如果在一般数据类型中的各种类型输入语言元素都可被操作，则称该语言元素是过载的，也称为超载或多载。过载表示对一种操作或功能，能用一个或多个不同的数据类型的操作数或参数进行工作的能力。如标准函数中的 ADD、MUL 和过载标准转换函数，如 TO_REAL、TO_INT 具有过载性能。

➢ 函数。函数（function）是一个可赋予参数，但不存储（没有记忆）其状态的 POU。即它不存储其输入、内部（或暂存）变量和输出/返回值。函数分为标准函数和用户自定义函数两类。

标准函数有数据类型转换类、数值类、算术类、位串类（包括位串移位运算函数和位串的按位布尔函数）、选择和比较类、字符串类、日期和持续时间类、字节序转换类、枚举数据类和验证类等 10 类函数。

用户定义的函数是标准函数的组合或调用，它可以是用户根据应用项目的要求编写的函数，也可以用派生函数编写新的派生函数。派生函数与标准函数具有相同的特性。

函数声明可用图形和文字两种形式表示。它由函数变量声明和函数本体两部分组成。函数变量声明用于对函数中各变量进行声明，包括变量类型、变量的数据类型和初始值等。函数本体用有关表达式或图形表达方式表示实现该函数所需的运算。

函数具有附加属性，如过载属性、可扩展属性、调用属性等。

函数的调用可用文本格式和图形格式表示。由于函数的输入变量、输出变量和函数返回值不被存储，因此，函数调用时，函数输入变量的赋值、函数输出的存取和函数返回值的存取立刻进行。

➢ 功能块。功能块（function block）是在执行时能够产生一个或多个值的程序组织单元。它用于模块化并构建程序明确定义的部分。功能块概念通过功能块类型和功能块实例实现。

可采用与函数类似的方法，对功能块类型进行声明，包括功能块类型中的变量声明和功能块本体程序两部分。

功能块变量声明包括输入变量声明、输出变量声明（及输入输出变量声明、外部变量声明、变量声明和保持变量声明）等。功能块本体是标准定义的图形或文字（含 SFC）类编程语言编写的程序。

功能块实例是一个功能块类型的多个命名的实例，每个实例有一个相应的标识符（实例名）和一个包含静态输入、输出和内部变量的数据结构。用同样的输入参数，功能块实例的调用结果会有不同的输出值，即功能块具有记忆属性。功能块实例用类似结构变量的描述的方法进行声明。

功能块实例化是编程人员在功能块声明段、用指定功能块名和相应的功能块类型来建立功能块的过程。功能块本体（或实体）程序中的变量称为形式参数或形参。具体应用时，要用实际参数（称为实际参数或实参）代替形式参数，才能调用该功能块执行，该过程是功能块的实例化。

功能块分标准功能块和用户自定义功能块。标准功能块是由标准 IEC61131-3 规定的功能块，包括双稳元素功能块、边沿检测功能块、计数器功能块和定时器功能块。用户自定义功能块是用户根据应用项目的要求，用标准功能块和标准函数组合或调用导出的功能块，也可以用派生函数和派生功能块编写新的派生功能块。

➢ 程序。程序（program）是所有可编程语言元素和结构的一个逻辑组合，它们对于由可编程控制器系统控制机器或过程所要求的信号处理是必须的。

程序的声明和使用方法与功能块基本相同。此外，除了具有功能块的性能外，程序还具有它本身的特性，详细细节见有关资料。

h. 面向对象程序设计语言。IEC 61131-3 第三版是面向对象的程序设计语言。使用有关术语如下。

➢ 类。类（class）是用于面向对象编程的 POU。IEC 61131-3 第三版采用类和对象的定义。

一个类包括基本的变量和方法。一个类在它的方法被调用或它的变量被存取前需要实例化。类的本质是类型，而不是数据，因此，它不存放在内存中，不能被直接操作，只能实例化为对象后才能变得可操作。

类是具有相同属性和行为的一组对象的集合。类是对象的模板，类的实例是对象。类中的数据具有隐藏性，类还具有封装性。类用于确定一类对象的行为。这些行为是通过类的内部数据结构和相关的操作来确定。行为通过一种操作接口来描述。用户只关心接口的功能（即类的各个成员函数的功能），操作接口是该类对象向其他对象所提供的服务。

继承是指一般类的属性和操作传递给另一类。继承是一个类的定义可基于另一个已经存在的类，即子类基于父类，实现父类代码的复用。子类继承父类时，可重新定义某些属性，并重写某些方法，即覆盖父类的原有属性和方法，使其获得与父类不同的功能。

从一个已经存在的类（基类）用关键字 EXTENDS 扩展（派生）的类称为派生类。因此，派生类是原有类的扩展。派生类继承方式有公有、私有、内部和保护继承等。

一个类如果不与具体对象相联系，而只表达一个抽象概念，仅作为其派生类的一个基类，则这个类称为抽象类。抽象类的用途是让其派生类来继承其特性。它为多个派生类提供可共享的基类定义的公用特性。抽象类不能创建对象。

在抽象类中用 ABSTRACT 声明的方法称为抽象方法。

➢ 方法。在类的定义中，方法（method）用于定义可选语言元素的集合，即类实例中数据执行的操作和服务。方法包括方法名称、类型和所有它的参数（即输入、输出、输出变量和返回值结果的数据类型）的序列。它是用显式方式来标识方法的参数接口的信息集。一个类可以有一组方法。

与函数类似，方法可对在类内声明的静态和外部变量进行读和写的存取，可调用在该类内定义的其他方法，可调用方法所在类实例的基类实例中的方法或调用外部不同类实例的方法。与函数的调用不同，方法不能直接用方法名调用。

如果子类不想原封不动地继承父类的方法，而需做一定修改，就需要采用方法的重写，也称为覆盖方法。子类中的新方法与父类中的某一方法具有相同的方法名、返回类型和参数表，则新方法将覆盖原有的方法。多态性是面向对象程序设计的核心概念。多态指不同类对象收到同一消息可产生完全不同的响应效果，即同一消息对不同接收对象有不同的调用方法。覆盖父类的方法是实现多态性的一种方式。

方法绑定是该方法被调用时该方法关联其方法本体的过程。程序执行前的方法名绑定（例如用编译器）被称为“静态绑定”或“前期绑定”，即程序运行前已经加载到内存。程序已经执行后实现的方法名绑定称为“动态绑定”或“后期绑定”，它是程序运行时将方法与其方法本体的绑定。动态绑定是将方法名与类实例的实际类型的一种方法建立联系。

抽象方法是只有方法声明，没有具体方法实现的一类方法。这表示抽象方法只有返回值的数据类型、方法名和它的参数，并不需要方法的实现。为实现抽象方法，必须建立子类，并将该方法覆盖，在覆盖时建立它的实现。抽象方法的用途是为子类对该方法覆盖，并完成其方法的实现。只有子类可以实现父类的所有抽象方法。

方法可访问权限用存取符号 PUBLIC（公有）、PRIVATE（私有）、PROTECTED（保护）和 INTERNAL（内部）界定。默认可访问权限是 PROTECTED。

在面向对象的编程语言中，变量应在变量声明段声明变量的可访问属性或存取属性。变量的可访问属性有 PUBLIC（公有）、PRIVATE（私有）、PROTECTED（保护）和 INTERNAL（内部）四种。

➢ 接口。接口（interface）是只包含抽象方法的抽象类，它用于实现多继承的功能。接口与抽象类配合，可提供方法、属性和事件的抽象。接口本体可包含一组（隐式公有的）方法原型。方法原型是一个接口使用的受限制的一个方法的声明，它不包含任何算法（代码）和暂存变量，即它不包括实现。

与类的继承一样，接口可以用 EXTENDS 来继承。类只能单继承，接口可以多继承。

赋值尝试用于检查类或功能块实例是否实现给定的接口。如果引用的实例是实现接口的类或功能块实例，则赋值尝试结果表示该实例是有效的引用，否则结果为 NULL。赋值尝试分为接口引用到类（或功能块类型）的实例（向上转换），或从基类引用到派生类引用的一个引用（向下转换）两种。

➢ 面向对象的功能块。支持面向对象的有关类的内容，包括功能块的方法、功能块的接口实现和功能块的继承。

面向对象的功能块可有一个功能块本体和附加的一组方法。根据附加方法的有无，功能块有下列三种。

● 只有功能块本体的功能块。这是不含可实现的方法的功能块。

● 只有方法的功能块。该功能块可包含多个方法，但没有功能块本体程序。由于方法的输入变量、输出变量、内部变量和返回值都是暂存变量，不是静态变量，因此，只能在调用时存取。

● 包含方法和功能块本体的功能块。它是上述两种功能块的组合。

功能块中方法的执行与方法在类中的执行方法类似。同样，功能块中的方法和变量也有四种可存取和可访问属性。面向对象的功能块与类的继承类似，可以继承。

面向对象的功能块中方法的调用分为从方法所在功能块实例内调用和从方法所在基功能块实例内调用两种。

面向对象的功能块的多态性指对同一功能块，由于继承、覆盖和引用的不同而有不同的响应或行为。功能块通过覆盖方法，获得新的方法，这些不同的覆盖方法能使执行的结果不同，这就是多态性。面向对象的功能块的多态性，其特点是动态名绑定，分接口多态性、输入输出变量多态性、引用多态性和 THIS 多态性等四种。

➢ 命名空间。命名空间（namespace）是用于组织和重用代码的编译单元。为使相同的名称可以在上下文中使用而不发生错误，可将相同的名称分别放置在不同的命名空间（即局部命名空间），从而使相同的名称局部化（本地化），防止名称的冲突。因此，声明在命名空间的语言元素的同一名称，也可被用在其他命名空间。命名空间是一个将其他语言元素组合到一个组合实体的语言元素。

③ 编程语言　IEC 61131-3 标准规定文本类编程语言和图形类编程语言。顺序功能表图编程语言（SFC）作为公用元素。

a. 文本类编程语言。有指令表编程语言（IL）和结构化文本编程语言（ST）。

➢ 指令表编程语言。指令表编程语言是类似汇编语言的编程语言，它用一系列指令组成程序组织单元本体部分。与传统 PLC 的指令表编程语言比较，IEC 61131-3 标准的指令表编程语言更为简单，其原因是采用了修正符、函数和功能块，一些原来用指令执行实现的操作可通过修正符、函数和功能块的调用方便地实现。

➢ 结构化文本编程语言。结构化文本编程语言类似于 PASCAL 编程语言。它用高度压缩的方式提供大量抽象语句来描述复杂控制系统的功能。结构化文本编程语言的程序由语句组成。结构化编程语言编写的程序是结构化的，语句由表达式和关键字等组成，表达式是操作符和操作数的结合。

结构化文本编程语言的语句由赋值语句、函数和功能块控制语句、选择语句、循环语句等组成。

b. 图形类编程语言。有梯形图编程语言（LD）和功能块图编程语言（FBD）。

➢ 梯形图编程语言。梯形图编程语言类似电气系统的逻辑控制图，它用一系列梯级组成梯形图，表示工业控制逻辑系统中各变量之间的关系。梯形图可采用的图形元素有电源轨线、连接元素、触点、线圈、函数和功能块等。为表示概念量的流动，梯形图中用能流表示系统中电能的流动，或状态的传递。梯形图编程语言支持函数和功能块的调用。

➢ 功能块图编程语言。功能块图编程语言源于信号处理领域，它是 IEC 61499 标准的基础。该编程语言具有图形符号、可图形连接，操作方便等特点，因此被广泛应用于集散控制系统，其国际标准是 IEC 61804。功能块图网络由函数、功能块、执行控制元素、连接元素和连接组成。功能块图编程语言的编程方法类似于单元组合仪表的集成方法。它将控制要求分解为各自独立的函数或功能块，并用连接元素和连接将它们连接起来，实现所需控制功能。

c. 顺序功能表图编程语言。顺序功能表图采用文字叙述和图形符号相结合的方法描述顺序控制系统中过程、功能和特性。

➢ 步。顺序功能表图编程语言把一个过程循环分解成若干个清晰的连续阶段，称为“步”(step)。步有两种状态：活动状态和非活动状态。在活动步阶段，与活动步相连接的命令或动作被执行。命令和动作通称为动作。一个动作（action）可以是一个布尔变量、LD 语言中的一组梯级、SFC 语言中的一个顺序功能表图、FBD 语言中的一组网络、ST 语言中的一组语句或 IL 语言中的一组指令。用动作控制功能块描述动作。动作控制功能块由限定符、动作名、布尔指示器变量和动作本体组成。

➢ 转换。转换表示从一个或多个前级步沿有向连线变换到后级步所依据的控制条件。每个转换有一个相对应的转换条件。如果通过有向连线连接到转换符号的所有前级步都是活动步，该转换称为“使能转换”，否则该转换称为“非使能转换”。

如果转换是使能转换，同时该转换相对应的转换条件满足，则该转换称为“实现转换”。实现转换需要的条件是：

- 该转换是使能转换；
- 相对应的转换条件满足，即转换条件为真。

实现转换产生两个结果：

- 与该转换相连的所有前级步成为非活动步，即转换的清除；
- 与该转换相连的所有后级步成为活动步。

转换的实现使过程得以进展。

➢ 有向连线。步之间的进展按有向连线规定的路线进行。步经过有向连线连接到转换，转换经过有向连线连接到步。有向连线的方向从上到下或从左到右。

➢ SFC 程序结构。顺序功能表图的程序有单序列、选择序列（分支和合并）、并行序列（分支和合并）等结构。应注意防止出现不安全序列和不可达序列结构。

(2) 批量控制

工业生产过程基本分为三类，即连续生产过程、离散制造和批量生产过程。这是按工业生产制造中被加工对象是连续或者是离散来加以区别。采用连续生产过程的工业企业，通常称为流程行业，如发电、钢铁、化工、石油化工等。采用一件一件加工处理的，通常称为离散制造业，如机械制造、电子制造、汽车制造等。所谓批量生产过程往往是指按一批一批生产处理的过程，在批处理过程中其生产流程是连续的，当产品生产出来以后，同一个生产装备可以用来生产另一类产品。这类介于连续流程和离散制造之间的生产过程，被称为批量生产过程，如精细化工、酒类饮料加工、印染等。

ANSI/ISA S88—1995《批量控制》定义批量生产过程是将有限物料按规定的加工顺序在一个或多个设备中加工以获得有限量产品的加工过程。

① 过程模型　批量过程的过程模型（process model）可分为过程段、过程操作和过程动作等。批量过程（batch process）由一个或多个过程段组成。图 4-24 是批量过程的过程模型。

a. 过程段（process stage）构成一个有序集，它可以是串行的，也可以是并行的，或两者混合。过程段的运行与其他过程段无关，它会引起被处理材料一系列计划好的物理或化学的变化。

例如，在聚氯乙烯生产过程中典型的过程段有聚合（乙烯基氯化物单体聚合成聚氯乙烯）、回收（回收未反应的乙烯基氯化物单体）和干燥（将聚氯乙烯干燥）等。

b. 过程操作（process operation）是过程段中的主要处理活动，一个过程段由一个或多个过程操作组成。过程操作引起被处理材料的物理或化学变化。在聚氯乙烯生产过程中聚合过程段的典型过程操作有准备反应器（将反应釜内的氧抽空）、装料（加入分散剂、软化水和表面活化剂）和反应（加乙烯基氯化物单体和催化剂、加热，并保持其温度直到反应釜内压力下降）等。

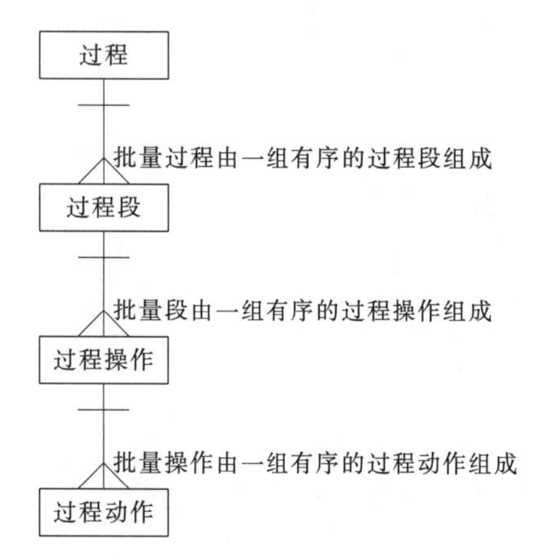

图 4-24　批量过程的过程模型

c. 过程动作（process action）是过程操作的小处理活动。每个过程操作可细分为一个或多个有序的过程动作，是执行过程操作所要求的处理操作。例如，反应过程操作中典型的过程动作有加催化剂（加反应所需的催化剂）、加单体（加乙烯基氯化物单体）、加热（反应釜内物料升温到规定的温度）、保温（保持反应釜内温度在规定温度，直到反应釜内压力下降）等。

② 物理模型　批量生产过程所涉及的企业实物资产的物理模型（physical model）分七层，最上面三层根据商业考虑，分别是企业、现场和区域层，下面四层是过程组元层、单元层、装置模块层、控制模块层，与专门的装置有关。

a. 企业层（enterprise）是一个或多个现场的集合体，负责确定生产什么产品，在何处生产这些产品，如何制造这些产品等。

b. 现场层（site）是由企业层确定的物理、地理或逻辑分组，通常以组织或商业准则确定其范围。

c. 区域层（area）是由现场确定的一个物理、地理或逻辑分组，通常以组织或商业准则确定其范围。

d. 过程组元层（process cell）包括单批或多批生产所需的装置，它确定一个区域内一套过程装置的逻辑控制范围。

e. 单元层（unit）是相关联的控制模块和/或装置模块的组合，它可进行一个或多个主要处理活动，如反应、结晶等，它把执行这些活动所需的所有必要的实际处理装置组合成一个独立的装置分组。

f. 装置模块层（equipment module）是一个单元的组成部分或过程组元中的一个独立的装置分组，执行有限次数的特定的小处理活动，如计量或称重等。

g. 控制模块层（control module）是物理模型中能够执行基本控制的最底层装置组群。例如，它可以是传感器、执行器、其他控制模块和相关处理装置的集合。

③ 程序控制模型　程序控制模型（procedural control model）分为程序、单元程序、操作和阶段等。

a. 程序（procedure）。程序位于程序控制模型的最高层。它执行一个过程的策略。用一组有序的单元程序来定义。例如，制造 PVC（聚氯乙烯）就是一个程序。

b. 单元程序（unit procedure）。单元程序由一组有序的不间断操作及启动、组织和控制所需的算法组成。它在一个单元内执行一个连续过程的策略。例如，聚合 VCM（乙烯基氯化物单体）、回收 VCM 和干燥 PVC 都是单元程序的示例。

c. 操作（operation）。操作用于定义独立的处理活动，包括启动、组织和控制所需算法的程序元素。通常，需要将操作边界设定在程序中用于安全终止正常处理的位置。操作的示例有准备（抽空反应釜，用防污剂涂壁）、装料（加软化水和表面活化剂）等。

d. 阶段（phase）。程序控制模型的最小元素，能够完成面向过程的任务。阶段还可细分为更小的几部分。阶段可发布命令或引起动作。例如，启动和停止调节面向状态的基本控制类型，规定其设定值和输出初始值，设定、清除和改变报警值或其他上下限值，设定和改变控制器参数等。

④ 程序控制模型、物理模型和过程模型之间的关系　装置控制与实际装置构成装置实体(equipment entity)。装置实体可分为过程组元、单元、装置模块和控制模块等四种。一个装置实体中，用手动或自动方式实现装置控制只能通过实施装置控制，才能使装置生产一个批。

图 4-25 所示为获得过程功能的程序控制与装置元素之间的关系。

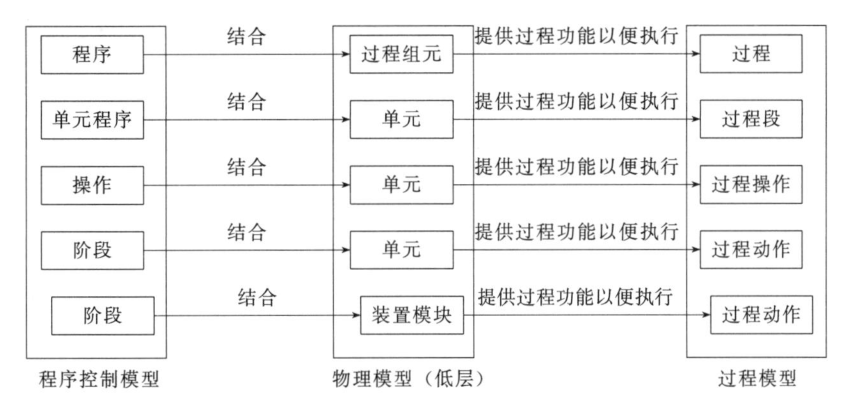

图 4-25　获得过程功能的程序控制与装置元素之间的关系

⑤ 处方模型　处方（recipe）是一个实体，也称为配方，包含专门确定某个特定产品生产要求的最低量信息。处方提供描述产品和怎样生产产品的方法。图 4-26 所示为处方模型和包含的信息。

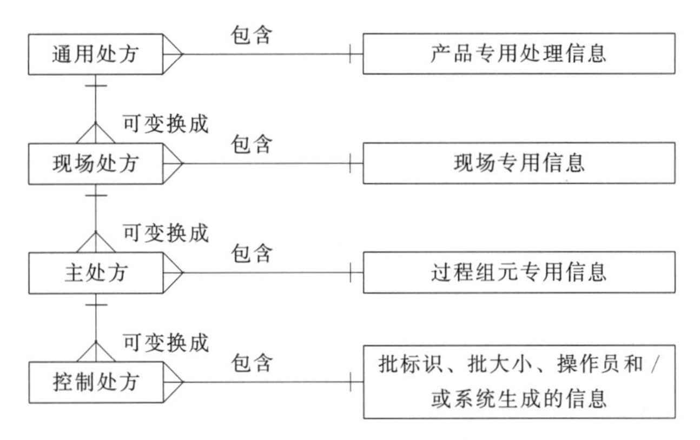

图 4-26　处方模型和包含的信息

处方包含特定产品与过程有关的信息。处方可分为通用处方、现场处方、主处方和控制处方。

通用处方（general recipe）表达装置需求和现场无关的处理需求的处方。它是企业级处方，是全企业计划和投资决策的基础。现场处方（site recipe）是现场专用的处方，是现场专用信息和通用处方的组合，从通用处方派生，达到现场级长期生产调度表编制所需的详细程度。主处方（master recipe）是针对过程组元或过程组元装置子集的处方，可从通用处方或现场处方获得。控制处方（control recipe）是以特定版本的主处方为范本，根据一个批的调度和操作信息做必要修改的处方，它包含生产某一特定批产品所需产品的专用过程信息。

⑥ 集散控制系统中批量控制的实现　主要集散控制系统制造商都提供符合 ISA S88 和 ISA S95 标准的批量过程控制软件。

例如，Foxboro公司的批量控制软件提供如图4-27所示的主菜单，可进行模型编辑（ModelEdit）、I/A链接（IALink）、培训编辑（TrainEdit）、原材料编辑（MtlEdit）、处方编辑（RecipeEdit）、时间信息管理编辑（TimeEdit）、安全编辑（SecEdit）、逻辑控制编辑（LogEdit）、批调度（BatchSched）、批显示（BatchDspl）和批报告（BatchReport）等。

图4-27 批量控制软件的主菜单

4.2.4 集散控制系统中优化控制的实现

优化分为设计优化和运行优化。设计优化是选择合适的工艺流程、设备类型和尺寸、操作条件等使投资费用等最小。运行优化分控制优化、操作优化和生产计划与调度优化等。控制优化又称为最优控制，它的目标函数是被控过程的某项动态品质指标最优，例如，预测控制中采用的滚动优化控制策略，自校正控制中系统辨识与最优控制结合，PID参数的最优整定等。操作优化又称为稳态优化，它是在现有工艺流程、设备等条件下，某些经济效益指标的最优。例如，成本最低，产品产量最高等。

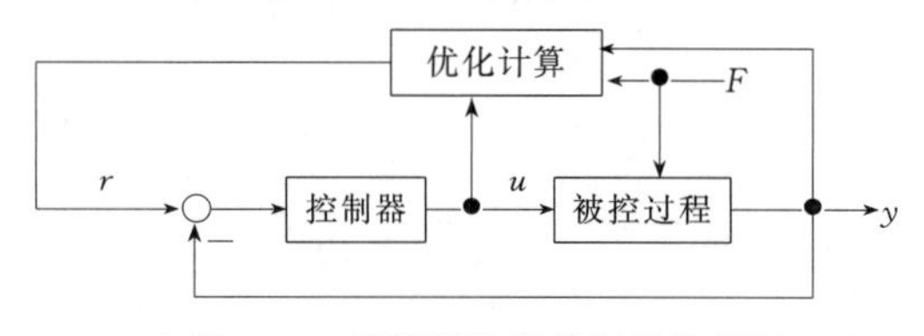

图4-28 计算机监督控制系统框图

操作优化控制是根据生产过程的工艺信息（各种工艺参数的测量值）和其他信息（市场供销、原料和环境等信息），按照生产过程的数学模型，计算并自动在线改变有关控制回路设定值，从而使生产过程处于优化工况。这种系统也称为计算机监督控制系统（SCC或SPC）。图4-28是计算机监督控制系统的框图。集散控制系统中的优化层位于直接控制层之上，由优化控制的计算结果作为控制器的设定值。与设计优化的区别是工艺流程、设备类型和尺寸等都已确定，可优化的参数是生产过程的操作条件。

(1) 确定操作优化的过程变量

操作优化的命题如下：

$$\begin{aligned} &\min_{x} J(\boldsymbol{x},\boldsymbol{f}) \\ \text{s.t.}\quad &g(\boldsymbol{x},\boldsymbol{f})\leqslant 0 \\ &h(\boldsymbol{x},\boldsymbol{f})=0 \end{aligned} \tag{4-36}$$

式中，J是目标函数或评价函数；min表示求最小值，求最大值问题，可用$\min(-J)$；$\boldsymbol{x}$是运行向量，即自变量组成的向量，是使J最小的可调整的过程变量；$\boldsymbol{f}$是环境向量，由环境条件和外界条件组成，是不能自由调整的变量；g和h是约束条件，其中，g是不等式约束，例如，某一操作温度x_1不能超过100℃，可表示为$x_1-100\leqslant 0$；h是等式约束，例如，过程的数学模型就是等式约束。

① 确定目标函数　目标函数J应是安全可靠稳定运行前提下所追求的最高经济效益。J应是纯量。确定J的原则如下。

a. 用直接表征经济效益的函数作为J，缺点是函数关系复杂；

b. 用各个目标值的加权代数和作为J，缺点是权系数难确定；

c. 用主要目标值作为 J，其他目标值改为约束条件，优化时需要满足这些约束条件；

d. 各个目标值列为一个目标向量，以向量的某种范数作为 J。

应注意 J 的实际意义，不要导致增产不增收等不良结果出现，并应注意优化计算的易操作性。

② 确定运行变量　确定运行变量时注意下列事项：

a. 运行变量 x 应工艺合理，对 J 有重要影响；

b. 运行变量个数不宜过多，运行变量可独立调整；

c. 采用主元分析方法或部分最小二乘法等降低运行变量维数，以减少次要或非独立运行变量；

d. 可将若干相关变量组成综合变量，减少变量数。

（2）确定约束条件

约束条件是过程运行变量和环境变量允许的操作范围，分为无约束、不等式约束和等式约束三类。约束条件的确定应依据工艺过程的分析，并与优化算法结合考虑。

约束条件是优化控制中极重要的指标。它不仅需要准确的界限，而且有适当的数值。约束太少，会产生不合理的优化结果，例如，当目标函数和过程最优化模型都近似为线性时，根据线性规划，其最优解总在约束的边界上取值。当约束太少时就导致操作在无限大范围。虽然约束太多时，在约束条件正确时不会对过程有影响，但使控制方案复杂。

（3）确定优化算法

求解优化问题的算法很多，应根据具体问题具体分析。精确定量数学模型的优化算法已经定型，但这类算法需要大量先验知识，且建立精确数学模型困难；建立半定量或定性数学模型比较容易，这时，优化算法可采用专家规则模型进行。

可用的优化算法有求导法、线性规划法、数值搜索法、梯度法、逐次二次规划法、随机优化法等。

（4）建立过程数学模型

过程数学模型分静态模型和动态模型。静态数学模型用于描述过程输出变量与输入变量之间的稳态关系。动态数学模型用于描述过程输出变量与输入变量之间的动态关系。

建立数学模型的方法有三类：根据过程内在机理、物料和能量衡算等物理和化学规律建立的模型是白箱模型；用过程输入输出数据确定过程模型结构和参数的方法建立的模型是黑箱模型；介于两者之间的各种建模方法建立的模型是灰箱模型。

（5）集散控制系统实现优化控制

以某厂洗涤水中回收甲醇的精馏塔优化控制为例。该精馏塔进料主要成分是甲醇和水，并有少量盐分，可用二元物系精馏塔数学模型描述。工艺要求如下：

- 塔顶馏出液 D 中甲醇体积含量 $X_D \geqslant 98\%$；
- 塔釜釜液 B 中甲醇体积含量 $X_B \leqslant 0.5\%$。

主要扰动是进料量 F 和进料甲醇含量 X_F 的变化。用常规仪表控制时，工况不稳定，为此采用优化控制，基础级为精馏段直接物料平衡控制，优化级进行稳态优化控制，计算塔顶馏出物 D 和再沸器加热量 Q 的设定值。

① 确定目标函数　精馏塔是耗能大户，因此，以能量损耗最小为目标函数。目标函数 J 为：

$$J=\frac{BX_B}{F}(P_D-P_B)+\frac{D(1-X_D)}{F}(P_B-P_D)+\frac{Q}{F}P_Q \tag{4-37}$$

② 确定约束条件　根据质量指标确定约束条件为：

$$\begin{aligned}&X_D^{\circ}\leqslant X_D\leqslant 1\\&X_B^{\circ}>X_B>0\end{aligned} \tag{4-38}$$

式中，X_D° 和 X_B° 分别是工艺规定的塔顶和塔釜轻组分的浓度。本例中，釜液作为废液排放，因此，$P_B=0$。

③ 建立数学模型

a. 物料平衡。根据物料平衡关系，获得下列物料平衡方程：

$$FX_F=DX_D+BX_B' \\ F=D+B \tag{4-39}$$

b. 分离度 S 与能耗的关系。根据 Fenske 方程，有：

$$\frac{Q}{F}=\beta\ln\frac{X_D(1-X_B)}{X_B(1-X_D)} \tag{4-40}$$

式中，β 是精馏塔的特性因子。

c. 建立 X_D、X_B 和 X_F 的数学模型。测试数据回归后，获得数学模型：

X_D 由塔精馏段灵敏板（第 11 板）温度估计。

$$X_B=\exp(511.16-9.1823T_C+0.040472T_C^2) \\ X_F=66.75-1.444T_4+0.05802T_{23}+5.529\times10^{-3}T_4^2-2.140\times10^{-3}T_{12}^2- \\ 1.157\times10^{-3}T_{23}^2+3.691\times10^{-3}T_4T_{12}+1.20\times10^{-3}T_4T_{23} \tag{4-41}$$

式中，T_C 是塔釜温度；T_4、T_{12} 和 T_{23} 分别是第 4、12 和 23 塔板温度。

d. 优化控制策略。根据数学模型和有关关系式，获得目标函数为：

$$J=P_D\left[\frac{X_D-X_F}{X_D-X_B}X_B-\frac{X_F-X_B}{X_D-X_B}(1-X_D)\right]+P_Q\beta\ln\frac{X_D(1-X_B)}{X_B(1-X_D)} \tag{4-42}$$

为使能量损耗最小，应使$\dfrac{\partial J}{\partial X_D}>0$。

因 $X_D>X_F>X_B$，$X_D<1$，$X_B>0$，在约束范围内，X_D 越小才能使 J 越小。即应卡边操作，X_D 的最优值应为：

$$X_D^*=X_D^\circ \tag{4-43}$$

当 X_D° 接近于 1，X_B° 接近于 0 时，塔釜轻组分 X_B 的最优值为：

$$X_B^*=\frac{\beta P_Q}{P_D(X_D^\circ-X_F)} \tag{4-44}$$

如果出现塔釜轻组分 X_B 的最优值高于工艺允许限值，应取 $X_B^*=X_B^\circ$。实际上，这种情况很少发生。将 X_B 的最优值代入，得 D 和 Q 的最优设定值为：

$$D^*=F\frac{X_F-X_B^*}{X_D^\circ-X_B^*} \\ Q^*=F\beta\ln\frac{X_D^\circ(1-X_B^*)}{X_B^*(1-X_D^\circ)} \tag{4-45}$$

实际应用时，考虑进料量的波动，对 D 的设定增加 T_{11} 的前馈信号，组成前馈-反馈控制系统。

4.3 现场总线控制系统的模块

4.3.1 模块类型和参数

根据基金会现场总线规范，介绍现场总线设备中使用的功能模块。

现场总线设备的模块与集散控制系统中使用的功能模块或算法是相似的，它们由不同功能或算法的子程序组成，用于完成特定功能的运算。现场总线设备中的模块分为三种类型，即资源模块、转换器模块和功能模块。图4-29所示为用户应用层与生产过程界面、通信系统界面的关系。

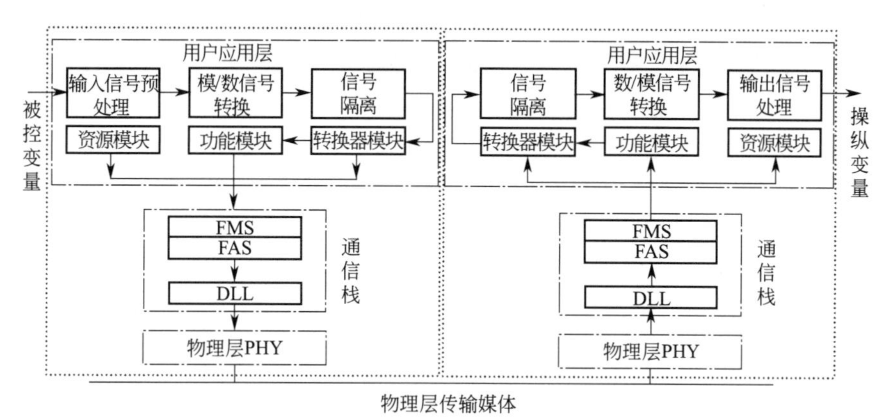

图4-29　现场总线设备的模块和界面

生产过程的被控变量或检测变量信号先经过现场总线设备的硬件实现输入信号的预处理，例如热电偶冷端补偿等，然后经模/数转换和电信号隔离，数字信号在用户应用层经转换器模块转换后送功能模块，功能模块执行组态时所规定的相应运算，如AI功能模块将输入信号转换为标准的百分数信号，进行信号报警等处理。运算后的信号在链路主设备中链路活动调度器LAS的调度下，对该信号进行封装后发送到通信栈，并经物理层传送到另一台现场总线设备。在接收方的现场总线设备中，信号经各层的解装，然后传送到该设备的用户应用层，并按所设计的要求，在该设备中进行有关功能模块的运算，如PID运算、AO运算等，最后，信号经该设备内的输出转换器模块送出，再经信号处理、信号隔离和数/模转换后传送到生产过程的执行器，用于改变操纵变量。

(1) 现场总线设备中的模块

现场总线设备中的模块（block）分为三种类型，即资源模块、转换器模块和功能模块。模块的参数按类型可分为内含参数、输入参数和输出参数等；按是否可与其他模块参数连接可分为可连接参数和不可连接参数等；按模块工作方式可分为目标方式、实际方式、允许方式和正常方式等参数；按存储方式可分为静态存储、动态存储和非挥发型动态存储等。

每个参数均与输入、输出或控制参数有关。参数的值用于表示参数特性。

① 资源模块　资源模块（resource block）用于描述现场总线设备的硬件特性。资源模块的功能参数都是内含参数（contained parameter），没有可连接参数。表4-14是资源块的功能参数。

表4-14　资源块的功能参数

索引号	参数名称	功能说明
7	RS_STATE	资源块应用状态机的状态
8	TEST_RW	测试参数的读写(一致性测试时使用)
9	DD_RESOURCE	资源块位号的识别,包括该资源块的设备描述
10	MANUFAC_ID	制造商识别号(用于资源DD文件的定位)
11	DEV_TYPE	定位资源的DD文件所用厂商设备的类型号,被接口设备用于定位资源的DD文件
12	DEV_REV	定位资源的DD文件所用厂商设备的版本号,被接口设备用于定位资源的DD文件
13	DD_REV	定位资源的DD文件所用厂商设备描述的版本号,被接口设备用于定位资源的DD文件
14	GRANT_DENY	用于控制上位机访问和就地控制盘的操作、调整和模块报警参数的选项,未被设备使用

续表

索引号	参数名称	功能说明
15	HARD_TYPES	用于作为通道号的硬件类型号(例如,AI、AO、DI、DO 等)
16	RESTART	允许手动再启动来初始化。再启动分下列几级: Run:当不再启动时的正常启动; Restart resource:未被使用; Restart with default:设置参数到约定值的再启动; Restart processor:CPU 的热启动
17	FEATURES	资源模块可供选择的选项,用于显示被支持的资源块选项,例如,软件写锁、硬件写锁、报告和统一编码(UNICODE)
18	FEATURE_SEL	所选择的资源模块选项
19	CYCLE_TYPE	该资源块可使用模块执行方法的标识,资源模块能实现的周期类型代码(周期、事件驱动、制造商特定等)
20	CYCLE_SEL	用于选择模块执行方法,例如,3051S 支持,调度和块执行 调度:模块仅根据功能模块的调度执行 块执行:通过连接的另一模块完成后再执行
21	MIN_CYCLE_T	资源模块允许的最小周期间隔时间
22	MEMORY_SIZE	资源模块允许组态下装的存储器空间的大小(单位 kB)
23	NV_CYCLE_T	向非易失性存储器写入的最小周期间隔时间(0 表示不写),由制造商特定的写非挥发参数到非挥发存储的最小时间间隔,0 表示不自动写入,只有已改变的参数在该时间间隔结束时在非挥发存储器中被更新
24	FREE_SPACE	用于进一步组态的可用存储空间的百分比,预组态设备为 0
25	FREE_TIME	资源模块可用于自由处理其他模块的处理时间的百分数
26	SHED_RCAS	给予计算机写到功能模块 RCAS 位置的时间间隔。在 SHED_ROUT 为 0 时不会发生来自 RCAS 的脱落
27	SHED_ROUT	给予计算机写到功能模块 ROUT 位置的时间间隔。在 SHED_ROUT 为 0 时不会发生来自 ROUT 的脱落
28	FAIL_SAFE	故障时,安全状态的物理设置方式(1:清除;2:激活)。输出块在通信丢失时的条件设置,当故障条件被设置,输出模块将执行其故障的安全措施
29	SET_FSAFE	允许通过设置来手动初始化 FAIL_SAFE 的条件,故障时,安全状态的外部设置方式(1:关闭;2:设定)
30	CLR_FSAFE	故障清除时,安全状态的设置(1:关闭;2:清除)。如果现场出错条件已清除,其值为 2(写),则清除设备的 FAIL_SAFE 状态
31	MAX_NOTIFY	资源未确认时允许的最大报警报告的报文数量
32	LIM_NOTIFY	设置最大允许未经确认的报警报告的报文数量
33	CONFIRM_TIME	报警报告接收的确认等待时间,超时重发,两次报告发布确认之间的等待时间,其值为 0 表示不发生超时重发
34	WRITE_LOOK	写保护方式设置(1:不锁;2:锁),如果设置,则不允许写,除非清除写锁,模块的输入会被继续更新
35	UPDATE_EVT	由任何静态数据的改变而产生的报警
36	BLOCK_ALM	块报警代码,用于模块的所有组态、硬件、连接出错或系统问题。警告的原因被送到子码区域,第一个警告被激活会设置激活状态到状态参数,一旦未报告的状态被警告报告任务清除,如果子码被改变,其他模块的警告就能够报告而不清除激活状态
37	ALARM_SUM	有关功能模块报警的当前警告状态、不确定状态、未报告状态和禁止状态,报警类型汇总(共 16 个报警,每个有 4 个报警状态)
38	ACK_OPTION	报警确认选项(0:自动确认禁止;1:自动确认使能)
39	WRITE_PRI	清除写保护所生成的报警优先级设置,与功能模块有关的报警是否自动确认的选项
40	WRITE_ALM	清除写锁参数所生成的报警设置

② 转换器模块 转换器模块（transducer block）是用户应用层的功能模块与设备硬件输入输出之间的接口，完成输入输出数据的量程转换和线性化处理等。转换器模块的参数是内含参数，转换器模块的参数包括信号量程的转换、传感器类型、线性化处理、设备的校验时间等参数。因用途不同，输出类转换器模块的参数与输入类转换器模块参数也有不同。转换器模块支持模块的连接，它采用链接对象（link object）、趋势对象（trend object）、警告对象（alert object）、观测对象（view object）和多变量容器对象（multiple variable container object）等实现。

③ 功能模块 功能模块（Function Block）是现场总线设备中用于完成用户控制策略的各种子程序，如现场总线基金会分批公布了共30种功能模块。不同功能模块有不同参数表。功能模块可以组合，实现从简单到复杂的控制策略。柔性功能模块FFB是用户定义的功能模块。

功能模块由输入参数、输出参数和内含参数组成。输入参数接收来自转换器模块的信号或其他功能模块的输出信号，经相应功能运算后，输出到有关转换器模块或功能模块。

需注意，现场总线中信号传送过程与集散控制系统的处理过程有所不同。集散控制系统中数字信号之间的传送在集散控制系统控制器内部进行，而现场总线控制系统中部分信号之间的传送在现场总线设备内部进行，部分信号则要经过现场总线的通信传送，即从一个现场总线设备传送到另一个现场总线设备。

（2）现场总线设备类型

根据功能模块的应用进程，现场总线设备分为智能输入输出设备类、显示控制设备类、临时设备类、接口设备类和过往设备类等，不同设备类型具有不同通信能力。

① 智能输入/输出设备 这是一大类最常用的用于输入和输出数据的智能现场总线设备。例如，智能现场总线变送器、智能阀门定位器等。

② 显示控制设备 它是传统的显示、记录和控制用设备的智能化。例如，指示器、记录仪等。这类设备通常作为链路主设备或可作为链路主设备的备份。

③ 临时设备 这是一类在网络启动或维护时，用于临时挂接到网络上的设备。例如，用于规定组态参数，实现组态，在线调整参数等。

④ 接口类设备 这是一类用于和其他网络设备进行通信，作为与其他网络和系统接口的设备。例如，Softing AG公司的FieldGate FF链路设备用于与HSE的链接等。

⑤ 过往类设备 这是一类没有设备地址、不产生信号帧的设备，主要包括终端器、中继器、电源和安全栅等。例如，各类电源调整器等设备。

4.3.2 现场总线设备的功能模块

（1）功能模块参数

根据现场总线基金会规范，现场总线设备中使用的功能模块具有标准功能，同时，为制造商提供可扩展其特性的参数（功能）。

① 功能模块的工作模式（Mode） 用于确定功能模块对信号的处理方式和信息来源。即该功能模块由谁控制，进行什么控制等。功能模块可有下列八种工作模式。

a. 离线（O/S或OOS：Out of Server）。功能模块退出服务，其输出保持在切换前的数值或预先设置的故障时脱落的安全数值。

b. 初始化手动（IMAN：Initial MAN）。根据功能模块反算输入的状态确定该功能模块的输出，通常，模块输出跟踪外部跟踪信号。该方式是暂时状态，初始化手动不会造成过程值的突变。

c. 本地超驰（LO：Local Override）。用于控制或输出功能模块，跟踪某一输入信号，通常制造商提供本地锁定开关，用于进入本地超驰模式。该模式下，功能模块输出跟踪输入参数，模块不跟踪时返回到目标模式。该模式也不能由目标方式请求。

d. 手动（MAN）。功能模块输出由操作人员手动直接设置。

e. 串级（CAS：CAScade）。组成串级控制时，其设定值来自主控制器输出，为实现无扰动切换，需要后续功能模块的反算输出作为本模块的反算输入。

f. 远程串级（RCAS：Remote CAScade）。设定信号（RCAS IN）来自其他远程控制器输出，为实现无扰动切换，需要后续功能模块的反算输出作为本模块的反算输入。

g. 远程输出（ROUT：Remote Out）。类似手动模式。但输出由远程接口设备给出。

不同功能模块所支持的工作模式不同。例如，AI 模块支持 O/S、MAN 和 AUTO 三种模式；AO 模块支持 IMAN、O/S、LO、MAN、AUTO、CAS 和 RCAS 模式等。

功能模块的模式设置优先级。离线模式有最高优先级，后面依次为初始化手动、本地超驰、手动、自动、串级、远程串级和远程输出，远程输出的优先级最低。

② 工作方式参数　功能模块工作方式由工作方式参数（MODE_BLK）控制。4 种工作方式参数如下。

a. 目标（target）方式。操作人员在操作过程中希望的工作方式，它必须是功能模块允许方式中所规定的某种方式，目标方式是可写的。

b. 实际（actual）方式。当前功能模块工作的方式。实际方式与目标方式可能因过程变量不正常而不一致。实际方式是可读的，不能由操作员改变。

c. 允许（permitted）方式。功能模块允许的工作方式，例如，可在手动或自动模式工作。操作人员改变工作方式时，必须使目标方式在允许方式中存在，允许方式是可读的。

d. 正常（normal）方式。希望该模块执行过程所处的工作方式，用于提示。正常方式是可写的。

实际方式是根据条件确定的，从最高优先级开始，模块检查它的条件是否存在，如果存在，则该条件对应的模式就是实际方式。例如，资源模块在 O/S 模式时，则该条件表示实际方式是 O/S 模式。如果模块的 BKCAL_IN 参数状态为坏，则表示实际方式是 IMAN 模式等。表 4-15 是实际方式的产生条件。

表 4-15　实际方式的产生条件

模式	产生条件
O/S	资源模块在 O/S 模式
IMAN	BKCAL_IN 参数状态坏；或故障状态激活
LO	输出模块故障状态激活；或跟踪允许时目标模式在 MAN
MAN	目标模式从 O/S 改变；或目标模式在 RCAS、ROUT 及 SHED_OPT 脱落为手动或下一模式
AUTO	目标模式是 CAS 及 CAS_IN 状态坏；或 SHED_OPT 脱落为自动或下一模式；目标模式是 RCAS 及 RCAS_IN 状态坏，或目标模式是 ROUT 及 ROUT_IN 状态坏
CAS	目标模式是 CAS 及初始化完成；或最后实际模式是 CAS 或 SHED_OPT 脱落为下一模式；或串级初始化完成和目标模式是 RCAS 及 RCAS_IN 状态坏；或目标模式是 ROUT 及 ROUT_IN 状态坏
RCAS	RCAS 串级初始化完成；或最后实际模式是 RCAS
ROUT	ROUT 串级初始化完成；或最后实际模式是 ROUT

③ 模式的脱落　当功能模块在规定时间内没有接收到更新的数据和状态时，功能模块模式就会根据 SHED_OPT 选项的规定脱落到较高优先级的工作模式。脱落有两种方式：脱落返回和脱落不返回。当远程串级连接故障时，实际模式发生脱落的同时，仍企图保持远程串级返回有效的脱落称为脱落返回。如果脱落发生时没有返回选项，目标模式由选项确定时，不受脱落模式影响，这种脱落称为脱落不返回。

SHED_OPT 选项的脱落方式和功能见表 4-16。

表 4-16　SHED _ OPT 选项的脱落方式和功能

选项号	脱落方式	功能
1	正常脱落,返回	远程串级连接故障时,模块的目标模式脱落到最高允许的非远程模式,直到远程串级被重新复原返回
2	正常脱落,不返回	远程串级连接故障时,模块的目标模式脱落到最高允许的非远程模式
3	脱落到自动,返回	远程串级连接故障时,如果允许,模块设置目标模式到自动模式
4	脱落到自动,不返回	远程串级连接故障时,如果允许,模块设置目标模式到自动模式。对来自其他模式的远程串级目标模式的改变,模块企图保持自动模式直到建立远程串级的连接
5	脱落到手动,返回	远程串级连接故障时,如果允许,模块设置目标模式到手动模式
6	脱落到手动,不返回	远程串级连接故障时,如果允许,模块设置目标模式到手动模式。对来自其他模式的远程串级目标模式的改变,模块企图保持手动模式直到建立远程串级的连接
7	脱落到保留的模式,返回	远程串级连接故障时,模块设置目标模式到保留的目标模式。一些系统,如 Delta V 不支持该功能,而脱落到自动模式
8	脱落到保留的模式,不返回	远程串级连接故障时,模块设置目标模式到保留的目标模式,对来自其他模式的远程串级目标模式的改变,模块企图保持保留的非远程模式直到建立远程串级的连接。一些系统,如 Delta V 不支持该功能,而脱落到自动模式

④ 串级结构　基金会现场总线的串级结构是指存在两个方向的通信。在串级结构中，主功能模块提供一个输出作为从功能模块的串级输入，而从功能模块在接收到主模块的输出后也提供一个输出告知主功能模块，从功能模块的输出称为反算输出 BKCAL_OUT。主功能模块通过反算输入 BKCAL_IN 参数读取从功能模块的反算输出信号。反算信号用于使上游模块（主模块）知道下游模块（从模块）的状态。

反算的主要目的是防止积分饱和，用于实现手动/自动的无扰动切换。当下游模块在限制状态时，它发送该限制状态到上游模块，从而切除积分作用，避免发生积分饱和现象。图 4-30 说明了串级结构的关系。

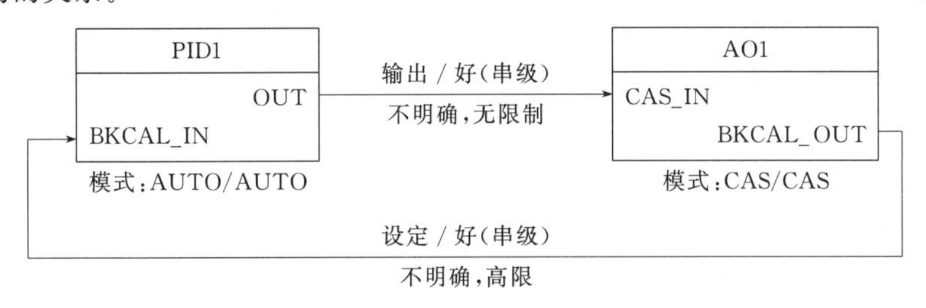

图 4-30　现场总线控制系统的串级结构

简单回路串级结构的初始化过程如下：

a. 两个模块均将手动模式作为目标模式，这时串级结构是开路的；

b. 下游模块（示例为 AO1）的目标模式切换到 CAS 模式；

c. 上游模块根据下游模块反算进行初始化，并告知下游模块已完成初始化；

d. 下游模块实际模式切到 CAS 模式，并将该变化告知上游模块；

e. 上游模块（示例为 PID1）切到自动模式，这时串级结构闭合。

串级控制系统有两个 PID 和一个 AO 功能模块，组成多层串级结构，其初始化的过程与上述类似。

⑤ 功能模块参数的状态和状态属性　功能模块参数的状态可由三种方法产生：功能模块执行；输入输出状态和通道状态；上游模块或下游模块的状态。

状态包括质量（quality）属性、子状态质量（substatus quality）属性和限制条件（limit

condition）等，见表 4-17。功能模块的一些参数状态可以传递，当一个功能模块没有获得所需的输入信号时，它先保持最后一次的可用值，并发出停滞信息，如果停滞的次数达到预定的次数，则认为该功能模块数值处于坏状态。

表 4-17 功能模块的状态和子状态的质量属性

状态	子状态		
	序号	名称	属性说明
好(串级)参数正常,可组成串级控制	0	不明确	该值出现坏状态,但发生原因不明确
	1	初始化确认(IA)	前级功能模块送本模块串级输入的初始化值
	2	初始化请求(IR)	后级功能模块请求本级模块进行初始化
	3	未请求(NI)	功能模块未设置使用该值作为输入的目标方式
	4	未选择(NS)	输入信号选择功能模块未选择该值作为输入
	5	不选择(DNS)	由于状态不对,选择功能模块不应选择该值
	6	本地超驰(LO)	输出该值的功能模块已被选中作为选择功能模块输出
	7	故障状态激活(FSA)	模块的值是故障状态激活,即输出对故障有响应
	8	初始故障状态(IFS)	模块的值显示下游模块输出应进入其故障状态
好(非串级)参数正常,但不能组成串级控制	0	不明确	该值出现坏状态,但发生原因不明确
	1	模块报警	处于好状态的功能模块发生报警
	2	预警报警	该值为好状态,功能模块发生优先级<8 的报警
	3	紧急报警	该值为好状态,功能模块发生优先级≥8 的报警
	4	未确认模块报警	该值为好状态,未确认功能模块发生的报警
	5	未确认模块预警报警	该值为好状态,未确认功能模块发生优先级<8 的报警
	6	未确认模块紧急报警	该值为好状态,未确认功能模块发生优先级≥8 的报警
不确定参数不太正常,但可用,某些系统视为坏状态	0	不明确	该值出现坏状态,但发生原因不明确
	1	输入的最后可用值	写该值的功能块处于停止工作状态,组态时未连输入
	2	输入的替换值	功能模块不处于离线 O/S 状态时,数据被写入
	3	输入的初始值	功能模块处于离线 O/S 状态时,输入参数被写入
	4	传感器转换不准确	传感器精确度下降或超限
	5	工程单位超限	数值超出该参数工程单位的范围
	6	低于正常	来自多个变量的值,变量数少于所需好的变量数时
坏参数不能用于控制或校验	0	不明确	该值出现坏状态,但发生原因不清楚
	1	组态出错	组态有错误
	2	未连接	输入尚未全部连接
	3	设备故障	设备故障,该值不可用
	4	传感器故障	传感器故障,该值不可用
	5	通信故障(有可用值)	通信故障,该值保持故障前的有用的数值
	6	通信故障(无可用值)	功能模块停止工作,无可用值进行通信
	7	离线(OS)	功能模块离线

限制条件有：没有限制（NotLimited）、低限（LowLimited）、高限（HighLimited）和常数（Constant）四种。没有限制的条件指其值可以自由移动；低限指来自模块的值不能用低于该值的更低值，因为它被内部或传感器直接限制；高限指来自模块的值不能用超过该值的更高值，因为它被内部或传感器直接限制；常数指该值不能移动。

⑥ 功能模块的属性　功能模块属性指功能模块运算时具有的功能。一些属性是不能改变的，一些属性可使用约定值，也有一些属性可由用户设置，有些属性还可由用户增加属性个数。可改变属性值的属性称为可写属性。

每种属性有一定数据格式，它们可以在功能模块之间传递。按信息类型，属性分为：

a. 输入属性　由操作人员、现场设备或其他功能模块输入到该功能模块的属性；

b. 输出属性　该功能模块的输出属性；

c. 内含属性　功能模块内部使用的属性，用于实现计算、控制等及表示状态等属性；

d. 方式属性　功能模块工作方式的属性。

参数可以是动态、静态和非挥发的，它们根据掉电时参数是如何存储来确定。动态参数通过模块的算法计算，在掉电后不需存储。静态参数在掉电后必须存储，它们是特定的数值。非挥发参数在掉电后数值仍能够保持最新存储的数值。

⑦ 功能模块参数的类型　功能模块参数的类型有布尔量、布尔状态、离散状态、仿真离散、动态参考、外部参考、浮点、浮点数组、带状态的浮点、仿真浮点等。参数可以带状态，状态随参数的连接而传递到下游模块或丢失。不同数据类型对状态的传递是不同的。

三种类型的状态传递如下：

a. 带状态域的数据类型转换到另一带状态域的数据类型时，状态域从一个域复制到另一个域，即发生状态的传递；

b. 带状态域的数据类型转换到另一不带状态域的数据类型时，状态域丢失；

c. 不带状态域的数据类型转换到另一带状态域的数据类型时，一个好的状态域建立。

⑧ 功能模块参数的计算　包括设定值计算、输出计算和反算回路中的输出计算等。

a. 设定值计算。控制功能模块和输出功能模块需要设定值计算。

根据控制功能模块的工作模式去控制功能模块计算设定值。实际方式工作在串级时，控制目标从 CAS_IN 直接读取前级功能模块的输出；实际方式工作在远程串级时，控制目标直接从 RCAS_IN 读取来自远程设备某一功能模块的数据。

输出功能模块的设定值计算用于故障时的处理。设置超时计时器，通信时，当系统检测到计时时间到该设定时间时仍未通信正常，则输出功能模块的设定 SP 被自动设置到由 FSAFE_VAL 提供的故障安全值。

b. 输出计算。在 AUTO、CAS 或 RCAS 模式时，功能模块按控制功能的要求自动完成基本运算，并将功能模块运算结果作为该功能模块的输出。其他模式时，功能模块根据该模式下指定的工作状态进行相应的运算并输出。输出值由 OUT_SCALE 进行量程转换。

c. 反算回路中的输出计算。控制和输出功能模块可采用 CAS 方式实现串级控制，其输入信号 CAS_IN 可来自前级功能模块的输出或其他功能模块输出。当采用 RCAS 方式时，远程设备输出可从 RCAS_IN 和 ROUT_IN 输入。

⑨ 警告、事件和报警　除对有关过程变量信号（测量、输出、设定和偏差）设置限幅和报警外，对功能模块也可设置报警，用于判别模块的状态。这由参数 BLOCK_ALM 和 BLOCK_ERR 实现。

在功能模块中定义两种警告（alert），即事件（event）和报警（alarm）。当功能模块离开它特定状态，例如，功能模块的参数超过限值时，事件用于报告状态的改变。而报警不仅在功能模块离开它的特定状态时产生报告，而且在功能模块恢复到特定状态时也产生报告。

警告发生时，实施的控制会发送事件的通告，并在规定时间内等待操作员的确认信号，在该时间内不管警告条件是否还存在，如果在规定时间内没有接收到确认信号，则事件的警告会重新传送，这样，可保证警告的信息不会丢失。

报警具有优先级，分为下列 5 级。

0：当引起报警的条件已经被纠正后，报警条件的优先级就变为 0。

1：优先级为 1 的报警条件被系统所认可，但操作员没有获得报警的报告。

2：优先级为 2 的报警条件被报告给操作员，但并不需要引起操作员的注意。例如，诊断和系统的警告。

3～7：优先级为 3～7 的报警条件是优先级增加的劝告性报警。

8～15：优先级为 8～15 的报警条件是优先级增加的危急性报警。

报警优先级由优先级参数设置。例如，在 AI 功能模块中的 HI_PRI 参数用于设置高限报警优先级，PID 功能模块中的 DV_LO_PRI 参数用于设置偏差低限报警优先级。

(2) 常用功能模块

① AI功能模块　模拟量输入功能模块用于将过程变量的信号转换为其他功能模块能够使用的信号。表4-18是AI功能模块的参数表。各功能模块的通用参数见表4-19。功能模块框图见图4-31。

表 4-18　AI 功能模块的参数表

索引号	参数名称	功能说明	索引号	参数名称	功能说明
7	PV	过程的模拟变量	22	ALM_SUM	报警汇总
8	OUT	功能模块输出	23	ACK_OPTION	确认选项
9	SIMULATE	仿真参数	24	ALARM_HYS	报警时的死区带
10	XD_SCALE	变送器量程	25	HI_HI_PRI	高高限报警优先级
11	OUT_SCALE	输出量程	26	HI_HI_LIM	高高报警限(EU)
12	GANT_DENY	允许和禁止访问模块	27	HI_PRI	高限报警优先级
13	IO_OPTS	输入输出选项	28	HI_LIM	高报警限(EU)
14	STATUS_OPTS	块状态选项	29	LO_PRI	低限报警优先级
15	CHANNEL	转换模块通道号	30	LO_LIM	低报警限(EU)
16	L_TYPE	线性化处理代码	31	LO_LO_PRI	低低限报警优先级
17	LOW_CUT	小流量信号切除	32	LO_LO_LIM	低低报警限(EU)
18	PV_FTIME	过程变量滤波时间常数	33	HI_HI_ALM	高高报警
19	FIELD_VAL	现场值(未处理时)	34	HI_ALM	高报警
20	UPDATE_EVT	静态参数更新时设置报警	35	LO_ALM	低报警
21	BLOCK_ALM	块报警代码	36	LO_LO_ALM	低低报警

表 4-19　功能模块通用参数表

索引号	参数名称	功能说明	索引号	参数名称	功能说明
1	ST_REV	与功能模块有关的静态数据的版本级别	4	ALERT_KEY	工厂标识代码
2	TAG_DESC	模块的期望应用的用户位号描述	5	MODE_BLK	模块工作模式
3	STRATEGE	用于去识别功能模块组的分组策略区域	6	BLOCK_ERR	模块出错类型

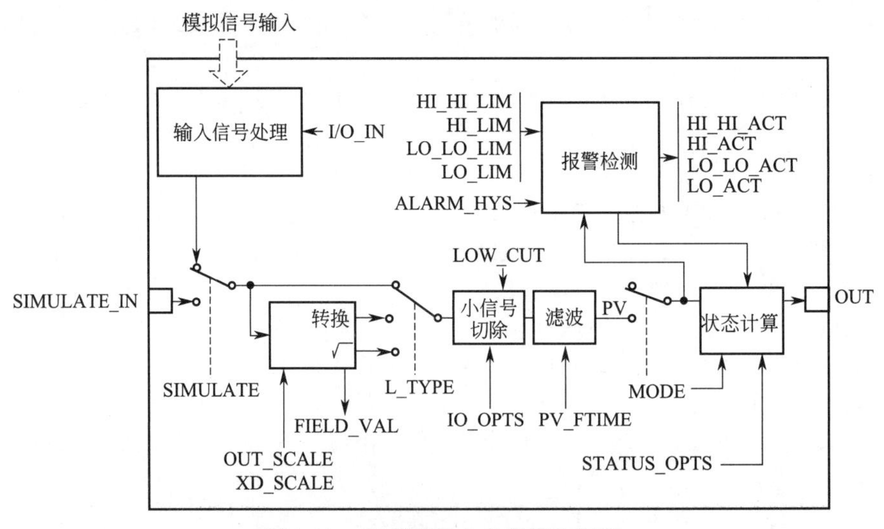

图 4-31　AI 模拟输入功能模块框图

AI功能模块主要参数说明如下。

a. PV。用于连接到需要检测和控制的过程变量。

b. OUT。输出变量，AI功能模块的输出，它根据输出量程转换成对应的输出。通常，标准输出量程为0～100%，因此，该输出是一个百分数。

c. XD_SCALE。输入信号工程量的量程，由4个参数组成，分别是量程上限、量程下限、工程单位代码、小数位数。经量程转换后，实际工程变量转换为百分数表示的标准信号。同时该参数还包括输入类型等信息，例如压力、温度等。常用工程单位代码如表4-20所示。例如，400，－50，1001，0表示温度测量范围为－50～400，工程单位为℃，小数位数0位。约定值为100，0，1342，0。

表4-20　工程单位代码

工程单位	1001	1002	1132(1545)	1132(1546)	1133(1547)	1133(1548)	1243	1211
代码	℃	°F	MPa(绝压)	MPa(表压)	kPa(绝压)	kPa(表压)	mV	mA
工程单位	1351	1349	1324	1318	1328	1061	1137	1342
代码	l/s	m^3/h	kg/h	g/s	t/h	m/s	bar❶	%

d. OUT_SCALE。输出量程，用于将功能模块输出转换为标准输出，通常为百分比数据。该项也由4个参数组成，与XD_SCALE的参数顺序相同，因此，量程范围选用0～100，工程单位选用%，小数位数1位时，可表示为100，0，1342，1。

e. IO_OPTS。输入输出选项，用于对输入输出信号进行处理的选项。例如，小信号切除选项（第10位）置1，表示模块允许对小信号进行切除。

f. CHANNEL。根据转换器模块确定的通道号。例如，3051S型现场总线压力变送器的通道1表示压力（pressure），通道2表示变送器本体温度（sensor temperature）。

g. L_TYPE是线性化类型，表示是否对输入信号进行线性化处理。有三种线性化类型可选。

● 直接（direct）方式，其值为1，表示过程变量等于通道值。XD_SCALE设置为对应的过程操作范围，OUT_SCALE与XD_SCALE匹配。

● 间接（indirect）方式，其值为2，表示过程变量（通道值）需经PV_SCALE量程转换后作为输出：

$$\mathrm{OUT}=\frac{\mathrm{PV}-\mathrm{XD\_SCALE\_0\%}}{\mathrm{XD\_SCALE\_100\%}-\mathrm{XD\_SCALE\_0\%}}\times(\mathrm{OUT\_SCALE\_100\%}-\mathrm{OUT\_SCALE\_0\%})+\mathrm{OUT\_SCALE\_0\%} \tag{4-46}$$

● 间接开方（indirect SQRT）方式，其值为3，表示过程变量（通道值）先进行开方运算，然后经PV_SCALE量程转换后作为输出：

$$\mathrm{OUT}=\sqrt{\frac{\mathrm{PV}-\mathrm{XD\_SCALE\_0\%}}{\mathrm{XD\_SCALE\_100\%}-\mathrm{XD\_SCALE\_0\%}}}\times(\mathrm{OUT\_SCALE\_100\%}-\mathrm{OUT\_SCALE\_0\%})+\mathrm{OUT\_SCALE\_0\%} \tag{4-47}$$

【例4-2】 用压力变送器测量压力，压力变送器范围0～100kPa。

解：L_TYPE：Direct；XD_SCALE：0～100kPa；

OUT_SCALE：0～100kPa；CHANNEL：1（压力）（设用3051S压力变送器）。

【例4-3】 用差压变送器测量流量（孔板作为节流元件），差压0～250mmH_2O❷，对应流量为0～1000kg/h。

解：L_TYPE：Indirect SQRT；XD_SCALE：0～250mmH_2O；

---

❶ 1bar＝10^5Pa。

❷ 1mmH_2O＝9.8Pa。

OUT_SCALE：0～1000kg/h；CHANNEL：1（压力）。

如果测得差压为 $90mmH_2O$，则

$$OUT=\sqrt{\frac{90-0}{250-0}}\times(1000-0)+0=600kg/h$$

h. LOW_CUT。小信号切除值（通常用满量程的百分数表示），用于切除流量信号的零漂。当输入输出选项选择允许小信号切除时，该项是要输入的切除小信号值，例如，该值为 1 表示输入信号小于 1%时，经小信号切除后其值被切除，即输入信号在 0～1%时模块输出为零。

i. PV_FTIME。输入信号的滤波时间常数。当输入信号含有高频噪声时，可设置该值用于对输入信号进行滤波，单位为 s。其值为 0 表示取消滤波性能。

j. ALARM_HYS。报警死区，用满量程的百分数表示。例如，当过程变量高于报警上限后，发出报警信号，只有当变量低于报警上限减报警死区时，报警才消除。同样，当过程变量低于报警下限时，发出报警，只有当过程变量的信号高于报警下限加报警死区时，才能停止报警。

② AO 功能模块　AO 功能模块用于将其他功能模块的输出信号转换为过程执行器能够操纵的信号，并经硬件改变操纵变量。它采用通道参数与输出转换器模块连接。AO 功能模块参数表见表 4-21。

表 4-21　AO 功能模块的参数表

索引号	参数名称	功能说明	索引号	参数名称	功能说明
7	PV	过程变量	19	SP_RATE_UP	设定上升变化速率
8	SP	设定	20	SP_HI_LIM	设定值的高限
9	OUT	功能模块输出	21	SP_LO_LIM	设定值的低限
10	SIMULATE	仿真参数	22	CHANNEL	通道号
11	PV_SCALE	量程	23	FSAFE_TIME	故障安全时间
12	XD_SCALE	量程	24	FSAFE_VAL	故障安全值
13	GANT_DENY	访问的允许和禁止	25	BKCAL_OUT	反算输出
14	IO_OPTS	输入输出选项	26	RCAS_IN	远程串级输入
15	STATUS_OPTS	块状态选项	27	SHED_OPT	模式故障时的选项
16	READBACK	写入反算值	28	RCAS_OUT	远程串级输出
17	CAS_IN	串级输入	29	UPDATE_EVT	静态参数更新时设置报警
18	SP_RATE_DN	设定下降变化速率	30	BLOCK_ALM	模块报警

AO 功能模块框图见图 4-32。

AO 功能模块主要参数说明如下。

a. PV：过程变量。通常，它是其他模块的输出。例如，PID 模块输出。

b. SP：设定值，可根据工作模式，选择本地设定、串级设定或远程串级设定。

c. OUT：输出。功能模块的输出，用于连接到输出转换器模块，作用于执行器。

d. PV_SACLE：输入信号量程，其值的定义与 AI 模块中的 XD_SCALE 类似。

e. XD_SCALE：输出信号量程，由 4 个参数组成，其量程上、下限对应于输出转换器的量程上、下限（工程单位）。其值的定义与 AI 模块中的 OUT_SCALE 类似。

f. IO_OPTS：输入输出选项。当通信等故障时，用于确定设定值是否保持原值还是采用故障安全值（FSAFE_VAL）。该选项也可用于改变执行器的气开、气关方式。

g. SP_RATE_DN 和 SP_RATE_UP：设定值变化时允许的最大下降和最大上升变化速率，用每个执行周期该模块设定值的变化量表示。

h. SP_HI_LIM 和 SP_LO_LIM：设定值的高限和低限。大于高限时设定值被限幅在高限，小于低限时设定值被限幅在低限。

i. CHANNEL：连接到输出转换器模块的通道号。

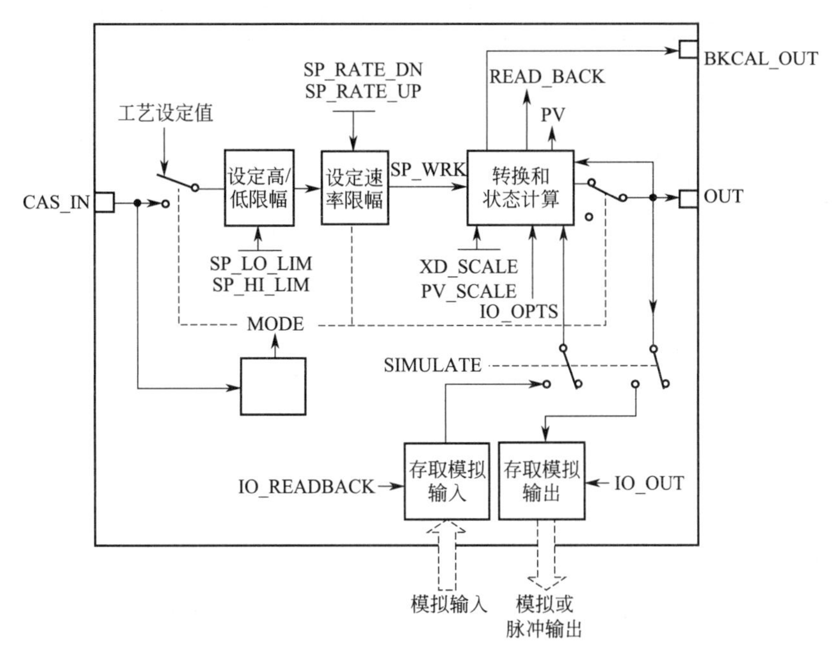

图 4-32 AO 功能模块框图

j. FSAFE_TIME 和 FSAFE_VAL：故障安全时间计时器设定值和故障安全值。当通信等故障时，启动超时计时器，如果计时时间到仍不能正常通信，则输出切换到故障安全值。

k. BKCAL_OUT：模块的反算输出。用于实现互扰动切换。

③ PID 功能模块 用于将其他功能模块的输入信号经 PID 控制算法运算，并输出运算结果。不同制造商采用的 PID 算法可能不同。PID 功能模块参数表见表 4-22。PID 功能模块框图见图 4-33。

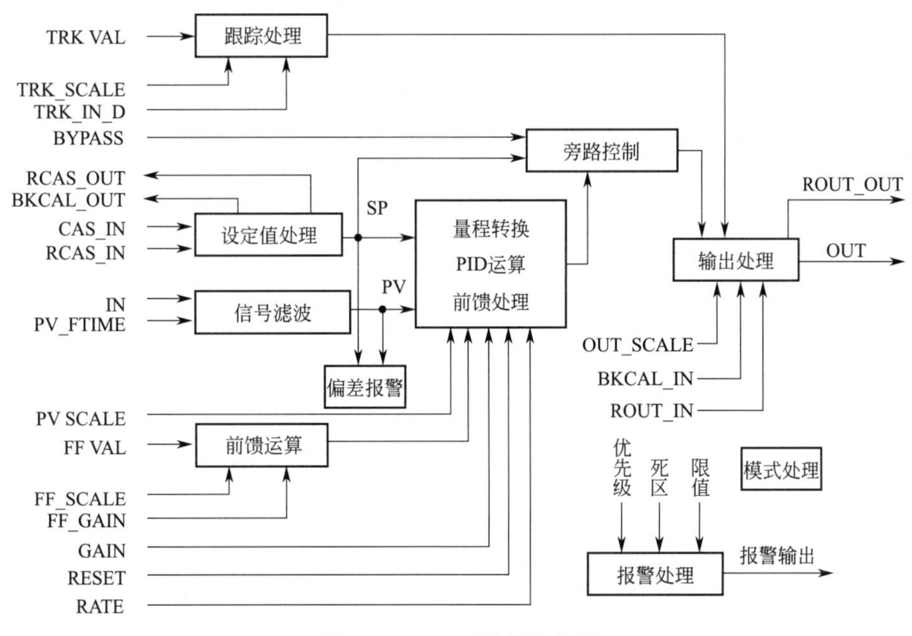

图 4-33 PID 功能模块框图

表 4-22　PID 功能模块的参数表

索引号	参数名称	功能说明	索引号	参数名称	功能说明
7	PV	过程变量	38	TRK_IN_D	跟踪允许选项
8	SP	设定信号	39	TRK_VAL	跟踪值信号
9	OUT	输出信号	40	FF_VAL	前馈信号
10	PV_SCALE	测量信号的量程	41	FF_SCALE	前馈信号的量程
11	OUT_SCALE	输出信号的量程	42	FF_GAIN	前馈增益(静态前馈)
12	GRANT_DENY	访问操作的允许和禁止	43	UPDATE_EVT	静态参数更新时设置报警
13	CONTROL_OPTS	正反作用方式选项	44	BLOCK_ALM	模块报警选项
14	STATUS_OPTS	状态处理选项	45	ALARM_SUM	报警汇总
15	IN	测量信号输入	46	ACK_OPTION	确认选项
16	PV-FTIME	测量信号滤波时间常数	47	ALARM_HYS	报警死区
17	BYPASS	旁路选项	48	HI_HI_PRI	高高限优先级
18	CAS_IN	串级输入	49	HI_HI_LIM	高高限值
19	SP_RATE_DN	设定最大下降变化速率	50	HI_PRI	高限优先级
20	SP_RATE_UP	设定最大上升变化速率	51	HI_LIM	高限限值
21	SP_HI_LIM	设定值高限	52	LO_PRI	低限优先级
22	SP_LO_LIM	设定值低限	53	LO_LIM	低限值
23	GAIN	增益	54	LO_LO_PRI	低低限优先级
24	RESET	积分(重定)时间	55	LO_LO_LIM	低低限值
25	BAL_TIME	平衡时间	56	DV_HI-PRI	偏差高限优先级
26	RATE	微分速率	57	DV_HI_LIM	偏差高限限值
27	BKCAL_IN	反算输入	58	DV_LO_PRI	偏差低限优先级
28	OUT_HI_LIM	输出高限	59	DV_LO_LIM	偏差低限限值
29	OUT_LO_LIM	输出低限	60	HI_HI_ALM	高高限报警值
30	BKCAL_HYS	反算死区	61	HI_ALM	高限报警值
31	BKCAL_OUT	反算输出	62	LO_ALM	低限报警值
32	RCAS_IN	远程串级输入	63	LO_LO_ALM	低低限报警值
33	ROUT_IN	远程输出的输入	64	DV_HI_ALM	偏差高限报警值
34	SHED_OPT	模式故障时的选项	65	DV_LO_ALM	偏差低限报警值
35	RCAS_OUT	远程串级输出	66	BIAS	偏置
36	ROUT_OUT	远程输出的输出	67	BUMPLESS_TYPE	手自动跟踪方式
37	TRK_SCALE	跟踪信号的量程	68	PID_OPTS	输出跟踪选项

PID 功能模块主要参数说明如下。

a. PV：过程变量。测量信号 IN 经输入信号滤波处理后获得的信号。

b. SP：控制功能模块设定，可来自本地设定、远程设定和串级设定。

c. OUT：控制模块输出，可作为串级副环的串级输入，或作为 AO 模块的输入。

d. PV_SCALE：PV 的量程设置。由 4 个参数组成，其定义与 AI 模块的 XD_SCALE 相同。

e. OUT_SCALE：输出量程设置。由 4 个参数组成，其定义与 AO 模块的 PV_SCALE 相同。

f. CONTROL_OPTS：控制作用的方式选项。由 12 项参数组成，包括旁路允许（Bypass Enable）、手动模式时设定跟踪测量（SP_PV Track in MAN）、远程输出模式时设定跟踪测量（SP_PV Track in ROUT）、初始化手动或就地超驰模式时设定跟踪测量（SP_PV Track in LO or IMAN）、保留目标模式时设定值跟踪（SP Track Retained Target）、控制作用方式选择（Direct Acting）、跟踪允许（Track Enable）、手动模式时跟踪（Track in Manual）、反算输出时使用 PV（Use PV for BKCAL_OUT）、串级或远程串级模式时设定满足限值（Obey SP Limits if CAS or RCAS）和手动模式时输出无限值（No OUT Limits in Manual）等。该选项需 O/S 模式时设置。

g. STATUS_OPTS：状态选项。当 PID 模块被诊断出错时，例如，输入信号状态为坏，或指定的安全故障时间到而通信仍不能完成，或用户资源模块被设置在错误状态等，PID 模块就输出错误状态的信息。错误状态被传递到下游模块，通常为 AO 或后续 PID 模块。

h. IN：来自上游模块的输出信号，经输入信号处理后作为测量值 PV。

i. PV_FTIME：输入信号的滤波时间常数，单位为 s。

j. BYPASS：旁路控制。其值为 1 时，功能模块的输出等于设定，即控制输出被旁路；其值为 0 时，PID 的输出作为功能模块的输出。

k. CAS_IN：串级输入。用于串级控制时，该信号来自主控制器模块的输出。

l. GAIN：增益，即 PID 控制算法中的放大系数。

m. RESET：积分重定时间，即 PID 控制算法中积分时间，单位为 s。

n. BAL_TIME：平衡时间，仅用于 PD 控制。当输出受限并处于自动、串级或远程串级模式时，内部的偏置作用被消除所需的时间，单位为 s。

o. RATE：微分时间，单位为 s。采用测量微分时，微分控制作用仅对测量值进行，而比例和积分控制作用对偏差值进行。采用一般微分时，比例、积分和微分控制作用是对偏差进行的。

串联形式 PID 控制运算的计算公式如下所示。

$$U(s)=K_cE(s)\left[\left(1+\frac{1}{T_is}\right)\frac{1+T_ds}{1+\alpha T_ds}\right]+FF \tag{4-48}$$

式中，K_c 由 GAIN 设置；T_i 由 RESET 设置；T_d 由 RATE 设置；α 是常数，其值为 0.1，相当于微分增益 $K_d=1/\alpha=10$ 的倒数；$E(s)$ 是偏差，偏差值为设定 SP 与测量 PV 之差，并由控制作用方式选择的选项确定其符号；FF 是经转换后的前馈信号值。

一些制造商也采用带非线性增益的控制算法或微分先行控制算法。当采用微分先行控制算法时，算式中的微分项用测量值 PV，比例和积分项用偏差值 E。其计算公式如下：

$$U(s)=K_c\left[E(s)+\frac{E(s)}{T_is}+\frac{T_ds}{1+\alpha T_ds}PV(s)\right]+B+FF \tag{4-49}$$

该算式表明微分采用实际微分计算，因此，有微分增益项（算式中，平滑系数 $\alpha=0.13$）。算式还设置偏置项 B，用于抵消正常工况下扰动的影响。由于各制造商的控制算式并不完全相同，应用时应详细阅读有关的产品说明书。

p. BKCAL_IN：反算输入，来自后续模块的 BKCAL_OUT，用于无扰动切换和防止积分饱和。

q. BACAL_HYS：反算死区，用满量程的百分数表示。与报警死区类似，用于设置反算时是否要改变反算值。

r. BACAL_OUT：反算输出。用于作为上游模块（如主控制器模块）反算输入的信号，防止积分饱和和实现手自动无扰动切换。

s. SHED_OPT：脱落选项。脱落条件见表 4-16。

t. TRK_SCALE：跟踪信号的量程。用于将跟踪信号转换为标准信号，其定义与 PV_SCALE 相同。

u. TRK_IN_D：跟踪信号的允许和禁止，用于输出信号的跟踪选择。

v. TRK_VAL：跟踪信号。允许跟踪时，该值被 TRK_SCALE 转换后送到输出。

w. FF_VAL：前馈信号，通常来自另一检测变送器的 AI 功能块。

x. FF_SCALE：前馈信号量程。将前馈信号转换为标准信号，其定义与 PV_SCALE 相同。

y. FF_GAIN：前馈增益，即静态前馈放大系数。

z. BUMPLESS_TYPE：无扰动跟踪的类型。用于选择手动切换到自动模式时，输出跟踪的方式。

z′. BIAS：偏置。用于前馈控制时，抵消正常工况扰动的输出，在输出跟踪时作为偏置值。该参数和 PID_OPTS 并非基金会现场总线标准的规定参数。

其他参数的定义与 AI 或 AO 模块中有关参数类似。

不同制造商产品的 PID 功能模块，除有相同的基本参数外，功能模块的 PID 控制算法、执行时间、制造商参数等可以不同。功能模块执行时间也会不同，例如，Rosemount 公司的 3051C 压力变送器所带 PID 模块执行时间是 45ms，Honeywell 公司的 ST3000 温度变送器所带 PID 模块执行时间为 90ms，而 Fisher 公司的 DVC5000f 智能阀门定位器所带 PID 模块执行时间是 120ms。上述参数中 BUMPLESS_TYPE 等参数并非现场总线基金会标准所规定参数，在使用时应注意不同制造商产品的差别。

报警信号有测量信号的报警（分为高高限、高限、低限和低低限）和偏差信号的报警（分为偏差高限和低限）。其优先级为高高限报警、高限报警、低限报警、低低限报警、偏差高限报警和偏差低限报警。此外，对设定和输出信号也设置了限值。设定限幅是当设定值大于或小于该高限或低限的限值时，设定值被保持在高限或低限的数值。输出信号限幅也分为输出高限和低限限幅两类，当输出大于高限或小于低限时，输出被保持在高限和低限数值。设定信号还设置变化速率限值（分为上升和下降两种），使每个执行周期内设定的变化量不能超过所设置的速率限值。

④ DI 功能模块　一般可选用多通道 MDI 功能模块，实现多个离散输入信号的处理。它可接受仿真离散信号输入。信号处理是可选的信号反向。图 4-34 是 DI 功能模块的框图。表 4-23 是 DI 功能模块的参数表。

表 4-23　DI 功能模块的参数表

索引号	参数名称	功能说明	索引号	参数名称	功能说明
7	PV_D	过程离散值	16	PV_FTIME	输入信号滤波时间常数
8	OUT_D	输出离散值	17	FIELD_VAL_D	现场离散值
9	SIMULATE_D	仿真离散值	18	UPDATE_EVT	更新事件
10	XD_STATE	转换器状态	19	BLOCK_ALM	功能模块报警
11	OUT_STATE	输出状态	20	ALARM_SUM	报警摘要汇总
12	GRANT_DENY	访问允许或禁止	21	ACK_OPTION	确认选项
13	IO_OPTS	输入输出选项	22	DISC_PRI	报警优先级
14	STATUS_OPTS	功能模块状态选项	23	DISC_LIM	报警时输入信号的状态
15	CHANNEL	通道号	24	DISC_ALM	报警时间和状态

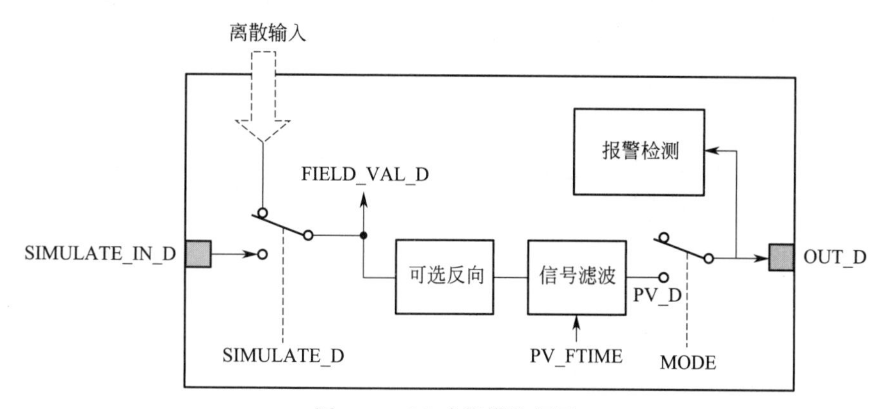

图 4-34 DI 功能模块框图

DI 功能模块主要参数说明如下。

a. PV_D：过程离散输入值。

b. OUT_D：离散输出值和状态。

c. XD_STATE：从转换块接收的描述离散信号状态的文本索引。

d. OUT_STATE：描述本功能模块输出信号状态的文本索引。

e. PV_FTIME：在 PV_D 更新前，FIELD_VAL_D 必须打开或关闭的时间。

f. FIELD_VAL_D：来自现场设备的离散输入的值或状态。

⑤ DO 离散输出功能模块 一般可选用多通道 MDO 功能模块，实现多个离散输出信号的处理。输出功能模块有反算离散输出 BKCAL_OUT_D。图 4-35 是 DO 功能模块的框图。表 4-24 是 DO 功能模块的参数表。

表 4-24 DO 功能模块的参数表

索引号	参数名称	功能说明	索引号	参数名称	功能说明
7	PV_D	过程离散值	17	CAS_IN_D	来自另一模块的远程设定
8	SP_D	设定的离散值	18	CHANNEL	连接到 IO 块是逻辑硬件通道号
9	OUT_D	输出离散值	19	FSTATE_TIME	检测到远程设定故障到块输出激活的时间
10	SIMULATE_D	仿真离散值:1 禁止,2 仿真	20	FSTATE_VAL_D	用于故障时预置的离散设定 SP_D
11	PV_SCALE	过程量程范围	21	BKCAL_OUT_D	反算输出的离散值
12	XD_SCALE	转换器变量量程范围	22	RCAS_IN_D	远程离散设定值
13	GRANT_DENY	访问允许和禁止	23	SHED_OPT	远程扩展设备超时时的状态脱落选项
14	IO_OPTS	输入输出选项	24	RCAS_OUT	远程设定的输出
15	STATUS_OPTS	状态选项	25	UPDATE_EVT	更新事件
16	READBACK_D	定义 DST 供 IO_OUT 写入通道读取	26	BLOCK_ALM	模块报警

DO 功能模块主要参数说明如下。

a. IO_OPTS：输入输出选项。用于 BKCAL_OUT 中作为 PV；在 LO 或 IMAN 模式时用于跟踪 SP；在 MAN 模式跟踪 SP；信号反向；故障状态时脱落到故障值等。

手动模式，SP_D 跟踪 PV_D，即手动输入的 SP_D 值被 PV_D 覆盖，从而防止从手动模式

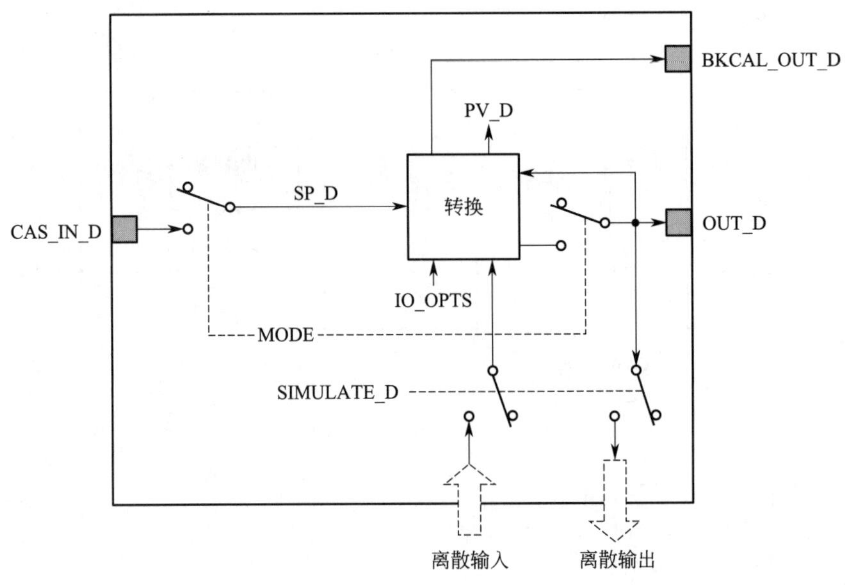

图 4-35 DO 功能模块框图

切换到自动模式时状态的改变。只有在 O/S 模式可禁止该选项。

b. READBACK_D：从 IO_READBACK 来的离散过程值。IO_READBACK 是定义的 DST。从输入的通道号定义的写入通道读取。

c. PV_D：从 READBACK_D 计算的离散的过程变量。

d. FSTATE_TIME：从检测输出模块远程设定故障到输出块动作（如果条件仍存在）的时间，单位为 s。

e. FSTATE_VAL_D：当故障发生时，预置的离散 SP_D 值。如果 IO 选项的故障状态时脱落到值被设置为 FALSE 时，该值不起作用。

4.3.3 现场总线功能模块组态应用示例

(1) 检测变送器的组态

【例 4-4】 某现场总线温度变送器用于检测温度，温度范围为－200～450℃。

该变送器组态参数见表 4-25。注意，实际输入数据通过下拉式菜单填写，不采用代码输入。

表 4-25 现场总线温度变送器的组态参数

组态参数	L_TYPE	XD_SCALE	OUT_SCALE
组态值	Direct	450,－200，1001,0	450,－200，1001,0

(2) 气体流量温度压力补偿和累积流量的组态

【例 4-5】 某现场总线差压变送器 FT_101，与压力变送器 PT_103、温度变送器 TT_102 组成流量温压补偿检测。

组态时，在控制器选用 ARTH 功能模块和 INT 功能模块，组成 FY_101 流量温压补偿和累积流量计算。

各变送器组态参数见表 4-26。FY_101 由 ARTH 功能模块和 INT 功能模块组成，组态参数见表 4-27。

表 4-26 现场总线变送器组态参数

FT_101 组态参数	L_TYPE	XD_SCALE	OUT_SCALE
组态值	Indirect SQRT	15，0，1349,0	15，0，1349,0

续表

PT_103 组态参数	L_TYPE	XD_SCALE	OUT_SCALE
组态值	Direct	200，0，1548,0	200，0，1548,0
TT_102 组态参数	L_TYPE	XD_SCALE	OUT_SCALE
组态值	Direct	150，0，1001,0	150，0，1001,0

表 4-27　FY_101 功能模块组态参数

ARTH 组态参数	PV_UNITS	OUT_UNITS	ARTH_TYPE	GAIN	BIAS	RANGE_HI	RANGE_LO
组态值	m^3/h	m^3/h	2	1	0	+INF	+INF

INT 组态参数	IN_1	TIME_UNIT1	REV_FLOW1	INTEG_TYPE	INTEG_OPTS
组态值	ARTH. OUT	1	0	1	0

(3) 单回路控制系统的组态

单回路控制系统的 PID 功能模块可选在变送器，也可选在执行器。但选在执行器可减少现场总线的通信量，因此，一般应选在执行器设置 PID 功能模块。

【例 4-6】 某液位控制系统采用压力变送器，压力变送器范围 0～5kPa，对应液位 0.5～5.5m。选用气关控制阀（带现场总线阀门定位器）。

图 4-36 是功能模块组态图。

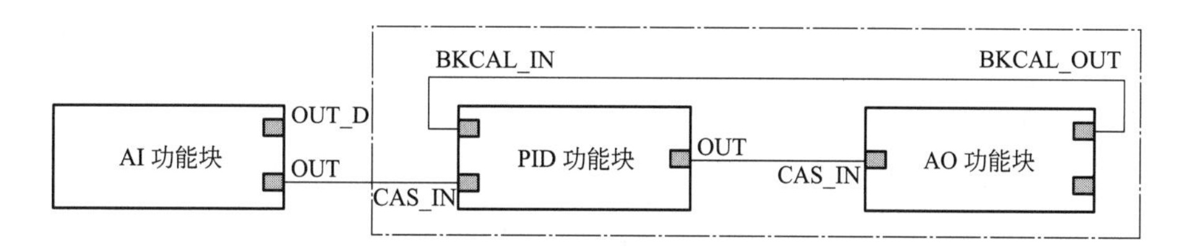

图 4-36　单回路控制系统功能模块组态图

① AI 功能块组态：L_TYPE：Indirect；XD_SCALE：0～4 kPa（4，0，1548，1）；OUT_SCALE：0.5～4.5m（4.5，0.5，1010，1）；CHANNEL：1（压力）（设用 3051S 压力变送器）。

② PID 功能块组态：GAIN、RESET 和 RATE 分别是 PID 控制器的比例增益、积分时间和微分速率，可根据被控对象的特性设置，也可运行后调整。PV_SCALE：0.5～4.5m；OUT_SCALE：0～100%。

③ AO 功能块组态：PV_SCALE：0～100%（100，0，1001，1）；IO_OPTS：Increase to Close（气关阀）；BKCAL_OUT：PID 功能块的 BKCAL_IN。注意，控制阀气关和气开特性的选择可根据表 4-28。

表 4-28　控制阀气关和气开特性的选择

属性		PV_SCALE	XD_SCALE	IO_OPTS
组态值	气开控制阀	0～100%	0～100%	不选
	气关控制阀	0～100%	0～100%	选 Increase to Close

(4) 串级控制系统的组态

串级控制系统的组态图见图 4-37。同样，为减少现场总线的通信量，通常主被控变量检测变送器带 PID 控制功能块，副被控变量检测变送器不带 PID 控制功能块，现场总线执行器带 PID 控制功能块。主控制器的 PID 控制功能块 OU T_SCALE 参数应与副被控变量的 OUT_SCALE 参数值一致。此外，副控制器应在 CAS 串级模式。

主控制器的 PID 控制功能块和 AO 输出功能块都需要将各自的 BKCAL_OUT 连接到上游功

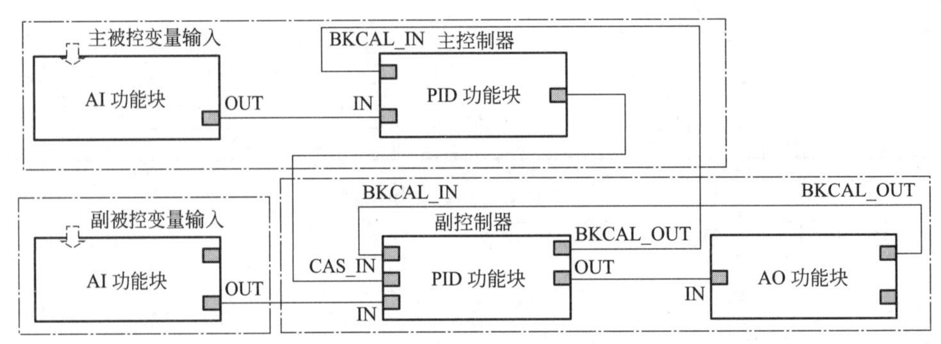

图 4-37 串级控制系统组态图

能块的 BKCAL_IN，进行反算运算，实现无扰动切换。主控制器的输出 OUT 需连接到副控制器的 CAS_IN 端，实现串级连接，而副控制器的 IN 端接收副被控变量输入 AI 功能块的输出 OUT 信号。

图 4-37 中，点画线的框分别表示带 PID 功能模块和 AI 功能模块的主变送器、带 AI 功能模块的副控制器和带 PID 功能模块和 AO 功能模块的执行器。这种设置方法具有最小的总线通信量。

思 考 题

4-1 集散控制系统是如何进行数据处理的？

4-2 某温度变送器输入量程是 100～500℃，模数转换精度是 16 位，温度是 350℃时的模数转换输出是多少？

4-3 数字滤波有哪些方法？各有什么特点和应用场合？集散控制系统中常用的数字滤波是哪种？

4-4 对差压信号进行开方运算获得流体流量时，集散控制系统为什么采用小信号切除方法？

4-5 举例说明集散控制系统中非线性补偿的方法。

4-6 在北方冬季供暖时，对热量计量时常采用的费线性补偿方法是怎样实施的？

4-7 为什么比值控制系统中采用常规仪表要计算仪表系数，而采用集散控制系统不需要计算仪表系数？

4-8 集散控制系统中的 PID 控制算法与常规控制仪表的 PID 控制算法有什么不同处？

4-9 集散控制系统中的采样周期应如何选择？

4-10 集散控制系统中对 PID 控制算法进行哪些改进？这些改进有什么好处？

4-11 用集散控制系统提供的功能模块编写实现时间比例控制算法的程序。

4-12 一些集散控制系统供应商提供自整定控制算法，如果未提供，请编写有关程序实现之。

4-13 集散控制系统实现串级控制系统时应注意什么问题？

4-14 某串级控制系统，以温度为主被控变量，流量为副被控变量，试列出需要键入的主要参数，说明主、副 PID 功能模块的主要参数应如何设置。

4-15 为什么集散控制系统组成比值控制系统要采用相乘控制方案？

4-16 某比值控制系统的要求是：主动量流量范围 0～100t/h，变送器范围 0～160kPa；从动量流量范围 0～20t/h，变送器范围 0～160kPa；要求主动量与从动量的流量之比是 1∶0.25。试列出需要键入的主要参数。

4-17 如果集散控制系统没有前馈-反馈控制功能模块，要实现前馈-反馈控制功能，应如何组态？

4-18 部分集散控制系统供应商提供预测控制功能模块，如果没有提供，而工艺需要，试采用提供的功能模块，编写有关程序实现之。

4-19 用集散控制系统实现模拟控制系统时要注意什么事项？

4-20 集散控制系统中如何实现时滞环节？试编程说明。

4-21　为实现神经网络控制，集散控制系统中如何实现矩阵左乘和右乘的计算?

4-22　为实现皮带输送系统的电动机控制，要求逆序启动，顺序停止，试编写有关程序在集散控制系统中实现。

4-23　批量控制系统中的处方有几类? 它们之间的关系如何?

4-24　集散控制系统中如何实现优化系统?

4-25　现场总线控制系统中的功能模块有哪三类? 各有什么功能?

4-26　现场总线控制系统如何实现单回路控制? 如何实现串级控制系统?

4-27　现场总线设备有哪几类? 各有什么用途?

4-28　现场总线功能模块有几种工作方式? 工作方式用的参数有哪些?

4-29　现场总线功能模块的脱落是什么? 是如何实现脱落的?

4-30　现场总线控制系统的串级结构与控制系统的串级控制有什么区别?

4-31　现场总线功能模块参数的状态和状态属性是什么含义? 状态传递是如何进行的?

4-32　说明 AI 模块各参数的含义和用法。例如，某流量范围 0～1000kg/h，采用差压变送器范围 0～16kPa，该 AI 模块的参数应如何设置?

4-33　说明 AO 模块各参数的含义和用法。例如，某气动控制阀连接电气阀门定位器，输入信号是 4～20mA，用气开方式，该 AO 模块的参数应如何设置?

4-34　采用两个气开型常规气动控制阀，拟用输出分程功能模块实现气开-气关分程，说明 OS 输出分程功能模块参数应如何设置。

第 5 章　集散控制系统的工程设计

5.1　图形符号和文字符号

5.1.1　功能图描述符号

描述系统功能图的形式有垂直图和水平图两种。水平图中，被测量的量被画在左边，流程从左向右。垂直图中，被测量的量被画在上面，流程从上而下。不论采用哪种形式，凡是辅助功能，如手动操作、设定值、偏置值等，都与主信号垂直。画图时可不考虑设备。

功能图描述符号，在初步设计阶段，作为独立应用的功能单元；在施工图设计详图中，作为虚设的功能符号完成相应的功能；在共用控制系统中，与共用显示、共用控制设备相邻绘制，完成相应的功能。

表 5-1 是基本功能图采用的框图符号。被测变量和仪表功能的字母代号可参照过程检测和控制流程图用图形符号和文字符号的有关标准。表 5-2 是功能图描述符号。

表 5-1　基本功能图的框图符号

图形符号	功能说明	图形符号	功能说明
	圆形框表示测量或信号读出功能		正菱形框表示手动信号处理功能
	矩形框表示自动信号处理功能		等腰梯形框表示最终控制装置，如执行机构等

表 5-2　功能图描述符号

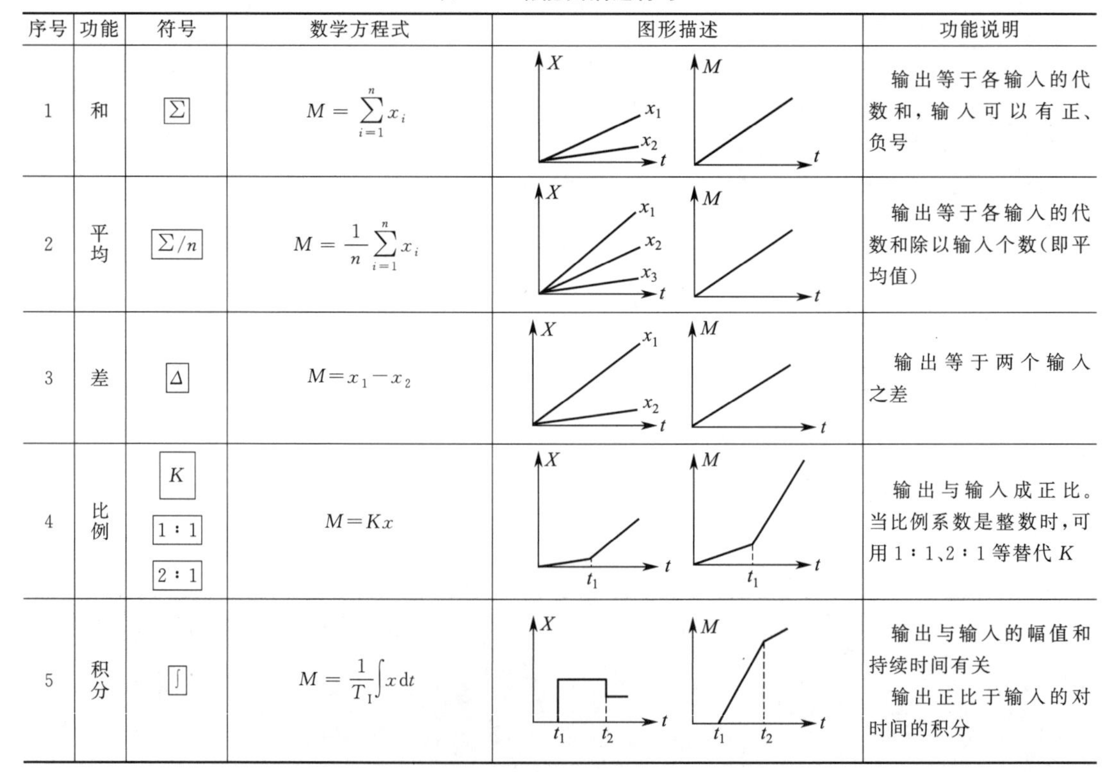

序号	功能	符号	数学方程式	图形描述	功能说明
1	和	Σ	$M=\sum_{i=1}^{n}x_i$		输出等于各输入的代数和，输入可以有正、负号
2	平均	Σ/n	$M=\frac{1}{n}\sum_{i=1}^{n}x_i$		输出等于各输入的代数和除以输入个数（即平均值）
3	差	Δ	$M=x_1-x_2$		输出等于两个输入之差
4	比例	K 1∶1 2∶1	$M=Kx$		输出与输入成正比。当比例系数是整数时，可用 1∶1、2∶1 等替代 K
5	积分	∫	$M=\frac{1}{T_I}\int x\,dt$		输出与输入的幅值和持续时间有关 输出正比于输入的对时间的积分

续表

序号	功能	符号	数学方程式	图形描述	功能说明
6	微分	d/dt	$M=T_D\frac{dx}{dt}$	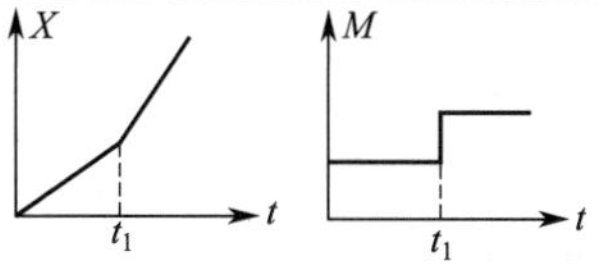 X, t_1, t; M, t_1, t	输出正比于输入对时间的微分(变化率)
7	乘	×	$M=x_1x_2$	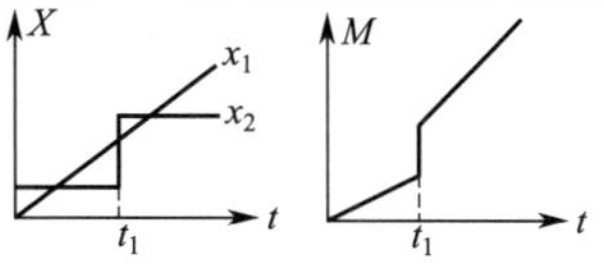 X, x_1, x_2, t_1, t; M, t_1, t	输出等于两个输入之乘积
8	除	÷	$M=\frac{x_1}{x_2}$	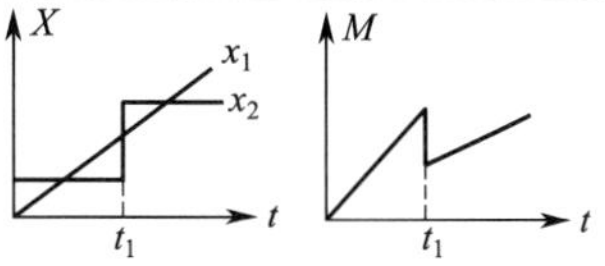 X, x_1, x_2, t_1, t; M, t_1, t	输出等于两个输入之比
9	求根	$\sqrt[n]{\ }$	$M=\sqrt[n]{x}$	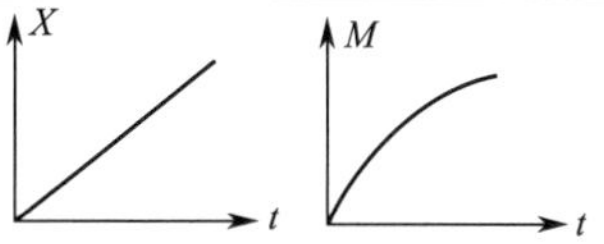 X, t; M, t	输出等于输入的根(即三次方根、四次方根、2/3次方根等),n不标注表示平方根
10	幂指数	x^n	$M=x^n$	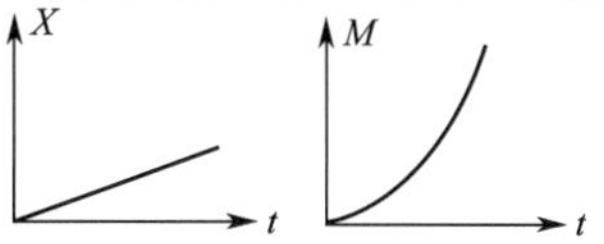 X, t; M, t	输出等于输入的幂
11	非线性或不确定函数	$f(x)$	$M=f(x)$	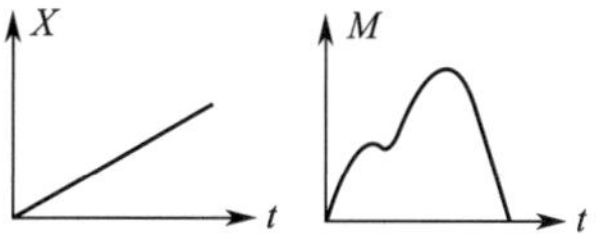 X, t; M, t	输出等于输入的非线性函数或不确定函数
12	时间函数	$f(t)$	$M=xf(t)$ $M=f(t)$	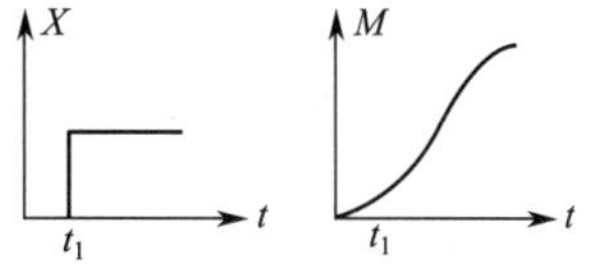 X, t_1, t; M, t_1, t	输出等于输入和一些时间函数之积或等于一些时间函数
13	高选	>	$M=\begin{cases}x_1 & 当\ x_1\geqslant x_2\\x_2 & 当\ x_1\leqslant x_2\end{cases}$	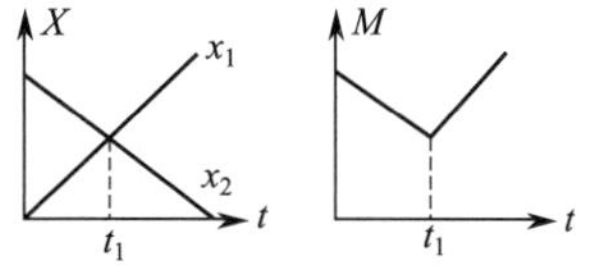 X, x_1, x_2, t_1, t; M, t_1, t	输出等于输入中最大的一个输入
14	低选	<	$M=\begin{cases}x_1 & 当\ x_1\leqslant x_2\\x_2 & 当\ x_1\geqslant x_2\end{cases}$	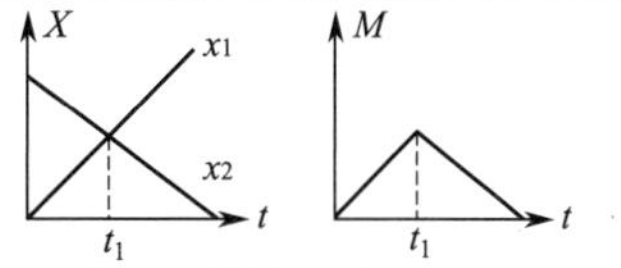 X, x1, x2, t_1, t; M, t_1, t	输出等于输入中最小的一个输入
15	高限	≯	$M=\begin{cases}x & 当\ x\leqslant H\\H & 当\ x\geqslant H\end{cases}$	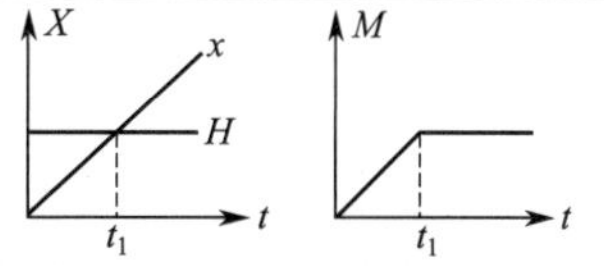 X, x, H, t_1, t; M, t_1, t	输入小于高限值时,输出等于输入 输入大于高限值时,输出等于高限
16	低限	≮	$M=\begin{cases}L & 当\ x\leqslant L\\x & 当\ x\geqslant L\end{cases}$	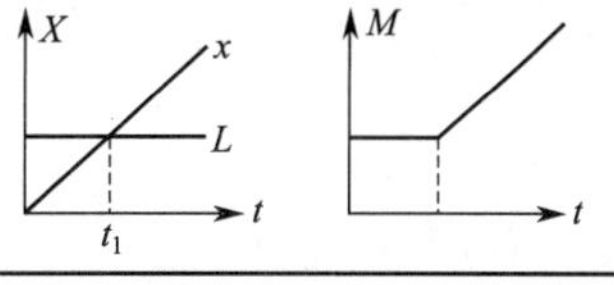 X, x, L, t_1, t; M, t	输入小于低限值时,输出等于低限 输入大于低限值时,输出等于输入

续表

序号	功能	符号	数学方程式	图形描述	功能说明
17	反相比例	−K	$M=-Kx$		输出是输入的反相比例
18	速度限值	∀	$\frac{dM}{dt}=\begin{cases}\frac{dx}{dt} & 当\frac{dx}{dt}\leqslant H 与 M=x\\ H & 当\frac{dx}{dt}\geqslant H 或 M\neq x\end{cases}$		输出等于输入，直到输入变化率超过限值 H 输出以此限值确定的速率变化，直到输出再次等于输入
19	偏置	+ − ±	$M=x\pm b$		输出等于输入加（或减）偏置值 b
20	转换	*/*	输出＝f(输入)		输入 * 和输出 * 的类型 E:电压；B:二进制； I:电流；H:液动； P:气动；O:电磁，声音 A:模拟；R:电阻； D:数字
21	信号监视	**H	状态一　当 $x\leqslant H$ 状态二　当 $x>H$ （被激发或报警状态）		输出是取决于输入量的离散值
		**L	状态一　当 $x<L$ （被激发或报警状态） 状态二　当 $x\geqslant L$		
		**HL	状态一　当 $x<L$ （M_1 被激发或报警状态） 状态二　当 $H\geqslant x\geqslant L$ （输出不起作用或未被激发） 状态三　当 $x>H$ （M_2 被激发或报警状态）		

注：1. 表中变量说明如下：

变量	说明	变量	说明	变量	说明
b	模拟偏置值	n	输入个数或幂次	t	时间
d/dt	对时间微分	H	模拟高限值	L	模拟低限值
T_I	积分时间	T_D	微分时间	$x,x_1,\ldots,x_n$	模拟输入变量
M	模拟输出变量	*	被测变量的字母代号		

2. 矩形框也可作为标志。例如，SW 或 I-O 表示开关，REV 表示反作用。

5.1.2　分散控制、共用显示、逻辑和计算机系统的设计符号

(1) 图形符号

石油化工自控专业设计标准 SHB-Z04—95《分散控制/集中显示仪表、逻辑控制及计算机系

统用流程图符号》等效 ISA-S5.3—1983 标准。表 5-3 是标准规定的图形符号。

表 5-3　分散控制/集中显示和逻辑控制的图形符号

类别	安装在现场 正常情况下操作员 不能监控	安装在主操作台 正常情况下操作员 可以监控	安装在辅助设备 正常情况下操作员 可以监控	安装在盘后或不与 DCS 通信 正常情况下操作员 不能监控
仪表				
分散控制 共用显示 共用控制				
可编程逻辑控制器				
计算机				

当需要规定仪表或功能模块的位置时，可在图形符号外的右上方注明。例如，IP1 表示 1# 仪表盘；IC2 表示 2# 仪表操作终端；CC3 表示 3# 计算机操作台等。表 5-4 是仪表功能标志外的常用缩写字母及其含义。

表 5-4　仪表功能标志外的常用缩写字母及其含义

缩写字母	英文	含义	缩写字母	英文	含义
A	Analog signal	模拟信号	IA	Instrument air	仪表空气
AC	Alternating current	交流电	IFO	Internal orifice plate	内藏孔板
A/D	Analog/Digital	模拟/数字	IN	Input;Inlet	输入;入口
A/M	Automatic/Manual	自动/手动	IP	Instrument panel	仪表盘
AND	And gate	"与"门	L	Low	低
AVG	Average	平均	L-COMP	Lag compensation	滞后补偿
CHR	Chromatograph	色谱	LB	Local board	就地盘
D	Derivative control mode; Digital signal	微分控制模式	LL	Lowest(lower)	最低(较低)
			L/S	Lowest select	低选
D/A	Digital/Analog	数字信号	M	Motor actuator;Middle	电动执行机构;中
DC	Direct current	直流电	MAX	Maximum	最大
DIFF	Subtract	减,差	MF	Mass flow meter	质量流量计
DIR	Direct—acting	正作用	MIN	Minimum	最小
E	Voltage signal;Electric signal	电压信号;电信号	NOR	Normal;NOR gate	正常;"或非"门
EMF	Electric magnetic flow meter	电磁流量计	NOT	NOT gate	"非"门
ES	Electric supply	电源	O	Electromagnetic or sonic signal	电磁或声信号
ESD	Emergency shutdown	紧急停车			
FC	Fail closed	故障关	ON-OFF	Connect-disconnect (automatically)	通-断(自动地)
FFC	Feedforward control mode	前馈控制模式			
FFU	Feedforward unit	前馈单元	OPT	Optimizing control mode	最优控制模式
FI	Fail indeterminate	故障时任意位置	OR	OR gate	"或"门
FL	Fail locked	故障时保位	OUT	Output;Outlet	输出;出口
FO	Fail open	故障开	P	Pneumatic signal; Proportional control mode;Instrument panel;Purge flushing device	气动信号;比例控制模式;仪表盘;吹气或冲洗装置
H	Hydraulic signal;High	液压信号;高			
HH	Highest(Higher)	最高(较高)			
H/S	Highest select	高选	PCD	Process control diagram	工艺控制图
I	Electric current signal;Interlock;Integrate	电流信号	P&ID(PI D)	Pipe and instrument diagram	管道仪表流量图

续表

缩写字母	英文	含义	缩写字母	英文	含义
P. T. -COMP	Pressure temperature compensation	压力温度补偿	SIS	Safety interlock system; Safety instrument system	安全联锁系统；安全仪表系统
R	Reset of fail-locked device; Resistance(signal)	(能源)故障保位复位装置，电阻	SP	Set point	设定点
			SQRT	Square root	平方根；开方
REV	Reverse-acting	反作用(反向)	VOT	Vortex transducer	旋涡传感器
RTD	Resistance temperature detector	热电阻	XMTR	Transmitter	变送器
S	Solenoid actuator	电磁执行机构	XR	X-ray	X 射线

系统链的图形符号是小圆和直线的交替，它既用于表示软件或数据链，也用于表示制造商所提供的各功能模块连接的系统。共用信号线也可用系统链的图形符号表示。例如，现场总线设备之间的数字信号可用图 5-1 所示的图形符号表示。图中所示的设计符号还表示现场总线控制系统中的不同通信传输速率。通信链图形符号中的实心圆表示一种通信传输速率，例如高速以太网 HSE；空心圆表示另一种通信传输速率，例如 H1。在 P&I D 上表示数据传输方向可采用箭头标注，如图 5-1 所示。

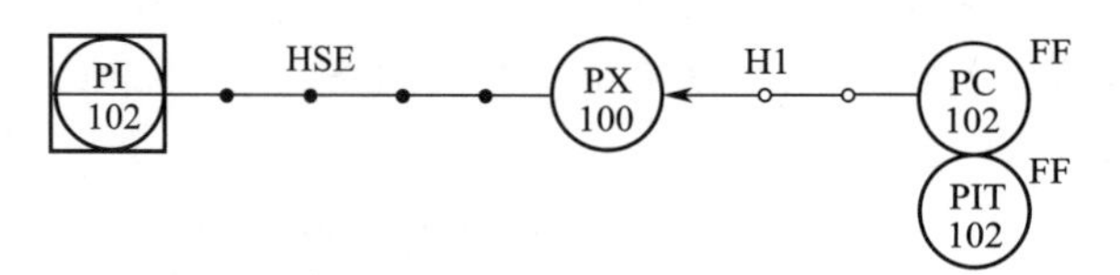

图 5-1 不同通信传输速率的表示

无线通信仪表可在其图形符号外用仪表连接线的图形符号（电磁、辐射、热、光、声波等信号线）描述。其他连接线的图形符号见表 5-5。

表 5-5 仪表连接线图形符号

序号	图形符号	描述	序号	图形符号	描述
1		气动信号线	7		内部系统线(软件或数据链)
2	或	电动信号线	8		机械链
3		导压毛细管	9	或	二进制电信号
4		液压信号线	10		二进制气信号
5		电磁、辐射、热、光、声波等信号线(有导向)	11		信号线的流向
6		电磁、辐射、热、光、声波等信号线(无导向)	12		信号线交叉　信号线连接

在管道仪表流程图上，仪表连接线可采用简化画法。即不画出变送器等检测仪表图形符号，工艺参数测量点与控制室监控仪表直接用细实线连接。

仪表连接线用于工艺参数测量点与检测装置或仪表之间的连接、仪表与仪表能源之间的连接。仪表供气、供电连接线及连接到过程设备的连接线用细实线绘制。

仪表能源的文字符号见表 5-6。

表 5-6　仪表能源文字符号及其含义

缩写字母	英文	含义	缩写字母	英文	含义
AS	Air Supply	空气源	IA	Instrument Air	仪表空气源
ES	Electric Supply	电源	NS	Nitrogen Supply	氮气源
GS	Gas Supply	气体源	SS	Steam Supply	蒸汽源
HS	Hydraulic Supply	液压源	WS	Water Supply	水源

为了强调安装在现场的仪表是现场总线仪表，可以在仪表的图形符号外标注现场总线的类型。例如，FF 表示采用基金会现场总线的设备，Profinet 表示采用 Profinet 现场总线的设备，Modbus 表示采用 Modbus 总线的现场设备等。仪表的类型通常不在 P&ID 上标注，而在仪器仪表一览表标注。

现场总线控制系统的设计图纸中，为说明功能模块的作用，在功能模块的连接图、控制组态图等图纸中，将功能模块的功能列在设备位号后，组成功能模块形式的位号。例如，PT-101-AI1 表示压力变送器中通道 1 的 AI 功能模块，PV-101-PID 表示控制阀中的 PID 功能模块，PV-101-AO 表示控制阀中的 AO 功能模块等。

图形符号相切表示相连接的仪表之间的通信，可通过硬接线或系统链或作为后备。它也可表示多功能仪表，例如，具有两个或两个以上的仪表功能或现场总线仪表中的功能模块在同一仪表或现场总线设备中实现。现场总线设备的多个功能模块也用相切的图形符号表示。

表 5-7 是现场总线设备和现场总线控制系统设计符号的示例。与集散控制系统的图形表示方法类似，现场总线控制系统的表示方法中更强调现场总线的类型，例如，图中的 FF 表示采用基金会现场总线设备。

表 5-7　现场总线设备和现场总线控制系统设计符号的示例

现场总线仪表的图形符号	表示 PID 控制功能模块位置	现场总线用通信链，共用显示
PT 101 FF, PIC 101, PV 101 FF	FF PT 102, PIC 102 FF, PV 102 FF	PT 103 FF, PIC 103, PV 103 FF

(2) 功能字母符号

根据 HG/T 20505—2000《过程测量与控制仪表的功能标志及图形符号》规定，仪表功能标志的字母符号见表 5-8。

表 5-8　仪表功能标志的字母符号

字母	首位字母		后继字母		
	被测变量或引发变量	修饰词	读出功能	输出功能	修饰词
A	分析		报警		
B	烧嘴、火焰		供选用	供选用	供选用
C	电导率			控制	
D	密度	差			
E	电压(电动势)		检测元件		
F	流量	比率(比值)			
G	毒性气体或可燃气体		视镜、观察		
H	手动				高限、高值
I	电流		指示		
J	功率	扫描			
K	时间、时间程序	变化速率		操作器	
L	物位		灯		低限、低值
M	水分或湿度	瞬动			中值、中间

续表

字母	首位字母		后继字母		
	被测变量或引发变量	修饰词	读出功能	输出功能	修饰词
N	供选用		供选用	供选用	供选用
O	供选用		节流孔		
P	压力、真空		连接或测试点		
Q	数量	积算、累计			
R	核辐射		记录、DCS趋势记录		
S	速度、频率	安全		开关、联锁	
T	温度			传送(变送)	
U	多变量		多功能	多功能	多功能
V	振动、机械监视			阀、风门、百叶窗	
W	重量、力		套管		
X	未分类	X轴	未分类	未分类	未分类
Y	事件、状态	Y轴		继电、计算、转换器	
Z	位置、尺寸	Z轴		驱动器、执行元件	

字母的先后顺序应与仪表功能对应。例如，TS表示温度检测开关，而ST表示转速检测变送器。

字母的其他组合可参见有关资料。继电器、计算器和转换器的输出功能字母Y需要在图形符号外注明该设备具有的继电、计算或转换功能，如表5-2所示。例如，I/P表示电流信号转换为气压信号。$f(x)$表示函数关系，如表示前馈控制规律或非线性函数关系等。

软件报警和硬件报警一样，可根据功能字母的有关规定标注。字母应标注在控制设备或其他特殊系统部件的输入或输出信号线上。仪表系统的报警可分为被测变量报警、控制器输出报警和变化率报警等。被测变量报警包含变量的字母代号。例如，TAH表示温度高限报警。控制器输出报警等可使用未定义的变量字母代号X，例如，XAH表示控制器输出高限报警等。高、中、低限符号标注在图形符号右面的相应部位。

分析仪表应注明被分析的样本类型，如CO、pH等。VSD可表示变频器和交流电机组合的设备。

现场总线设备为说明所含的功能模块，还可添加功能模块的代号作为后续功能。例如，某压力变送器PT-103的压力检测功能模块用PT-103-AI1，它的计算功能用PT-103-AR等。

5.1.3 过程显示图形符号和文字符号

管道仪表流程图P&ID（Piping and Instrument Diagram）也称为带控制点工艺流程图。HG/T 20559.2—1993《管道仪表流程图设备图形符号》规定的设备图形符号可在集散控制系统人机界面设计时使用。

过程显示的图形符号和文字符号适用于化工、炼油、电站、空调、冶炼和许多其他工业过程的显示。采用该符号体系的优点是可减少操作人员的误操作；缩短操作人员的培训时间；控制系统设计人员的设计意图能较好地被系统用户所接受。

管道仪表流程图由工艺专业设计人员绘制，自控专业设计人员会签。

管道仪表流程图的绘制软件已有国内和国外多种版本。这些软件也可方便地用于集散控制系统的有关自控设计的全部图纸绘制和文件资料编写。

5.1.4 设计符号的应用示例

(1) 功能图应用示例

表5-9是功能图的应用示例。当某一具体仪表或组件具有多功能时，可画在一起。功能图图形符号在功能图中描述各功能模块的功能。集散控制系统中，它与仪表功能符号结合用于描

述各控制、检测系统的功能。

表 5-9　功能图的应用示例

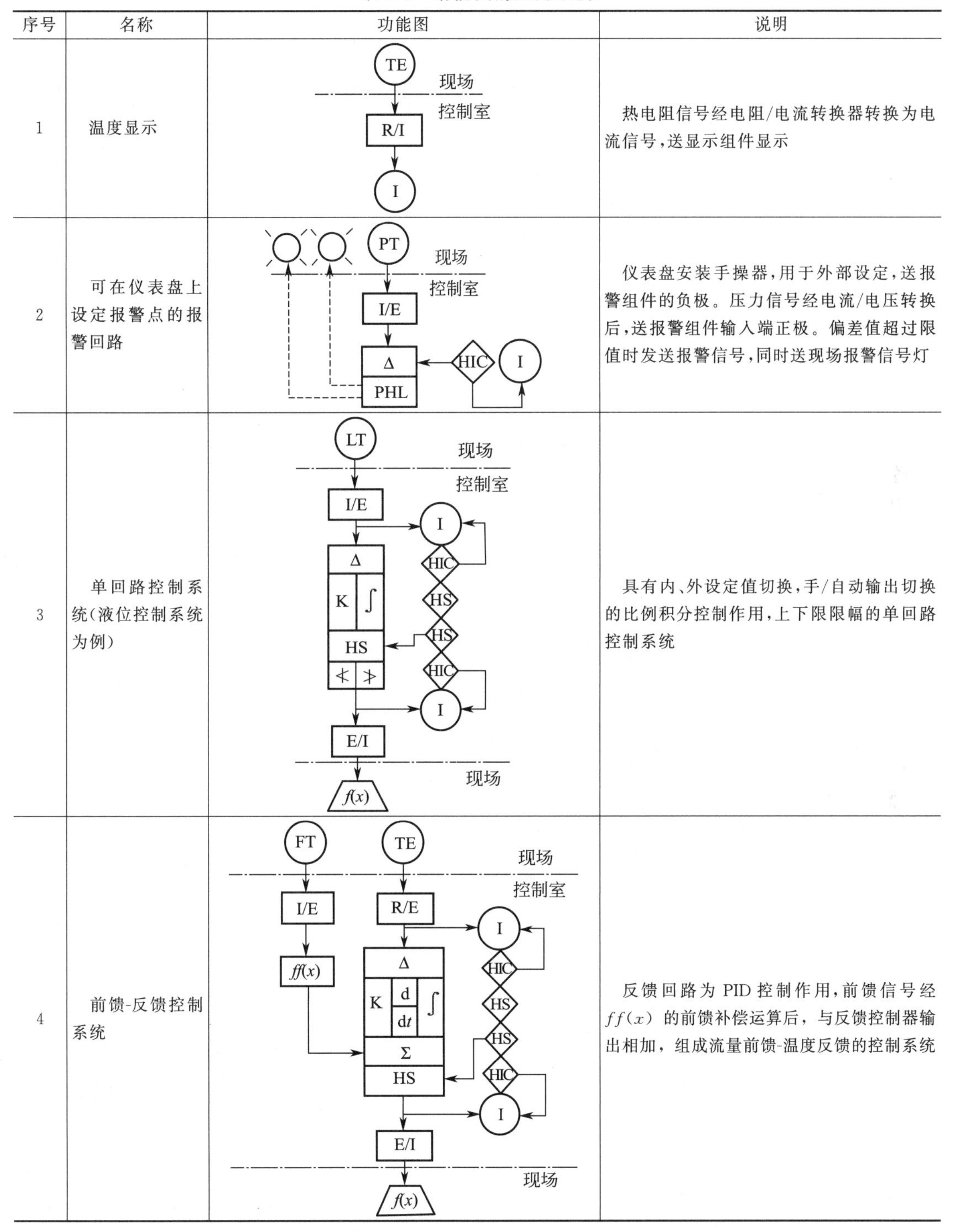

序号	名称	功能图	说明
1	温度显示		热电阻信号经电阻/电流转换器转换为电流信号，送显示组件显示
2	可在仪表盘上设定报警点的报警回路		仪表盘安装手操器，用于外部设定，送报警组件的负极。压力信号经电流/电压转换后，送报警组件输入端正极。偏差值超过限值时发送报警信号，同时送现场报警信号灯
3	单回路控制系统（液位控制系统为例）		具有内、外设定值切换，手/自动输出切换的比例积分控制作用，上下限限幅的单回路控制系统
4	前馈-反馈控制系统		反馈回路为 PID 控制作用，前馈信号经 $ff(x)$ 的前馈补偿运算后，与反馈控制器输出相加，组成流量前馈-温度反馈的控制系统

（2）分散控制、共用显示、逻辑和计算机系统设计符号的应用示例

根据 SHB-Z02—95 标准《仪表符号和标志》（等效于 ISA S5.1—1984）和 HG/T 20505—2000《过程测量与控制仪表的功能标志及图形符号》（现已被 HG/T 20505—2014 替代）的规定绘制。表 5-10 是控制室监控仪表图形符号的示例。

表 5-10 控制室监控仪表图形符号的示例

序号	被测变量	仪表	功能说明	简化示例	详细示例
1	流量	差压变送器	流量累积带温压补偿 温度、压力指示	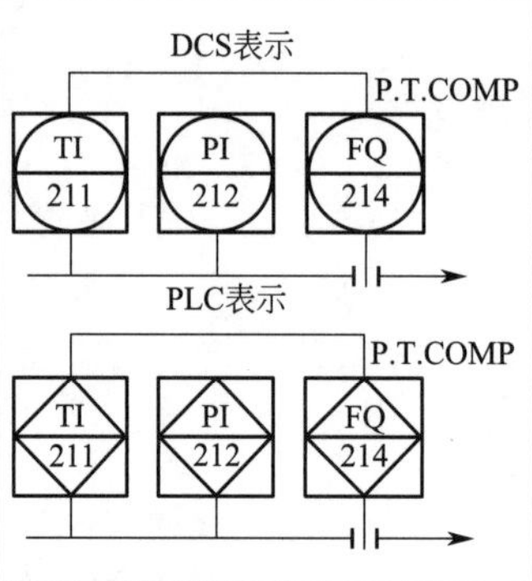 DCS表示 P.T.COMP TI 211 PI 212 FQ 214 PLC表示 P.T.COMP TI 211 PI 212 FQ 214	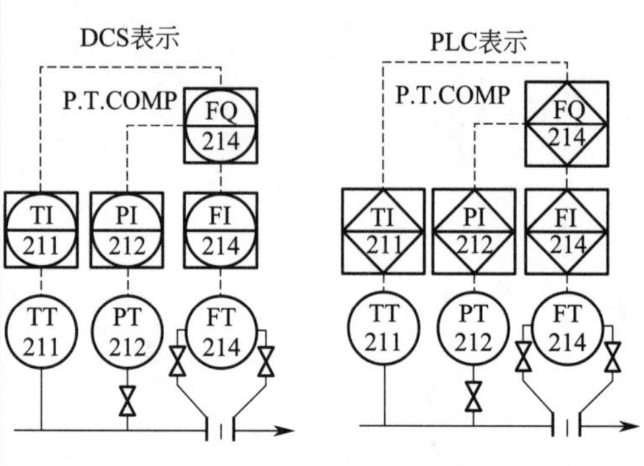 DCS表示 P.T.COMP FQ 214 TI 211 PI 212 FI 214 TT 211 PT 212 FT 214 PLC表示 P.T.COMP FQ 214 TI 211 PI 212 FI 214 TT 211 PT 212 FT 214
2	液位	差压变送器	指示报警	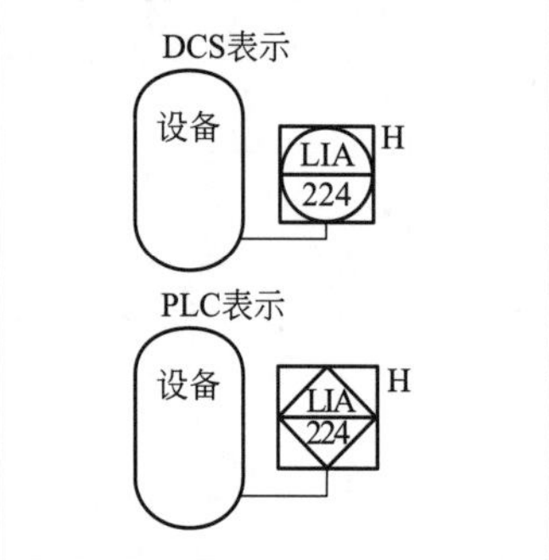 DCS表示 设备 LIA 224 H PLC表示 设备 LIA 224 H	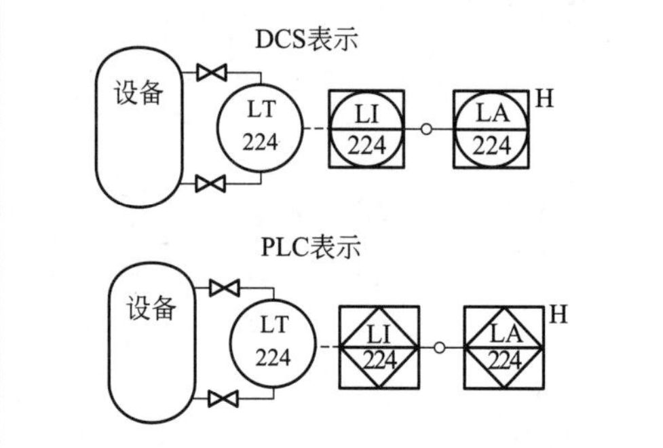 DCS表示 设备 LT 224 LI 224 LA 224 H PLC表示 设备 LT 224 LI 224 LA 224 H
3	温度	一体化温度变送器	记录报警联锁(趋势记录)	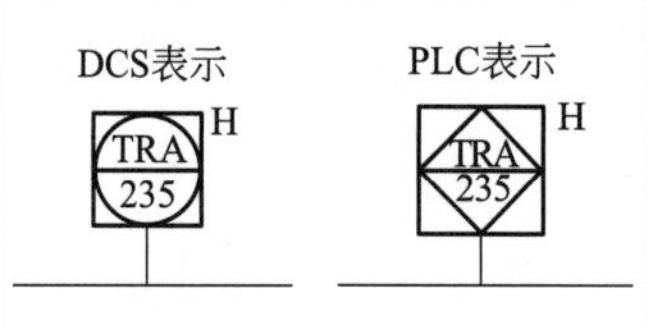 DCS表示 TRA 235 H PLC表示 TRA 235 H	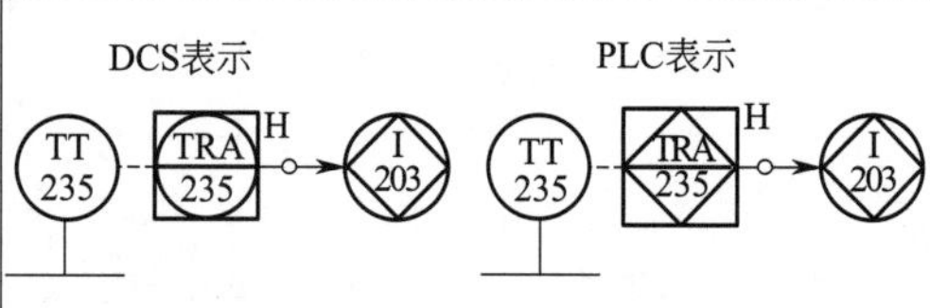 DCS表示 TT 235 TRA 235 H I 203 PLC表示 TT 235 TRA 235 H I 203
4	压力	压力变送器	指示报警	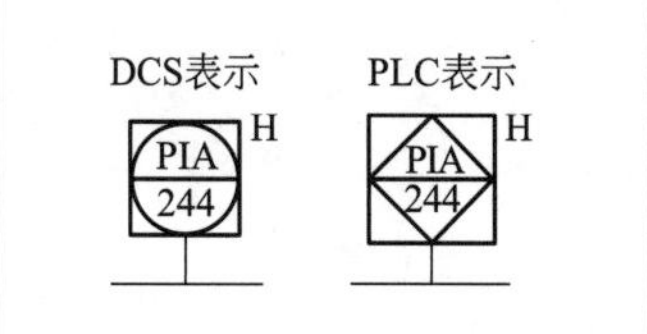 DCS表示 PIA 244 H PLC表示 PIA 244 H	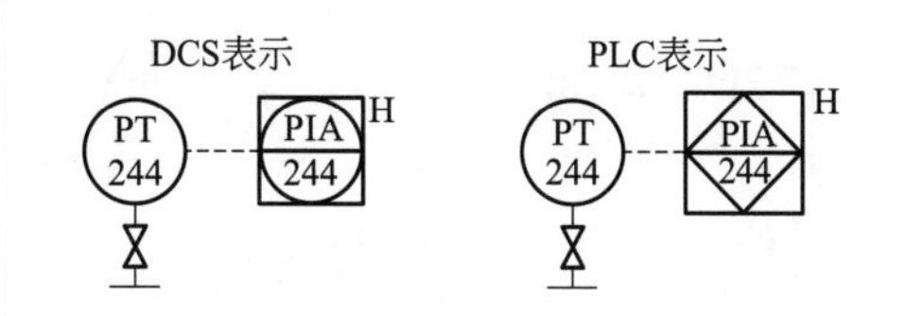 DCS表示 PT 244 PIA 244 H PLC表示 PT 244 PIA 244 H

表 5-11 是共用显示、分散控制设计符号的应用示例。

表 5-11 共用显示、分散控制设计符号的应用示例

序号	功能及说明	图形符号示例
1	共用显示/共用控制系统-无后备	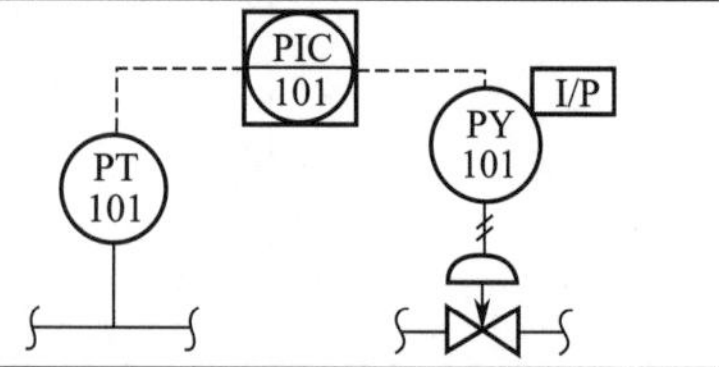 PIC 101 PT 101 PY 101 I/P
2	模拟控制系统—模拟控制器带有与共用显示/共用控制系统的接口,作为控制器后备 控制室安装的模拟控制器用于压力控制系统,共用显示和共用控制系统作为该模拟控制器的后备	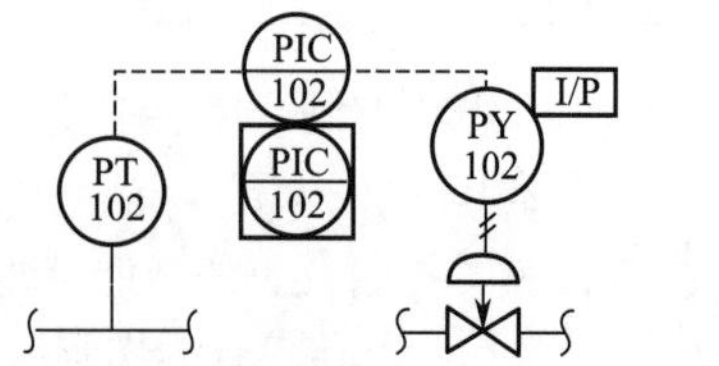 PIC 102 PIC 102 PT 102 PY 102 I/P

续表

序号	功能及说明	图形符号示例
3	共用显示/共用控制—带操作员辅助接口作为控制器后备 共用显示/共用控制系统作为控制器，它带有安装在辅助设备上的操作员可监控的控制器后备	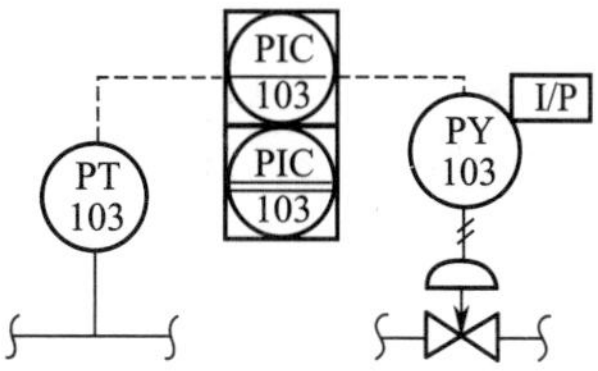
4	共用显示/共用控制—带有模拟控制器作为后备 共用显示/共用控制系统作为控制器，它带有安装在主设备上的操作员可监控的控制器后备	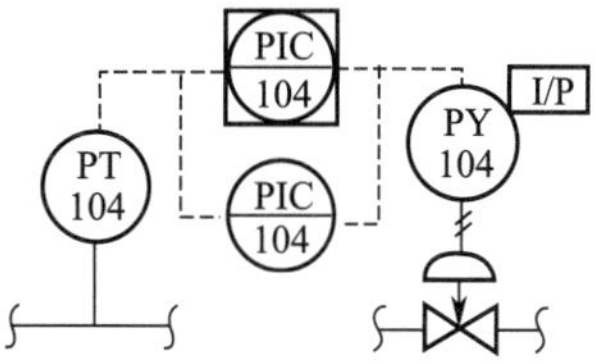
5	模拟控制系统—现场模拟盲控制器带有与共用显示/共用控制系统的接口，作为控制器后备 安装在现场的操作员不能监控的模拟控制器—带共用显示/共用控制系统的控制器作为其后备	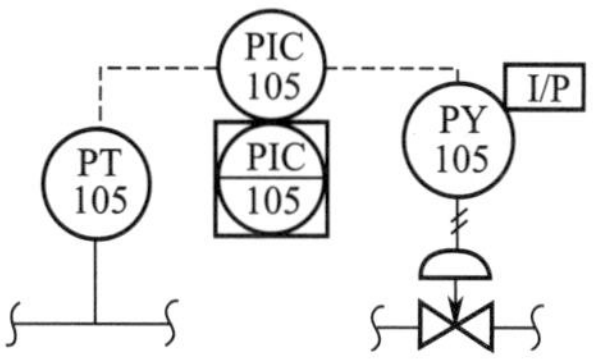
6	盲共用控制—盲控制器带有操作员辅助接口作为盲控制器后备 安装在现场的操作员不能监控的模拟控制器—带有安装在辅助设备上的共用显示/共用控制的控制器作为其后备	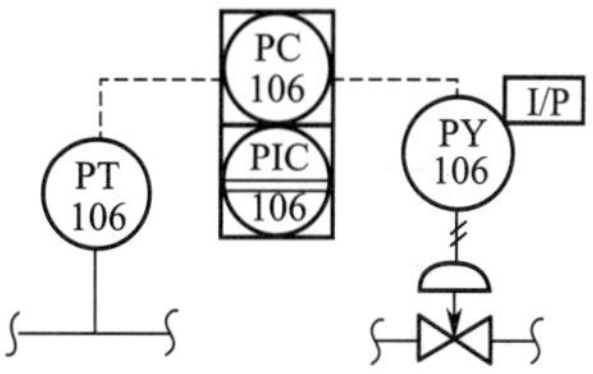

表5-12是计算机控制的图形符号示例。表5-13是设定值监督控制图形符号示例。表5-14是现场总线控制系统应用示例。

表5-12　计算机控制图形符号示例

序号	功能及说明	图形符号示例
1	计算机控制—公用显示，无后备	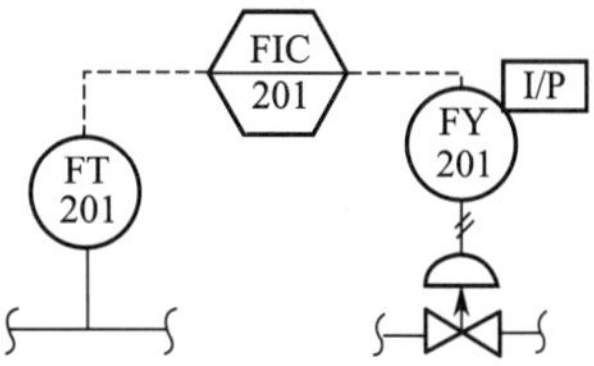
2	计算机控制—带模拟控制器作为后备	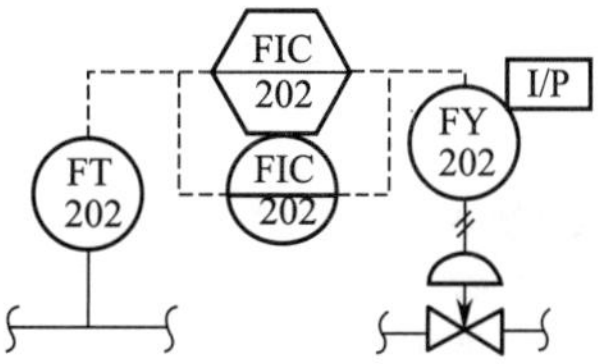

续表

序号	功能及说明	图形符号示例
3	计算机控制—集散控制系统作为全后备，计算机使用仪表系统通信链	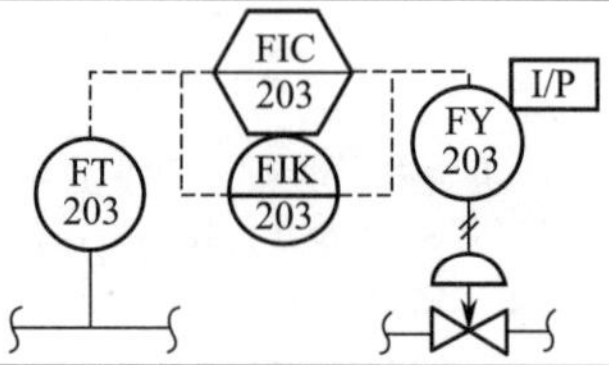 FIC 203; FT 203; FIK 203; FY 203; I/P
4	计算机控制—设定值跟踪的全模拟控制器作为后备	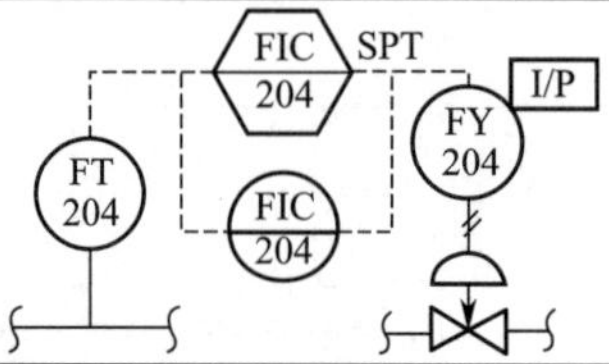 FIC 204; SPT; FT 204; FIC 204; FY 204; I/P

表 5-13 设定值监督控制图形符号示例

序号	功能及说明	图形符号示例
1	设定值监督控制—安装在控制室仪表盘上的模拟控制器控制压力，通过计算机通信链实现其设定值的监督控制 * 用户的标志是可选择的	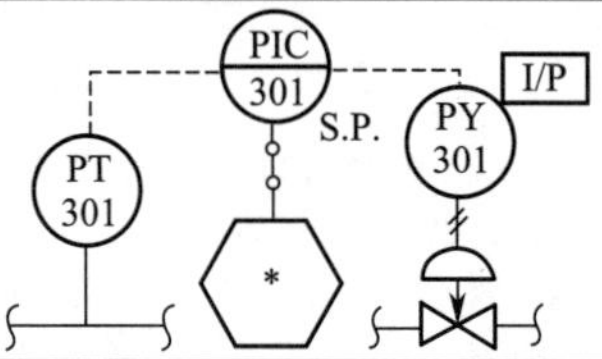 PIC 301; S.P.; PT 301; PY 301; I/P; *
2	设定值监督控制—安装在控制室仪表盘上的模拟控制器控制压力，计算机通过硬接线实现对其设定值的监督控制 * 用户的标志是可选择的	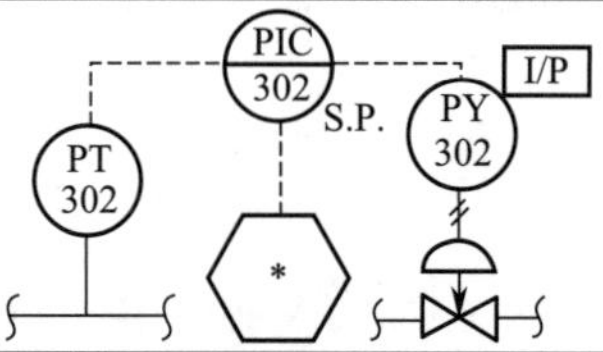 PIC 302; S.P.; PT 302; PY 302; I/P; *
3	设定值监督控制—共用显示/共用控制(DCS)，计算机的所有信息都通过通信链传送 * 是用户可选择的标志	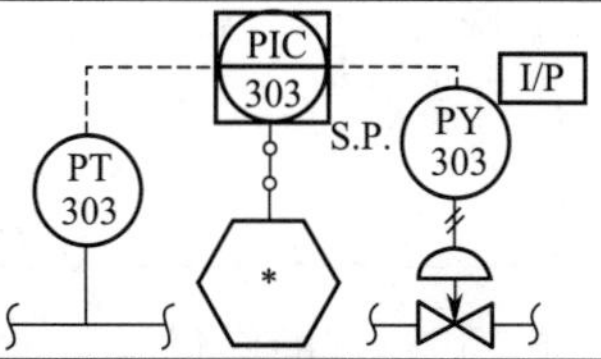 PIC 303; S.P.; PT 303; PY 303; I/P; *

表 5-14 现场总线控制系统应用示例

序号	功能及说明	图形符号示例
1	现场总线控制系统—控制器功能模块内置在执行器，共用显示/共用控制系统(DCS)用于显示和控制 (可减少现场总线的通信量)	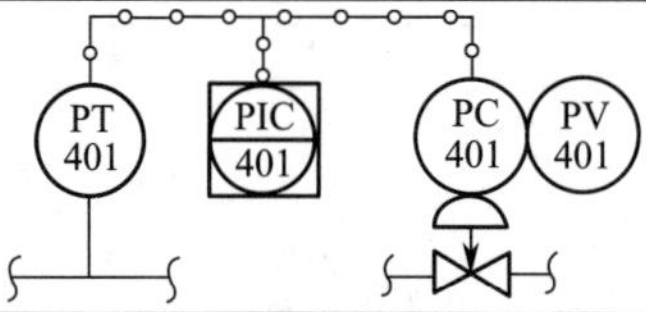 PT 401; PIC 401; PC 401; PV 401
2	现场总线控制系统—控制器功能模块位于共用显示/共用控制系统(DCS)	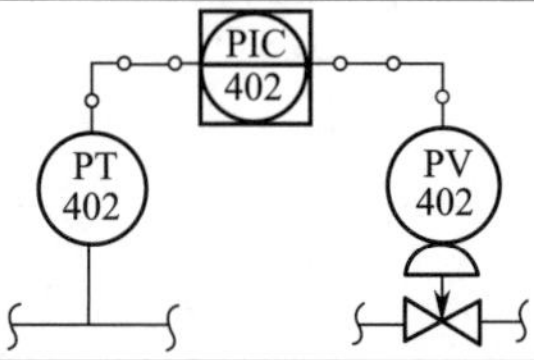 PIC 402; PT 402; PV 402
3	现场总线控制系统—控制器功能模块内置在检测变送器，共用显示/共用控制系统(DCS)用于显示和控制	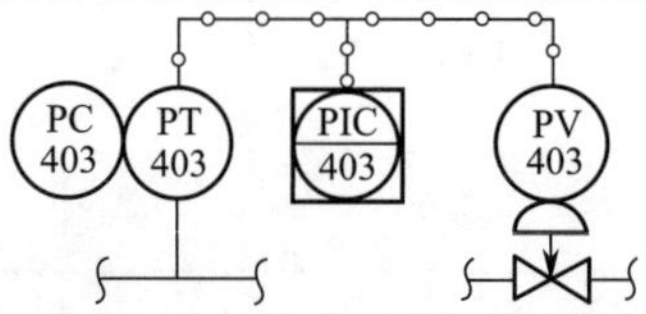 PC 403; PT 403; PIC 403; PV 403

5.1.5　现场总线设备连接图

现场总线控制系统中，现场总线设备的接线与一般电动仪表的接线类似。但由于现场总线设备具有通信功能，因此，对接地和屏蔽接线等有强制性规定。应根据现场总线的安装和接线规定绘制有关接线图。

现场总线设备有总线供电和单独供电两种设备类型。总线供电现场总线设备的电源由总线供电，因此，现场设备从现场总线上摄取电能，即在现场总线上不仅传输各种数据信号，还提供电源。单独供电的现场总线设备由单独的电源对其供电，即在现场总线上仅传输有关数据信号。在现场总线控制系统中，为降低电缆费用，可采用总线供电类型的现场总线设备。因此，接线图中应包含直流电源（包括电源调整器）的接线。

本安型现场总线设备可应用于本安场所，受本安设备电流电源等约束，挂接的现场总线设备数量会减少；需要专门的本安隔离栅和分线盒；连接电缆的电感和电容也有限制等。本安现场总线设备的接线应按照本安设备和本安现场总线设备的有关接线规定进行。

(1) 与常规模拟仪表接线的区别

现场总线仪表与常规模拟仪表接线的区别如下。

① 由于通信系统中要防止通信信号在端点处反射造成信号失真，并实现线路阻抗匹配，因此，通信系统的接线需要设置终端器。

② 一般模拟仪表系统的接线电缆可根据实际的电流或传送距离等条件选用各种线径的电缆，可以带屏蔽或不带屏蔽，也可采用双绞线等。现场总线控制系统中对通信信号的失真等有具体要求，因此，现场总线的电缆有一定的类型规定，对导线线径、特征阻抗等都有严格要求。

③ 一般模拟仪表系统采用标准电流（或电压）信号，因此，一些仪表之间采用串联连接，而现场总线控制系统中的仪表是并联连接到现场总线的。

④ 受输入和输出阻抗的限制，一般模拟仪表的输出可允许连接两台模拟输入仪表。现场总线控制系统中，一条现场总线上最多可挂接的现场总线设备数量也受到连接方式、通信量、通信电缆类型等限制。基金会现场总线设备的总数为 16 台等。

⑤ 一般模拟仪表的输入和输出是电压或电流信号，连接有极性。现场总线设备有极性连接和无极性连接两种，对无极性设备的接线可直接接线，不必考虑信号线极性。

(2) 接线图示例

图 5-2 是温度和流量串级控制系统的现场总线设备接线图。

接线图中，除标注线缆之间、它们与设备之间的连接关系外，还标注了线缆颜色。图中，TT-102 是现场温度变送器，FT-118 是现场流量变送器，FV 是带电气阀门定位器的现场气动控制阀。C1-003-02-01 是现场总线电缆编号，JB1-003-02 是现场接线盒。一个终端器采用供电电源 MTL5995 内部连接的终端器，另一个终端器连接在现场接线盒。

(3) 现场总线控制系统中功能模块连接示例

现场总线仪表可包含不同的功能模块，因此，与常规模拟仪表的连接有所不同。例如，同样的单回路控制系统，由于 PID 功能模块既可包含在 AI 功能模块，也可包含在 AO 功能模块，因此，它们的功能模块连接图就会不同。

图 5-3 是某工业锅炉实现的三冲量控制系统，它采用现场总线仪表实现。

图中，未画出液位、给水流量指示仪表框的图形符号，也未画出三冲量与单冲量控制的切换开关等。图中信号线采用一般信号线符号，没有用专门系统链的图形符号。LY-091 用于汽包液位的温度补偿，它采用饱和蒸汽的压力作为函数实现。图中的跟踪信号作为反算依据，图中也画出了过程参数状态为坏时的脱落结果等。

当采用三冲量和单冲量控制时，液位被控对象特性变化，因此，分别采用 LIC-091 和 LIC-091A 两个控制器功能模块。图 5-4 是用功能模块描述的上述控制方案。

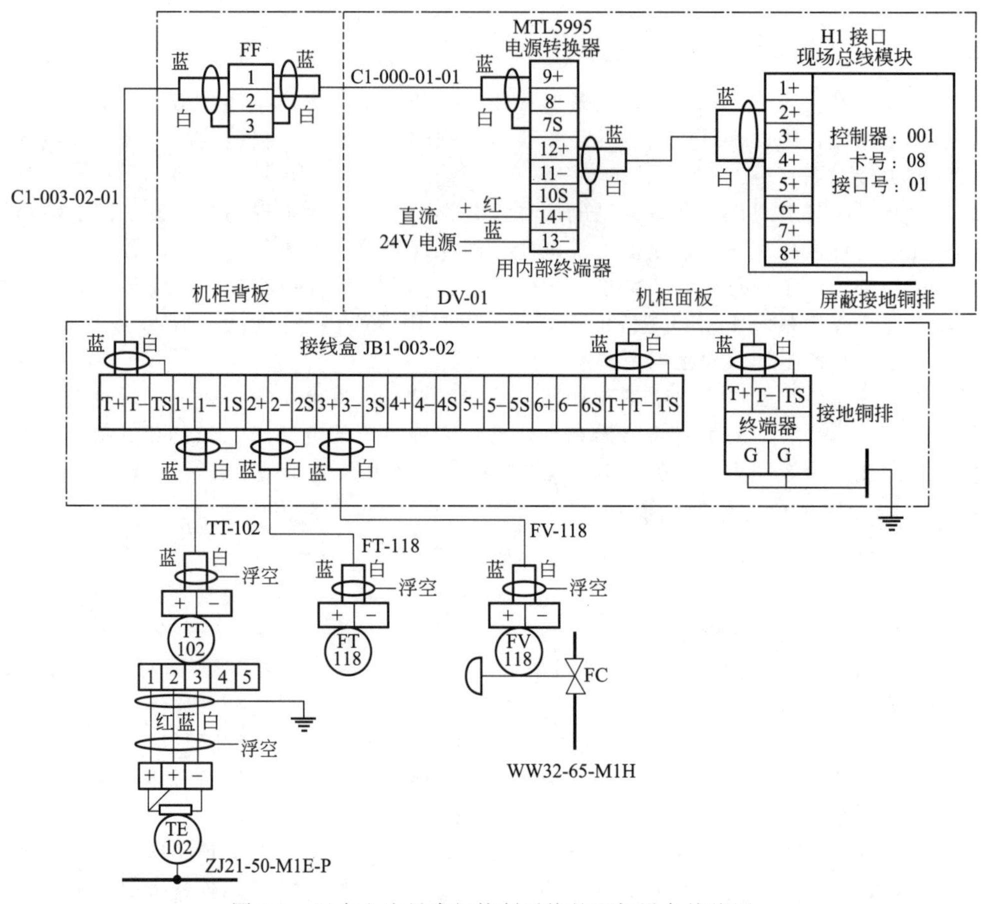

图 5-2 温度和流量串级控制系统的现场设备接线图

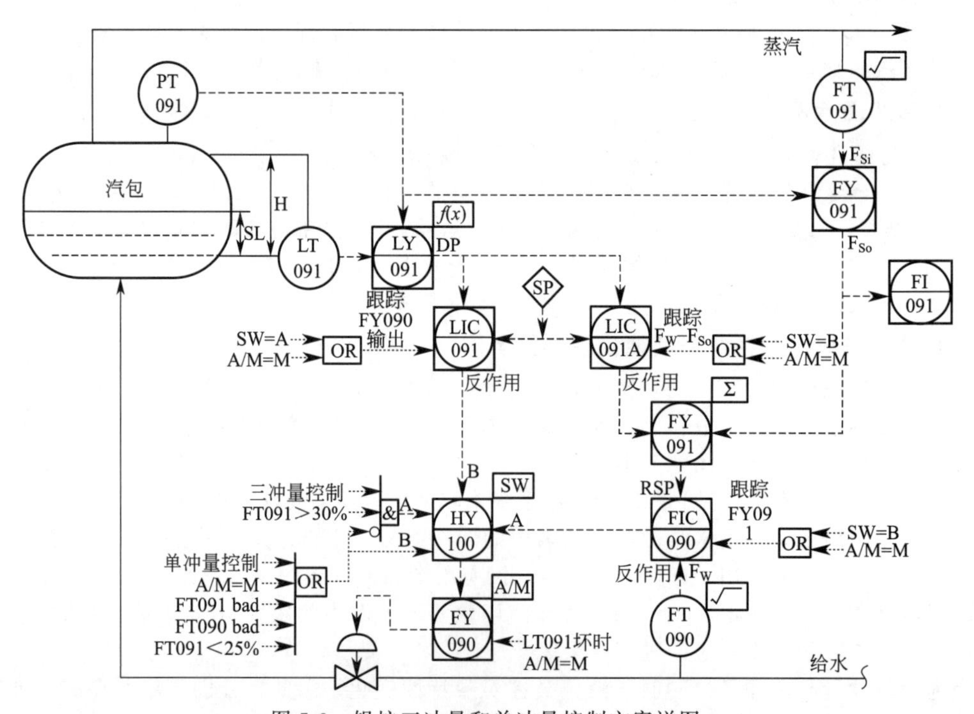

图 5-3 锅炉三冲量和单冲量控制方案详图

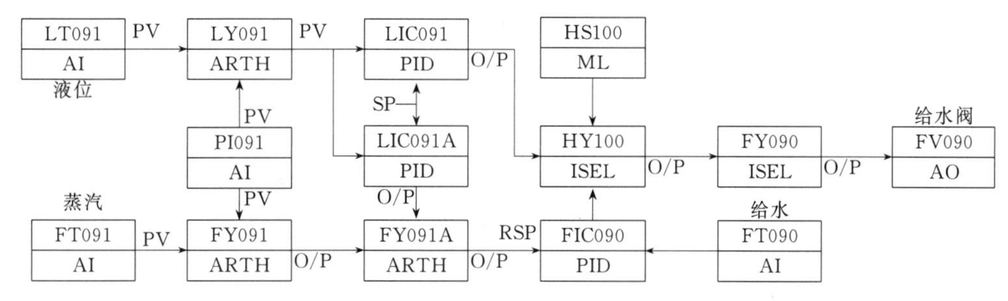

图 5-4 锅炉液位控制系统功能模块连接示意图

5.2 集散控制系统的工程设计

本节介绍的集散控制系统工程设计指施工图设计，它是在集散控制系统选型已经完成，初步设计已通过审批后进行的设计工作。

5.2.1 工程设计中有关专业之间的相互关系

集散控制系统的工程设计是工程总体设计的一部分。自控专业设计人员除了应该精通本专业设计业务知识外，还必须加强与外专业的联系，互相合作，密切配合，只有这样，才能做好设计，才能真正反映设计人员集体劳动的成果。

(1) 自控专业与工艺专业的关系

自控专业与工艺专业有着十分密切的关系，主要联系如下。

① 自控专业设计人员应与工艺专业设计人员共同研究，确定工艺控制流程图（PCD），确定工程的自动化水平和自控设计总投资。确定集散控制系统中画面的分页、分组、回路和趋势的分组、各显示画面中检测、控制点的显示位置、显示精度、显示数据大小、刷新速率等。对于工艺控制流程图、工艺配管图等有关图纸，自控专业设计人员应仔细校对，及时发现问题并纠正。在会签阶段，应在有关图纸上签字。应根据工艺控制和联锁要求，提出联锁系统逻辑框图和程控系统逻辑框图或时序图表。

② 自控专业设计人员应了解工艺流程、车间布置和环境特征，熟悉工艺过程对控制的要求和操作规程。对批量过程，需要熟悉批量过程的各工序需要的控制要求，有关设备的运行状态，并确定各工序之间的切换要求等，并与工艺专业设计人员确定批量控制的有关控制方案和配方等要求。

③ 工艺专业设计人员应向自控专业设计人员提供工艺流程图（PFD）、工艺说明书和物性参数表、物料平衡表、工艺数据表（包括容器、塔器、换热器、工业炉和特殊设备）和设备简图、主要控制系统和特殊检测要求（联锁条件）和条件表（包括节流装置和执行器的计算条件）、安全备忘录、建议的设备布置图等。工艺专业设计人员应与自控专业设计人员共同研究确定集散控制系统中显示画面的分页、分组等。自控专业设计人员可根据仪表和控制系统要求，提出反条件表，供工艺专业设计人员修改，条件表和反条件表应二级（设计、校核）签字。

④ 工艺专业设计人员应了解集散控制系统、节流装置、执行机构、检出仪表、元件、现场总线设备等的安装尺寸，它们对工艺的要求等。应了解并掌握集散控制系统的操作方法，与自控专业设计人员共同商讨操作规程。

(2) 自控专业与电气专业的关系

自控专业设计人员和电气专业设计人员有较多的协调和分工，主要工作关系如下。

① 仪表电源　仪表和控制系统的380/220和110V交流电源由电气专业设计，自控专业提出条件。电气专业负责将电源电缆送到仪表供电箱（柜）的接线端子，包括DCS控制室、分析

器室、就地仪表盘或双方商定的地方；仪表用100V及以上的直流电源由自控专业提出设计条件，电气专业设计。低于100V的直流和110V的交流电源由自控专业设计；仪表和DCS用的不间断电源（UPS）由自控专业提出条件，电气专业设计；仪表系统成套带来的UPS由自控专业设计。

② 联锁系统　根据发信端和执行端的不同情况，可分为下列几种情况。

a. 联锁系统的发信端是工艺参数（流量、压力、液位、温度、成分等），执行端是仪表设备（控制阀等）时，联锁系统由自控专业设计。

b. 联锁系统的发信端是电气参数（电压、电流、功率、功率因数、电机运行状态、电源状态等），执行端是电气设备（电机等）时，联锁系统由电气专业设计。

c. 联锁系统的发信端是电气参数，执行端是仪表设备时，联锁系统由自控专业设计。联锁系统的发信端是工艺参数，执行端是电气设备时，联锁系统由电气专业设计，自控专业向电气专业提供无源触点，其容量和通断状态应满足电气专业要求，当高于220V电压的触点接入自控专业时，电气专业应提供隔离变压器。

自控专业和电气专业之间用于联锁系统的电缆，原则上采用“发送制”，即由提供发送点的一方负责电缆设计、采购和敷设，将电缆送到接收方的端子箱，并提供电缆编号，接收方提供端子编号。

控制室和马达控制中心（MCC）之间的联锁系统电缆，考虑设计的合理性和经济性，全部电缆由电气专业负责设计、采购和敷设，并将电缆送控制室I/O端子柜或编组柜，电缆在控制室内的敷设路径由电气和自控专业共同协商。

③ 仪表接地系统　现场仪表（包括用电仪表、接线箱、电缆桥架、电缆保护管、铠装电缆等）的保护接地，接地体和接地网干线由电气专业设计。现场仪表到就近接地网间的接地线由自控专业设计。DCS控制室（含分析器室）的保护接地，由自控专业提出接地板位置及接地干线入口位置，由电气专业将接地干线引到保护接地板。工作接地包括屏蔽接地、本安接地、DCS和计算机的系统接地。工作接地的接地体和接地干线由电气专业设计，自控专业提出条件，包括接地体设置（单独或合并设置）及对接地电阻的要求，有问题时双方协商解决。

④ 共用操作盘（台）　电气设备和一般设备混合安装在共用操作盘（台）时，应视设备的多少决定哪一方为主。另一方应向为主的一方提出盘上设备器件的型号、外形尺寸、开孔尺寸、原理图和接线草图，为主的一方负责盘面布置和背面接线，负责共用盘的采购和安装，共用盘的电缆由盘上安装设备的各方分别设计、供货和敷设（以端子为界）。当电气盘和仪表盘同室安装时，双方应协商盘尺寸、涂色和排列方式，保持相同风格。

⑤ 信号转换和照明、伴热电源　需送DCS控制室的由自控专业负责进行监视的电气参数（电压、电流、功率等），由电气专业采用电量变送器将其转换为标准信号后送控制室。现场仪表、就地盘等需要局部照明时，自控专业向电气专业提出设计条件，电气专业负责设计。采用电伴热仪表、仪表保温箱和测量管线电伴热由自控专业设计，向电气专业提出伴热供电要求，伴热电源由电气专业设计，并将电源电缆送自控专业的现场供电箱。

(3) 自控专业与建筑结构专业的关系

自控专业设计人员应向建筑结构专业设计人员提出控制室、计算机房及仪表维修车间、辅助车间等建筑的结构、建筑的要求，应提出地沟和预埋件的土建条件。当楼板、墙上穿孔大于300mm×300mm时，必须向建筑结构专业提出条件，予以预留。当穿孔小于该值时，可提出预留，也可由施工决定。

对控制室和计算机房的结构设计，自控专业设计人员尚需提出防尘、防静电、防潮、防热辐射、防晒、防噪声干扰和防强电干扰等要求及控制室采光和空调的要求。建筑结构专业设计人员有权提出反对条件。对空调等要求还需与采暖通风专业设计人员配合，以便确定预留孔大小、安装位置等。有关土建成品图应由自控专业设计人员会签。

(4) 自控专业与采暖通风专业的关系

自控专业设计人员应对控制室和计算机房的采暖通风提出温度、相对湿度和送风量等要求。

空调机组及通风工艺流程的自控设计，主导专业是采暖通风专业。其条件、关系等应同工艺专业一样处理。

除了上述专业外，自控专业设计人员尚需与水道、外管、机修、总图等专业设计人员密切配合，搞好协调工作，提高工程总设计水平。

5.2.2 工程组态

集散控制系统的工程组态是实现控制策略的重要工作。通常，由设计单位和建设单位在供应方的指导下完成。

(1) 过程操作画面

过程操作画面是人机界面最常用画面，用于生产过程的操作、监视和控制。通常，集散控制系统供应商提供部分标准格式的画面，用户需根据应用要求绘制过程显示画面。

过程操作画面包括用户过程操作显示画面、概貌画面、仪表面板画面、检测和控制点画面、趋势画面及各种画面编号一览表、报警和事件一览表等。

① 分类 概貌画面、仪表面板画面、检测和控制点画面、趋势画面及各种画面编号一览表、报警和事件一览表等，是由集散控制系统制造商提供画面格式，用户根据画面要求输入有关数据，系统自动生成的画面。

用户自定义显示画面是基于集散控制系统制造商提供的图形库、数据显示元素等，根据工程项目的实际要求绘制的用户过程操作画面。过程显示画面组态工作包括过程流程的图形显示、过程数据的各种显示（包括数据的数值、棒图、趋势和颜色变化等形式方式）、动态键的功能（采用画面上设置的软键实现操作命令的执行等）。

② 过程操作画面的分页 通常，整个生产过程的流程图无法在一幅画面显示，为此，应对过程操作画面分页。分页工作由工艺专业设计人员、工艺技术人员和自控专业设计人员共同商讨完成。分页的基本原则如下。

a. 根据操作人员的操作分工、显示屏幕的分辨率、系统画面组成等合理分页。

b. 必须考虑操作员的操作分工，要避免在同一分页上绘制不同操作员操作的有关设备和显示参数。因此，对操作分工中的重叠部分或交叉部分的设备，可采用不同的分页，在各自操作的分页上，除设计相应的操作设备和显示参数外，还设计部分与操作有关的但不属于该操作人员操作的设备和显示参数，但不允许对其操作，便于操作员操作时参考。

c. 随显示屏分辨率的提高，一幅过程操作画面可显示的过程参数增加。通常，一幅分页画面可包含几十个过程动态数据，过程概貌画面包含的动态数据可超过100。

d. 相互有关联的设备宜分在同一分页，有利于操作员了解它们的相互影响。

e. 相同的多台设备宜分在同一分页，相应的过程参数可采用列表方式显示，它们的开停信号也可采用填充方式显示。

f. 留出一个或几个非操作分页画面，用于总流程框图显示、欢迎指导画面及为保密用的假画面等。

g. 公用工程的有关过程流程图可根据流体或能源类型分类，集中在一个分页或几个分页显示，它们的参数对一些设备操作有参考价值时，可在这些设备的流程图分页中显示。

③ 过程操作画面的调用 调用方法是点击过程操作画面上相应操作点的数据显示或棒图等区域。例如，点击画面上显示 TI_103 位号，或显示的数据或温度显示的棒图区域，调用该温度仪表面板画面；点击仪表面板画面的专用趋势区域，调用该温度的瞬时和历史趋势曲线画面等。

过程操作分页画面的调用通常用动态键，即软键实现。动态键是画面上绘制的键，在该键上有需调用分页名。点击该软键，系统自动调用该分页名的过程操作画面。为便于操作人员的操作，通常，在用户过程操作画面各分页的相同位置绘制相同的动态键，即第一键调用第一分页画面，由于位置相同，操作员可方便地调用各分页画面，减少调用次数和避免误操作。对调用本分页画面通常采用不予确认的方式。

④ 过程操作画面组态中颜色的配置　颜色配置原则如下。

a. 为减少操作失误，背景颜色宜采用灰色、黑色或其他较暗的颜色。当与前景颜色形成较大反差时，也可采用明亮的灰色，以降低反差。

b. 流程操作画面颜色宜采用冷色调，非操作画面颜色可采用暖色调。冷色调能使操作员头脑冷静，思维敏捷，也不易视觉疲劳，绿色和天蓝色还能消除眼睛疲劳。暖色调可给参观者产生热烈明快感觉，具有兴奋和温暖作用。

c. 流程画面的配色应使流程画面简单明确，色彩协调，前后一致，颜色数量不宜过多。典型应用中，4 种颜色已能适应需要，一般不宜超过 6 种。从原理看，集散控制系统显示屏幕上可用 4 种颜色区分管线和设备，但是，由于流程图管线交叉、管线内流体类型较多，因此，通常采用的颜色数量会超过 4 种。

d. 一个工程项目中，流程图画面中颜色的设计应统一，工艺管线的颜色宜与实际管线上涂刷的颜色一致。有时，为避免使用高鲜艳颜色，可采用相近的颜色。颜色应匹配，便于操作员识别。

e. 常用的颜色选用规则见表 5-15。

表 5-15　颜色选用规则

颜色		通用意义	与图形符号结合的意义	颜色		通用意义	与图形符号结合的意义
红	Red	危险	停止；最高级报警；关闭；断开	黄	Yellow	警告	异常条件；次高级报警
绿	Green	安全，程序激活状态	正常操作；运行；打开；闭合	蓝	Blue	次要	备用工艺设备；标签位号等
淡蓝	Cyan	静态或特殊意义	工艺设备；主要标签	白	White	动态数据	测量值或状态值；程序激活状态

f. 设备外轮廓线颜色、线条宽度和亮度，应合理设置，有利于操作人员搜索和模式识别，减少搜索时间和操作失误，既考虑不同分页上颜色的统一，又要考虑相邻设备和管线的协调。

g. 颜色亮度要与环境亮度相匹配。作业面亮度一般应是环境亮度的 2～3 倍。此外，眩光会造成操作能力的下降，并引起操作失误，因此，集散控制系统控制室的光照应不造成眩光。

h. 设备外轮廓线颜色和内部填充色的改变是动态画面设计内容。流程图静态画面设计时要考虑动态画面时颜色变化的影响。

⑤ 过程操作画面中的数据显示　过程操作画面中数据显示的原则如下。

a. 数据显示位置。动态数据显示位置应尽量靠近被检测的部位，也可在标有相应仪表位号的方框内或方框旁边。列表显示数据时，数据根据仪表检测点的相应位置分别列出。图形方式定性显示动态数据时，常采用部分或全部填充相应设备的显示方法，也可采用改变显示位置的方法显示动设备的运行状态。

b. 数据显示方式。动态数据显示方式有数据显示、文字显示和图形显示等三种。在集散控制系统中声光信息显示用于向操作员发送警告、报警及操作的提示等。

➢ 数据显示方式。用于需要定量显示检测结果的场合。例如，显示被测变量、被控变量、设定值和控制器输出值、报警值和警告值等。

➢ 文字显示方式。用于显示动设备的开停、操作提示和操作说明。例如，顺序逻辑控制系统中正在进行的操作步。文字显示方式也用于操作警告和报警等场合。例如，根据大数据分析，在故障发生时提供故障原因、处理建议等文字信息；操作人员误操作时提醒操作员，减少操作失误的发生。

➢ 图形显示方式。当需要定性了解过程的运行情况，而不需要定量数据时，可采用图形显示方式。例如，概貌画面通常采用图形显示方式将大量过程信息集中显示。图形显示方式有棒图显示、颜色改变、高亮显示、颜色充填、闪烁或反相显示等形式。例如，两位式设备常用红色或颜色充填表示运行，绿色或不充填表示停止。超限时改变颜色也是警告或报警的一种方式，颜色改变可降低操作员的精神压力。

c. 数据显示的大小。显示数据的大小和位置影响操作员对信息的分辨和误读率。实践数据显示，当两排有相同数量级、数值相近的数据显示，会造成高的误读率。集散控制系统为降低误读率，对并列数据的显示，常采用表格线条将数据分开，同时对不同类型或不同设备的数据采用不同的颜色显示。例如，同类型设备有温度、压力、流量等数据并列显示，则温度用淡红色，压力用蓝色，流量用黑色显示；或者各台设备参数显示不同颜色等方法进行区别显示。

显示数据的大小与显示屏分辨率、操作员与显示屏之间距离等有关。考虑到数字 3、5、6、8、9 过小时不易识别，通常，显示数字的高度应大于 2.5mm。随着高分辨率的大显示屏的应用，通常应满足显示数字的线条宽度和数字的尺寸之比宜在 1∶10 到 1∶30 之间。

d. 数据显示更新速率、例外报告和显示精度。

➢ 更新速率。受到人视觉神经细胞感受速度的制约，数据显示更新速率不宜过快。更新速度过快，会使操作人员眼花缭乱，不知所措；更新速度过慢，不仅减少信息量，而且给操作人员的视觉激励减少。此外，流程工业各变量的变化速率比制造工业的变量变化速率要慢，因此，根据被测和被控对象的特性，数据更新速度可以不同。例如，流量和压力数据的更新速度在 1～2s，温度和分析数据的更新速度在 5～60s。

➢ 例外报告。为了减少数据在相近区域的更新，集散控制系统采用例外报告的方法。例外报告是对显示的变量规定一个死区，以当前显示变量的数据为中心，在其上、下各有一个死区，形成死区带，数据更新时刻，如果新的数据落在该死区带内，则数据不更新；如果新数据超过死区带，则数据更新，并以该新数据作为新的中心，形成新的死区带。采用例外报告的显示方法，可有效地减少屏幕上因更新数据而造成的闪烁。该方法对噪声的影响也有一定的抑制作用。死区的大小可根据对数据的精度要求和对控制的要求等确定。通常，死区大小是该变量显示满量程的 0.4%～1%。

➢ 显示精度。数据显示精度与仪表精度、数据显示有效位数、显示工程单位、系统精度、死区大小、所用计算机的字长等有关。为增加信息量，在保证有效显示位数的前提下，显示数据所占的位数宜尽可能少，并据此确定显示数据的精度和选用的工程单位。过多的数据显示位数并无实际应用意义。一般显示数据位数不宜超过 3 位。

e. 其他画面上数据的显示。除了过程画面数据显示外，对其他画面的数据显示也要合理设计。其设计原则与过程操作画面的设计原则类似。

➢ 仪表面板图画面。应合理设置显示标尺范围，使显示数据能够明显变化，引起操作人员注意。

➢ 趋势图画面。应合理使用变量的显示颜色和显示标尺的范围，使显示数据能够明显变化。对多个变量同时显示时，可采用隐藏部分变量趋势曲线的方法，使需要关注变量的趋势曲线显示。多变量趋势曲线中的变量应选用相互有影响的集中显示。

➢ 概貌图画面。应合理设置被显示变量和显示方式。

➢ 报警和事件一览表。应合理设置报警限和报警点，避免过多报警造成对操作员的噪声污染。根据大数据分析，一些集散控制系统已能够提供报警事件的首出事件信息，并提供处理建议等。

⑥ 过程操作画面组态注意事项　过程操作画面组态设计是利用图形、文字、颜色、显示数据、声音等多种媒体的组合，使被控过程图形化，为操作员提供最佳操作环境。过程操作画面

组态注意事项如下。

a. 标准化。采用标准化的图形符号有利于减少操作失误，缩短操作员培训时间，也有利于设计人员和操作人员之间的设计意图和操作经验的沟通。通常，集散控制系统制造商提供图形符号库，也提供有关仪表的面板图模板等标准化的图库。

标准化还包括同一工程项目中采用统一的图形符号表示类似的设备，采用与实际管道类似的颜色等，这些措施都有利于操作人员对设备的模式识别，降低误操作的发生。

b. 协调性。画面中各种设备、管线的排列位置、尺寸大小和颜色搭配、数据显示的方式和更新速率等内容都要考虑协调性（harmonization）。要对显示屏幕的尺寸、分辨率（resolution），色彩的色度（chroma）、色调（hue）等有统一的协调，使过程画面既有丰富的信息量，又有合理的显示分布，便于监视和操作。

c. 操作灵活性。操作灵活性包括显示组态操作的灵活性和画面操作的灵活性。组态操作包括静态画面、动态画面的绘制和合成。组态操作的灵活性表现如下。

➢ 画面编辑的方便性。可灵活地应用 Windows 技术，对画面进行剪裁、复制、删除、放大、缩小、旋转等功能。

➢ 画面操作的灵活性。操作员对画面的操作方便、简单，易读和易操作。例如，调用画面的次数最少；调用软键的布置位置固定，不易误操作；数据输入从下拉菜单选用，减少键盘输入；误操作的容错能力等。

➢ 报警和处理操作的确定性。能够将首出故障原因显示；直接将故障或超限画面自动调用；提供故障处理的建议；提供重要报警；降低和消除故障影响的各种措施等。

➢ 移动技术的应用。随着移动技术的应用，当操作员离开操作位时，可方便地用移动设备对生产过程进行监测，了解生产过程运行情况。

d. 多媒体应用。数据输入既可用键盘、下拉式菜单等，也可直接用触摸屏，一些集散控制系统也可用语言进行数据输入及采用视频显示等。数据显示也可用多种方式实现。例如，颜色的明暗、棒图的长度改变、数据的改变（包括直接用满量程的百分比显示）、指针的显示改变等。此外，在显示实际数据外，还显示该变量的下限和上限，便于了解与限值的距离。

e. 直观性。集散控制系统显示画面的直观性（intuition）是降低操作失误的重要内容。例如，显示工艺设备与实际设备的类似性、显示数据的棒图变化或颜色变化等都是直观了解生产过程的重要手段。

(2) 信号报警系统和安全仪表系统

根据 HG/T 20511—2014《信号报警及联锁系统设计规范》和 GB/T 20438《电气/电子/可编程电子安全相关系统的功能安全》、GB/T 21109《过程工业领域安全仪表系统的功能安全》的有关规定，设计信号报警系统和安全仪表系统。

① 信号报警系统　集散控制系统或可编程控制器可用于信号报警系统。信号报警系统是用声、光灯形式表示过程参数越限、设备等状态异常的系统。与常规的声光报警仪表比较，由于集散控制系统可方便地实现报警，因此，集散控制系统中的警告和报警变量类型和数量都有较大增加。例如，除了测量值警告和报警外，还增加设定值、输出值、测量值变化率、设定值变化率、输出值变化率及偏差值等变量的警告和报警。从功能安全出发，现在也有增加网络故障的警告、报警、重大故障的警告和报警等功能。

此外，集散控制系统的自诊断功能也引入报警信号，这些信号不需要设计人员确定，但在设计时需要确定当发生故障时系统进入的脱落状态和安全值。为保证系统安全可靠，设计时选用在正常时检出元件触点应闭合，事故时触点断开的检出元件。

a. 警告和报警点的确定。虽然集散控制系统可方便地对变量进行警告和报警，但过多的警告和报警信号会使操作员在发现警告和报警时无所适从，当事故发生时，无法确定造成事故的首出原因。因此，警告和报警点的确定应与工艺技术人员共同讨论确定。警告和报警的限值也同样需要与工艺设计人员讨论确定，必要时可在操作一段时间后实时更改。

故障信号检出元件的信号应能够直接来自故障源，而不宜采用间接检出方法获得。例如，检出是否有流量的检出元件，应选用流量开关，而不采用根据泵的启动信号来间接反映是否有流量。

b. 警告和报警的方法。除了可采用常规仪表的报警方法，即声光报警外，集散控制系统还可采用改变报警声音的频率、声音的强度、报警灯形状、颜色和亮度等方法实现。例如，重要报警采用高频率，次要报警用低频率等。对特别重要的报警和联锁信号，可采用红色带状显示(例如，Honeywell公司提供该项报警功能)，并提供故障首出原因和处理建议等信息。为判别首出和继出故障，可类似常规的信号报警系统，采用首出报警系统实现。为便于管理，也可另设独立报警系统，将报警的声光信号和报警确认等设备独立安装在操作站附近的辅助操作站。

c. 警告和报警的确认。对报警信号的确认可以在现场、操作站（或辅助操作站）进行。确认的方法既可以对单一报警确认，也可对整体报警确认。此外，一些集散控制系统还推出报警信号的屏蔽功能，它可将停运的有关装置报警屏蔽，防止它们干扰正常运行。

d. 警告和报警系统的投运。开车阶段就应将有关联锁控制系统需要的警告和报警系统投入运行。由于其他警告和报警点被设置在过程参数量程的上下限值，因此，为减少开车时这些警告和报警点的干扰，开车时，这些警告和报警点应更改其警告和报警限值，当生产过程正常运行后，再将这些限值逐项改变到所需限值。

e. 警告和报警系统的设计原则。警告和报警系统的设计原则如下：

➢ 发生事故前能及时提供信号警告信息，避免事故的发生；

➢ 发生事故时应能从安全生产的要求出发，使联锁系统动作，用于切除与事故有关设备的运行，尽量减小事故对生产过程的影响；

➢ 事故发生时应能提供首出事故原因的信息（信息的存储），以便及时消除事故发生的根源；

➢ 事故发生后能提供事故的记录信息，便于事故的分析和采取相应改进措施；

➢ 应根据大数据分析，对故障提供处理建议和事故原因分析等信息。

② 安全仪表系统　设置联锁控制系统的目的和要求是识别事故、危险的情况，及时地在危及人身安全或损害设备前能够消除或阻止危险的发生，或采取措施，防止事故进一步扩张。联锁控制系统（Interlocking System）现在也称为安全仪表系统（SIS：Safety Instrumented System）。

a. 安全仪表系统设计原则。安全仪表系统指SIL1、SIL2和SIL3的安全仪表系统。其设计原则如下。

➢ 可靠性原则。为保证工艺装置的生产安全，安全仪表系统必须具备与工艺过程相适应的安全完整性等级的可靠度。它包括安全仪表系统本身的工作可靠性和安全仪表系统对工艺过程认知和联锁保护的可靠性。工艺过程可分为低要求（要求）模式和高要求（连续）模式。低要求模式下，安全仪表功能每年被执行次数小于1次，每个验证测试周期内不超过2次。高要求模式下，安全仪表功能每年被执行次数超过1次，每个验证测试周期内超过2次。通常，除了核工业应用外，石化等行业采用的安全仪表系统属于低要求模式。表5-16是SIL等级与故障率PFD的关系。

表5-16　安全完整性等级SIL与故障率PFD的关系

SIL等级	4	3	2	1
低要求　PFD	$10^{-4}\sim10^{-6}$	$10^{-3}\sim10^{-4}$	$10^{-2}\sim10^{-3}$	$10^{-1}\sim10^{-2}$
高要求　PFD	$10^{-9}\sim10^{-8}$	$10^{-8}\sim10^{-7}$	$10^{-7}\sim10^{-6}$	$10^{-6}\sim10^{-5}$

➢ 可用性原则。可用性是安全仪表系统在给定的时间点能够正确执行功能的概率。为此，安全仪表系统应提高其平均无故障工作时间MTBF，或降低平均停车时间MDT。例如，安全仪

表系统为每个输入的工艺联锁信号设置维护用旁路开关，便于设备维护时减少因安全仪表系统短维护而造成的系统停车。采用冗余配置提高可用性等。

➢ 独立性原则。独立性指安全仪表系统应独立于基本的过程控制系统，即与集散控制系统、可编程控制系统、现场总线控制系统等分开设置。安全仪表系统的检测元件、控制单元和执行机构应独立设置。如果需要，安全仪表系统应能经数据通信连接到集散控制系统，并以只读方式与集散控制系统通信，禁止集散控制系统向安全仪表系统写信息。安全仪表系统应设置独立的通信网络，包括独立的网络交换机、服务器、工程师站等。安全仪表系统的供电应采用冗余电源，由独立的双路配电回路供电等。

➢ SIS 设计的标准认证原则。安全仪表系统的认证，即其系统设计思想、系统结构等都必须严格遵守相应国际标准，并获取权威机构的认证。安全仪表系统使用的硬件、软件和仪表必须遵守正式版本并商业化，必须获得国家有关防爆、计量、压力容器等强制认证，严禁使用任何试验产品。

➢ 故障安全原则。安全仪表系统的元件、设备、环节或能源发生故障或失效时，系统的设计应使工艺过程趋向安全运行或安全状态。例如，通常情况下，现场触点应选开路报警，正常操作条件下闭合的元件；现场执行器联锁时带电，正常操作条件下带电。切断阀在安全状态是失气状态等。

➢ SIS 冗余原则。SIS 冗余原则的选用见表 5-17。

表 5-17 SIS 冗余原则

SIL 等级回路	SIL1	SIL2	SIL3
传感器	采用单一传感器	宜采用 1oo2D 或 2oo3 冗余的传感器	应采用 2oo3 冗余的传感器
逻辑表决解算器	采用 1oo1D 单逻辑单元	宜采用 1oo2D 或 2oo3 冗余逻辑单元	应采用 2oo3 或 2oo4D 冗余逻辑单元
执行器	采用单电磁阀，单 SIS 控制阀	宜采用冗余电磁阀，单 SIS 控制阀	应采用冗余电磁阀，双 SIS 控制阀

SIS 冗余控制阀是分别带电磁阀的两个 SIS 开关阀，也可是带电磁阀的一个控制阀加一个 SIS 开关阀。

➢ SIS 诊断与在线维护原则。SIS 应具有硬件和软件的自诊断和测试功能。SIS 应为每个输入工艺联锁信号设置维护旁路开关，方便在线测试和维护。但 2oo3 冗余传感器、手动停车输入和 SIS 输出不设置旁路。故障关的阀应增设手动旁路阀，故障开的阀应增设手动截止阀，以便于对 SIS 阀进行在线测试。SIS 联锁旁路应设置“禁止/允许”开关，旁路开关的动作应在集散控制系统产生报警并记录。

➢ 维护旁路开关的设置原则。维护旁路开关 MOS（Maintenance Override Switch）是为 SIS 的变送器、检测开关等现场设备在线检修设置。旁路开关本身应有报警、记录和显示。在旁路期间，应始终保持对工艺过程状态的检测和指示。旁路操作应有明确的操作顺序，并归入功能安全评估和现场功能安全审计范围内。旁路设计应仅限于正常工艺过程操作界限内，不能替代或用于作为安全防护层功能。设置 MOS 原则如下。

● 传感器被旁路时，操作人员有其他手段和措施触发该传感器对应的最终执行元件，使工艺过程置于安全状态；能够有其他手段和措施监测到该传感器对应的过程参数或状态；能够有其他手段和措施及足够响应时间取代该传感器相关的 SIF，将工艺过程置于安全状态。

● MOS 不能用于屏蔽手动紧急停车按钮信号、检测压缩机工况的轴振动/轴位移信号及报警功能等。

● MOS 的启动状态应有适当显示。旁路状态的时间不宜太长，如果对该时间有严格限定，可设计“时间到”报警，但不能自动解除旁路状态。

● 对 MooN 系统的变送器信号，MOS 逻辑设计要考虑降级模式对安全和可用性的影响。例如，从安全性看，2oo3 旁路降级到 1oo2 而对停车将造成重大经济损失的回路，2oo3 旁路设计可能应降级到 2oo2。

➢ 结构约束原则。IEC 61508 和 IEC 61511 的结构约束不同，可参考有关资料。

b. 联锁点的设置。应与工艺设计人员共同商定联锁点。基本设置原则如下。

➢ 工艺合理性。联锁点表示过程参数已经超过警告和报警点，达到了联锁点，因此，系统应该使一些设备联锁停运或使一些设备联锁自动运行。为减少联锁停车的影响，联锁点设置应尽量少，必要时可设置预联锁报警，引起操作人员重视，及时消除故障。

➢ 联锁点的数量。联锁点设置过少，不能反映过程参数超限时的状态，会造成生产事故发生或人员伤亡。联锁点设置过多，会造成频繁联锁停车，操作人员无所适从，影响操作和控制，也造成声光污染，使操作不能有序进行。因此，既要工艺合理，又要保护设备和人员安全，需两者兼顾，合理设置。

c. SIS 回路设计。SIS 由传感器、逻辑解算器和执行元件组成。

➢ 传感器和检测元件的设置。首先，选用著名品牌的传感器和检测元件产品，它们应具有权威机构相应的 SIL 等级认证。其次，由于安全仪表系统的普通开关长期不会动作，而一旦动作又要求快速响应，因此，应考虑触点的长期黏合或管路振动可能造成的不动作或误动作，尤其是本安仪表，还需考虑选用本安栅，增加元件降低可靠性。为此，有时为提高可靠性和可用性，需要选用高一等级的冗余结构。此外，检测元件应包括输入信号偏差报警。例如，两个冗余变送器输出信号偏差报警设定为满量程的 5%。

➢ 逻辑解算器的设置。这类设备的可靠性通常较高，设置时应要求逻辑解算器具有自检测、容错和巡检功能，以此提高该部分的可靠性。

➢ 执行元件的设置。电磁阀应选用高温绝缘耐用型线圈，长期带电的低功耗型产品。相应的切断球阀和蝶阀应选用合适材质，防止卡堵。电动机的启停信号一般选 220V AC，5A 的继电器隔离。中压电动机（6kV/10kV）启停信号选大功率继电器隔离。

关键部位的执行器可选多电磁阀多执行机构的冗余设置。例如，双电磁阀双执行机构的冗余方式采用并联结构实施。

5.2.3 控制室的设计

HG/T 20508—2014《控制室设计规范》对控制室、中心控制室、现场机柜室的自控工程设计做了规定。ISO 11064《Ergonomic design of control centres》第 3 部分对控制室布置进行了规定，包括显示、控制、交互作用、温度、照明、声学、通风和评价等，用于消除或最小化人为错误的风险。

控制室是位于化工装置或联合装置内具有生产操作、过程控制、先进控制与优化、安全保护、仪表维护等功能的建筑物。中心控制室是具有全厂性生产操作、过程控制、先进控制与优化、安全保护、仪表维护、仿真培训、生产管理及信息管理等功能的综合性建筑物。现场控制室是位于化工厂内公用工程、储运系统、辅助单元、成套设备的现场，具有生产操作、过程控制、安全保护等功能的建筑物。现场机柜室位于化工厂生产现场，用于安装控制系统机柜及其他设备的建筑物。

控制室和计算机房的位置应接近现场，便于操作。控制室和计算机房宜相邻布置，中间用玻璃窗分割，便于联系。为提高使用率，主机房长宽比以 3∶2 为宜，其面积与装置规模、集散控制系统规模有关，可参照国家标准 GB 2887—2011《计算机场地通用规范》。根据计算机系统运行中断的影响程度，计算机机房分为三类。集散控制系统的计算机机房属于 A 类，即计算机运行中断，会造成严重损害的机房。

集散控制系统控制室应根据管理模式、控制室规模、功能要求等设置。通常，功能房间包括操作室、机柜室、工程师室、空调机室、UPS 室和备件室等。辅助房间包括交接班室、会议室、更衣室、办公室、资料室、休息室和卫生间等。

控制室和计算机房设计注意事项如下。

① 位置设置和布局

a. 控制室和计算机房不宜与变压器室、鼓风机室、压缩机室或化学药品仓库等建筑相邻或共用同一建筑，尽量避开强振动源、强噪声源，尽量避开强电磁场的干扰。控制室和计算机房不宜设置在工厂主要交通干道旁边，以避免交通工具噪声和扬尘等危害。控制室和计算机房周围不应有造成地面振幅为 0.1mm（双振幅）、频率为 25Hz 以上的连续振源。

b. 控制室内的操作室宜与机柜室、工程师室相邻，并有门相通。但机柜室、工程师室与辅助房间相邻时不宜有门相通。UPS 室宜与机柜室相邻。空调室不宜与操作室、工程师室相邻。

c. 操作室面积根据两个操作站的面积 $40\sim50m^2$，每增加一个操作站，面积增加 $5\sim8m^2$，并根据布置的设备数量和布置方式进行合理调整。工程师室、UPS 室的面积根据设备尺寸、工作要求和安装、维护空间确定。机柜室面积按成排机柜间净距离 1.6～2m，机柜距墙（柱）净距离 1.6～2.5m 确定。设置工艺参观走廊时，其宽度约 2～2.4m。

d. 有爆炸危险的化工厂，控制室和现场控制室应采用抗爆结构设计，不应与非抗爆建筑物合并建筑。

e. 控制室和计算机房的朝向。在满足防火、防爆等条件下，宜面向装置，坐北朝南。对于高压、有爆炸危险的生产装置，宜背向装置。对易燃、易爆、有毒和腐蚀性介质的生产装置，控制室尤其是空调室宜设置在该装置的主导风向（全年最小频率风向）的上风侧。控制室和计算机房应尽量避免西晒。控制室和计算机房不宜设置在低洼处。

② 建筑要求　为了使操作人员有一个舒适和良好的工作环境，控制室和计算机房的建筑应造型美观大方，紧凑合理、经济实用。

a. 操作室、工程师室地面宜采用不易起灰尘的防静电、防滑建筑材料或活动地板。机柜室宜采用活动地板。活动地板要求见有关规定。通常，活动地板基础地面与室外地面的高度差应 $\nless 0.3m$。

b. 吊顶和封顶的目的是保温隔热，减少扬尘，方便送风管、照明灯具、电线电缆等设计处理。集散控制系统的控制室和计算机房宜采用吊顶。吊顶下的净空高度，有空调时为 3.0～3.6m，无空调时为 3.3～3.7m。

c. 室内墙面应平整、不易起尘、不易积灰、易于清扫和不反光。早期的控制室和计算机房大多不设置窗户或设置双层防砂窗。近年来，为节能，控制室的采光也可采用固定高窗和低窗的形式，但应考虑采取避免阳光直射的措施。

d. 为防噪声，控制室和计算机房宜采用吸声顶棚。例如，可结合静压回风，采用吸音的穿孔板吸音。

e. 控制室和计算机房的门应向外开，一般应通向既无爆炸又无火灾位置的场所。门的宽度应满足集散控制系统等设备能够方便地移入控制室。一般，双门宽度为 1.2～1.5m。控制室外宜设置缓冲室。

③ 采光和照明　集散控制系统的控制室和计算机房的采光常采用人工照明。为节能，对控制室和计算机房的采光也可采用自然采光辅以人工照明。例如，采用高窗和低窗、采用双层窗等。

a. 控制室采用人工照明时，对距地面 0.8m 的工作面，操作室和工程师室的照度宜 250～300lx，机柜室的照度宜 400～500lx，其他区域宜 300lx。照明光源不应对显示屏幕有直射和产生眩光，不能用投射型光源。

b. 应设置应急照明系统，应急电源能在正常供电中断时，可靠供电 20～30min。操作站工作面的应急照明照度不低于 100lx。

c. 设置合适数量的检修用电源插座。

④ 采暖通风和环境条件　控制室应进行温度和湿度的控制。

a. 一般要求：冬季温度控制在（22±2）℃，夏季温度控制在（26±2）℃，温度变化梯度≤5℃/h。相对湿度在50%±10%，湿度变化梯度≤6%/h。

b. 通风宜上送下回，新风量<15%，正风压≥10Pa。当以活动地板下的空间为空调送风道时，才采用下送上回。应避免送风直接吹向操作人员。空气过滤网应定期维护和清洗。

c. 控制室内空气中尘埃应满足 PM_{10}≤0.2mg/m^3，H_2S<0.01mg/m^3，SO_2<0.1mg/m^3，Cl_2<0.01mg/m^3。

d. 控制室内应设置消防设施。应设置火灾自动报警装置，符合GB/T 50116—2016《火灾自动报警系统设计规范》之规定。

e. 控制室和计算机房的噪声不应大于55dBA。

f. 控制室除设置行政电话和调度电话外，宜设置扩音对讲系统、无线通信系统、电缆监视系统、电视监视系统，电视监视系统控制终端和显示设备宜设置在操作室或调度室。应设置适量电话和网络信息插座。抗爆结构控制室应设置无线信号增强设施。

5.2.4　电源系统设计

集散控制系统电源设计可参照HG/T 20509—2014《仪表供电设计规范》的规定。集散控制系统电源设计包括集散控制系统供电，仪表盘供电，变送器、执行器和常规仪表供电，信号报警系统供电，现场总线控制系统供电的电源设计。安全仪表系统通常采用单独供电。

分为三类供电方式。集散控制系统应采用二类或一类供电方式。

① 一类供电方式　具有双路市电（或市电、备用发电机）和不间断电源系统（UPS）。

② 二类供电方式　具有不间断电源系统。

③ 三类供电方式　一般用户供电。

供电电源220V±22V AC，50Hz±1Hz，波形失真率<5%。采用TN-S系统接地方式。直流供电电源24V±1V DC，纹波电压<5%，交流分量（有效值）<100mV。不间断电源的交流电源220V±11V AC，50Hz±0.5Hz，波形失真率<5%。直流电源24V±0.3V DC，纹波电压<0.2%，交流分量（有效值）<40mV。电源容量按总集散控制系统耗电量的1.2～1.5估算。

为保证安全生产，集散控制系统和信号报警系统的供电系统应与正常供电系统分开。但采用频率跟踪环节的不间断电源时，可允许与正常工作电源并列连接。

对供电电源应根据集散控制系统制造商提供的说明书要求采用稳压稳频措施。集散控制系统所需的直流供电，宜采用分散供电方式，以降低直流电阻，减小电感干扰的影响。

集散控制系统对电源的电压、频率等有一定要求，应根据制造商提供的说明书要求采用稳压稳频措施。

集散控制系统所需的直流供电，宜采用分散供电方式，以降低直流电阻，减小电感干扰的影响。

5.2.5　接地和防雷系统的设计

（1）接地设计

集散控制系统的接地分为工作接地、保护接地、本安接地和防静电接地。

工作接地是仪表及控制系统正常工作所要求的接地。保护接地是为保护仪表和人身安全的接地，也称为安全接地。本安接地是本安仪表正常工作所需的接地。静电接地是将带静电物体或可能产生静电的物体通过导静电体与大地构成电气回路的接地。等电位连接是各导电体被连接并与大地电位相等的连接。等电位连接的目的是减小信息设备之间和信息设备与金属部件之间的电位差，减少雷电伤害，降低电磁干扰。图5-5是仪表及控制系统接地等电位连接示意图。

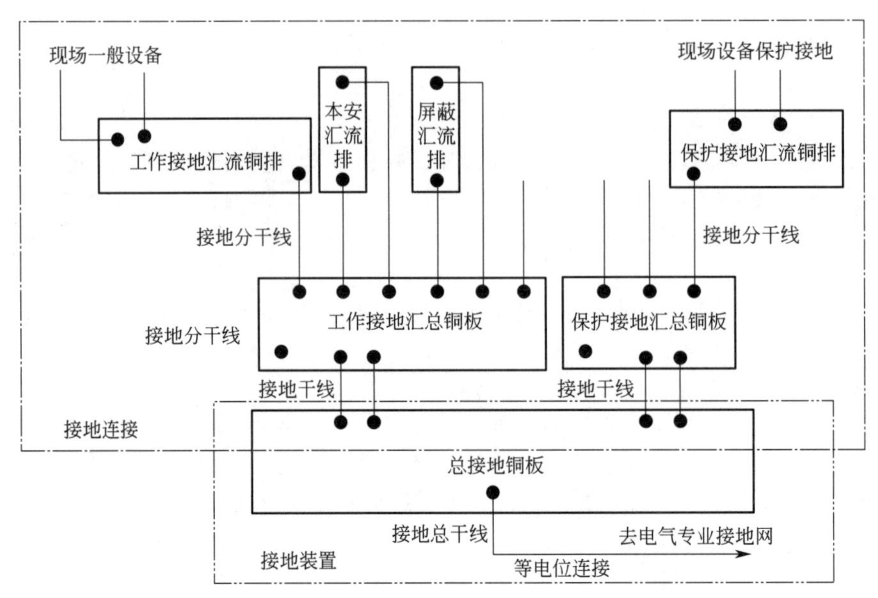

图 5-5　仪表及控制系统接地等电位连接示意图

集散控制系统的接地连接电阻为直流电阻≤1Ω；安全保护接地连接电阻和交流工作地电阻≤4Ω；防雷保护接地连接电阻≤10Ω。接地系统的导线应采用多股绞合铜芯绝缘电线或电缆，其导线截面见表 5-18。

表 5-18　接地线截面积

类型	接地连线	接地分干线	接地干线	接地总干线
截面积/mm^2	1～2.5	4～16	10～25	16～50

接地汇流排宜采用 25mm×6mm 铜条或连接端子组合。接地汇总板和总接地板宜采用铜板，厚度≮6mm。接地汇流排、接地汇总板和总接地板采用绝缘支架固定。

接地系统的各种连接应保证良好导电性能，并采用防松和防滑件或直接焊接，保证连接牢固可靠。所有接地连接线在接到接地汇流排前、接地分干线接到接地汇总板前、所有节点干线接到总接地板前，均应良好绝缘。

接地连接的工作自控专业负责。接地装置由电气专业负责。

接地系统设置耐久性颜色标识。表 5-19 是接地系统标识的颜色规定。

表 5-19　接地系统标识的颜色

用途	保护接地	信号回路，屏蔽接地	本安接地	接地总干线
颜色	绿色	绿色＋黄色	绿色＋黄色	绿色

集散控制系统接地点与其他系统接地点应分开，其间距应大于 15m。集散控制系统机架、机柜等外部设备若与地面绝缘，则应将框架接地线连接到接地汇集铜排，引线截面积应大于 $22mm^2$。若与地面不绝缘，则应另行接到三类接地位置，而不接到接地汇集铜排。

仪表及控制系统的接地连接采用分类汇总、最终连接的方式。保护接地和交流工作地的接地线与电源线一起敷设，各机柜的安全地和电源地在配电盘接地汇集铜排处汇总并一点接地。系统信号线与直流地（逻辑地）一起敷设，在系统基准接地总线处一点接地。

现场总线仪表信号是数字信号，采用总线线缆屏蔽层两端接地，建立理想的法拉第笼，避免通信信号受外界电磁场干扰。齐纳安全栅采用两根接地分干线，提高接地可靠性，也可断开一根测量接地连接电阻。

(2) 防雷设计

根据GB 50057—2010《建筑物防雷设计规范》，集散控制系统的控制室、现场仪表和连接电缆等需注意下列防雷事项。

① 雷电侵害控制网络的方式。其包括直击雷侵害和感应雷侵害。直击雷经过建筑物接闪器（富兰克林避雷针、避雷带）入地泄放雷电流，导致数万伏的地网地电位，通过设备接地线入侵控制网络设备形成地电位反击；雷电流沿建筑物避雷引下线入地时，在引下线周围产生强磁场，从而在引下线周围的金属管（线）上经感应产生过电压，通过系统的电力或信号线入侵网络系统；进出建筑物的电源线或信号线在大楼外受直接雷或感应雷而加载的雷电压及过电流沿线路窜入，侵害系统设备。

② 防雷等电位连接。集散控制系统设备一般放置在建筑物的机柜内，建筑物通常都设置防直击雷的避雷设施。集散控制系统设备由于建筑物有防直击雷保护设施，处于雷电的非暴露区，遭受直击雷的可能性较小，但遭受感应雷的概率较高。因此，集散控制系统防雷主要考虑感应雷及雷电波入侵的防护。

采用等电位连接可减少雷电伤害，降低干扰，因此，如果电气专业对建筑物（或装置）未做等电位连接，集散控制系统的保护接地应接到电气专业的保护接地。集散控制系统的工作接地应采用独立的接地体，并与电气专业接地体相距5m以上。

③ 电源系统防雷。电源系统必须采取多级防雷保护，至少必须采取泄流和限压前后两级防雷保护。集散控制系统的电源系统应该采取三级雷电防护：第一级保护是在建筑物总配电装置高压端各相安装高通容量的防雷装置；第二级保护是在低压侧安装阀门式防雷装置；第三级保护是在楼层配电箱安装电源避雷箱。重要场合宜采取更多级的保护措施。通过使用多级电源防雷设施，彻底泄放雷电过电流，限制过电压，从而尽可能地防止雷电通过电力线路窜入集散控制系统，损害系统设备。

设置多级电涌保护器时应合理分配各级的能量、时间和距离。连接保护器的连接线应选尽量粗的线径。全保护时尽可能将所有连接线捆扎在一起。

各防雷区交接处，必须进行等电位连接。信息系统的各种箱体、壳体、机架等金属组件应建立一等电位连接网络，并与建筑物的共用接地系统连接。

④ 信号系统防雷。因遭受直接雷或感应雷而侵害信号两端连接的设备和系统。除了直击雷影响外，平行铺设的电缆，当某一电缆被雷电击中时，在相邻的电缆会感应出过电压。埋在地下的信号和通信电缆，当地面遭受直击雷或雷电通过地面泄放时，强大的雷电压也会穿透土壤，使雷电流入侵到电缆，窜入网络系统。

信号系统的防雷措施主要是在电缆接入系统设备前首先接入信号避雷器（信号SPD），即在信号通道串入一个瞬态过电压保护器，它用于防护电子设备遭受雷电闪击及其他干扰造成的传导电涌过电压，阻断过电压及雷电波的侵入，尽可能降低雷电对系统设备的冲击。现场总线仪表都留有连接浪涌保护器的接口，用于连接浪涌保护器。

信号避雷器除满足防雷性能特征外，还必须满足信号传输带宽等网络性能指标要求。产品选型时，应充分考虑防雷性能指标及网络带宽、传输损耗、接口类型等网络性能指标。

5.2.6 电磁兼容性和抗电磁干扰的设计

(1) 电磁兼容性

电磁兼容性（EMC：Electromagnetic Compatibility）是指设备或系统在其电磁环境中符合要求运行，并不对其环境中的任何设备产生无法忍受的电磁骚扰的能力。它包含下列两方面要求：

① 电磁敏感性EMS　要求产品对外界电磁干扰具有一定的承受能力；

② 电磁骚扰 ED　任何可能引起装置、设备或系统性能降低或对有生命或无生命物质产生损害作用的电磁现象。

电磁兼容性设计的目的是使产品在预期电磁环境中能够正常工作，不降低性能和造成故障，并在电磁环境下对其他部件不构成电磁干扰的设计。

(2) 抗电磁干扰的设计

① 电磁干扰源　电磁干扰主要来源如下。

a. 传导。集散控制系统和计算机的输入端，由于滤波二极管等元器件特性变差，引入传导感应电势。

b. 电磁。动力线周围的信号线，受到电磁感应产生感应电动势。

c. 信号线耦合。信号线位置排列紧密，通常线间的耦合感应电动势并引入干扰。

d. 静电。动力线路或动力源产生电场，通过静电感应到信号线，引入干扰。

e. 接地不当。当两个或两个以上接地点存在时，由于接地点电位不等或其他原因引入不同的电位差。

f. 连接电势。不同金属在不同温度下产生热电势。

② 消除或减弱电磁干扰的方法　主要有三类。

a. 消除或抑制干扰源。从源头解决电磁干扰问题。

b. 切断干扰途径，使电磁干扰不能到达受扰设备。

c. 削弱受扰设备对电磁干扰的敏感性。

③ 抗电磁干扰技术　主要针对切断干扰途径，采用屏蔽、接地、滤波、隔离等技术。

a. 屏蔽和滤波。电磁屏蔽是用屏蔽体阻止电磁波在空间传播的一种措施。为避免因电磁感应造成屏蔽效能下降和地电位的干扰，屏蔽体应一点接地。电磁干扰进入屏蔽体的主要途径是I/O接口和电源线输入口。为此，可在I/O接口和电源输入口设置滤波器和馈通滤波器。采用导电玻璃制成的屏蔽视窗是良好的高通滤波器。

屏蔽层接地的方法是使屏蔽层与连接器屏蔽外壳呈现360°良好焊接，避免局部连接。电缆芯线与连接器或插孔焊接，连接器屏蔽外壳与设备机壳严密相连，使屏蔽电缆成为屏蔽设备的外延。信号源的屏蔽接地点应在信号源侧，信号屏蔽层不应有中断处，信号线接头处的屏蔽层应连接牢固，并进行绝缘处理。

动力线周围电磁场干扰和变压器等设备的漏磁，对显示设备、磁记录和读出装置会造成影响，使画面变形和色散、读写出错。甚至一个磁化杯的漏磁，就足以影响画面并造成出错。为此，应尽量避免将磁性材料和动力线靠近显示屏幕和磁记录装置等，并对这些装置采取有效的屏蔽措施。

b. 接地和隔离。接地设计如下述。隔离有光电隔离、磁电隔离和变压隔离等。

④ 防静电设计　静电放电是由于非导电体在摩擦、加热或与其他带静电物体接触而产生的静电荷，静电荷累积到一定电场梯度时，产生弧光放电，这种因非导电体静电累积而以电弧释放能量的现象称为静电放电（ESD）。静电放电引起电子元器件局部结构破损和性能降低，是影响元器件使用寿命的潜在威胁。由于电子元件大量采用高分子材料，加上元器件的微小型化，使静电干扰造成的危险性增大。

可采用静电工作服、防静电的仪器仪表、离子静电消除器和防静电包装、防静电剂等措施防静电。

为减小静电感应干扰的影响，可采用加大信号线与电源动力线之间的距离；尽可能不采用平行敷设的方法等。必须采用并行敷设时，最小距离应大于750mm。穿管或在汇线槽内敷设时，最小距离应大于450mm。当动力线负荷是440V、200A时，相应的距离分别是并行敷设时为900mm，穿管或在汇线槽内敷设时为600mm。

⑤ 耦合　应避免信号线间或信号线与动力线间的电磁耦合。应尽量把信号线与动力线的接

线端子分开，防止由于高温高湿或长期使用造成接线端子绝缘下降，从而引入电磁干扰；将干扰源线路与受电磁感应的线路之间成90°布线；模拟地和数字地分开，地线加宽。集散控制系统应采用隔离性能良好的电源，对由集散控制系统供电的变送器和仪表的供电应选用分布电容小、抑制带大的配电器等。

⑥ 防止信号反射　现场总线控制系统中，为防止现场总线信号造成反射干扰，应在现场总线两个远端连接终端电阻。

⑦ 印刷电路板的抗电磁干扰设计　集散控制系统中的各种印刷电路板应采用有效防电磁干扰的措施。例如，设计时尽量减小印刷电路板接地线与电源线之间的引线电感；安装去耦电容；选用单门输入电容小的电路；降低信号频率和电平；减少信号路径形成的环路面积；模拟电路设置0V线，并用于作为线间隔离；采用多层电路板，减小电源与地之间的寄生电容；模拟线路与数字线路尽量远离等。

⑧ 接地　电缆槽、连接的电缆保护管应每隔30m用接地连接线与就近的已接地的金属构件相连，保证其接地的可靠性及电气的连续性。模拟信号线的屏蔽层应一端接地。数字信号线的屏蔽层应并联电位均衡线，其电阻应小于屏蔽线电阻的0.1倍，并将屏蔽层的两端接地。在无法设置电位均衡线或为抑制低频干扰，也可采用一端接地。

集散控制系统属于高速低电平控制装置，应采用直接接地方式，不采用浮地和电容接地方式。集散控制系统接地采用一点接地，各装置中心接地点用单独接地线引到接地极。不同集散控制系统对接地电阻的要求不同。应按供应商规定的接地电阻要求接地。例如，Delta V系统要求接地电阻≤1Ω，TDC-3000系统要求接地电阻≤5Ω等。

⑨ 合理布线　为减少动力电缆，尤其是变频装置馈电电缆的辐射电磁干扰，可采用钢带铠装屏蔽电力电缆，降低动力线的电磁干扰。此外，不同类型信号用不同电缆传输；信号电缆按传输信号种类分层敷设；严禁用同一电缆的不同导线同时传送动力电源和信号；避免信号线与动力电缆靠近，平行敷设等设计都可降低电磁干扰的影响。

⑩ 软件抗干扰　软件抗干扰的措施有数字滤波和工频整形采样；定时校正参考点电位；采用动态零点，防止电位漂移；采用信息冗余技术，设计相应软件标志位；采用间接跳转，设置软件陷阱等。

5.2.7 功能安全设计

(1) 功能安全标准

1996年2月，美国仪表协会（ISA）提出ISA S84.01“过程工业安全仪表系统的应用”，该标准第一次提出安全完整性等级（SIL）概念，它是衡量系统安全性、可靠性和完整性的综合指标，与用户根据过程风险分析提出等级要求相对应。直到2000年，功能安全基础国际标准IEC 61508才出台，它标志着功能安全作为独立的安全学科，已经自成体系。现有功能安全的部分标准见表5-20。

表5-20 功能安全标准

国际标准号	对应的国家标准号	标准名称	应用领域或行业	颁布方
IEC 61508—2010	GB/T 20438—2006	电气/电子/可编程电子安全相关系统的功能安全	电气/电子/可编程电子	IEC/TC 65
IEC 61511—2003	GB/T 21109—2007	构成工业安全仪表系统的功能安全	过程工业仪表	IEC/TC 65
IEC 61513—2011	—	核电厂核能工业的安全仪表系统	核电	IEC/TC 45
IEC 62061—2005	GB/T 28526—2012	机械安全与安全有关的电气、电子和可编程电子控制系统的功能安全	机械安全	IEC/TC 44

续表

国际标准号	对应的国家标准号	标准名称	应用领域或行业	颁布方
IEC/TR 62061-1—2010	GB/T 34136—2017	指导 ISO 13849-1 和 IEC 62061 中用于机械的安全相关控制系统设计的应用指南	机械安全相关控制系统	IEC/TC 44 ISO/TC 199
IEC 61784-3—2016	GB/T 34040—2017	工业通信网络协议集，第 3 部分：现场总线功能安全	数据通信	IEC/TC 65
IEC 61131-6—2012	GB/T 15969.6—2015	可编程序控制器 第 6 部分：功能安全	设备安全	IEC/TC 65
IEC 60730-1—2003	GB/T 14536-1—2008	家用和类似用途电自动控制器 第 1 部分：通用要求	家电	IEC/TC72
IEC 61800-5-2—2007	GB/T 12668.502—2013	可调速的电气传动系统 第 5-2 部分：安全要求功能	电驱设备	IEC/TC 22
ISO 25119—2010	—	农业和林业用拖拉机和机械控制系统的安全相关部件	农林业	ISO/TC 23
ISO 26262—2011	GB/T 34590—2017	道路车辆功能安全	汽车	ISO/TC 22
ISO 15998—2010	GB/T 34353—2017	土方机械应用电子器件的机器控制系统（MCS）功能性安全的性能准则和试验	土建	ISO/TC 127

注：GB/T 20438—2006 等效于 IEC 61508—2000 版。

（2）功能安全设计

安全完整性等级（SIL：Safety Integrity Level）是指基于特定的仪表安全功能（SIF）的风险评估所需的安全系统性能。SIL 规定了最终用户期望生产过程在存在问题和出现故障及安全模式失效的情况下安全运行的范围。

① 工厂安全系统组成 工厂安全系统组成见图 5-6。为防止发生事故，造成设备和人员的损伤和破坏，设置工厂装置异常的早期检测诊断和操作的决策支持系统十分重要。为高效可靠安全运行，需要设置工厂安全系统。

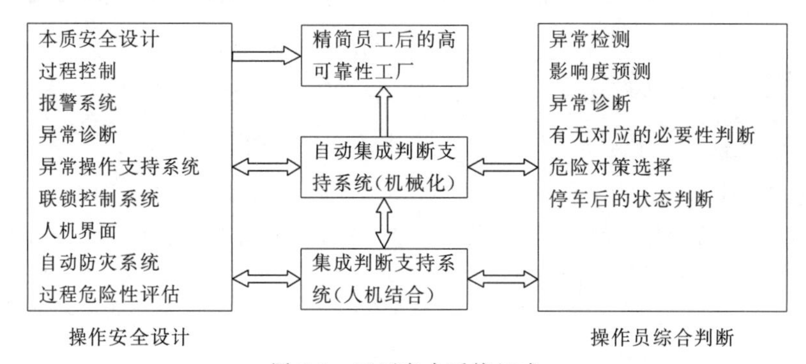

图 5-6 工厂安全系统组成

② 造成事故的因素

a. 社会环境的改变。造成社会环境改变的原因有人员老龄化和年轻化加剧；中年人员的流动；终身雇佣关系的破裂。

b. 生产过程的要求改变。为适应市场的要求，造成生产过程的要求改变。例如，小批量和多品种产品，使设备的使用条件复杂化；系统的大型化，使对生产过程的操作难度增加；为生产过程的优化，采用卡边操作，造成操作难度增加。

c. 员工环境变化。例如，有操作经验的人员退休；自动化水平提高，使操作技术不易获得；年轻员工实践经验少，尤其对事故处理的经验缺少；为适应市场经济，减员造成操作人员的劳动强度增加，员工容易疲劳。

d. 市场因素。例如，设备老化，进入事故多发阶段；低成本的设备增加，增加了事故发生概率；过程自动化新技术还不适应生产过程应用的要求。

③ 防护设计　防护设计是从失控的危险中将人员、资产、自然环境等被害对象进行最大程度保护的设计，包括硬防护和软防护。硬防护包括安全设备、装置和具有安全功能的阻断装置等。软防护包括安全功能软件的操作程序、操作规章制度、培训等。

a. 防护设计的分层和独立。各防护层的功能独立，互不干扰。

b. 安全仪表系统设计。在风险评估和认定的基础上，设计有关的安全阀和其他安全设施，分层次将风险降低，图 5-7 是安全仪表系统设计步骤图。

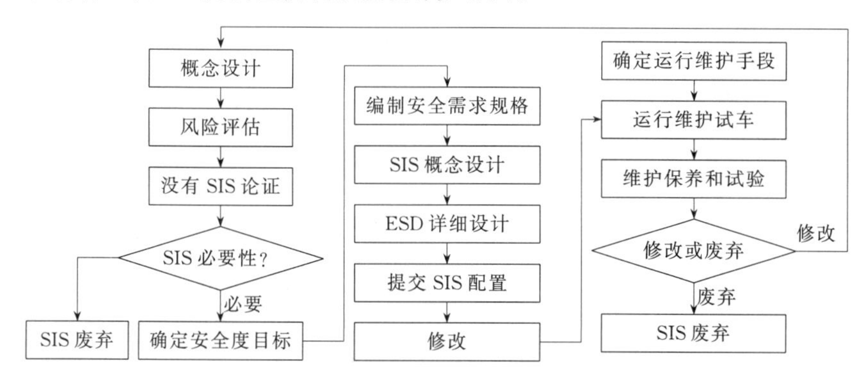

图 5-7　安全仪表系统设计步骤图

安全仪表系统对生产装置或设备可能发生的危险或不采取紧急措施将继续恶化的状态进行及时响应，使其进入一个预定义的安全停车工况，从而使危险和损失降到最低程度，保证生产、设备、环境和人员的安全。

通常，安全仪表系统独立于集散控制系统，其安全级别高于集散控制系统。但对一般的安全联锁控制系统，也可采用集散控制系统实现。

其设计步骤如下：

➢ 过程系统初步设计，包括系统定义、系统描述和总体目标确认；
➢ 执行过程系统危险分析和风险评价；
➢ 论证采用非安全控制保护方案能否识别出危险或降低风险；
➢ 判断是否需要设计安全控制系统，如果需要，则继续进行，否则按常规控制系统设计；
➢ 依据 IEC 61508 确定对象的安全完整性等级 SIL；
➢ 确定安全要求技术规范 SRS；
➢ 完成 SIS 详细设计；
➢ SIS 组装、授权、预开车及可行性试验；
➢ 在建立操作和维护规程的基础上完成预开车安全评价；
➢ SIS 正式投运、操作、维护及定期进行功能测试。

c. 安全仪表系统与集散控制系统分开设置的原因。

➢ 降低控制功能和安全功能同时失效的概率。当集散控制系统出现事故时不会危及安全仪表系统。

➢ 集散控制系统是过程控制系统，通常有人工干预。而安全仪表系统自动检测过程参数，一般不需要人工干预，防止人为误动作。

➢ 对于大型装置和转动设备，要求紧急停车系统能够在尽可能短的时间内实现停车，但集散控制系统的响应速度受限。

但是集散控制系统和安全仪表系统的服务对象是同一生产过程或装置，因此，集散控制系统的功能安全设计中要注意与安全仪表系统的通信，快速正确地获取安全仪表系统的信息，并根据事件发生的时序进行处理，实现在线监控和故障追忆。

近年来，随着集散控制系统可靠性的提高，通信速率提高，现场总线控制系统的应用等，已经提出安全应用的接口标准，将安全系统与控制系统集成，现场总线技术已通过 SIL 认证。

图 5-8 是安全功能和实时安全、IEC 61508、IEC 61511 等的关系。

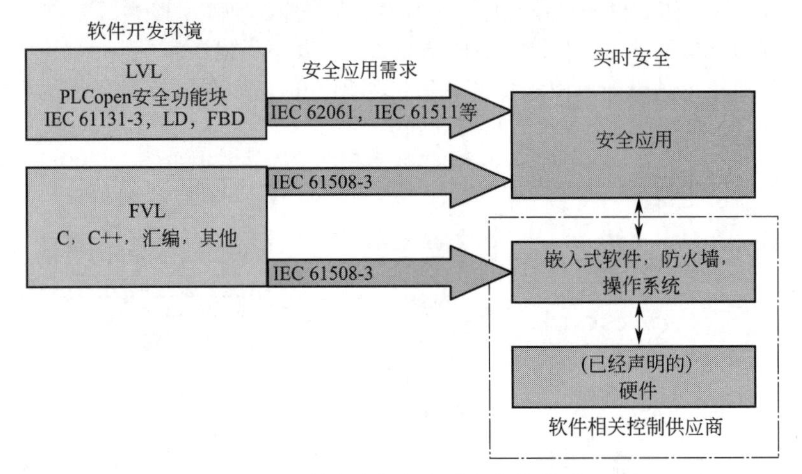

图 5-8　安全功能和实时安全的关系

图 5-8 中，FVL 是全可变语言，它是组件供应商为实施安全固件、操作系统或开发工具使用的独立于应用的语言，例如 C、C＋＋、汇编语言等。LVL 是有限可变语言，它是 PLCopen 为实施安全规范，简化软件开发和审批、规范的编程语言，作为符合 IEC 61131-3 标准的功能块，是用于创建安全应用的功能块。

安全数据类型（safe data type）是在安全相关环境中使用的数据类型。为便于验证和认证，安全数据类型用于区分安全信号和非安全信号，用关键字 SAFEBOOL 表示。SAFEBOOL 在安全相关性环境中表示一个较高的安全完整性等级。

5.3　系统升级和迁移

5.3.1　提高集散控制系统的应用水平

（1）提高集散控制系统应用水平的原因

不管是集散控制系统硬件或软件升级或改造，还是旧系统的淘汰和更新，都存在如何提高原有集散控制系统应用水平的问题。

① 长期运行后，发现问题，需要提高其性能。例如，发现一些主要扰动是可测量的，因此，希望组成前馈-反馈控制系统来克服该干扰的影响，使生产过程更平稳。

② 对原有系统功能了解不够，发现系统的功能能够改善整个操作水平，因此需要改进。例如，可计算流体的热量，因此需要组成热量控制。对一些原来难于测量的参数，现在可用软测量技术来推算获得。

③ 控制和管理的结合，对集散控制系统提出更高要求。例如，需要将生产过程数据传送到管理部门，用于生产过程的调度、计划等，建立管理信息系统；组建过程集成控制系统，将信息集成，实现综合自动化等。

④ 系统升级后，可以增加输入输出信号。例如，对一些原有的过程变量可以进行监测和控制，因此，需要增加一些检测和控制回路。

⑤ 集散控制系统更新后，控制器控制算法不同，因此，需要重新设置控制器参数。

(2) 提高集散控制系统应用水平的途径

下面以示例说明如何提高集散控制系统的应用水平。

① 改进控制系统的性能

a. 聚氯乙烯热水加料的串级前馈反馈控制。如图 5-9 所示，原集散控制系统设计的聚氯乙烯热水加料脱盐水由 FIC-251 计量并控制，FIC-252 控制进加热器的流量，LIC-251 控制脱氧塔 CL201 的液位，TK203 液位报警。由于加热器流量受到批量程序的控制，突发的进料量增加造成纯水槽 TK203 液位的波动，并影响后续工序的用水。

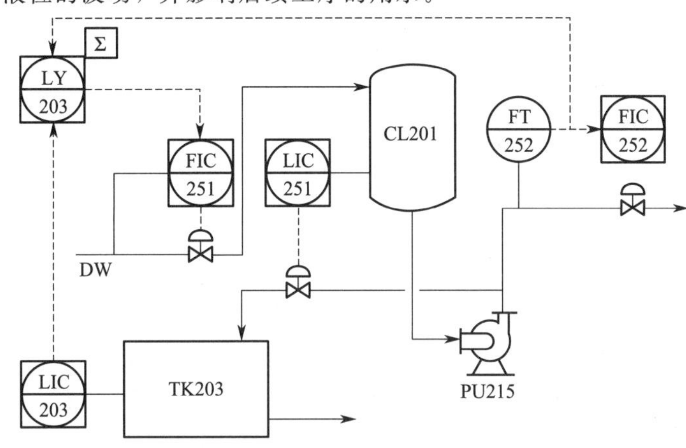

图 5-9 热水加料脱盐水控制系统

升级改造时，设计前馈控制部分，与原有串级控制结合，组成如图 5-9 虚线所示控制系统。正常工况时，由 LIC-203 和 FIC-251 组成串级控制系统，保持纯水槽液位恒定，并能够克服脱盐水进水压力等波动造成的影响，一旦批量程序改变 FIC-252 进料量或者 LIC-251 的调节改变泵出口压力时，采用前馈控制改变脱盐水进水流量，使纯水槽液位保持稳定。图 5-10 是改造后控制系统框图。

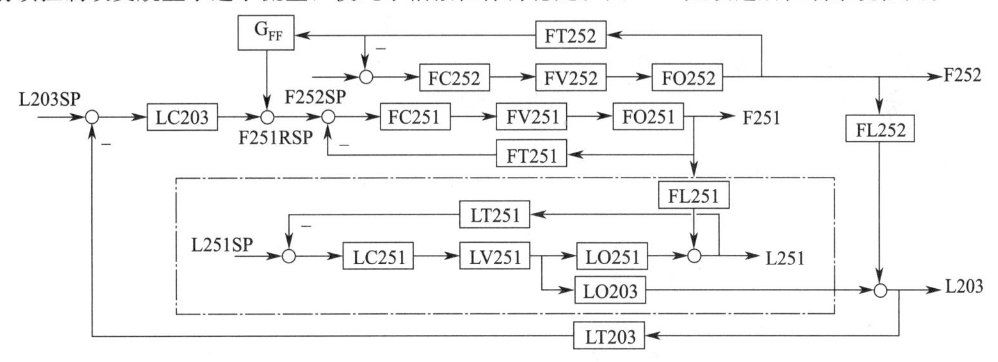

图 5-10 脱盐水控制系统框图

图 5-10 中，以 LIC-203 作为串级控制系统主环，以 FIC-251 作为串级控制系统的副环，FIC-252 采用简单反馈控制，并将其测量值作为前馈信号。LIC-251 控制回路是串级控制系统主被控对象的一部分，当脱氧塔液位控制能够快速响应进料脱盐水量变化，并保持液位稳定时，图中的虚线框可近似为一阶惯性环节。FL252 和 FL251 分别表示相应的流量变化对有关液位的扰动通道传递函数。

当批量控制系统的程序改变 FIC-252 流量的设定值或者因 LIC-251 的调节使泵出口压力变化时，都可通过前馈通道及时调节进料脱盐水流量。由于两个流量控制回路的调节及时，时滞小，因此，采用静态前馈已能够满足工艺控制要求。整个控制系统在新的集散控制系统中实现，并取得良好控制效果。

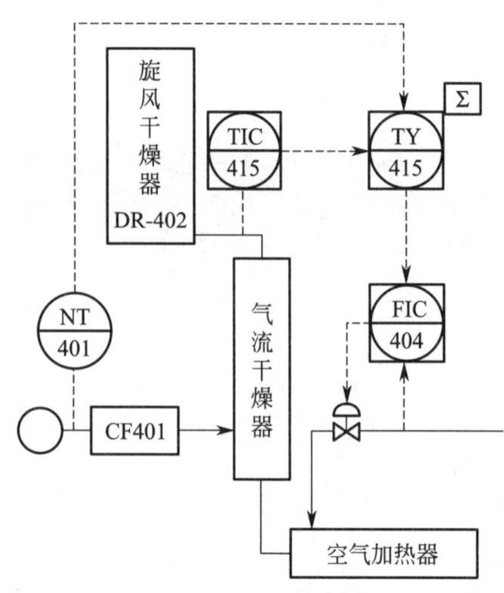

图 5-11 旋风干燥器进口温度控制

b. 旋风干燥进口温度的串级前馈反馈控制。旋风干燥器进口温度采用调节进入空气加热器的蒸汽量进行控制。工艺过程如图 5-11 所示。

浆料进入沉降离心机 CF401，经离心分离进入气流干燥器，在热空气的吹带下切向进入旋风干燥器。旋风干燥器的进口温度影响旋风干燥的效果，因此，工艺要求控制旋风干燥器进口温度恒定，为此组成以进口温度 TIC-415 为主被控变量，以加热蒸汽量 FIC-404 为副被控变量的串级控制系统。运行后发现进入离心机的浆料量变化等造成被加热物料量的变化，因此，温度波动较大。经分析发现，离心机的扭矩与进浆料流量的大小有线性关系，因此，采用扭矩变送器的检测信号 NT-401 作为前馈信号，与原有串级控制系统组成串级前馈反馈控制系统。

仍采用静态前馈，前馈增益经调整后，能够满足工艺控制和操作的要求，取得满意效果。此外，为防止进浆料量过大，对扭矩设置高限，当大于高限时，关闭进浆控制阀；当旋风干燥器进口温度大于设置的高限时，自动打开进入气流干燥器的脱离子水阀，用于降低气流干燥器入口空气温度。

② 集散控制系统运行后获得大量运行数据，经机理分析，建立被控过程的数学模型，实现基于模型计算的控制。

a. 按计算指标的温度控制。某丙烯丙烷精馏塔温度控制系统，原采用精馏段温度进行控制回流量。但因塔压波动较大，直接用精馏段温度控制时产品质量不能满足要求。经数据分析，建立塔压补偿的灵敏板温度数学模型如下：

$$T_{S\text{-}SP}=T_{SP}+K_1(p-p_0)+K_2(p-p_0)^2 \tag{5-1}$$

式中，p 是塔压；p_0 是塔压设计值；T_{SP} 是灵敏板温度的设定值；$T_{S\text{-}SP}$ 是经塔压补偿数学模型计算后的灵敏板温度设定值；K_1 和 K_2 是常数。

由于对塔压进行补偿，克服了塔压波动对灵敏板温度的影响。该数学模型在集散控制系统中可方便地实现，采用该方案后，提高了分离效率。

b. 根据模型计算测量值。脱气塔是由一个圆柱体和一个倒圆锥体形状的设备组成。由于下部是锥体，因此，相同液位高度变化引起的物料变化不同，在锥体处，越靠近锥顶，液位控制系统越灵敏，而在圆柱体部位，液位控制系统具有相同灵敏度，为此设计采用脱气塔蓄存量作为被控变量，按计算指标计算蓄存量的控制系统，如图 5-12 所示。

设测得的液位高度为 h，圆柱体半径 R_2，液位检测点的半径 R_1，它到锥体倒底面的高度为 H_1，变送器量程 H_2，如图所示。不考虑锥顶的蓄存量 V 计算公式如下：

$$V=\frac{\pi}{3}h(r^2+rR_1+R_1^2);h\leqslant H_1 \tag{5-2}$$

$$V=\frac{\pi}{3}H_1(R_1^2+R_1R_2+R_2^2)+\pi R_2^2(h-H_1);h>H_1 \tag{5-3}$$

式中，$r=R_1+h\left(\frac{R_2-R_1}{H_1}\right)$。

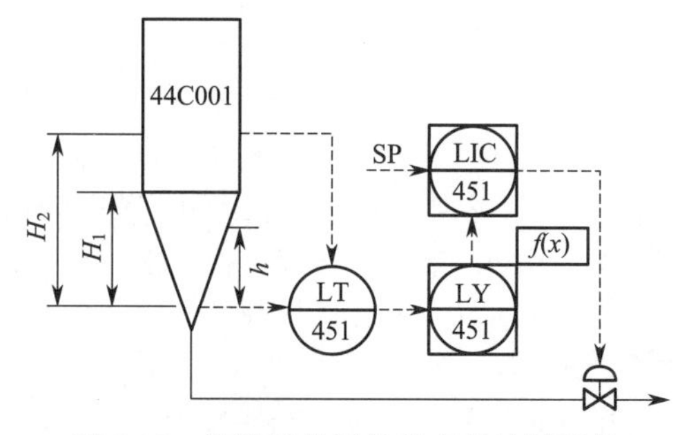

图 5-12 按计算指标的蓄存量控制系统

集散控制系统中根据上述计算公式计算出蓄存量，送控制器 LIC451 作为测量值。由于蓄存量变化与控制阀开度有线性关系，因此，整个控制系统的运行平稳。

③ 离散控制与连续控制相结合。通常，集散控制系统用于连续控制，但批量控制、间歇过程控制常需要离散控制与连续控制相结合。

a. 聚合釜温度控制系统。PVC聚合釜反应的温度控制通常采用串级控制和分程控制结合的方案。为了缩短批量控制开始阶段的时间，缩短生产周期，可采用离散控制与连续控制结合的控制方式。即在升温阶段，将热水阀全开，当温度达到该批号的规定温度值时，将控制系统切换到连续控制。控制系统框图见图5-13。

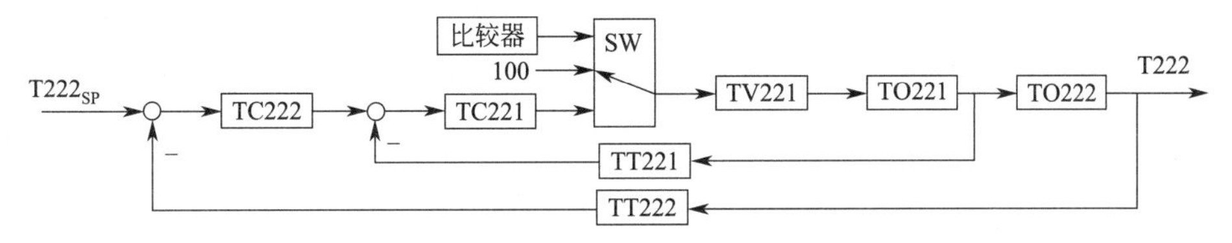

图5-13　聚合釜温度控制系统框图

图中，比较器的输入信号是聚合釜温度T222，为生产某一牌号产品时设定的切换温度，聚合反应开始阶段，由于聚合釜温度低于设定的切换温度，因此，控制阀TV221全开，用热水加热，使釜温能够以最快的速率上升，当温度达到切换温度时，控制系统自动切换控制阀的输入信号，同时使控制系统投入自动模式，用于控制釜温。这种控制方案可减小超调，缩短升温时间。图中仅画出了串级控制系统与离散控制的连接关系，其他部分从略。

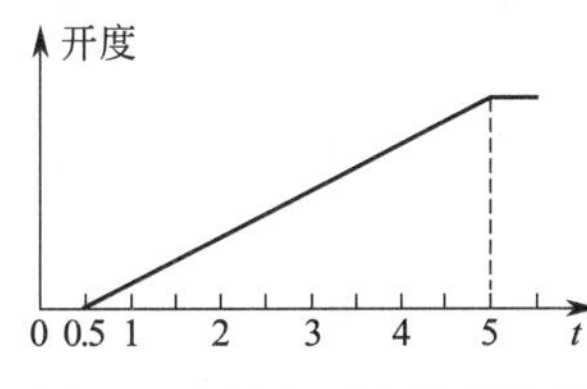

图5-14　风门开度控制曲线

b. 空气鼓风机入口风门的控制系统。空气经空气鼓风机送入空气加热器，集散控制系统设置空气加热器出口压力控制系统，被控变量是空气加热器出口压力，操纵变量是空气鼓风机入口风门开度。

为防止开车时出口风压的波动，工艺要求在开车时，风门按图5-14所示控制要求开启，并按一定的速率逐渐打开，当压力达到设定值后切换到连续控制。在DCS中采用斜坡函数发生器完成开度控制曲线，同样，采用切换开关进行连续控制与离散控制的切换，切换开关的控制信号取自开车信号。可以看到，开始阶段，风门有半分钟时间的延时关闭，然后以约每分钟开度增大11%的速率增大开度，直到开度达到50%，并自动切换到连续控制。

此外，参与联锁系统的部分连续控制系统也常设置连续控制与离散控制的切换，使控制系统作用得到发挥，大大减轻操作人员的劳动强度。

④ 改变控制系统控制方案　原有控制系统方案需要改变，以适应新的应用要求。

a. 氧氯化反应中氧气流量控制系统的改变。原氧气流量控制系统采用图5-15所示选择性控制方案。

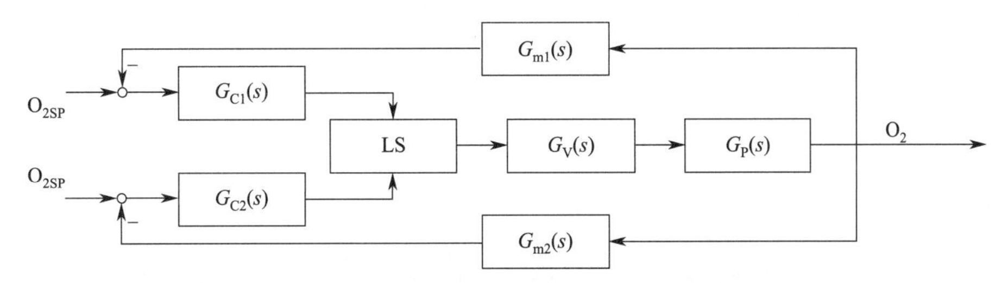

图5-15　原氧气流量控制系统框图

该控制系统由两个测量氧气流量的变送器、两个控制器、一个流量控制阀和一个低选器和检出元件孔板等组成。该控制系统是冗余控制系统，当某一个变送器或控制器发生故障时，该控制系统仍可正常工作。其工作原理是当某一个变送器检出到氧气流量过高时，因控制器是反作用控制器，其控制输出降低，被低选器选中，从而保证氧气流量不会过高。当变送器故障，使其输出降低，则控制器输出不会选中该信号，保证了控制系统正常运行。当变送器故障，使其输出升高，则控制器输出被低选选中，从而使控制系统按该信号调节控制阀开度，使氧气流量不会超过规定的设定值，因此，该控制系统是安全控制系统。由于采用两个控制器，因此，正常工作时，总有一个控制器处于存在偏差的状态，当控制器有积分控制作用时，就会出现积分饱和现象，为此，控制系统添加低选的同时，采用积分外反馈，用低选输出作为两个控制器的积分外反馈信号，防止了积分饱和。

考虑采用两个控制器冗余是多余的，因此，新集散控制系统只对变送器采用冗余，组成图 5-16 所示选择性控制系统。

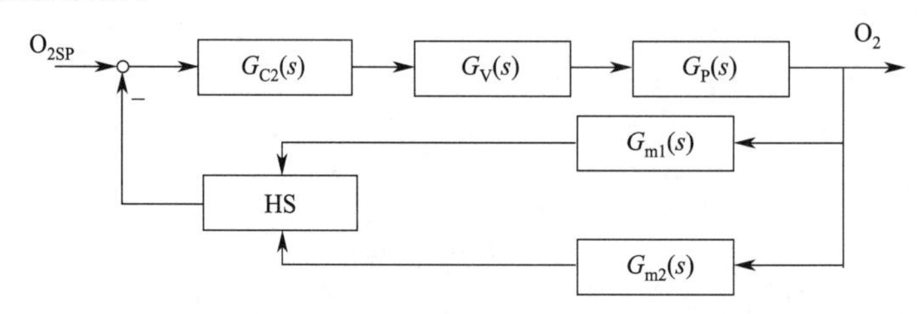

图 5-16 改进后的氧气流量控制系统框图

该控制系统采用两个变送器检测氧气流量，采用高选器检测两个变送器的输出，并取高值作为控制器的测量值，则当某一变送器输出增高时，控制器就按该输出进行控制，使控制阀开度减小，保证氧气流量不会超过规定值。而当变送器故障时，如果输出增高，则可保证氧气流量不会超过规定，当某变送器故障使输出降低时，则高选器不会选中该信号，从而使变送器故障不影响控制系统运行。

b. 氧气流量实测值与设定比值报警联锁系统的改变。上述氧气流量控制系统能够保证氧气流量在稳态时氧气流量与设定的跟踪，但在实际生产过程中，氧气流量实测值仍可高于设定值，从而发生事故。为此，原系统设置氧气流量实测值与设定的比值报警联锁控制系统，其框图见图 5-17。

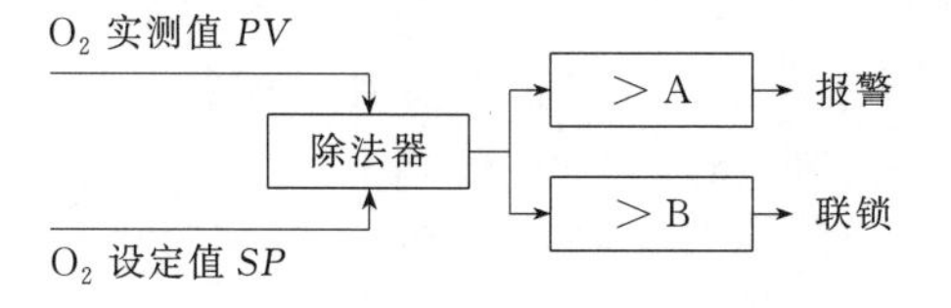

图 5-17 氧气流量实测值与设定比值报警联锁控制系统框图

该系统运行中存在问题是氧气流量取自上述高选器输出，当生产过程开车时，因氧气流量实测值为零，手动模式时，设定值跟踪测量值，因此，除法器的除数为零，使系统无法工作。

正常工况下，氧气流量的数值在数千数量级，为此，可在除法器除数信号加入加法器，如图 5-18 所示。

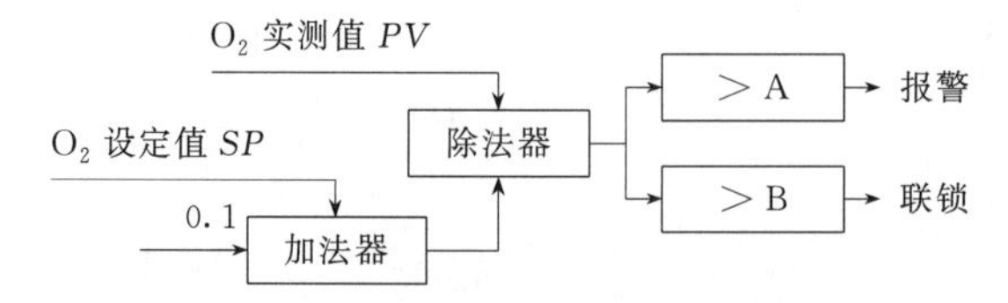

图 5-18 改进的氧气流量实测值与设定比值报警联锁控制系统框图

图 5-18 中，加法器的输入除了原有的氧气流量设定外，另一个输入是一个小值，例如，图中的 0.1，它的加入对比值计算造成的影响并不影响其报警和联锁控制系统的精度要求，但对除法器，因有一个小的数值在除数，防止了除数为零的出错。

5.3.2　集散控制系统的升级

在中国的自动化市场，很多分布式控制系统都需要进行升级，但是如果在整个工厂范围进行停机来实施所有可能发生的更改，成本将会非常高昂。很多用户还面临着大量的设备老化问题，这对业务的持续运营无疑将是重大的风险。因此，市场亟需一种既能够让用户根据需要对组件进行升级，而又不会牺牲运营方面的功能性或可用性的解决方案。

(1) 集散控制系统升级原因

① 由于集散控制系统硬件或软件升级，因此造成系统升级。例如，21世纪来临前，为解决原计算机年份只用两位数表示的问题，全部集散控制系统都对其软件进行升级。一些情况是由于硬件升级，对应地对其软件进行升级。例如，Honeywell公司的TPS系统升级到EPKS系统，相应的硬件和软件都进行升级。而软件升级则一般由供应商解决，对用户影响较小。

② 产品生命周期管理（PLM：Product Lifecycle Management）的需要。电子元器件都有一定的生命周期。到一定时间后，其故障率将迅速升高，因此，相应的一些部件就必须升级，以保证系统的可靠性。不同器件故障的影响范围也是它们升级的依据之一。

③ 集散控制系统所应用技术的发展，相应的硬件和软件需要升级，从而有助于提升业务的连续性和经济效益。例如，传统控制系统提升为具有消除非计划停车和实时提供充分可计量生产利润的功能等。

(2) 集散控制系统升级的原则

① 尽量选用原集散控制系统供应商的产品进行必要的升级。集散控制系统供应商解决升级中的各类问题。供应商应向用户提供令人信服的有价值建议，说明升级后系统具有哪些有效的功能，能够适应今后工业应用和扩展的需要。

② 尽量不采用全部推倒重来的升级方案。

③ 对必要的硬件应同时升级，例如，硬件已经到达生命周期，需要更新。

④ 六个尽可能：尽可能减少接线工作量；尽可能保留已有硬件投资；尽可能保留流程操作画面，如需改变，则应提供有关工程工具，帮助用户进行画面转换；尽可能保留原有控制策略；尽可能减少升级所花费的停工事件；尽可能降低升级后新系统所需的培训成本。

⑤ 软件升级应请供应商完成，一些集散控制系统也可提供远程服务。不建议用户自行软件升级。

⑥ 制定周密详细的实施方案，规划详细的切换计划，精心设计和实现。

(3) 升级的选择

根据组成系统各部件的生命周期设计系统的升级和迁移的技术路线。常用的5种选择如下。

① 推倒重来，用新系统替代老系统　这是成本最高，费时费钱的选择。一旦新系统未能达到预期期望，恢复到老系统都无可能。

② 采用网关　将老系统的通信协议转换为新系统的通信协议。从逻辑上考虑，在执行通信协议转换的同时，还可得到全面的规范化；从功能性考虑，既可以将老系统升级为所期望的功能，还可以从新增的功能返回至老系统的功能。

③ I/O连接　保留老系统原有的I/O端子和现场接线，将它们与新系统的I/O端子连接，包括将现有的端子箱I/O转换对应至新系统的I/O。这种选择保留老系统中的I/O端子箱和现场电缆铺设的投资，安装时间可能较长，并可能存在I/O转换对应的问题。

④ I/O更换　老系统的I/O板卡更换为新I/O板卡。其前提是新老板卡的安装尺寸必须一致，但供应商能够满足这种条件的不多。这种选择的投资最省。

⑤ 软件封装　常采用OPC等中间件技术，实现类似网关的“软网关”功能。

(4) 升级步骤

各集散控制系统供应商提供一整套硬件和软件的升级和迁移的方案。用户可将原系统的规模和应用要求提供给供应商，由供应商提出有关系统升级和迁移的实施方案并实现。

曾发生用户自认为增加有关硬件设备就可升级扩容的例子，由于对原系统了解不够，结果因原系统已经不能再扩展，最终仍需要更新有关硬件设备和软件升级。所以，用户最好听从供应商的建议，协商解决升级所带来的有关问题。

升级时应按可视化层、控制器层、现场层和接线端子层等考虑。可视化层考虑已装HMI现有状况和升级后的要求状况；通信要求；数据升级要求；画面升级（含画面转换）；历史数据存取；其他特殊要求（如批量处理、配方管理等）。控制器层考虑升级方法；选用成熟升级工具和控制算法；通信网关要求等。现场层考虑I/O通信网络协议；保留I/O端子箱；能否提供可安装在原有机架上的新卡件及接口。接线端子层考虑应提供1∶1替换现有端子的能力；提供新现场端子箱和新I/O模块接线能力等。

5.3.3 集散控制系统的迁移

迁移是服务器虚拟化的一部分。迁移的内容包括内存、网络资源和存储设备等。内存的迁移是最困难的。

(1) 内存的迁移

为实现虚拟机的实时迁移，可分下列三步进行。

① 第一阶段　称为Push阶段。在虚拟机运行的同时，将它的一些内存页面通过网络复制到目的计算机。为保证内容的一致，修改过的页面需要重传。

② 第二阶段　称为Stop-and-Copy阶段。即虚拟机停止工作，将剩余的页面复制到目的计算机，然后在目的计算机启动新的虚拟机。

③ 第三阶段　称为Pull阶段。即在新的虚拟机运行过程中，如果访问到未被复制的页面，就出现页面出错，并从原虚拟机将该页面复制。

实际内存迁移时，大多数只包含部分阶段。例如，第二阶段实质是静态迁移，即先暂停被迁移的虚拟机，然后，将内存页面复制到目的计算机，最后启动新的虚拟机。这种迁移总的迁移时间最短，但生产过程不允许这种停机的迁移。因此，第二和第三阶段结合就是一种迁移的方案。它将关键和必要的内存页复制到目的计算机，再在目的计算机启动虚拟机，将剩下的页在需要时才复制，但这种迁移的总迁移时间很长，如果剩余页很多，也会造成系统性能下降。也可将第一和第二阶段结合组成内存迁移方案。采用预复制，再迁移。但由于每次更新的页面要重传，因此，对改动频繁的页面更适合在停机时复制。此外，该方案占用大量网络带宽，对其他服务会造成影响。

(2) 网络资源的迁移

虚拟机这种级别的封装方式意味着迁移时虚拟机的所有网络设备，包括协议状态及IP地址都要随之迁移。对局域网，可通过发送ARP重定向包，将虚拟机的IP地址与目的计算机的MAC地址绑定，之后的所有包就可发送到目的计算机。

(3) 存储设备的迁移

存储设备的迁移主要问题是占用大量时间和网络带宽。因此，通常以共享方式共享数据和文件系统，而不是真正的迁移。例如，常用NAS（网络连接存储）作为存储设备来共享数据。这里，NAS是一个带瘦服务器的存储设备，相当于一个专用文件服务器。通过它实现所谓的存储设备迁移。

(4) 迁移时的注意事项

① 信号的匹配和兼容　集散控制系统的信号类型多，不仅涉及模拟量、数字量和脉冲量，

还分输入和输出信号；不仅有4～20mA或1～5V模拟信号，还可以连接现场总线信号或HART信号。因此，集散控制系统迁移时最好由供应商来整合有关信号，提出有关迁移方案，不要自作主张，防止信号不兼容或不足等问题发生。

② 额外需求　在集散控制系统迁移过程中，建设方通常会有一些额外需求，例如，电机控制中心的电机信号要从两线制改为三线制，以增加额外的数字量控制信号，用于增强安全性等。一些执行器原来只有一个控制输出信号，现在需要增加两个全开或全关的输入信号等，这些额外信号应考虑是否有新增连接电缆和更换其他设备的需要，而不只考虑增加的信号点。

③ 人机界面的需求　为便于操作，对人机界面的需求也必须考虑，并防止变量同名造成出错等。

思　考　题

5-1　为什么要用标准图形符号对过程检测和控制流程图中的仪表和功能进行规定？

5-2　试用功能图描述符号表示被控变量是流量的单回路控制系统，采用差压变送器检测。

5-3　试用图形描述的方法表示一个检测压力的现场总线仪表，信号送控制室显示屏显示。

5-4　说明低选和高选、低限和高限的图形符号有什么区别。举例说明什么情况下要用高限，什么情况下要用高选。

5-5　某温度控制系统，其检测元件热电偶安装在现场设备，温度变送器安装在控制室机柜，控制阀安装在现场，采用气动控制阀带电气阀门定位器，试在工艺管道仪表图（P&ID）绘制该控制系统。如果拟采用现场总线仪表，试说明应有什么更改的地方？

5-6　某温度和流量的串级控制系统，试绘制该控制系统的功能图，说明各组成部分的功能。绘制该控制系统时需要注意什么？

5-7　计算机图形符号如何绘制？试绘制采用PC机组成一个压力控制系统的计算机控制系统。

5-8　在工艺管道仪表图中，仪表的图形符号如何绘制？两个圆相切表示什么？

5-9　通信链和仪表连线的图形符号有什么区别？什么情况下用通信链表示？什么情况下用仪表连线表示？

5-10　在工艺管道仪表图上绘制锅炉的三冲量控制系统，说明各图形符号的含义。

5-11　某氨冷器液位和温度的选择性控制系统，绘制该控制系统，说明各图形符号表示什么。

5-12　与常规仪表组成的自控工程设计比较，集散控制系统的工程设计需要增加哪些设计内容？

5-13　某图形符号的位号表示为TIC-201，该符号中各字母和数字有什么含义？

5-14　过程显示图形符号的绘制原则是什么？

5-15　工程设计中，自控专业设计人员与其他相关专业设计人员之间有哪些联系？协调哪些内容？

5-16　集散控制系统工程设计时，过程流程画面设计需要注意什么？

5-17　为什么过程操作画面的分页很重要？分页的原则是什么？

5-18　数据显示设计时应注意什么？

5-19　报警点应如何选择？报警限如何设置？报警的方式有哪些？报警如何确认？

5-20　安全仪表系统的设计原则是什么？

5-21　控制室和计算机房的设计时应注意什么问题？

5-22　集散控制系统采用什么供电方式？UPS是什么设备？

5-23　集散控制系统对接地有什么要求？集散控制系统的防雷设计应注意什么？

5-24　抗电磁干扰设计的主要内容有哪些？

5-25　集散控制系统的功能安全是什么？SIL等级如何划分？

5-26　安全功能和实时安全的关系是怎样的？

5-27　集散控制系统升级时应注意什么？

5-28　集散控制系统的迁移是指什么？迁移包括哪些内容？

第6章　集散控制系统的人机界面

根据GB/T 4205—2010《人机界面标志标识的基本和安全规则　操作规则》的定义，人机界面（HMI：Human Machine Interface）是操作人员与设备之间提供直接对话并能使操作人员控制和监视设备运行的设备部件。集散控制系统中的人机界面是操作人员与集散控制系统之间进行信息交换的媒体和对话接口，它用于操作人员监视生产过程的各类变量、状态和运行，并根据工艺要求和操作条件，对生产过程进行控制。

6.1　人机界面基本概念

6.1.1　人机交互

(1) 人机交互技术基本概念

人机交互（HCI：Human Computer Interaction）技术是设计、评价和实现供人类使用的交互式计算机系统，及研究由此而发生的相关现象的学科。它涉及人因工程、人体工学、计算机科学、人工智慧、认知心理学、哲学、社会学、人类学、设计学和工程学等多门学科。

人机交互是指人与计算机之间使用某种对话语言，以一定的交互方式，完成确定任务的人机之间的信息交换过程。

① 交互　交互是指两个或两个以上相关的但又自主的实体之间进行的一系列信息交换过程。这里，实体的自主性保证了交互的独立进行。

② 人机交互　是人与计算机之间使用某种对话语言，以交互方式完成确定任务的人机之间的信息交换过程。

③ 人机交互方式　人机交互方式指人机之间交换信息的组织形式或语言方式。常用的人机交互方式有问答式对话、菜单、命令语言、填表技术、查询语言、自然语言、图形方式和直接操纵等。

④ 人机交互的媒体　人机之间交换信息过程所需的媒体称为交互设备。常用的交互设备分输入设备和输出设备。输入设备用于人向计算机输入信息，常用的输入设备有键盘、鼠标、球标、光笔、操纵杆、图形输入板、视频摄像设备、声音输入设备、扫描仪、触摸屏、手操器等。输出设备用于计算机向人输出信息，常用的输出设备有屏幕显示器（包括CRT、液晶、投影仪和多屏显示器等）、打印机、平板显示装置、声音输出设备、声光报警装置等。

⑤ 对象　用户界面中相对独立的基本语法成分构成对象，由事件、屏幕和资源组成。事件是人机交互活动的时序组织者，系统通过处理不可分的基本事件来协调交互活动，通过组织一系列基本事件实现某一特定功能的交互。屏幕是人机交互活动的空间组织者，是交互软件系统与用户进行对话的基本设备。通过屏幕所提供的空间场所，人机交互得以实现。资源是人机交互活动中一种不可见的数据流，它对终端用户是透明的。通过资源，建立交互环境内外的直接联系，并为系统真正实现交互活动提供内部支持。

人机界面与人机交互是两个紧密联系而又不完全相同的概念。人机界面是人机之间的通信媒体或手段，是指人机之间双向信息交互的支持软件和硬件。而人机交互是人与机-环境作用关系/状况的描述，人机界面是人与机-环境发生交互关系的具体表达形式，因此，界面是形式，交互是内容。

(2) 人机交互发展历程和发展趋势

人机交互的发展可分为下列阶段。

① 语言命令交互阶段 计算机语言从初期的机器语言，到汇编语言直到高级语言。人机交互也是这样的过程。早期的人机交互是通过人的手工操作，输入穿孔的卡带或卡片，其后开始用二进制机器代码输入。20世纪60年代开始出现命令行界面，通过该界面，人们可通过对话式对话、文本菜单或命令语言等方式进行人机交互。因此，常将命令行界面作为第一代人机界面。这时的界面输出只能是静态字符。

② 图形用户界面交互阶段 图形用户界面（GUI：Graphic User Interface）的出现，使人机交互方式发生巨大变化。GUI采用了桌面隐喻、WIMP（窗口、图标、菜单和定点设备）技术、直接操纵和所见即所得WYSIWYG（What You See Is What You Get）技术，使不懂计算机的普通用户也可熟练使用。通常，将WIMP（Windows，Icon，Menu，Pointing Device）为基础的人机界面作为第二代人机界面。

与命令行人机界面比较，图形用户界面具有较好的人机交互自然行和效率，它很大程度上依赖菜单选择和交互小组件（widget），命令用鼠标实现。但GUI占用较多屏幕空间，且难以表达和支持非空间性的抽象信息的交互。

③ 自然和谐的人机交互阶段 随着虚拟现实、移动计算、普适计算等技术的飞速发展，对人机交互提出了更高要求。其中，多媒体技术是智能用户界面和自然交互技术取得突破前的过渡技术。多通道用户界面采用多通道实现自然、并行和协调的人机交互。虚拟现实技术是采用虚拟环境为用户提供亲临现场的感觉。

自然和谐的人机交互方式得到一定发展。基于语音、手写体、姿势、视线跟踪、表情等输入手段的多通道交互是该阶段的特点。操作人员可通过声音、动作、表情等自然交互方式与计算机交互。例如，作为现代虚拟现实技术重要基础的头盔式立体显示器，用于指示等简单手势输入的数据手套，手写识别、语音识别、语音合成、数字墨水等。

人机交互的发展趋势如下。

① 集成化 人机交互呈现多样化、多通道交互特点。桌面和非桌面界面、可见和不可见界面、二维与三维输入、直接和间接操纵、语音、手势、表情、眼动、唇动、头动、肢体姿势、触觉、嗅觉、味觉及键盘、鼠标等交互手段将集成在一起，是新一代自然、高效交互技术的发展方向。

② 网络化 随着无线互联网、移动通信网的快速发展，人机交互技术需要考虑不同设备、不同网络、不同平台之间的无缝过渡和扩展，包括支持多用户之间的协作方式交互等。

③ 智能化 用键盘和鼠标输入的方式是精确输入，但人们的动作或思想可能并不很精确，即具有模糊性，这就要求计算机具有智能化，能够捕捉人机交互中人的姿态、手势、语音和上下文等信息，做出合适的反馈或动作，提高交互的自然性和高效性，使人机交互更自然、方便和高效。

④ 标准化 人机交互标准的制定是重要的工作，是统一人机交互所必需的。

(3) 人机交互系统的特性

① 友好性 人机交互系统的友好性指交互系统对用户是友好的。用户可方便地进行操作，获得所需的信息，并进行相应的操作。例如，根据用户的操作习惯和人机工程学的有关研究结果，合理设置有关的软键盘；显示屏幕有利于监视和操作等。

② 合理性 人机交互系统应合理分工，满足生产过程操作和控制的要求。应确定哪些工作由机器完成，哪些工作由操作人员完成，它们相互之间应如何协调，如何相互制约。

③ 复杂性 交互系统的复杂性指系统的规模和组织的复杂程度。在完成预定功能的前提下，交互系统应越简单越好。通常，将用户模型按系统功能和界面，用逻辑分层的方法分为若干层，将操作命令按其操作功能和重要性分若干层。这种分层结构有利于简化系统结构，降低系统的复杂性。

④ 信息量 交互过程中的信息量是交互系统的重要性能指标。信息量包括信息类型、数量

和性能。信息类型有计算机提供信息、用户输入信息等，信息量过少使用户对过程的了解不够，信息量过多使用户无法从大量信息中获取重要信息。信息的及时和正确、信息获得的方便性，都是信息的重要性能。

⑤ 透明性　从用户看，交互系统的透明性指系统的功能和行为是清楚的、明确的、一致的。用户可方便地、清晰地了解系统功能，预测系统行为。主要内容如下。

a. 支持用户开发一致的系统模型。例如，系统能够提供良好的结构化功能表；相似的操作；系统能解释其状态等。

b. 可预测系统行为。例如，不同系统有标准的界面；系统在相同条件下具有相同的行为特性；系统有预定的响应时间等。

c. 用户能够选择交互结构和交互方式，例如，可用问答式或软键方式等。

⑥ 可靠性　交互系统的可靠性指系统无故障时的正常工作能力。它既包括系统具有强容错能力和正常稳定运行的能力，也包括系统具有良好的维护能力。

⑦ 易操作性　交互系统是用户的操作界面，因此，易操作性是重要性能。操作人员可方便地从人机交互系统获得所需生产过程信息，并能方便地通过人机交互系统对生产过程进行操作和控制，使生产过程按所需控制要求运行。表现在下列方面。

a. 具有多种交互手段。例如，可以用各种输入设备输入用户的数据，可以方便地获取过程参数，并进行干预等。

b. 具有帮助功能。交互系统可随时随地提供各种帮助。帮助的信息具有简单明了、易于操作的特点。

c. 具有使用价值。应考虑用户（操作人员、管理人员、控制工程师和维护人员）的特点，对不同用户有不同的操作，提供不同的操作手段。操作方法应拟人化，符合人类的习惯。例如，满足人对有关信息的响应特性，采用闪光，采用红色等表示警告和报警等。

d. 容易学习和掌握。用户可直接通过操作手册、联机手册和帮助、系统的联机操作，迅速学习和掌握有关的操作。

e. 不易发生错误和出错的保护，包括系统自诊断、容错技术、出错提示、错误分析、错误修正和出错保护等。

f. 分层结构。易操作性分不同层次。例如，操作人员击打键钮，就能显示所击打的字符；移动鼠标，光标会随之移动；输入参数数值，会使相应参数发生改变，并影响到生产过程；一旦输入参数不正确，会提供出错报警等信息；被选中的选项呈现高亮度显示等。

⑧ 一致性　系统中采用统一的交互方式实现类似的操作。例如，按软键实现画面的调用和切换；按有关设备图标实现该设备细节图的调用等。系统中采用相似的显示格式表示相似的操作状态。例如，红色表示有关参数的报警；黄色表示有关参数的警告等；PID 仪表、AI 仪表的显示画面格式一致等；系统的一致性，有利于用户对有关图标和操作的模式识别，有利于易操作性的实现。

⑨ 灵活性　交互方式应灵活。例如，画面的调用既可以用硬件实现，也可用软件实现。灵活性与复杂性应兼顾。灵活性主要表现在下列方面：

a. 适应不同用户的需要，能够为不同类型用户提供不同类型的交互方式和界面设计；

b. 可根据应用要求修改和扩展交互方式；

c. 提供动态交互方式，例如，命令修改、设置动态菜单等。

能根据用户要求提供不同详细程度的系统响应信息，包括反馈信息、提示信息、帮助信息和出错信息等。可提供动态分析。

(4) 人机交互系统设计原则

人机交互系统设计的关键技术是设计软件界面，使其适应人与计算机之间的操作和应用的要求。优化人机界面主要是合理设计和管理人与机的对话结构。对话结构的设计分为初始设计、形式评价和总结评价。

设计人机界面时，通常采用最大最小原则，即操作人员承担的工作量应最少或尽量少，计算机等机械设备所承担的工作量应最大或尽量大。人机界面设计原则如下。

① 标准化原则 应分析人机界面的功能，收集用户及应用环境的信息，进行用户特性分析、用户任务分析，记录用户有关系统的概念、术语，制定界面规范说明、界面设计类型，确定设计的主要组成部分。

② 最佳媒体应用原则 充分发挥多媒体作用，发挥计算机多媒体能够提供的功能，在相关理论指导下，在语义层上将各种媒体有机地结合，使操作人员能够有效地获取多重信息。例如，声和光报警、文字数据和图形棒图显示等，进行分析并方便地进行操作和控制。

③ 防止错误发生和错误处理原则 应设置防止错误发生的措施，并对错误发生后提供处理机制。例如，除提供容错机制、冗余技术、鲁棒性技术及各种自诊断措施外，应提供错误分析、错误提示等机制，便于操作人员及时正确对故障定位。错误提示应包括对错误的各种处理措施、应急预案等。应采用无异议的标准化提示，提供不同层次的分析和处理建议等。

④ 数据库管理原则 人机界面有大量数据要进行处理和交互，因此，建立数据库管理系统进行数据处理是人机界面设计的基础。数据库系统中数据库与人机界面紧密结合，是人机界面设计的重要内容。

⑤ 网络应用原则 人机界面设计中，应用网络技术不仅是必要的也是可能的。在多任务、多用户、分布式环境中，网络成为必不可少的条件。一个优秀的人机界面，它的重要功能就是可以联网，支持网络下的运行。

⑥ 交互性原则 人机界面设计应将重点放在交互过程的设计。人机界面一方面用于生产过程信息的传达，另一方面是操作人员对信息接受与反馈的场所。人机界面设计应能够对任何过程信息能动地认识与分析，从而使生产过程能可靠、长期、稳定地运行。

⑦ 共通性原则 人机界面有功能性界面、情感性界面和环境性界面等三类界面。功能性界面是在符号学基础上建立的实现使用性内容的界面。情感性界面涉及分析利用人体感官进行的交互作用，使其为人们所接受并产生共鸣。例如，温度升高时显示颜色变红。环境性界面将包括外部环境的影响，体现人机界面设计艺术的社会性。例如，各种色彩的协调和统一等。共通性原则要求这三类界面和谐统一，不能孤立存在。

⑧ 易用性原则 人机界面应具有容易学习、易于操作、简单易用、不易或少出错、有容错功能、效率高等特点。它包括人与发生的交互系统之间的易用性，也包括交互系统对使用的人员所引起的作用。

6.1.2 人机界面实施方法

当前，集散控制系统的人机界面都采用自然和谐的人机交互图形用户界面，并采用 WIMP 技术。

(1) 窗口

窗口（windows）也称为视窗。它是人机界面的显示区域。实施时包含下列内容。

① 视图的抽象设计 从概念看，视图分为具体视图和抽象视图两类。视图的抽象设计解决交互系统运行的方式和方法，为系统的不同实施方案提供灵活性。它研究系统对象模型化的结果，列出其意味的系统状态。即在审视对象模型时，随时提出问题：是否需要增加视图来表现有关的对象？

② 视图的概要设计 在抽象视图基础上需对视图细化。概要设计解决视图的布局，为使整个交互系统一致，对整体视图需采用一致的布局。通常，视图包括总览区域、操作按钮区域、操作画面区域等部分。

③ 视图的关联设计 操作人员从不同视图对生产过程进行操作和控制，因此，视图之间有

关联。关联设计解决视图之间的顺序和连接关系。例如，点击某一视图的某一软键可调用确定的某视图。关联设计的内容包括各视图的前后关系（用下一页和上一页按钮实现）、各视图调用的条件和有关操作、中间视图（部分设备的操作视图、仪表面板视图等）的调用条件和操作等。

④ 浮动窗口设计　为保证重要信息的窗口不被其他窗口所覆盖，可采用浮动窗口。它们可以随鼠标的移动而移动，也可固定在屏幕的某一位置。

⑤ 窗口分帧设计　随着显示器分辨率的提高，显示屏尺寸的增大，可采用多画面图像处理器将显示窗口分隔成多个窗口，每个窗口显示一个独立的画面。各帧（画面）有自己的链接地址。

⑥ 大屏幕显示设计　为适应大屏幕显示要求，集散控制系统也可用多个显示屏（2×2、2×3、3×3、4×4）组成大显示屏墙，如中央控制室的大显示屏墙。

(2) 图标

图标（icon）是图形符号，用于图形隐喻有关的操作或命令。不同的交互系统具有不同的图标集。但一些常用的操作，如复制、粘贴、打印等图标，与 Windows 操作系统是一致的。一个交互系统中，相同的图标对应的操作应相同。图 6-1 是 Delta V 系统的图标帮助画面。

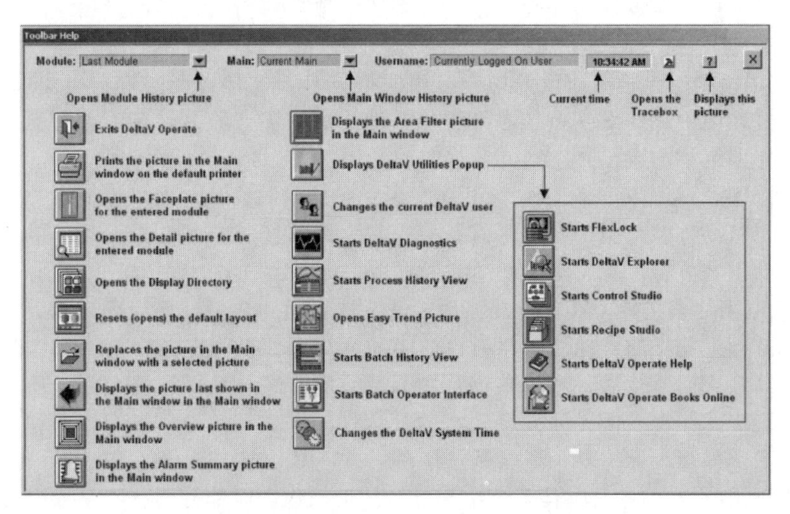

图 6-1　Delta V 系统的图标帮助画面

在不同的应用阶段，用不同的图标。随着显示屏幕分辨率的提高，采用图标实现相关操作具有强可操作性。但由于图标隐喻某种操作或命令，有时会造成异议。

桌面隐喻指用户可经用户桌面上的图标实现有关的处理功能。桌面上的图标可以表示某一对象、动作、属性或功能等。直接隐喻指直接用图标表示某一操作对象。工具隐喻指用工具图标表示对某种工具的操作。过程隐喻指用描述操作过程的图标暗示某种操作。

(3) 菜单

菜单（menu）是供用户选择的一系列对应动作的条目列表。通过菜单提供的选项，用户可方便地进行有关操作。根据菜单的显示形式，可分为下列几类。

① 全屏幕菜单　用整个屏幕显示菜单的方式是全屏幕菜单。它分主菜单、二级和二级以下菜单等。每级菜单通常提供有关的文字说明。例如，工厂概貌画面就采用全屏幕菜单，画面列出该工厂所有车间和工段的名称，点击某菜单项就可将画面切换到有关的车间或工段。

② 工具栏　工具栏是常用的菜单，它通常采用图标表示有关的工具。图 6-2 显示 I/A S 集散控制系统的一个工具栏。

③ 下拉式菜单　下拉式菜单是点击某一选项后出现的菜单，该菜单形如从选项拉下而得名。图 6-3 是下拉式菜单的示例。下拉式菜单可多级下拉，成为叠套式的菜单。

图 6-2　I/A S 集散控制系统 FoxSelect 画面的工具栏

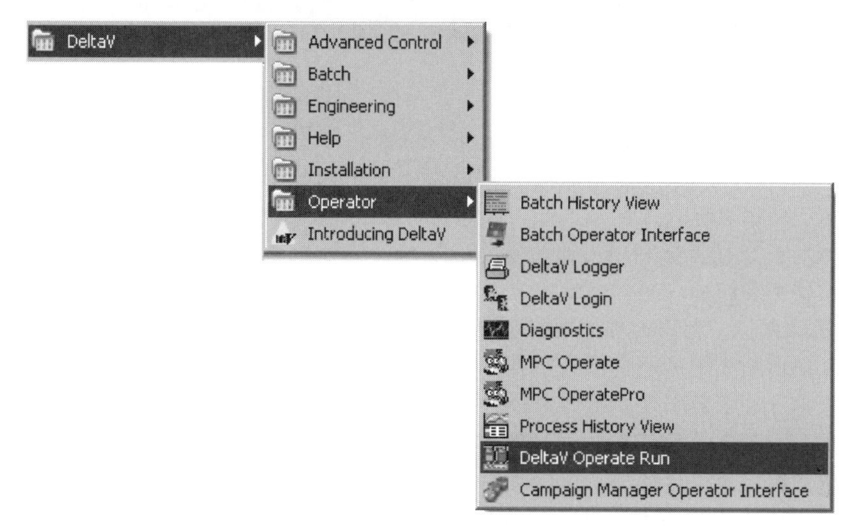

图 6-3　下拉式菜单的示例

④ 弹出式菜单　当点击某选项后，屏幕原画面上弹出一个可选择或对话的菜单画面，称为弹出式菜单。弹出式菜单常用于调用某一规定的画面。例如，在集散控制系统中，点击某一设备的参数，弹出该参数的仪表面板画面或趋势显示画面；控制策略组态时，点击某功能模块，弹出该功能模块属性菜单画面。图 6-4 是弹出式菜单的示例。

弹出式菜单的位置可以规定在某一位置，也可不固定。它通常可由光标定位装置移动其位置。弹出式菜单没有下级菜单，它可以是对话框或菜单形式。由于弹出式菜单具有相对的独立性，在一些参数的调试和趋势画面常采用弹出式菜单。

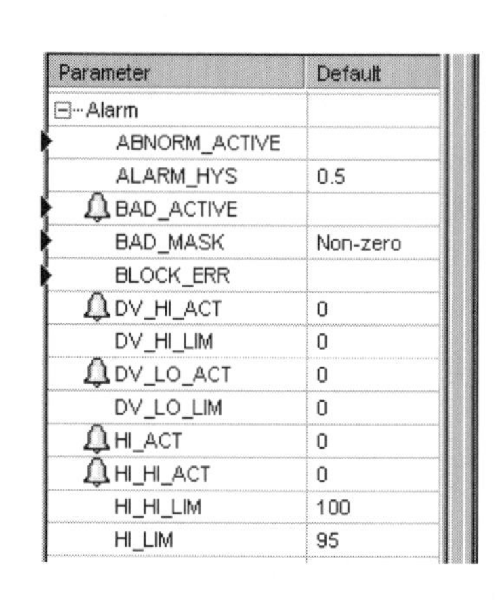

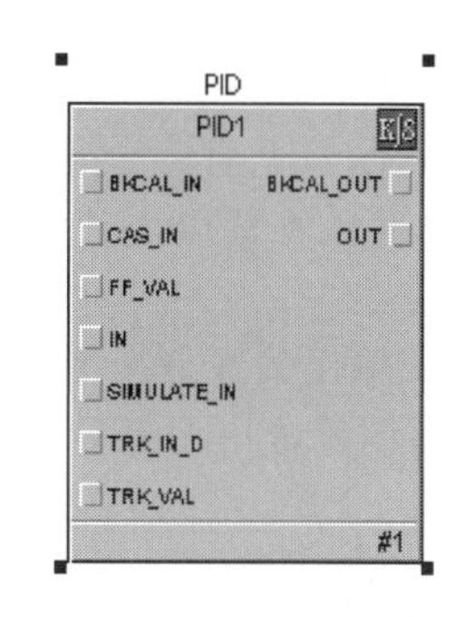

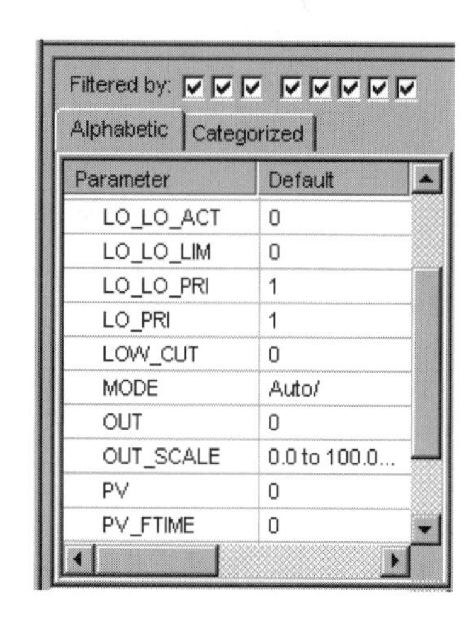

图 6-4　弹出式菜单的示例　　　　图 6-5　滚动式菜单的示例

⑤ 滚动式菜单　当菜单内所含的内容在菜单显示区域不能全部显示时，采用滚动式菜单显示。这时，部分菜单内容消失在显示区，通过滚动式菜单右侧或下侧的上下或左右移动图标，可使菜单中的消失部分显示。图 6-5 是上下和左右滚动的菜单示例，它是某功能模块属性显示菜单。

⑥ 状态栏菜单　这类菜单用于显示有关系统的状态，通常位于显示画面的下部或上部，也称为条形菜单，如报警汇总列表。图 6-6 是状态栏菜单的示例。

图 6-6　状态栏菜单的示例

(4) 定位设备

定位设备（pointing device）是用于确定游标位置的设备。常见的有鼠标、球标和触摸屏。

① 鼠标　鼠标（mouse）是计算机输入设备，用于系统坐标的定位，因形似老鼠而得名，也被称为滑鼠。使用鼠标式计算机，输入操作更简便快捷，以代替键盘输入命令。

a. 机械鼠标。机械鼠标利用内部的橡胶小滚球在鼠标移动时的滚动，带动 X、Y 方向的转轮，带动电位器实现游标（光标）的定位。

b. 光学机械鼠标。利用内部的橡胶小滚球带动 X、Y 轴的光栅码盘，由于光栅码盘存在栅缝，二极管发射出的光便可透过栅缝直接照射在两颗感光芯片组成的检测头上，获得 0 和 1 的脉冲信号，根据脉冲个数实现游标的定位。

c. 光电鼠标。它不采用滚轮，通过底部的 LED 灯，灯光以 30°角射向桌面，照射出粗糙的表面所产生的阴影，然后再通过平面的折射透过另外一块透镜反馈到传感器上。利用鼠标移动时，成像传感器获得连续图案，并经“数字信号处理器”（DSP）对每张图片前后对比分析处理，判断鼠标移动的方向及位移，从而得出鼠标 X、Y 方向移动量，并传给鼠标的微型控制单元。所用光源有红光、蓝影及激光等。

d. 无线鼠标。无线鼠标是利用蓝牙或其他无线通信技术，将鼠标定位信息发送到计算机设备。

② 球标　也称为轨迹球。它实质是将滚动的球反到上面，用户滚动轨迹球类似于机械鼠标的移动，从而实现光标的定位。有多种大小的轨迹球。但对长距离移动，球标使用较困难。

③ 触摸屏　触摸屏（touch screen）是新型的人机交互输入设备。当触头（通常为手指或触控笔）接触屏幕显示的图形符号时，触觉反馈系统根据预先编程的程序驱动有关装置，执行有关的操作（包括影音等操作）。例如，常见的触摸屏是手机的屏幕和笔记本电脑的触摸板。

④ 视线跟踪　视线跟踪（eye tracking）是测量人眼凝视点和相对于头部运动的技术。根据视线跟踪确定视线在屏幕注视点的位置。例如，斯蒂芬·威廉·霍金（S. W. Hawking）由于患肌肉萎缩性侧索硬化症，全身瘫痪，但他可以使用视线跟踪操控计算机。而眼动输入则是根据视线对注视点注视时间的长度确定其是否对该注视点图形符号的确认。

⑤ 脑电输入　将一个多电极阵列传感器植入大脑，直接读取大脑特定区域（该区域控制着移动鼠标的手和手臂）的信号，并通过特定算法将读取出的信号转化为计算机上的指令，实现在虚拟键盘上移动光标、选择字母等操作。

⑥ 多媒体设备的输入和输出　语音输入输出装置是指将人的语音信息直接输入或输出计算机的人机接口装置。视频设备已经在集散控制系统中用于对现场设备进行监视，视频解析度得到提高。

6.1.3 集散控制系统中的人机界面

(1) 集散控制系统中人机交互的重要性

集散控制系统中生产过程的信息主要通过人机界面反映给操作人员，操作人员主要通过人机界面对生产过程进行控制的操作。因此，集散控制系统中人机交互极为重要。

① 集散控制系统中的人机界面是操作人员获取过程信息的平台。

② 集散控制系统中的人机界面是操作人员对生产过程进行操作和控制的平台。

③ 集散控制系统中的人机界面是编程和维护人员与集散控制系统交互的界面。

④ 在PCS、MES、ERP中，作为管理人员与集散控制系统的交互界面。

⑤ 集散控制系统中的人机界面是人机系统与环境的界面。正确的显示装置和操作器布局，使操作人员有良好的操作环境，有利于操作和使用，使操作人员能够及时发现生产过程中的问题，及时处理生产过程中出现的故障。

⑥ 随着物联网、赛博物理系统（CPS：Cyber-Physical Systems）等新概念、新技术的出现，人机交互技术的重要性更加凸显。物理设备联网后，通过计算、通信和控制技术有机融合和深度协作，经人机交互和物理进程交互，使赛博空间能以远程、可靠、安全、智能、协调的方式操作和控制一个物理实体。

（2）集散控制系统对人机交互系统的要求

随着赛博物理系统、工业4.0、物联网、柔性电子等新技术的出现，集散控制系统对人机交互系统的要求也越来越高。

① 实时性　集散控制系统用于对生产过程进行监视、控制和操作，因此，信息的及时获得十分重要。它既包括生产过程的信息及时反映到显示屏，也包括操作员进行操作后能够及时使生产过程有响应。前者与交互系统的更新和显示速率有关，后者与计算机系统的响应时间有关。

a. 显示速率。字母数字的显示速率指用户可阅读的每秒字符数（cps：characters per second）。图形的显示速率指每秒显示的字节数。

字符显示速率不宜过快，人机工程学的研究表明，人对物理变化的响应时间约为100～500ms，听觉响应约120～150ms，视觉响应约30～50ms。

随着计算机分辨率的提高，静态操作画面的数据量不断增加，调用一幅操作画面需要的字节数大大增加的结果是画面的显示速度减慢。

b. 响应时间。集散控制系统的操作响应时间指操作员启动操作（如点击某一图标）开始到显示屏幕显示操作结果。一些操作的反馈信息的显示包含操作过程的动作时间。

更新速率由用户组态时设置。如果显示的更新速率慢，则上述的响应时间会延长。更新速率与集散控制系统的处理器处理速度有关，过快的更新速率也不利于操作人员对数据的监视。通常，对不同的对象设置不同的更新速率。

② 易操作性　集散控制系统的人机交互系统应具有良好易操作性。

a. 容易学习和掌握。根据用户模型，集散控制系统的用户主要是操作员、控制工程师和维护人员。因此，交互系统应能够容易被这些人员所掌握。

b. 常用操作有快捷方式。对常用操作和操作频度高的操作，应减少操作过程。例如，直接用图标操作，用快捷键操作等。

c. 提供帮助系统。为便于操作，应提供帮助系统，包括文字系统的帮助、语音系统的帮助等。对操作过程提供提示信息等，有利于操作员的正确操作。

d. 容错能力强。应设置操作权限和口令等防止操作错误的措施。交互系统应具有容错功能。系统应具有出错处理功能，包括错误检测、错误诊断、错误纠正指导，直到采用联锁停车。

e. 容易操作。提供的信息应便于观察，不容易发生出错，操作的方法简单方便等。

f. 信息反馈。应设置信息反馈，为操作员提供各种操作的反馈信息等。

③ 可靠性和安全性　集散控制系统的人机交互系统应有足够的可靠性和安全性：

a. 正常运行条件下不易发生故障；

b. 交互系统应提供冗余措施，便于故障时能够及时切换到冗余系统，实现对生产过程的操作和控制；

c. 抗干扰能力强，对不同干扰，如电磁和光干扰、粉尘污染等，有强抗扰能力；

d. 能够对不同的操作岗位设置不同的操作权限，防止越限操作的发生；

e. 提供自诊断等维护功能，能够对故障进行诊断和分析，实现预见性维护。

④ 灵活性　集散控制系统的人机交互系统应具有强灵活性，能够提供多种操作手段。

a. 信息类型多样化。提供的信息既可有文字和图形，也可采用动画和音频等。

b. 交互方式多样化。既可用点击图标，也可用点击软键；既可用下拉式菜单，也可用弹出式菜单等。

c. 表现形式的多样化。例如，对报警信息，既可用文字显示，也可用声光报警；过程数据既可用数字显示，也可用棒图显示和趋势显示等。

(3) 集散控制系统的人机界面设计

集散控制系统人机界面设计原则如下。

① 窗口设计原则　窗口用于多进程多任务运行情况显示的操作。

a. 相关性。窗口内各组件应具有相关性，组成一个隐喻系统，便于操作人员认知和识别。例如，窗口的最小化、还原和关闭软按键都是设置在一起的。

b. 从简性。与窗口组成元素无关的元素都直接删除，例如不需要的滚动界面等。

c. 优先级。对窗口内重要的功能设置在最方便的位置，同样功能的组件在不同窗口设置的位置相对固定，便于识别和方便操作。

d. 可视化。多窗口显示时，应将当前窗口的标题设置为有色的，其他窗口的标题设置为灰色，从而便于操作人员识别。

② 图标设计原则　与文字比较，图标便于操作人员识别，因此，图标的标准化和便于识别是重要的设计原则。

a. 标准化。在同一工程应用中，图标符号应标准和一致。此外，图标要便于识别，因此，如果有相类似的图标时，可将它们分别设置在特定的位置，便于识别。

b. 图标尺寸。图标尺寸应合适，一般图标尺寸与小四号字体相近，在不影响识别的条件下，可减小其尺寸。图标符号应与操作的文字等符号相适应，符合美学的相互协调。

c. 图标的细节。过分强调图标的细节并非是好的设计。因为图标的目的是便于操作人员的识别，因此，图标的一些细节应尽量简化，减少识别时间。

d. 图标的识别性。图标的目的是识别，因此，图标不宜抽象，与实际操作之间的关联应符合操作人员的认知。

e. 图标的唯一性。图标应具有唯一性，不同图标表示不同的操作，尽量避免设置相类似的图标。

③ 菜单设计原则　菜单设计是重要的人机界面设计内容，是窗口环境的标准特征。

a. 合理性。菜单的设计应具有分层结构，但分层不宜过多。如图 6-7 所示。每个菜单内的子菜单选项也不宜过多，可分类并用短横线分隔。通常，主菜单项不宜超过 9 项，各子菜单项也不宜超过 15～20 项。菜单的层次结构应与逻辑关系一致。例如，趋势菜单项的子菜单项可包括不同瞬时变量的趋势和不同历史归档的变量趋势等。

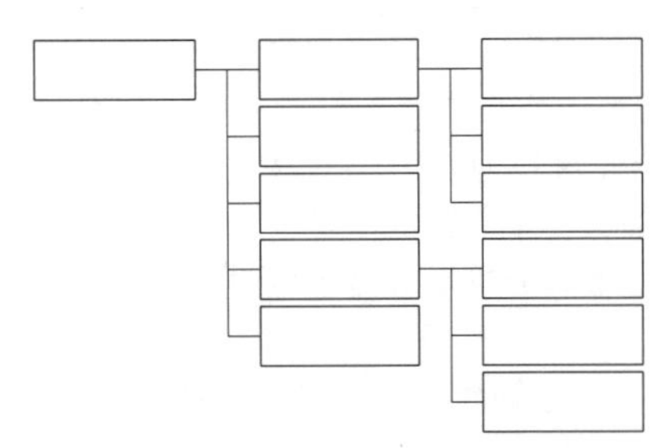

图 6-7　菜单的分层结构

b. 一致性。菜单的使用应一致。例如，实显示表示可选，空显示表示不可选。下拉式菜单选项用▼表示，弹出式菜单用文字后的……表示等。菜单的文字应选用相同的字体等。

c. 易操作性。菜单中的文字应简单易懂，便于操作人员理解。尤其当文字描述简化时，应便于操作人员的认知。为便于操作，有时，当光标移动到某菜单项时，可提供高亮度显示，便于操作人员识别。

d. 协调性。应与其他图形工具协调，发挥各自的优势。例如，图标的识别，菜单的选项，软件键的快捷等。

④ 定位设备的设计原则 定位设备采用不同图形符号，例如手形、竖线、箭头等。集散控制系统选用的光标符号应在同一工程中一致。

a. 移动确定性。用定位设备移动光标时，光标的位置应是确定的。通常，释放光标位置时应停止移动。对高精度定位时，应具有电的指示特性。而一些光标的定位具有区域性，即在某区域内定位后都可执行某一特定的操作。例如，“确认”按钮的位置区域内定位的光标，可执行确定的对报警的确认操作。

b. 视觉性。光标定位应具有视觉性。它不影响操作人员的注意力，干扰操作人员对显示信息的搜索。同时，光标应具有视觉性，能够用其形状、闪烁或其他方式引起操作人员的注意。

c. 光标的属性。不同光标形状表示用于不同目的。例如，只用于指示的光标可采用竖线；文字输入的光标提示也是竖线，而手形光标常用于提取、抓取某些物件的操作，例如，用于改变设定值，改变执行器的开度等。

d. 移动速度。光标的移动速度应合适。人对移动物体的定位有一定的滞后，因此，过快的移动速度不利于对定位的确定，过慢的移动速度则造成等待时间过长。通常，高精度定位的鼠标等具有速度控制钮，可切换以适应应用要求。

⑤ 文字设计原则 在集散控制系统的人机界面中需要有文字显示。例如，操作提示、操作步状态、报警信息等。

a. 简单易懂。文字要简单易懂，不应采用模棱两可的文字描述。

b. 鲜明性。文字描述应鲜明、直观。例如，某流量超上限，某温度过高等。

c. 可行性。文字描述应具有可操作性。必要时可设置语音提示或声光信号显示等。

⑥ 视图关联性设计原则 集散控制系统的视图相互是关联的，例如，操作画面之间的关联、操作点与仪表面板画面的关联等。

a. 根据操作员分工权限，将有关视图进行关联，便于操作员的调用。

b. 总体视图与各分视图之间的关联应根据操作要求。

c. 充分使用各种图标，便于直接调用有关操作。

d. 关联视图的调用次数最少原则。通常，关联视图之间的调用操作应在2次调用操作实现。

(4) 集散控制系统人机交互界面的进展

① 关注点分离 关注点分离（SoC：Separation of Concerns）是实现面向服务的重要途径。通常，集散控制系统或PLC中，运行的程序和产生的数据之间是用变量绑定的，程序改变会造成数据显示的位置、工程单位和上下限等的变化。关注点分离常用OPC UA，将集散控制系统中的程序数据与OPC UA的服务器连接，而人机界面的数据可通过OPC UA获得，其结果是程序中数据进入共享区域，人机界面同时会更新数据，而无需干预，即人机界面访问的是共享区域的某地址对应的数据。

② 人机界面的多媒体形式 人机界面的显示除了常规的文字、图形外，还可用多媒体的形式展现。例如，语言的提示和指导、动画显示反映过程的变化情况，视频显示现场实际工况等。随着显示屏的分辨率提高，信息的多样性得到体现。触摸屏的压控可分为轻点、轻按和重按，并对应不同的操作。

③ 可穿戴设备实现的人机界面 一些可穿戴设备，例如智能手套，可通过穿戴设备将现场设备展现在操作员的眼前，用可穿戴的手套经无线通信来开关安装在现场的执行器，及时消除事故等。此外，AR头盔、人脸识别等也将被应用到仿真、操作权限设置等。

6.2 集散控制系统的操作

根据工业生产过程的自动化水平不同，操作人员参与过程的程度和范围也有所不同。自动化水平越高，操作人员参与和介入的程度和范围越小。

仪表盘操作方式主要用于单回路控制器、可编程逻辑控制器等采用模拟仪表盘的场合，目前已经被显示屏操作方式所取代。本节主要介绍显示屏操作方式。

6.2.1 显示屏操作方式

(1) 显示屏操作方式的特点

① 信息量大　随显示屏分辨率的提高，每幅显示画面提供的信息量可多达几百个动态点。显示的用户操作画面也可多达几百幅。因此，它可替代以前需要几十个常规仪表盘的信息。

② 显示形式多样化　过程变量的显示形式多样化。例如，图形方式有棒图、饼图、直方图等；文字方式有数字、颜色等；可以有瞬时数据，也可显示历史趋势曲线等。

③ 易操作　显示屏的操作包括画面调用、目标选择、数据更改等过程操作及组态和维护操作。

a. 画面调用。可采用按压规定的硬键，点击动态键、前页和后页键、前一画面键等光标定位装置来完成画面的切换。

b. 数据更改。可直接键入数字并确认，按增减键、从下拉式菜单或弹出式菜单中选择有关参数等实现。

c. 目标选择。可键入目标名称并确认，选择画面上有关目标并点击，点击有关目标的软键等实现。

d. 开关量切换。开关量从通到断或相反的操作，可直接用反转键、动态键或从设备的有关画面点击软键等实现。

e. 组态操作方便简单。控制方案更改时，需要对控制组态进行更改。可直接进行组态更改，并经下装实现，而不需要更改硬接线。需要添加有关数据时，只需在有关操作画面组态有关数据点，连接其动态数据库的数据来源，不需要重新输入有关数据的信息。

f. 维护操作方便。可直接调用维护画面，由系统提供系统自诊断信息，并根据故障来源和分析结果，以最快的时间完成故障排除和系统维护。

④ 报警处理功能更强　随人机界面功能增强，报警处理功能也获得增强。表现如下。

a. 报警信号发生的先后次序分辨功能增强，通常可达毫秒数量级。这对事故分析十分有用。

b. 报警显示功能的多样化。报警显示除了声光外，还可改变声音的频率，改变颜色，并可根据报警变量直接调用相应操作画面。在控制室特定位置设置报警设备，易于重要报警信号的报警和处理。

c. 报警信号的类型和数量的增加。例如，有过程变量的高、低限报警，设定值高、低限报警，输出值高、低限报警和变化速率高、低限报警，及高高、低低限报警等。

⑤ 操作透明度增加　操作透明度是对过程变量的访问的透明性。

a. 与某生产过程或设备的有关参数可同时显示，对于它们的相互关联和影响等情况可容易地获得。

b. 透明计算。一些过程参数，例如内回流、热焓等，用常规方法需要较多的运算单元，或需要用分析仪表实现，采用集散控制系统后，可经计算或根据建立的数学模型，用软测量技术获得，并直接显示。

c. 透明故障。能够显示故障的首出原因，故障类型和故障处理等信息。

d. 移动和操作的透明。可以了解有哪些用户在使用该画面，尤其是移动设备的使用情况，从而及时防止黑客入侵和处理。可记录操作人员的操作时间、操作内容等，便于故障分析使用。

⑥ 备用方式简单　显示屏幕操作方式的冗余后备比较方便，接线也简单。通常，可用两台或三台监视器同时监视和操作。正常时，它们根据操作分工，分别监视和操作某一局部生产过程，一旦某一台监视器故障，其余监视器可作为它的后备，完成它的相关操作。即显示屏幕操

作方式的后备，通常采用另一显示屏幕作为后备。

(2) 集散控制系统的组态操作

① 对人机界面的要求　集散控制系统显示屏操作方式对人机界面提出更高要求。

a. 环境要求。对环境的要求包括环境尘埃、腐蚀性、电磁场、耐振动和耐冲击、温度和湿度、供电和通信等。通常，与计算机房的环境要求一致。

b. 输入特性。由于集散控制系统的操作人员与工艺过程之间的交互主要是通过显示屏实现，因此，输入特性的改善与操作人员的操作内容和方式都有很大关系。

c. 图形特性。采用图形用户界面（GUI）、图形处理器（GP）和图形缓冲器（GB），使人机接口的图形特性得到极大提高。显示屏的图形特性包括图形色彩、闪烁、显示的分辨率、显示的内存、就地的存储和处理，例如菜单的数量、过程画面的数量、屏幕的更新速率等。

② 集散控制系统的组态操作　组态（configuration）操作指用应用软件中提供的工具、方法，完成工程中某一具体任务的操作过程。组态以系统内唯一的数据目标来定义被测、被控或计算值，采用以数据目标位寻址对象的组态软件系统，为工程应用的实现提供完整的相互关联。因此，组态操作是一项相互关联的操作。由于组态操作以数据目标为寻址对象，因此，在系统数据库中，不同的过程变量、设备和其显示位置等都具有特定的对象特性。

集散控制系统的组态操作包括分散过程控制装置和操作站的组态，并可引申到现场总线智能仪表、一体化安装的带控制器的执行机构的组态和上位管理站的组态。

a. 系统组态。集散控制系统的系统组态包括硬件和软件组态。

硬件组态工作时对组成集散控制系统的各设备规定唯一的地址（网络和节点地址），它可以通过硬件的跨接片、微型开关的位置实现。各设备之间的硬接线及插件板的安装也是硬件组态的内容，但这些工作通常由制造商在制造厂完成。

软件组态工作包括对有关设备安装相应的操作系统软件和系统软件，用软件方式描述各设备之间的连接关系、安装位置等。这里，各设备的地址标志号应采用实际硬件的标志号，所输入的软件和操作系统应与硬件设备保持一致，并符合应用要求。

图 6-8 是 I/A S 系统的系统组态画面。

下面以 I/A S 系统为例，说明系统组态的操作步骤。

➢ 建立新的 I/A S 系统数据库。确定组成系统的物理元件，包括站（station）、现场总线模件（FBM）、机柜、电缆及连接器等；对所有组件进行物理排列和标识；确定各站的系统软件；确定主机和目标机的关系；系统监控器区域定义和历史数据库的库名等。

➢ 输入系统信息。确定机柜供电的电源规格（包括冗余电源）。

➢ 定义网络。确定所组态程序的最高网络级是什么类型的局域网，确定网络中的节点和站等。

➢ 定义模件的组装（packaging）。确定模件的安装结构；安装区域或机柜；确定软件的参数。

➢ 定义其他组件。允许从目录中选择在逻辑和物理上无联系的组件。

➢ 组态检查。对组态中不正确的项目进行修改、增删等操作。

➢ 文件组态。建立用户系统数据库报表；定义有关报表。

➢ 系统组态文件下装。将完成的系统组态软件装入存储设备保存。

b. 控制组态。集散控制系统的控制组态是用集散控制系统制造商提供的内部仪表（或称为功能模块），通过软连接的方法连接起来，实现所需的控制方案或控制策略。

现场总线控制系统的控制组态与集散控制系统的控制组态类似，更改的内容是现场总线仪表内的功能模块的连接。

图 6-9 是 Delta V 系统提供的部分功能模块。

由于 IEC 61131-3 编程语言的应用越来越广泛，采用该编程语言实现有关功能也变得容易。

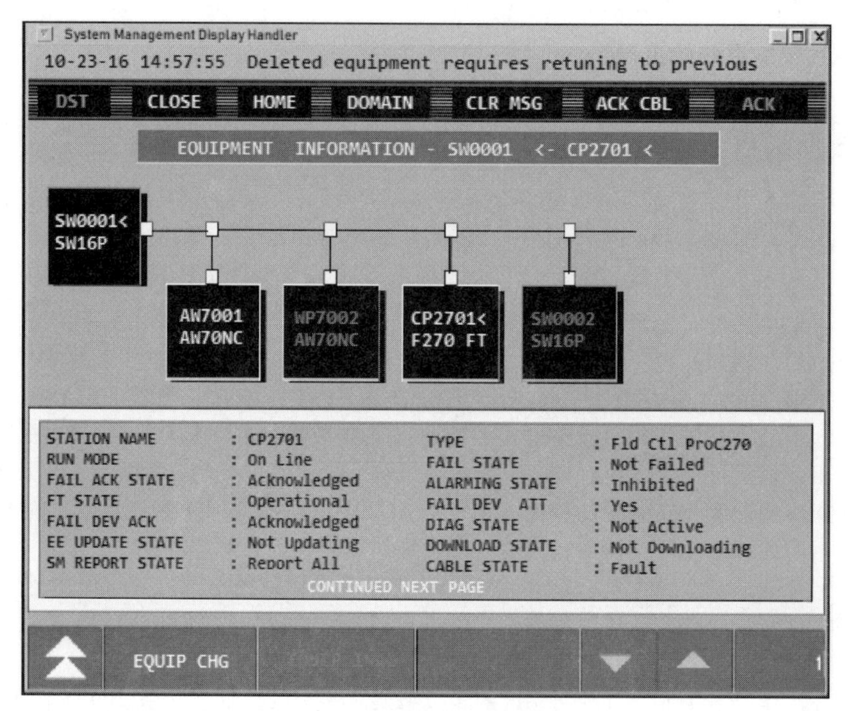

图 6-8 I/A S系统的系统组态画面

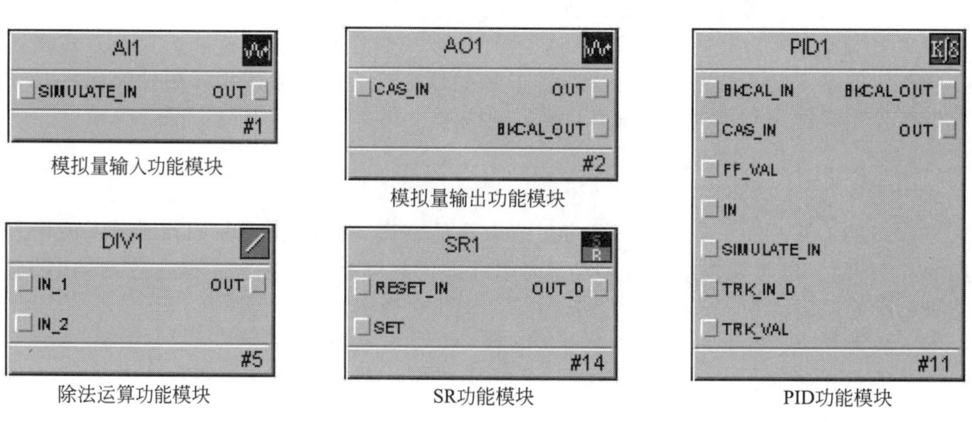

图 6-9 Delta V 系统提供的部分功能模块

例如，图 6-9 中的 DIV、SR 功能模块都可用编程语言对应的功能模块实现。

组态操作的基本步骤如下。

➢ 确定控制组态的节点、站。现场总线控制系统中需要确定控制组态的仪表。

➢ 确定所需的功能模块。根据最小通信量的要求或其他控制要求，确定所需的功能模块。例如，对集散控制系统来讲，复杂控制系统的各功能模块应设置在一个分散过程控制装置的控制器内；对现场总线控制系统的单回路控制方案，通常将 PID 功能模块设置在执行器。

➢ 设置功能模块参数，包括内部参数、外部参数（输入和输出参数）等。

➢ 建立连接关系。建立各功能模块之间的连接是用于建立信号传输的路径。目前，已经不采用填表方式建立连接关系。通常用图形方式，通过拖曳操作，连接功能模块的输入和另一功能模块的输出。一个功能模块的输出可连接多个功能模块的输入，但是一个功能模块的输入只能有一个输出信号与它连接。如果是多个输出信号，则它们应经逻辑模块的运算，即只有一个逻辑运算的结果输出连接到该输入端。

图 6-10 是 Delta V 系统用于故障报警逻辑的组态画面。

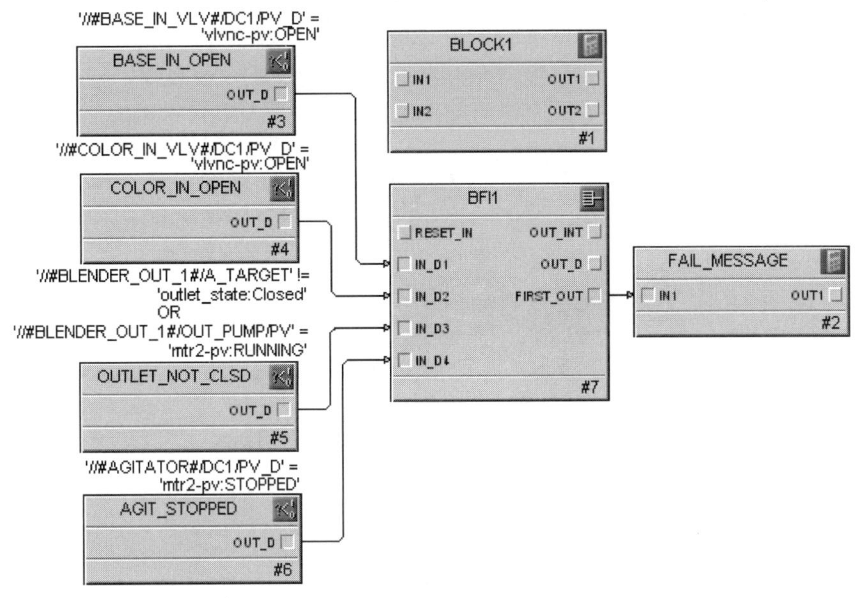

图 6-10　Delta V 系统用于故障报警逻辑的组态画面

图 6-10 中，BLOCK1 模块是计算/逻辑模块，它由图中的逻辑运算实现。其中，一些故障的信息需要用户编写程序实现。

➢ 实证。对控制组态进行实证。对其逻辑关系等进行验证或测试，必要时可仿真测试。

➢ 控制组态文件下装。将完成的控制组态软件装入存储设备保存。例如，现场总线控制系统中还需要下载到现场总线仪表。

控制组态的好坏直接关系到控制系统的性能，需要组态工程师有一定的组态技巧。例如，控制参数设置应掌握下列方法。

➢ 不同被控对象采用不同的采样周期。串级控制系统中主环和副环的采样周期可不同。

➢ 例外报告中应选择合适的死区带。由于死区带用于数据的更新和报警等，因此死区带过大，使系统不灵敏；死区带过小，不能发挥死区带的功能。

➢ 选择合适的滤波时间常数和滤波模式，减小测量波动的影响。对高频噪声的输入信号可选用低通滤波，对工频噪声选用带阻滤波等。

➢ 设置合适的设定值变化率，减小超调量，提高控制质量。

➢ 设置合适的输出变化率，抑制输出的波动，改善系统的稳定性。

➢ 灵活应用控制方案，提高控制品质。例如，增加前馈信号和使用合适的静态前馈增益，减少干扰信号的影响。应用一些功能模块的输出作为报警和事件的触发条件，减少执行时间和占用的内存。

c. 画面组态　集散控制系统的画面组态主要是操作站、工程师站、管理站和简易型操作终端的画面组态。集散控制系统提供多种标准画面的软件，例如仪表面板画面、趋势画面、报警画面、概貌画面等，可直接选用。因此，这里的画面组态主要指用户过程操作画面的组态。

画面组态工作分静态画面、动态画面和画面合成三部分内容。静态画面通常是带控制点的工艺流程简图。根据操作员的分工，它可分为若干幅操作画面。动态画面是确定动态显示点的位置、显示格式、显示的尺寸和颜色等，也包括操作点的位置、显示格式、尺寸、颜色和连接的操作等。画面合成用于建立数据库，将动态画面和静态画面合成，并建立画面调用方案、窗口显示位置等。

(a) 图形元素或图形库。集散控制系统提供标准设备图形元素库、标准仪表图形元素库等。用户可根据提供的图形库，用拖曳的方式方便地将库内的图形元素移到组态的操作画面。标准设备图形元素库包括有关工艺设备的图形（例如容器、换热器、精馏塔、反应器等）、管线图形、阀和泵的图形和电机、变压器等的图形元素等。为具有可观性，一些集散控制系统的图形元素具有立体效果，增强了操作画面的美感。表 6-1 是图形元素库的部分图形元素描述的设备。

表 6-1　图形元素库

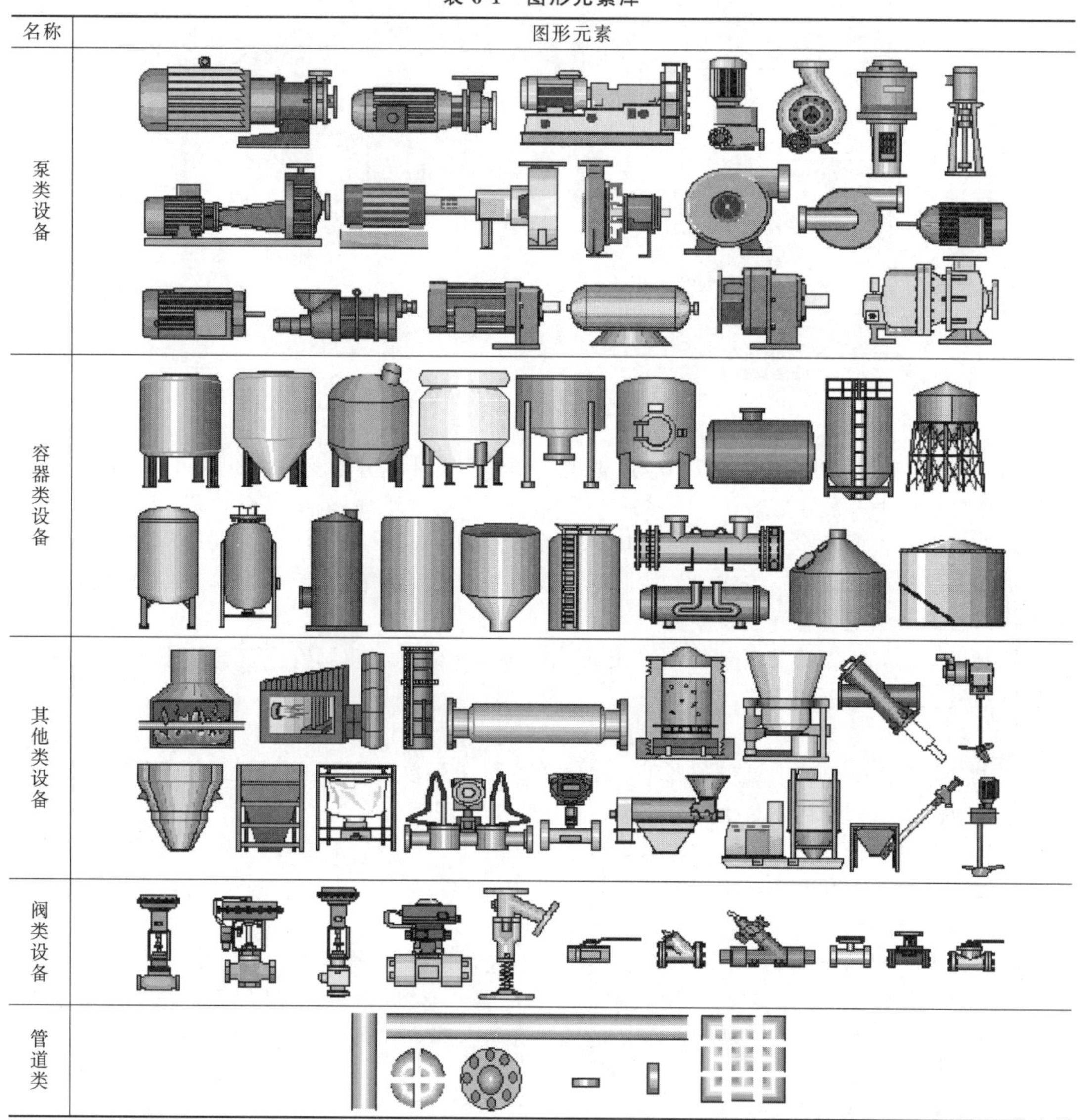

(b) 工具箱。一些集散控制系统的画面组态软件提供工具箱，包含图形元素的基本元素、图形的组合和分解、图形的上下位置设置、图形的切割和复合、图形的对齐和平均分布、文字符号等。

基本图形元素包括线（直线和曲线）、多折线和封闭折线、圆弧、圆和椭圆、矩形和带圆角的矩形、圆柱和圆锥、球和球缺等。图形的组合和分解等图形处理功能通常与 Windows 的视图中有关的功能类似，便于用户学习和掌握。

图 6-11 是 Delta V 系统提供的工具箱示例。它通常由若干个图标组成，用于调用有关的操作和图形元素等。这些图形元素都既具有复制、放大缩小等功能，也具有可用鼠标拖曳等功能。一些工具箱还提供颜色选择的有关对话画面，类似于 Windows 中的有关画面，也采用类似的操作方法实现对颜色的选择。

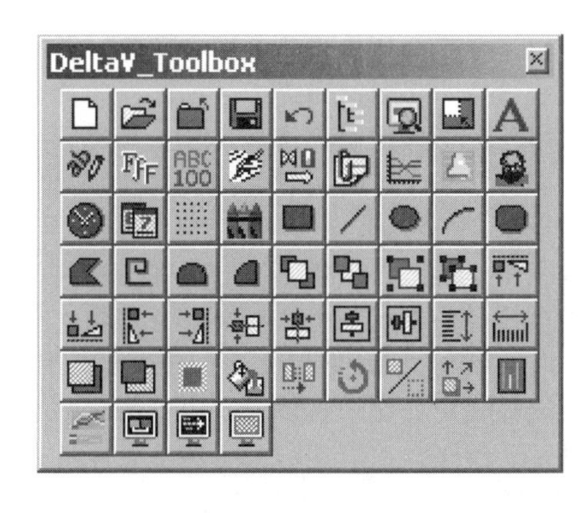

图 6-11　工具箱示例

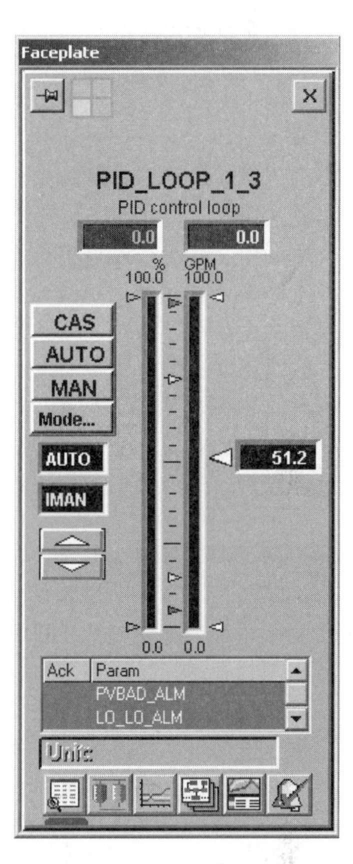

图 6-12　标准仪表面板画面示例

(c) 标准画面。集散控制系统提供标准的操作画面，包括仪表面板画面、趋势画面、报警显示画面等。这些画面由系统组态软件本身提供，用户只需要输入有关参数、描述、量程、显示位置等信息，即完成画面组态。标准画面是静态画面，输入参数等后组成动态画面，经确认和下装后合成为有关的标准操作画面。

不同的对象有不同的仪表面板画面，例如，模拟量输入、模拟量输出和 PID 控制器的仪表面板画面是各不相同的。图 6-12 是标准仪表面板画面示例，它表示一个 PID 控制器。右侧的箭头表示设定值，显示设定值是 51.2%，棒图右侧显示测量值，并有高限、低限、高高限和低低限的箭头显示。棒图左侧是控制器输出值，也有输出上、下限箭头显示。左侧还有串级 (CAS)、自动 (AUTO)、手动 (MAN) 和模式(Mode...) 软键，操作人员可按这些软键进行有关操作。左侧的上下方向箭头用于改变设定值或手动输出值。上面用数字形式显示测量值和输出值。下面有确认和有关参数等显示。此外，还提供调用该被测量变量的有关操作画面、趋势画面等软键。

(d) 动态画面。动态画面组态是设置动态数据点，确定动态数据点的显示位置、显示的位数和小数点后的位数、显示数据的工程单位、动态点的描述和刷新方式等。随着多媒体和多通道技术、虚拟现实技术的应用，一些集散控制系统提供了动画功能，或提供采用 Active X 控件等编写的动态功能。

● 显示位置。即动态点输入的光标位置。

● 显示位数。显示位数与该变量的工程单位、显示屏幕分辨率等有关。通常，保证显示数据的有效数在 3 位。例如，某蒸汽压力实际值为 0.6234MPa，可选 kPa 工程单位，显示 3 位，即 623kPa。

● 显示格式。数字形式显示如上述；图形形式显示常用棒图或类似的棒图显示，通常，用箭头显示该变量的上下限作为警告信号，或上上限和下下限作为报警或联锁信号。

● 例外报告。为减少数据更新频率，设置例外报告。其死区带的设置既要便于减轻 CPU 的负荷，也应利于对生产过程的监视。

● 报警。当被显示变量超限时应设置报警和联锁。此外，可设置显示数据颜色改变或声光信号警示操作人员。

(e) 合成画面。画面合成是将静态画面与动态画面数据库合成。静态画面的数据库内容不发生变化，动态画面调用时，更新动态点数据，因此，数据库内容不断更新。画面合成的目的是在静态画面数据库中不断更新动态点的数据。

(f) 动态键设置。动态键是指设计在显示画面上的一些软件键，因此，不是硬件的按键。用软件编程可以定义这些动态键的功能，通常，点击或释放该键，可执行编程时规定的动作。例如，调用某一画面。

(g) 画面调用。画面调用分为全部调用和部分调用。全部调用指当前画面被删除，新的画面替代原画面的调用，即覆盖调用。部分调用指采用窗口技术保留原画面，在该画面的部分区域显示被调用的画面，即保留调用。一个操作画面调用另一个操作画面常采用覆盖调用。一个操作画面上调用某一个参数的仪表面板画面、趋势画面等常采用保留调用。保留调用所调出的画面可通过关闭该画面，恢复到原显示画面。

保留调用根据被调用对象的不同，可分为设备点调用、动态点调用、报警点调用和硬件调用等。设备点调用指点击操作画面的有关设备，调用该设备的有关信息，例如，对设备进行开停的两位式操作画面等。动态点调用指点击操作画面的有关动态点，调用该动态点的有关画面，例如，点击某一流量值，调用该流量的仪表面板画面或趋势画面等。报警点调用指当某一变量达到报警限值时，系统自动调用有该报警点的操作画面，便于操作员进行报警处理。硬件调用指按压硬件键盘有关键对画面的调用，通常用于覆盖调用。

d. 操作组态。操作组态也称为操作分区。它用于对操作人员的操作范围和操作权限进行分工。操作组态的主要内容包括对显示屏幕的分工、打印机的分工和有关参数确定及操作员的操作范围划分和操作权限设置等。一些集散控制系统也将操作组态作为系统组态的一部分内容。

(a) 显示屏幕的分工。多操作站的显示屏幕需要分工。正常操作时，各显示屏幕和对应的键盘等有不同的分工，例如，某一台显示设备用于实现对前级工序的操作、控制和管理，另一台显示设备用于后继工序的操作、控制和管理，第三台显示设备用于报警和事件信息的显示、操作和管理等。一旦某一显示设备故障，则其他显示设备可及时切换有关显示内容，互为后备。

(b) 打印机的分工。当有多台打印机时，对打印机需要分工。例如，报警事件打印机、生产报表打印机、趋势曲线打印机等。

(c) 操作范围的分工。整个生产过程由多名操作人员进行监视和控制，因此，对不同操作人员应设置不同的操作权限和分工范围，防止误操作和相互影响。图 6-13 是某集散控制系统的分工组态图。

图 6-13 中显示有 9 个工艺过程，3 个操作站，其中，第 2 台用于显示前 8 个过程并可进行监视和控制，其他两台则分别可对 3、5、7 过程及 4、7、8、9 过程进行监视和控制。有 2 台打印机，分别用于各过程参数的打印等。

ALARM LIST	EVENT LIST	PROCESS SECTION	ALARM & EVENT STORAGE	VDU 1 W	VDU 2 -	VDU 3 P	EXTERNAL ALARM GRP 1	EXTERNAL ALARM GRP 2	EXTERNAL ALARM GRP 3	PRINTER 1	PRINTER 2
■	■	1 PROCESS1	■	□	■	□	□	□	□	□	■
■	■	2 PROCESS2	■	□	■	□	□	□	□	■	□
□	■	3 PROCESS3	□	■	■	□	□	□	□	□	■
■	■	4 PROCESS4	■	□	■	■	□	□	□	■	□
■	□	5 PROCESS5	■	■	■	□	□	□	□	■	□
□	□	6 PROCESS6	□	□	■	□	□	□	□	□	■
■	■	7 PROCESS7	■	■	■	■	□	□	□	■	□
■	□	8 PROCESS8	□	□	■	■	□	□	□	□	■
□	■	9 PROCESS9	■	□	□	■	□	□	□	■	□
□	□	10 USER_DEFINED	□	□	□	□	□	□	□	□	□
□	□	11 USER_DEFINED	□	□	□	□	□	□	□	□	□
□	□	12 USER_DEFINED	□	□	□	□	□	□	□	□	□

图 6-13　操作分工显示画面的示例

集散控制系统的操作分工也包括对操作、控制组态和维护等不同工作人员的画面分工。例如，对维护人员，主要提供各种硬件和设备的工作状态信息，包括对各插卡的状态检查、外部设备的状态检查、各输入输出通道的特性检查和通信设备的状态检查等。其中，部分内容由系统自诊断完成，部分内容由维护人员根据检查要求确定，并经组态后完成。

6.2.2　集散控制系统的监控

集散控制系统的监控系统主要设备有操作站、工程师站、历史数据站等。当建立 MES 和 ERP 时，也包括一些服务器和上位管理站。

(1) 操作画面的分层结构

集散控制系统采用分层递解结构，既有纵向分层，也有横向分层。集散控制系统操作画面也采用分层结构。纵向分层包括区域、单元、组和细目等四层。横向分层包括操作、趋势、顺序、报警、请求帮助、信息一览、平均显示等级。

图 6-14 是集散控制系统的监控系统的层和级的结构图。

	区域	单元	组	细目
操作显示	图形显示（跨区域、单元、组）			
	概貌显示		组显示	细目显示
趋势显示	区域趋势显示	单元趋势显示	组趋势显示	
小时平均显示			小时平均显示	
顺序显示	模拟一览显示		过程模件组显示	过程模件细目显示
报警显示	区域报警一览显示 报警信号器显示	单元报警一览显示		
请求帮助显示	请求帮助显示（跨区域、单元、组）			
信息一览显示	信息一览显示			

图 6-14　集散控制系统的监控系统的层和级的结构图

① 区域显示　区域显示位于监控系统的最上层。它具有的信息量最多。从横向看，区域级的操作层面是概貌显示画面；趋势层面是区域趋势显示画面；顺序显示层面是模拟一览显示表；其他层面的画面见图 6-14 的第二列。

从分层看，每层的最左面的信息量最多，例如概貌画面。其右的画面信息量要比左面画面的信息量少。例如，单元画面的信息量少于概貌画面。信息量除了变量个数外，还包括变量的存储时间等。

画面的一览表、报警一览表等显示画面用于显示全局画面名称、描述及报警的点类型、报警性质、报警时变量数值等报警属性，它们也具有较大信息量，因此，也属于区域显示的层次。

② 单元显示　单元显示用于过程操作，它以过程操作画面形式出现。单元显示画面提供过程检测点和控制回路的组成情况等信息，操作员可根据单元显示画面监视单元过程的运行，并对这些过程实施操作和控制。

单元显示画面的信息量比区域显示画面的信息量少。单元趋势和单元报警一览显示的信息量要少于同级的区域显示。

③ 组显示　操作显示级，组显示画面以仪表面板图组的形式出现。仪表面板图组采用一行或两行排列。两行排列时，每行显示 4～5 个仪表面板，一行排列时，可显示 8～10 个仪表面板。

仪表面板图组以对应的模拟仪表面板为参照，但通常不画出仪表面板的有关按键和开关，仅直接显示棒图和数字。采用类似模拟仪表的显示形式，有利于操作员保持原有的操作习惯，不容易发生操作失误。此外，仪表面板上也可设置各种模式开关，例如手动/自动开关、本地/远程开关等，它们作为动态点连接到仪表的有关参数。

趋势显示级，组显示画面是组趋势显示画面。通常有 8～10 个组趋势显示画面，每个趋势显示画面有 3～4 个变量，例如被控变量、本地和远程设定及输出值。从信息量看，它比组趋势显示画面的信息量大，同时，从变量本身所记录的时间看，如果两者有相同的时间间隔，单元趋势显示画面的总时间（或总时间点数）要远远超过组趋势显示画面的总时间。有些系统也可在组趋势显示画面中显示历史趋势，但其总的点数仍小于单元趋势形式时所提供的总点数。

④ 细目显示　操作显示级的细目显示通常以点的形式显示。点的含义相当于一台仪表或一个功能模块，因此，可以是输入点、输出点，也可以是 PID 功能模块、累加器功能模块等。操作显示级的细目显示既包括该仪表的仪表面板、趋势画面，也包括该仪表的调整参数和非调整参数，及用于调整的各种状态、标志的显示。即它包括该点对应仪表或功能模块的所有信息，并可以对该仪表或功能模块进行所有的监视和控制操作。

趋势显示级的细目显示视组态时的设置情况，可以与组显示趋势画面相同，也可以更细化。

(2) 操作画面

操作画面是集散控制相同操作人员使用的画面。不管是什么生产过程，操作人员都是通过操作画面了解生产过程的状态，监视和观察生产过程的进展，并对生产过程进行控制。因此，操作画面的分层展现是操作性的重要体现。

① 概貌显示画面　不同集散控制系统可有不同的方式显示过程的概貌。

a. 工位号一览表方式。整幅概貌显示画面分为若干组（以某设备或过程单元为组），每组由若干工位号（仪表位号）组成。用工位号的显示颜色表示正常、不正常等状态。例如，正常范围内的变量为绿色显示，超高限或低限限时用黄色显示，超高高限或超低低限时用红色显示。

b. 棒图显示方式。棒图显示用于模拟量显示。用棒图中棒的长度反映变量的变化，在棒图边用箭头表示改变量的上下限等。

c. 圆形显示方式。类似圆形仪表显示，用圆形仪表表针表示变量值，用扇形表示其上下限等。

d. 填充显示方式。对两位式仪表，例如开关信号，用填充颜色表示接通，没有填充表示断开。电机开停用填充绿色表示运转，红色表示停止等。

e. 时间轴显示方式。模拟量在该时间段内有若干个采样值，如果其值超过设定值，则向上，如不足，则向下。其偏差的大小用向上和向下的棒长表示。

图 6-15 是不同的概貌显示方式。

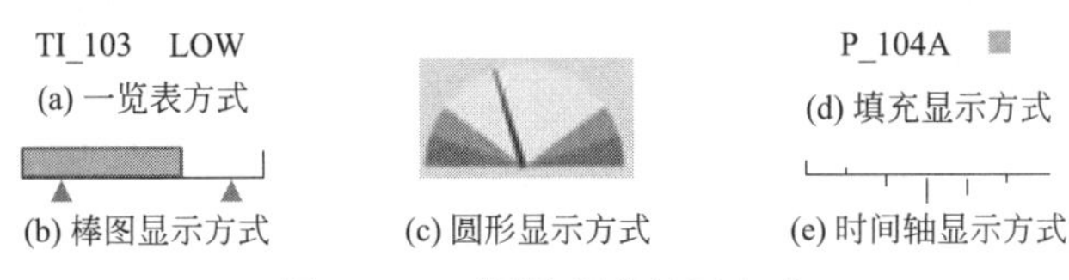

图 6-15　不同的概貌显示方式

② 过程操作画面　根据用户应用项目的要求绘制的过程操作画面是针对该用户专用的画面，有两种显示方式：固定式和可移动式。

固定式显示方式的画面固定，通常一个工艺过程被分解为若干个固定画面，各画面之间可以有重叠部分。对于工艺过程大而复杂的，采用分解成若干画面的过程单元，有利于操作和管理。可移动式显示方式的画面可移动，屏幕上仅显示其中某一局部，通常为四分之一。通过光标的移动，显示画面可上下左右移动，它有利于对工艺全过程的了解，在工艺过程不太复杂且设备较少时可方便操作和管理。

可移动式显示方式在流程长、设备较多的生产过程应用中还需要进行适当分割。近年来，显示技术有了新的进展，例如，PCI express 技术的发展，多屏幕工作站常采用 2 个或 4 个显示屏幕实现大画面显示，使操作变得方便，提升了整体应用功能。

a. 特点。过程操作画面与半模拟盘画面类似，它既有设备图形，又有被测和被控变量的数据。

➢ 过程操作画面与实际工艺过程流程图一致，因此，该画面应便于操作人员对工艺过程的了解。例如，设备的纵横比与实际设备基本一致，管线的显示颜色也常与实际管线外的涂色一致等。

➢ 控制方案和控制点的设置与实际工艺过程中的控制方案和控制点一致。虽然有时为了保密和简化，该控制方案并未完整显示，但被测和被控变量都应显示在该操作画面。

➢ 可清晰了解工艺过程相互之间的关联情况。例如，可直观了解某设备进料量与某设备出料量之间的物料平衡关系，进入某装置或单元的蒸汽量与某被控温度之间的关系等。

➢ 随显示分辨率的提高和显示屏幕的增大，这些操作画面的信息量得到提升，是仅次于概貌画面信息量的画面。

➢ 为防止操作机密信息的泄露，一些画面会采用防泄密的技术。例如，将数据显示在非该检测点位置，工艺流程图中的控制方案不显示等。

➢ 对控制器参数的调整和被控过程的响应情况无法直观显示，必须用仪表面板等画面补充。

b. 画面设计。过程显示画面可采用制造商提供的过程显示图形元素符号绘制工艺流程图，也可直接用实际工艺过程的照片粘贴。但通常应以设计图显示的流程画面为基础，用过程显示图形元素库的图形元素绘制。

➢ 尺寸。设备的纵横比与实际设备的纵横比保持一致，例如，一个塔器可绘制成细长的容器，一个卧槽可绘制成横卧的容器。主管线可绘制为较粗的线条，辅助管线绘制成较细的线条，一些没有检测或控制点的管线也可不绘制。

➢ 颜色。管线和设备的颜色、颜色的填充、屏幕背景色等颜色的设置，应与工艺技术人员共同讨论商定。通常，屏幕背景色应选用冷色调，它有利于集中思想，专心操作。而暖色调有欢快的作用，常被用于作为欢迎等画面的背景色。管线、设备的颜色应尽量与实际颜色一致，既可防止误操作，也因与实际情况一致，便于识别。整个项目中颜色的设置应统一。报警通常采用红色，数据显示可采用白色、绿色或蓝色等。

➢ 刷新速率。数据的刷新速率应合适，根据研究，最宜人的频率是 66 次/s。过程动态点的扫描周期应根据过程点的特点确定。例如，温度检测点的刷新速率可较慢，流量检测点的刷新速率需设置得较快。

➢ 位置。检测和操纵点的显示位置应与实际检测点和操纵点的位置一致。例如，出口温度检测点附近显示该被检测温度的数据；液位显示通常可在容器内部用棒图方式显示。棒图显示时，可设置各显示数值允许的上、下限值。

➢ 动态键。过程操作画面之间的调用通常通过点击该画面的动态键实现。在多个操作画面上的动态键位置宜相对固定，例如，第一动态键调用某塔操作画面，则在其他操作画面的该位置的动态键都能够调用该塔操作画面。这种动态键的布置有利于操作员的识别，防止误操作。

➢ WIMP 技术。在操作画面可采用窗口（Windows）、图标（Icon）、菜单（Menu）和定位设备（Pointing）技术。例如，直接用向上和向下箭头来增减控制系统的设定值；直接点击画面中的某图标，调用某操作功能，如打印图形用于打印，点击固定的报警键调用报警一览表等。

③ 仪表面板显示画面　仪表面板格式由集散控制系统制造商提供。一些系统允许用户自定义仪表面板格式。不同类型的仪表（或功能模块）有不同的显示格式。仪表面板显示画面的显示格式通常采用棒图加数字显示相结合的方式，既具有直观的显示效果，又有读数精度高的优点，因此，深受操作人员的喜欢。

a. 布置。仪表面板显示画面通常以仪表面板组的形式显示各仪表的运行状况。每幅仪表面板显示画面可供 8～10 个仪表面板显示，分一行或两行显示。工艺相关的仪表面板应布置在一起，便于操作员分析。仪表面板的显示内容包括仪表位号、仪表类型、描述、量程范围、工程单位、各种开关、作用方式的状态等。由于它与模拟仪表盘的操作环境一致，因此，受到集散控制系统操作人员的欢迎。究其原因，主要是仪表面板显示画面与模拟仪表面板的操作方法比较接近，它的设置比过程显示画面整齐，而操作人员对工艺过程较清楚，采用过程显示画面反而感到不及仪表面板显示画面方便。

b. 特点。仪表面板显示画面具有单元组合仪表的显示和记录仪表的所有特点。

➢ 直观。操作人员可直观了解过程参数的状态，也可及时根据其变化趋势修改有关参数。

➢ 易操作。由于与模拟仪表的操作一致，因此对有操作经验的操作人员来说，它比仪表盘操作还方便实用。一些集散控制系统还可在各仪表面板显示画面调用该过程参数的趋势画面，对操作人员分析过程变化有很大帮助，因此获得操作人员的接纳。

➢ 精度高。随数字技术的发展，集散控制系统采用数字显示时的显示精度要高于模拟仪表，因此读数的误差不再受操作人员的影响。

④ 操作点显示画面　操作点显示画面是仪表细目显示画面。操作点显示画面是控制工程师在控制器参数调整时观察当前测量值、设定值和输出值数据及变化趋势，并调整有关参数时使用的画面，因此，操作人员一般情况不使用。在顺序控制和批量控制时，控制工程师也通过操作点显示画面了解当前执行的步的状态和步的进展。由于这些包括原始组态数据及过程中刷新的动态数据，从安全考虑，为防止操作人员进入修改某些不允许他们调整的操作环境，通常对这些画面都设置一定的操作权限，例如硬件密钥或口令等。

操作点显示画面是最底层的画面，因此，不再提供可调用其他画面的功能，但提供返回该画面的前一画面（即原显示画面，因调用操作点显示画面而成为前一画面）的功能。

实际应用时，操作点显示画面仅在参数需要调整时才使用。一般情况下，组态参数，例如，控制算法中的比例度、积分时间、微分时间、微分增益和滤波器时间等，在组态时采用系统的默认值，在系统投运时才根据被控对象特性进行现场调整，这样做可节省组态时间，及早投运。而投运和稳定操作后，操作点显示画面的使用率明显下降。

⑤ 趋势显示画面　趋势显示画面按对采样数据的处理与否分为两类：一类对采样数据不进行处理的趋势显示画面，称为实时趋势显示画面；另一类对数据进行归档处理，例如，对一段

时间内的采样数据进行取最大、最小、平均等处理，处理后的数据作为该时间段的一个数据，这种趋势显示画面称为历史趋势显示画面，这段时间称为归档时间或浓缩时间，它必须是相应变量的采样时间的整数倍。

a. 实时趋势显示画面。类似于模拟仪表的记录仪，但走纸速度较快。实时趋势的数据需根据画面上可显示的数据点数开设内存单元，例如，对于整数、整长型数、实数、时间类型数等按数据类型开设不同数量的内存单元（对一个数据），然后，通过当前数据指针的移动，逐个写入当前采样值，并移出原存储单元的数据，通过循环移动数据指针及数据调用等管理软件和相应的数据显示（图形显示），软件实现实时趋势的显示。

➢ 变量数。集散控制系统趋势显示画面的变量数一般6～8个。趋势显示画面在变量数量上也可分层。最底层的趋势显示是一个变量或一个内部仪表中变量的趋势显示画面，其上层的趋势显示画面是多个变量的趋势显示画面。变量数量的增加，有利于了解变量之间的相互影响和关联。例如，串级控制系统的主、副被控变量，主、副控制器的设定变量和输出变量。

多个变量同时在一幅画面显示其趋势曲线时，会出现趋势曲线的重叠。为便于对其中某一变量的趋势进行分析，集散控制系统的趋势显示画面通常采用选择某些变量趋势曲线的消隐处理方法实现。通过消隐有关变量的趋势曲线，使被重叠的变量趋势曲线得到显示。消隐处理可采用动态键，通过组态定义需消隐的变量位号；也可采用选中有关变量，直接采用系统提供的消隐键实现消隐处理的操作。

➢ 范围。显示的范围可改变，它有利于了解变量变化的细部。可分别对横坐标（时间）和纵坐标（被显示变量）的刻度进行调整。显示范围与组态时设置的该变量的采样周期、显示屏分辨率等有关。

允许操作人员了解画面上某一时刻该变量的数值。例如，通过光标定位装置，将光标定位到某一时刻，系统就能够显示该时刻变量的数值。当光标定位在趋势曲线的末端，显示的数值是当前时刻的采样值或经归档处理的数值。定位功能可方便地了解变量变化的最大、最小或某一时刻（例如故障发生时刻）该变量的数值，有利于对事故的分析和对过程的处理。

通常，集散控制系统提供时间轴移动功能。时间轴移动分无级和有级移动两种。无级移动指时间轴的移动量是原显示画面中两个相邻显示点间的时间（可为采样时间或归档时间）的整数倍。有级移动指按系统规定的时间轴移动量移动时间轴，一般采用移动半幅画面的移动量。由于存储容量有限，可移动的量也有限制。可移动的量可以固定，也可组态输入。一些集散控制系统提供固定显示点数的方式，移动量根据固定点数确定，其软件相对较简单。

一些简易型集散控制系统没有范围缩放功能，变量的显示范围与该变量的量程范围一致。

➢ 颜色。变量趋势曲线的颜色可组态设置，并有相对应的显示范围刻度和时间轴。

b. 历史趋势显示画面。历史趋势显示相当于走纸速度慢几倍或几十倍的记录仪。它是某段时间内变量的归档值，可以是最大、最小、平均或初始冲量值，它是组态时可设置的。一般选该事件段的平均值，表示历史趋势显示的数据是经过处理的数据，不是实时数据，因此，历史趋势曲线相当于股票中的5日线、10日线等。

➢ 归档时间或浓缩时间。历史趋势曲线需要设置归档时间或浓缩时间，表示将这段时间内变量的数据浓缩为一个点存储。因此，不同过程变量设置的归档时间不同。一般，变化较大的变量归档时间选择小些，例如，流量变量可将5～10个采样信号浓缩为1点；温度变量则将20～50个采样信号浓缩为1点。但有时为相互比较，它们仍被设置为相同的归档时间。

可对已经浓缩的历史数据再浓缩，以获得更长时间段内历史归档数据的趋势显示。

➢ 归档条件。归档条件是浓缩数据的依据，集散控制系统提供的归档条件：最大值指将该时间段内变量的最大值作为归档值存储；最小值指将该时间段内变量的最小值作为归档值存储；平均值指将该时间段内变量值的平均值作为归档值存储；初始冲量值指将该时间段内第一个变量值作为归档值存储。

➢ 历史数据的存储。为存储过程数据，通常，集散控制系统设置专用的历史数据管理软件及大容量外存储器。常用的外存储器有硬磁盘和光盘，近年也有采用闪存作为外存储器的产品。为保存数据，通常采用定期将大容量存储器的存储信息转存到其他存储设备，例如光盘或移动硬盘等。历史数据的存取、管理和转存工作由历史数据管理软件完成。

批量控制时，为了将该批处理的整个过程记录下来，通常，可采用历史归档处理的方法，用历史趋势显示进行记录，然后，定期将存储的历史数据转存到光盘等存储器保存。一些集散控制系统采用专用的批量趋势显示画面。

⑥ 报警显示画面　报警显示是集散控制系统的重要显示。报警显示采用多种方法多种层次实现。

a. 报警显示画面类型。按报警分层，报警显示画面有区域报警一览表显示、单元报警显示、带该报警的过程操作画面等。按报警重要程度，报警显示画面有警告、报警、重要报警等。

早期的概貌报警显示是从模拟仪表的闪光报警器转化而来，将过程变量报警点用列块的方式显示。当该变量超警告限时，对应的方块显示颜色改变为黄色，表示警告；当该变量超报警限时，对应的方块显示颜色改变为红色，表示报警；正常工况，该方块显示颜色为白色或绿色。对位式设备，如电机或两位阀等，则正常停运工况或关闭状态显示红色，运行或打开状态显示绿色（由项目统一规定）。

➢ 区域报警一览表显示。集散控制系统常用的报警显示是区域报警一览表显示。它采用表格形式显示，第一行报警信息是最新发生的报警或事件信息，随着行数的增加，报警信息发生的时间越早。每一行表示一个报警信息，对于不同类型的输入和输出信号，功能模块提供的报警信号（如小于、大于或大于等于某值）可有不同的显示方式和内容，但大致包括报警变量的工位号、描述、报警类型、当前报警时的数值、报警限的数值、报警发生时间、报警是否被确认等。

为了区别首发故障的报警源，对报警发生的时间显示的要求很高，大多数集散控制系统可提供的时间分辨率为毫秒级。报警信号包括来自生产过程本身的输入和输出信号、经计算处理的信号和经自诊断发现的信号。一旦这些信号达到组态或系统规定的限值，报警就会发生并显示出来。

组态的限值信号可通过组态改变，例如被测变量的高、低限报警值。系统规定的限值不允许用户改变。例如，EPKS系统的信号在量程范围外，则低于－3.69％或高于103.69％时就认为信号有报警或出错。

➢ 单元报警显示。由于大量报警信息对于局部过程的操作人员来讲是不必要的，而且区分它们还需花费时间，因此，根据操作分工，将有关操作员管辖的过程变量的报警集中在一个报警画面，称为单元报警显示画面。这种方法有利于加快事故处理，有利于操作员对事故的识别及操作。

单元报警显示可用报警一览表形式显示，与区域报警一览表类似。也可用报警信号器的形式，与模拟仪表的报警器类似，但报警点数和形式可不同，例如，根据应用要求，可多列多行，上面行显示上限报警，下面行显示下限报警等。

➢ 带该报警的过程操作画面。在操作过程中，如果发生某过程变量超限，集散控制系统自动将具有该报警信息的过程操作画面调用并显示。它也可在专用报警键板按压该报警显示键调用。带该报警的过程操作画面根据组态时设置调用，因此可以是过程操作画面，也可以是仪表面板画面、操作点显示画面和趋势显示画面等。

b. 报警显示画面的调用。通常，报警显示画面的调用是系统自动进行的。

➢ 预留报警显示行。常用的方法是系统画面上部预留一行报警显示行。一旦发生报警，就在该显示行显示。显示内容与报警一览表显示内容类似，发生时间是最新发生报警的时间。点击该行可调用有关报警显示画面。

➢ 自动调用带该报警的过程操作画面。集散控制系统检测到报警信号时，可自动调用带该报警的过程操作画面（通常由组态确定显示的操作画面），或者在报警键盘上按压报警灯已点亮的按键，切换到该操作画面。为防止多个报警发生时造成各种带报警的操作画面的频繁切换，通常，系统自动切换到首发的报警操作画面，只有操作员确认后，才能再接收新的报警操作画面。

c. 报警处理。报警处理的操作包括确认和消声操作。

➢ 报警确认。确认操作指操作员根据报警显示，用光标选中报警的变量（闪烁显示或发生颜色变化），按下确认键（可以是硬件按键或软件按键），表示操作员已经知道该报警的发生。系统会自动记录报警确认事件发生的时间。

报警的变量经确认操作后，闪烁的显示变为平光显示。但因为报警发生的条件没有消除，因此，报警时显示的颜色变化（通常是红色）并不发生变化。操作员根据确认的信息，对发生报警的过程变量进行处理，例如，温度过高时采用降低温度的措施等，当报警发生的条件解除后，报警时颜色的改变才能恢复到正常显示的颜色，系统同样会自动记录报警消除事件的时间。

当报警信号较多时，一些集散控制系统还设置全部报警的确认按键，按压该键，可对所有的报警进行确认，从而为报警处理节省时间。一些集散控制系统则设置全页报警的确认按键，按压该键，则当前页面显示的报警全部被确认。

➢ 消声操作。消声操作指报警时声响装置发出声响的消除。不管是什么报警，只要有报警发生，声响装置就会发出声响。一些集散控制系统在操作员进行确认操作的同时，也实现消声操作，即用一个按键实现确认和消声。通常，集散控制系统对确认和消声设置两个按键，消声操作时按消声按键，确认操作时按确认按键。

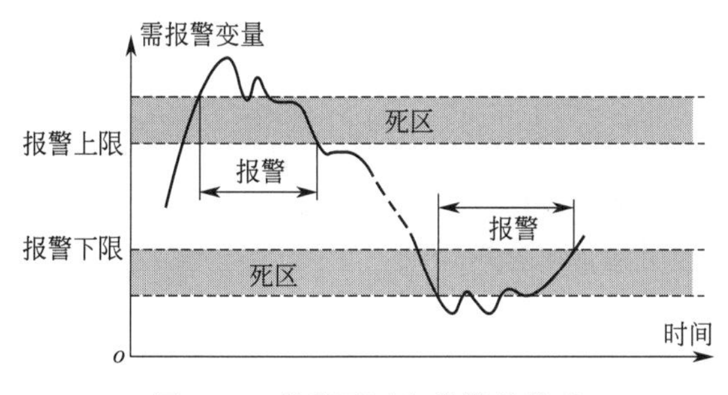

图 6-16 报警死区和报警的关系

d. 报警管理。报警管理的目的是便于对报警事件的分析，减少报警影响。

➢ 报警死区。报警死区是一种减少报警滋扰的报警处理手段。报警死区用于定义模拟量信号报警恢复的不灵敏区域，避免模拟信号在报警限附近波动时，出现频繁报警和报警恢复的切换。图 6-16 所示为报警死区与报警的关系。

➢ 报警管理。报警信号必须记录和汇总。对报警信号应记录发生报警变量的位号、描述、报警发生时间、操作员确认时间、报警消除时间、报警类型（例如，上下限报警、偏差报警、变化率报警、计算值报警等）、报警等级（含报警优先级）、报警时的变量值等。

➢ 报警屏蔽。报警分条件报警和无条件报警。无条件报警是指只要变量满足报警条件就报警。有条件报警是当变量满足报警条件时，由于其他约束条件不满足，因此不报警，只有其他约束条件也满足时才能报警。例如，某设备停运，则该设备的有关报警就是有条件报警，如果不屏蔽，就会干扰正常操作，为此，应屏蔽这些报警。

➢ 报警与联锁。发生事故前需要及时提供信号报警信息。事故发生会造成危及人身安全或设备损坏，需要用联锁系统来阻止危险的发生，防止事故的扩展。

⑦ 电子表格　电子表格是可以执行列和行的运算处理，并允许操作人员、工程师和管理人员送入数据或利用生产过程数据组成的图形显示表格。目前，集散控制系统采用 Excel 作为生产过程管理等数据处理的重要工具，例如，用于进行物料平衡计算、能量平衡计算、成本核算等；也可用图形形式显示，例如用棒图、直方图、饼图和雷达图等。这些数据可直接导入或导出，极大地方便用户应用。

电子表格具有常用电子表格的各种功能，包括对表格单元内容的编辑、增删、复制和移送。它允许对电子表格内公式锁定和存储，能够方便地更改标志和数据，进行重新计算，也允许用户输入数据组成电子表格单元的内容。通过有关命令，可打印电子表格。

电子表格允许进行各种算术和逻辑运算，能够完成一些商用函数的运算，例如，计算净现值和贷付函数等。它能同时允许多个窗口显示不同的电子表格，并有灵活的报表格式，包括页号、题号、脚注、行距等。几个电子表格可同步处理，一个电子表格的输出可作为另一个电子表格的输入，因此，当一个电子表格的数据改变时，它自动改变了另一个电子表格中的该数据。

电子表格通过用户组态，完成格式和内容的设置，内容行可以是公式、数据或另一电子表格的输出，也可以是表格单元的地址。通常采用菜单方式方便地完成组态工作。

电子表格常与历史数据库同时工作。电子表格接收历史数据库的数据，通过统计计算把结果显示出来，也可再送回到历史数据库存储。电子表格显示的图形对于分析生产过程，例如能量、物料利用率、成本和单耗等性能，都有很重要的意义。

⑧ 网页画面　网页是承载各种网站应用的平台，是构成网站的基本元素。随着网络技术和移动通信技术的应用，采用网络实现对生产过程的管理变得很方便。为此，一些集散控制系统开发网页画面。

网页画面与一般的操作画面类似，主要区别是操作人员一般是管理人员，因此，网页画面只提供数据显示，不允许对数据进行操作，即不允许对操作数据进行修改和控制等操作。画面分辨率较操作画面低，加上数据经网络传送，因此，动态数据相对较少，一般是主要的生产数据。此外，为降低存储容量和数据通信流量，静态画面相对简单，例如，精简的文字描述、方便的浏览方式等。

网络画面通常在分布式系统结构的一个分离的服务器显示。为保证对生产过程的安全性，对网页画面的操作权限必须设置有效的安全措施，例如，所用的浏览器也需要专用设备才能使用，设置专用密码等。

6.2.3　集散控制系统的控制组态

集散控制系统的控制组态完成分散过程控制装置中控制策略的实施。由集散控制系统供应商提供组态软件完成，其中，操作组态用于完成过程操作画面的组态，控制组态完成控制策略的实现。系统组态完成集散控制系统硬件组成和网络通信的架构搭建。

控制组态完成下列任务：

① 定义输入输出模块属性，完成输入输出数据库的创建；

② 定义各种运算功能模块属性，完成运算功能数据库，搭建所需控制策略；

③ 完成数据和程序的下载和调试。

(1) 输入输出模块属性

输入输出模块是最重要的功能模块，它们用于检测和控制生产过程，是集散控制系统与生产过程连接的桥梁。定义控制组态的输入输出模块属性是建立生产过程输入输出信号与集散控制系统之间的连接关系。不同的功能模块其属性不同，功能模块属性主要包括下列内容：

a. 模块实例名，描述，功能模块类型；

b. 量程范围，工程单位；

c. 信号处理，包括滤波、限幅、线性化、小信号切除、开方、采样周期等；

d. 运算处理，包括逻辑和算术运算、PID 运算等；

e. 报警处理，包括报警限值、报警类型、报警处理方法等；

f. 事故处理，包括跟踪方式、脱落方式等事故和操作的处理；

g. 模式处理，包括手动/自动、本地/远程、正/反作用等模式的设置等。

不同集散控制系统供应商提供的功能模块，虽然其名称可能相同，但其功能模块的属性也可能不同，但是应该包含其主要功能。

① 输入模块属性　输入模块包括模拟量输入、开关量输入和脉冲量输入三大类。

a. 模拟量输入模块属性。模拟量输入模块用于建立模拟量输入通道，将模拟输入信号映射到数据库，建立输入信号变送器与数据库之间的数据链接。

模拟量输入信号可以是4～20mA电流信号或1～5V DC电压信号，也可以是热电阻或热电偶信号，还可以是一些电势信号。因此，建立的数据库数据也不同。表6-2是Delta V系统模拟量输入模块属性表。建立的数据库包括模拟通道号（地址）、仪表工位号、量程范围和分度号、工程单位、描述、信号处理方式、采样周期、相位、工作模式、滤波时间常数、滤波器类型、报警限、报警优先级和报警方式设置等。

表6-2　Delta V系统的模拟量输入模块属性表

属性名称	说明	属性名称	说明
ABNORM_ACTIVE	出错条件未被激活	LO_LO_ACT	低低限报警激活
ACK_OPTION	现场总线设备报警的确认选项	LO_LO_LIM	低低限报警值
ALARM_HYS	报警死区	LO_LO_PRI	低低限报警优先级
ALERT_KEY	工厂识别号	LO_PRI	低限报警优先级
ALM_SEL	引起OUT_D激活的报警条件的选项	LOW_CUT	小信号切除值
BAD_ACTIVE	出错条件被激活	MODE	用于请求和显示模块输出源的参数
BAD_MASK	出错标记	OUT	模块计算自动输出的值和状态
BLOCK_ERR	模块出错	OUT_D	离散输出值
CHANNEL	通道号	OUT_SCALE	输出量程上、下限、工程单位和小数点位置
FIELD_VAL	仿真时来自I/O卡或模拟输入的值和状态	PV	输入的过程变量
HI_ACT	高限报警激活	PV_FTIME	输入信号的一阶滤波时间常数
HI_HI_ACT	高高限报警激活	SIMULATE	SIMULATE_IN不连接时的仿真值
HI_HI_LIM	高高限报警值	SIMULATE_IN	仿真时的仿真值
HI_HI_PRI	高高限报警优先级	ST_REV	静态数据的修正
HI_LIM	高限报警值	STATUS_OPTS	状态选项
HI_PRI	高限报警优先级	STDEV	过程变量的标准差，用于参数自动整定
INSPECT_ACT	检验应用时激活	STDEV_CAP	标准差估计值
IO_IN	定义设备信号标记DST输入	STDEV_TIME	计算标准差和标准差估计值的时间段
IO_OPTS	小信号切除选项	STRATEGY	控制策略项
L_TYPE	线性、直接、间接和间接开方的关系选项	SUBSTITUTE_IN	故障时替代输入
LO_ACT	低限报警激活	XD_SCALE	输入量程上、下限、工程单位和小数点位置
LO_LIM	低限报警值		

不同集散控制系统的模拟量输入模块属性的名称和属性数量不同。一些集散控制系统对模拟量输入卡件也建立数据的映射关系，主要是信号的类型和范围、采样周期等，采用这种方法可减少对各通道输入模块的数据输入。

b. 开关量输入模块属性。它是对各开关量输入通道信号数据的扩展，主要包括通道号（地址）、报警检测模式、信号电平类型、出错标志、信号滤波时间常数等。表6-3是Delta V系统的开关量输入模块属性表。

表6-3　Delta V系统的开关量输入模块属性表

属性名称	说明	属性名称	说明
ABNORM_ACTIVE	出错条件未被激活	OUT_STATE	描述来自转换器的离散值状态的文本索引
ALERT_KEY	工厂识别号	PV_D	过程变量的离散值
BAD_ACTIVE	出错条件被激活	PV_FTIME	PV_D改变前FIELD_VAL_D在通或断的时间

续表

属性名称	说明	属性名称	说明
BAD_MASK	出错标记	SIMULATE_D	SIMULATE_IN 不连接时的仿真值
BLOCK_ERR	模块出错	SIMULATE_IN_D	仿真时的仿真值
CHANNEL	通道号	ST_REV	静态数据的修正
DISC_ACT	输出 OUT_D 匹配 DISC_LIM，则该值激活	STATUS_OPTS	状态选项
DISC_LIM	引起报警的离散输入的状态，0 和 1 产生报警	STDEV	过程变量的标准差，用于参数自动整定
FIELD_VAL_D	来自现场的离散输入值和状态	STDEV_CAP	标准差估计值
INSPECT_ACT	检验应用时激活	STDEV_TIME	计算标准差和标准差估计值的时间段
IO_IN	定义过程输入的设备信号标记 DST 输入	STRATEGY	控制策略项
IO_OPTS	可选输入选项是信号反相	SUBSTITUTE_IN	故障时替代输入
MODE	模块的模式(实际、目标、允许和正常)记录	XD_SCALE	输入量程上、下限、工程单位和小数点位置
OUT_D	离散输出值和状态		

c. 脉冲量输入模块属性。它是对各通道脉冲量输入信号数据的扩展。脉冲量主要用于计数和确定脉冲的间隔时间。脉冲量输入模块属性与模拟量输入模块属性类似。增加TIME_UNITS属性，它是用于在 PV 计算时将工程单位/秒转换为所需时间单位的时间单位代码。

d. 现场总线模拟量输入模块属性，见表 4-18。

e. 现场总线开关量输入模块属性，见表 4-23。

f. 现场总线脉冲量输入模块属性。

② 输出模块属性　输出模块包括模拟量输出、开关量输出两类。

a. 模拟量输出模块属性。模拟量输出信号可以是 4～20mA、1～5V、±10V、0～10V 等。表 6-4 是 Delta V 系统模拟量输出模块的属性表，它包含了故障状态下的脱落的数值和时间、串级连接和反算等属性。

表 6-4　Delta V 系统的模拟量输出模块属性表

属性名称	说明	属性名称	说明
ABNORM_ACTIVE	出错条件未被激活	RCAS_OUT	供设备反算的远程模拟设定值和状态
ALERT_KEY	工厂识别号	READBACK	与输出有关的测量或执行器位置的百分数值
BAD_ACTIVE	出错条件被激活	SHED_OPT	定义脱落选项
BAD_MASK	出错标记	SHED_TIME	RCAS_IN 和 ROUT_IN 更新之间的最大允许时间
BKCAL_OUT	反算输出	SIMULATE	允许仿真
BLOCK_ERR	模块出错	SP	设定值
CAS_IN	远程设定输入	SP_HI_LIM	设定的高限值
CHANNEL	通道号	SP_LO_LIM	设定的低限值
FSTATE_TIME	故障安全时间计时器的设定值	SP_RATE_DN	设定的下降变化率
FSTATE_VAL	故障时切换到的故障安全值	SP_RATE_UP	设定的上升变化率
INSPECT_ACT	检验应用时激活	SP_WRK	工作设定，已被变化率限幅
IO_OPTS	可选 4 项输出选项	ST_REV	静态数据的修正
IO_OUT	定义输出设备信号标记	STATUS_OPTS	状态选项
IO_READBACK	定义可 IO_OUT 写入的输入通道设备信号标记	STDEV	过程变量的标准差，用于参数自动整定

续表

属性名称	说明	属性名称	说明
MODE	用于请求和显示模块输出源的参数	STDEV_CAP	标准差估计值
OUT	输出主值和状态	STDEV_TIME	计算标准差和标准差估计值的时间段
PV	过程变量值	STRATEGY	控制策略项
PV_SCALE	输入量程上、下限、工程单位和小数点位数	XD_SCALE	输入量程上、下限、工程单位和小数点位置
RCAS_IN	远程模拟输入值和状态		

b. 开关量输出模块属性。开关量输出模块分为源型和漏型及继电器输出等。表 6-5 是 Delta V 系统开关量输出模块的属性表。

表 6-5 Delta V 系统的开关量输出模块属性表

属性名称	说明	属性名称	说明
ABNORM_ACTIVE	出错条件未被激活	PV_D	由 READBACK_D 计算的离散过程值
ALERT_KEY	工厂识别号	PV_STATE	当前输出的读回指示
BAD_ACTIVE	出错条件被激活	RCAS_IN_D	远程离散设定值和状态
BAD_MASK	出错标记	RCAS_OUT_D	远程离散设定和斜坡后的状态
BKCAL_OUT_D	反算输出	READBACK_D	来自 IO_REDBACK 的离散过程值
BLOCK_ERR	模块出错	SHED_OPT	远程控制设备超时时的脱落选项
CAS_IN_D	远程设定输入	SIMULATE_D	允许仿真
CHANNEL	通道号	SP_D	离散目标块输出值(设定)
FSTATE_TIME	故障安全时间计时器的设定值	ST_REV	静态数据的修正
FSTATE_VAL_D	故障时切换到的故障安全值	STATUS_OPTS	状态选项
INSPECT_ACT	检验应用时激活	STDEV	过程变量的标准差,用于参数自动整定
IO_OPTS	可选 4 项输出选项	STDEV_CAP	标准差估计值
IO_OUT	定义输出设备信号标记	STDEV_TIME	计算标准差和标准差估计值的时间段
IO_READBACK	定义可 IO_OUT 写入的输入通道设备信号标记	STRATEGY	控制策略项
MODE	模块的模式(实际、目标、允许和正常)记录	XD_STATE	输入量程上、下限、工程单位和小数点位置
OUT_D	离散输出值和状态		

c. 现场总线模拟量输出模块属性,见表 4-21。

d. 现场总线开关量输出模块属性,见表 4-24。

根据制造商提供的组态画面对输出模块属性进行设置。为此,用户需要了解各属性的功能,但用户并不需要组态有关设置的画面。

(2) 运算功能模块属性

运算功能模块包括各种控制算法功能模块、算术和逻辑运算功能模块、定时器和计数器功能模块等。运算功能模块的组态用于实现控制算法。运算功能模块属性用于设置模块的有关可选参数,例如输入点数量、算法类型等。

为便于用户组成所需的控制策略,集散控制系统制造商提供了大量的运算功能模块。表 6-6 是常见的符合 IEC 61131-3 标准的函数和功能模块。

表 6-6　常见的符合 IEC 61131-3 标准的函数和功能模块

名称	说明	名称	说明	名称	说明
ABS	绝对值	MOD	模除	GE	大于等于
SQRT	开方	EXPT	幂	EQ	等于
LN	自然对数	SHL	不循环左移	NE	不等于
LOG	以 10 为底的对数	SHR	不循环右移	LE	小于等于
EXP	自然指数	ROL	循环左移	LT	小于
SIN	正弦函数	ROR	循环右移	SR	置位优先的双稳
COS	余弦函数	AND	与	RS	复位优先的双稳
TAN	正切函数	OR	或	R_TRIG	上升沿边沿检测
ASIN	反正弦	XOR	异或	F_TRIG	下降沿边沿检测
ACOS	反余弦	NOT	非	TON	延时接通定时器
ATAN	反正切	SEL	选择	TOF	延时断开定时器
ADD	加	MAX	最大	TP	脉冲定时器
SUB	减	MIN	最小	CTU	增计数器
MUL	乘	LIMIT	限幅	CTD	减计数器
DIV	除	GT	大于	CTUD	增减计数器

注：右下方粗框内列出标准功能模块，其他部分是标准函数。

除了这些函数和功能模块外，为适应控制应用的要求，也提供其他运算功能模块。例如，表 2-5 是 Honeywell 公司 Experion PKS 系统提供的常规控制功能模块，表 2-11 是 Foxboro 公司的 Evo 系统提供的功能模块。

(3) 控制策略的实现

集散控制系统中控制策略采用图形方式实现，即将所需的输入、输出功能模块和运算功能模块拖曳到控制组态画面区域，用光标点击有关图标，将信号连接，完成所需控制策略，见图 6-17。图中，除了显示组态连接视图外，还显示标准模块视图、参数属性视图、分层视图和报警视图等。

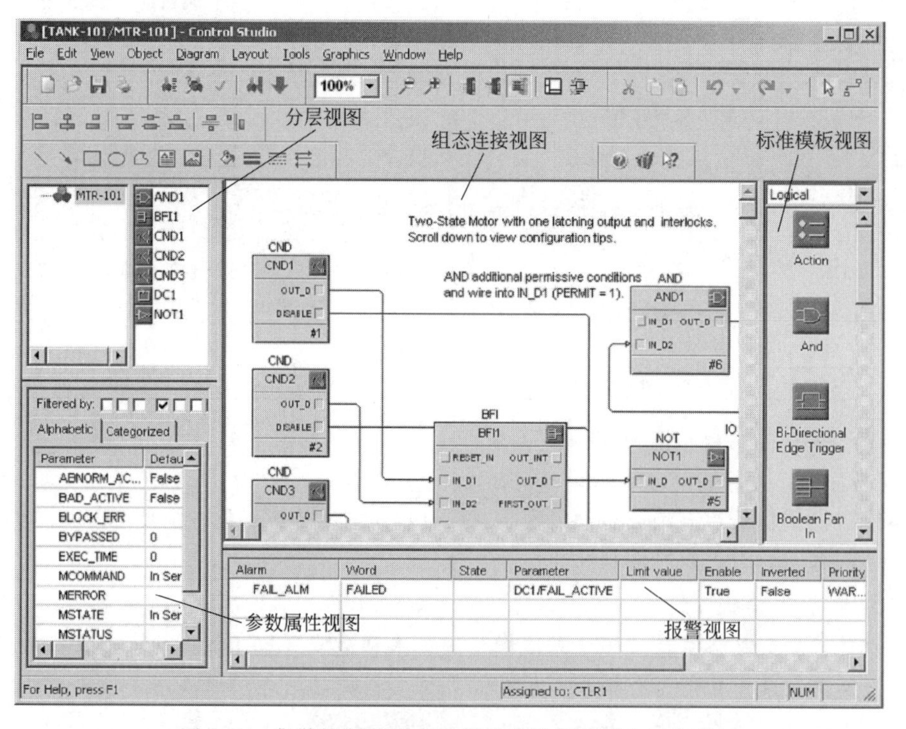

图 6-17　集散控制系统中控制策略采用图形方式实现

各集散控制系统控制策略的实现步骤不同，但基本方法相同。

控制策略的实现是用图形化的方法实现的。类似于可编程控制器中的功能块图编程语言，它是将组成控制系统的各个组件用功能块图形形式设置在控制组态的操作画面。然后，根据信号的输入和输出将有关信息数据连接，这种实现的方法称为软连接。因为这种连接并没有硬件接线，只是将某一功能块的输出端点击，并拖曳到另一功能块的输入端，再放松鼠标按钮。

这些信号的连接也包括与输入和输出模块的连接，这些输入和输出模块是硬件存在的模块，例如AI和AO、DI和DO等。例如，将AI某通道的输出端连接到某PID功能块的测量输入端，就完成了输入到PID控制系统的测量端连接。同样，将PID功能块的输出端连接到某AO功能块的输入，就完成了到执行器的连接。

需要注意的是反算功能的连接，当功能块存在反算输入和反算输出时，后侧功能块的反算输出要连接到前侧功能块的反算输入，便于无扰动切换时的反算。

当全部功能模块之间的连接完成后，控制策略就实现了。

下面是Delta V系统的操作步骤。

① 打开控制组态软件。图6-18是点击下部Start按钮，并从弹出菜单中选用有关选项，最终选中Control Studio选项的画面。

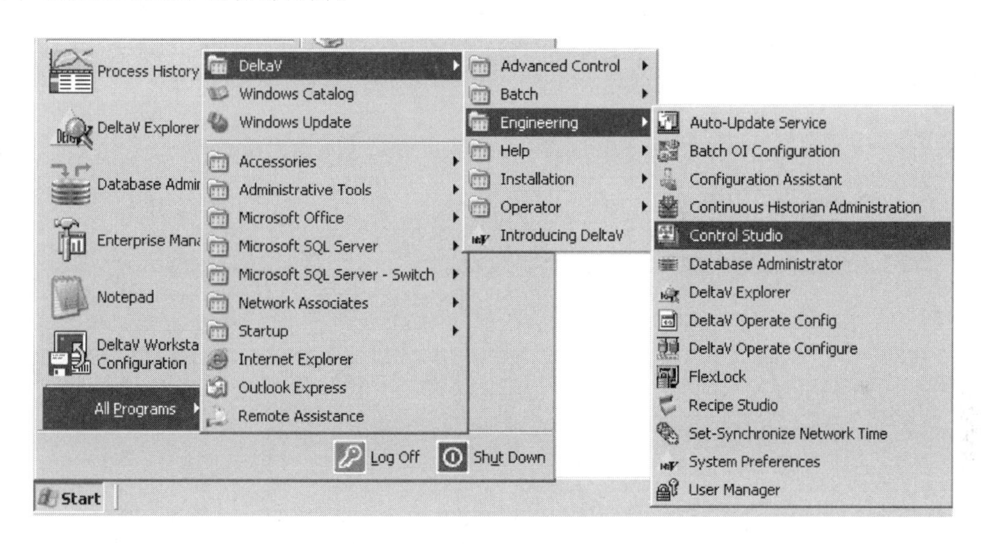

图6-18　控制组态软件的调用

② 创建新的工程项目，并确定项目名，包括对象类型域、模板，确定所要的对象名称等。例如，图6-19是PID功能模块调用的画面。

③ 根据设计要求，修改有关参数，例如报警上下限值等。图6-20是属性视图中参数的修改。

④ 完成该模块的组态。同样方法完成其他模块。

⑤ 连接有关输入和输出参数，完成所需控制策略。图6-21是一个单回路控制系统的控制组态。

(4) 数据和程序的上传和下载

控制组态操作在工程师站或编程器内完成。需要将这些数据库的内容上传到操作站和管理站等上位机设备，集散控制系统的早期产品采用分布式数据库，因此，控制组态的数据库驻留在各分散过程控制装置。近年来，随着存储容量的扩展，一些集散控制系统产品将控制组态数据库与操作画面数据库合并，避免了不必要的重复输入有关数据，同时，数据的唯一性也使操作更方便。

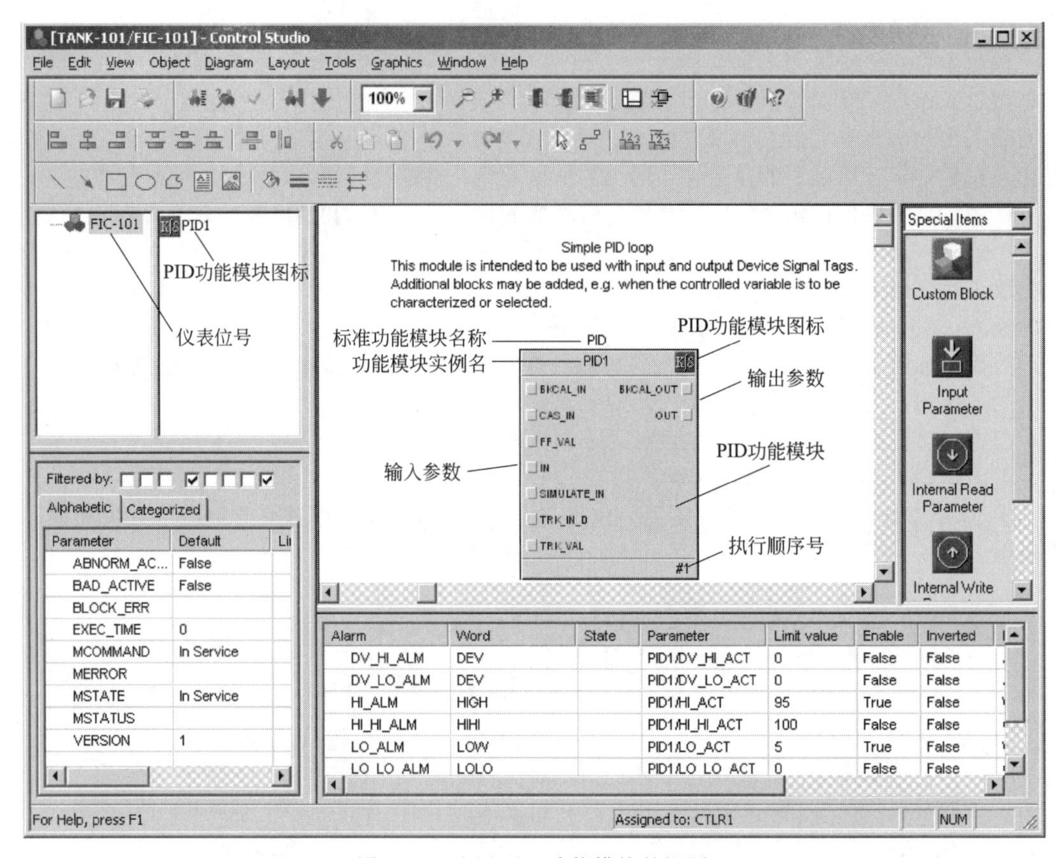

图 6-19　选用 PID 功能模块的视图

Alarm	Word	State	Parameter	Limit value	Enable	Inverted	Priority	%P1 parameter
DV_HI_ALM	DEV		PID1/DV_HI_ACT	0	False	False	ADVI...	PID1/SP
DV_LO_ALM	DEV		PID1/DV_LO_ACT	0	False	False	ADVI...	PID1/SP
HI_ALM	HIGH		PID1/HI_ACT	95	True	False	WAR...	PID1/PV
HI_HI_ALM	HIHI		PID1/HI_HI_ACT	100	False	False	CRITI...	PID1/PV
LO_ALM	LOW		PID1/LO_ACT	5	True	False	WAR...	PID1/PV
LO_LO_ALM	LOLO		PID1/LO_LO_ACT	0	False	False	CRITI...	PID1/PV
PVBAD_ALM	IOF		PID1/BAD_ACTI...		True	False	CRITI...	

图 6-20　修改属性视图中的参数

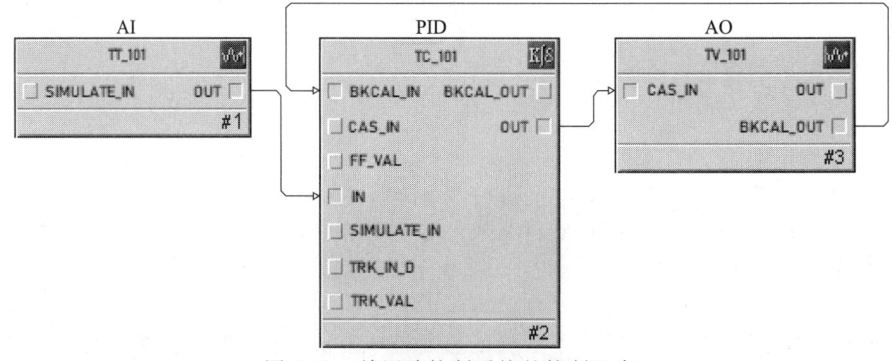

图 6-21　单回路控制系统的控制组态

控制组态的数据库内容需要下载到分散过程控制装置或现场总线设备。这些数据和程序只有下载到有关设备才能实现所需控制策略。同时，当上位操作站发生故障时，由于这些数据仍驻留在分散过程控制装置或现场总线设备内，因此仍可正常工作，完成对生产过程的控制。控制组态数据下载到下位设备十分重要。

不同集散控制系统产品，上传和下载的操作画面不同，但基本要求相同。建立控制组态数据库的备份十分重要。通常，可存储在外部存储器，例如光盘、存储卡、移动硬盘或磁带。

6.2.4 维护和系统画面

(1) 维护画面

集散控制系统供应商为用户提供集散控制系统的维护画面。维护画面包括对所有集散控制系统硬件和软件自诊断结果的显示、根据数据分析获得的故障原有预测和系统重新安装等内容。一些集散控制系统还提供设备运行状态、故障代码等信息，便于维护人员尽快对故障的定位和维护。图6-22是Delta V系统的维护诊断画面。

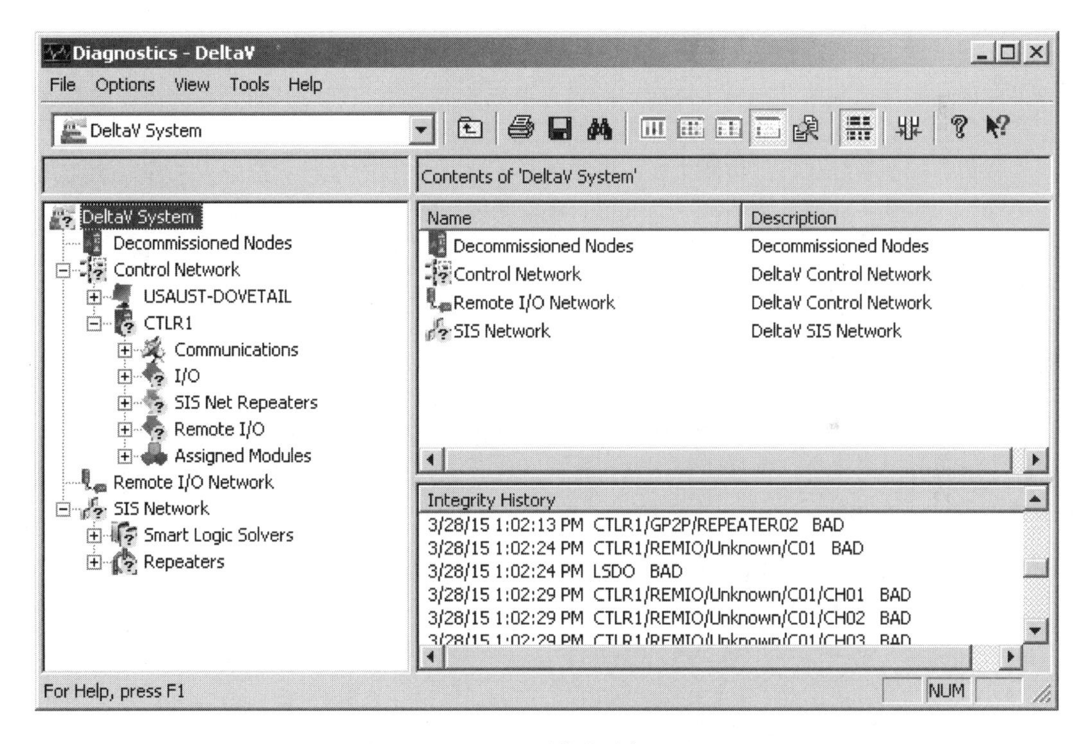

图6-22 Delta V系统的诊断显示画面

维护人员可随时从工作站查看系统的诊断信息。可从本地访问Delta V系统的诊断画面，也可从远程经网络访问。例如，对Delta V系统，可直接从Start→Delta V→Operator→Diagnostics调用图6-22的显示画面。在诊断画面可获得下列信息：

① 整个控制网络中任何节点和子系统的整体状态和完整的详细信息，例如，控制网络、远程网络等；

② 节点和子系统的诊断参数和有关时间标记，例如，某时刻某节点处于坏状态等；

③ 有关工作站和控制器的通信信息及I/O卡和设备的详细统计数据；

④ 显示选定项的历史视图程序；

⑤ 可诊断远程网络上的大多数问题，并从远程工作站诊断远程工作站上的所有问题。

对显示画面中的具体节点和子系统的细节，可单击信息树的＋号展开，图 6-23 是通信的有关细节画面。图中显示用户 USAUST-DOVETAIL 主通信子系统的诊断细节，包括其运行状态、连接节点状态等。

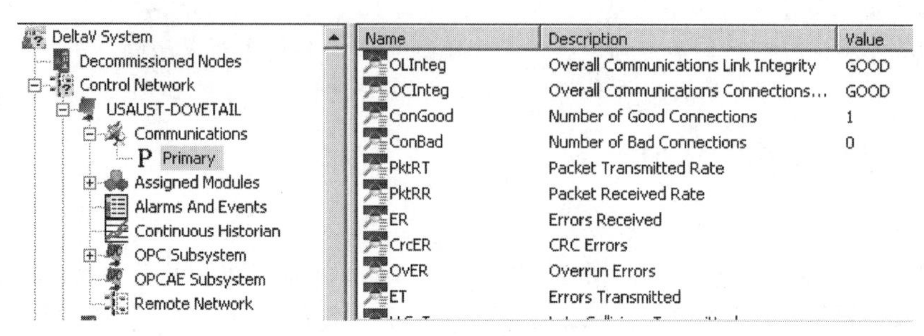

图 6-23　Delta V 系统诊断细节显示画面

集散控制系统硬件的自诊断信息也在有关的卡件用信号灯显示。例如，通信卡件故障时其 ERR 信号灯点亮，正常运行时运行灯闪烁等。

另一种维护画面与报警画面类似，它采用一览表的形式显示系统中设备的运行状况，与报警画面的区别是维护画面没有确认功能，但它有系统故障发生和恢复时间、系统故障的有关信息显示，因此，能方便地计算有关设备的 MTTR 和 MTBF 等数据。

一些集散控制系统还提供仿真功能，可在外部不连接信号的情况下检查有关控制组态的内容，不仅可用于开车前的系统调试，也可用于对控制组态的维护和程序测试。

集散控制系统的维护画面由集散控制系统制造商提供，一些选项可由用户确定。有些集散控制系统提供操作日志记录，便于维护和工艺技术人员对生产过程操作的分析。

为维护需要，当 Windows 突然停机时，可对存储设备进行诊断。图 6-24 是检查诊断的操作画面。

图中，在工具 Tools 菜单下有 3 个选项，点击“Check Now”键，可直接对硬盘的出错进行检查。也可对其他选项进行诊断，例如，是否需要对硬盘碎片进行整理，是否需要进行文件备份等。

对一些可修复的设备，例如，对损坏的硬盘分区，也可进行修复。图 6-25 是检查硬盘和修复损坏分区的显示画面。

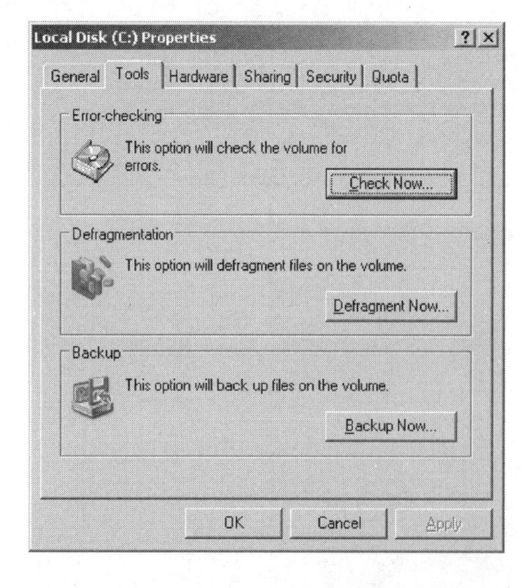

图 6-24　硬盘性能诊断画面

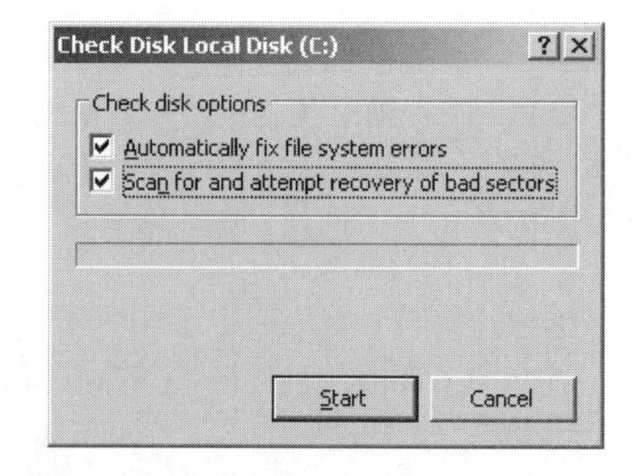

图 6-25　检查硬盘和修复损坏分区的显示画面

(2) 系统画面

系统画面指集散控制系统中各组成硬件设备的连接关系图。

① 连接图连接　连接图用于描述各硬件设备之间的连接关系。例如，上位机连接到工业以太网，它再与操作站、工程师站连接。而操作站和工程师站经通信系统连接到分散过程控制装置。当采用模拟仪表时，它们经各输入输出卡件连接到各有关的模拟仪表等。当采用现场总线时，它们经现场总线连接到有关的现场总线设备等。

连接图连接方式中各硬件之间的关系用连接线表示，因此，相互之间的关系比较清楚。图6-8是连接图连接方式显示画面的示例。系统画面不仅显示各硬件设备之间的连接关系，也说明各设备的属性。例如，某设备的状态，包括它的运行状态、故障确认状态、报警状态等。

② 树状图连接　大多数集散控制系统采用树状图连接方法，树状图采用分层的结构显示各设备之间的关系，因此，主从关系较清楚。其结构与Windows的树状结构类似。例如，某一分散过程控制装置下有几个模拟量输入卡件、模拟量输出卡件等。

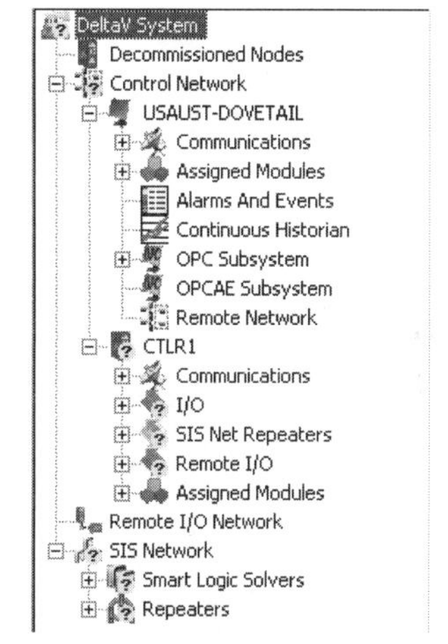

图6-26　树状图连接关系的示例

图6-26是树状图连接关系的示例。从图中可以看到，控制网Control Network连接两个节点，分别是USAUST-DOVETAIL和CTLR1。而CTLR1节点下连接Communications、I/O、SIS Net Repeaters、Remote I/O和Assigned Modules等子系统，点击各子系统前的加号，可看到它们分别连接的有关硬件设备等。例如，点击I/O前的加号，可看到在CTLR1节点连接的各I/O卡件名称等信息。

从图中也可看到，Delta V系统由Control Network、Remote I/O Network和SIS Network组成。

集散控制系统的系统图除了显示连接关系外，一些产品还提供所选硬件内含的软件特性和硬件特性的显示。一些硬件特性可经软件组态改变，例如连接的接口数量、接口地址等。但大多数系统的硬件特性由硬件本身实现，例如通过开关或跨接片设置有关硬件的地址等。

6.2.5　画面动画效果

采用多媒体和多通道技术，使集散控制系统的人机交互更具有清新感觉。画面的动画显示就是一种重要的方法。动画显示使画面具有生动的外观，动画的工作原理是多个图像帧的组合。画面快速、连续播放时，由于人眼的视觉滞留效益，产生动感。视觉滞留效益是当被观察物体消失后，影像仍在大脑停留一段时间的现象。动画可增强操作员对规定行为的认识，提高对系统满足要求的置信度。

(1) 升降式动画处理

当需显示的数据用棒图方式描述时，可采用升降式动画处理。例如，物位（液位、阀位、界面等）和温度的升降，仪表面板上的棒图等。图6-27是升降式动画显示的示例。

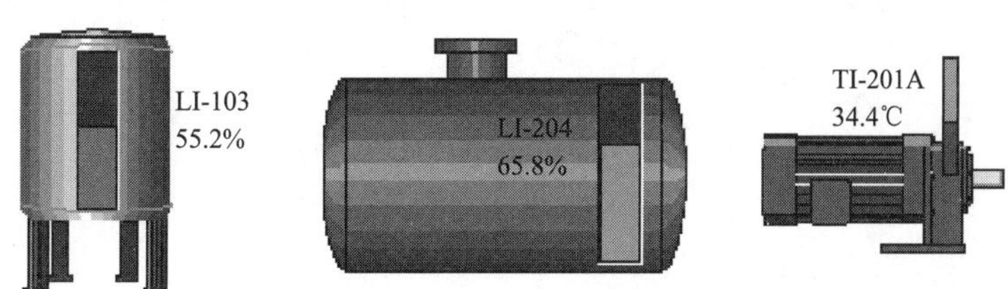

图6-27　升降式动画显示的示例

(2) 推进式动画处理

对流体输送的动画处理可采用推进式动画处理方法。它采用几个步符号表示流体的位置符号正向逐步的推进显示来达到流体流动的动态效果。采用不同频率的推进动画来表示不同的流速。图 6-28 是推进式动画显示的示例。

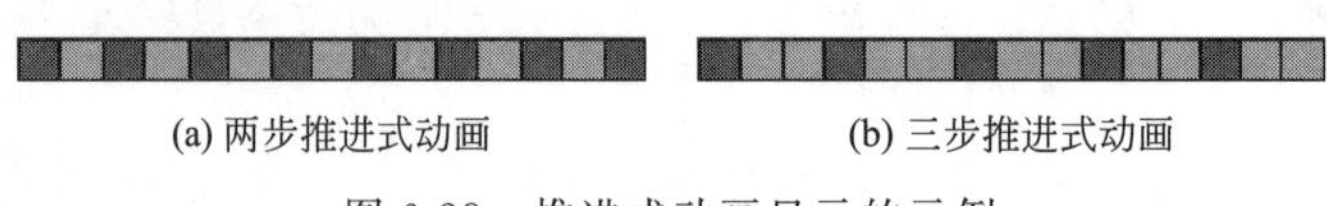

(a) 两步推进式动画　　(b) 三步推进式动画

图 6-28　推进式动画显示的示例

(3) 改变色彩的动画处理

对温度等变量的显示，可采用改变其色彩的处理方法实现动画效果。即高温时显示红色，随着温度的下降，温度块的色彩从红色变为橙色、黄色、绿色直到蓝色等。图 6-29 是某夹套反应器的温度显示画面的动画示例。图中还采用升降式动画处理方式显示控制阀、釜温和夹套温度的动画变化。

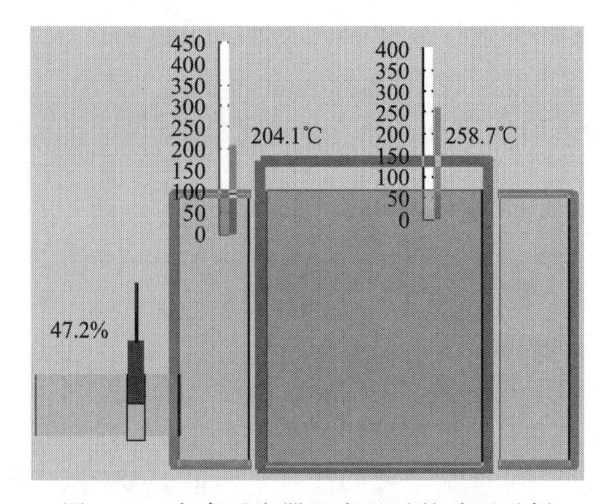

图 6-29　夹套反应器温度显示的动画示例

炉膛温度、反应器温度等的动画显示常采用改变颜色的动画处理。

图 6-30 是温度显示色彩变化的组态画面。图中仅用三种颜色表示超下限、超上限和正常工况下的物料温度对应的颜色变化。当需要较多颜色表示不同温度时，可插入更多的行，并组态不同的颜色对应不同的温度区域，便于操作人员对被检测温度的直观了解。对超限的处理还可设置闪烁功能，即超限时颜色闪烁。

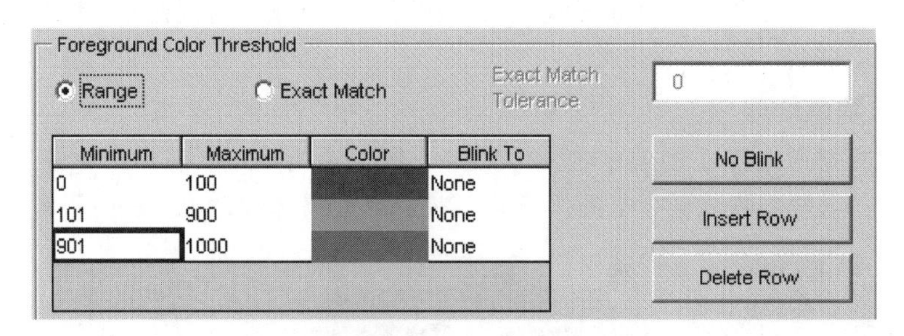

图 6-30　温度显示色彩动画组态画面

(4) 充色的动画处理

对两位式机械和电气设备，常采用设备框内充色表示设备的一种状态，不充色表示设备的另一种状态。例如，充色表示设备运转或阀门打开，不充色表示设备停转或阀门关闭等。对两位式旋转设备，既可用充色的动画处理，也可用推进式动画处理来动态显示旋转的桨叶或叶轮等。例如，搅拌机的搅拌桨运转。

需注意，在同一项目中，充色设备的状态应统一。图 6-31 是充色动画处理的示例。

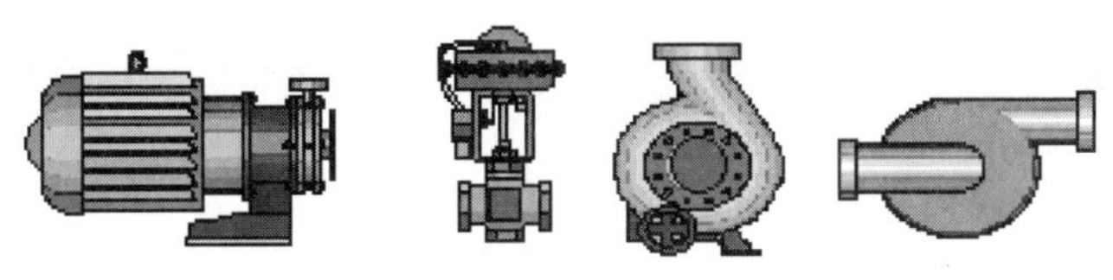

图 6-31 充色动画处理的示例

顺序控制系统中，为使操作人员了解当前执行到哪一步，常用文字说明各步，并在步名前加矩形框，方框充色表示当前执行的步，这是多个充色动态处理的示例。当某步的转换条件满足时，该步就从原来的充色框变为不充色，其后续步的矩形框就转为充色，这样周而复始完成顺序控制的要求。批量控制系统也可采用类似的动画处理方法。

(5) 移动窗口的动画处理

在趋势显示画面中，显示窗口的大小是固定的，随着采样数据的输入，显示窗口内显示的曲线平移一个时间点，这相当于显示窗口后移一个时间点，从而保证曲线最后一点的信息是最新信息。与这种处理方法类似，当时间轴上用一段线段表示某一时间段，以该时间段内的平均采样值为纵坐标，可获得类似于直方图的趋势曲线，它属于移动窗口动画处理方法，在简单集散控制系统中也常采用。

6.3 数据库

6.3.1 数据库基础知识

数据是反映客观世界的事实，并可区分其特征的符号，例如数字、字符、文本、声音、图形和图表等。它可通过输入，在计算机内存储和管理。

用数据描述客观存在的生产过程，是将生产过程特性用数据形式表示，这是数据的语义。例如，某一个生产设备的记录中有设备标号、设备名称、规格和位置等，表明这些记录是描述某一设备的数据，但对集散控制系统而言，它并不需要了解这些数据的含义。

数据库（database）是存放数据的“仓库”，但这个仓库是在计算机存储设备内，例如硬盘、光盘、闪存或软盘。数据库内的数据必须按一定的格式存放，便于查询和存取，数据库不仅要存储数据，还要存储数据之间的关系。因此，数据库的严格定义是长期存储在计算机内的、有组织的、可共享的数据集合，它也是现实世界相互关联的大量数据及数据之间关系的集合。

数据库具有较高的数据独立性，具有能为各种用户共享、冗余度小、容易扩展、数据间关联密切等特点。

数据库结构包括数据结构、数据操作和数据约束条件。数据结构描述数据库数据的组成、属性及相互关系。例如，根据数据结构定义数据模型。数据操作是允许对数据库中各种数据对象实例执行操作的集合，主要包括检索和维护操作。数据约束条件是数据的完整性规则的集合，用于对数据及数据间关系进行制约和依存，保证数据的完整性。

数据模型是对现实世界各种事物特征的数字化模拟和抽象。例如，上述的某一设备，就可用它的一些数据来描述。不同的数据模型采用不同的数据结构、不同的描述工具或手段，它们对应不同的数据库管理系统。因此，不同的数据库和数据库管理系统与对应的数据模型相关联。

(1) 语义数据模型

语义数据模型（semantic data model）注重描述现实世界的语义，是用来表达复杂的结构和丰富的语义的一类新的数据模型。主要分为下列两类。

① 实体-联系（E-R：Entity-Relationship）模型　它用实体和实体之间联系的术语描述现实世界。其基本概念是实体、联系和属性。

② 面向对象（OOD：Object Oriented Data）模型　它基于面向对象的概念，将现实世界中的实体模型化为对象，并赋予唯一的对象标识。面向对象模型的基本概念是对象、类、继承和对象标识。

（2）结构数据模型

结构数据模型不注重数据的语义，更注重数据组织结构，也称为组织层数据结构。

① 层次数据（hierarchical data）模型　它用有向树（层次）结构描述实体和实体间的联系。层次数据模型常用于描述一对多的实体联系。

② 网状数据（network data）模型　它用有向图结构描述实体和实体间的联系。它具有较好的存储结构和导航性能，存取效率较高。

③ 关系数据（relationship data）模型　它用表格（称为关系表）结构描述实体和实体间的联系。与上两类数据模型比较，它具有更简单、易于掌握、面向记录集合、可直接处理多对多的联系、有较高数据独立性等特点，因此，被广泛应用于集散控制系统的数据库管理系统中。关系表是二维表，每行表示一个实体对象，每列表示一个实体的属性，表中的内容称为一个关系。

（3）数据库管理系统

数据库管理系统（DBMS：Database Management System）是对数据库内数据进行存储和管理的软件系统，是位于用户和操作系统之间的一层数据管理软件。主要功能如下。

① 数据描述功能　提供数据描述语言（DDL：Data Description Language），便于用户对数据库的数据对象进行描述。

② 数据操纵功能　提供数据操纵语言（DML：Data Manipulation Language），用户可使用DML实现对数据库的基本操作，例如查询、插入、删除和修改等。

③ 数据库的保护功能　提供对数据库内数据的保护。

④ 数据字典　预留空间的数据库，可能包含数据库设计资料（database design information）、存放的SQL程序（stored SQL procedures）、用户权限、用户统计、数据库进程信息、数据库增长统计和数据库性能统计等。它是只读的，不能由用户改变。通常，由表和视图组成。

⑤ 数据库建立和维护功能　包括数据库建立时初始数据的输入、转换、数据库转储、恢复、重组功能和数据库性能监视、分析功能等。

6.3.2 关系数据库

关系数据库是采用关系模型组织数据的数据库。关系模型是二维表格模型，类似Excel的工作表，一个数据库可包含多个数据表。因此，关系数据库是二维表及其之间连续所组成的一个数据库。

关系模型的逻辑结构是一个二维表，称为关系。表中的一行称为元组或一条记录，一列称为字段或属性。每个字段描述了它所含有的数据的意义，创建数据表就是为每个字段分配一个数据类型，定义它们的数据长度和其他属性。字段可以包含各种字符、数字，甚至图形。

在表中用于唯一确定一个元组的数据称为主码或主关键字。表中的关键字是唯一的，每条记录的关键字都是不同的，因而可以唯一地标识一个记录。关键字可以是一个字段或多个字段，常用作一个表的索引字段。

属性的取值范围，称为域，它也是数据库中某一列的取值限制。关系的描述称为关系模式。对关系的描述常表示为：关系名（属性1，属性2，…，属性n）。

关系数据库具有下列特点：

① 容易理解　关系数据库常用二维表结构，贴近逻辑世界的概念，相对网状数据模型、层次数据模型等数据模型而言，关系模型更容易理解；

② 使用方便　使用关系型数据库的操作很方便；

③ 便于维护　关系数据库的完整性（实体完整性、参照完整性和用户定义完整性）大大降低了数据冗余和数据不一致的概率。

集散控制系统主要采用关系数据库实现各种数据之间的联系和交互。常用的关系数据库有Oracle、Sql、Access、DB2、Sqlserver、Sybase、MySQL等。

(1) 数据库管理系统

① 数据库管理系统的基本功能　数据库管理系统（DBMS：Database Management System）是用于建立、使用和维护数据库的大型管理软件。它要实现下列功能。

a. 数据定义。通过数据描述语言DDL描述数据对象，将需要存储的实体描述格式告诉计算机。

b. 数据操纵。提供数据操纵语言DML，供用户实现对数据的追加、删除、更新、查询等操作。

c. 数据库的运行管理。包括多用户环境下的并发控制、安全性检查和存取限制控制、完整性检查和执行、运行日志的组织管理、事务管理和自动恢复等，保证数据库系统的正常运行。

d. 数据组织、存储和管理。为提高数据存储空间的利用率，规定数据存储的文件结构、存取方式、数据之间的联系等。

e. 数据库保护。通过数据库恢复、数据库并发控制、数据库完整性控制、数据库安全性控制等方式，保护数据库数据的安全。

f. 数据库维护。包括数据库数据的载入、转换、转储、数据库的重组和重构以及性能监控等。

g. 数据通信。数据库具有与操作系统的联机处理、分时系统及远程作业输入的相关接口，负责处理数据的传送，以及数据库管理系统与网络中其他软件系统的通信及数据库之间的互操作。

② 数据描述语言　数据描述语言DDL（Data Description Language）也称为数据库模式定义语言（schema data definition language），是用于描述数据库中存储的现实世界实体的语言。这些定义包括结构定义、操作方法定义、完整性约束定义和存取路径（索引）定义等。数据库模式定义有下列两种方式。

a. 交互方式。它通过屏幕交互方式定义和修改数据模式。交互方式包括交互表格、交互图形设计等，集散控制系统中大多数已采用图形交互方式。例如，用图形化的工具实现对数据对象的描述。

b. 数据描述语言DDL方式。它采用DDL语言对数据库模式进行定义。不同数据库管理系统提供的数据描述语言格式和语法不同。

③ 数据操纵语言　数据操纵语言DML（Data Manipulation Language）是终端用户和应用程序实现对数据库中数据进行各种操纵的语言。数据库管理系统常用的基本操作有对数据的增加、删除、修改、检索、排序和显示输出等。

数据库管理系统提供下列用户界面，用户可通过这些界面实现对数据库的操作。

a. 交互式命令语言。它具有语法简单、直观形象、容易操作等特点，是最常用的用户界面。它采用图形交互界面，用户可通过鼠标、触摸屏等直接输入，用一些图标直接进行操作，例如复制、粘贴等。一些集散控制系统的用户界面已经可方便地用光标定位装置实现对数据的各种操纵，例如增加、删除、数据输入等，而不需要采用键盘进行输入数据。

b. 高级程序设计语言。通过高级程序设计语言调用数据库的操纵函数，实现对数据库的操纵。集散控制系统中一般提供各种高级程序设计语言的接口，供用户自行开发应用。例如，提供开放数据库互联 ODBC 等。

c. 嵌入式语言。采用嵌入式语言嵌入到数据库应用程序中，实现对数据库的操纵。例如，Oracle 关系数据库提供编程语言 Pro* C，它允许在 C 语言中嵌入 SQL 语句等。在集散控制系统中一般不采用。

④ 数据控制语言　数据控制语言 DCL（Data Control Language）用于设置或者更改数据库用户的权限与角色。所谓的控制就是用户对数据库访问权限的分配。为数据库的安全，设置用户不同的操作权限，使用户能够进行的数据库操作以及所操作的数据限定在指定范围内，而且，必要时可收回授权。

角色是多种权限的集合，可以把角色授予用户或其他角色。当要为某一用户同时授予或收回多项权限时，则可以把这些权限定义为一个角色，对此角色进行相关操作，从而简化数据库的权限管理。

a. 授权。分为系统授权和对象授权。系统授权也称为语句授权，即允许用户在数据库内部实施管理行为的授权。例如，创建或删除用户、删除或修改数据库对象等。对象授权指用户对数据库中的表、视图、存储过程等对象的操作授权。

b. 收权。也分为系统收权和对象收权。数据库管理员、数据库建库者或数据库对象拥有者收回用户对系统操作的授权和收回对对象操作的授权。

c. 拒绝访问。检查用户是否具有对数据库数据的操作权限，当操作员不具有该操作权限时，系统拒绝其对数据库的访问。

⑤ 事务控制语言　事务控制语言（TCL：Transaction Data Control Language）用于保证多条语句执行的一致性。事务是作为一个逻辑单元执行的一系列操作。事务控制具有下列特点。

a. 原子性。事务必须是原子工作单元。一个事务中的所有语句，应该做到：要么全做，要么一个都不做。

b. 一致性。让数据保持逻辑上的合理性，例如，一个商品出库时，既要保证商品库中该商品数量减 1，又要保证对应用户购物车中该商品数量加 1。

c. 隔离性。多个事务同时并发执行时，就像每个事务各自独立执行一样。

d. 持久性。一个事务执行成功，则对数据来说，即使出现系统故障，它也应该是一个明确的硬盘数据更改（而不仅仅是内存中的变化）。

⑥ 对数据库的操作　对数据库的操作是在数据库管理程序的控制下完成的。主要控制任务如下。

a. 事务管理和并发控制。用于控制对数据库的访问，包括系统的运行协调控制、数据存取和更新控制、查询优化处理、事务运行协调处理、并发处理和管理锁等。

b. 数据完整性约束检查。检查数据的完整性、正确性和有效性。

c. 数据库性能维护。包括数据库建立和维护、系统性能和运行状态监控、数据库模式修改和维护等。

d. 通信功能。提供与其他程序的数据通信，包括与操作系统的联机、远程数据库访问、Web 通信功能等。

(2) 数据库管理系统的体系结构

根据数据库管理系统中数据库和数据的物理位置不同，有不同的组织方法。

① 物理中心数据库　物理中心数据库采用一台大型中心计算机，通过局部网络或区域网络连接的大量终端可访问中心计算机，其特点如下：

a. 通过一台大型计算机存放数据库管理系统和数据库，通过网络连接大量终端；

b. 中心控制开销，例如，事务调度、一致性检查、并发和恢复等较小；

c. 数据传输代价高，随着数据量的增加，系统会十分庞大，操作复杂，大量终端的数据要经中心计算机，造成数据传输的拥塞。

② 分布式数据库　分布式数据库采用多台计算机，每台计算机配置各自的本地数据库，各计算机之间用通信网络连接。大多数处理任务通过本地计算机访问本地数据库完成，小量处理任务通过数据通信对其他计算机的数据库进行访问来完成。它是集散控制系统的分散控制、集中管理思想的表现，分布式数据库采用物理上分散、逻辑上集中的数据库结构，数据由系统集中管理，用户并不感到数据的分散，从用户看，仍像是一个全局的中心数据库。分布式数据库的特点如下：

a. 多数处理任务在本地完成，克服了物理中心数据库的缺点，降低了数据传输开销；

b. 各地的计算机由通信网络连接，数据库位置透明，便于数据库的扩展；

c. 局部故障不影响其他系统的工作，提高系统可靠性；

d. 为协调整个系统的事务管理，事务管理的开销增加。

集散控制系统的分散过程控制装置和操作管理装置内采用分布式数据库实现对各自数据进行访问和管理。

③ 客户机/服务器结构　客户机/服务器（C/S：Client/Server）体系的数据库中，数据库功能分为前端和后端。后端管理存取结构、查询评估和优化、并发控制和恢复等；前端由电子表格、报表打印、图形用户接口等工具组成。图 6-32 是客户/服务器体系结构图。

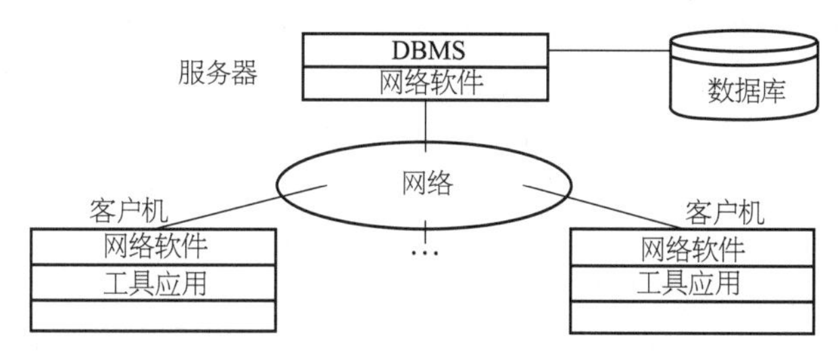

图 6-32　客户/服务器体系结构

客户/服务器之间遵循开放数据库互联标准（ODBC），任何使用 ODBC 接口的客户机可连接到提供该接口的任何服务器上。其主要特点如下：

a. 客户机/服务器结构是前两种方式的折中，数据集中存放在服务器节点；

b. 数据库服务器端提供客户机端的服务请求，把客户机端请求的数据传送到客户机端进行处理，处理后的数据再写回到服务器端的数据库；

c. 客户机端的 DBMS 没有并发控制要求，功能比较简单；

d. 客户机端和服务器端的分工明确，各司其职。

这种数据库结构对于应用规模不大的集散控制系统应用是很好的，因此，在 20 世纪 80 年代到 90 年代获得广泛应用。

④ 浏览器/服务器结构　浏览器/服务器（B/S：Browser/Server）结构随互联网（Internet）的应用而提出，是客户机/服务器结构的继承和发展。Sun 公司提出下述的浏览器/服务器四层结构。

a. 客户层。它向用户提供一个通信接口，是一个图形用户界面。该层在 Web 浏览器环境或 Java 软件环境下运行 Java Applet 程序。它提供与用户的交互功能，即提供良好的人机界面。

b. 顶层 Web 服务层。它主要提供代理（proxy）和缓存（cache）功能。为同一局域网上的多台客户机服务，用于存储应用所需的 Java Applet 程序静态数据，提供访问本地资源能力，作为 Java Applet 主机和访问其他服务的代理。

c. 应用服务层。它提供所有业务逻辑处理功能，完成系统中对数据库的所有操作功能。对每个应用服务，都有一个代理 Servile 相对应，由应用服务层下载到顶层 Web 服务层。

d. 数据库层。它用于存储应用中的数据，与应用服务层共同完成业务规划、验证和持续存储的实现。

随着互联网技术发展，近年提出三层浏览器/服务器体系结构，即数据访问层、业务逻辑层和表示层。

采用多层结构的浏览器/服务器结构组成的数据库具有下列特点。

a. 良好的可伸缩性。系统业务逻辑处理在应用服务层完成，所有客户端不直接与数据库连接，应用服务层经数据库连接池与数据库连接，因此，只需要调整连接池的连接数，即可完成客户端的请求。

b. 网络效率高。使用顶层服务层，经广域网传输数据的流量大大降低，使网络使用效率提高。

c. 可管理性强。它对客户层实现零管理，局域网管理工作主要集中在顶层服务层，系统的主要管理集中在应用服务层，提高了可管理性。

d. 安全性高。应用服务层的安全服务是公用服务，整个系统只由安全服务访问，各用户无法直接访问数据库，使系统安全性大大提高。

e. 可重复使用性好。整个系统由许多服务组成，每个服务能为不同应用而重复使用。

6.3.3 实时数据库

(1) 实时数据库的特点

集散控制系统用于生产过程的监视、操作和控制，对数据库的实时性提出更高要求，为此应采用实时数据库。实时数据库（RTDB：Real Time Database）是实时系统与数据库技术结合的产物。

① 实时数据库特点

a. 实时性强。能够实时获得生产和管理要求的有关数据，为最终用户提供快捷正确的实时信息。即在每个事务中都有一个截止时间，在该时间段内完成的才是正确的结果。具体应用实现时，需要落实到实时事务的各项定时特性，例如，事务的松缓度、截止期的粒度和严格性、价值函数形状、优先顺序限值、起点到终点的定时限值等。

b. 可预测性。系统对来自外部输入的响应必须是全部可预测的，即使在最坏条件下，系统仍应严格遵守时间约束。一旦超时，系统有可预测的方式降低其性能。

c. 可在线存储足够的运行数据，包括秒级甚至是毫秒级的生产数据，便于进行设备状态监测、过程优化、经济分析和故障分析等。

d. 数据存储量大，因此，需要用先进数据压缩技术实现对数据的压缩，并提供高精度的数据还原技术用于对压缩数据的还原。

e. 复杂性。各种结构相互联系，包括结构的嵌套、层次结构等，因此，数据库结构要求分裂和合并，需要通信和数据交换等。除了结构复杂外，事务类型也特别多，例如长寿事务、周期事务、非周期事务和随机事务等，因此，对事物的处理也变得复杂。

f. 数据应以本身的基本形式存储，并可对数据进行任何格式的计算和归档处理。

g. 不可逆性。实时应用的很多事务是不可逆的，例如物料投放、器件加工等，为此，实时数据库必须开发新的技术和方法。

h. 开放性。能够在不同厂商的产品之间传送数据，提供数据库的接口。

i. 可靠性高。数据的采集和存储应具有高可靠性，保证数据在发生故障时不丢失。

实时数据库的实时性包括数据实时性和事务实时性。数据实时性确定了现场 I/O 数据的更新周期。事务实时性是数据库对其事务的处理速度。其中，事件触发必须立即执行，定时触发则根据规定的事件进行触发事务。

实时数据库数据采集的方式有支持 OPC 协议的标准 OPC 方式、支持 DDE 协议的标准 DDE 通信方式、支持 Modbus 协议的标准 Modbus 通信方式、通过 ODBC 协议的 ODBC 通信方式、通过 API 编写的专有通信方式、通过编写设备的专有协议驱动方式等。

② 实时数据库性能比较　表 6-7 是实时数据库与关系数据库的性能比较。

表 6-7　实时数据库与关系数据库的性能比较

性能	实时数据库	关系数据库
应用领域	电力、石油、化工等流程工业，适用于处理不断更新、快速变化的数据及有事件限值的事务处理	电子商务、事务性管理、金融管理等
开发目的	处理实时变化的数据，维护数据的实时性、真实性，满足工业生产管理和实时应用的需要	处理永久、稳定数据，维护数据的完整性、一致性，难于处理有定时限制的数据，不能满足工业生产管理实时性要求
表结构	以时间序列方式对数据进行存储，以资产表方式对数据访问	二维表对数据存储和访问
读写速度	1000000s^{-1}	3000s^{-1}
历史数据压缩	有，可有效减少存储空间	无
磁盘空间占用率	单服务器处理 30 万点，扫描频率 1s 时实时数据库存储 200h 数据仅占 4G 磁盘空间	同样条件下，关系数据库 5h 的数据占用 4G 磁盘空间
数据恢复功能	无	有，但以消耗系统资源和性能维代价

③ 实时数据库体系结构　图 6-33 是实时数据库系统的体系结构。

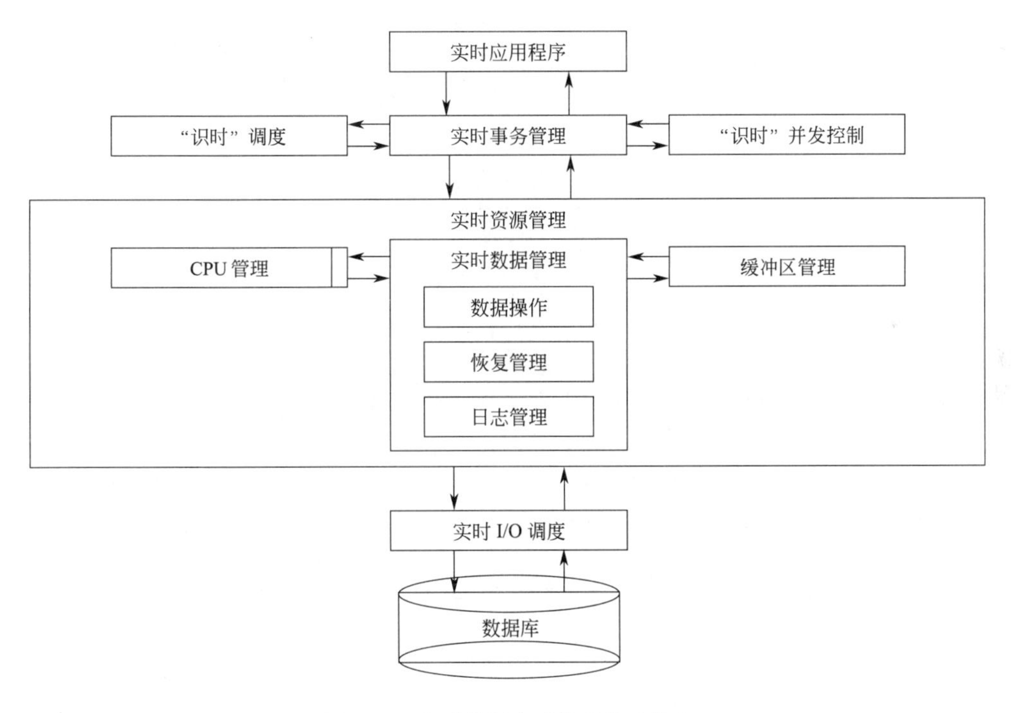

图 6-33　实时数据库系统的体系结构

a. 实时应用程序。是具有定时限值的数据库任务，是实时事务产生源。

b. 实时事务管理。管理实时事务的生存期，包括事务产生、执行和结束。

c. "识时"调度。用于实现识时的优先级调度算法。

d. "识时"并发控制。用于实现识时的并发控制算法。

e. 实时资源管理。包括对 CPU 管理、缓冲区管理、实时数据管理等，实时数据管理还包括数据操作、存储恢复管理等。

f. 实时 I/O 调度。用于实现定时限值的磁盘调度算法。

(2) 实时数据库的调度模型

① 实时数据库内部结构　实时数据库内部结构包括测点管理、实时数据管理和历史数据管理等三部分。

测点管理用于存储和管理测点列表，提供测点列表访问等有关的服务。实时数据管理负责测点实时数据和状态的存储，对数据进行压缩过滤，并提供对实时数据的访问服务。历史数据管理用于存储测点的历史数据、时间和历史状态，提供高效可靠的历史数据访问和存储服务。

② 实时数据库的调度模型　实时数据库的调度模型用于确定事务的优先级分配策略、调度算法、相互冲突的接近（并发控制）策略及其机制，控制事务周期、有效地执行。图 6-34 是实时数据库的调度模型。图中，接口软件从集散控制系统、OPC、RTU 等数据源采集生产过程数据，并存储到实时数据库；用户通过客户端软件（例如浏览器、分析工具和图形用户界面等）访问实时数据库的数据（实时和历史数据）；实时数据库的数据可通过 Web 服务发布到浏览器，供管理人员和操作人员浏览，用于监视、操作和控制生产过程；第三方应用程序可通过 API 函数从实时数据库获得实时数据和历史数据。

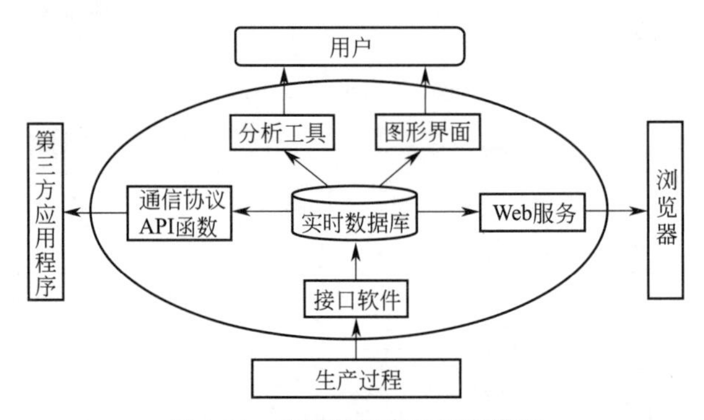

图 6-34　实时数据库的调度模型

a. 数据采集。数据采集功能用于采集生产过程的数据，经相应功能或开发接口实现手动输入数据、手持设备或其他信息系统的数据采集。

b. 数据存储和数据库管理。数据存储功能支持实时数据快照文件和历史数据归档文件的管理，包括快照文件备份、恢复功能，归档文件创建、复制、删除和备份功能等。数据库管理指系统管理员对整个历史数据库平台的管理和系统组态，包括用户权限管理、数据组态、运行管理、备份和恢复、审计、日志和远程维护等功能。

c. 数据应用。数据应用提供面向实时和历史数据库的多用户、多应用的并发访问机制，包括提供用户的授权、数据回取的统计计算、采样数据回取、二次开发工具、图形用户的应用开发界面、ODBC/JDBC/OLE 等的 DB 接口、Web 访问和报表开发等。

(3) 数据压缩技术

实时系统中，为增加信息通信量，或存在额外开销，造成不少问题，或为了节省存储空间等，因此，需对数据需要压缩。例如，一串空格可用一个压缩码代替，压缩码后的数字表示空格的个数；关键字或特定单词，例如 for、case、sh、th、tion 等，可用特定编码表示；根据 Huffman 统计方法，数据中的字符有一个出现的分布，对字符出现越频繁的用特定的编码位数最少的方式可以减少通信量等。

磁盘编码是由磁盘驱动器把更多的数字 1 和 0 写到磁盘的物理表面上。文件压缩是把文件中的字符和位串挤压到更小的尺寸。

数据压缩是指在不丢失有用信息的前提下，缩减数据量以减少存储空间，提高其传输、存储和处理效率，或按照一定的算法对数据进行重新组织，减少数据的冗余和存储的空间的一种技术。数据压缩包含了文件压缩，文件压缩就是专指对将要保存在磁盘等物理介质的数据进行压缩。

数据压缩分为有损压缩和无损压缩两类。不同实时数据库采用不同数据压缩技术。

有损压缩技术指数据经压缩后进行重构，重构的数据与原始数据有所不同，但不影响对原始资料表达的理解。例如，对图像和声音数据可采用有损压缩，因为它包含的数据多于人们视觉和听觉系统所能接收的信息，丢失部分数据并不影响对图像和声音所表达意思的理解时可采用有损压缩技术。常用的有损压缩算法有变换编码、预测编码等。

无损压缩技术指数据压缩后进行重构，重构后的数据与原始数据完全相同。例如，计算机中常用的磁盘文件压缩，它可将文件压缩到原来文件的一半到四分之一。常用的无损压缩算法有霍夫曼（Huffman）编码、算术编码、行程（RLE：Run Length Encoding）编码、字典编码（dictionary encoding）和 LZW（Lempel-Ziv Walch）编码等。

数据压缩的好处：时间域压缩，可迅速传输媒体信源；频率域压缩，可实现并行开通更多业务；空间域压缩，可降低存储费用；能量域压缩，可降低发射功率。

(4) 实时数据库的实施

实时数据库已成为企业信息化的基础数据平台，可直接实时采集、获取企业运行过程中的各种数据，并将其转化为对各类业务有效的公共信息，满足企业生产管理、企业过程监控、企业经营管理之间对实时信息完整性、一致性、安全共享的需求，可为企业自动化系统与管理信息系统间建立起信息沟通的桥梁。

施耐德电气公司旗下的 Wonderware 公司 2016 年推出的 System Platform 2017 是一款适用于监管、监视控制和数据采集系统（SCADA）和工业物联网（IIoT）的实时操作控制平台，可提供全面的工业自动化解决方案，包括支持混合、本地和云端应用。其特点如下。

a. 快速响应的人机界面开发。可在多种外观显示设备实现最佳功能界面和图像，一次配置多处使用，降低开发和维护成本。

b. 自动动态构建。借助 InTouch OMI 和该平台的所有新功能，可利用模型驱动智能导航功能自动构建功能强大的应用，而无需编写脚本，无需手动分级导航。能够将 HMI/SCADA 标签链接和映射到物理设备，自动输入/输出 PLC 及其他控制器的命名空间。

c. 方便的向导。对象向导用于创建通用模板，在调试阶段基于设备配置进行调整，减少相同设备容纳不同配置所用模板数量；符号向导有助于将配置和调整符号的方式标准化，减少应用组装和维护量。

d. 节省时间和开发成本，缩短价值实现时间。利用提供 80％典型应用的完整自动化库减少工程开发时间，缩短价值实现时间；可从预构建的自动化库选择所需内容，例如过程设备对象库、面板、趋势和符号，这些库的内容与硬件无关，因此，可无缝与其他 PLC、DCS 等集成。

e. 云端开发。整个应用设计和测试环境可存在云端，供工程师团队对概念验证、开发和 FAT 测试阶段应用。可视化支持并行开发。设备仿真、HMI 实时预览和 WYSIWYG 编辑，可构建、测试和优化显示屏配置和 HMI 内容。

f. 易操作。借助 UI/UX 设计，操作员可快速操控 HMI，提高设备间的可用性；通过历史信息，回放历史过程，为操作员培训提供素材；地图应用，可高效快速观察异地过程信息；智能 UI 导航和显示，为操作员提供各类资产、报警等信息；方便的过程画面切换和非传统信息源的获取；统计信息实时计算和显示；快速处理历史数据等。

g. 新增视觉构建功能。减少日常工程所需技术知识，可独立定义过程控制对象，为任务导向的工作流奠定基础；创建新 HMI 时，新的图像工作流自动部署对象实例；新的图形工具箱可快速绘图和编辑，简化 HMI 构建过程。

h. 智能报警。可过滤滋扰报警和不良报警，减少操作和注意力疲劳。

i. 减少 IT 管理负担。借助零客户端安装方式，减少 IT 管理负担，简化客户端应用的生命周期维护和更新。

j. 支持多种操作系统、多种数据库，可兼容多种虚拟化技术。例如，Windows 8、Windows 10 专业版和企业版；SQL 服务器 2012 标准版、2014 标准版、2016 标准版；支持 VMWare、微软 Hyper-V 等。

国内已经有紫金桥、北京力控等软件公司提供实时数据库软件。图 6-35 是 Delta V 系统数据库操作图标的画面。

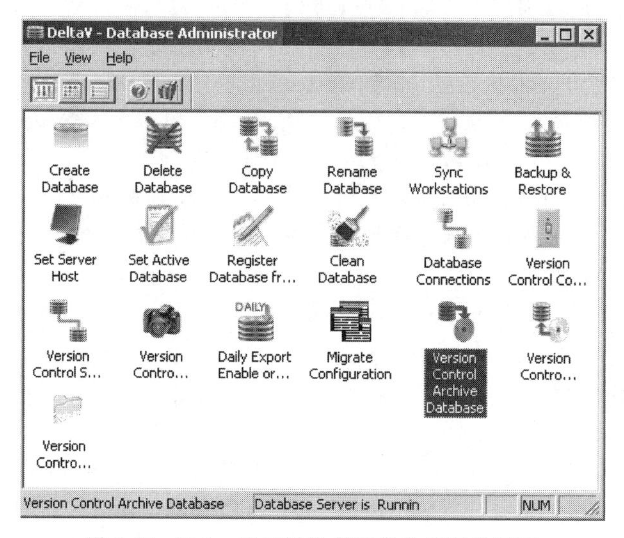

图 6-35　Delta V 系统数据库操作图标的画面

6.3.4　面向对象的数据库

面向过程程序设计将问题看作为一系列响应完成的任务，函数（例程、函数和过程）用于完成这些任务，解决问题焦点集中于函数。面向对象的程序设计是将对象作为程序基本元素，将数据和操作紧密结合，保护数据不被外界函数意外改变。它以对象为基础，利用特定软件工具直接完成从对象客体的描述到软件结构之间的转换，解决了面向过程设计中客体描述工具与软件结构不一致的问题。

（1）面向对象程序设计语言

① 特点　面向对象程序设计语言（OOPL：Object Oriented Programming Language）是常用对象、类、数据抽象、继承、动态绑定、数据封装、多态性、消息传递等概念的程序设计语言。其特点如下。

a. 一致性。采用方法从问题域表示到面向对象分析，再到面向对象设计与实现始终保持不变，有利于软件开发过程中始终使用统一的概念，也有利于维护人员理解软件的各种配置成分。

b. 可重用性。即可以重复使用某问题领域的面向对象的分析方法（OOA：Object-Oriented Analysis）结果，也可重复使用相应的面向对象的设计（OOD：Object-Oriented Design）和面向对象的编程（OOP：Object-Oriented Programming）结果。

c. 可维护性。面向对象的程序设计语言能够最好地表达问题域语义，因此，维护人员能够直接理解问题，使可维护性大大增强。

面向对象程序涉及语言的主要特征如下。

a. 封装性。封装的目的是把对象的设计者和对象的使用者分开，使用者不必知晓行为实现的细节，只需用设计者提供的消息来访问该对象。

b. 继承性。继承性是子类自动共享父类之间数据和方法的机制。继承具有传递性。继承不仅支持系统的可重用性，而且还促进系统的可扩充性。

c. 多态性。多态性指同一消息为不同的对象接受时，可产生完全不同的行动。利用类继承的层次关系，把具有通用功能的协议存放在类层次中尽可能高的地方，而将实现这一功能的不同方法置于较低层次，使在这些低层次上生成的对象能给通用消息以不同的响应。

② 基本概念

a. 对象。对象是基本运行时的实体。它是类的具体化，即是类的实例。例如，控件是一种对象。

b. 类：类是具有相似特征事务的组合，是描述某类型数据所有属性（特征）和行为（方法）的模板。类是对象之上的抽象，类可有子类，也可有父类。

c. 属性。属性是类对应的数据，它是对客观世界实体所具有特征的抽象。每个对象具有它自己的属性。对象的属性由对象所基于的类决定。

d. 方法。方法是对象所能执行的操作。即类中所定义的服务。方法描述对象执行操作的算法。

e. 继承。继承用于定义具有相似属性的类。从现有的类建立新的类的过程称为继承，继承具有包含其父类的所有功能和扩展新类的功能，还可添加其他控件和功能。

f. 封装。把相互关系隐藏在内部，对外仅表现与其他封装体之间的接口，用户只需要知道该对象具有的功能和如何连接和使用该对象，不必了解其内部是如何实现的。这个组织软件的方法称为封装。

g. 多态。不同类型对象对同一函数的调用是不同的。在层次中，对同一消息，不同对象的响应称为多态。

h. 动态绑定。动态绑定指执行器件根据实际对象类型调用其对应的方法。静态绑定是程序执行前已经知道该对象应调用的方法，因此，不需要运行期的信息。

IEC 61131-3 第三版采用面向对象的程序设计语言。类似地有 C＃、C＋＋、Java 等语言。

(2) 面向对象数据库

面向对象数据库是面向对象系统与数据库的结合。即面向对象数据库首先是数据库，即具有数据库具备的能力，包括持久性、事务管理、恢复、查询、版本管理、同步性、完整性和安全性等。其次，它是面向对象的系统，即支持完整的面向对象的概念和控制机制，包括复杂对象、对象一致性、封装、类、继承、迟约束、可延长性和计算的完全性等。

① 数据库转换技术　面向对象数据库是能满足更高一级数据库要求的数据库，为此，需要与现有关系数据库建立映射关系，以实现模式和操作的相互转换。数据库转换包括数据模式转换和数据操作转换。

a. 数据模式转换。对象标识符是对象存在的唯一标志，两个对象相同等价于其标识符相同。与关系模式不同的是面向对象中的类属性分为原子属性、组合属性和集合属性。数据模式转换（data schema conversion）指从面向对象数据库（OODB）到关系数据库（RDB）数据描述语言（DML）的转换，基本思路是把父类属性扩展到所有子类中，每个类映射为一个关系；类的每个属性映射为它对应的关系属性。方法转换是数据模式转换的重要转换，方法有定义和调用。

b. 数据操作转换。数据操作转换（data operation conversion）是从面向对象数据库（OODB）到关系数据库（RDB）数据操纵语言（DCL）的转换。数据库常用操作有数据查询、插入、删除和修改等。

② 模式演化技术　模式演化（schema evolution）指为适应需求变化，面向对象数据库中的类随时间而变化。模式演化必须保持模式一致性，常用模式一致性约束描述。

模式一致性约束分为唯一性约束（同一模式中名字唯一）、存在性约束（显示引用的成分须存在）和子类型约束（子类和父类的联系不能有环，不能有从多继承带来的任何冲突等）等。满足所有这些一致性约束的模式称为一致模式。常用演化方法有透明模式演化（TSE：Transparent Schema Evolution)、等价模式演化（ESE：Equivalent Schema Evolution）和基于数据字典的模式演化等。

③ 索引技术　面向对象数据库数据庞大而复杂，索引化过程是对数据进行主体和特征分析，赋予标志的过程。数据索引技术分为继承索引、集聚索引和集成索引。

④ 安全建模技术　安全模型和数据库系统的结合就是数据库安全建模技术。常用OODB安全模型有支持单级和多级对象的两种模型。安全建模包括安全性分等及一致性检查和冲突解决。

⑤ 事务管理技术　面向对象数据库的事务管理系统见图6-36。

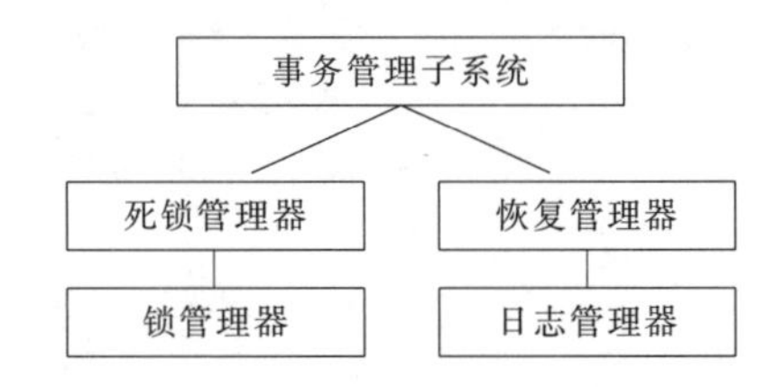

图6-36　面向对象数据库的事务管理子系统

a. 锁管理器。存放单个活动事务的管理锁和等待锁，存放子系统与锁管理器实施对象的上锁操作，事务结束时解锁。

b. 死锁管理器。检测和解除死锁，系统常用时间溢出技术，当时间溢出时死锁管理器放弃事务。

c. 日志管理器。记录对象修改的日志。

d. 恢复管理器。常用来自软件故障和用户激活事务夭折的事务恢复管理机制，不采用来自磁盘故障的恢复机制。

事务管理支持常规事务和虚拟事务。常规事务更新结果被记录在数据库。事务夭折时修改为未做。虚拟事务采用两个副本，原始对象不被更新，当前副本被更新。

⑥ 视图类实现技术　面向对象数据库中很多操作，例如统计、连接查询和视图操作，都能自由访问数据库数据，系统通过标准化的接口实现OODB系统视图的操作，降低复杂度，提高效率。

6.4 信息管理

6.4.1 智能设备管理系统

面对激烈的市场竞争，为更有效地利用当前固定资产，降低设备维护成本、减少因设备原因导致的生产波动等，公司管理层对设备资产智能管理越来越关注，为此，一些集散控制系统制造商推出了智能设备管理系统。例如，Emerson公司的AMS ARES™设备管理平台。

Emerson公司的AMS ARES™设备管理平台包括现场设备管理、机械健康管理和资产监测等。

现场设备管理是利用现场智能设备的预测诊断功能，有效组态、标定和运行这些设备，保证生产设备的可靠性和提高关键生产资产的性能。包括资产管理软件和475型现场手持通信器。

机械健康管理是对转动设备的健康状态进行预测，从而在故障发生前发现问题并进行维修，从而降低维护成本，提高安全性和可用性。

资产监测是对主要生产资产进行监测，使资产能够在更长时间保持高效生产。它根据现有资产状况和专家经验，制定明智的运营决策，提高现有设备、系统和应用的效率，提高系统的可靠性。包括运行状况监测、状态监测、性能监测等。运行状况监测通过对资产运行状况的预测性诊断，识别潜在的故障，提高维护工作效率，优化设备的操作。状态监测采集转动设备的有关数据，发现潜在问题，进行预警，为准确诊断机械状况提供可信赖的数据。性能监测通过解读资产（例如气体和蒸汽涡轮机、压缩机和泵、锅炉和热回收发电机、加热器、热交换器和冷却塔等）的热力学性能，监测关键设备的设计参数变化，提高设备效率，确保实现最佳性能，确定资产低效的原因。

图 6-37 显示 AMS 设备管理系统连接接口一览。AMS 智能设备管理系统常用的设备网络接口包括 Delta V 网络接口、Ovation 网络接口、Provox 网络接口、RS3 网络接口、Siemens PCS7 系统接口、ABB 网络接口、Det Tronics 火气系统接口、HART 多路转换器接口、HART modem 接口、Rosemount HSE 网络接口、HART over Profibus 网络接口、ROC 网络接口、1420 无线网关、Profibus Softing 接口等。

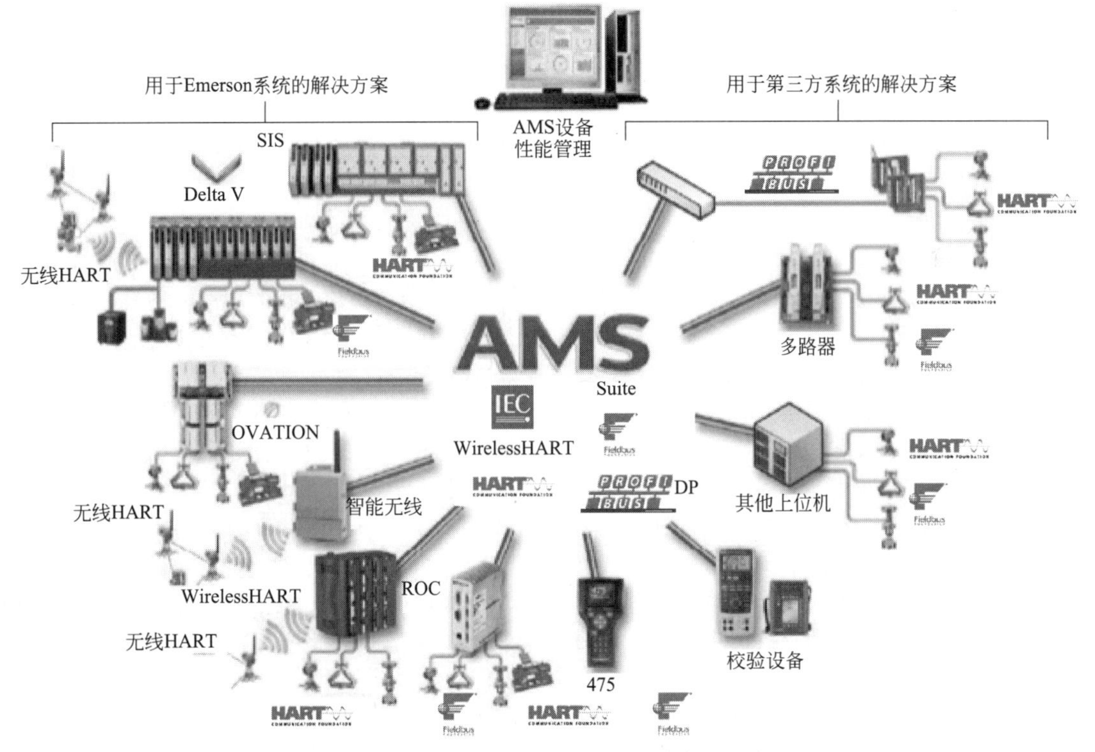

图 6-37　AMS 设备管理系统连接接口一览

不同 AMS 版本和系统所含的授权，可得到的系统网络接口类型和数量不同。

(1) AMS 设备管理系统

① AMS 设备信息平台　AMS 设备信息平台（AMS asset portal）通过因特网浏览器可以实时获取工厂设备状态信息，并将它们集成在统一的管理界面。这些状态信息涵盖机械设备、过程设备、智能现场仪表和控制阀。通过 AMS 设备信息平台，管理和维护人员可综合分析，并做出快速准确的决策。由于采用因特网技术，AMS 设备信息平台可有效地将特定数据传送给位于全球任意地方的相关人员，从而实现信息化管理。

该平台可对用户特别关心的设备进行预测诊断，可在全厂范围或几个工厂内安全地采集、整理和分配有价值的信息，例如，有关机械、电气和过程的设备、现场仪表和控制阀等信息。用户可在任何地方通过浏览器获得整个工厂的信息。

② AMS 智能设备管理系统　AMS 智能设备管理（AMS intelligent device manager）系统利用通用的用户界面及专业工具来管理智能现场设备，它提供全面分析和报告工具，防止成本浪费。例如，从生产过程中拆下的控制阀中，有四分之三是不需要拆下的；65%的现场仪表维护

工作是不必要的。经智能设备管理系统的分析，可以大大延长设备维护周期，降低设备维修成本。

AMS智能设备管理系统是基于HART和FF通信协议的规模可变的管理平台，它集数据采集、数据分析于一体，采用开放的标准协议来优化过程仪表和控制阀的维护工作。它有一个存储设备组态信息的数据库，支持不同厂商（多达50多家厂商）、不同系统和运行软件的几百种HART和FF现场设备，能够在线获得这些仪表和控制阀的运行信息和诊断信息，并对所有设备的维护信息进行归档，从而为设备的预防性维护、预测性维护和预见性维护提供解决方案。

③ AMS机械设备状态管理系统　AMS机械设备状态管理（AMS machinery health manager）系统用于在线监测机械设备，采集运行数据并进行分析，从而检测动设备和静设备的运行状态。利用其提供的分析工具，可实现对机械设备的预测维护功能，并对发现的问题提出正确的对策，和安排针对性的日常维护工作。

AMS机械设备状态管理系统通过不同预测维护技术的整合，包括在线振动分析、油分析、电机诊断、超声波分析、红外线分析和激光分析，实现在同一软件中获得完整的机械设备状态数据，此外，该系统能与商业系统连接，传递机械设备的状态信息，发出工作指令，并接收状态变化信息。这些正确的信息将反馈给合适的工作人员，确保他们能够精确和及时地获得机械的状态信息，做出正确的决策。

④ AMS设备性能监测系统　AMS设备性能监测（AMS equipment performance monitor）系统采用精确的热动力学模型对设备老化状况，如对压缩机的老化、锅炉结焦和机泵部件磨损等进行分析，通过财务规划，计算出设备退化导致的效率降低会造成公司利润下降的数据，通过比较当前受影响的运行状况的成本和停车维修成本，从而决定计划停车的最佳时间。

除了合理安排维护工作外，该系统还能够为用户提供评估过程和设备性能的工具，帮助用户对诸如汽轮机等如何达到最大发电量进行评估，决定蒸汽轮机的抽气或进气量以及降低锅炉的燃料成本等。

⑤ AMS实时优化系统　AMS实时优化（AMS real-time optimizer）系统通过检测设备的状态和改变运行方式，对装置、工厂和其他设备进行实时运行成本的优化。它包括设备的选择和操作点设定优化、在执行运行决策时提供能源和原料成本的实时信息、为最大化目标函数进行数据调整、可与第三方进行数据集成等。该系统提供各种模型和优化程序的模块化程序库，用于确定生产过程工艺的设定点和设备选型，使生产过程处于最佳的运行状态。

AMS实时优化系统专门针对实时和在线应用而设计，程序运行速度快、耐用性好、应用范围广。它为操作人员提供参考消息或自动更改控制系统的设定值，即使过程参数变化和燃料成本波动时，用户仍可采用该系统达到控制成本和提高生产效益。

⑥ AMS的SNAP-ON应用　AMS的无线SNAP-ON应用是SNAP-ON的扩展，用于对无线网络的管理和提供额外的功能。该应用用于无线网络的规划，并根据推荐的设计实践对它们进行比较，快速和方便地用图形显示方式预测网络诊断技术查看无线通信的情况和状态，确定潜在的故障位置。根据网络关键参数的报告维护无线网络。通过平衡网络的应用和网关的容量来维护网络性能。图6-38是AMS无线SNAP-ON应用 的诊断画面。图中显示在规划无线网络时，如果某位置作为基站时可以覆盖的通信范围。

SNAP-ON应用程序包括AlertTrack™、AMS ValveLink™、AMS Wireless、Calibration Assistant、DCMlink™、MV Engineering Assistant、Meter Verification、QuickCheck™、FFPowerAlert、Masoneilan Valvue、Flow Serve Valve Analysis、Smar Valid等诊断、监测应用程序。

⑦ 生命周期服务　生命周期服务（lifecycle service）可以确保用户能够有效地使用AMS设备管理器。通过Emerson的专家帮助用户充分利用智能设备提供的诊断信息，专家将安装有关的应用程序，并完成用户的初始配置，执行重新设计的维护任务，并优化AMS设备管理器的使用。生命周期服务将生产过程的数据与企业资产管理系统集成，进行设备的底线改进等。

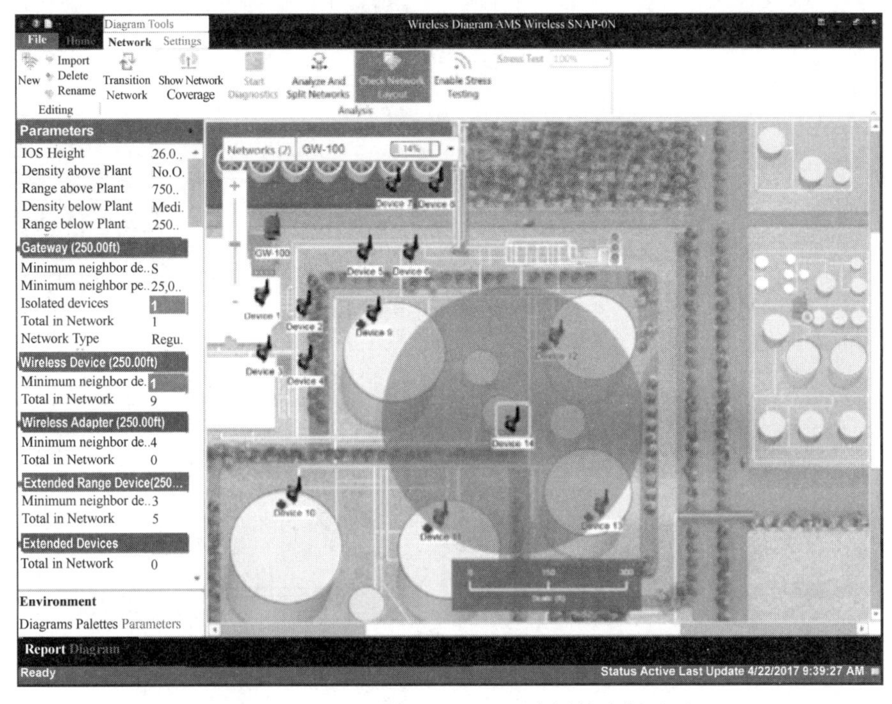

图 6-38　AMS 无线 SNAP-ON 应用的诊断画面

（2）AMS 智能设备管理系统的优点

① 缩短开车和调试时间　可利用该系统对智能设备进行快速接线回路测试和联锁系统回路测试，缩短开车和调试时间。

② 提高质量　根据该系统的在线设备诊断和状态信息，当设备处于非正常状态时，能够及时发出警报，通过合理使用，监测现场设备，使过程运行更可靠，提高产品质量。

③ 高效率　操作人员根据该系统提供的信息可全面了解设备状态，在设备发生故障前就可发现事故苗子，从而避免非计划停车和事故的发生，提高了生产率。此外，维护人员可从该系统获得大量诊断信息，减少大量巡检时间，提高维护工作效率。利用该系统的在线组态功能，维护人员可在控制室完成智能设备的组态工作，提高了维护的安全性。

④ 降低成本　该系统将同一台现场设备设置成适用于多种用途的设备，从而减少现场设备需要的数量，降低成本。此外，通过简化组态文档，减少建立组态数据库和文档的人工费用，降低了工程成本。

⑤ 开放性　该系统可与任何符合开放标准的系统互联，它设置了专用的通信接口，用于现场仪表和控制阀的连接。它也有包括与现场总线、高速以太网、Profibus、HART、HART 多路转换器和针对 HART 的 Arcom 协议的通信接口。它可通过 OPC 支持 SNAP-ON 软件等。该系统可与 ERP 系统或 CIMS 系统连接，将数据上传到这些系统，而不需要用人工再手动输入。

（3）集散型 AMS 智能设备管理系统

集散型 AMS 智能设备管理系统提供一个通信网络，使 AMS 智能设备管理系统可多方面提高应用效率。它采用客户机/服务器结构，因此，集散型 AMS 智能设备管理系统必须有一个 Server Plus 工作站，而客户机工作站可根据应用规模增减。每个工作站都可在 AMS 智能设备管理系统数据库中访问任何 HART 和 FF 现场智能设备的所有信息。Server Plus 工作站中既有集散型 AMS 智能设备管理系统的数据库，又可与现场 HART 和 FF 智能设备连接，一台 Server Plus 工作站最多可连接 19 台客户机工作站。

图 6-39 是 AMS 智能设备管理系统与其他集散控制系统的连接图。

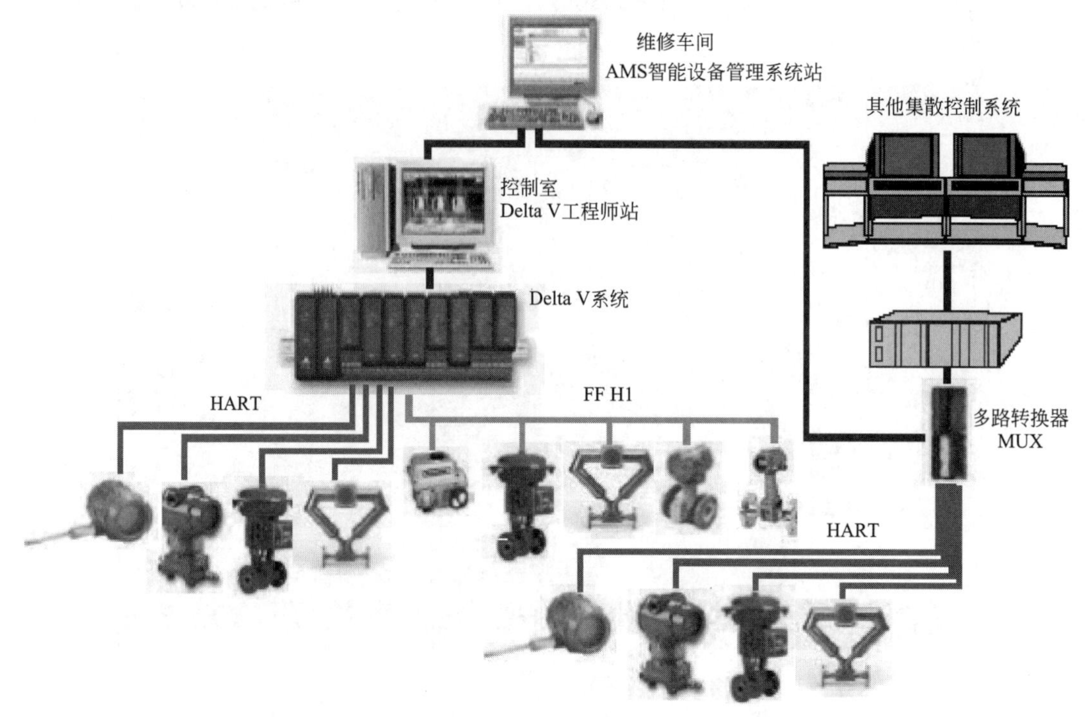

图 6-39 AMS 智能设备管理系统与其他集散控制系统的连接

6.4.2 制造运营管理和企业资源计划

美国先进制造研究机构 AMR1992 年提出自动化体系的三层企业集成模型，如图 6-40 所示。2000 年美国仪器、系统和自动化协会（ISA：Instrumentation，System，and Automation Society）发布 ISA-SP95 标准，提出了制造运营管理的概念。

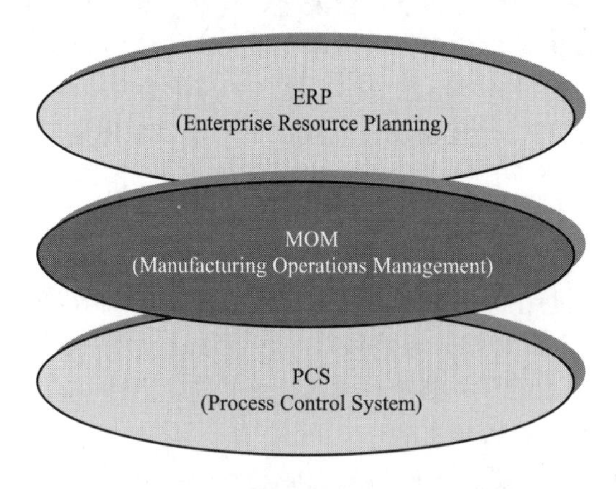

图 6-40 自动化体系的三层企业集成模型

(1) 制造运营管理与制造执行系统的关系

① 制造执行系统　MES 国际联合会对制造执行系统（MES：Manufacturing Execution System）的定义如下：MES 是一个常驻工厂层的介于企业领导层的计划系统与主生产过程的直接

工业控制系统之间的信息系统。在产品从工单发出到成品产出的过程中，扮演生产活动最佳化的信息传递者。当事件发生变异时，借助正确的实时信息、生产执行系统规范、原始工作情况、资料反应及反馈信息，做出快速响应以减少无附加价值的生产活动，提升工厂生产过程的效率。MES 改善生产条件及准时出货、库存周转、生产毛利及现金流量效益，MES 也在企业与供应链间提供一个双向的生产信息流。

MES 系统在工厂中的数据流见图 6-41。图中，ERP/MRP Ⅱ 等系统需随时注意产品库存量、客户订单状况及材料需求，并将这些信息传送到 MES，由执行系统进行生产或安排库存来满足客户订单需求。对 MES 而言，该层是生产的计划层。

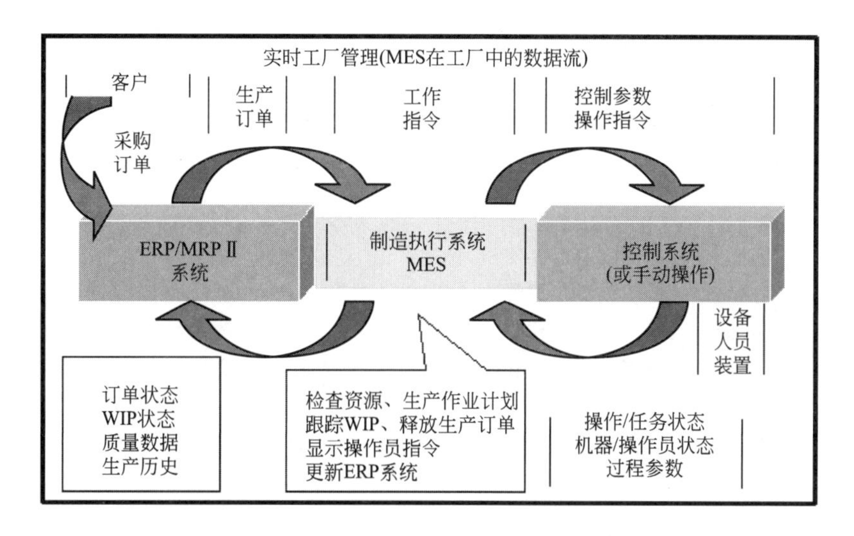

图 6-41　MES 系统在工厂中的数据流

中间为 MES 系统，负责完成产品制造工作，产品的规格、型号、参数等相关资料存储在该系统，并由 MES 系统转化为作业程序，供控制系统的操作人员或机器设备等使用。

右面的控制系统，利用工厂内所有的资源完成生产制造过程，达到产品的生产目标。

可见，MES 系统是一系列的管理功能，是各种生产管理功能软件的集合。根据 MESA 的归纳，主要的十一种功能包括工序详细调度、资源分配和状态管理、生产单元分配、过程管理、人力资源管理、维护管理、质量管理、文档控制、产品跟踪和产品清单管理、性能分析和数据采集等。

MES 是面向车间层的生产管理技术与实时信息系统，它是实施企业敏捷制造战略、实现车间生产敏捷化的基本技术手段。它是一个制造管理系统，它的管理对象是生产车间，反映的是车间计划生产产品多少，实际投入多少，已经生产多少，产品在生产过程中有多少不合格等等反映制造的信息，MES 下还有自动控制系统，用于生产过程监视、操作和控制。

MES 的应用要充分考虑企业的具体情况，选用合适的解决方案，见表 6-8。

表 6-8　MES 应用的考虑

应用的考虑	流程工业	离散工业
典型应用领域	石油化工、电力、钢铁制造、能源、医药、水泥等	机械制造、电子电器、航空制造、汽车制造等
企业生产方式	采用按库存、批量、连续的生产方式	既有按订单生产，也有按库存生产；既有批量生产，也有单件小批生产
行业的需求	对原材料进行混合、分离、粉碎、加热等物理或化学方法，使原材料增值。以批量或连续的方式进行生产	对原材料物理形状的改变、组装，成为产品，使其增值

续表

应用的考虑	流程工业	离散工业
产品结构	采用配方的概念来描述这种动态的产品结构关系，还可能细分为主产品、副产品、协产品、回流物和废物。MES在描述这种产品结构的配方时，还应具有批量、有效期等方面的要求	用“树”的概念进行描述，最终产品一定是由固定个数的零件或部件组成，这些关系非常明确且固定
自动化水平	采用大规模生产方式，生产工艺技术成熟，自动化水平高	离散加工，产品的质量和生产率很大程度依赖于工人的技术水平。自动化水平相对较低
生产计划管理	大批量生产。一般满负荷生产，年度计划更具有重要性	产品的工艺过程经常变更，它们需要具有良好的计划能力
设备利用	产品比较固定，设备是一条固定的生产线，设备投资比较大，工艺流程固定	寿命相对要小，可以单台设备停下来检修，不会影响整个系统生产
批号管理和跟踪要求	会产生各种协产品、副产品、废品、回流物等，对物资的管理需要有严格的批号	一般对这种溯源、批号等要求并不十分强烈

② 制造运营管理　根据IEC/ISO 62264标准，定义制造运营管理（MOM：Manufacturing Operations Management）为：通过协调管理企业的人员、设备、物料和能源等资源，把原材料或零件转化为产品的活动。它包含管理那些由物理设备、人和信息系统来执行的行为，并涵盖了管理有关调度、产能、产品定义、历史信息、生产装置信息，以及与相关的资源状况信息的活动。

ISA-SP 95标准的功能层次模型是基于美国普渡大学的企业参考体系结构的模型。图1-3是企业信息集成规范的层次模型。

该模型共有5层。

第0、1和2层是过程控制层。它们的对象是设备的控制。

第3层是制造运营管理（MOM）层，MOM提供实现从接受订货到制成最终产品的全过程的生产活动优化信息。该层以生产行为信息为核心，为企业决策系统提供直接支持，主要活动如下：

a. 报告包括可变制造成本在内的区域生产；

b. 汇集并维护有关生产、库存量、人力、原材料、备件和能量使用等的区域数据；

c. 完成按工程功能要求的数据采集和离线性能分析，可能包括统计质量分析和有关控制功能；

d. 完成必要人员功能，例如，工时统计，休假调度，劳动力调度，晋升方针及公司内部培训和人员技术规范；

e. 为其自身区域建立包括维护、运输和其他与生产有关的需要在内的直接的详细生产计划；

f. 为其各自生产区域局部优化成本，同时完成第4层功能所建立的生产计划；

g. 修改生产计划以补偿在其负责区域可能会出现的工厂生产中断。

图6-42是制造运营管理模型。表6-9是图6-42中数据流的内容。双点画线表示企业控制接口的边界，相当于第3层和第4层的接口。

图6-42中，虚线表示功能、数据存储器或外部实体之间流动的一组数据，数据与企业控制集成模型无关，只用于图示功能的前后关系。实线表示功能、数据存储器或外部实体之间流动的一组数据。数据是在企业控制集成模型内定义的。椭圆符号表示功能，是由相同目标分类的一组任务。矩形符号表示实体，是模型边界外的部件，它向功能发送数据和/或从功能接收数据。

第3层的控制域包括下列功能。

a. 资源配置和控制。直接域控制和制造相关联的资源管理功能。这些资源包括机器、工具、工人技能、物料、其他设备、文件及开始和完成工作所需的其他实体，也包括当地资源储备。

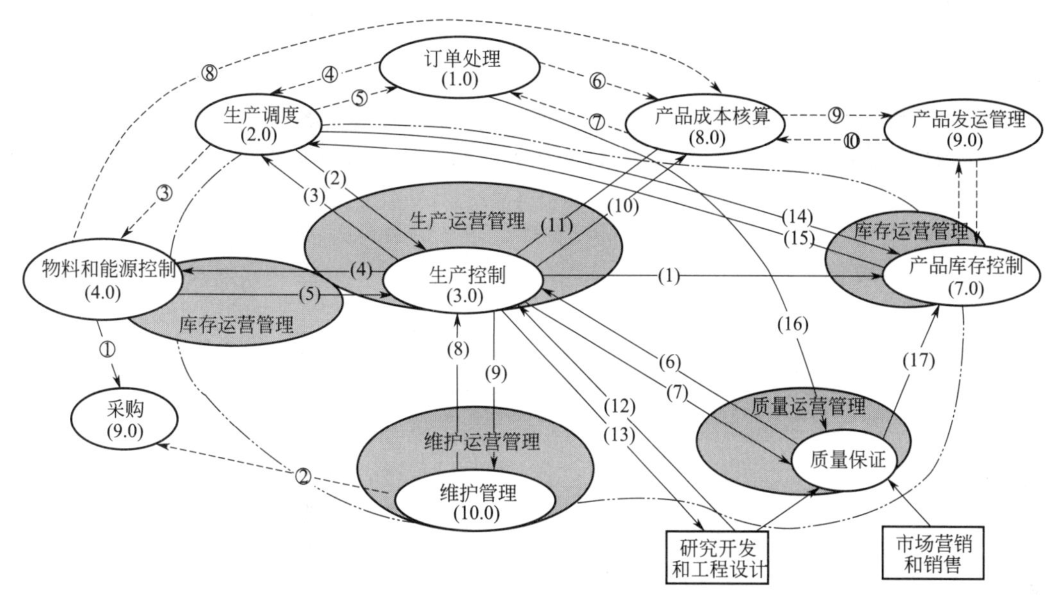

图 6-42　制造运营管理模型

表 6-9　数据流的内容

编号	数据流内容	编号	数据流内容
(1)	过程数据	①	订货订单确认,物料和能源订货要求
(2)	调度	②	维护购货订单要求
(3)	按计划生产和生产能力	③	长期物料和能源要求
(4)	短期物料和能源要求	④	可用性
(5)	物料和能源库存量	⑤	生产通知单
(6)	标准和客户要求,质量保证结果	⑥	—
(7)	过程数据,过程豁免要求	⑦	—
(8)	维护技术反馈,维护响应	⑧	入库物料和能源签收
(9)	维护标准和方法,维护请求	⑨	—
(10)	生产绩效和成本	⑩	—
(11)	生产成本目标	⑪	发货确认
(12)	产品和工艺诀窍及产品和工艺要求	⑫	发货放行
(13)	产品和工艺技术反馈,产品和工艺信息要求	⑬	标准和客户要求
(14)	包装调度表	⑭	产品和工艺要求
(15)	制成品库存量		
(16)	制成品豁免		
(17)	质量保证结果		

注:1. 有数据流内容的表示对制造控制有重要作用的信息流。

2. 双点画线与有子功能的一些功能相交,根据组织的规范,这些子功能可归入到控制域或企业域。

3. 模型结构并不反映公司内部组织结构,单反映功能的组织结构。

4. ⑪～⑭图中未标出。

b. 分派生产。以作业、订单、批量及工作通知单形式对特定设备和人员分派生产的管理生产流的功能。

c. 数据汇集和采集。获得与生产设备和生产观察相关的作业生产和参数数据的功能。提供生产设备和生产过程实时状况及历史数据。

d. 质量管理。提供从制造和分析过程采集的实时测量数据的功能，以保证正确的产品质量控制，并确认需要注意的问题，包括统计过程控制 SPC/统计质量控制 SQC，离线检验操作的跟踪和管理等。

e. 过程管理。监视生产的功能及自动校正或给操作员提供决策者支持的功能。

f. 生产跟踪。提供生产状况和工作安排的功能。状态信息可包括分配给该工作的人员，用于生产的物料，当前生产条件等。

g. 绩效分析。提供实际制造运行结果和最近报告，提供与过去历史及预期结果的比较功能。绩效结果包括资源利用、资源可用性、产品单位循环实际、调度一致性及标准绩效等。绩效分析包括 SPC/SQC 分析。

h. 运行和详细调度计划。提供基于优先权、属性、特性和生产规则的排序功能。

i. 文件控制。提供按生产单元维护控制记录和报表的功能。记录和报表包括工作说明、配方、图纸、标准操作过程、部分程序、批记录、涉及更改说明等。

j. 劳动力管理。提供最近时间框架内人员状况的一些功能。其功能包括时间和出勤报告、证书跟踪及跟踪间接功能的能力。

k. 维护管理。提供维护设备和工具的功能，保证制造用设备和工具的可用性。

第 4 层是企业资源计划（ERP：Enterprise Resource Planning）层。该层主要包括财务管理（包括会计核算，财务管理）、生产控制（包括长期生产计划，制造）、物流管理（包括采购，库存管理，市场和销售）和人力资源管理等基本功能模块。通常，它们不直接与产品有关。

ERP 是企业资源管理平台，其重点是企业的资源，其核心思想是财务 ERP，最终为企业决策层提供企业财务状况，用于企业决策。MES 是制造管理系统，其管理对象是生产车间，其核心是信息集成，它为经营计划管理层与底层控制之间架起桥梁。

③ 制造运营管理（MOM）和制造执行系统（MES）之间的关系

a. 从范围看，MOM 覆盖范围比 MES 的范围更广泛、更明确。MOM 覆盖范围是企业制造运行区域（第 3 层）内的全部活动。MES 涉及的范围因其产品涉及理念、发展历程和应用行业、地域等不同而变化，难以有十分明确的界限，但不能超越 MOM 的界限。MOM 避免了 MES 边界争论，提供更广义抽象的边界范围和更明确的统一框架。

b. 从本质看，MOM 与 MES 是两个不同角度提出的概念。MOM 是一个对象范畴的概念，MES 是一个软件产品和软件系统的概念，它只是为解决某一类 MOM 问题而涉及开发的软件产品。MOM 不仅解决该领域的通用研究对象，也解决其研究内容。

c. 从内容看，MOM 与 MES 整体结构存在一定差异。MOM 将生产运营、维护运行、质量运行和库存运行并列，用统一的通用活动模型模板来描述，并详细定义通用活动模型内部主要功能及各功能之间的信息流。MES 则以生产运行为核心，其他运行管理弱化为功能模块，处于辅助生产运行的位置，功能有限，它没有采用与生产运行管理和类似复杂程度的框架进行描述，因此，当精益生产和生产质量要求提高、企业安全生产要求提高时，难以充分满足对设备维护、质量和库存管理的要求，并直接影响生产运行的管理。

因此，MES 可认为是 MOM 的一个具体实现方式，或解决某一类 MOM 问题涉及开发的软件产品实例。MOM 不是要替代 MES，而是为该领域确立一个通用的明确的研究对象和研究内容，提供主题框架。MES 则基于 MOM 确立的主体框架，进一步向集成化、标准化方向发展，从而更便于实现集成和共享，更便于维护和升级。

(2) 企业资源计划 ERP

① 功能标准　企业资源计划 ERP（Enterprise Resource Planning）是指建立在信息技术基础上，以系统化的管理思想，为企业决策层及员工提供决策运行手段的管理平台。ERP 具备下列四方面的功能标准。

a. 超越MRPⅡ范围的集成功能。包括质量管理、试验室管理、流程作业管理、配方管理、产品数据管理、维护管理、管制报告和仓库管理。

b. 支持混合方式的制造环境。包括既可支持离散又可支持流程的制造环境，按照面向对象的业务模型组合业务过程的能力和国际范围内的应用。

c. 支持能动的监控能力，提高业务绩效。包括在整个企业内采用控制和工程方法、仿真功能、决策支持和用于生产及分析的图形能力。

d. 支持开放的客户机/服务器操作环境。包括客户机/服务器体系结构、图形用户界面、计算机辅助设计工程、面向对象技术、使用SQL对关系数据库查询和内部集成的工程系统、商业系统、数据采集和外部集成。

信息技术在管理上的应用，从MIS（管理信息系统）、MRP（材料需求计划）、MRPⅡ（制造资源计划）发展到ERP（企业资源计划）。

ERP是以计算机为核心的企业级管理系统。它增加了包括财务预测、生产能力、调整资源调度等方面的功能，配合企业实现JIT管理、质量管理和生产资源调度管理及辅助决策的功能，成为企业进行生产管理及决策的平台工具。

② ERP核心思想　ERP的核心管理思想是实现对整个供应链的有效管理。

a. 体现对整个供应链资源进行管理的思想。现代企业竞争不是单一企业与单一企业间的竞争，而是一个企业供应链与另一个企业供应链之间的竞争。ERP系统实现了对整个企业供应链的管理，适应了企业在知识经济时代市场竞争的需要。

b. 体现精益生产、同步工程和敏捷制造的思想。精益生产LP是企业按大批量生产方式组织生产时，把客户、销售代理商、供应商、协作单位纳入生产体系，企业同其销售代理、客户和供应商的关系，已不再简单地是业务往来关系，而是利益共享的合作伙伴关系，这种合作伙伴关系组成了一个企业的供应链。敏捷制造指当市场发生变化，企业遇有特定的市场和产品需求时，企业的基本合作伙伴不一定能满足新产品开发生产的要求，这时，企业会组织一个由特定的供应商和销售渠道组成的短期或一次性供应链，形成“虚拟工厂”，把供应和协作单位看成是企业的一个组成部分，运用“同步工程（SE）”组织生产，在最短时间内将新产品打入市场，时刻保持产品的高质量、多样化和灵活性。

c. 体现事先计划与事中控制的思想。ERP系统中的计划体系主要包括主生产计划、物料需求计划、能力计划、采购计划、销售执行计划、利润计划、财务预算和人力资源计划等，而这些计划功能与价值控制功能已完全集成到整个供应链系统中。

ERP系统通过定义事务处理（transaction）相关的会计核算科目与核算方式，以便在事务处理发生的同时自动生成会计核算分录，保证了资金流与物流的同步记录和数据的一致性，从而实现了根据财务资金现状，可以追溯资金的来龙去脉，并进一步追溯所发生的相关业务活动，改变资金信息滞后于物料信息状况，便于实现事中控制和实时做出决策。图6-43描述ERP中各部分的关系。

(3) ISA SP 95

ISA SP 95标准定义了企业商业系统和控制系统之间的集成，主要可以分成3个层次，即企业功能部分，信息流部分和控制功能部分。

生产对象模型根据功能分为8大模型，4类：资源、能力、产品定义和生产计划。资源包括人员、设备、材料和过程段对象。能力包括生产能力、过程段能力。产品定义包括产品定义信息。生产计划包括生产计划和生产性能。

① 人力资源模型　此模型专门定义人员和人员的等级，定义个人或成员组的技能和培训，定义个人的资质测试、结果和结果的有效时间段。

② 设备资源模型　设备资源模型用于定义设备或设备等级，定义设备的描述，定义设备的能力，定义设备能力测试、测试结果和结果的有效时间段，并定义和跟踪维护请求。

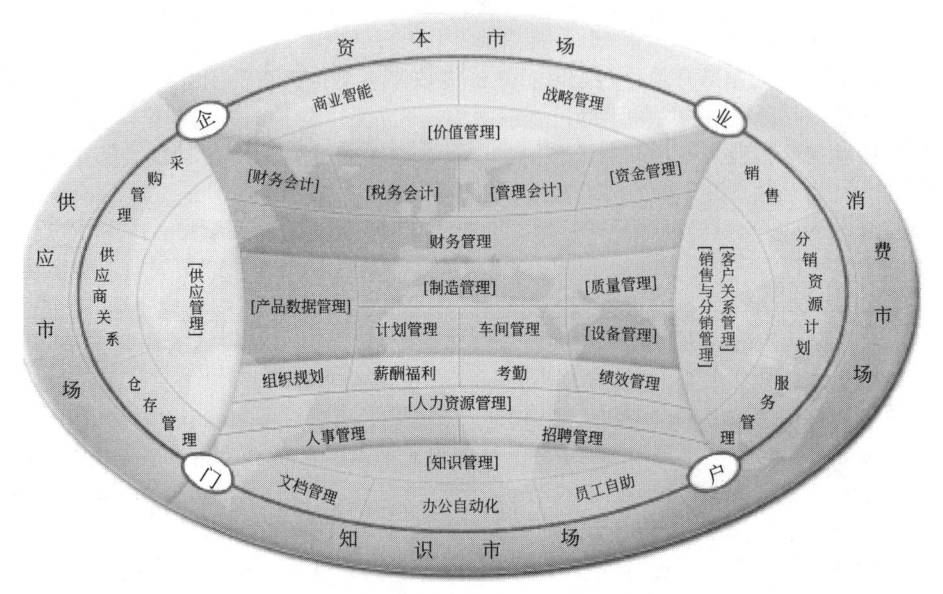

图 6-43　ERP 中各部分的关系

③ 材料资源模型　此模型专门定义材料或材料等级属性，对材料进行描述，定义和跟踪材料批量和子批量信息，定义和跟踪材料位置信息，定义材料的质量保证测试标准、结果和结果的有效时间段。

④ 过程段模型（包括过程段模型和过程段能力模型）　专门定义了过程段，提供过程段的描述，定义过程段使用的资源（个人、设备和材料），定义过程段的能力，定义过程段的执行顺序。

⑤ 生产能力模型　此模型对生产能力或其他信息进行描述，独一无二地对设备模型的特定生产单元定义生产能力，提供当前能力的状态（可用性，确认能力和超出能力），定义生产能力的位置，定义生产能力的物理层次（企业，生产厂，生产区域，生产单元……），定义生产能力的生命周期（起始时间，结束时间），对生产能力的发生日期归档。

⑥ 产品定义模型　产品定义模型用于专门定义产品的生产规则（配方，生产指令），并对此规则提供一个发布日期和版本，指定生产规则的时间段，提供生产规则及其他信息的描述，指定使用的材料表和材料路由，为生产规则指定产品段的需求（人员，设备和材料），指定产品段的执行顺序。

⑦ 生产计划模型　生产计划模型用于对特定产品的生产发出生产请求，并对请求提出一个唯一的标识，提供对生产计划以及相关信息的描述，提供生产计划请求的开始和结束时间，对生产计划发布的时间和日期归档，指出生产计划请求的位置和设备类型（生产厂、生产区域、过程单元、生产线等）。

⑧ 生产性能模型　生产性能模型根据生产计划请求的执行或某一个生产事件报告生产结果，唯一地标识生产性能，包括版本和修订号，提供生产性能的描述和其他附加信息，识别相关的生产计划，提供实际的生产开始和结束时间，提供实际的资源使用情况，提供生产的位置信息，对生产性能发布的时间日期归档，提供生产产品设备的物理模型定义（生产厂、生产区域、过程单元、生产线等）。

信息交换分下列四类：

① 产品定义信息　通过交换产品的全周期管理信息，描述如何制造一个产品；

② 生产能力信息　通过信息交换，说明需要的和可获得的生产资源容量和能力；

③ 生产计划信息　通过信息交换，说明何时何地生产何种产品，及需要何种资源；

④ 生产性能信息　通过信息交换，说明生产了什么，消耗什么资源，包括所有商业系统所

需要的生产产品的反馈信息。

ISA SP 95 标准由下列五部分组成。

① IEC/ISO 62264-1（2003） 企业-控制系统集成，第一部分：模型与术语。

② IEC/ISO 62264-2（2004） 企业-控制系统集成，第二部分：对象模型属性。

③ ANSI/ISA 95.00.03（2005） 企业-控制系统集成，第三部分：制造信息行为模型。

④ ISA 95.00.04（Draft） 企业-控制系统集成，第四部分：制造运行操作管理对象模型和属性。

⑤ ISA 95.00.05（Draft） 企业-控制系统集成，第五部分：商用业务与制造事务的关系。

ISA SP 95 为规范企业管理和控制系统的信息集成所做的工作显现了强大生命力，得到广泛支持。它不仅作为美国标准加以公布，而且成为ISO/IEC国际标准的基础。目前，许多MES和ERP的软件供应商，如GE-Fanuc、Siemens A&D（SEMATIC IT）、Rockwell Automation、SAP、Invensys等，都毫不犹豫宣布其相关软件产品符合SP95规范。

（4）协同生产系统

① 协同过程自动化系统 协同过程自动化系统CPAS（Collaborative Process Automation System）模型（图6-44）由著名咨询集团ARC提出，它是自动化设备制造公司和工程公司实现ERP、MOM和PCS三层结构的一种优化解决方案。

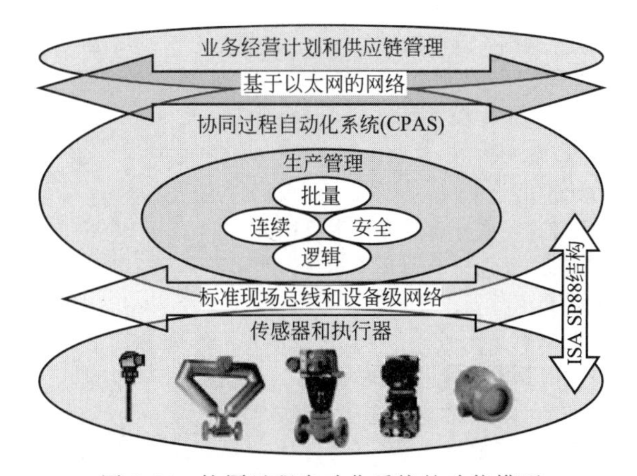

图6-44 协同过程自动化系统的功能模型

CPAS把PCS和MOM的功能性和具体实现所必需依托的网络技术和技术标准及相互关系，完整而清晰地予以概括。CPAS创导全厂控制（in-plant control）的概念，用一个平台提供工厂所有必需的控制功能，摒弃长期以来由PLC和DCS分担离散控制和过程控制的功能划分。同时，还创导用一个统一的工程设计和组态环境，解决所有的电控、仪控、计算机控制和HMI、SCADA的设计和组态，乃至开车调试投运和运行管理维护所需要的工程问题。CPAS明确指出，支持底层和设备自动化的网络技术采用现场总线，支持工厂和企业的管理信息网络采用基于以太网的技术。

CPAS以经营业务流程的性能最优为目的，为经营管理、生产管理和生产制造之间形成闭环提供了一种方法。对生产过程的绩效进行精确度量，是达到综合指标优化、运营效果出众的前提。它将接收第三方产品的生产过程和管理信息，实现供应链的协同。

协同过程自动化系统通常被定义为一种方法，为实现操作的卓越，来统一原先已有的不同系统。它采用一个统一和单一的操作环境，为操作员提供信息，并能够在适当时间从系统的任何地方向合适的人员提供其所需的信息。其特点如下：

a. 可连续协同和访问专家，获得有效支持；

b. 采用详细数据分析，提供决策；

c. 通过改进设备性能增加产品量；

d. 改善用户与供应商之间的通信；

e. 高可靠性和安全性，降低风险和降低成本。

② 协同生产系统　CPAS的着重点是从自动化出发，它要与生产运行管理软件集成，但仅限于与自动化密切相关的部分集成。为实现与工厂层管理的其他软件（如工程系统、维护系统）以及企业管理系统（ERP和供应链）的集成，提出了协同生产系统（CPS：Collaborative Production Systems）制造模型，它将CPAS与运行管理模型组合。CPS模型是按从公司的整体视角来处理其制造与生产的运行操作，以及这些运行操作如何与企业的其他组成部分实现最佳的协同的准则进行设计的。CPS的架构给出一个实时、统一而又具有全方位的处理，来支持全企业的运行操作管理，以尽可能确保实现协调制造。

思　考　题

6-1　什么是人机交互？它的特点是什么？

6-2　人机交互的WIMP技术表示什么？

6-3　人机交互系统的设计原则有哪些内容？

6-4　人机交互的发展分哪几个阶段？

6-5　窗口设计技术实施时的主要内容有什么？

6-6　图标设计常用于什么场合？

6-7　菜单显示形式设计分几类？

6-8　集散控制系统中人机交互系统设计有什么重要性？

6-9　集散控制系统对人机交互系统有什么要求？

6-10　集散控制系统人机交互界面设计的设计原则是什么？

6-11　显示屏操作方式的特点是什么？它对人机接口有什么要求？

6-12　集散控制系统的组态操作有哪些主要内容？

6-13　操作画面组态包含什么主要内容？应注意什么问题？

6-14　操作画面是如何分层的？通常分为几层？以操作显示为例说明之。

6-15　哪些操作画面不需要设计人员设计绘制？这些画面中的参数应如何修改？

6-16　什么是报警死区？如何设置？

6-17　集散控制系统的控制组态包括什么内容？以某温度单回路控制系统为例，说明控制组态的内容。

6-18　现场总线控制系统的控制组态包括什么内容？与集散控制系统比较，有什么不同处？

6-19　集散控制系统的维护和系统画面包括哪些内容？

6-20　集散控制系统操作画面中动画处理方式有哪些？

6-21　数据库管理系统有什么主要功能？有哪些数据库管理系统？

6-22　实时数据库和关系数据库各有什么特点？

6-23　实时数据库调度模型有哪些内容？各有什么功能？

6-24　面向对象的数据库是什么数据库？数据库转换有哪些转换？

6-25　什么是信息管理系统？它的主要功能是什么？

6-26　AMS智能设备管理系统有什么特点？

6-27　什么是自动化体系的三层企业集成模型？各层的主要功能是什么？

6-28　MES和MOM之间的关系是什么？

6-29　ISA SP 95标准定义的生产对象模型包含哪些模型？

6-30　CPAS的特点是什么？

第7章　集散控制系统的数据通信

集散控制系统是由若干按功能或处理量为单位的子系统，在物理上和功能上结合起来构成的系统。以微处理器为基础的各个子系统，如各个分散过程控制装置之间，分散过程控制装置与操作站之间，操作站与上位机之间都需要进行信息交换，而现场总线使集散控制系统的通信范围向下延伸到变送器、执行器等现场设备，这些信息交换是通过通信系统实现的。集散控制系统的通信系统采用计算机网络中的局部控制网络实现。随着计算机网络技术的发展，集散控制系统向上的通信也越来越多，工业互联网是其核心。

7.1　数据通信基本概念

7.1.1　计算机网络

计算机网络（简称网络）是指将地理位置不同的具有独立功能的多台计算机及其外部设备，通过通信线路连接起来，在网络操作系统、网络管理软件及网络通信协议的管理和协调下，实现资源共享和信息传递的计算机系统。

从逻辑功能看，计算机网络是以传输信息为基础目的，用通信线路将多个计算机连接起来的计算机系统的集合，一个计算机网络组成包括传输介质和通信设备。

从用户角度看，计算机网络是一个能为用户自动管理的网络操作系统。由它调用完成用户所调用的资源，而整个网络像一个大的计算机系统一样，对用户是透明的。

从整体角度看，计算机网络是由通信线路互相连接的许多自主工作的计算机构成的集合体。计算机网络由计算机系统、通信链路和网络节点组成。网络节点是双重作用的节点，它负责管理和收发本地主机来的信息，并为远程节点送来的信息选择一条合适的链路转发出去。它还与网络其他功能一起，避免网络的拥挤和有效使用网络资源。通常它是一台具有通信控制处理功能的小型机。通信链路是节点间的一条通信信道，为提高通信可靠性，两节点之间可采用一条以上的通信链路。

很多情况，可用一朵云表示一个网络，这样做，可以不必关心网络中相当复杂的细节问题，而集中关注与网络互连有关的问题。网络之间用路由器互连，可组成覆盖范围更宽的网络，称为互联网（Internet）。互联网是网络的网络。

7.1.2　数据通信

(1) 数据通信的信号

① 数据通信系统基本组成　数据通信系统由信号（需通信的信息，由文本、数字、图片或声音等及混合方式组成）、数据终端设备、数据电路终接设备、传输介质或媒体和通信协议等五部分组成。

② 数据通信系统的信号　数据是由计算机处理的数字、字母和符号等具有一定意义的实体。表示数据的信号分为模拟数据和数字数据。生产过程中的压力、温度、流量、物位等数据是连续变化的模拟数据，它在一定的数据区间内取连续的数值。计算机内部传送的二进制数字序列是离散的数字数据，它只能取离散的数值。

③ 编码技术　数据通信中的数据要进行传输，数据传输所采用的信号要反映数据特点但又

不同于数据本身。

信息在通过通信网络进行传输前必须先转换为电磁信号。编码用于将信息转换为信号。信号编码方式取决于信息的原始格式和通信硬件采用的格式。信息和信号可以是模拟的或数字的，因此，有四种编码方式：数字-数字、模拟-数字、数字-模拟和模拟-模拟。

a. 数字-数字编码。数字数据采用数字信号传输直接传输二进制数字数据的信道进行编码。分单极性编码、双极性编码和极化编码等三类。

b. 模拟-数字编码。模拟-数字编码用数字信号表示模拟信息。现场总线设备中将过程变量的模拟量信号经采样和保持，转换为数字信号的编码是模拟-数字编码。

c. 数字-模拟编码。数字数据转换为模拟信号传输的编码。常选用某一音频频率的模拟信号作为载波，用于运载模拟信号，接收设备将收听频率调整到与所期望发送方载波信号频率一致，数字信息通过改变载波信号的一个或多个特性（振幅、频率或相位）被调制到载波信号上，这种形式的改变称为调制（移动键控），信息被称为调制信号。

d. 模拟-模拟编码。模拟-模拟编码是用模拟信号表示模拟信息的编码技术。分为调幅、调频和调相等几种编码方法。

④ 数字数据的传输　经编码的信号需要其他设备协助才能在通信链路上传输。设备间发送数据主要考虑数据流。解决方法是使用接口连接设备，即规定接口特性。常用接口标准中描述这些特性，它们被集成在开放系统互连通信模型的物理层。

a. 通信方式。通过通信链路传输二进制数据，分并行传输（parallel transmission）和串行传输（serial transmission）两种模式。并行模式运行时，每个时钟脉冲到来时同时发送多个比特。串行模式运行时，每个时钟脉冲只发送一个比特。串行传输又分异步和同步传输两类。

b. 信道通信操作模式。数据通信涉及四个基本功能单元：两端各有一个数据终端设备 DTE 和一个数据电路终接设备 DCE。DTE 产生数据，并连同必要的控制字符一起传送给 DCE，DCE 将信号转换成适用于传输媒体传输的形式，并发送到网络链路，信号到达另一端时，相反过程发生。

⑤ 数据通信的特点　数据通信是数字计算机或其他数字终端之间的通信。其特点如下：

a. 对数据传输的可靠性要求很高，通常，要求误码率小于 10^{-8}；

b. 信息量具有突发性，不同业务体系持续时间差异也较大；

c. 数据通信的传输速率要求高，要求接续和传输响应快。

（2）通信传输媒体

通信传输媒体（传输介质）分为有线和无线两大类。可采用电信号传输，也可采用非电信号传输。有线传输媒体使用物理导体提供从一个设备到另一个设备的通信管道。无线传输媒体使用空气（或水）广播传输信息。

① 双绞线　双绞线指扭在一起的一对或两对绝缘铜导线。双绞线分屏蔽双绞线（STP：Shield Twisted Pair）和非屏蔽双绞线（UTP：Unshielded Twisted Pair）。

双绞线具有价格低廉、数据传输率低、可连接设备较少等特点，因此，适合在集散控制系统的现场级网络中采用。例如，现场总线控制系统使用双绞线电缆作为通信传输媒体。标准推荐的双绞线有两种。

② 同轴电缆　同轴电缆（Coaxial Cable）是由一个中心的固态导体或胶合线，外部包覆一层绝缘层，再包覆一层金属箔或金属网格，最后包裹一层绝缘层和塑料外皮组成。

同轴电缆具有较大的传输带宽和较高的传输速率。分为基带传输和宽带传输两种电缆。同轴电缆按无线电波管制级别分类，每个级别定义的同轴电缆都适用于一种特定功能。

③ 光导纤维　光导纤维是采用光波信号传输模拟信号的管线，也称为光缆。光缆的中心是玻璃或塑料芯材组成的光导纤维，外部是低密度的填充材料，使光线在芯材中只能反射。这种

传播称为单模传播。当光纤内径较大时，部分光线的入射角较小，使光线被折射而损失。入射角比全反射角大的部分光线在芯材中经多次反射到达终点，与光纤轴平行的光线不经反射直接到达终点，由于入射角不同的光线经反射的次数不同，传播的距离不同，因此，到达终点的时间有先后，接收端对这些接收到的信号重新组合时，会因为传播时延而造成失真。这种光纤传播方式称为多模阶跃传播方式。

光缆传输具有传播距离远、信号衰减小、带宽高、传输速率高、本身费用昂贵、安装和维护费用高等特点，适合作为集散控制系统上层网络的通信媒体。

④ 无线电波　无线电波是指在自由空间（包括空气和真空）传播的射频频段的电磁波。无线电波传输的距离可适用于全球，在工业过程控制领域，主要是传输频率在 2.4GHz 的工业、科学和医学（ISM）频段，其传输距离较短，所需功率较低。

7.1.3 通信媒体共享技术

多台通信设备合用单一通信媒体的技术称为通信媒体共享技术。

(1) 复用技术

同一通信媒体上先把多路信号混合后传输，接收后再把它们分离开来，称为多路复用(multiplexing)。

复用技术分为频分复用、时分复用、波分复用、码分复用等。

(2) 数据传输基本形式

数据传输是利用各种数据传输技术完成通信过程。数据传输主要有基带传输、频带传输和宽带传输。

7.1.4 数据交换技术

为降低网络成本，网络中任意两个节点间并不一定存在一条通信媒体。这些通信节点间的通信需通过中间节点的接收和转发，才能把数据从源节点发送到目标节点。因此，中间节点只提供一个交换设备，用它将数据从一个节点传输到另一个节点。通常，希望通信的设备被称为站（station），提供通信的设备被称为节点（node）。数据交换技术（data switching techniques），是在两个或多个数据终端设备（DTE）之间建立数据通信的暂时互连通路的各种技术。常用数据交换技术有电路交换、报文交换、分组交换、快速交换、多协议标签交换、光交换和软交换技术等。

7.1.5 差错控制和流量控制

实际通信过程中，存在许多产生差错的因素，例如电源电压的波动，外界电磁场等。为保证无差错通信，需要通信系统提供一种发现错误和修正错误的机制。流量控制是确保发送实体不会使接收实体发生数据溢出的控制技术。

物理层采用的冗余技术是采用抗干扰编码。它是按一定规则给数据码元添加冗余码元，然后一起发送，在接收端按相应规则检查数据码元和冗余码元的关系，并发现错误甚至自动纠正错误。只能检测错误不能纠正差错的抗干扰编码，称为检错码；具有自动纠正差错功能的抗干扰编码，称为纠错码。在网络层则采用校验和技术，它在传输层实现。

a. 奇偶校验码。奇偶校验码又称为垂直冗余校验（VRC：Vertical Redundancy Check）码，编码规则是将所要传输的数据码元分组，每一数据分组后添加一位奇偶校验位，使该分组数据码元和添加的奇偶校验位组成的码元中“1”的个数为偶数（偶校验）或奇数（奇校验）。接收端按同样的规则检查，如果不符则有错误发生。这种编码技术只能发现所有单比特错误。此外，该方法不能确定错误位置。

b. 纵向冗余校验码。纵向冗余校验码（LRC：Longitudinal Redundancy Check）是两维的垂直冗余校验码。编码规则是将数据码元分为行和列，不仅对每行的数据进行垂直冗余校验，还对列的数据进行垂直冗余校验，该列冗余码元内的各位是列的各位垂直冗余校验。如果某数据单元中有两个比特被改变，同时另一数据单元中对应的位也发生变化的场合，则该校验方法无效。

c. 循环冗余校验码。循环冗余校验码（CRC：Cyclic Redundancy Check）是最常用的纠错码。编码规则是在数据单元后面附加一组称为循环冗余码的比特，使组成的整个数据码元可以被另一个预定的二进制数整除。接收端用同样的数去除接收到的数据码元，如果没有余数表示传输正确，有余数表示传输不正确。

接收端通过对接收数据的校验，可发现传输是否出错。差错控制是数据链路层的服务。它的作用是使一条不可靠的数据链路变成一条可靠链路。ISO 推荐的 OSI 参考模型中，数据链路层通信协议采用超时重发、拒绝接收、选择拒绝和探询四种差错控制方法。

网络流量控制（network traffic control）是一种利用软件或硬件方式来实现对电脑网络流量的控制。

流量控制的基本原则是发送端的发送帧速率应不超过接收端接收帧的速率。常用的流量控制是滑动窗口的流量控制。

7.1.6 扩频技术

扩频技术是一种利用信息处理改善传输性能的技术。该技术的目的和作用是在传输信息之前，先对被传送的信号进行频谱的扩宽处理，以便利用宽频谱获得较强的抗干扰能力、较高的传输速率。同时由于在相同频带上利用不同码型可以承载不同用户的信息，因此扩频也提高了频带的复用率。接收端利用相应手段将信号压缩，从而获取传输信息。扩展频谱通信信号带宽与信息带宽之比高达 100～1000，属于宽带通信。

扩展频谱通信（spread spectrum communication）的特点是传输信息所用的带宽远大于信息本身带宽。扩频是通过一个独立的码序列完成，用编码和调制方法实现，与所传送的信息数据无关。

扩频的优点是：抗干扰能力强；信号功率谱度低，保密性强；可实现多址通信；抗频率选择性衰落和多径干扰能力强；易于重复使用频率，提高无线频谱利用率；能精确定时和测距等。

直序扩频（DSSS：Direct Sequence Spread Spectrum）是将伪噪声序列（PN 序列）直接与基带脉冲数据相乘（模二加）来扩展基带数据的，简称直扩。即将原始的较高功率和较窄频率变成具有较宽频率的低功率的信号，从而获得高的抗噪声性能。

直序扩频采用全频带传送资料，传输速度较快，适用于固定环境，或对传输品质要求较高的应用场合，例如，用于无线厂房、无线医院等。

跳频扩频（FHSS：Frequency Hopping Spread Spectrum）是用一定码序列进行选择的多频率频移键控调制，即在工作带宽范围内，载波频率按伪随机码的随机规律不断跳变，对一个非特定的接收器，这些跳变的频率信号被作为脉冲噪声，因此，接收器的频率合成器能够保持与发送器的信号变化规律一致。载波频率改变的规律称为跳频图案。

抗干扰能力强，适合需快速移动的端点、传输距离较小的应用场合。总体价格也比直扩的要高。

与跳频扩频类似，跳时扩频（THSS：Time Hopping Spread Spectrum）是使发送信号在时间轴上跳变，即将时间轴分成许多时片，一个帧内哪个时片发射信号由扩频码序列控制。因此，跳时扩频可认为是用一定码序列进行选择的多时片时移键控。

表 7-1 是三种扩频方式的比较。

表 7-1 三种扩频方式的比较

扩频方式	直序扩频	跳频扩频	跳时扩频
优点	● 处理增益高,抗宽带干扰、多频干扰和单频干扰能力强 ● 规律谱密度低,对其他系统电磁干扰小,有利多系统共存 ● 伪随机序列的伪随机性和密匙量使信息具有保密性,系统本身有加密能力 ● 伪随机序列码的正交性,可构成码分多址系统 ● 具有抗多径干扰能力 ● 可实现精确测距定位	● 跳频图案的伪随机性和密匙量使跳频系统具有保密性,但不如直扩 ● 载频跳变,具有抗单频及备份频带干扰能力,抗单频干扰能力强于直扩 ● 载频快速跳变,具有频率分集作用,具有抗多径衰落能力,但不如直扩 ● 跳频图案正交性可构成跳频码分多址系统 ● 跳频系统是瞬时窄带系统,能与现有窄带系统兼容通信 ● 无明显远近效应 ● 与直扩比较,对同步要求较低	● 与 TDMA 自然衔接 ● 良好的远近特性 ● 数字和模拟信号兼容
缺点	● 是宽带系统,虽然可与窄带系统电磁兼容,但不能与其建立通信 ● 模拟信号需数字化后才能使用 ● 存在明显的远近效应,需自动功率控制保证远端和近端接收到同等功率信号 ● 处理增益受限于码片速率和信源比特率,使抗干扰能力和多址能力受限	● 信号隐蔽性差 ● 抗多频干扰及跟踪式干扰能力有限 ● 快速跳频其实现困难	● 需要高的峰值功率 ● 需要准确的时间同步 ● 抗连续波的干扰能力差

7.2 集散控制系统的网络标准

7.2.1 国际标准化组织 ISO 制定的国际标准 OSI 参考模型

(1) 分层

国际标准化组织(ISO:International Standard Organization)制定的国际标准 ISO7498“信息处理系统—开放系统互连—基本参考模型”(Information Processing System-Open System Interconnection—Basic Reference Model),是信息处理领域内的最重要标准之一,是各网络设备厂商开发网络所遵循的共同标准和实现产品彼此兼容的基础。它为协调研制系统互连的各种标准提供共同基础,同时,它规定了研制标准和改进标准的范围,为保持所有相关标准的相容性提供共同的参考。标准为研究、设计、实现和改造信息系统提供了功能上和概念上的框架。

国际标准化组织选择的结构化技术是分层(layering)。在分层结构中,每一层执行部分通信功能,它依靠相邻的低一层完成较原始的功能,并和该层的具体细节分离,同样,它为相邻的高一层提供服务。分层结构使各层的实现对其他层次来说是透明的,使各层的设计和测试相对独立。因此,新技术的引入或新业务的开发只需在相应的分层进行。

该标准定义了七层结构,表 7-2 是开放系统互连参考模型的七层及其定义。

表 7-2 开放系统互连参考模型的各层及其定义

层次	定义
1. 物理层 Physical	有关在物理链路上传输非结构的比特流,包括的参数有信号电压幅度和比特宽度,涉及建立、维修和拆除物理链路所需的机械、电气、功能和规程的特性(RS-232,RS-485,X.21 等)
2. 数据链路层 Data Link	把一条不可靠传输通道转变为可靠通道,发送带校验序列的数据帧,使用差错检测和帧确认(HDLC,SDLC,BiSync 等)
3. 网络层 Network	通过网络传输数据分组,分组可采用数据报或虚电路传输,负责路由选择和拥塞控制(X.25 第三层等)

续表

层次	定义
4. 传输层 Transport	在端点之间提供可靠、透明的数据传输，提供端到端的错误恢复和流控制，实现分组和重新组装（TCP/IP 等）
5. 会话层 Session	提供两个进程之间建立、维护和结束连接（会话）手段，提供检查点和再启动服务、隔离服务、通信同步、错误恢复和事务操作等
6. 表示层 Presentation	完成数据格式转换，提供标准应用接口和公用通信服务，例如加密、文件压缩和重新格式化
7. 应用层 Application	实现各应用进程之间的信息交换，为开放系统互连环境的用户提供服务。例如事务服务程序、文件传送协议、电子邮件等（X. 400，FTAM 等）

（2）连接和封装

两个相互通信的系统都有共同的层次结构，一方的 N 层与另一方的 N 层之间的相互通信遵循一套称为“协议”的规则或约定。协议的关键成分是：

① 语法（syntax），包括数据格式、信号电平等规定；

② 语义（semantics），包括用于调整和差错处理的控制信息；

③ 时序（timing），包括速度匹配和排序。

图 7-1 显示两个系统相互通信时应具有相同的层次结构。

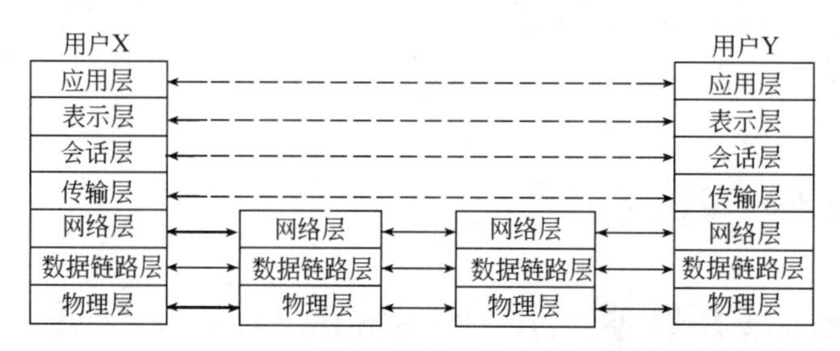

图 7-1　OSI 互连参考模型：连接和封装

用户 X 如果希望发送一个报文给用户 Y，它首先调用应用层，使用户 X 的应用层与用户 Y 的应用层建立同等层关系。在应用层之间使用应用层通信协议，该协议要求下一层（表示层）为其提供服务。依次类推，直到物理层，在物理层，通过通信媒体上实际传输的比特流实现信息的传输。可见，除了在物理层进行实际的通信外，在其他各层，两个用户系统之间并不存在实际通信。为区分这两种不同性质的通信，把它们称为物理通信和虚拟通信。

图 7-1 右面显示了各层对应的信息包装格式。发送端用户 X 在应用层的数据发送到表示层，在该层将数据包装，即在数据前端加入前导字头 H6，它包含该层协议所需的信息。然后，带有 H6 和原始信息的报文被送到下一层，并添加该层的前导字头，这样的过程进行到第三层，即网络层。添加该层的前导字头 H3 后形成信息包（packet），送数据链路层，并加字头 H2 和字尾 T2 组成信息帧（frame），送到物理层，并通过物理媒体传输到接收端用户 Y。然后进行与上述过程相反的拆装和上传，即各层剥除外加的字头和字尾，按照该层的通信协议进行处理，逐层上传到实际接收端用户 Y。

在上述数据传输过程中，每一层可把从高一层接收到的信息分成若干分组再向下传送，以适应该层的要求。而在接收端向上传送信息时，需要把传送来的信息进行重组，恢复原来的报文。

7. 2. 2　MAP 制造自动化协议

由美国通用汽车公司（GM）发起的，现已有几千家公司参加的 MAP 用户集团建立了在工业环境下的局域网通信标准，称为制造自动化协议（MAP：Manufacture Automation Protocol）。

参照 OSI 参考模型和 PROWAY 的分层模型，MAP 现有三种结构：全 MAP（full MAP）、小 MAP（mini MAP）和增强性能结构 MAP（enhanced performance architecture MAP）。其结构见图 7-2。

在集散控制系统的现场控制级和操作员级的通信系统中，小 MAP 得到广泛应用。增强性能结构 MAP 应用于 MAP 与小 MAP 连接的操作员级、车间级的通信系统中。

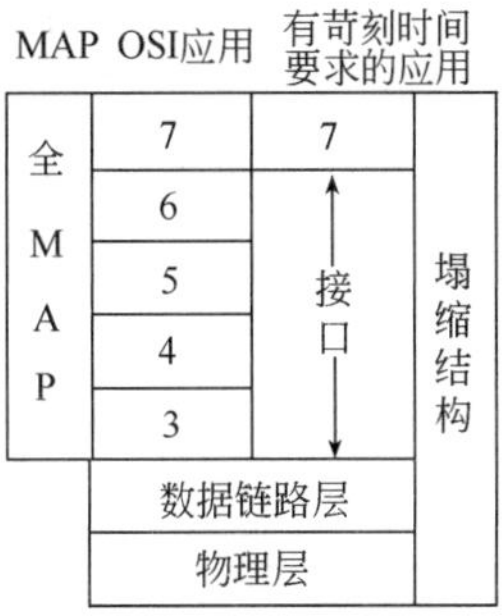

图 7-2　EPA MAP 的结构

7.2.3　现场总线标准

现场总线（field bus）是近几十年来迅速发展起来的一种工业数据总线，它主要解决工业现场的智能化仪器仪表、控制器、执行机构等现场设备间的数字通信，以及这些现场控制设备和高级控制系统之间的信息传递问题。

现场总线是安装在输出过程区域的智能化现场设备和控制室内的自动控制装置或系统之间的一种开放式、数字化、双向、串行、多节点的通信总线。它是底层的控制网络。

表 7-3 是 IEC 61158 第 4 版包含的现场总线。

表 7-3　IEC 61158 第 4 版包含的现场总线

类型	技术名称	类型	技术名称
类型 1	TS 61158 现场总线(原 IEC 61158 第 1 版技术规范)	类型 11	TCnet 实时以太网
类型 2	CIP 现场总线(DeviceNet,ControlNet 和 Ethernet/IP)	类型 12	EtherCAT 实时以太网
类型 3	Profibus 现场总线	类型 13	Ethernet Powerlink 实时以太网(EPL)
类型 4	P-Net 现场总线	类型 14	EPA 实时以太网
类型 5	FF HSE 现场总线	类型 15	Modbus-RTPS 实时以太网
类型 6	SwiftNet 现场总线(已被撤销)	类型 16	SERCOS Ⅰ、Ⅱ 现场总线
类型 7	WorldFIP 现场总线	类型 17	VNET/IP 实时以太网
类型 8	INTERBUS 现场总线	类型 18	CC-Link 现场总线
类型 9	FF H1 现场总线	类型 19	SERCOS Ⅲ 实时以太网
类型 10	Profinet 实时以太网	类型 20	HART 现场总线

(1) 基金会现场总线

基金会现场总线通信模型的结构如图 7-3 所示。

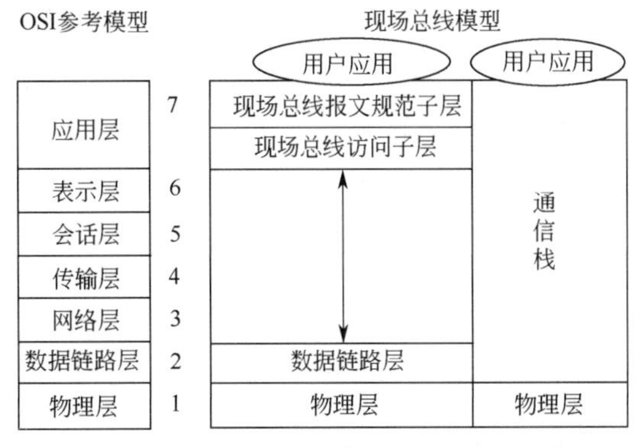

图 7-3　FF 现场总线通信模型与 OSI 的关系

该通信模型采用 OSI 参考模型的第一、二和七层，与 EPA MAP 结构相似，但在应用层分为现场总线访问子层 FAS 和现场总线报文规范子层 FMS。在现场总线标准中将第二层和第七层合并为如图所示的通信栈。现场总线访问子层 FAS 直接将现场总线报文规范子层 FMS 映射到数据链路层。

按传输速率，基金会现场总线分为低速 H1（31.25Kbps）和高速 HSE（100Mbps）两类。

基金会现场总线的物理层符合 IEC 61158-2 物理层标准。物理层从通信栈接收信息，并将它转换为物理信号后送现场总线物理媒体。物理层也完成上述过程的逆过程。即将接收到的信号解装，并经通信栈送应用层。现场总线的数字数据采用数字传输时，采用曼彻斯特编码方式。表 7-4 是 IEC 61158-2 物理层技术标准。

表 7-4 IEC 61158-2 物理层技术标准

名称	特性
数据传输	数字式，位同步，曼彻斯特编码
传输速度	31.25Kbps，电压式
数据可靠性	前同步信号，采用起始和终止定界符，避免误差
电缆	A 类：#18 AWG 屏蔽双绞线，1900m；B 类：#22 AWG 屏蔽多芯双绞线，1200m； C 类：#22AWG 无屏蔽双绞线，400m；D 类：#16AWG 无屏蔽多芯电缆，200m
远程电源供电	可选附件，通过数据线
防爆型	能进行本安和非本安操作
拓扑	总线型或树形，或两者混合型
站数	每段最多为 32 个，本安最多 6 个，总数最多为 126 个
中继器	最多可扩展至 4 台
终端电阻	100Ω
屏蔽率和接地	屏蔽率>90%，两总线对地电容≤2500pF，两总线不接地，终端器中点可接地

（2）Profinet

Profinet 是新一代基于工业以太网技术的自动化总线标准，它是实时以太网标准。根据通信目的不同，Profinet 采用不同的性能等级。

Profinet IO 系统适用于网络循环时间在数毫秒的系统。Profinet CBA 适用总线周期时间在 50～100μs 的系统。

Profinet 的等时同步实时（IRT：Isochronous Real Time）用于有同步要求的应用场合，例如运动控制和电子凸轮等。它基于 IEEE 1588 的时间同步机制，采用硬件实现时间同步。

（3）无线 HART

无线 HART 标准是面向过程测量、过程控制和资产管理全面应用的一种可靠的无线协议。

无线 HART 标准基于 HART、EDDL、IEEE 802.15.4 无线电和跳频、扩频和网状网络技术，具有良好的可用性和继承性，能够与基于 HART 的设备、工具、培训、应用软件和工作流程保持一致，与原有设备和系统完全兼容，也可与设备管理软件 AMS 及第三方设备实现互联和集成。

无线 HART 采用直序跳频，时分多址同步及网络上设备之间延控通信技术，该通信协议支持多种报文模式，包括过程和控制值单向发布、异常自发通知、即席查询（ad-hoc）请求/响应和海量数据包的自动分段成组传输。允许按应用要求定制通信，从而降低功率和使用费用。

（4）CIP 现场总线

CIP（Common Industrial Protocol）是为工业应用开发的独立于特定网络的应用层协议，提供访问数据和控制设备操作的服务集。它被 DeviceNet、ControlNet、EtherNet/IP 三种网络所采用，因此，这三种网络相应地统称为 CIP 网络。

表 7-5 是三种通信协议与 ISO/OSI 参考模型的对照。

表 7-5　CIP 的三种通信协议与 ISO/OSI 参考模型的对照

<table>
<tr><th>层</th><th>ISO/OSI 参考模型</th><th>DeviceNet</th><th>ControlNet</th><th>EtherNet/IP</th></tr>
<tr><td>7</td><td>应用层</td><td rowspan="5">CIP</td><td rowspan="5">CIP</td><td rowspan="3">CIP、HTTP 等</td></tr>
<tr><td>6</td><td>表示层</td></tr>
<tr><td>5</td><td>会话层</td></tr>
<tr><td>4</td><td>传输层</td><td>TCP/UDP</td></tr>
<tr><td>3</td><td>网络层</td><td>IP、ICMP 等</td></tr>
<tr><td>2</td><td>数据链路层</td><td rowspan="2">CAN</td><td>CTDMA</td><td rowspan="2">以太网</td></tr>
<tr><td>1</td><td>物理层</td><td>物理层</td></tr>
</table>

表 7-6 是 CIP 网络的比较。

表 7-6　CIP 网络的比较

性能	DeviceNet	ControlNet	EtherNet/IP
传输媒体	电缆	同轴电缆，光缆	同轴电缆，光缆，非屏蔽双绞线
波特率/Mbps	0.125/0.25/0.5	5	10/100
最大节点数	64	99	很多
最大网段距离/km	0.5/0.25/0.1(粗缆)0.1(细缆)	5(同轴电缆)，30(光缆)	根据波特率和传输媒体改变
MAC 数据包程度/B	0～8	0～510	0～1500
是否网络供电/是否支持本安	是/否	否/是	否/否
节点成本	低	高	高

EtherNet/IP 是基于 CIP 协议的一种工业自动化应用的工业应用层协议。它建立在标准 UDP/IP 与 TCP/IP 协议之上，利用固定的以太网硬件和软件，为配置、访问和控制工业自动化设备定义的一个应用层协议。EtherNet/IP 的物理层和数据链路层采用以太网，用以太网控制器芯片 CS8900A-CQ3 实现。网络层和传输层采用标准 TCP/IP 技术。对面向控制的实时 I/O 数据，及轮询、循环和状态改变的数据，采用 UDP/IP 协议传送，隐式报文传输，具有较高优先级。对显式信息，例如组态、参数设置和诊断等，采用 TCP/IP 协议传送。

7.2.4　OPC UA 标准

(1) OPC UA 的功能

OPC 标准于 1996 年首次发布，其目的是把 PLC 特定的协议（如 Modbus、Profibus 等）抽象成为标准化的接口，作为“中间人”的角色把其通用的“读写”要求转换成具体的设备协议，反之亦然，以便 HMI/SCADA 系统可以对接。

经典 OPC 包括下列规范：

① OPC DA　定义数据交换，包括值、时间和质量信息；

② OPC AE　定义报警和事件类消息信息的交换及变量状态和状态管理；

③ OPC HDA　定义可应用于历史数据、时间数据的查询和分析的方法。

随着在制造系统内以服务为导向的架构的引入，2008 年 OPC 基金会发布新的统一架构，即 OPC UA（Unified Architecture）。它是独立于平台的面向服务的架构，集成了现有经典 OPC 规范的所有功能，并且兼容经典 OPC。

(2) OPC UA 的主要特点

① 访问的统一性　OPC UA 有效地将现有的 OPC 规范（DA、A&E、HDA、命令、复杂数据和对象类型）集成和扩展，成为新的 OPC UA 规范。OPC UA 提供了一致、完整的地址空间和服务模型，解决了过去不能以统一方式访问同一系统内信息的问题。

② 可靠性、冗余性　OPC UA 具有高度可靠性和冗余性。可调试的超时设置、错误监测和自动纠正等新特征，使得符合 OPC UA 规范的软件产品可以很方便地处理通信错误和失败。

OPC UA 的标准冗余模型确保来自不同厂商的软件应用可同时运行，并彼此兼容。

③ 标准安全模型　OPC UA 是基于 Internet 的 Web Service 服务架构（SOA）和非常灵活的数据交换系统，OPC UA 的发展不仅立足于现在，更是面向未来。它也为未来先进系统做好准备，与保留系统可继续兼容。

④ 通信性能　OPC UA 规范可以经任何单一端口（经管理员开放后）进行通信。OPC UA 消息的编码格式可以是 XML 文本格式或二进制格式，也可以使用多种传输协议进行传输，例如，TCP 和通过 HTTP 的网络服务等。因此，OPC UA 提高了通信传输性能。

⑤ 与平台无关　OPC UA 软件的开发不依靠和局限于任何特定的操作平台。它将过去只局限于 Windows 平台的 OPC 技术拓展到了 Linux、Unix、Mac 等各种其他平台。这种与平台的非依赖性，大大扩展了它的应用领域。

⑥ 维护和配置方便　为用户提供基于服务的技术。例如，它增加可见性，使用户可方便地了解系统结构，便于系统维护和配置。

(3) OPC UA 服务器体系结构

OPC UA 服务器体系结构中主要包括真实对象、OPC UA 服务器应用程序、地址空间、公布/预定实体、服务器服务 API、通信栈，其中真实对象包括物理对象和软件对象。

图 7-4 是 OPC UA 服务器体系结构。

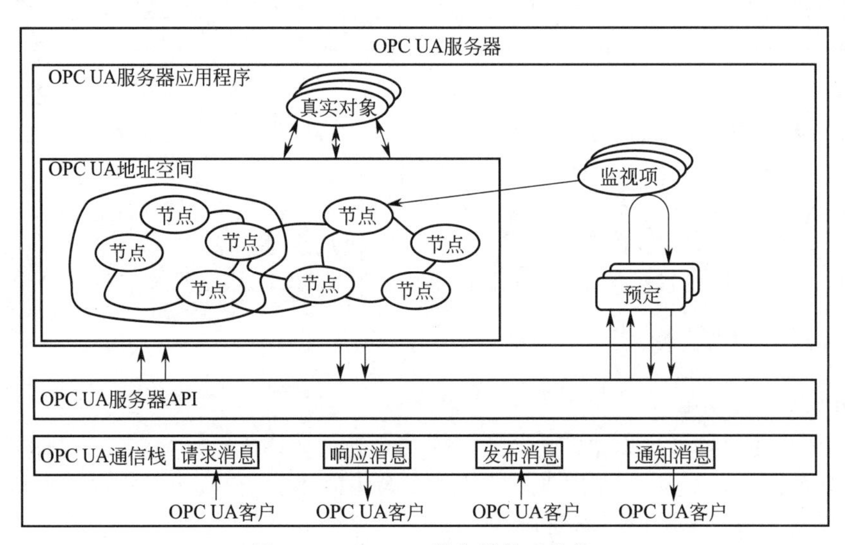

图 7-4　OPC UA 服务器体系结构

(4) OPC UA 应用结构

OPC UA 并不限定为一种层次结构，可按不同的可剪裁的层次结构表示数据，客户端能按偏好方式浏览数据。这种灵活性结合对类型定义的支持，使 OPC UA 能够适用于更广泛的应用领域。图 7-5 是 OPC UA 应用结构。

OPC UA 的设计目标不仅应用于底层数据的 SCADA、PLC 和 DCS 接口，还可在更高层次功能之间提供重要的互操作方法。例如，企业级上层管理与生产过程管理的数据集成和共享。

OPC UA 允许其他技术组织或开发团体在其定义的信息模型基础上构建自己的模型，例如，IEC 开始制定 FDI（现场设备集成）标准。FDI 合并 EDDL 和 FDT，并兼容 OPC UA 规范。

(5) OPC UA TSN

TSN（Time Sensitive Network）是时间敏感网络。当大数据和云计算进入工业控制领域，

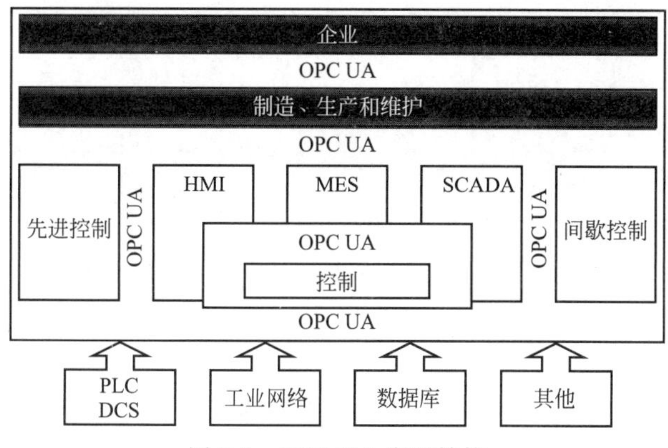

图 7-5　OPC UA 应用结构

要求两化融合时，不仅要保证大数据的传输，还需要保证数据传输的实时性和确定性，因此，对工业互联网的时间敏感型数据制定了低延迟数据传输标准，该标准称为时间敏感网络。其工作原理是传输过程中将关键数据包优先处理，即这些关键数据不必等待所有非关键数据完成传送后才开始传送，从而确保更快速的数据传输。

因此，TSN 是一种企图使以太网具有实时性和确定性的新标准。

① 带宽　带宽指单位时间内能通过链路的数据量，即每秒传输的数据位数，用 bps 表示。大多数情况下，网络链路由多个设备共享，所有发送端没有基于时间的流量控制，因此，不同设备的数据流会在发送时间上产生重叠，即冲突。根据服务质量 QoS 优先机制，一些数据包会在数据流重叠和冲突过程中丢失。

通常，当某交换机的带宽占用率超过 40%，就说明网络带宽不能满足应用要求，需要扩容。

② 安全性　目前使用的大部分底层现场总线通过控制时间和隐藏的方法来实现安全性。TSN 对重要控制网络进行保护，并集成最重要的 IT 安全规定。分段、性能保护和时间可组合性为安全框架增加多层保护。

③ TSN 技术　首先，TSN 定义的带宽是现有工业以太网带宽的 10 倍，达 1Gpbs。其次，TSN 技术包括一系列标准。

TSN 的核心技术包括网络带宽预留、精确时钟同步与通信流量整形，它保证了网络低时延、高可靠性等需求。图 7-6 是 TSN 的通信模型。

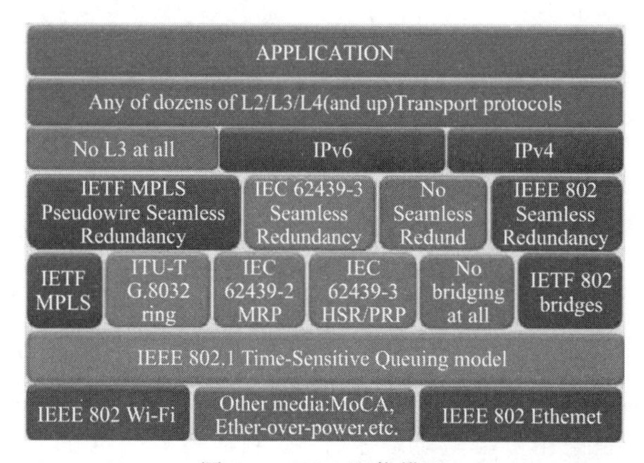

图 7-6　TSN 通信模型

表 7-7 是 TSN 支持的规范。

表 7-7 TSN 支持的规范

序号	TSN Features Supported 支持的 TSN 功能	IEEE 规范
1	Path control and reservation 路径控制与预留	IEEE 802.1Qca
2	Time aware shape 时序增加时间感知队列排空	IEEE 802.1Qbv
3	Frame preemption 帧优先	IEEE 802.1Qbu / IEEE802.3br
4	Cyclic queuing and forwarding (peristaltic shaper) 循环队列入列和转发	IEEE 802.1Qch
5	Timing and synchronization，PTP 时效性应用的时序和同步	IEEE 802.1AS-Rev,IEEE 1588 v2
6	Stream reservation protocol enhancement 增强的流预留通信协议	IEEE 802.1Qcc
7	Time based ingress policer 逐一串行过滤与管理	IEEE 802.1Qci
8	Frame replication and elimination for reliability 提升可靠性的帧复制和消除	IEEE 802.1CB
9	Time Sensitive Networking for Fronthaul 用于回程的 TSN 建网	IEEE 802.1CM

此外，TSN 利用标准以太网芯片集成可以利用批量生产的商业硅芯片，从而降低了组件的成本，相比使用产量较小且基于 ASIC 的芯片的专用以太网协议，TSN 优势尤为明显。

OPC UA TSN 解决了 OT 周期性数据与 IT 非周期性数据，OT 实时性与 IT 数据容量大、节点多的问题。IT 与 OT 网络系统架构截然不同，对于应用的模式与要求的效能也十分不一样，以传统的工厂网络结构来说，OT 的前端仪器与设备皆不相容于 IT 网络，形成各自为政的封闭式网络架构。

7.3 集散控制系统中应用的网络协议

集散控制系统的通信实现需要相应的网络协议。在物理层和数据链路层，通常采用以太网的网络协议。

7.3.1 EIA RS-232 和 RS-485 标准接口

(1) EIA RS-232 标准接口

在局域网的物理层，美国电子工业协会颁布的 EIA RS-232C 是最常用的标准接口。RS 表示推荐标准。历经多次修改，最新版本是 EIA-232-D 或 RS-232D。

EIA-232 的数据传送采用串行数据格式。数据位组由 5～8 位组成。数据位前是一位起始位（逻辑 0），数据位组的后面紧接一个奇偶校验位，然后是 1 位、1.5 位或 2 位的终止位（逻辑 1）。根据使用的通信码确定数据位组采用几位。集散控制系统的应用中，通常采用 7 位 ASCII 码。

EIA-232 标准提供的传输波特率（bps）为 50、75、110、150、200、300、600、1200、1800、2400、4800、9600。集散控制系统应用中，通常采用 300bps、1200bps、9600bps。选择传输速率应根据数据传输过程中是否发生超限出错来决定。发生超限出错的解决方法是降低传输速率。

(2) EIA-485 标准接口

EIA-485 标准是 EIA-422 标准的变型。EIA-422 采用两对平衡驱动差分电路，是全双工通信方式。EIA-485 采用一对平衡驱动差分电路，是半双工通信方式。

EIA-485 标准的特点是采用平衡驱动差分电路，接收器输入电压是输入导线上电压之差。其中一根导线的电压与另一根导线的电压值取反，因此，两根导线上传送的电流大小相同，方向相反。当噪声引入时，噪声电压在两根导线上以共模方式出现，被相互抵消，因此，极大地削弱了噪声的影响，提高了信噪比。此外，与削弱噪声的原理类似，采用差分电路也削弱了节点之间地电位的影响。

7.3.2　工业以太网

以太网是著名的总线网。在集散控制系统中，采用CSMA/CD方式传输数据的总线网通常采用以太网。工业以太网与商用以太网在技术上是兼容的，但在材质、产品强度和适用性方面需要满足工业应用的要求。

以太网的网络结构分为物理层、数据链路层和高层用户层等三层。

工业以太网是工业环境下应用的以太网。它源于以太网，但为适用工业环境的应用，进行了改进，包括在通信实时性、时间发布、各节点之间的时间同步、网络功能安全和信息安全方面的改进。根据应用的不同要求，工业以太网可作为工业环境下的信息网络、现场总线的高速网段、实时以太网的控制网络和普通的以太网技术的控制网络等。

实时泛指计算机系统或其他系统对某个应用过程具备足够快的响应时间来满足用户的要求。不同应用领域对实时性的要求不同。影响以太网实时性的因素如下。

① 以太网采用CSMA/CD通信协议，当通信速率较低时，发生信号碰撞冲突的概率高，从而影响通信的实时性。

② 以太网传输速率低。通常，传输速率高的系统具有高的实时性。数据传输量少，则实时性好。从站数量少，数据传输量少，实时性好。主站数据处理速度快，实时性好。单机控制方式比现场总线控制方式的实时性好。通信路径通过的设备越多，传输数据的实时性越差。

③ 主站应用程序的大小、复杂程度，影响通信系统的响应时间。

工业以太网为提高实时性采用下列措施。

① 提高传输速率　工业以太网的传输速率从早期的10Mbps，已经发展到1Gbps，10Gbps也在研究中。传输速率的提高，使冲突的发生概率大大下降，实时性明显提高。

② 减少网络通信的吞吐量　例如，以太网通信允许挂接节点数为1024个，集散控制系统限制挂接的节点数，例如，最多32个，就可大大减少网络通信的吞吐量，使时间延迟在2ms以下，保证了网络通信的实时性要求。

③ 提高有效通信量　在TCP/IP分组中包含20字节IP报文头和20字节TCP报文头，在TCP的连接建立后，分组的报文头是无效的通信，不必在每个分组中重复发送，因此，可重构一个小报文头，减少通信的传输字节。通常，采用TCP/IP报文头压缩，使分组报文头字节减到10字节。

④ 采用减少通信冲突的通信协议　例如，采用CSMA/DCR及改进型CSMA/MDCR、CSMA/LDCR通信协议。CSMA/DCR采用确定性二叉树寻址方法，按节点地址采用先序遍历方式解决冲突。CSMA/MDCR采用发送时间分信息通知和信息发送两部分，某节点的信息通知成功后，可连续发送几个信息的方法解决冲突，而CSMA/LDCR采用动态二叉树寻址方法，当信息松弛期小于某限值才发送信息。由于这些方法是动态分配优先级，因此，能够有效减少冲突。

⑤ 采用全双工通信模式和交换式以太网　全双工通信模式将发送和接收分开，这种通信方式具有通信效率高、控制简单的特点，能够满足实时性的要求，但通信结构复杂，成本高。交换式以太网将以太网分为若干微网段，它增加每个网段的吞吐量和带宽，每个微网段作为子冲突域由交换机隔离，交换机各端口间可同时形成多个数据通道，使每个节点都有各自单独通道与其他节点连接，从而使数据发送和接收不受冲突的影响，使共享带宽成为独享带宽，提高了实时性。

⑥ 采用生产者/消费者的通信结构和设置优先级　通信总线可采用多种通信结构，例如生产者/消费者、客户/服务器、源/目的通信结构。源/目的通信是最简单的点对点通信方式，但该方式不支持点对多点的通信。客户/服务器通信方式的通信效率低，信息必须先集中到服务器，然后再分送各客户，因此，不能保证通信系统的实时性。生产者/消费者的通信结构是一个

或多个数据源（即生产者）向多个数据接收点（消费者）发送数据的最佳解决方案。由于消费者已经对有关的生产者信息进行了预约（组态），因此，生产者知晓消费者的地址和对信息的要求，这样，节点之间的通信有如点对点的通信，具有实时性强的特点。该通信方式支持多点通信，可为多个消费者发送信息，因此通信效率提高，对分布式的控制应用尤为适用。

此外，对实时性要求不高的参数整定、手自动切换等操作则采用非周期的客户机/服务器通信方式，减少周期通信的吞吐量，提高了系统的实时性。

工业控制应用时，对数据进行优先级分类。对重要数据的通信设置为高优先级，从而保证实时数据的即时传输。例如，以太网数据帧头使用 3 个位来表示数据传输的优先级，在 IP 帧中也设置 3～4 位的优先级标志等。

⑦ 采用塌缩的通信模型和通信协议　例如，基金会现场总线的通信模型只采用 OSI 通信模型的物理层、数据链路层和应用层，并在上面增加用户应用层，它将第二层到第七层合并为通信栈。制造自动化协议 MAP（Manufacture Automation Protocol）分为全 MAP（Full MAP）、小 MAP（Mini MAP）和增强性能结构 MAP（EPA MAP）等。EPA MAP 既支持 MAP，也支持小 MAP，当有实时性苛刻要求时可采用小 MAP，满足了实时性要求。

⑧ 采用虚拟局域网和引入质量服务　使用虚拟局域网将不同功能层、不同部门分开，提高网络整体安全性和简化网络管理。由于它通过广播过滤器建立通信组，而不采用物理地址，因此，当某设备在交换机范围内变动时，广播过滤器能够自动完成物理地址和逻辑地址的映射，保证通信组的持续性，使信息在虚拟局域网定义的端口中的传输时延大大减小。同时，由于其他虚拟局域网不能收到该广播信息，也减少了不必要的广播流量，提高了实时性。

⑨ 采用时间敏感网络 TSN　时间敏感网络 TSN 是近年来推出的新技术，主要解决时钟同步、数据调度与系统配置三个问题。为实现高精度时钟同步，TSN 解决最差状态下的延时问题，并制定了 IEEE 802.1AS-Rev 标准，对确定性报文传输制定了 IEEE 802.1Qbv 标准，对高带宽的非时间苛求应用，制定了 IEEE 802.1Qbu 和 IEEE 802.3br 转发与队列机制的标准。系统配置则制定了 IEEE 802.1Qcc 标准。为实现冗余管理，制定了 IEEE 802.1CB 标准。

7.3.3 现场总线通信协议

现场总线是连接智能现场设备和自动化系统的全数字、双向、多站的通信系统。因此，需要制定有关的通信协议对其数据通信进行规范。

图 7-7 是现场总线各层数据的封装格式和对应的字节数。

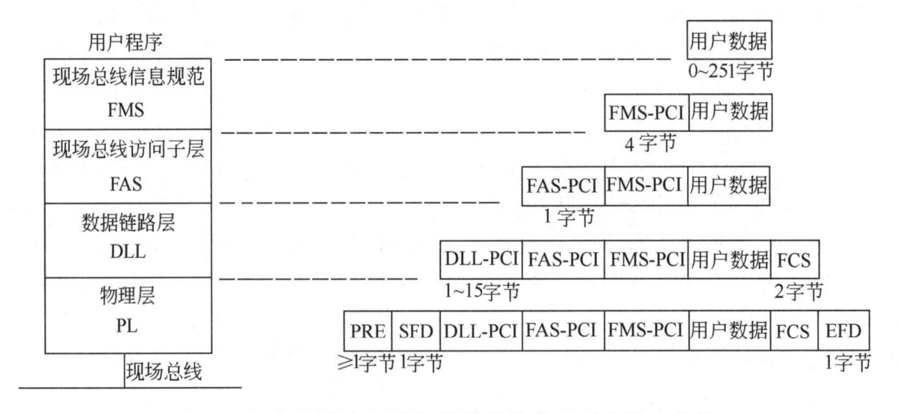

图 7-7　现场总线各层数据的封装格式和对应的字节数

DLL—Data Link Layer；FCS—Frame Check Series；PL—Physical Layer；
EFD—End Frame Delimiter；FMS—Fieldbus Massaging Specification；PRE—Preamble；
FAS—Fieldbus Access Sublayer；PCI—Protocol Control Information；SFD—Start Frame Delimiter

基金会现场总线分H1低速现场总线（IEC61158类型1）和HSE高速现场总线（IEC61158类型5）两类。其中，H1现场总线是基于OSI参考模型，由物理层、数据链路层和应用层，并在应用层上增加用户层组成。

现场总线物理层用于将现场信号编码。低速现场总线FF H1上发送的信号被叠加在一个供电的直流电源信号上。由于终端器连接在现场总线的两端，每个终端器的阻抗为100Ω，因此，并联后的等效阻抗为50Ω，电流信号的峰峰值为15～20mA，其值与采用的现场总线设备类型等有关。该交流信号在直流电源的电压上可产生约0.75～1V的交流电压信号，这是用于现场总线通信的信号。

基金会现场总线将数据链路层（DLL）、现场总线访问子层（FAS）和现场总线报文规范子层（FMS）组成通信栈，详见有关资料。

7.3.4 无线通信协议

无线通信指用无线电波、红外线、光波等作为传输媒体的通信方式。无线通信网络指节点之间通过无线电波相互联络构建的网络系统。按不同传输距离，可分为无线广域网WWAN、无线城域网WMAN、无线局域网WLAN和无线个域网WPAN。

工业生产过程中，有些设备难于采用有线连接，例如，旋转设备、手持数据采集器或偏远地区的零星设备，它们之间的通信通常可采用无线通信实现。图7-8显示几种无线网络技术的传输速率和传输距离。

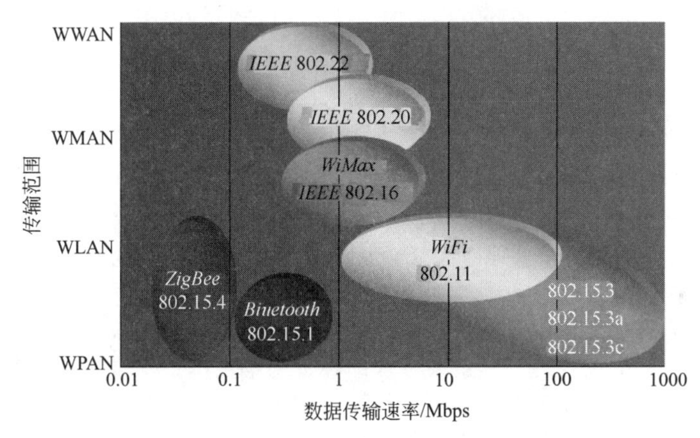

图7-8 几种无线网络技术的传输速率和传输距离

(1) IEEE 802.11

1997年颁布的IEEE 802.11是无线局域网标准。定义其物理层工作在2.4GHz的ISM频段，数据传输速率2Mbps，采用CSMA/CA（Carrier Sense Multi Access/Collision Avoidance）通信协议。经不断扩展和补充，表7-8列出常见的无线通信技术标准。

表7-8 常见的无线通信技术标准

标准号	理想频率/Mbps	工作频段/GHz	信道带宽/MHz
IEEE 802.11b	11	2.4	20
IEEE 802.11a	54	5	20
IEEE 802.11g	54	2.4	20
IEEE 802.11n	72(1×1,20MHz);150(1×1,40MHz);288(4×4,20MHz);600(4×4,40MHz)	2.4或5	20或40
IEEE 802.11ac	433(1×1,80MHz);867(1×1,160MHz);6770(8×8,160MHz)	5	40,80,160
IEEE 802.11ax	7000(8×8,160MHz)	2.4或5	160

IEEE 802.11 数据链路层采用 CSMA/CA 通信协议。

CSMA/CA 与 CSMA/CD 的区别如表 7-9 所示。

表 7-9 CSMA/CA 与 CSMA/CD 的区别

项目	CSMA/CD	CSMA/CA
适用网络	适用于总线式以太网	适用于无线局域网，IEEE 802.11a/b/g/n 等
检测冲突方式	电缆中电压的变化，冲突时电压发生变化	能量检测 ED、载波检测 CS 和能量载波混合检测信道的空闲
信号强度	刚发出信号强度远高于来自其他节点的信号强度	信号强度不易区分
冲突	本节点有冲突，不意味接收节点有冲突	冲突发生表示接收节点有冲突

（2）IEEE 802.15

IEEE 802.15 是用于 WPAN 的无线个域网标准。其中，IEEE 802.15.1 是关于蓝牙的个域网标准。IEEE 802.15.4 是低数据传输率的无线个域网标准。

在集散控制系统中采用的 IEEE 802.15.4 标准是低速个域网标准。采用 CSMA/CA 协议。物理层有两种选项：868MHz/915MHz 和 2.4GHz，都采用直序扩频 DSSS 技术，降低了数字电路成本。其数据传输速率是 250Kbps（2.4GHz）、40Kbps 和 20Kbps（868MHz 及 915MHz）。

MAC 层采用联合、分离、确认帧传递、通道访问机制，保证时隙管理和信令管理。

IEEE 802.15.4 的网络层包括逻辑链路控制子层 LLC，它由 IEEE 802.2 标准定义。网络层负责拓扑结构的建立和维护、命名和绑定服务，它们协同完成寻址、路由及安全这些必需的任务。

IEEE 802.15.4 标准支持多种网络拓扑结构，包括星形、树状形、簇形。应用的设计选择决定了拓扑结构。

（3）ISA SP100

ISA SP100 委员会的宗旨是创建一个工业无线联网的标准，简化规范的制定，并使无线传感器和控制网络能应用于过程自动化。其研究内容是确定无线协议需要满足的每一个关键要求，以使之完全支持工业自动化和控制，并就一些主要协议在对这些要求的满足程度上做出量化分析。这些关键要求包括电源管理、容量和可伸缩性、网络安全、信息安全、可靠通信、适于闭环控制、通过手持和便携式设备实现本地现场设备接入、支持现场对等控制、低成本费用、低运行费用、容易安装和维护，以及全球可用性等。

ISA SP100 委员会正在制定三方面的标准：运用无线技术的环境、无线通信设备和系统的生命周期、无线技术的应用。为使无线产品供应商有一致的规范，ISA SP100 已经规定了自动化和控制环境下的 6 类应用：第 0 类（安全类），恒为关键的紧急行动，例如安全联锁紧急停车、自动消防控制等；第 1 类（控制类），关键的闭环控制，例如关键回路的控制、现场执行器的直接控制、频繁的串级控制等；第 2 类（控制类），经常的非关键控制、多变量控制和优化控制等；第 3 类（控制类），开环控制，由人控制的一些控制回路；第 4 类（监测控制类），标记产生短期操作结果，即通过无线传输在短时间内产生操作结果的数据消息；第 5 类（监测监控类），记录和下载/上传不产生直接的操作结果，例如，历史数据采集，为预防性维护进行的周期性数据的采集，事件顺序（SOE）记录的上传等。目前，无线应用主要在第 3～5 类。ISA SP100 委员会主要致力于第 1～5 类产品的无线应用。

2008 年颁布的 ISA SP100.11a 标准与 2007 年颁布的无线 HART 之间的主要区别如下：

① 无线 HART 仅针对 HART 协议，SP100.11a 通过简单无线集成结构能够支持多种协议，例如 FF、HART、Modbus、Profibus 等，最多可连接 1000 台设备，而无线 HART 最多可连接 250 台设备；

② SP100.11a 支持多种项目水平，满足工业自动化不同应用需求，而不仅局限于过程工业；

③ SP100.11a 遵循 ANSI 标准化流程，立足于用户需求，其安全性高于无线 HART。

图 7-9 是 SP100.11a 协议的体系结构。每一层为其上层提供特定服务，即数据服务实体提供数据传输服务；管理服务实体提供所有其他管理服务。

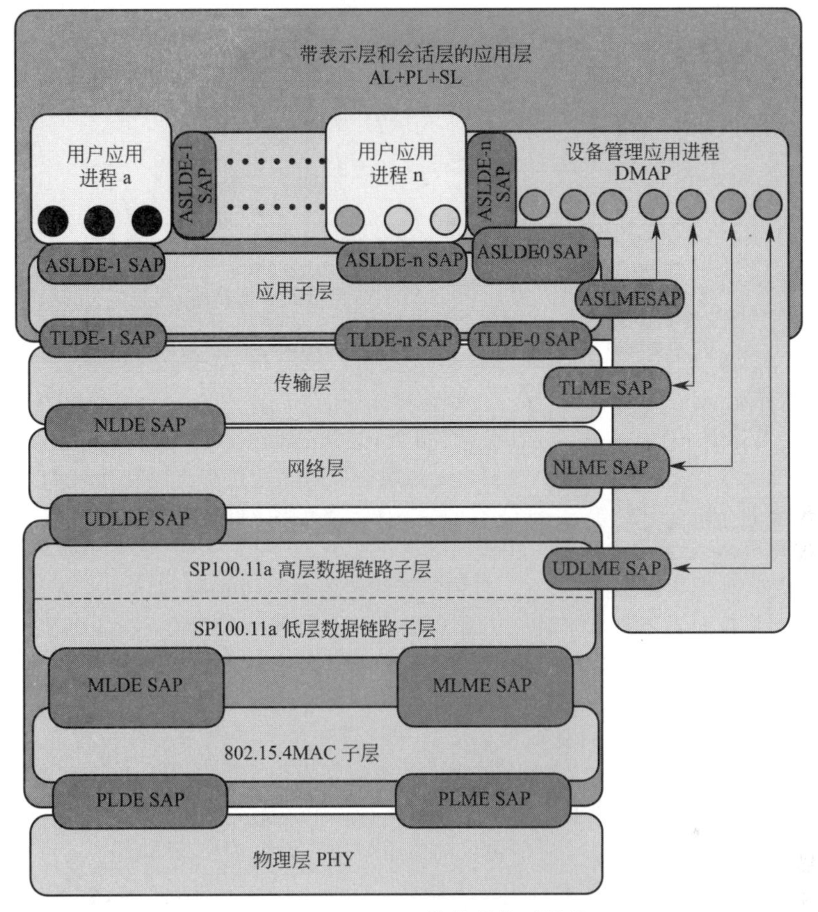

图 7-9　SP100.11a 协议的体系结构

(4) WirelessHART

2007 年颁布的无线 HART 是专门为过程工业而设计的开放的可互操作的无线通信标准。2010 年正式作为 IEC 62591 标准颁布。每个无线 HART 网络由三个主要部分组成：连接到过程设备的无线现场设备；使这些设备连接到高速背板的主机应用程序或其他现有厂级通信网络能够通信的网关；负责配置网络、调度设备之间通信、管理报文路由和监视网络健康的网管软件。

无线 HART 采用时间同步的 Mesh 网络协议（TSMP：Time Synchronized Mesh Protocol），物理层基于 802.15.4，但增加了一个更精确的跳频算法。数据链路层采用基于时分多址同步方式，整个网络所有节点都有路由能力，并且都能休眠，是一个低功耗的网络。具有每个时隙 10ms，每秒包含 100 个时隙，15 个信道空闲信道评估；信道黑名单；按优先级别的信息传输；可调整发射功率等特点。网络的规模可以达到 1000 个节点左右。节点的休眠机制需要在时间片上严格同步，因此网络需要一个网关来负责整个网络的时间同步。图 7-10 是无线 HART 数据链路层的结构。

基于全网络拓扑的 TSMP 协议是一种经过充分测试和获得广泛认可的适合工业环境应用的无线短程网协议。在时间上采用时分多址，频率上采用 FHSS 和 DSSS 组合跳频机制，网络空间上采用全 Mesh 网络拓扑形成的多路径传输，具有相对简单和灵活有效的特点，具有嵌入式的自组织

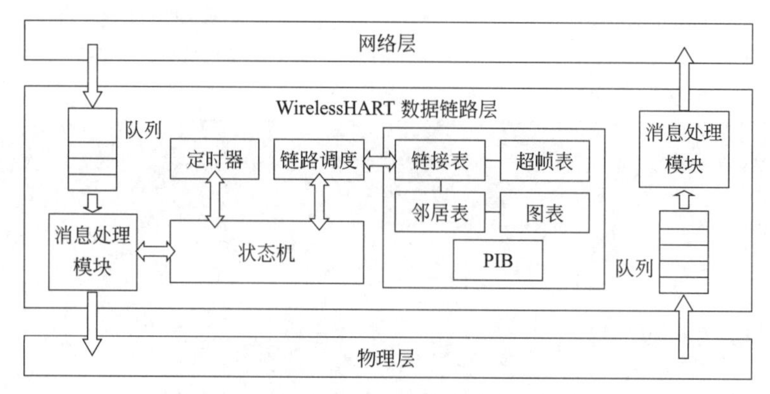

图 7-10　WirelessHART 数据链路层的结构

和自愈智能，大大降低安装的复杂性，确保无线网络具有长期而可预期的性能。

(5) WIA-PA

WIA-PA（Wireless Networks for Industrial Automation Process Automation）是面向工业过程自动化的工业无线网络标准，由中国工业无线联盟针对工业过程自动化领域制定的 WIA 子标准。作为国家标准 GB/T 26790《工业无线网络 WIA 规范第 1 部分：用于过程自动化的 WIA 协同结构与通信规范》，已经在 2011 年颁布。

WIA-PA 是一种无线传感网 WSN。与传统无线传感网不同的是 WIA-PA 节点部署与工业环境相关，需要严格按照工艺要求安装在工业现场，并且位置一般不会变动，而传统无线传感网节点一般随机密集部署。WIA-PA 网络节点只有有限冗余度，现场设备获取的现场数据，例如温度、压力、流量、湿度等，通常不具有可替代性，而传统无线传感网中同一区域有许多节点执行相同任务。针对工业环境的复杂性，应对干扰等影响，WIA-PA 具有高可靠性和实时性，而传统传感器网一般工作在无人值守的区域，节点能量有限，协议设计以节能为主。因此，相对传统传感器网的自组织管理机制，WIA-PA 总体是集中式无线网络。

WIA-PA 遵循 IEEE 802.15.4 通信协议的体系架构，如图 7-11 所示。

表 7-10 对三种无线通信标准进行了简单比较。

表 7-10　三种无线通信标准的简单比较

项目	ISA SP100.11a	WirelessHART	WIA-PA
拓扑结构	两层：上层 Mesh；下层星形	一层，全 Mesh	两层：上层 Mesh；下层簇
物理层	Mesh：802.11；星形：802.15.4	802.15.4	802.15.4
射频频段	2.4GHz	2.4GHz	2.4GHz，900MHz，433MHz
网络管理	集中网管和分布网管相结合	全集中网管	集中网管和分布网管相结合
数据链路层接入方式	时隙通信，信道控制，时间协调	TDMA	TDMA＋CSMA 混合接入
设备类型	精简功能设备，全功能设备/现场路由器，手持设备，网关，网络管理器，安全管理器	现场仪表，手持设备、网关、网络管理器，没有路由器	现场设备，手持设备，（冗余）路由设备、网关、网络管理器（安全）
对无线网络的支持	HART，Profibus、Profinet、Modbus、FF、尚无解决方案	HART，Profibus、Profinet	未做规定

7.3.5　实时以太网

实时以太网是为适应现场设备的实时工作提出的基于工业以太网的实时通信的现场总线网络。

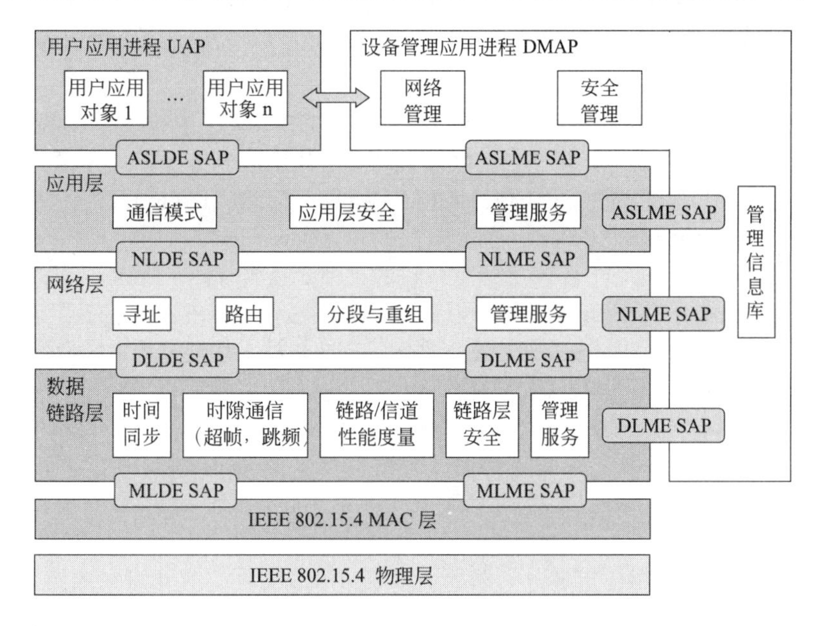

图 7-11　WIA-PA 遵循 IEEE 802.15.4 协议的体系架构

现场控制对象运行的机制和对时间的敏感程度差异很大，对通信的要求也各不相同。例如，化工、石化、发电等流程控制对象，通信的主要任务是保证控制任务的完成，即在规定的时间间隔采集和更新过程参数，并在完成控制运算后将执行值送到终端执行器进行控制；生产节拍极快的若干离散制造过程，其通信任务是保证硬实时性，它要求在毫秒级时间内完成被控对象 I/O 的扫描采集和程序运算；对机器人、CNC 等多轴运动的协调控制，或生产节拍极快的运动控制系统（如超速饮料灌装、快速套色彩印等），除了通信的硬实时性外，还要求通信传输具有确定性，限制时间的抖动至少小于 1μs。

流程控制、离散制造控制和运动控制除了对时间敏感的程度有很大差异而外，通信传输的距离和空间往往也存在很大差异。这在一定程度上也会影响工业通信的协议，因而影响通信的网络结构、电缆敷设等。对于若干处于易爆、易燃等场合的流程控制，通信还有本质安全的特殊要求。

(1) 确定性联网

确定性联网除了具有与常规的联网一样的特性以外，还具备一些关键特性，具体见 1.3.2 (1) 节。

工业控制会产生大量的数据流，但每个数据流的数据率很低。满足控制回路的刷新频率要求是其确定延迟数量级的关键。

(2) 主要实时以太网的性能

① Profinet IRT　Profinet IRT 是专门针对硬实时的应用要求而开放的工业以太网。

Profinet 是基于工业以太网的工业自动化应用的开放标准，是 IEC61158 的类型 10。分散控制现场设备通过 Profinet IO 集成。Profinet IO 描述的设备模型以 Profibus DP 的关键特性为基础，由槽和通道组成。现场设备特性用基于 XML 的 GSD 文件来描述。

Profinet 的优点是其可缩放的和标准化的通信，它确保直至企业管理层的一致性和自动化过程中的快速响应时间。Profinet RT 用于软实时或没有实时性要求的应用。对于基于 TCP/IP 的工业以太网技术来说，使用标准通信栈来处理过程数据包，需要很可观的时间，为此，通过 Profinet RT 实时通道，提供了一个优化的、基于以太网第二层（layer 2）的实时通信通道，极大地减少数据在通信栈中的处理时间。

Profinet IRT 是等时同步实时，主要用于有苛刻时间同步要求的场合，例如运动控制、电子齿轮等。Profinet IRT 针对硬实时需求的应用，也称为硬实时。Profinet RT 是用于没有时间同步要求的工厂自动化等应用，也称为软实时。

Profinet IRT 采用的时间同步协议是基于改进的 IEEE 1558。它定义了一种精确时间协议 PTP（Precision Time Protocol），用于对标准以太网或其他采用多播技术的分布式总线系统中的传感器、执行器以及其他终端设备中的时钟进行亚微秒级同步。IEEE 1588 将整个网络内的时钟分为普通时钟 OC（Ordinary Clock）和边界时钟 BC（Boundary Clock），只有一个 PTP 通信端口的时钟是普通时钟，有一个以上 PTP 通信端口的时钟是边界时钟。Profinet IRT 对 IEEE 1588 进行了修正，修正为旁路时钟 BpC（Bypass Clock）。它通过对 PTP 报文进行必要的操纵和处理来对时延进行补偿。因此，Profinet IRT 极大改善了自动化技术发展过程中的通信瓶颈，有效减少数据时延。

② Ethernet Powerlink　Ethernet Powerlink 是由贝加莱公司（B&R）开发的与网络标准和自动化标准相一致的开放协议。它基于快速以太网，与 TCP/IP 等协议兼容，可实现过程级与设备级的设备之间透明的数据通信。它是 IEC 61158 第 4 版现场总线的第 13 类型，并作为 IEC 62408 标准。

Ethernet Powerlink 采用标准芯片，缩短了第三方开发时间。它还可集成到 CANopen 协议中，为工业应用提供从简单传感器、高速驱动系统到以太网的完全一致性。

Ethernet Powerlink 利用 100Mbps 带宽的快速以太网，实时数据可在预留时间片内同步传输，一些诊断等非实时数据也可被传输。用户可根据应用要求，决定时间间隔来传输实时数据。当使用电子耦合驱动时，线性轴定位数据比从轴定位数据的传输还要快。网络根据应用要求进行自适应。此外，交叉通信技术加速了通信速度，这时数据不需要经过控制器，可直接在节点间交换。

Ethernet Powerlink 的物理层是快速以太网，数据链路层扩展了附加的总线调度机制，在任何一个给定时刻，仅有一个站可以执行总线仲裁功能。

Powerlink 使用时隙和轮询混合方式实现数据的同步传输。指定 PLC 或工业 PC 作为管理节点（MN），所有其他设备作为受控节点（CN）。每个同步周期的第一阶段，MN 以固定时间序列逐次向 CN 发送“轮询请求帧 PReq”。周期同步数据交换是在第二阶段发生，采用多路复用以优化网络带宽。第三阶段的标志是异步启动信号 SoA，用于传输大容量、非时间苛刻的数据包，例如传输用户数据或 TCP/IP 帧。

Ethernet Powerlink 分实时和非实时域。异步阶段的数据传输支持标准的 IP 帧，它通过路由器隔离实时域和非实时域，确保数据安全。因此，Ethernet Powerlink 非常适合各种自动化应用，例如，运动控制、机器人任务、I/O 及 PLC 之间的通信等。

③ SERCOS Ⅲ　SERCOS（serial real time communication specification）是串行实时通信协议，是一种用于数字伺服和传动系统的现场总线接口和数据交换协议，能够实现工业控制计算机与数字伺服系统、传感器和可编程控制器 I/O 口之间的实时数据通信，是目前用于数字伺服和传动系统数据通信的唯一国际标准。SERCOS Ⅲ 是 SERCOS 的第三代。它是 IEC 61158 第 4 版的现场总线第 19 类型，是 IEC 62410 标准。

SERCOS Ⅲ 用户组织为基于 FPGA 的 SERCOS Ⅲ 硬件开发者提供 SERCOS Ⅲ 的 IP Core。它采用特定的硬件，减轻了主 CPU 的通信任务，确保快速实时的数据处理和基于硬件的同步。从站需要特殊硬件，主站采用基于软件的方案。

SERCO SⅢ 采用集束帧方式来传输，网络节点必须采用菊花链或封闭的环形拓扑。由于以太网具有全双工能力，菊花链实际上已经构成一个独立的环。因此对于一个环形拓扑，实际上相当于提供一个双环，使得它允许冗余数据传输。

直接交叉通信能力在每个节点上的两个端口实现。在菊花链和环形网络，实时报文在它们向前和向后时经过每个节点，因此，节点在每个通信周期中可相互通信两次，而无需通过主站，无需经过主站对数据进行路由，使通信速度大大加速。

除了实时通道，它也使用时间槽方式进行无碰撞的数据传输，SERCOS Ⅲ也提供可选的非实时通道来传递异步数据。节点通过硬件层进行同步，在通信循环的第一个报文初期，主站同步报文 MST 被嵌入到第一个报文来达到这个目的，确保在 100ns 以下的高精度时钟同步偏移，基于硬件的过程补偿了运行延迟和以太网硬件所造成的偏差，不同的网段使用不同的循环时钟仍然可实现所有的同步运行。

④ EtherCAT　由德国 Beckhoff 公司 2003 年发布的 EtherCAT 是一种基于以太网的开发构架的实时工业现场总线通信协议，已成为 IEC 62407 标准。它是 IEC 61158 第 4 版现场总线的第 12 类型。

由于 EtherCAT 数据使用与以太网相同的格式，因此可以直接连接到以太网，不需要特定的路由器或交换机。它利用双绞线或光缆在 100μs 内处理 100 个轴上的 1000 个分布式 I/O 信号，一个单一的 EtherCAT 网络可以支持多达 65535 个设备，而不会限制拓扑结构。

每个 EtherCAT 从站都通过硬件进行通信，而不是软件，这为实时关键任务留下了更多计算能力，确保了稳定的性能，并与网络中所有其他 EtherCAT 设备完全兼容。当网络仅由 EtherCAT 设备组成时，也不需要交换机，这表示不需要额外的时间延迟和没有额外的成本来设置基础设施。

EtherCAT 主站通常作为具有以太网 MAC 的标准或嵌入式计算机的软件解决方案实施。只有主站可以主动创建包含每帧高达 1518 字节数据的 EtherCAT 帧的包，并将其下行发送到从站。除了诸如 SOEM（简易开放式 EtherCAT 主站）之类的开放式 EtherCAT 主站实施之外，100 多家公司提供各种通用或专用主站 EtherCAT 产品。

EtherCAT 也是基于集束帧方法。EtherCAT 主站发送包含网络所有从站数据的数据包，这个帧按照顺序通过网络上的所有节点，当它到达最后一个帧，帧将被再次返回。当它在一个方向上通过时节点处理帧中的数据。每个节点读出数据并将响应数据插入到帧。为支持 100Mbps，EtherCAT 使用专用的 ASIC 或基于 FPGA 的硬件来高速处理数据，因此，EtherCAT 网络拓扑总是构成一个逻辑环，即使从主干上分支出的节点，也必须以这种方式进行连接，实际上只是通过增加一个双向连接点来进行集束帧在分支线路上的前后方向输送。

这种传输方式改善了带宽的利用率，使得每个周期通常用一个数据帧就足以实现数据通信，同时网络不再需要使用交换机和集线器。数据帧的传输延时只取决于硬件传输延时，当某一个网段或者分支上的最后一个节点检测到开放端口（没有下一个从站）时，利用以太网技术的全双工特性将报文返回主站。

每个 EtherCAT 帧由一个头和几个 EtherCAT 的命令构成。每个命令包括它自己的头、给节点的指令数据及一个工作计数器。高达 64KB 的可配置地址空间来配置从站。

寻址处理通过自动递增方式：每个从站可以处理 16 位地址域，从站也可以在网络初始阶段进行指派方式来实现分布式的站点寻址。

EtherCAT 过程同步：每个从站连接由主站提供的一个类似于 IEEE1588 的实时时钟技术进行同步。从站设备可以是实时的，也可以是非实时机制。基于实时时钟，控制信号可以高精度同步。

⑤ Ethernet/IP　详见 7.2.3 节（4）。表 7-11 是实时以太网关键参数的比较。

表 7-11　实时以太网关键参数的比较

项目	Profinet IRT	Ethernet Powerlink	SERCOS Ⅲ	EtherCAT	Ethernet/IP
抖动	1μs	≪1μs	<1μs	≪1μs	<1μs
循环周期	1ms	最大 100μs	25μs	100μs	100μs
传输距离	100m	100m	40m	100m	100m

续表

项目	Profinet IRT	Ethernet Powerlink	SERCOS Ⅲ	EtherCAT	Ethernet/IP
直接交叉通信		是	是		
传输媒体	双绞线	双绞线/M12/光纤	光纤	双绞线/M12	光纤
是否需特殊硬件	是/ASIC	无	是/ASIC 或 FPGA	是/从站 ASIC	是/ASIC
是否需要 RTOS	是	否	是	是	否
开放性	需授权	开源技术	需授权	需授权	需授权
原始技术	Profibus	CANopen	SERCOS	CANopen SERCOS	DeviceNet，ControlNet
硬件实现/软件实现	复杂/简单	简单/简单	复杂/复杂	简单/复杂	简单/复杂
始创公司/推广组织	SIEMENS/PNG	B&R/EPSG	Rexroth/IGS	Beckhoff/ETG	Rockwell AB/ODVA
拓扑结构	受限	任意拓扑	受限(环)	受限(环)	任意拓扑
同步方式	IEEE 1588 时钟同步	IEEE 1588 时钟同步		分布时钟	IEEE 1588 时钟同步
网络编程	复杂	简单	复杂	复杂	简单
网络关注	现场总线,运动控制	I/O,运动控制,安全	运动控制	I/O,运动控制,安全	I/O,运动控制,安全
动态配置	可以	可以	不可以	不可以	可以

7.4 工业互联网技术

互联网技术（IT：Internet Technology）指在计算机技术的基础上开发建立的一种信息技术。

7.4.1 工业 4.0

（1）德国工业 4.0 参考模型 RAMI4.0

2013 年 4 月在汉诺威工业博览会上正式推出“工业 4.0”战略。鉴于系统架构是标准化的基础，必须首先开发整个架构的参考模型，即工业 4.0 的参考架构模型 RAMI 4.0（Reference Architecture Model Industrie 4.0），见图 7-12。这一架构在全世界获得广泛认可。

RAMI4.0 采用三维模型描述。纵轴分成多个层级，便于以不同的视角表达，诸如数据映射、功能描述、通信行为、硬件/资产或业务流程。这里借用了 IT 行业将复杂项目划分为若干个可以管理的部分的思维。左面的横轴表达产品生命周期及其所包含的价值链。这样便可在参考架构模型中表示整个生命周期内的相关性（例如持续的数据采集之间的相关性）。右面的横轴表达工厂的功能性和响应性，即工厂功能的分层结构。

① 参考模型的纵轴　为便于将物理系统按其功能特性分层进行虚拟映射，按照 IT 和通信技术常用的方法，将纵轴自上而下划分为 6 个层级：经营业务、功能性、信息、通信、集成、资产。

② 参考模型的第二个轴　表达生命周期及其相关的价值链。基本参照 IEC 62890（即 ISA 105）工业过程测量控制和自动化系统和产品生命周期管理国际标准。

③ 参考模型的第三个轴　描述在工业 4.0 的各种制造环境下功能分类的多层级。在功能层级划分时，基本参照 IEC 62264（即 ISA S95）和 IEC 61512（即 ISA S88）企业信息集成国际标准的功能层级划分，但在最底层增加了“产品”层，在最顶层增加了“跨企业互联”层。

④ 工业 4.0 基本单元　工业 4.0 基本单元是描述信息物理系统 CPS 详细特性的一个模型。CPS 是一种生产环境的真实物理对象，通过与其虚拟对象和过程进行联网通信的系统。图 7-13 显示工业 4.0 基本元件的特性。它是管理壳和 I4.0 系统内具有数字连接的资产组成，并提供具

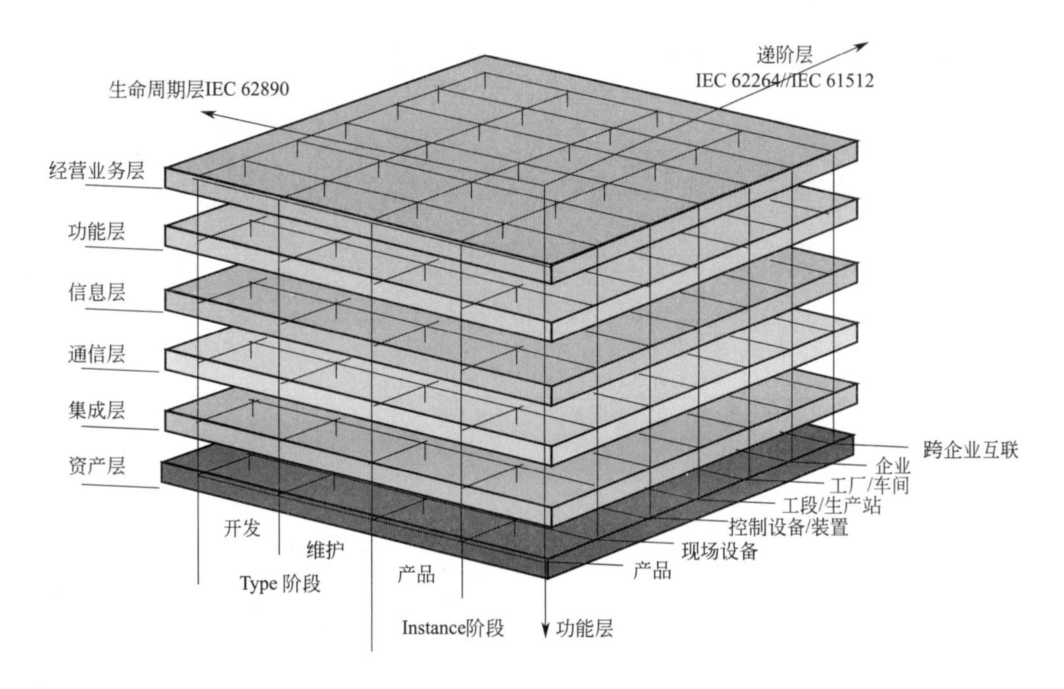

图 7-12　德国工业 4.0 参考架构 RAMI 4.0

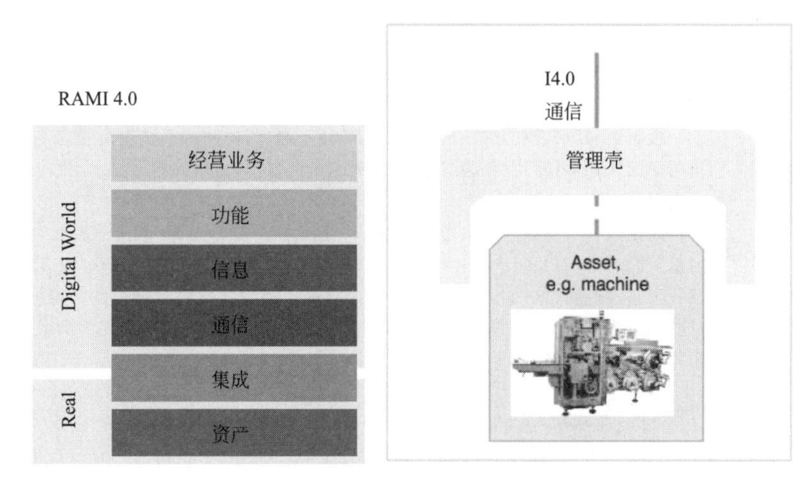

图 7-13　工业 4.0 基本元件的特性

有定义服务质量 QoS 属性的服务。

成为工业 4.0 基本单元的一个先决条件是：它必须在整个生命周期内采集所有相关数据，存放在有该基本单元所承载的具有信息安全的电子容器内，并由它把这些数据提供给企业参与价值链的过程。在工业 4.0 的基本单元模型中，这个电子容器被称为“管理壳”。还有一个先决条件是：基本单元的真实对象必须具有通信能力，以及相应的数据和功能。

资产构成工业 4.0 基本元件（物理的/非物理的）的实体部分，管理壳构成工业 4.0 基本元件的虚拟部分，工业 4.0 的通信将各种基本元件加以连接。

（2）美国国家标准化技术研究院的智能制造生态系统模型

为实现“智能美国”的目标，美国国家标准与技术研究院 NIST 组织有关部门制定了智能制造生态协调模型，在 2016 年发布。它由产品、生产制造和经营业务三个维度构成，分别形成各自的生命周期。

在德国工业 4.0 长期规划的同时，美国特别在智慧制造系统/智慧工厂中充分发挥应用信息技术和通信技术的作用，通过智能软件运用在优化人力资源、优化材料利用和优化能源效率的基础上，按市场和客户所要求的时间，生产出他们所需要的或定制的高质量产品，以便能够快速地响应市场需求的变化和供应链的变化。

智慧制造系统/智慧工厂综合集成了表 7-12 所列出的九种制造范式。

表 7-12 智慧制造系统/智慧工厂的制造范式

制造范式	英文缩写	定义
精益制造	Lean Mfg	精益制造着重于利用一套及时响应、约束理论、精益生产及敏捷制造的概念。与减少错误为目的的六标准差(Sigma)相互补足。所依赖的技术是：工作流程的优化技术、实时监控和可视化技术及流程的杠杆提升技术
柔性制造	Flexible	柔性制造利用将机械装备和工具，以及材料处理装备集成整合的系统，在计算机的控制下其产品生产的数量、生产流程以及产品型号均可以按需求加以变化。所依赖的技术是：模块化技术、可操作性技术和面向服务的架构
绿色制造	Susatinable	绿色制造的创建对环境的负面影响最小，而且节能、节约自然资源而又提升人身安全的产品。所依赖的技术是：先进的材料技术、可持续发展流程的度量和测量技术、监测与控制技术
数字化制造	Digital	数字化制造在整个产品的生命周期内运用数字化技术来改善产品、生产流程和企业效益，以削减制造的时间和成本。所依赖的技术是：3D 建模技术、基于模型的工程技术和产品生命周期管理
云制造	Cloud	云制造是一种基于云计算和面向服务架构 SoA(Service-Oriented Architecture)的分布式、网络化制造范式。所依赖的技术是：云计算、IoT(Internet of Things)、虚拟化技术、面向服务技术和高级数据分析
分布式制造	Holonic	分布式制造是将智能体(agent)应用于动态的、且为分布式制造的流程，以确保其进行动态而连续的变化。所依赖的技术是：多智能体系统、分布式控制和基于模型的推理和规划
人工智能制造	Intelligent	人工智能制造是基于人工智能的智能化生产制造，可在人工干预最小的情况下自动适应环境的变化以及流程要求的变化。所依赖的技术是：人工智能、先进的传感和控制、优化技术和知识管理
敏捷制造	Agile	敏捷制造利用有效的流程、装备和工具，以及培训，使制造系统能快速地响应客户的需求和市场的变化，而仍能控制成本和质量。所依赖的技术是：协同制造技术、供应链管理和产品生命周期管理
智能制造	Smart	智能制造有别于其他制造范式，定义一个有增强能力，从而面向下一代制造的目标远景。所依赖的技术是：互操作行和增强生产力的全面数字化制造企业、通过设备互联和分布式智能实现实时控制和小批量柔性生产、快速响应市场变化和供应链失调的协同供应链管理、集成和优化的决策支撑提升能源和资源使用效率、通过产品全生命周期的高级传感器和数据分析技术达到高速创新循环

为了达到综合竞争目标，制造系统应该根据严格的竞争策略（包括成本控制和质量、交货期、创新、服务的差异化，以及环境友好型可持续的生产等策略）发展一系列的能力，这就是智慧工厂和智慧制造系统的关键能力。表 7-13 是智慧制造系统/智慧工厂的关键能力。

表 7-13 智慧制造系统/智慧工厂的关键能力

关键能力	英文缩写	定义
敏捷性能力	Agility	在由客户设计或设想的产品和服务所推动的市场变化，由此形成的持续且不可预测的竞争环境下，工厂生存和发展的能力
质量能力	Quality	最终产品如何满足设计规范的能力。还包括产品的创新性和客制化的内容
生产率能力	Productivity	生产输出与被用于制造过程的输入之比。还需要增加对客户需求的响应能力的尺度
可持续性能力	Sustainability	尚未形成定论。与制造的可持续发展能力密切相关的因素：对环境的影响(如对能源和自然资源的影响)，安全，职工的福利健康和经济的耐久生存能力

智慧制造系统/智慧工厂的特征是：制造企业的每一个组成部分都实现了可互操作特性的数字化，从而提升了产率；设备的连接和分散的智能，保证了小批量产品制造的实时控制和灵活

性；协同的供应链管理，确保对市场的变化和供应链的突然失效具有快速响应的能力；综合优化的决策，确保了能效和资源利用的效率；先进的传感器数据采集和大数据分析贯穿整个产品生命周期，以实现快速的创新周期。

(3) 日本工业价值链参考模型 IVI

继 2015 年德国工业 4.0 参考架构模型 RAMI4.0 和美国工业互联网参考架构 IIRA（Industrial Internet Reference Architecture）推出之后，2016 年汉诺威展会上，日本 IVI 代表日本工业界宣告其工业价值链计划 IVI（Industrial Value Chain Initiative）。

IVRA（Industrial Value Chain Reference Architecture）采用三维模型，所不同的是维度设计完全不同。IVRA 的三个维度：资产、管理和活动，都是反映物理世界的，没有涉及数字世界对物理世界的映射；IVRA 的每个维度都划分为 4 个层级，例如资产分为设备、产品、流程和人员，管理分为质量、成本、交付和环境，活动分为计划、执行、检查和实施。

IVRA 参考架构如图 7-14 所示。

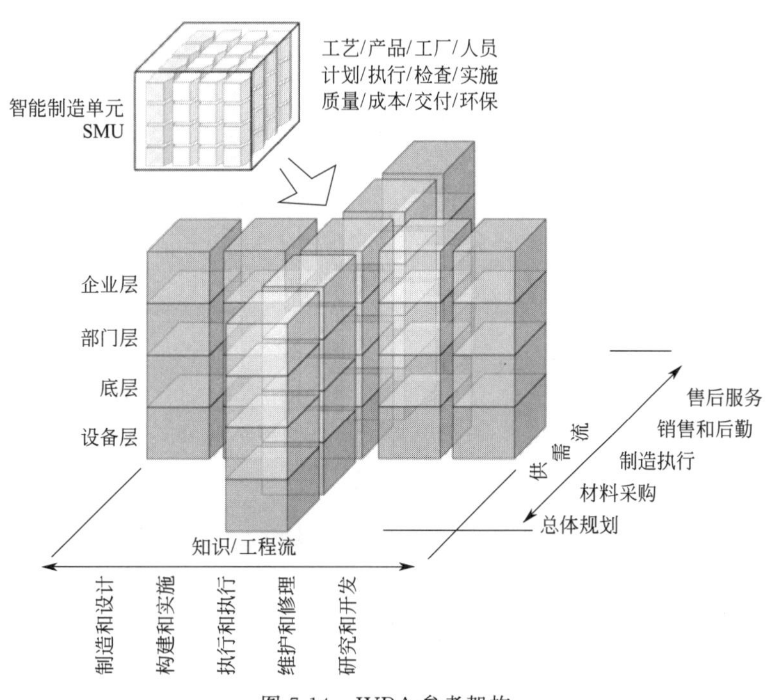

图 7-14　IVRA 参考架构

IVRA 的特点如下。

① 强调通过循环升级实现智能制造　即通过 PDCA 循环，不断发现和解决生产过程中的问题，持续改进和自主优化。

② 基于宽松定义的标准构建互联工业体系　它将制造企业需要与客户、消费者、供应商等价值链上的利益相关者之间实现互联互通。

③ 突出平台在数字世界的核心作用　首先，平台定义一系列规则和条件，集成相关软件硬件设备，通过软件提供服务；其次，利用数字技术将生产现场各种活动转换到物理和数字世界，通过数据加工处理，形成新的知识和技术；最后，不同平台需基于宽松定义的标准连接起来，形成分布式平台生态系统。

④ 高度重视人员和知识的价值　它将 SMU 定义为必须有人管理、能根据需要调整内部结构，具有自主决策能力的机构。同时，SMU 的资产包括人员、工厂、产品和工艺知识，而现场工作人员及生产工艺、方法、专有技术等知识都是十分宝贵的资产。

(4) 我国的智能制造标准体系参考模型

中国 2015 年 12 月发布的《国家智能制造标准体系建设指南（2015 年版）》，其应用领域是智能制造，重点是十大领域。在该文件中重点给出了智能制造标准体系参考模型 IMSA。参考模型的主要特征如下：模型由 3 个维度组成，即生命周期维度、系统层级维度和智能特征维度，见图 7-15。

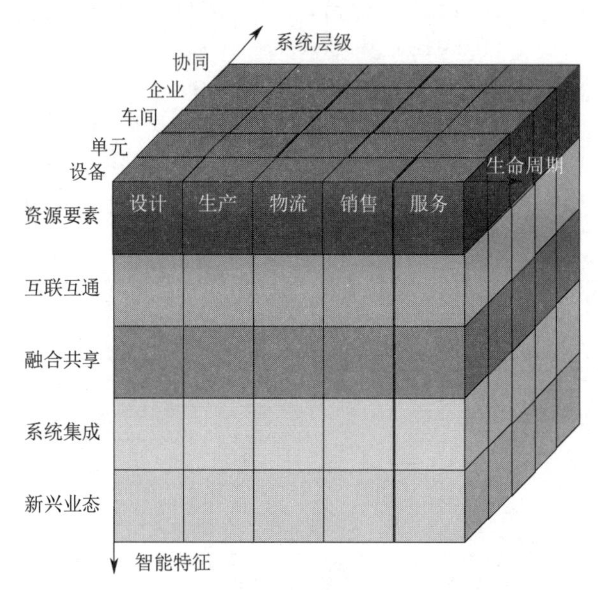

图 7-15　智能制造标准体系参考模型 IMSA

这一维度设计参考了 RAMI4.0 和 IEC 相关工作。生命周期是指从产品原型研发开始到产品回收再制造的各个阶段，包括设计、生产、物流、销售、服务等一系列相互联系的价值创造活动，包含一系列相互连接的价值创造活动的集成，不同行业有不同的生命周期。系统层级指与企业生产活动相关的组织结构的层级划分。从下到上由设备层、单元层、车间层、企业层和协同层组成，协同表示了整个价值链上的协同活动。智能特征指基于新一代信息通信技术使制造活动具有自感知、自学习、自决策、自执行、自适用等一个或多个功能的层级划分，包括 5 个方面：资源要素、互联互通、融合共享、系统集成和新兴业态（2018 版对分层进行了上述修改）。

相对于 RAMI4.0，系统层级维度做了简化，将产品和设备并为设备层级。生命周期维度细化为设计、生产、物流、销售和服务，但忽略了样品研制和产品生产的区别。智能特征维度突出了各个层级的系统集成、数据集成、信息集成，重点解决当前推进智能制造工作中遇到的数据集成，互联互通等基础瓶颈问题。

与国际组织智能制造参考模型面向多个应用领域不同的是，我国发布的智能制造参考模型主要面向制造业，它唯一提出标准体系架构。

系统层级中，设备层是传感器和执行器单元，包括各种传感器、仪器仪表、条码、射频识别、机器等，是企业生产活动的物质技术基础。控制层是 PLC（可编程逻辑控制器，Programmable Logic Controller）、SCADA（数采与监控系统，Supervisory Control And Data Acquisition）、DCS（集散控制系统，Distributed Control System）和 FCS（现场总线控制系统，Fieldbus Control system）等。车间层是控制车间/工厂执行生产过程的系统，它包括 MES（制造执行系统，Manufacturing Execution System）和 MOM（制造运营管理，Manufacturing Operation Management）等。企业层用于实现面向企业的经营管理，包括 ERP（企业资源计划系统，Enterprise Resource Planning）、PLM（产品生命周期管理，Producet Lifecycle Management）、SCM

（供应链管理，Supply Chain Management）和 CRM（客户关系管理，Customer Relationship Management）等。协同层是产业链上不同企业之间通过互联网实现信息共享、协同研发、智能生产、精准物流和智能服务等。

可编程控制器、集散控制系统及现场总线控制系统等计算机控制装置和系统位于智能制造系统架构生命周期的生产环节、系统层级的控制层级，以及智能功能的系统集成层。与它们有关联的有位于智能功能的互联互通层级，通过互联互通层，可以与信息融合层级实现信息共享。

(5) 现有参考模型的比较

各国提出的工业 4.0 参考模型都有各自的特点，其中，采用智能参考模型的常采用三维架构，而采用物联网参考模型的常采用二维架构。表 7-14 是现有部分智能参考模型的比较。

表 7-14 现有部分智能参考模型的比较

视角	描述能力	IIRA	RAMI4.0	NIST SMS	IVI	IMSA
逻辑	用例	●	—	—	—	—
	商业(应用)	●	●	—	●	●
	信息	●	●	—	●	●
	通信	●	●	—	—	●
	功能	●	●	—	●	—
	集成(网络空间)	●	●	—	●	●
	资产(物理空间)	●	●	—	●	●
物理空间	企业间交互(互联世界)	—	●	—	●	●
	生产系统层级(ISA 95/88)	—	●	●	—	●
	产品	—	●	—	—	—
生命周期方面	元生命周期(样机/实例)	●	●	—	—	●
	产品生命周期	—	●	●	—	●
	制造系统生命周期	—	●	●	●	●
	供应链/价值链	—	●	●	●	●
	服务生命周期	—	●	—	●	—
综合方面	信息安全/安全/隐私	●	—	—	●	●

注：IIRA 是工业互联网参考架构。

从表中可见，大多数国家智能制造参考模型面向制造业，国际组织的智能制造参考模型是面向多个应用领域（例如，应用于商业、能源和健康等）。大多数模型涵盖物理、生命周期和综合等方面，采用物联网模型的基本只涵盖逻辑方面。互联世界能力表示不同企业间的连接，但目前标准还局限于单一企业内部。产品能力表示被描述产品在制造过程各阶段应具有全部信息，它对生产过程智能化实现很重要，但上述模型基本无法实现。安全（尤其是信息安全）能力是智能制造企业应必须解决的关键问题，但少数模型不能满足该要求。

7.4.2 工业互联网

工业互联网（Industrial Internet）表示复杂物理机械与联网传感器和软件的集成。工业互联网把机器学习、大数据、物联网、机器与机器通信、信息网络系统等领域综合在一起，从机器获取数据、分析数据（通常是实时数据），用于调整操作。因此，工业互联网是一种物品、机器、计算机和人的互联网，它利用先进的数据分析方法，辅助提供智能工业操作，改变商业产出，即包括全球工业生态系统、先进计算和制造、普适感知、泛在网络连接的融合。

当前全球总体处于数字化向网络化过渡阶段，工业互联网成为创新发展的核心关键。工业互联网本质是工业思维和能力与 IT 思维和能力的集成、融合和创新，OT 和 IT 融合是基础，制造能力的平台化是工业互联网发展的关键，人和机器智能的融合创新是核心，开放合作机制是保障。

(1) 工业互联网系统特征

工业互联网联盟（IIC：Industrial Internet Consortium）定义工业互联网系统为：工业互联网将工业控制系统在线连接，构成多个巨大的、端到端的、与人连接的系统，并完全地与企业系统、商业构成及分析方案集成。这些端到端的系统称为工业互联网系统（IIS）。图 7-16 是其示意图。

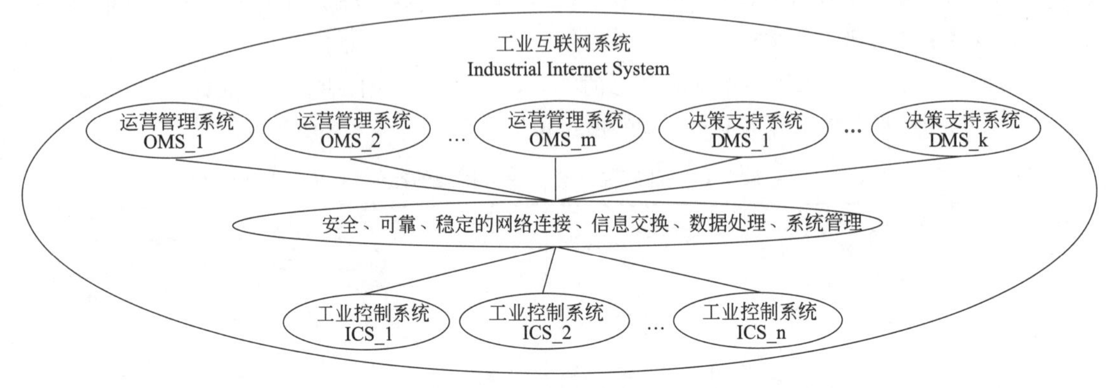

图 7-16　工业互联网系统的示意图

工业互联网系统有下列三个基本的端到端的特征。

① 物理安全（safety）　表示工业互联网系统不会导致不可接受的安全风险的系统操作条件。这些安全风险包括对人们健康造成直接的实际损伤或伤害，或对财产或环境的破坏而对人们造成的间接伤害。因此，物理安全特性也称为系统的可靠性。

② 信息安全（security）　表示工业互联网系统不允许非预期地、非授权地对工业互联网系统或数据进行访问、改变或销毁的系统操作条件。因此，信息安全性也称为系统的可信性。

③ 系统自愈（resilience）　表示工业互联网系统能够避免、缓解及管理动态负面条件，同时完成指派的任务，并且能够在事故后重构操作能力的系统条件。因此，系统自愈特性也称为系统的稳定性。

每个工业互联网系统对这三个系统特性的要求及要求的等级可能不同，由商业应用场景和商业价值等决定、法规和合同等限定，或是对某个特定类型系统的习惯性约定。为维护这些系统的特性，应该在它们的生命周期内连续跟踪和审核这些特性。

工业互联网系统的能力：在这些工业互联网系统中，面向操作的传感器数据、操作员与这些系统的交互数据可以与机构信息或公共信息结合，用于高级分析或其他高级数据处理。例如，用于基于规则的策略和决策系统的分析和处理，这些分析和处理的结果将反过来促进决策的优化、操作的优化及在巨大数量的、不断增加自治性的控制系统之间协同优化能力的提升。

工业互联网的目标：将工业控制系统在线连接，并与现有企业管理、研发和决策系统集成，形成多个可优化决策、优化操作、优化巨大数量的自治控制系统协同的工业互联网系统。

与传统的现有互联网的根本区别是：工业互联网涉及到的应用都是没有人工直接介入的应用，由于工业互联网系统具有相同的自愈能力，因此，传统工业没有人工介入就无法发现的可能的安全隐患，能够被工业互联网系统及时发现并处理，恢复操作。这表明工业互联网系统支持没有人工介入的操作，具有物联网的特征。此外，工业互联网系统可减少新产品开发周期，降低产品库存，实现基于订单的生产模式，并且能够基于市场需求优化国家层面的工业产能配置，形成国家层面的工业生态系统，最大限度地降低能耗，降低物流成本，提升国家整体工业实力和创新活力。而现有互联网只是买卖商品，提供服务，并不能对国家实力提升和对全球经济发展有更多的帮助。

(2) 工业互联网体系架构

2016 年发布的《工业互联网体系架构报告（1.0 版）》给出的工业互联网体系架构如图 7-17 所示。

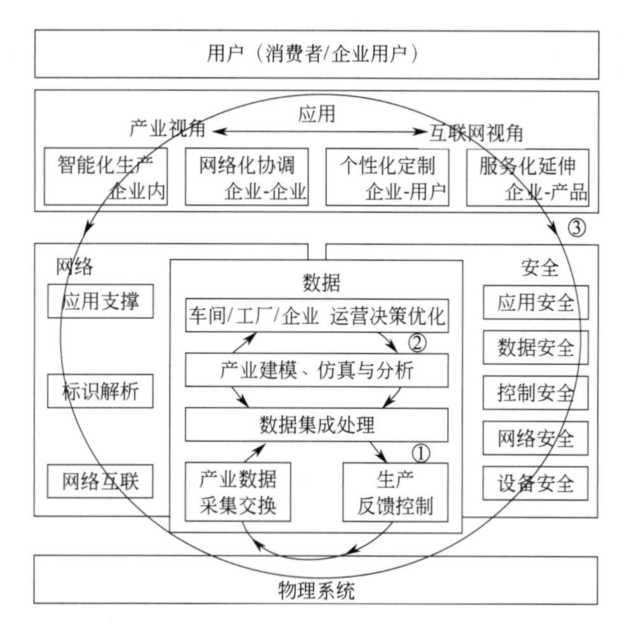

图 7-17　工业互联网体系架构

图中显示下列三个优化闭环：

① 面向机器设备运行的优化闭环　其核心是基于对机器操作数据、生产环境数据的实时感知和边缘计算，实现机器设备的动态优化调整，构建智能机器和柔性生产线，即图 7-17 中的①；

② 面向生产运营优化的闭环　其核心是基于信息系统数据、制造执行系统数据、控制系统数据的集成处理和大数据建模分析，实现生产运营管理的动态优化调整，形成各种场景下的智能生产模式，即图 7-17 中的②；

③ 面向企业协同、用户交互与产品服务优化的闭环　其核心是基于供应链数据、用户需求数据、产品服务数据的综合集成和分析，实现企业资源组织和商业活动的创新，形成网络化协同、个性化定制、服务化延伸等新模式，即图 7-17 中的③。

(3) 云计算

美国国家标准与技术研究院（NIST）对云计算的定义是：云计算是一种按使用量付费的模式，这种模式提供可用的、便捷的、按需的网络访问，进入可配置的计算资源共享池（资源包括网络、服务器、存储、应用软件、服务），这些资源能够被快速提供，只需投入很少的管理工作，或与服务供应商进行很少的交互。

云计算（cloud computing）是分布式计算（distributed computing）、并行计算（parallel computing）、效用计算（utility computing）、网络存储（network storage technologies）、虚拟化（virtualization）、负载均衡（load balance）、热备份冗余（high available）等传统计算机和网络技术发展融合的产物。集散控制系统的大数据为云计算提供了坚实的基础数据，这些数据可以被企业管理层用于分析，并提供有效的预测、预估和决策依据。云计算也为虚拟化技术提供服务，用于集散控制系统的数据存储备份、数据迁移、模型仿真、效用计算和评估及大数据分析等。

云计算资源以云服务形式提供。云计算的服务分为如下三个子层。

① 基础设施即服务层　基础设施即服务层（IaaS：Infrastructure as a Service）指企业或个

人使用云计算技术远程访问计算资源、存储资源及云服务提供商采用虚拟化技术所提供的相关服务。IaaS提供硬件基础设施部署服务，为用户按需提供实体或虚拟计算、存储和网络等资源。无论是最终用户、SaaS提供商还是PaaS提供商，都可从基础设施服务中获得应用所需的计算能力，但无需对支持该计算能力的基础IT软硬件付出相应的原始投资成本。IaaS层是云计算的基础，而数据中心是IaaS层的基础，因此，IaaS层为了硬件资源的优化分配，引入虚拟化技术，借助虚拟化工具来提高可靠性、定制性、可扩展性的IaaS层的服务。用户使用IaaS层服务时，需要向IaaS提供商提供基础设施的配置信息、运行基础设施的程序代码及相关的用户数据。IaaS主要客户是中小型公司，即IaaS层的服务可很好地节省这些公司对服务器购买和维护成本。

IaaS主要研究的问题是：如何建设低成本、高效能的数据中心；如何拓展虚拟化技术，实现弹性、可靠的基础设施服务。

② 平台即服务层　平台即服务层（PaaS：Platform as a Service）指将一个完整的计算机平台，包括应用设计、应用开发、应用测试和应用托管，都作为一种服务提供给用户。用户不需要购买硬软件，只需要利用Paas平台，就能够创建、测试和部署应用及服务。Paas是云计算应用程序运行环境，它提供应用程序部署与管理服务。Paas是三层服务的中间层，既为上层提供简单、可靠的分布式编程框架，又需要基于底层资源信息调度作业、管理数据、屏蔽底层系统的复杂性。因此，PaaS提供一个运行平台，用户可在该平台编写所需程序，运行并维护该程序，不需要考虑节点、资源间的配合等因素，用户只需要按照服务提供商所提供的某些固定的语音编写程序。

PaaS主要研究的问题是：平台的海量数据存储与处理技术；基于海量数据存储与处理技术的资源管理和调度策略。

③ 软件即服务层　软件即服务层（SaaS：Software as a Service）是用户获取软件服务的一种新形式。它是基于云计算基础平台所开发的应用程序。本质上，SaaS是软件提供商为满足用户某种特定需求而提供可被消费的软件能力。用户不需要将软件产品安装在自己的计算机或服务器上，而是按某种服务水平协议SLA直接通过网络向专门的提供商获取自己所需的带有相应软件功能等服务。SaaS是将软件打包成为服务，是在线应用平台，为用户提供平台式服务，为上层各种信息化应用提供统一的平台，能够完整地贯穿业务流，将各种信息化产品完美整合，统一运行和维护，形成完整的支撑系统。

SaaS面向的是云计算终端用户，提供的是基于互联网的软件应用服务。随着互联网的发展，这类SaaS的应用发展迅速。对普通用户，SaaS层服务将桌面应用程序迁移到互联网，实现应用程序的泛在访问。

云计算三层服务的比较见表7-15。

表7-15　云计算三层服务的比较

项目	IaaS	PaaS	SaaS
服务内容	提供基础设施部署服务	提供应用程序部署与管理服务	提供基于互联网的应用程序服务
服务对象	需要硬件资源的用户	程序开发者	企业和需要软件应用的用户
使用方式	使用者上传数据、程序代码、环境设置	使用者上传数据、程序代码	使用者上传数据
关键技术	数据中心管理技术，虚拟化技术	海量数据剩技术，资源管理与调度技术等	Web服务技术，互联网应用开发技术等
系统实例	Amazon EC2，Eucalyptus等	Google App Engine，Windows Azure，Hadoop等	Google App，Salesforce CRM等

(4) 工业互联网平台

工业互联网平台是面向制造业数字化、网络化、智能化需求，构建基于海量数据采集、汇聚、分析的服务体系，它支撑制造资源泛在连接、弹性供给、高效配置的工业云平台，包括边缘、平台、应用三大核心层级。工业互联网平台是工业云平台的延伸发展，其本质是在传统云平台基础上叠加物联网、大数据、人工智能等新兴技术，构建更精准、实时、高效的数据采集体系，建设包括存储、集成、访问、分析、管理功能的使能平台，实现工业技术、经验、知识模型化、软件化、复用化，以工业 APP 形式为制造企业各类创新应用，最终形成资源富集、多方参与、合作共赢、协调演进的制造业生态。图 7-18 是工业互联网平台的功能架构。

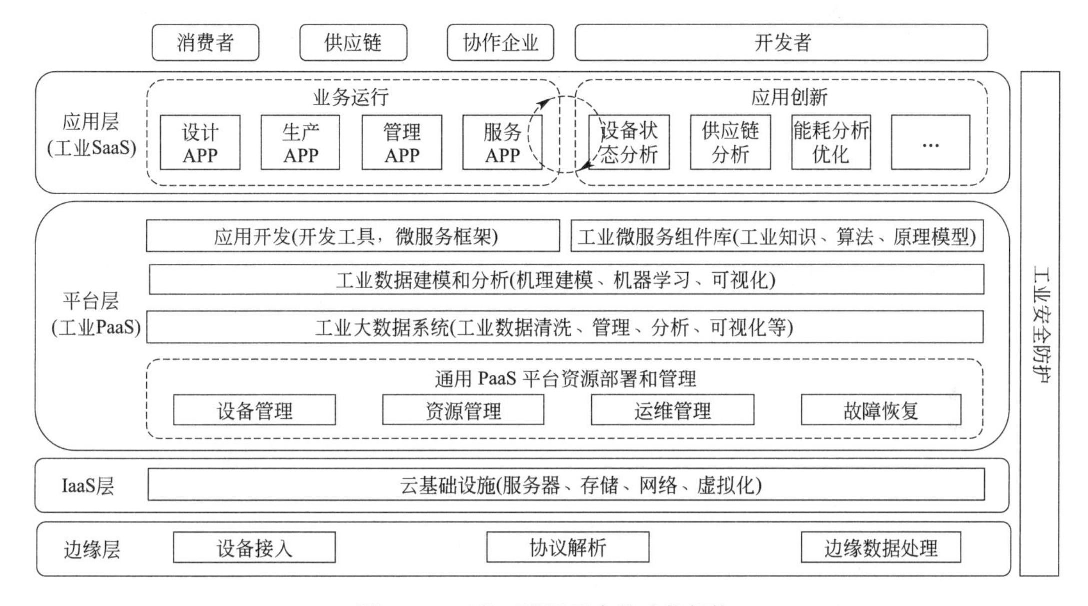

图 7-18　工业互联网平台的功能架构

图中，第一层是边缘层，通过大范围、深层次的数据采集，及异构数据的协议转换与边缘处理，构建工业互联网平台的数据基础。即通过各种体系手段接入不同设备、系统和产品，采集海量数据；依托协议转换实现多源异构数据的归一化和边缘集成；利用边缘计算设备实现底层数据的汇聚处理，从而实现数据向云端平台的集成。

第二层是平台，它基于通用的 PaaS 叠加大数据处理、工业数据分析、工业微服务等创新功能，构建可扩展的开放式云操作系统。即提供工业数据管理能力，将数据科学与工业机理结合，帮助制造企业构建工业数据分析能力，实现数据价值的挖掘；将技术、知识、经验等资源固化为可移植、可复用的工业微服务组件库，供开发者调用；构建应用开发环境，借助微服务组件和工业应用开发工具，帮助用户快速构建定制化的工业 APP。该层是工业互联网平台的核心，工业 APP 则是该层的关键。

第三层是应用，用于形成满足不同行业、不同场景的工业 SaaS 和工业 APP，形成工业互联网平台的最终价值，包括提供设计、生产、管理、服务等创新性业务应用；构建良好的工业 APP 创新环境，使开发者基于平台数据及微服务功能实现应用创新。

泛在连接、云化服务、知识积累、应用创新是辨识工业互联网平台的四大特征。泛在连接具备对设备、软件、人员等各种生产要素数据的全面采集能力。云化服务实现基于云计算架构的海量数据存储、管理和计算。知识积累提供基于工业知识机理的数据分析能力，实现知识的固化、累积和复用。应用创新能调用平台功能及资源，提供开放的工业应用程序开发环境，实现工业应用程序创新应用。

(5) 工业互联网关键技术

① 数据集成和边缘处理技术

a. 设备接入：基于工业以太网、工业现场总线等工业通信协议，以太网、光纤灯通用协议，无线通信协议等，它们将工业现场设备接入到平台边缘层。

b. 协议转换：运用协议解析、中间件等技术兼容工业通信协议和软件通信接口，实现数据格式转换和统一。此外，利用 HTTP、MQTT 等方式从边缘侧将采集到的数据传输到云端，实现数据的远程接入。

c. 边缘数据处理：基于高性能计算芯片、实时操作系统、边缘分析算法等技术支撑，在靠近设备或数据源头的网络边缘侧进行数据预处理、存储及智能分析应用，提升操作响应灵敏度，消除网络堵塞，并与云端分析形成协同。

② IaaS 技术　基于虚拟化、分布式存储、并行计算、负载调度等技术，实现网络、计算、存储等资源的池化管理，根据需求进行弹性分配，并确保资源使用的安全与隔离，为用户提供完善的云基础设施服务。

③ 平台使能技术

a. 资源调度：通过实时监控云端应用的业务量动态变化，结合相应调度算法，为应用程序分配相应底层资源，从而使云端应用可自动适应业务量变化。

b. 多租户管理：通过虚拟化、数据库隔离、容器等技术实现不同租户应用和服务的隔离，保护租户的隐私与安全。

④ 数据管理技术

a. 数据处理框架：借助于分布式处理架构，满足海量数据、批处理和流处理计算需求。

b. 数据预处理：运用数据冗余剔除、异常检测、归一化等方法对原始数据进行清洗，为后续存储、管理和分析提供高质量数据源。

c. 数据存储与管理：通过分布式文件系统、NoSQL 数据库、关系数据库、时序数据库等不同数据管理引擎，实现海量工业数据的分区选择、存储、编目与索引等。

⑤ 应用开发和微服务技术

a. 多语音与工具支持：支持 Java、Ruby 和 PHP 等多种语音的编译环境，并提供各类开发工具，构建高效便捷的集成开发环境。

b. 微服务架构：提供涵盖服务注册、发现、通信、调度的管理机制和运行环境，支撑基于微型服务单元集成的“松耦合”应用开发和部署。

c. 图形化编程：通过图形化编程工具，简化开发流程，支持用户采用拖拽方式进行应用创建、测试、扩展等。

⑥ 工业数据建模与分析技术

a. 数据分析算法：运用数学统计、机器学习及最新人工智能算法实现面向历史数据、实时数据、时序数据的聚类、关联和预测分析。

b. 机理建模：利用机械、电子、物理、化学等专业知识，结合工业生产实践经验，基于已知工业机理构建各类模型，实现分析应用。

⑦ 安全技术

a. 数据接入：通过工业防火墙技术、工业网闸技术、加密隧道传输技术，防止数据泄漏、被侦听或篡改，保障数据在源头和传输过程中的安全。

b. 平台安全：通过平台入侵实时检测、网络安全防御系统、恶意代码防护、网站威胁防护、网页防篡改等技术，实现工业互联网平台的代码安全、应用安全、数据安全和网站安全。

c. 访问安全：通过建立统一访问机制，限制用户访问权限和所能使用的计算资源和网络资源，实现对云平台重要资源的访问控制和管理，防止非法访问。

(6) 虚拟化技术

虚拟化（virtualization）是指应用服务在虚拟的、不真实的基础上运行，是指将计算机资源表示为若干虚拟机，使不同层面的硬件、软件、网络、数据、存储隔离开来，在虚拟机中运行独立的操作系统。

虚拟化的目的是实现高效的资源利用率，提高系统可扩展性和工作负载能力，同时通过底层物理设备与顶层应用分离，实现计算资源的灵活性。虚拟化技术可增大硬件空间，简化软件重新配置过程。优化整合可使服务器资源利用率最大化，实现系统安全性、可靠性、可用性、成本效益、轻松隔离、减少停机时间等，还可提高系统动态扩展性和设备复用性。

按虚拟化支持的层次，虚拟化分为软件辅助虚拟化和硬件支持虚拟化。按虚拟化平台，虚拟化分为全虚拟化和半虚拟化。按虚拟化在云计算中被应用的领域，虚拟化分为服务器虚拟化、存储器虚拟化、应用程序虚拟化、平台虚拟化和桌面虚拟化等。

(7) 工业大数据

工业大数据是指在工业领域，围绕典型智能制造模式，从客户需求到销售、订单、结合、研发、设计、工艺、制造、采购、供应、库存、发货和交付、售后服务、运维、报废或回收再制造等整个产品全生命周期各个环节所产生的各类数据及相关技术和应用的总称。它以产品数据为核心，极大拓展了传统工业数据范围，同时包括工业大数据相关技术和应用。

① 工业大数据来源和特征　工业大数据的主要来源来自下列三方面。

a. 生产经营相关业务数据。主要是传统企业信息化范围的数据。包括传统工业设计和制造类软件、企业资源计划 ERP、产品生命周期管理 PLM、供应链管理 SCM、客户关系管理 CRM 和环境管理系统 EMS 等。这类数据是工业领域传统大数据资源，在移动互联网等新技术应用环境下正逐步扩大其范围。

b. 设备物联数据。主要是工业生产设备和目标产品在物联网运行模式下实时产生收集的涵盖操作和运行情况、工况状态、环境参数等体现设备和产品运行状态的数据。这类数据是工业大数据新增长的数据，狭义工业大数据即指这类数据。这是存在时序差异的大量数据。

c. 外部数据。主要指与工业企业生产活动和产品相关的企业外部互联网来的数据。例如，评价企业环境绩效的环境法规、预测产品市场的宏观社会经济数据等。

工业大数据与工业互联网大数据的区别如下。

a. 数据源不同。工业大数据主要的数据源分三类。第一类是企业经营相关的业务数据，数据来自企业信息化范畴，例如 ERP、PLM、SCM、EMS 和 CRM 等。第二类是机器设备互联数据，数据来自工业机器和设备的运行状态、物料和产品工况和运行环节。第三类是企业外部的第三方数据，例如产品售后的使用、运营情况的数据、供应商和用户的数据等。而互联网数据覆盖的范围要更广泛。

b. 数据处理技术不同。工业大数据受到更多噪声影响，因此，从大数据中剔除噪声是重要的数据处理内容。工业互联网大数据受噪声的影响要小得多。

c. 应用领域不同。工业大数据用于研发生产过程的数据模型，建立基于模型的研发设计、基于产品生命周期的设计和基于消费者的反馈模型设计等，用于产品需求预测、供应链优化等。工业互联网是大数据的来源，而大数据分析则为工业互联网的发展提供有用的数据支持。

表 7-16 列出工业大数据和商务大数据的区别。

表 7-16　工业大数据和商务大数据的区别

项目	商务大数据	工业大数据
数据采集	通过交互渠道(如门户网站、购物网站、社区等)采集交易、偏好、浏览等数据;数据采集的时效性要求不高	经传感器与感知技术,采集物联设备、生产经营过程业务数据,外部互联网数据等,数据采集有很高的实时性要求
数据处理	数据清洗、数据归约,去除大量无关不重要数据	工业软件是基础,强调数据格式的转化;数据信噪比低,要求数据具有真实性、完整性和可靠性,注重处理后数据的质量
数据存储	数据之间关联性不大,存储自由	数据间关联性很强,存储复杂

续表

项目	商务大数据	工业大数据
数据分析	利用通用大数据分析算法，进行相关性分析，对分析结果要求效率不要绝对精确	数据建模，分析更复杂；需要专业领域算法；不同行业、不同领域算法差异很大；对分析结果精度和可靠度要求高
可视化	数据结果展示可视化	数据分析结果可视化及3D工业场景可视化；对数据可视化要求强实时性；实现近乎实时的预警和趋势可视
闭环反馈控制	一般不需要闭环反馈	强调闭环性，实现过程的调整和自动控制

② 工业大数据的定位　图7-19是工业大数据在智能制造标准体系结构图中的定位。

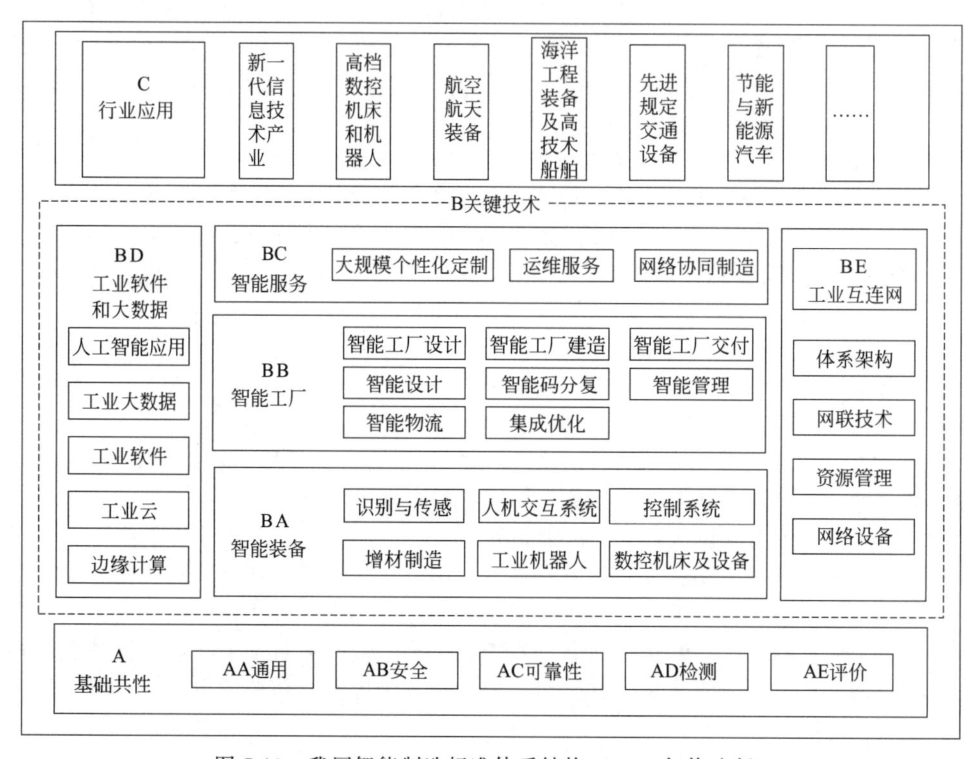

图7-19　我国智能制造标准体系结构（2018年修改版）

工业大数据位于智能制造标准体系结构图的关键技术B的左侧工业软件和大数据BD条目内，是五大关键技术之一。

③ 与工业软件和工业云的关系　工业软件是用于工业领域，为提高工业研发设计、业务管理、生产调度和过程控制水平的相关软件和系统。工业大数据与工业软件之间的关系如下。

a. 工业软件承载工业大数据采集和处理的任务，因此，工业软件是工业大数据的重要数据源。

b. 工业软件支撑实现工业大数据的系统集成和信息贯通。传统工业软件以ERP为中心进行数据贯通，新型工业软件将基于PLM等关键软件进行系统性集成，通过对外部设计工具、分散研发团队、MES与控制系统、第三方管理软件等的多系统集成，实现工厂从底层到上层的信息贯通。

c. 工业大数据技术与工业软件结合，加强工业软件分析和计算能力，提升场景可视化，实现对用户行为和市场需求的预测和判断。

d. 工业云是通过信息资源整合为工业提供服务支持的一种智能服务。通过工业云计算、物联网、大数据和工业软件等技术手段，将人、机、物、知识等有机结合，为工业构建一种特有的服务生态系统，为用户提供资源和能力共享服务，例如云存储、云应用、云社区、云管理、云设计等服务。

e. 工业云和工业大数据结合，可实现物理设备与虚拟网络融合的数据采集、传输、协同处理和应用集成，运用数据分析方法，结合工业领域知识，形成包括个性化推荐、设备健康管理、物品追踪、产品质量管理等工业大数据应用协同。从数据即服务、产品即服务和制造即服务三个视觉角度出发，帮助企业用户扩展产品价值空间，实现以产品为核心的经营模式向制造加服务的模式转变。

f. 工业云和工业软件作为工业大数据的主要载体，也是工业大数据的采集、存储、集成、协同的共享重要通道，是与工业大数据密不可分的。

④ 工业大数据的重要应用领域

a. 设计领域。可提高设计研发人员的研发创新能力、研发效率和质量，支持协同设计。例如，基于模型和仿真的研发设计、基于产品生命周期的设计、融合消费者反馈的设计等。

b. 复杂生产过程的优化。利用实时采集的数据进行多形式的分析，例如能耗分析、质量故障分析、设备诊断分析等；既可用于改进生产工艺，也可用于故障预测和原因分析等；既可实现对生产过程的常规控制，也可根据优化指标，实现优化控制。可根据聚类、规则挖掘等数据处理和预测机制，建立多类基于数据的生产优化特征模型，挖掘产品质量特性与关键工艺参数的关联规则，抽取过程质量控制知识，为在线工序质量控制、工艺过程优化等提供指导性意见。也可发现历史预测与实际的偏差概率，通过智能优化算法，制定预计划排产，监控按计划与现场实际的偏差，动态调整。

c. 产品需求的预测。分析当前需求变化和组合形式，通过消费人群关注点进行产品功能、性能的调整，利用互联网网络爬虫技术、Web服务等，获取互联网相关基础数据、企业内部数据、用户行为数据及第三方数据，从而设计出更符合核心需要的新产品，为企业提供更多潜在销售机会。

d. 工业供应链的优化。通过全产品链信息整合，使整个生产协同达到协同优化，生产协同更动态灵活，进一步提高生产效率和降低生产成本。主要包括供应链配送体系优化和用户需求快速响应。

e. 工业绿色发展的应用。绿色发展是产品从设计、制造、使用到报废的整个产品生命周期中的能源消耗最低，不产生环境污染或环境污染最小化。

⑤ 工业大数据的数据参考架构　图7-20是工业大数据的数据架构。该架构由数据源、数据采集预处理和集成、数据处理和数据管理及典型应用场景等四层组成。

数据采集预处理和集成层主要实现工业各环节数据的采集、预处理和信息集成，包括PCS、MES、ERP、SCM、PLM、CRM等。

数据源包括来自企业生产经营相关的业务数据、设备物联数据及第三方数据。

数据处理和数据管理层是工业大数据的核心环节。它是用于实现工业大数据面向生产过程智能化、产品智能化、新业态新模式智能化、管理智能化及服务智能化等领域的数据处理和数据管理。

应用场景层是基于数据处理和数据管理的结果，生成可视化描述、控制、决策等不同应用，从而实现智能化设计、智能化生产、网络化协同制造、智能化服务和个性化定制等典型智能制造模式，并将结果以规范化数据形式存储，最终构成从生产物联设备层到控制系统层、车间生产管理层、企业经营层、产业链上企业协同运营管理的持续优化闭环的控制和生产。

⑥ 工业大数据技术参考架构　图7-21是工业大数据技术参考架构。

a. 数据采集。以传感器为主要采集工具，结合RFID、条码扫描器、生产和监测设备、PDA、人机交互、智能终端等手段采集生产过程的多源、异构数据信息，并经互联网或现场总

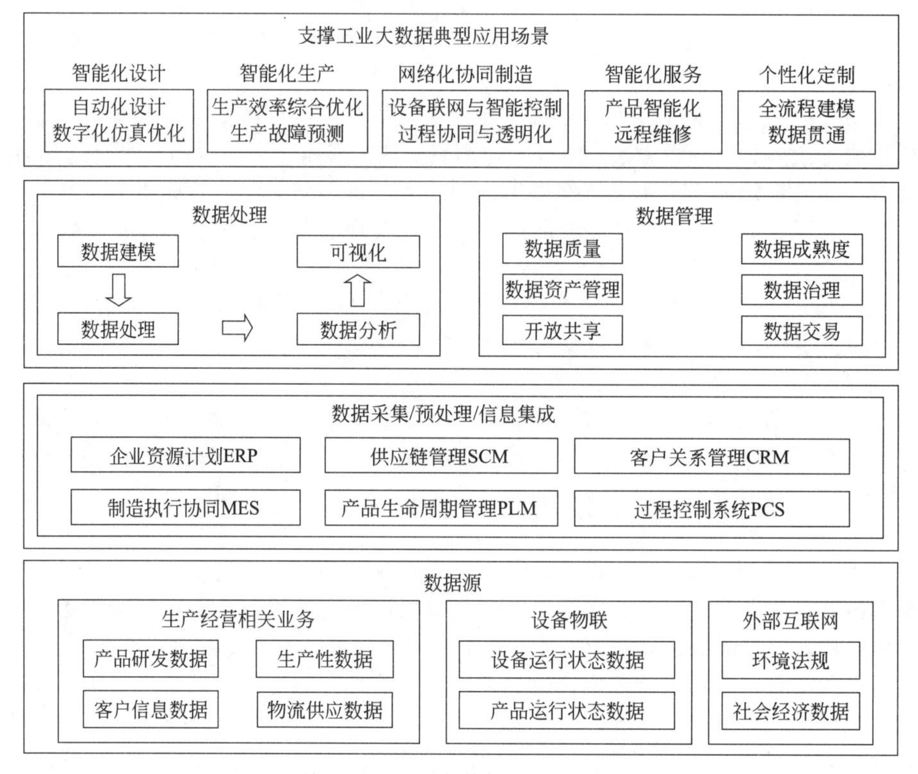

图 7-20 工业大数据的数据架构

线等实现数据实时准确传输。异构数据要同构化预处理。还包括数据清洗、数据交换和数据归约。

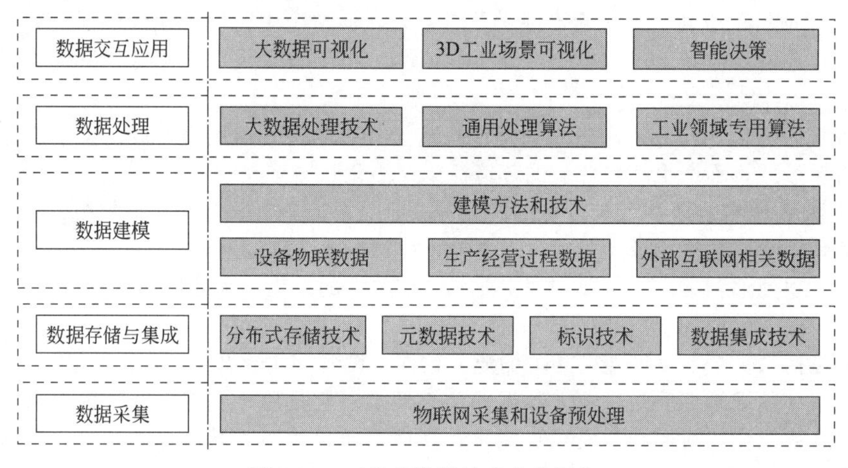

图 7-21 工业大数据技术参考架构

b. 数据存储与集成。其中，分布式存储技术是云采集后的数据有效存储在性能和容量都能线性扩展到分布式数据库的技术。元数据技术是订单元数据、产品元数据、供应商能力等的定义和规范的本体技术。标识技术是分配与注册、编码分发与测试管理、存储与编码规范、解析机制等。数据集成技术是面向工业数据的集成，包括互联网数据、工业软件数据、设备装备运行数据、加工控制数据与操作数据、制造结果实时反馈数据、产品检验检测数据等的集成和贯通。

c. 数据建模。即对设备物联数据、生产经营过程数据、外部互联网相关数据的建模方法和技术。常用聚类、分类、规则挖掘等数据挖掘方法和预测机制，建立基于数据的工业过程优化特征模型。

d. 数据处理。在传统数据挖掘基础上，结合云计算、Hadoop、专家系统等，对同构数据执行高效准确分析运算。例如，大数据处理技术、通用处理算法和工业领域专用算法等。

e. 数据交互应用。用可视化技术以更直观简洁方式展示数据，便于用户理解和分析，提高决策效率，实现对用户行为和市场需求的预测和判断，实现数据辅助生产制造决策。

⑦ 工业大数据平台参考架构　工业大数据平台涵盖IT网络架构和云计算基础架构等基础设施，专家库、知识库、业务需求库等资源，及安全、隐私等管理功能。此外，还包含关联工业大数据实际应用的三方面角色，即数据提供方、数据服务消费方和数据服务合作方。

a. 数据提供方。提供三大类主要数据源的角色。包括各类人员、工业软件、生产设备装备、产品、物联网、互联网、其他软件等多类对象，及企业活动、人员行为、装备设备运行、物联网和互联网运行等多种活动。多类对象的多种活动产生的数据通过工业大数据平台直接或间接提供给数据消费方。

b. 数据服务消费方。在工业大数据的五大应用场景（智能化设计、智能化生产、网络化协同制造、智能化服务和大规模个性化定制）中，利用目标数据有目的地进行设计、生产、制造、服务提供、个性化定制等活动的角色。主要是从事产品研发设计、生产制造、产品服务的企业或个人，直接或间接从数据提供方获得数据，进行加工处理，以达到特定目标。

c. 数据服务合作方。服务于数据提供方和数据消费方，为双方中的角色主体提供其所需的技术支持、软硬件支持、智力资源支持等。主要包括工业软件提供商、网络提供商、大数据技术供应商、服务提供商、组织机构、专家学者等。根据双方需求提供针对性服务。

⑧ 应用示例

a. ABB公司的Ability工业云。2017年发布。它定义为从设备、边缘计算到云服务的跨行业、一体化的数据化解决方案。图7-22所示架构就是该公司的Ability云平台的架构。

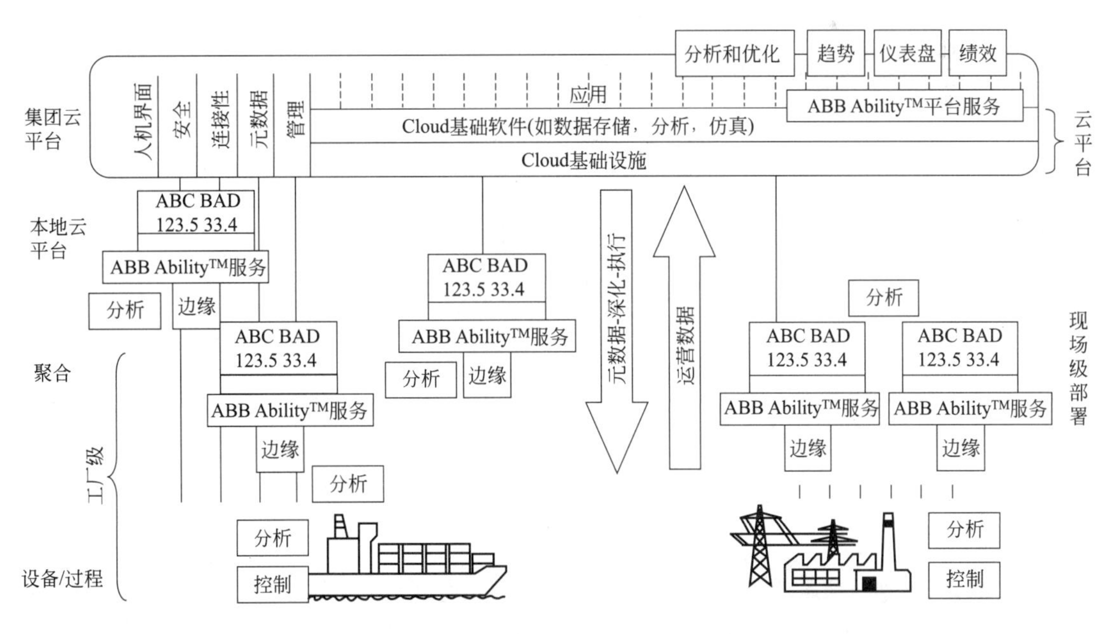

图7-22　ABB公司Ability云平台架构

该平台由边缘计算硬件和边缘计算服务、云应用等组成。ABB Ability Edge边缘计算硬件用于设备数据采集，包括设备及生产控制系统（SCADA，DCS）的数据，通过边缘计算内置的数据模型进行预处理，并传输到云端。它可采用ABB公司Ability智能传感器，直接与工业互联网连接，每个智能传感器用蓝牙进行无线通信。也可以用单台计算机或功能型服务器实现关键设备的数据采集。例如，支持OPC UA、Modbus、ODBC等工业通信协议的服务器直接将采集的数据传送到云端。边缘计算服务采用典型的800xA和Compact HMI软件。ABB公司Ability系统的800xA是集集散控制系统、电气控制系统和安全系统于一体的协同自动化系统。Compact HMI是完全基于PC的HMI，用于高级人机界面和SCADA的应用。

ABB公司Ability Cloud云应用是基于微软Azure云集成架构及其应用服务，通过对数据集成管理和大数据分析，形成智能化决策与服务应用。它包括面向资产密集型行业的绩效管理，面向流程工业的控制系统，面向机器人、电机和机械设备的远程监测，面向建筑、海上平台和电动汽车充电集成设施的控制，及满足数据中心能源管理和远洋船队航线优化需求等专业领域的云计算应用。

b. 施耐德电气公司的Eco struxure平台。2016年发布。它结合阿里云服务器，提供开放结构化的数据服务、负载均衡服务、关系数据库服务，可开发施耐德远程能源管理系统等，能够为用户提供按需付费的远程海量数据采集、存储、分析和咨询等服务。它由互联互通产品、边缘控制及应用、分析及服务等三层组成。其架构见图7-23。

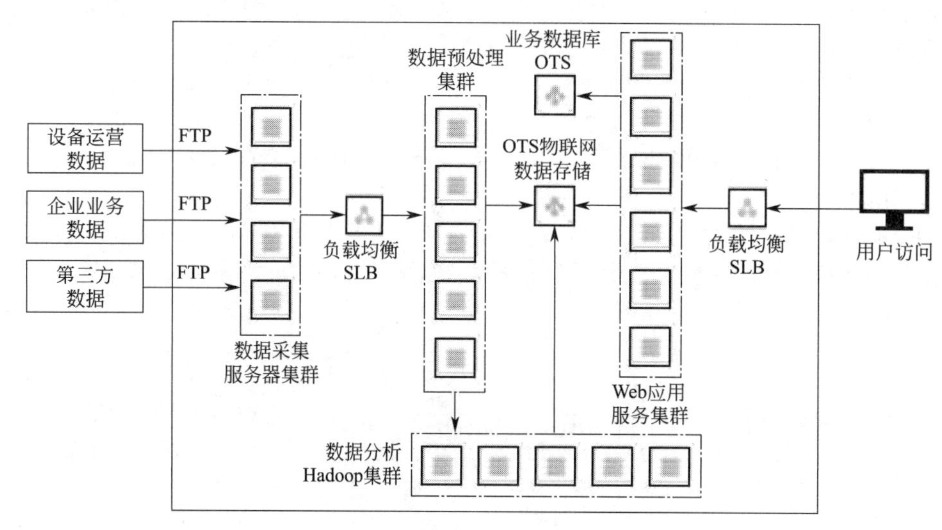

图7-23 施耐德电气公司的云平台架构

第一层是互联互通产品。产品涵盖断路器、驱动器、不间断电源、继电器和仪表及传感器等。第二层是边缘控制，是施耐德电气具备数据互联与分析能力的硬件产品及系统，它既实现监测及任务操作，也简化了管理的复杂性。第三层是应用、分析及服务层，是云平台的主要服务点，实现设备、系统和控制器之间的协作，分析运营人员经验形成的模型，并用模型促进和改善策略的形成，提升决策效率和精准度，为人机接口提供可视化，实现业务控制和管理。该云平台主要是平台型软件和行业纵深软件等两部分服务组成。平台型软件是为客户和第三方集成商提供平台型根据，便于客户实现个性化定制的开发。行业纵深软件已经开发了8个解决方案。

施耐德REM远程能源管理平台使用云服务器集群进行并行大数据分析，向企业提供用能统计、用能分析、能耗报警、能源建模及节能咨询等远程能源管理服务。实现弹性扩展，保证IT资源随着业务量的增长可以弹性投入，避免一次性投资成本过高。

采用开放结构化数据存储（OTS）保存客户海量用能数据。开放结构化数据存储是一种NoSQL数据库，能够保存不同数据结构的数据，避免由于接入新类型数据导致数据结构的变更；同时开放结构化数据存储的K-V方式数据存储，也保证了即使存储数据数量级地增长，查询效率也能够保持稳定。

c. Emerson公司的Plantweb平台。2016年发布。图7-24是该系统架构图。

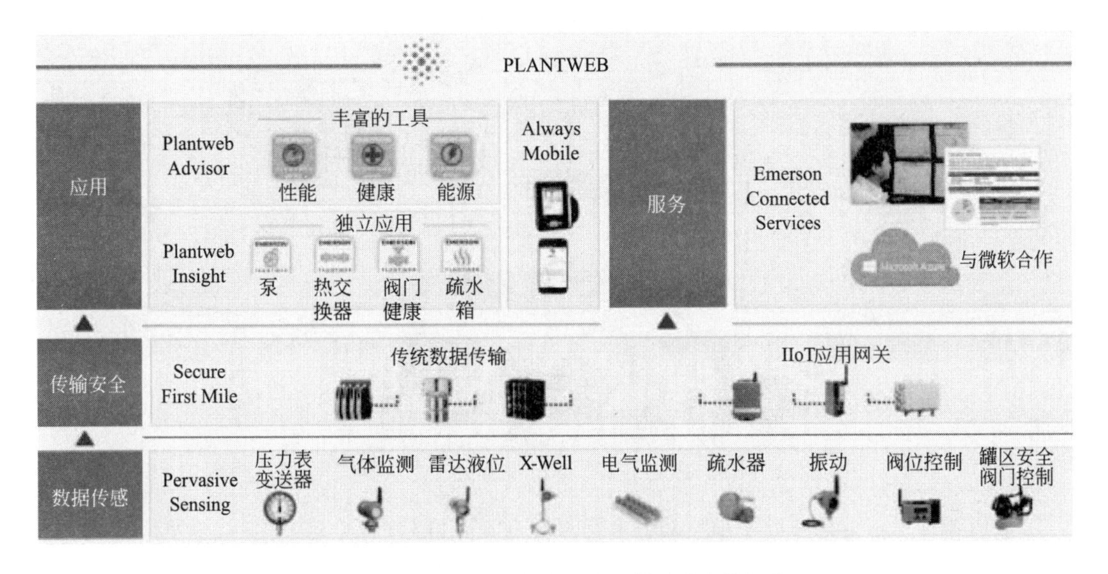

图7-24　Emerson公司工业互联网平台的架构

数据传感层的主要内容是基于Pervasive Sensing的各种创新传感技术，例如，可提供就地压力显示并通过无线通信将现场传输到控制室的WPG指针式无线压力变送器、Permansence非侵入腐蚀监测仪表、非侵入过程温度测量的X-Well技术的温度变送器等。该层解决对工业运行状态的全面感知。

传输安全层的主要内容是Secure First Mile实现数据在OT和IT之间的数据安全传输，通过应用网关实现异构设备的互联和数据接入。接入端数据安全传输技术让用户能够有选择地在云环境中将来自受保护的控制和运行系统的数据与企业绩效应用平台相连接。

数据分析和决策优化的应用层主要是Plantweb Insight信息平台、Plantweb Advisor咨询平台及Always Mobile移动应用（包括可随时、随地将正确信息传送给正确人员的ARES资产管理平台、AMS Device Works、Delta V mobile移动应用、Emerson Logbook电子日志、AMS Trex手持通信器）等。

服务层与应用层在同一层，服务层是指基于微软Azure云平台的远程专家连接服务，无需客户前期资本投资，客户仅需按月支付少许服务费即可享受Emerson专家资源，微工厂运营提供技术指导和支持。

Plantweb包括一个完整的纵向一体化集成平台有普适测量技术、Secure First Mile接入端数据安全传输技术、Plantweb Insight信息平台、Plantweb Advisor顾问系统、AMS ARES设备管理平台、Always Mobile移动应用、Connected Services远程支持服务、Microsoft Azure微软云服务和物联网方案的产品、服务和合作解决方案等内容。

d. Honeywell公司的Sentience云平台。2016年发布。Sentience平台就是霍尼韦尔的工业互联软件平台，通过采集、分析和挖掘数据，提供更智能的解决方案。见图7-25。

来自现场和工厂设备的数据被传送到IIoT组件，这些组件通过无线传送到Honeywell公司互联网平台。在该平台，数据被用于分析、建模、资产管理和其他软件工具，不会影响现有DCS和MES等基础设施。

该互联网平台的主要功能如下：

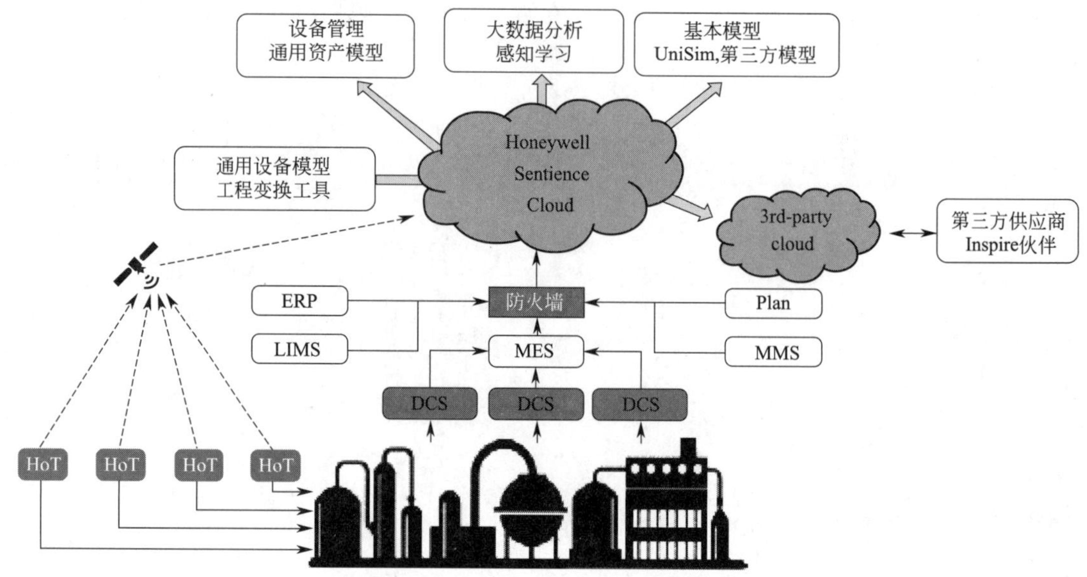

图 7-25 Honey well 公司和 Sentience 云平台

a. 能够在任何地方实时安全地监测、管理及控制互联设备；

b. 安全可靠地从数以百万计的设备，遗留或新的数据库以及第三方服务中收集数据；

c. 大规模地管理、储存、处理和应对巨大及迅速更新的数据、结构化和非结构化数据、时间序列数据，无论是实时还是历史数据；

d. 整合和简化基础分析设施、工具以及 API，以开发更为高效的应用。

运用物联网数据和内在分析能力将企业、移动设备和软件作为一种服务程序和过程无缝对接，使企业、网络和移动应用程序能够从这些设备中控制和读取信息。

该平台包含有数据的安全协议和数据分析软件，是连接工业物联网数据连接层、接口层和云服务层的重要工具。通过这个开放的平台，霍尼韦尔能更好地集成第三方公司的先进知识体系，为更广泛的客户带来效率提升的体验。

通用资产模型能够有效地采集和存储所有类型的数据，便于检索和分析；在基本模式与关联性的基础上预测和检测活动；关联过程指标和业务关键绩效指标（KPI），做出更好的决策；实现工业物联网、移动性、云、大数据、预测性分析和企业分析。它也为客户提供多功能可视化工具，可基于任何网络浏览器来监控流程状况和调查事件。能够关联历史信息和 KPI 指标，并将它们及资产数据库在内的所有数据融于同一工具中，实现与其他工具的高效协作。

基于对过程工业各应用领域长期的探索和经验积累，霍尼韦尔提出了构建专家知识库和 INspire 知识共享平台的理念。专家知识库将集资产管理知识、工艺过程知识和 OEM 设备知识于一体，借助数字双胞胎工具，企业可以在云端运行一个完全模拟现场的高保真模型，专家从云端获取现场的运行状态和实时数据，同时比对数字双胞胎模型的运行状态。通过专家体系，对现场状态进行分析，找出现场存在的问题，从而预防和避免设备故障和非计划停车，进一步提高工艺生产效率。

对于过程制造企业来说，安全稳定的运营本身就是一种生产效率的保证。对工厂操作员开展适当培训，帮助他们掌握相关技术技能，以保证工厂的安全运行，并可以迅速采取必要的措施应对各种异常工况，这对实现高效生产至关重要。

Honeywell 公司的互联网平台包括过程互联、资产互联和人员互联。过程互联主要连接工艺过程和 UOP 专家，将来覆盖其他工艺过程供应商；资产互联是连接资产与 OEM 设备专家和人工智能分析工具；人员互联是人员与最佳的知识共享和协同工具的互联。

思　考　题

7-1　什么是计算机网络？局域网有什么特点？集散控制系统常用什么类型的网络？

7-2　计算机网络有哪些主要性能？

7-3　数据通信协议的关键要素是什么？

7-4　数据编码有哪些方法？为什么要进行数据调制和解调？基金会现场总线采用什么数据编码方法？

7-5　数据传输方式有哪些？数据通信的操作模式有哪些？

7-6　数据通信的通信媒体有哪些？集散控制系统中采用哪些通信媒体？

7-7　为什么要采用通信媒体共享技术？主要通信媒体共享技术有哪些？

7-8　什么是数据交换技术？交换技术的种类有哪些？

7-9　通信过程中为什么要进行差错控制和流量控制？常用差错控制技术有哪些？

7-10　试述滑动窗口的流量控制技术的工作原理。

7-11　什么是扩频技术？有哪些扩频技术？比较它们的优缺点。

7-12　国际标准化组织制定的开放系统互联参考模型主要内容是什么？其目的是什么？

7-13　开放系统互联参考模型各层的共有功能是什么？

7-14　制造自动化协议 MAP 有几种结构？为什么常用塌缩结构 MAP？

7-15　现场总线标准为什么很多？有什么共同的特点？

7-16　试述基金会现场总线通信模型的基本结构及与 OSI 的对应关系。

7-17　CIP 现场总线通信协议包含几个通信协议？试比较各种 CIP 通信协议之间的性能。

7-18　什么是 OPC？什么是 OPC UA？什么是 OPC UA TSN？

7-19　OPC UA 的主要特点是什么？

7-20　OPC UA 的服务器体系结构是怎样的？OPC UA 的应用结构又是怎样的？

7-21　为什么要用 OPC UA TSN？OPC UA TSN 通信模型如何分层？

7-22　RS-232 和 RS-485 通信接口各有什么特点？

7-23　工业以太网是如何分层的？它有什么特点？

7-24　集散控制系统为什么要考虑实时性？工业以太网如何提高通信的实时性？

7-25　试述基金会现场总线通信协议的工作原理。

7-26　说明 CSMA/CA 与 CSMA/CD 的区别。

7-27　IEEE 802.11 和 IEEE 802. 15 是什么通信标准？各有什么特点？

7-28　ISA SP100.11a 与无线 HART 之间有什么区别？无线 HART 采用什么网络协议？

7-29　WIA-PA 是什么通信标准？它是由什么单位制定的？

7-30　分析常用三种无线通信标准的性能，并比较。

7-31　分析主要的五种实时工业以太网的性能，并进行比较。

7-32　比较主要国家工业 4.0 参考模型。说明各自的特点。

7-33　工业互联网系统的特点是什么？我国工业互联网体系架构是怎样的？

7-34　云计算的服务有几个子层？各有什么特点？

7-35　什么是工业互联网平台？举例说明工业互联网平台的架构。

7-36　什么是虚拟化技术？为什么要采用虚拟化技术？

7-37　什么是工业大数据？它由哪些数据组成？

7-38　工业大数据与工业互联网有什么区别？与商务大数据有什么区别？

7-39　工业互联网的关键技术有哪些？

7-40　工业软件与工业云之间有什么关系？工业大数据与工业软件之间有什么关系？

7-41　哪些场合适用采用工业大数据？工业大数据的数据参考架构是怎样的？

7-42　工业大数据的技术参考架构是怎样的？工业大数据平台的参考架构是怎样的？

7-43　集散控制系统与工业互联网平台之间有什么关联？举例说明之。

第8章　集散控制系统应用示例

8.1　EPKS集散控制系统的工业应用

8.1.1　EPKS系统在蜡油加氢装置的应用

(1) 生产过程简介

蜡油加氢装置分两部分：反应部分和分馏部分。

① 反应部分　罐区来的混合蜡油经升压后换热，经自动反冲洗过滤后进原料缓冲罐。过滤后的原油经进料泵升压，与换热后的混氢混合，再与反应产物换热，进入加热炉，加热到规定温度，从上而下经过加氢精制反应器。原料油与氢气在催化剂作用下，进行加氢脱硫、脱氮、烯烃饱和等精制反应。

反应产物与混氢原料换热后进热高分罐进行气液分离，并进空冷器，冷却后进冷高分罐进行油、水、气三相分离，分离后的循环氢进入循环氢脱硫塔，与富液再生装置来的贫胺液逆向交换，脱硫后的循环氢从塔顶进循环氢压缩机增压，与经压缩后的新鲜氢混合，返回反应系统。循环氢脱硫塔塔底的富液经闪蒸后自压到催化的富液再生装置进行再生。

热高分罐底部的热高分油经减压后进热低分罐，经气液分离后的气体冷却后进冷低分罐，热低分油自压进脱丁烷塔。冷高分罐和冷低分罐底部的含硫污水减压后送污水汽提装置。冷低分油与产品柴油换热后进脱丁烷塔。

② 分馏部分　冷、热低分油自压进脱丁烷塔脱硫，塔下部设汽提蒸汽。脱丁烷塔塔顶油气经冷凝器冷凝后回流到塔顶，回流罐顶部含硫气体自压送焦化气压机。

脱丁烷塔塔底油经升压后与产品蜡油换热，再经分馏塔进料加热炉升温到规定温度进入分馏塔。

分馏塔设置中段回流和一个侧线，塔下部设置汽提蒸汽。分馏塔塔顶油气冷凝后进塔顶回流罐，罐底轻油部分抽出，部分作为回流。从分馏塔侧线获得产品柴油。塔底产品是蜡油。

(2) EPKS系统应用

该蜡油加氢装置的混合蜡油是沙轻减压蜡油、沙中减压蜡油和焦化蜡油。产品是石脑油、柴油和加氢处理蜡油。采用Honeywell公司的EPKS系统，见图8-1。

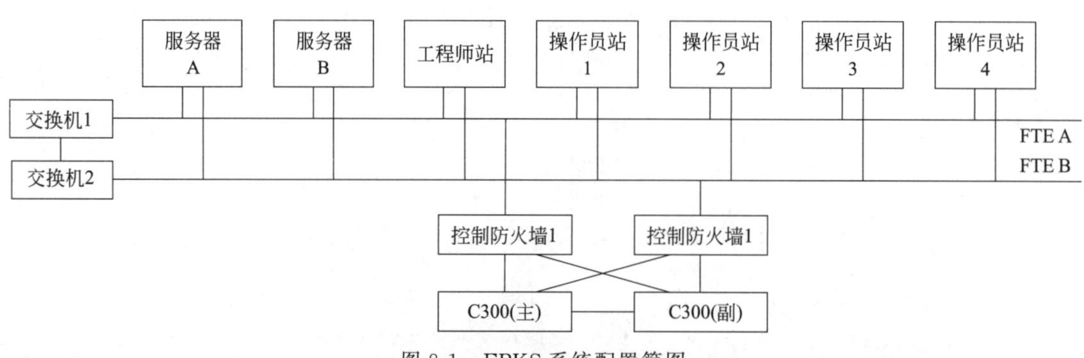

图8-1　EPKS系统配置简图

工艺需要的检测点汇总：AI447 点，AO136 点，DI96 点，DO68 点。温度检测点：TC144 点，RTD64 点。此外，ESD、多路温度采集、机泵运行状态、3500 系统等，也需要与 EPKS 系统通信和在 DCS 显示，共有通信点 523 点。

① 硬件配置　根据工艺应用要求，总的点数不多，控制回路也不算多。但需要有冗余配置。因此，综合考虑后，硬件采用 Honeywell 公司的 EPKS 集散控制系统。设置冗余的 CISCO 交换机（交换机 1 和交换机 2），相互之间用交联电缆 Cross Over Cable 连接。设置公司专利容错以太网 FTE（Fault Tolerant Ethernet）（FTE A 和 FTE B）。选用冗余 Moxa Serial Nport 5630-8 服务器（服务器 A 和服务器 B），并设置一台工程师站和 4 台操作员站。设置一对冗余控制器 C300，它们用冗余电缆相互连接，与 FTE 之间的连接是通过控制防火墙实现的，以确保控制器的安全。两个控制防火墙与控制器之间采用冗余连接，控制防火墙经 Uplink 连接到交换机。全部 I/O 卡件、控制器、交换机、控制防火墙安装在 4 个机柜和一个网络机柜内。

现场信号经安全栅柜隔离后送 I/O 卡件机柜。其中，部分 I/O 信号是直接经网络机柜用网络线连接，例如 ESD、多路温度采集、机泵运行状态、3500 系统等。模拟信号、机泵开关信号和温度信号经隔离后送 I/O 卡件。

② 软件组态　采用 Honeywell 公司提供的组态软件实现整个控制系统的组态，包括系统组态、控制组态和画面组态等。采用的 Control Builder 组态软件采用图形化的工具，系统控制程序以控制模块 CM 为基本点，可单独从控制器上传和下载。根据不同的检测对象可设置不同的采样周期。其中，模拟量信号采样周期采用 1s，数字量信号采样周期采用 0.1s，模拟量控制回路采样周期为 0.5s，顺序逻辑控制 SCM 采用 1s。实施后，这些参数的设置能够满足整个生产过程的工艺要求，也没有超过控制器 CPU 的负荷限制。与一般的集散控制系统类似，在每个采样周期中还分为若干时间片，称为相位，即每个相位表示的时间片内 CPU 执行各有关的数据采集、计算处理和输出等工作。

对机泵和开关阀的控制，采用数字控制回路 Devctla，它由两个数字量输入信号，用于表示数字类设备的全开或全关两个状态，来自被检测的数字设备，有一个控制器输出的数字量信号用于驱动该数字设备。其逻辑关系表示为：当控制器发出打开或关闭某一数字设备的信号后，该数字设备应在规定的时间内回讯一个全开或全关的信号，如果没有该回讯信号，则报警。

过滤系统的顺序逻辑控制采用 SCM 的顺序控制程序实现。MAIN 程序分为启动 Start、保持 Hold、再启动 Restart、中断 Interrupt 和处理 Handler 等步，包括工艺的交替或并联运行模式选择、自动反冲、柴油浸泡反冲等程序及各过程中阀门动作时间和时序等的控制。

操作画面的组态是用该公司提供的 HMIWeb Display Builder 程序完成的。Honeywell 公司的人机界面采用 HMIWeb 技术，使用 Html 作为用户显示画面格式，可通过操作员站或 IE 浏览器显示和操控生产过程，系统提供的大量仪表面板画面、趋势图画面等都是标准的，用户只需要将有关的过程变量和有关设置，如更新周期、显示范围等，输入即可。

由于要与第三方设备进行数据交换，因此，该集散控制系统还与 ESD 系统、多路温度采集器、3500 系统和机泵运行状态系统进行数据通信，实施时主要是网络地址等通信参数应一致，并且传送数据的数据类型应统一。

为建立企业资产模型，采用 Enterprise Model Builder 企业模型组态软件，用于组态和分配 Asset。规定各操作站对 Asset 的操作权限等。

8.1.2　先进控制在延迟焦化装置的应用

(1) 工艺简介

延迟焦化装置是炼油厂提高轻质油收率和生产石油焦的主要加工装置。它将减压渣油、常压渣油、减黏渣油、重质原油、重质燃料油和煤焦油等重质低价值油品，经深度热裂化反应转化为高价值的液体和气体产品，同时生成石油焦。延迟焦化与热裂化相似，只是在短时间内加热到焦化反应所需温度，控制原料在炉管中基本上不发生裂化反应，而延缓到专设的焦炭塔中进行裂化反应，故得名延迟焦化。

将减压渣油、常压渣油、减黏渣油、重质原油、重质燃料油和煤焦油等重质低价值油品，经管式加热炉加热到焦化反应所需要的温度，并使之迅速离开加热炉管，在焦炭塔内油品进行裂解和缩合反应，生成的油气由焦炭塔顶逸出，生成的焦炭留在塔内。焦化反应被推迟到焦炭塔中进行。

为达到延迟焦化的目的，使用水平管式加热炉在高流速、短停留时间的条件下将物料加热至490～510℃的反应温度后进入焦炭塔，在焦炭塔内一定的温度、停留时间和压力条件下，物料发生裂解和缩合反应，生成气体、汽油、柴油、蜡油和焦炭。物料在加热炉管中停留时间很短，仅发生浅度热裂化反应，物料在快速通过加热炉炉管并获得反应所需要的能量后，它的裂化和缩合生焦反应被“延迟”到加热炉下游的焦炭塔内发生。

工艺过程简介如下。进入分馏塔的焦化油气与原料进行接触换热，循环油流入塔底，换热后的油气上升进入分馏段，从下往上是分馏出的蜡油、柴油、汽油和富气。分馏塔内温度分布是产品质量控制的主要变量。

延迟焦化的焦炭塔是间歇生产设备，以22h为一个周期。两个焦炭塔分别实现预热、切换、吹气、卸焦等操作，其中，预热和切换对分馏塔的操作有较大影响，是分馏塔温度周期变化的主要因素，预热时分馏塔温度升高，切换时温度下降。

经分析，柴油集油箱温度是控制柴油产品质量的关键变量。常规操作用调节柴油回流量控制。但当焦炭塔油气量大幅波动时，仅用柴油回流量控制难以使柴油集油箱温度控制平稳。

(2) 先进控制应用

① RMPCT　Honeywell公司的RMPCT先进控制专利采用过程动态模型，对过程未来行为进行有效预测，并以最小操纵变量调整量实现多变量过程的有效控制。图8-2是RMPCT先进控制原理图。

优化器用于设置优化目标函数。根据设置的优化目标函数，计算控制器的设定。过程与数学模型的偏差信号及控制器输出被送预估器确定补偿的信号值。

RMPCT有三类过程变量。

a. 被控变量CV。是工艺过程需要维持的过程变量，其约束条件由操作员输入，既可是来自过程的测量值，也可以是计算的过程值。

b. 操纵变量MV。用于调节和优化生产过程的变量，是被控变量在约束（或设定值）内的手段。控制器要始终满足操作员设置的MV约束条件。MV可以是控制回路的设定或输出。

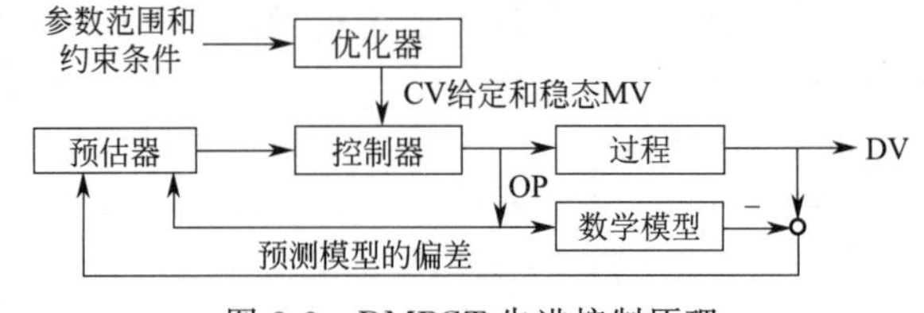

图8-2　RMPCT先进控制原理

c. 扰动变量DV。这是可被预测的但控制器无法进行控制的变量，但对控制器的CV有影响。通过预测DV对CV的未来影响，控制器可在CV出现偏差前进行干预，即DV作为前馈信号用于先进控制。

② 延迟焦化的先进控制策略　本装置采用两个变量的多变量预估控制器方案。两个预估控制器分别是加热炉控制器DCUHT和分馏塔控制器DCUMF。

加热炉控制器DCUHT用于焦化加热炉和焦炭塔的先进控制。优化目标函数包括处理量控制及优化、加热炉热效率优化、降低炉管结焦速度和局部结焦可能性。该控制器由17个操纵变量MV、28个被控变量CV和1个扰动变量DV组成。

分馏塔控制器DCUMF用于分馏塔的先进控制。优化目标函数包括稳定分馏塔预热和切换时分馏塔温度、控制分馏塔产品质量、提高轻质油收率、节能降耗等。该控制器由9个操纵变量MV、9个被控变量CV和5个扰动变量DV组成。

③ 应用效果 该先进控制系统投运后，稳定了焦炭塔和分馏塔的温度，产品质量得到提升，轻质油收率提高，柴油干点控制偏差减小，实现卡边控制。

例如，投运后，焦炭塔温度在预热和切换时的温度波动大大减小，标准偏差减少近50%，平均温度也有所降低，分馏塔的气化率提高，缩短了对分馏塔塔底温度的调整时间。

分馏塔各分馏产品的质量得到提升。由于稳定了焦炭塔温度，使进分馏塔的油气温度比较稳定，有利于分馏塔的稳定操作。柴油干点温度在投运后，其中值提高3.5℃，控制器实现卡边操作。柴油干点温度的提高，在进料温度的情况下，可使轻质油收率增加。

8.2 Foxboro Evo 集散控制系统的工业应用

8.2.1 Foxboro I/A S 系统在汽油调合优化控制系统的应用

(1) 汽油调合

汽油调合是炼油企业生产成品的最后工序。成品汽油由两种或以上组分油按适当比例调合而成，并根据需要加入添加剂以使主要指标符合相关国家标准。同时，在满足质量指标前提下尽可能将低辛烷值汽油合理充分利用，调合出质量合格、质量过剩最小、成本最低的成品汽油。

汽油调合有罐调合和管道调合。某厂汽油调合采用先进的管道调合方式。采用两个静态混合器（调合头），既可调合来自组分罐的组分汽油（静态），也可调合来自装置的组分汽油（动态），并可同时进行静态和动态调合。组分油有蜡催汽油、重催汽油、芳烃抽余油、脱苯汽油、重整汽油、甲基叔丁基醚（MTBE）和精制油等，生产高标号汽油时采用甲基环戊二烯三羰基（MMT）作为添加剂。工艺流程见图8-3。

经管道调合装置，可将组分油和添加剂调合出93号、97号和98号汽油。每一路调合管道设有高精度质量流量计，用于瞬时流量和累积流量的测量，在线NIR分析仪用于对组分油和调合后的汽油性能进行检测，主要检测指标有辛烷值、密度、蒸汽压、烯烃含量、芳烃含量、苯含量和氧含量等。

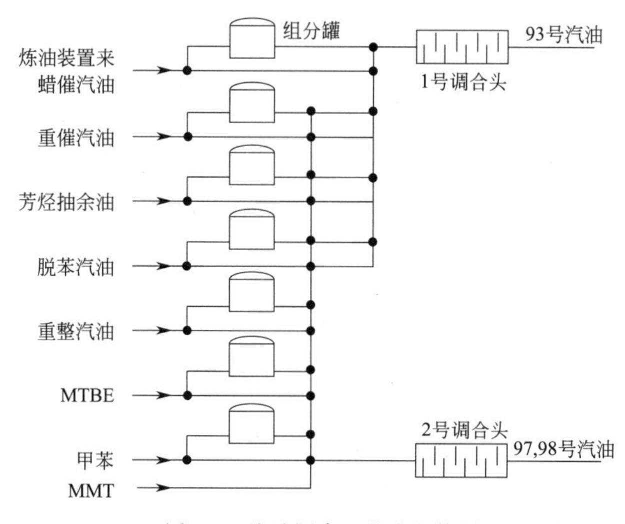

图8-3 汽油调合工艺流程简图

(2) 汽油调合过程的优化控制

采用Foxboro公司的I/A S集散控制系统，整个系统由1套应用操作站AW70、2套操作员站处理机 WP70、1 对 CP60FT 容错控制器和相应的 FBM 组成。系统有 AI40 点，冗余 AI16 点，冗余 AO24 点，温度 RTD16 点，干触点 DI224 点，DO64 点及 Modbus 通信接口 1 个。调合优化由 2 台计算机组成，1 台是优化服务器，运行优化控制程序；1 台是操作站，用于优化指标修改和维护。

调合优化算法通过 DCS 提供的 OPC 接口进行过程状态数据的读取，经最优化计算得到优化指标下各组分油的流量设定值，并送 DCS 实现优化控制。

① 基本常规控制　它是优化控制的基础。采用 I/A S 集散控制系统的 ICC 控制编辑器进行编辑组态。正常运行时，DCS 根据操作员输入的调合经验设置组分油的流量和压力等实现常规 PID 控制。当优化控制时，各组分油的流量就根据优化计算结果提供的值作为各自控制器的设定。

常规控制还用于开停车控制、调合异常终止和正常完成时对装置的机泵和阀门的起停有关的逻辑联锁控制，确保装置能够调合出合格的汽油产品和安全可靠运行。

常规调合控制中，在线 NIR 分析数据仅显示，不参与闭环控制。

② 调合优化控制　优化目标函数是效益指标最优。目标函数为：

$$J=\sum_{j=1}^{m} p_j y_j-\sum_{i=1}^{n} q_i x_i \tag{8-1}$$

式中，J 是效益指标，优化目标是求最大值；p_j 是成品油价格；y_j 是成品油量；q_i 是组分油价格；x_i 是组分油用量。

约束条件是：

$$l_i \leqslant x_i \leqslant h_i ; l_j' \leqslant x_i \leqslant h_j' \tag{8-2}$$

$$oct=f_{\text{oct}}(x_1, x_2, \cdots, x_n) ; oct_{\text{min}} \leqslant oct \leqslant oct_{\text{max}} \tag{8-3}$$

$$rvp=f_{rvp}(x_1, x_2, \cdots, x_n) ; rvp_{\text{min}} \leqslant rvp \tag{8-4}$$

$$ole=f_{\text{ole}}(x_1, x_2, \cdots, x_n) ; ole \leqslant ole_{\text{max}} \tag{8-5}$$

$$hyd=f_{\text{hyd}}(x_1, x_2, \cdots, x_n) ; hyd \leqslant hyd_{\text{max}} \tag{8-6}$$

$$ben=f_{\text{ben}}(x_1, x_2, \cdots, x_n) ; ben \leqslant ben_{\text{max}} \tag{8-7}$$

$$sul=f_{\text{sul}}(x_1, x_2, \cdots, x_n) ; sul \leqslant sul_{\text{max}} \tag{8-8}$$

式中，l_i、h_i 分别是组分油的下限和上限；l_j'、h_j' 分别是成品油的下限和上限；oct 和 rvp 分别是成品油辛烷值和雷德蒸汽压；ole 和 hyd 分别是成品油烯烃含量和芳烃含量；ben 和 sul 分别是成品油的苯含量和硫含量。

经大量试验数据，结合汽油调合数学模型等获得上述约束条件和目标函数。例如，建立辛烷值数学模型，雷德蒸汽压数学模型，烯烃含量、苯含量、芳烃含量和硫含量的数学模型。

整个优化系统投运后，达到了设计的预期目标，系统的调合精度高，实现了卡边控制；一次调合率达 95%，避免辛烷值质量过剩和二次调合；减少了罐容，降低了油品损耗和能耗。

8.2.2 Foxboro I/A S 系统在炼油厂蒸馏装置中的应用

(1) 蒸馏装置流程简介

炼油厂蒸馏装置主要提供催化裂化原料、宽馏分连续重整原料及部分汽、柴油组分，包括预分馏、常减压分馏、电脱盐、“四注”及电精制等单元。在不改变油品分子结构的情况下，按产品沸点将原油分割出各种不同原料，包括催化裂化原料、宽馏分连续重整原料及部分汽、柴油组分。同时为降低原油含盐，对原油加工过程中产生的危害，需要对其成品和半成品进行电除尘、注氨、缓蚀剂、循环水、破乳剂、电精制等、去除所含的盐和硫等杂质。

(2) 集散控制系统应用

根据生产规模，选用 Foxboro I/A S 集散控制系统。整个系统分别位于两个控制室，中央控制室设置 3 台操作站、1 台通信处理机。其中，1 台应用操作站处理机还用于历史数据管理等。现场控制室设置 1 台应用操作站处理机，用于管理现场的冗余控制处理机和通过现场总线与

FBM 实现数据交换。控制室之间用光纤连接，现场总线和节点总线冗余配置。图 8-4 是该控制系统结构示意图。

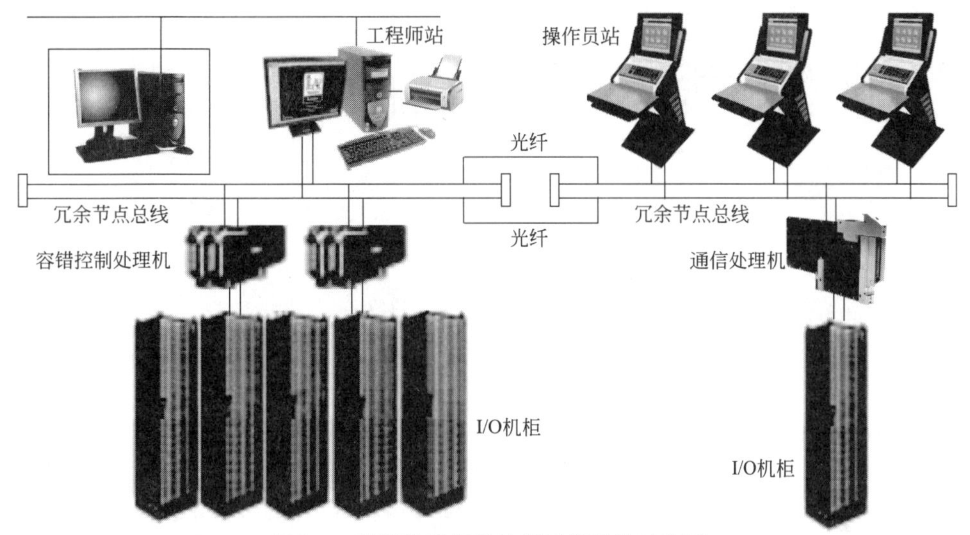

图 8-4　蒸馏装置集散控制系统结构示意图

① 加热炉出口温度控制　为保证出口温度稳定，采用两组炉出口温度为主被控变量，炉膛温度为副被控变量的串级控制系统。此外，一路燃料作为操纵变量，另一路燃料量强制手动。

② 常压塔液位串级均匀控制　常压塔底液位与减压炉进料（8 路）采用串级均匀控制，既保证常压塔塔底液位，也使减压路进料流量平稳改变。

③ 减压塔底液位控制　正常情况下，用减压塔塔底液位控制塔底出料量。一旦减压系统故障，则直接用常压塔底液位控制减压塔底出料量。

④ 减压塔底液位的变频控制和控制阀控制的切换　减压塔底液位既可用控制出料阀进行调节，也可用出料变频泵调速实现。该控制方案具有节能效果。

此外，还有加热炉的联锁控制、减压炉的支路平衡控制、燃料油罐液位比值控制等，不多述。

8.3　Delta V 集散控制系统的工业应用

8.3.1　Delta V 系统在丙烯酸及酯装置的应用

(1) 工艺简介

丙烯酸及酯装置的工艺技术是德国巴斯夫专利技术。从乙烯装置来的液态丙烯和从丁辛醇装置来的液态丙烯/丙烷混合液在丙烯蒸发器蒸发，含少量丙烷的气态丙烯作为稀释剂与混合气混合，送一段反应器，在催化剂作用下生成丙烯醛和少量丙烯酸。加二次空气后，丙烯醛在二段反应器催化剂作用下进一步氧化成为丙烯酸。反应气中的丙烯酸被高沸点有机溶剂吸收，水和气体副产品从吸收塔塔顶分离，送丙烯酸废热锅炉，塔底获得丙烯酸。丙烯酸生产过程的工艺流程框图见图 8-5。

精制的丙烯酸分别与甲醇、乙醇、丁醇、辛醇进行反应获得各种酯类。丙烯酸和甲醇在硫酸催化剂作用下直接酯化反应获得丙烯酸甲酯。丙烯酸和乙醇在硫酸催化剂作用下直接酯化反应获得丙烯酸乙酯。丙烯酸和正丁醇在硫酸催化剂作用下直接酯化反应获得丙烯酸丁酯。丙烯酸和辛醇在硫酸催化剂作用下直接酯化反应获得丙烯酸辛酯。这些酯化反应都是轻微的放热反应，因此，用移热的方法提高反应转化率。

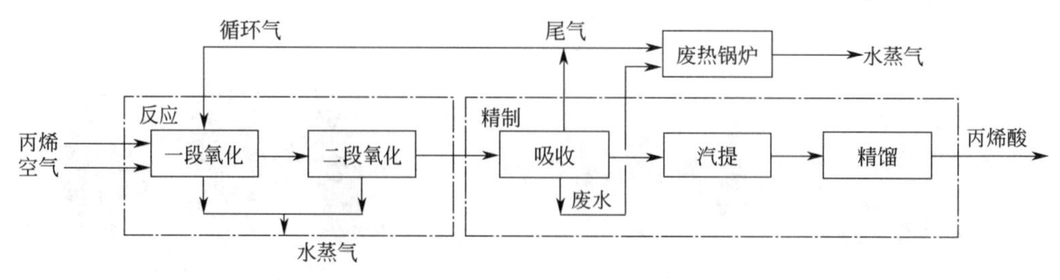

图 8-5 丙烯酸生产过程的工艺流程框图

(2) Delta V 系统的应用

整个工艺过程选用 Emerson 公司的 Delta V 集散控制系统。选用一台 OPC 服务器、一台工程师站，一台 AMS 设备管理系统，一台事件记录服务器、一台网络服务器和一台历史信息管理服务器，并设置 12 台操作员站和 25 台控制器。

① 基本控制回路的实现 对单回路控制系统，可直接采用系统提供的 PID 控制模块实现。图 8-6 是 PID 控制模块的框图。图中，FF_VAL 是前馈控制输入值；BKCAL_IN 是反算模拟输入；TRK_IN_D 是外部跟踪输入；CAS_IN 是串级控制的远程设定，这时，该 PID 作为副控制器；IN 是 PID 控制输入的过程变量 PV；SIMULATE_IN 是仿真输入；TRK_VAL 是标度后用于作为跟踪的值。OUT 是 PID 控制模块输出；BKCAL_OUT 是反算输出。

图中各功能块也显示它们的输入信号。输入信号经标度、滤波和小信号切除处理后作为 PID 方程的测量输入信号，同时，它也作为测量的报警模块输入，用于高低限信号报警。设定信号既可以是前一 PID 控制器的输出（串级控制时的远程设定），也可以是本 PID 控制器的设定（由操作员提供的设定值）。设定信号经标度后作为 PID 模块的设定。设定的报警信号同样送报警模块用于设定的报警。输出标度模块可切换到 PID 模块输出、操作员手动输出或作为外部跟踪信号，它也设置了输出的报警。

前馈信号 FF_VAL 经放大（增益是 FF_GAIN）和标度（FF_SCALE）后，与 PID 的反馈信号相加作为前馈-反馈控制的输出。

PID 控制算法有标准离散形式：

$$OUT(s)=\pm GAIN_{a}\left\{KNL\left[\frac{P(s)T_{r}s}{T_{r}s+1}+\frac{E(s)}{T_{r}s+1}\right]+\frac{D(s)T_{r}sT_{d}s}{(T_{r}s+1)\alpha(T_{d}s+1)}\right\}+\frac{L(s)-F(s)}{T_{r}s+1}+F(s) \quad (8-9)$$

也有其他形式可选用，例如串联形式、微分先行等，详见有关资料。

当比例增益有非线性需求时，可通过非线性环节实现，其值在 PID 方程中用 KNL 表示。

图 8-6 中，PV_SCALE 用于过程变量 PV 的标度；PV_FILTER 是过程变量的滤波时间；LOW_CUT 是小信号切除的百分数；HI_HI_LIM、HI_LIM、LO_LIM、LO_LO_LIM 分别是过程变量报警的高高限、高限、低限和低低限；DV_HI_LIM、DV_LO_LIM 分别是偏差的高限和低限。

为防止设定值被快速改变，可设置上升和下降的斜坡值 SP_RATE_UP 和 SP_RATE_DN，同样，可设置设定值的高限和底限 SP_HI_LIM 和 SP_LO_LIM，设置设定值信号的一阶滤波时间。

② DC 设备控制 对两位式设备的开关控制，可选用 DC 设备控制模块，见图 8-7。

该模块采用多达 8 个数字信号，其中，4 个用于目标设定，4 个用于设备现场反馈。它将现场反馈值与目标值进行比较，两者不一致时报警。

现场设备有 Passive、Active1 和 Active2 三种操作状态。Passive 是失电时设备处于安全状态；Active1 和 Active2 是设备的运行驱动状态，可以是开、运转、正转或反转等状态。

输入信号 SIMULATE_IN_D 是仿真的数字输入；CAS_IN_D 是远程数字输入；SHUTDOWN_D 是紧急停车输入；INTERLOCK_D 是联锁控制输入；PERMISSIVE_D 是允许设备能

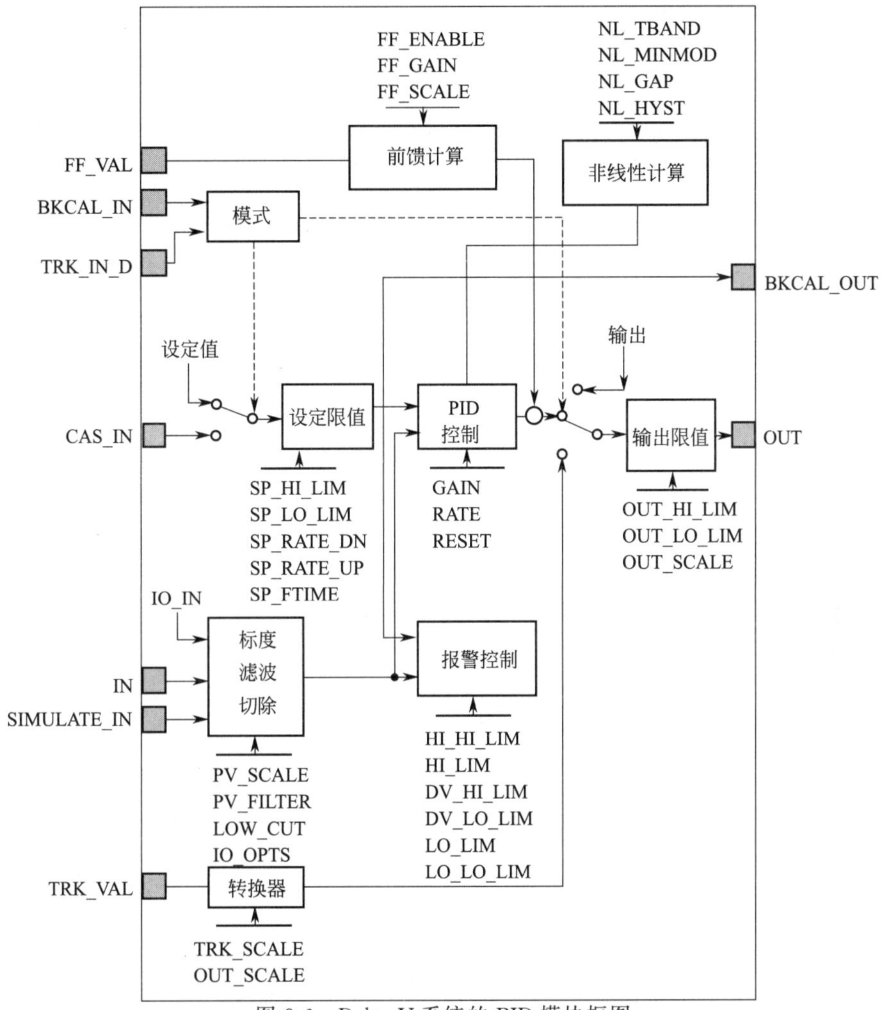

图 8-6　Delta V 系统的 PID 模块框图

进行 Active 操作的输入；TRK_IN_D 是跟踪输入允许的信号。输出 OUT_D 是模块输出。

8.3.2　Delta V 系统在聚氯乙烯生产中的应用

(1) 工艺简介

某厂聚氯乙烯生产采用电石为原料，它与水反应产生乙炔气体，乙炔与来自氯化氢车间的氯化氢气体发生合成反应，生成氯乙烯单体，氯乙烯单体在聚合釜进行聚合反应，生成聚氯乙烯。

聚合釜采用热水和蒸汽两种升温方式。开始时，向聚合釜内注入无离子水、分散剂和引发剂，然后密封聚合釜。

真空脱去釜内空气和溶于物料的氧，并加入氯乙烯单体后开始升温、搅拌，反应开始后，为维持釜温在规定牌号的温度，需要用冷水移热。

聚合压力降到规定压力时，加终止剂，停止聚合反应，进行单体回收，回收后，将釜内浆料放出，送离心机分离，最后进干燥器干燥，使氯乙烯含水量达标后过筛获得产品。

(2) 控制系统应用

由于是扩容，本次增加 DI124 点、DO35 点、两线制 AI120 点、四线制 AI10 点、

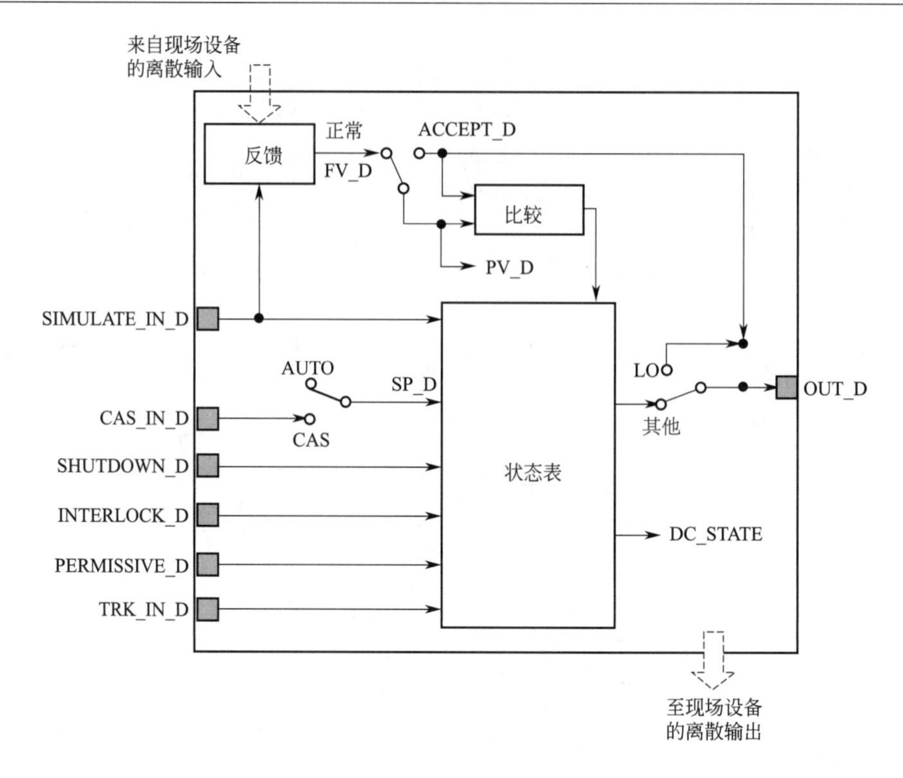

图 8-7　DC 设备控制模块框图

RTD59 点、AO52 点。为保证安全生产，RTD 温度信号采用 AI 冗余配置；AO 信号也采用冗余配置。

现场设置 2 套控制器，用于常规控制、离散控制和顺序控制。IO 模块和控制器安装在 4 个机柜内，配置 2 台电源分配器用于 220V AC 和 24V DC 的电源分配。

控制室设置 3 套操作员站、1 套工程师站。工程师站除了可完成控制回路组态、画面组态、参数设置、配方生成和管理等功能外，运行时可作为操作员站的备份。

① 顺序控制系统　聚氯乙烯聚合过程是典型的批量控制过程。因此，采用顺序控制程序实现。反应开始是升温，可用热水或蒸汽，采用 PD 控制规律。由于聚合反应是放热反应，因此，反应过程中要用冷水移热，采用 PID 控制规律。此外，不同牌号的控制器参数、釜温设定值等都不相同，需要在配方中设置。

② 釜温的串级控制系统　采用釜温和夹套温度组成串级控制系统，釜温是主被控变量，夹套温度是副被控变量。操纵变量是热水（或蒸汽）和冷水，因此，是分程控制系统。反应开始，载热体流量逐渐减少，反应开始后，载热剂流量阀关闭，逐渐打开冷水阀。因此，是气关气开分程结构。为控制釜温平稳，设置两个冷水阀，一个小阀，一个大阀，以扩大控制阀的可调范围。

8.4　Ability 集散控制系统的工业应用

8.4.1　Ability 集散控制系统在水泥生产中的应用

(1) 工艺简介

硅酸盐水泥是由钙、硅酸盐、铝酸盐及铁酸盐等组成的灰色粉末。水泥生产分立窑和回转窑两种，根据生料进窑形态分为干法和湿法。水泥生产主要是两磨一烧。即生料制备（一磨）、熟料煅烧（一烧）和水泥粉磨（二磨）。

① 生料制备 石灰石是水泥生产主要原料。其他原料包括黏土（铝酸盐）、铁矿石（铁酸盐）和煤等燃料。

a. 原料破碎和预均化。各原料和燃料经各自板式喂料机输送，进入各自的破碎机中破碎。破碎后的原料和燃料送预均化堆场。预均化是破碎后原料和燃料由堆料机进行预均化及分层堆料，然后由刮板取料机取料，取出的原料和燃料用胶带输送机送原料配料站备用。

b. 生料磨制。采用立磨机或球磨机对生料进行研磨。新型立磨机入口采用三道门锁风喂料，按比例配好的混合料从进料口落在立磨磨盘中央，窑尾高温风机来的300℃的窑尾废气从立磨机进风口切向进入，物料在离心力作用下向磨盘边缘移动，经磨盘上的环形槽时受到磨辊碾压而粉碎，粉碎后物料被风环处高速热气流带起，其中，大颗粒直接回落磨盘，小的粉料经分离器时，在旋转转子作用下，粗粉仍回落磨盘，合格细粉随气流带入旋风筒，含尘废气进收尘器，产品去生料仓。粗粉被刮板刮出，形成外循环物料。

c. 生料均化。采用空气搅拌，重力作用，产生的漏斗效应，使生料粉在向下卸落时，尽量切割多层料面，实现充分混合。使用不同的流化空气，使库内平行料面发生大小不同的流化膨胀作用。有的区域卸料，有的区域流化，从而使库内物料面产生倾斜，实现径向混合均化。

② 熟料烧制 生料仓库来的生料在预热器预热和分解炉预分解后，从五级旋风筒下料管进入回转窑，在窑内高温烧成后经窑口下落到篦冷机冷却到65℃后，经拉链机输送到熟料库和黄料库。

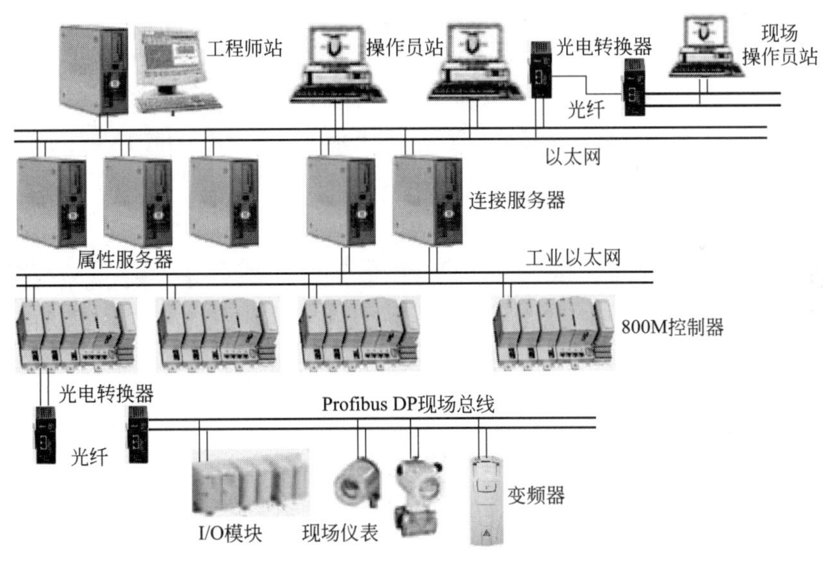

图 8-8 集散控制系统硬件配置示意图

整个工艺过程分为预热分解、水泥熟料烧成等。

③ 水泥磨制 水泥磨制是用水泥熟料粉磨到适宜的粒度（以细度、比表面积等表示），形成一定的颗粒级配，增大其水化面积，加速水化速度，满足水泥浆料凝结、硬化工艺要求。

粒径小于210mm石膏经颚式破碎机破碎到粒度25～30mm后，经提升机输送到储存量为250t的石膏库。矿渣经同一台提升机输送到储存量为110t的矿渣库，按一定配比经给料机分别将熟料、石膏和矿渣下到一条皮带上输送到水泥磨内进行粉磨。经粉磨后物料经卸料装置卸出水泥磨后，经输送斜槽和提升机到选粉机，合格的细粉被气流输送到收尘器回收。粗粉进输送斜槽和固体流量计后重新粉磨。成品水泥经链运机和提升机送水泥库。控制充气卸槽的五个电动闸阀，将水泥卸到4个水泥库。

(2) 集散控制系统应用

① 系统配置　本工程中选用ABB公司的800xA系统，共有电机800多台，I/O点5000多点，它们通过Profibus DP总线与集散控制系统实现通信。整个系统采用AC800M系列硬件，采用9个控制器。其中，原料、窑头各1台控制器、生料磨及窑尾用3台控制器、水泥磨和水泥包装电气室各用2台控制器。

如图8-8所示，集散控制系统配置5台服务器，其中，属性服务器3台（两用一备），连接服务器2台（一用一备）。属性服务器可同时作为域服务器和冗余域服务器，采用同步冗余方式工作。设置2台工程师站，9台操作员站。为便于现场操作，在现场设置3台操作员站，分别设置在石破、辅破和水泥包装岗位，通过光纤与控制室集散控制系统进行数据通信。

② 控制系统简介　水泥生产工艺设备单机容量大，生产连续性强，对快速性和协调性要求高。

a. 石灰石破碎及输送系统。采用逆流程启动，顺流程停车的原则对输送设备进行顺序控制。其中，石灰石破碎机的喂料量以破碎机功率变化间接反映，并通过调节板对喂料机转速加以控制。

b. 生料装备系统。生料粉磨控制是磨机的负荷控制。通过调节入磨机物料量进行控制。物料平衡是稳态下，选粉机回粉入磨量加新喂料量等于入磨机物料量。提升机功率作为主被控变量，以选粉机回粉、提升功能等信号建立数学模型并进行控制。

c. 生料均化库控制。平衡仓仓重控制采用仓重信号调节生料库侧电动流量阀开度的方法，保证称重仓下料量的稳定。库底入窑投料量用固料流量计的称重信号调节称重仓下电动流量阀开度的方法。

d. 煤粉制备系统。有出磨气体温度控制及磨机负荷控制。

e. 烧成控制系统。包括分解炉喂煤量计量和自动控制、预热器出口压力控制、预热器自动吹扫控制、窑头负压控制、回转窑转速控制、篦冷机风量控制、篦冷机料层厚度控制等。

f. 废气处理系统。包括增湿塔喷水量控制等。

8.4.2 Ability集散控制系统在离子膜烧碱生产装置中的应用

(1) 工艺简介

离子膜电解食盐溶液制碱工艺具有投资省、出槽烧碱浓度高、能耗低、氢氧化钠质量好、氯气纯度高、氢气纯度高及生产成本低等特点，在20世纪70年代中期实现工业化生产。整个工艺分6个工序。

① 二次盐水过滤　要求盐水经过滤后，盐水中悬浮物SS质量分数小于10^{-6}，保证不堵塞螯合树脂的微孔。通常采用碳素管过滤器。

② 二次盐水精制　过滤后的二次盐水中需要保证盐水中的钙、镁离子的质量分数小于2×10^{-6}。二次盐水的精制采用螯合树脂法。即2～3台螯合树脂塔串联流程，用于去除盐水中的钙、镁离子。

③ 电解　二次精制盐水在一定压力下控制其进入电解槽的流量。外工序送来的纯水按电流负荷控制其压力，并送入电解槽。调节纯水量可控制成品烧碱浓度。通直流电流情况下，盐水电解，在阴极室生成氢气和氢氧化钠，阳极室生成氯气和淡盐水。

电解产生的湿氯气经氢气洗涤塔用水直接喷淋，再用氢气鼓风机送出界区，氢气压力过高时，氢气经水封槽放空。电解生成的氯气，经氯气冷却器用循环水冷却后进氯气洗涤塔，清洗冷却后用氯气鼓风机送氯气冷却、干燥和压缩工序。电解生成的烧碱浓度约32%，流入烧碱受槽，经烧碱计量泵计量后送出。

④ 淡盐水脱氯　电解生成的含游离氯的淡盐水送脱氯塔顶部，经负压解析使游离氯脱除，脱氯

后的淡盐水含游离氯约50mg/L，流入脱氯盐水受槽，经pH调节后，加Na_2SO_3除去游离氯，再经脱氯塔泵送一次盐水工段。经真空分离后的氯气由冷却器冷却分离水分后送氯气总管。

⑤ 氯气冷却、干燥和压缩　氯气鼓风机来的氯气经冷却器冷却到约15℃，经湿氯气过滤器排除水分的氯气进入干燥塔，两个干燥塔串联，用硫酸吸收水分，使氯气含水量达标。气体干燥产生的硫酸稀释热用干燥塔冷却器移除。浓度约98%的浓硫酸从硫酸储槽经泵送2#和1#干燥塔，获得浓度约75%的稀硫酸送废硫酸高位槽，用槽车装运。

干燥的氯气经干燥氯气过滤器除去酸雾，再经氯气压缩机，升压到0.275～0.309MPa，送用户。

⑥ 废氯处理　采用离子膜生产烧碱工艺过程有较多的废氯气体，现常采用的废氯处理是将全厂废氯送氯气吸收塔，用烧碱溶液吸收，制成次氯酸钠副产品。氯气吸收塔塔顶用引风机吸风，造成吸收塔在负压条件下操作。

(2) 集散控制系统应用

① 系统简介　采用ABB公司的800xA集散控制系统。配置2对冗余的现场控制器，10台操作员站，其中，中央控制室设置5台操作员站，1台工程师站（与中央控制室液氯操作员站公用）。中央控制室设置操作员站如下：电解室设置2台，氯气处理室2台，一次盐水室1台。现场操作员站设置在氯化氢岗位和蒸发岗位，各有2台操作员站。整个系统有模拟量点185点，分别连接到19个I/O站。其中，2个I/O站在现场的蒸发固碱岗位安装。

② 控制系统　整个系统有复杂控制回路及常规控制回路，还有联锁控制系统等。

a. 进电解槽盐水流量与电解电流的串级控制。将进电解槽的盐水作为主被控变量，以电解槽电流作为副被控变量，用于保证进槽盐水量的稳定。串级控制系统的操纵变量是进槽盐水的电动流量阀的开度。

b. 联锁控制系统。电解槽的联锁系统包括单台电解槽停和全部电解槽停。

➢ 单台电解槽联锁停。当精制盐水流量过低或氢氧化钠流量过低时，延时规定时间停对应的电解槽；如果电位差过高或过低，停对应的电解槽；如果电解槽接地故障，停对应电解槽；如果电解槽电流过高，停对应的电解槽；如果电解槽稀释盐水阀打开，停对应的电解槽。

单台电解槽停车时，对应的精制盐水流量控制器切到手动，流量设定为规定的最小流量；稀释盐水阀自动打开；精制盐水进料阀自动关闭，控制器输出设定在关的位置。

➢ 电解槽联锁全停。淡盐水槽液位过高；电解槽阴极液槽液位过高；氯气压力过高；氢气压力过高；氯氢压力之差过高或过低；仪表电源故障或集散控制系统故障；仪表用压缩空气压力过低；紧急停车；氯气压缩机全停；氢气压缩机全停。

电解槽联锁全停时，氢气压缩机应联锁全停；氯气压缩机应联锁全停；进阴极液槽的氮气阀自动打开；纯水阀自动关闭，控制器切到手动方式；盐酸阀自动关闭，控制器切到手动方式；去事故塔的氯气阀自动打开；氯气回流阀和氢气回流阀自动关闭；去液氯工序的氯气阀自动关闭。

➢ 其他联锁控制系统。例如，过滤盐水温度或饱和盐水温度过高，联锁关闭盐水主管热水阀，控制器切到手动方式，同时，电磁阀失电阀快速全关；脱氯塔液位过高时联锁关闭淡盐水进料阀；淡盐水槽液位过高时联锁关闭精制盐水进料阀等。

8.5 ECS-700集散控制系统的工业应用

8.5.1 ECS-700集散控制系统在高透成型纸生产中的应用

(1) 工艺简介

高透成型纸用于香烟滤嘴中包裹醋酸纤维丝束，也称为滤嘴棒纸。高透气是透气度在

3000cu 以上的成型纸，通常高透气成型纸可达 3000cu 到 32000cu。其特点是透气度大，纤维组织均匀，横向伸缩率低，并有一定强度。

高透气成型纸的工艺流程简介如下：干损纸和木浆进水力碎浆机，被粉碎为纸浆后送储浆池，经与其他浆池来的长短纤维浆按一定配比混合后，送混合浆池。来自混合浆池的纸浆进入纸机浆池后，送盘磨机进行盘磨匀整，再用纸浆泵送高位箱，经二段除砂器后，送压力筛，最后，经流浆箱分配器，将纸浆均匀喷射到长网造纸机的铜网，经复合压榨和真空除水后，进入前烘缸，经表面施胶，及后烘缸干燥后，在卷纸机卷绕成筒。

(2) 集散控制系统应用

采用 ECS-700 集散控制系统。系统配置 2 个控制节点和 8 个操作节点（S131）。机柜室设置 3 个 I/O 柜（采用长机架，每个机架安装 8 个 I/O 机座，16 个 I/O 模块）和 2 个继电器柜（AC101 和 AC102）。2 个控制节点除用于控制本系统的 I/O 点外，还控制 2 组菲尼克斯的 DP 通信模块及西门子的 DP-COUPLE，用于与传动控制系统进行数据交换。整个系统采用 SOnet 和 SCnet 组网。

由于纸机主体设备是德国公司提供，控制系统的结构设计也由该公司提供。为适应该公司的有关要求，用 ECS-700 系统设计有关应用小画面和点组功能来自定义泵、阀门的控制参数，设计有关的二级画面用于诊断信息或相应的联锁信息的显示。

定量阀采用 Neles 公司的 V 形球阀，用硬件模块 AM-711 实现。图 8-9 是定量阀控制程序。图中，定量阀的程序由扩展 PID 功能模块和 PATCON 专用功能模块组成。

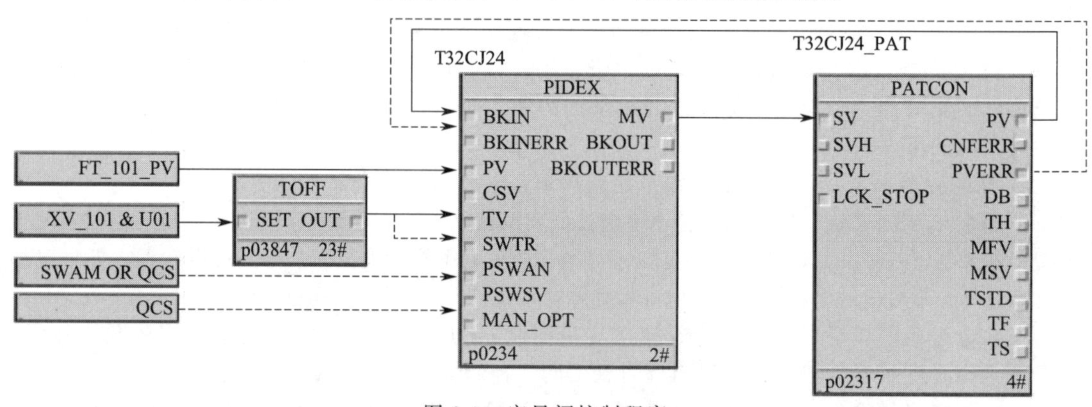

图 8-9 定量阀控制程序

PIDEX 功能模块是 PID 功能模块的扩展，其设置的优先级，从高到低分别是：OOS、IMAN（初始态）、MAN（手动）、TR（跟踪）、AUTO（自动）、CAS（串级），而与常规 PID 功能模块的优先级顺序不同（手动和跟踪的位置交换）。限幅处理时 MAN 和 IMAN 模式下，功能模块输出不受限幅值所限制，但在扩展量程范围内。故障时，模式脱落时也有所不同。

PIDEX 功能模块完成 PID 控制运算。输入参数有 BKIN 是反算输入，BKINERR 是反算出错标志，PV 是过程测量值，CSV 是串级输入或远程外给定，TV 是跟踪输入，SWTR 是跟踪使能开关，其值为 1 表示跟踪。输出参数有 MV 是功能模块输出值，BKOUT 是反算输出，BK-OUTERR 是反算输出出错标志。操作参数有 PSWAN 是程序手自动控制选择开关，PSWSV 是程序内外给定选择开关，MAN_OPT 是手自动控制的源选择。

PATCON 功能模块用于对 AM711 模块进行控制。图中，输入参数有 SV 是定量阀设定，SVH 和 SVL 分别是设定值的限幅上限和下限，LCK_STOP 是联锁解除命令。输出参数有 PV 是定量阀反馈输入，CNFERR 是组态出错标志，PVERR 是反馈通道出错标志。监控参数有 DB 是死区带设置值，TH 是阈值，MFV 和 MSV 分别是手动快和慢的增减步进值，TSTD 是阀位稳定时间，TF 是滤波时间，TS 是控制周期。

定量阀的测量信号来自流浆箱的纸浆量 FT_101，跟踪信号需要一定的延时，它用 TOFF 延时断开定时器功能模块实现。

8.5.2 ECS-700集散控制系统在空分装置中的应用

(1) 工艺简介

空分装置分压缩和分馏两大部分。压缩部分是空气压缩机、氧气压缩机、氮气压缩机。空气压缩机用于为空分装置提供原料，氧气压缩机、氮气压缩机用于将成品氧气和氮气压缩输送到下游装置。

分馏部分主要是将空气压缩机来的空气用冷水预冷，降温后的空气在分子筛钝化器内钝化，脱除空气中的水分、二氧化碳及有机物等。钝化后的空气进入冷箱内的换热器与液氧、液氮进行换热，使温度下降到－100℃左右后进入膨胀机，使温度继续下降到约－160℃，再进冷箱。根据氧和氮的沸点不同，将分离的成品氧气和 氮气分别送氧气活塞式压缩机和氮气透平压缩机，最终，被送下游装置。

(2) 集散控制系统应用

某空分装置共有I/O点约1500点，安装在2个机柜室，机柜室之间距离500m，机柜室之间用光纤连接。设置中央控制室，用于空分装置的操作管理，控制室与机柜室之间也用光纤连接。

中央控制室配置6台操作员站和1台工程师站。两个机柜室各配置2台控制站，冗余供电配置，并带扩展柜。配置1台工程师站。其中，1台工程师站作为组态服务器，用于保存组态数据。OPC应用站用于将实时数据向上传送到MES网络。

① 空气压缩机的防喘振控制　由于该空气压缩机的转速基本稳定，因此，采用固定极限流量防喘振控制方案。该控制方案的控制策略是假设在最大转速下，离心压缩机的喘振点流量为Q_P（已经考虑安全余量），如果能够使压缩机入口流量总是大于该临界流量Q_P，则能保证离心压缩机不发生喘振。控制方案是当入口流量小于该临界流量Q_P时，打开旁路控制阀，使出口的部分气体返回到入口，使入口流量大于Q_P为止。

② 机组开停车的顺序控制　该装置的空气压缩机、氧气压缩机和氮气压缩机都设置开停车的顺序控制系统，以避免由于误操作导致事故发生。该顺序控制系统与紧急停车系统协同完成。下面以氮气压缩机为例说明设备开停车的顺序控制过程。

a. 开车顺序控制

➢ DCS室操作员按下“准备启动”软键，氮气放空阀控制器PIC3610切到手动，手动输出为0%，即表示要求氮气放空阀V3603关闭，氮气压缩机入口导叶全开。

➢ ESD接收到准备启动信号，打开氮气进口阀V3601（SV3601得电），打开旁通阀V3602（SV3602失电），关闭放空阀V3603（SV3603得电），关闭氮气出口阀V3604（SV3604失电），解除进口压力联锁PICAS3602。

➢ DCS室操作员按下“启动”软键，发送启动信号K3601。

➢ ESD接收到启动信号K3601，启动条件满足后，氮气压缩机启动警铃响10s，然后，启动氮气压缩机START3601。

➢ 氮气压缩机启动后60s，自动将轴位移振动联锁投运。启动120s后，自动将入口压力联锁投运。

➢ 进口压力联锁投运后120s，发送已投运信号，允许控制进口导叶的压力控制器PIC3610从手动自动切到自动模式，DCS显示屏显示“允许PIC3610投自动”。

➢ 压力联锁已投运信号发出后180s，旁通阀电磁阀SV3602得电，关闭旁通阀V3602。并将控制旁通阀的压力控制器PIC3602切到自动模式，将进口压力控制器PIC3610切到自动模式。

➢ DCS接收到PIC3602和已经PIC3610在自动模式后，显示屏显示“允许PIC3602，

PIC3610 投自动”。

➢ 等设备稳定运行后，氮气压缩机出口压力达到管网压力，操作员在 DCS 手动打开阀 V3604，氮气送管网。

b. 正常停车控制

➢ DCS 室操作员按下“准备停车”软键，发送准备停车信号。

➢ ESD 接收到该信号后，全开旁通阀 V3602（SV3602 失电），全开氮气放空阀 V3603（SV3603 失电）。

➢ V3602 和 V3603 全开到位后，关闭氮气出口阀 V3604（SV3604 失电）。

➢ DCS 室操作员在显示屏看到氮气出口阀 V3604 已关信号后，按下“停车”软键，发送 T3601。

➢ ESD 接收到停车信号 T3601，发送 STOP3601 停车信号。发出信号后 360s，给出信号，关闭氮气进口阀 V3601（SV3601 失电），关闭氮气放空阀 V3603（SV3603 得电）。

➢ DCS 获得已经关闭 V3601 和 V3603 信号后，氮气放空阀控制器 PIC3610 切到手动，手动输出为 0%，氮气压缩机入口导叶全开。

c. 故障停车控制

➢ 氮气压缩机自动停车 STOP3601，入口压力联锁解除，打开旁通阀 V3602（SV3602 失电），打开氮气放空阀 V3603（SV3603 失电）。

➢ V3602 和 V3603 全开到位后，关闭氮气出口阀 V3604（SV3604 失电）。关闭入口阀 V3601（SV3601 失电）。

➢ V3601 和 V3604 全关后 60s，自动发送信号，关闭氮气放空阀 V3603（SV3603 得电）。

➢ DCS 获得氮气放空阀已关闭信号后，自动切换氮气放空阀控制器 PIC3610 到手动，手动输出为 0%，氮气压缩机入口导叶全开。

③ 分子筛顺序控制　分子筛顺控表见表 8-1。

表 8-1　分子筛顺控表

步名	MS1201 再生/MS1202 工作									MS1202 再生/MS1201 工作								
	准备卸压	卸压	准备加热	加热	吹冷	准备充压	充压	准备切换	切换	准备卸压	卸压	准备加热	加热	吹冷	准备充压	充压	准备切换	切换
V1201	—								—	—	—	—	—	—	—	—	—	—
V1202	—	—	—	—	—	—	—	—	—	—								—
V1203	—								—	—	—	—	—	—	—	—	—	—
V1204	—	—	—	—	—	—	—	—	—	—								—
V1205		—																
V1206											—							
V1207							—									—		
V1211			—	—														
V1212													—	—				
V1213			—	—														
V1214													—	—				
V1217	—	—	—		—	—	—	—	—	—	—	—		—	—	—	—	—
V1218				—									—					
V1219	—	—	—			—	—	—	—	—	—	—			—	—	—	—

注：再生阶段：泄压 8min；加热 100min；吹冷 110min；升压 22min；总工作时间 240min。

两台分子筛（MS1201 和 MS1202）交换工作，一台工作时，另一台再生。其顺序控制程序类似交通信号灯的控制。共使用 8 个定时器模块。程序可用 SFC 编程语言编写。也可用其他编程语言编写。

参考文献

[1] 何衍庆，黄海燕，黎冰．集散控制系统原理及应用．3 版．北京：化学工业出版社，2009.
[2] 王慧锋，何衍庆．现场总线控制系统原理及应用．北京：化学工业出版社，2006.
[3] 张新薇，高峰，陈旭东．集散系统及系统开放．2 版．北京：机械工业出版社，2008.
[4] Berge J．过程控制现场总线—工程、运行与维护．陈小枫，董景辰，曹迎东，等译．北京：清华大学出版社，2003.
[5] 朱晓青．现场总线技术与过程控制．北京：清华大学出版社，2018.
[6] 张岳．集散控制系统及现场总线．2 版．北京：机械工业出版社，2015.
[7] 姚羽，祝烈煌，武传坤．工业控制网络安全技术与实践．北京：机械工业出版社，2017.
[8] 周苏，王文．人机交互技术．北京：清华大学出版社，2016.
[9] 白焰，朱耀春，李新利．分散控制系统与现场总线控制系统．2 版．北京：中国电力出版社，2012.
[10] 程学先．数据库系统原理与应用．北京：清华大学出版社，2014.
[11] SH/T 3018—2003. 石油化工安全仪表系统设计规范．2004.
[12] ISA-S 50. 02—1992. Fieldbus Standard for use in Industrial Control Systems，Part 2. 1992.
[13] 李占英，初红霞，等．分散控制系统（DCS）和现场总线控制系统（FCS）及其工程设计．北京：电子工业出版社，2015.
[14] ［美］特南鲍姆，［美］韦瑟罗尔．计算机网络．5 版．严伟，潘爱民译．北京：清华大学出版社，2012.
[15] Shay W A. 数据通信与网络教程．高传善，等译．北京：机械工业出版社，2000.
[16] 毛京丽，董跃武．数据通信原理．北京：北京邮电大学出版社，2000.
[17] 彭瑜，孟力．信息技术正在推进自动化技术的革命．自动化仪表，2001（12）：1-5.
[18] Mahnke W，Leitner S H，Damvn M. OPC 统一架构．马国华译．北京：机械工业出版社，2012.
[19] 中华人民共和国国家质量监督检验检疫总局，中国国家标准化管理委员会．GB/T 33863. 1—2017～GB/T 33863. 8—2017 OPC 统一架构 第 1 部分～第 8 部分．
[20] Komar B. 轻松掌握 TCP/IP 网络管理．彭业飞，周旋译．北京：电子工业出版社，1999.
[21] 刘泽祥，李媛．现场总线技术．3 版．北京：机械工业出版社，2018.
[22] 李正军，李潇然．现场总线及其应用技术．北京：机械工业出版社，2017.
[23] Saward P R，FINCO takes FISCO into hazardous areas. Control Engineering，Nov.，2003.
[24] ANSI/ISA-RP12. 6. 01 Recommended Practice for Wiring Methods for Hazardous（Classified）Locations-Instrumentation Part 1：Intrinsic Safety，2003.
[25] 中华人民共和国国家质量监督检验检疫总局，中国国家标准化管理委员会．GB/T 25105—2014 工业通信网络 现场总线规范 类型 10：Profinet IO 规范．
[26] 中华人民共和国国家质量监督检验检疫总局，中国国家标准化管理委员会．GB/Z 25740—2010 Profibus 与 Profinet 技术行规．
[27] 苏宏业，肖力墉，苗宇，等．制造运行管理（MOM）研究与应用综述．制造业自动化，2010（32）：8-13.
[28] 肖力墉，苏宏业，褚健．基于 IEC/ISO 62264 标准的制造运行管理系统．计算机集成制造系统，2011（17）：1420-1428.
[29] Hollender M. Collaborative Process Automation Systems. ISA，2010.
[30] 中华人民共和国国家质量监督检验检疫总局，中国国家标准化管理委员会．GB/T 26790. 1—2011 工业无线网络 WIA 规范第 1 部分：用于过程自动化的 WIA 协同结构与通信规范．2011.
[31] 中国电子技术标准化研究院等．大数据系列报告之一：工业大数据白皮书（2017 版）．2017.
[32] 王飞跃，张军，张俊，等．工业智联网：基本概念、关键技术与核心应用．自动化学报，2018，44（9）：1606-1617.
[33] 丁辉，靳江红，汪彤，等．控制系统的功能安全评估．北京：化学工业出版社，2016.
[34] 王振力，孙平，刘洋．工业控制网络．北京：人民邮电出版社，2012.
[35] ［美］伊森，［美］哈里奥特．大数据分析：用互联网思维创造惊人价值．漆晨曦，刘斌译．北京：人民邮电出版社，2014.
[36] 刘建伟，王育民．网络安全——技术与实践．3 版．北京：清华大学出版社，2017.
[37] 冯光升，林雪纲，吕宏武．无线网络安全及实践．哈尔滨：哈尔滨工程大学出版社，2017.
[38] 刘鹏．云计算．3 版．北京：电子工业出版社，2015.
[39] 张炜，聂盟瑶，熊晶．云计算虚拟化技术与开发．北京：中国铁道出版社，2018.
[40] 刘美，康珏，宁鹏．集散控制系统及工业控制网络．北京：中国石化出版社，2014.
[41] 谢彤．DCS 控制系统运行与维护．北京：北京理工大学出版社，2012.

[42] 施巍松．边缘计算．北京：科学出版社，2018.
[43] 彭瑜，何衍庆．智能制造工业控制软件规范及其应用．北京：机械工业出版社，2018.
[44] 叶毓睿，雷迎春，李炫辉，等．软件定义存储：原理、实践与生态．北京：机械工业出版社，2016.
[45] Nadeau T D, Gray K. 软件定义网络．毕军，单业，张绍宇，等译．北京：人民邮电出版社，2014.
[46] 李杰（美），倪军，王安正．从大数据到智能制造．上海：上海交通大学出版社，2016.
[47] 杨心强，陈国友．数据通信与计算机网络．北京：电子工业出版社，2018.
[48] 国家智能制造标准化总体组．智能制造基础共性标准研究成果．北京：电子工业出版社，2018.
[49] 谭伟中，谢道雄，赵劲松．石油化工智能制造．北京：化学工业出版社，2019.